DICTIONNAIRE

DES

SCIENCES NATURELLES.

TOME XIV.

EA = EOU.

DICTIONNAIRE

DES

SCIENCES NATURELLES,

DANS LEQUEL

ON TRAITÉ MÉTHODIQUEMENT DES DIFFÉRENS ÊTRES DE LA NATURE, CONSIDÉRÉS SOIT EN EUX-MÊMES, D'APRÈS L'ÉTAT ACTUEL DE NOS CONNOISSANCES, SOIT RELATIVEMENT A L'UTILITÉ QU'EN PEUVENT RETIRER LA MÉDECINE, L'AGRICULTURE, LE COMMERCE ET LES ARTS.

SUIVI D'UNE BIOGRAPHIE DES PLUS CÉLÈBRES NATURALISTES.

Ouvrage destiné aux médecins, aux agriculteurs, aux commerçans, aux artistes, aux manufacturiers, et à tous ceux qui ont intérêt à connoître les productions de la nature, leurs caractéres génériques et spécifiques, leur lieu natal, leurs propriétés et leurs usages.

PAR

Plusieurs Professeurs du Jardin du Roi, et des principales Écoles de Paris.

TOME QUATORZIÈME.

F. G. LEVRAULT, Éditeur, à STRASBOURG, et rue des Fossés M. le Prince, N.º 33, à PARIS.

LE NORMANT, rue de Seine, N.º 8, à PARIS.

1819.

Liste des Auteurs par ordre de Matières.

Physique générale.

M. LACROIX, membre de l'Académie des Sciences et professeur au Collége de France. (L.)

Chimie.

M. CHEVREUL, professeur au Collége royal de Charlemagne. (Ch.)

Minéralogie et Géologie.

M. BRONGNIART, membre de l'Académie des Sciences, professeur à la Faculté des Sciences. (B.)

M. BROCHANT DE VILLIERS, membre de l'Académie des Sciences. (B. de V.)

M. DEFRANCE, membre de plusieurs Sociétés savantes. (D. F.)

Botanique.

M. DESFONTAINES, membre de l'Académie des Sciences. (Desf.)

M. DE JUSSIEU, membre de l'Académie des Sciences, professeur au Jardin du Roi. (J.)

M. MIRBEL, membre de l'Académie des Sciences, professeur à la Faculté des Sciences. (B. M.)

M. HENRI CASSINI, membre de la Société philomatique de Paris. (H. Cass.)

M. LEMAN, membre de la Société philomatique de Paris. (Lem.)

M. LOISELEUR DESLONGCHAMPS, Docteur en médecine, membre de plusieurs Sociétés savantes. (L. D.)

M. MASSEY. (Mass.)

M. POIRET, membre de plusieurs Sociétés savantes et littéraires, continuateur de l'Encyclopédie botanique. (Poir.)

M. DE TUSSAC, membre de plusieurs Sociétés savantes, auteur de la Flore des Antilles. (De T.)

Zoologie générale, Anatomie et Physiologie.

M. G. CUVIER, membre et secrétaire perpétuel de l'Académie des Sciences, prof. au Jardin du Roi, etc. (G. C. ou CV. ou C.)

Mammifères.

M. GEOFFROI, membre de l'Académie des Sciences, professeur au Jardin du Roi. (G.)

Oiseaux.

M. DUMONT, membre de plusieurs Sociétés savantes. (Ch. D.)

Reptiles et Poissons.

M. DE LACÉPÈDE, membre de l'Académie des Sciences, professeur au Jardin du Roi. (L. L.)

M. DUMERIL, membre de l'Académie des Sciences, professeur à l'École de médecine. (C. D.)

M. CLOQUET, Docteur en médecine. (H. C.)

Insectes.

M. DUMERIL, membre de l'Académie des Sciences, professeur à l'École de médecine. (C. D.)

Crustacés.

M. W. E. LEACH, membre de la Société royale de Londres, Correspondant du Muséum d'histoire naturelle de France. (W. E. L.)

Mollusques, Vers et Zoophytes.

M. DE BLAINVILLE, professeur à la Faculté des Sciences. (De B.)

M. TURPIN, naturaliste, est chargé de l'exécution des dessins et de la direction de la gravure.

MM. DE HUMBOLDT et RAMOND donneront quelques articles sur les objets nouveaux qu'ils ont observés dans leurs voyages, ou sur les sujets dont ils se sont plus particulièrement occupés.

M. F. CUVIER est chargé de la direction générale de l'ouvrage, et il coopérera aux articles généraux de zoologie et à l'histoire des mammifères. (F. C.)

DICTIONNAIRE

DES

SCIENCES NATURELLES.

EAU

EA. (*Ornith.*) Le Vocabulaire de la langue des îles de la Société, qui termine le Second Voyage de Cook, et dont les mots doivent être prononcés en anglois, exprime, par ces deux lettres, le nom que les habitans de cette île donnent à un perroquet vert, à front rouge. On appelle, dans le même pays, un autre perroquet de petite taille, qui est fort beau, *eveenee.* (Ch. D.)

EAGLE (*Ornith.*), nom générique des aigles en anglois. (Ch. D.)

EALE. (*Mamm.*) Pline parle sous ce nom d'un animal d'Ethiopie, dans les traits duquel on peut reconnoître un rhinocéros bicorne, tout défigurés qu'ils sont. C'est, dit-il, un animal grand comme un cheval de rivière, à queue d'éléphant, de couleur noire ou foncée, dont les mâchoires présentent l'aspect de celles du sanglier, qui a des cornes d'une coudée de hauteur, mobiles, et qu'il fait reposer alternativement, lorsqu'il se bat, en couchant sur son dos celle dont il ne fait pas usage. (F. C.)

EAU. (*Chim.*) Voyez Hydrogène. (Ch.)

EAU. (*Minéralogie et Géognosie.*) Nous ne considérons l'eau, dans cet article, que comme une des parties constituantes du globe terrestre, comme un corps inorganique qui ne diffère des autres minéraux que parce qu'il est souvent, et dans un grand nombre de lieux, à l'état liquide ; mais ce corps offre d'ailleurs toutes les propriétés des minéraux les plus homogènes, et par conséquent les mieux caractérisés ; il cristallise comme eux, il forme comme eux des terrains d'une vaste étendue ; il est susceptible comme eux de se présenter dans divers gisemens plus particuliérement que dans d'autres, tantôt pur, tantôt allié, par mélange chimique, avec des corps inorganiques très-variés. L'eau, enfin, est un corps inorganique naturel, beaucoup plus abondant que le quarz, que la chaux carbonatée, puisqu'il couvre les deux tiers au moins de la surface de la terre, en s'y enfonçant à une profondeur inconnue, et qu'il exerce peut-être dans son intérieur, mais bien certainement à sa surface, une action modifiante actuelle qu'il est extrêmement important d'apprécier.

C'est donc sous ce point de vue, dont l'étendue est si vaste que nous serons obligés d'en distribuer l'examen dans plusieurs articles, que nous allons faire l'histoire naturelle et géognostique des eaux. Nous étudierons l'eau, d'abord, comme espèce minérale ; mais nous ne parlerons que de ses caractères distinctifs et de quelques particularités qui résultent de sa présence dans certains minéraux. Nous n'entrerons dans aucun détail ni sur sa composition, ni sur ses propriétés chimiques et physiques. Ces considérations offrent des faits et des phénomènes si nombreux et si particuliers, qu'ils sont entièrement du domaine de la physique et de la chimie.

En continuant toujours de regarder l'eau comme espèce minérale, tantôt pure, tantôt altérée par les corps étrangers qui y sont dissous, nous la suivrons dans les diverses positions et gites qu'elle paroît avoir par rapport aux autres masses minérales du globe terrestre.

Nous considérerons ensuite les eaux elles-mêmes dans leur masse, et nous examinerons ces masses liquides ou solides, 1.º suivant les dispositions et manière d'être qu'elles affectent ; 2.º dans l'action qu'elles exercent comme telles à la surface ou dans le sein de la terre.

Art. I. De l'Eau comme espèce minérale.

Pour ne point répéter ce qui sera dit, avec des détails suffisans, des propriétés physiques, et surtout des propriétés chimiques de ce corps à l'art. Hydrogène, nous nous bornerons à le caractériser à la manière des autres espèces minérales.

§. 1. *Caractères et propriétés minéralogiques de l'Eau.*

L'eau est un corps inorganique naturel, des plus homogènes, de la composition la mieux déterminée, et doué, de la

anière la plus constante, des propriétés caractéristiques qui
)partiennent aux corps minéraux , se trouvant très-commu-
ément à l'état solide, présentant dans cet état des variétés
e forme et de structure , comme les espèces les plus nette-
ent déterminées, et ayant par conséquent la réunion de
tres la plus complète qu'on puisse demander à un corps
organique pour être regardé comme espèce minérale.

On la trouve naturellement à la surface du globe , à l'état
lide , à l'état liquide et à l'état de vapeurs. C'est seulement
us les deux premiers états, que nous la considérons.

L'eau liquide et parfaitement pure, prise à 17 d. 5 du ther-
omètre centigrade, est regardée comme l'unité ou le terme
e comparaison de la pesanteur spécifique des autres corps.
ais c'est à $+$ 4 deg. $\frac{1}{2}$ environ de ce même thermomètre
u'elle atteint son maximum de densité; en se refroidissant
avantage, cette densité diminue, et la pesanteur spécifique
e l'eau solide ou de la glace à o, comparée à celle de l'eau
son maximum de densité, prise ici pour unité, est de o,94.

L'eau est composée, d'après les expériences récentes de
M. de Humboldt et Gay-Lussac, de 8 parties d'oxigène et de
partie d'hydrogène en poids.

L'eau , en devenant solide à un degré de froid qui varie un
eu suivant les circonstances dans lesquelles on place ce liquide,
résente toujours, dans les premiers momens de la congéla-
on, des indices de cristallisation, et elle donne même quel-
uefois des cristaux assez nets pour qu'on ait cherché à en
éterminer les formes. Mais les physiciens ne sont d'accord ni
r la définition des formes qu'elle revêt, ni sur la forme
rimitive à laquelle on peut les rapporter. Le nombre des
bservations faites sur ce sujet l'a rendu plus obscur qu'il ne
a éclairci, par suite de l'espèce de contradiction qui règne
ans les résultats de ces observations.

Ainsi, MM. Pelletier et Sage ont d'abord décrit des cristaux
e glace comme des prismes à quatre pans, terminés par des
ointemens , à deux ou à quatre faces.

MM. Cordier et Hassenfratz parlent de cristaux de glace
n prismes hexaèdres réguliers très-nets.

L'eau gelée à l'état de neige présente très-fréquemment des
toiles à six rayons, exactement situés comme ceux d'un hexa-
one régulier. Meran, Romé-de-Lisle, etc. avoient remarqué

que les aiguilles de glace se croisent ou s'implantent les unes sur
les autres, soit dans l'eau qui se gèle, soit sur les vitres, sous
les angles de 60 et 120 degrés.

M. Bosc-Dantic a décrit la forme des cristaux de glace,
qu'il a observés sur les grêlons énormes de huit centimètres
de diamètre qui tombèrent aux environs de Paris, le 13 juillet
1788. Ces grêlons, quelquefois creux dans leur milieu, étoient
hérissés de pointes saillantes, cunéiformes, de douze à quatorze millimètres, qui offroient les extrémités de pyramides
à quatre faces. Celles-ci faisoient elles-mêmes partie d'octaèdres
alongés, partant en divergeant du centre des grêlons; on
retrouvoit quelquefois, dans la cavité de ces sphéroïdes
l'autre partie ou la pyramide opposée de l'octaèdre. M. Bosc
a mesuré un de ces octaèdres qui étoit entier, et qui avoit
trente-deux millimètres de long sur huit de large. L'angle
au sommet, étoit d'environ 15 deg., et l'incidence de deux
faces des pyramides étoit de 145 deg. On sent bien que ces
mesures ne sont que des à peu près.

Or, la manière régulière dont les aiguilles de glace et
de neige se croisent, les stries convergentes qu'on remarque
dans l'intérieur des sphéroïdes de grêle et les aspérités cristallines qu'on voit à leur surface, semblent très-bien s'accorder
avec la supposition admise par Romé-de-Lisle, MM. Bosc et
Haüy, que la forme primitive de la glace est l'octaèdre régulier, et même avec les observations de MM. Pelletier et Sage.
Il est vrai qu'elle ne s'accorde pas aussi bien avec les figures
hexaèdres régulières que présente la neige, et avec les prismes
hexaèdres observés par MM. Hassenfratz et Cordier. Mais
pour le premier cas, M. Haüy fait remarquer qu'une coupe
faite sur un octaèdre régulier parallèlement à deux faces
opposées et à une égale distance l'un de l'autre, met à découvert une figure hexaèdre. On ne voit pas néanmoins comment
on pourra arriver, par l'application des lois de décroissement
ordinaires, au prisme hexaèdre régulier; en sorte que l'espèce
de contradiction qui existe entre la forme prismatique observée par MM. Cordier et Hassenfratz, et l'octaèdre régulier
considéré comme forme primitive, existe toujours, si toutefois le prisme observé étoit bien l'hexaèdre régulier. Or, on
sait combien l'observation exacte des cristaux de glace est
rare et difficile.

Mais deux considérations d'une assez grande valeur semblent
evoir détruire entièrement ces diverses hypothèses, et nous
ire convenir que nous ne connoissons point encore la véri-
ble forme primitive de la glace.

On remarquera, tant d'après la description que par la
gure, et même par les mesures données par M. Bosc, que
octaèdre qu'il a observé est loin d'être régulier, et qu'il a
u contraire de grands rapports avec l'octaèdre du soufre à
iangles scalènes. Ses proportions, et jusqu'à l'angle d'inci-
ence des deux faces opposées de la pyramide, se ressemblent
sez. Cet angle est dans le soufre, d'après M. Haüy, de 143 deg.,
t si c'est du même angle que M. Bosc a voulu parler, il seroit,
ans la glace, de 145. Quant au prisme hexaèdre, on pourroit
galement y arriver, en supposant qu'il n'est pas régulier, et
n combinant ensemble, sur le même cristal, les facettes se-
ondaires, r. o et m. de trois variétés de soufre. Enfin une pro-
riété d'un autre genre, reconnue par M. Malus, en ne per-
ettant plus d'admettre l'octaèdre régulier pour forme primi-
ve donne à l'observation de M. Bosc une plus grande impor-
ince pour nous amener à découvrir la forme cristalline de
eau. Suivant M. Malus, la glace jouit de la double réfraction.
n sait que les corps qui ont pour forme primitive le cube ou
octaèdre régulier, ne possèdent jamais cette propriété, tandis
u'elle se montre, avec une grande puissance, dans l'octaèdre
triangles scalènes de soufre.

La glace a toujours la cassure vitreuse, en sorte qu'on
e peut arriver par le clivage à la détermination de sa
orme primitive. Cependant elle paroît susceptible de pré-
enter, dans ses grandes masses, des prismes ou retraits régu-
iers. M. Hassenfratz dit avoir vu sur le Danube des masses de
lace divisées en prismes à la manière des basaltes, et snr les
iontagnes du Tyrol des masses de neige composées de fais-
eaux de prismes hexaèdres.

La glace, considérée suivant sa structure, offre peu de mo-
ifications; elle est, comme nous venons de le dire, presque
oujours compacte et vitreuse; quelquefois cependant un peu
renue, comme on le remarque dans celle des glaciers (voyez
GLACIER), saccaroïde et brillante dans les masses de glace due
a de la neige accumulée et fortement tassée par son poids ou
ar le froid; enfin, fibreuse, à fibres divergentes, dans les

sphéroïdes de grêle. On trouve donc, dans l'eau solide ou la glace, à peu près les mêmes modifications de structure que dans le quarz, savoir : la vitreuse, la grenue, la saccaroïde, comme dans certains grès très-blancs et cristallins, et la fibreuse, comme dans le quarz fibreux des environs d'Angers.

§. 2. *De l'Eau engagée ou combinée dans les minéraux.*

Le mode de combinaison de l'eau dans les minéraux, et l'importance de ce principe dans leur composition, est plus du domaine de la chimie que de la minéralogie. Nous ne pouvons cependant nous dispenser de faire à cette occasion les remarques suivantes :

L'eau paroît être unie aux minéraux de trois manières très-différentes.

Premièrement : simplement interposée, mais d'une manière cependant plus intime que par la simple humectation due à l'immersion complète, puisque ces minéraux ne se sèchent pas aussi promptement que dans ce dernier cas, et qu'une fois desséchés, l'eau qu'ils reprennent par immersion ne paroît pas leur rendre les mêmes propriétés. Ainsi, les silex, les meulières exposés à l'air, même sans aucun abri, et par conséquent sujets à être mouillés par la pluie, paroissent, en perdant ce qu'on appelle leur eau de carrière, devenir tellement fragiles, qu'on ne peut plus les casser avec la netteté et la régularité que certains arts exigent. Plongés dans l'eau, ils ne reprennent pas le genre de ténacité qu'ils ont perdue.

Des pierres calcaires retirées de la carrière, et exposées la première année à la gelée, sans aucune précaution, se brisent dans tous les sens, et quelques unes même se divisent en une multitude de fragmens. Lorsqu'en perdant leur eau de carrière, elles ont acquis un genre de desséchement particulier, elles peuvent être exposées sans précautions à la pluie, à la gelée, à la dessiccation d'un soleil ardent, sans présenter le même inconvénient. L'eau qui les mouille alors ne semble plus y pénétrer, ni y adhérer aussi puissamment que celle dont elles étoient entièrement abreuvées dans le sein de la terre. Ces faits sont connus de toutes les personnes qui font usage des pierres que nous venons de citer, et nous avons eu occasion de le remarquer d'une manière très-frappante, sur le calcaire lacustre, mais très-compacte, des carrières de Château-Landon, près Nemours, sur les pierres meulières compactes des hauteurs de Sèvres et des hauteurs de la forêt de Montmorency, et par conséquent sur des espèces de pierres très-différentes.

Secondement : l'eau est tout-à-fait combinée dans les minéraux, et ne peut en être totalement chassée, qu'au moyen d'une chaleur souvent très-puissante.

Mais, quelquefois, cette combinaison semble se faire à la manière des mélanges chimiques : l'eau s'unit, en proportions variables, avec une espèce minérale déjà déterminée, et qui ordinairement n'en contient pas du tout. Elle n'en change pas la forme ; mais elle paroît s'opposer à ce que ce minéral cristallise, et elle en change souvent la texture, et par conséquent la cassure. Elle donne à ces minéraux un aspect comme gélatineux et une cassure résineuse : elle leur enlève de la dureté et en diminue la pesanteur. Enfin, la présence de l'eau y est facilement démontrée par l'action d'une assez foible chaleur ; tels sont, à ce qu'il nous semble, les quarz ou silex résinite, les opales, les hydrophanes, le girasol, la ménilite et même l'hyalite, les résinites ou pechsteins fusibles, l'obsidienne perlée, la collyrite turquoise, le fer oxidé réiniforme, enfin le cuivre, dit scoriacé, qui n'est peut-être que le cuivre dioptase, dont la texture, etc. sont altérées par la présence de l'eau, jouant dans ce minéral le même rôle que dans le quarz résinite. Aucun de ces minéraux n'a été trouvé, jusqu'à présent, cristallisé avec la texture laminaire, et contenant toujours une quantité d'eau approchant de celle qu'on y trouve lorsqu'ils se présentent avec la cassure résineuse qui les distingue.

Troisièmement : dans d'autres cas, l'eau combinée dans les minéraux semble faire partie essentielle de l'espèce ; elle s'y présente toujours à très-peu près, dans les mêmes proportions. Ces minéraux ont une structure souvent laminaire, une transparence souvent complète et vitreuse, des formes régulières, nettes ; enfin, on ne les connoît pas sans eau, et s'ils ont perdu ce liquide, toutes leurs propriétés changent, ainsi que leurs caractères les plus essentiels · ce ne sont plus enfin les mêmes espèces minérales. Tels sont, parmi les sels, la chaux hydrosulfatée, comparée à de la chaux anhydrosulfatée, l'alumine fluatée : et parmi les pierres et les métaux, la mésotype, la laumonite, l'analcime, la stilbite, l'apophyllite, la chabasie, l'harmotome, la wavellite, la magnésite de Bruce, le talc, le manganèse hydraté, le zinc calamine, le fer oxidé-hydraté, le fer phosphaté, le fer arséniaté, le cuivre muriaté, le cuivre arséniaté, le cobalt arséniaté, etc.

La présence de l'eau dans les minéraux peut être démontrée par la perte de poids, à l'aide de la chaleur, et par la manifestation des vapeurs d'eau qui s'en dégagent : mais, dans certains minéraux, ce corps y tient avec une telle force, qu'on ne peut quelquefois le chasser que par une action chimique plus puissante que celle du calorique. Suivant M. Lampadius, si, après avoir chauffé séparément du quarz, du kaolin et du calcaire spathique, jusqu'à ce qu'ils ne donnent plus d'eau, on les chauffe de nouveau en les réunissant, ils en donnent une nouvelle quantité.

La présence de ce corps peut être indiquée, dans les minéraux, 1.º par l'aspect résineux, et cet indice ne paroît pas admettre d'exception ; 2.º par le boursoufflement, lorsqu'on les fond à l'aide du chalumeau ; 3.º enfin, par la décrépitation au feu : mais, ce dernier phénomène n'est pas toujours une indication de la présence de l'eau.

Art. II. Des matières minérales dissoutes naturellement dans les eaux.

EAUX MINÉRALES.

Il est bien rare de rencontrer dans la nature l'eau parfaitement pure, même en faisant abstraction de l'air qui y est constamment uni, puisque Bergmann assure que l'eau de pluie, qui est de l'eau sensiblement pure, contient quelques atomes de muriate et de nitrate de chaux, lorsqu'elle tombe après une longue sécheresse. Les eaux terrestres contiennent presque toutes quelques sels terreux ou alcalins, qui sont le plus ordinairement du carbonate de chaux, du sulfate de chaux, du muriate de soude, etc. : mais, lorsque ces sels y sont en une trop petite quantité pour n'imprimer à l'eau aucune saveur ni qualité médicinale sensible, on la considère comme pure. On donne le nom d'*eaux minérales* à celles dans lesquelles des principes étrangers quelconques, et même une chaleur au-dessus de la température moyenne, se manifestent sans équivoque sur les sens.

Il résulte de cette définition que certaines eaux, beaucoup plus chargées de principes étrangers que d'autres qui passent

our minérales , ne sont point regardées comme telles ,
parce que les principes. moins sapides ou moins odorans, ne
e manifestent qu'aux sens des personnes très-délicates. Tel est
e cas de la plupart des eaux des environs de Paris, qui sont
imprégnées d'une quantité assez considérable de sulfate de
chaux, et surtout de carbonate de chaux, au point d'engorger,
dans peu d'années, les tuyaux dans lesquels elles coulent, et
qui sont bues cependant comme eaux pures et préférées à l'eau
de la Seine, parce qu'elles sont constamment plus limpides.
Cependant, les sels terreux qu'elles tiennent en dissolution
sont assez abondans pour modifier sensiblement leur pesanteur
spécifique. Ainsi, la pesanteur spécifique de l'eau de la Seine
est de 1,000,15, tandis que celle des eaux d'Arcueil, de Sèvres
et de quelques autres cantons au sud de Paris, est de 1,000,46.

L'histoire des eaux chargées de principes étrangers, assez
sensibles pour être regardées comme *eaux minérales*, appartient
en partie à la chimie, pour ce qui regarde leur composition
générale et spéciale, et en partie à l'histoire naturelle de la
terre et des corps inorganiques qu'on trouve à sa surface, pour
ce qui concerne les phénomènes généraux de leur composition
et de leur gisement, rapportés aux terrains dont elles sortent.
Ce sont ces phénomènes généraux et les rapports qu'ils ont
avec la structure de la terre, que nous allons examiner, en
rappelant, mais sous un autre point de vue cependant, des faits
et des principes qui sont également du domaine de la chimie.

Il sort des eaux minérales de tous les terrains, quelle que soit
leur époque de formation ou leur nature minéralogique; mais
les rapports réels d'une eau minérale avec le terrain d'où elle
paroit sortir sont, en général, très-peu connus. On a fait
beaucoup plus d'attention à l'influence de ces eaux sur la
santé, et à leur composition chimique , qu'à leur position géognostique, en sorte que, malgré les nombreux ouvrages qui
ont été écrits sur les eaux minérales, on a souvent de la peine
à connoître la nature de la roche d'où elles sortent immédiatement, et, à plus forte raison, celle du terrain d'où elles tirent
leur origine; car il est facile de voir que les eaux minérales
peuvent souvent venir primitivement d'un terrain très-éloigné
de celui qui leur donne issue, et que plus cette issue s'éloigne
des terrains que nous regardons comme les plus inférieurs de
la croûte du globe, plus il devient difficile d'assigner le terrain
auquel on peut rapporter cette eau minérale.

Cependant, en faisant quelqu'attention aux circonstances assez différentes de température et de principes qu'on observe dans les eaux minérales des terrains les plus inférieurs et des terrains les plus supérieurs, on peut établir avec une grande probabilité et sauf quelques exceptions, que les eaux minérales de ces derniers terrains ne viennent pas d'une grande profondeur et n'ont pas traversé, pour sortir à la surface du globe, la série de toutes les formations qui se sont succédé depuis le granite.

Il résulte de ces règles, déduites en partie des faits rassemblés dans les tableaux qui vont suivre, que les généralités qu'on peut établir jusqu'à présent sur la position des eaux minérales, ne présentent quelque espoir de vérité que pour les terrains les plus inférieurs et les plus supérieurs.

Ainsi, il est bien sûr que les eaux minérales qui sortent du granite, ne peuvent avoir pris leur origine que dans cette roche ou au-dessous d'elle : mais, quand on voit sourdre les eaux minérales des schistes, des calcaires compactes de transition, des psammites schistoïdes et rougeâtres qui accompagnent ou recouvrent les terrains houillers, des calcaires alpins, des calcaires du Jura même, on ne peut pas savoir précisément si ces eaux viennent de la roche d'où on les voit sortir, ou, si ayant pris leur origine dans le granite, elles n'ont pas traversé toutes les formations intermédiaires entre cette roche et la roche supérieure qui leur donne issue. Aussi, va-t-on remarquer beaucoup plus d'anomalies dans les circonstances de température et de composition des eaux qui sont provisoirement rapportées aux terrains intermédiaires entre les terrains primordiaux, et les terrains de sédimens supérieurs, que dans celles qui sourdent de ces deux terrains si éloignés l'un de l'autre, et si différens.

Ces difficultés, qui sont inhérentes au sujet lui-même, sont considérablement augmentées par l'incertitude des observations propres à faire connoître la nature de la roche d'où sortent les eaux minérales, et du terrain dont cette roche fait partie ; en sorte que les tableaux que nous allons offrir, et les généralités que nous allons en déduire, ne sont que l'ébauche d'un travail à refaire entièrement, mais dont l'intérêt et l'importance mieux sentis amèneront peu à peu l'amélioration.

...SAI *d'une distribution des Eaux minérales, d'après l'époque de formation des Terrains d'où elles sortent.*

NOM, POSITION GÉOGRAPHIQUE, et OBSERVATIONS GÉOGNOSTIQUES.	PRINCIPES dominant DANS LA COMPOSITION.	TEMPÉR. au THERMOMÈTRE centigrade.
1. — *Eaux sortant des terrains cristalisés inférieurs* (dits *primitifs*.)		
Pays françois.		
...NES (Hautes-Pyrénées, vallée d'Ossau). L'une des sources des eaux bonnes ...rt d'un calschiste de transition, ap-...yé sur le granite qu'on voit à peu de distance ; l'autre, à une lieue et demie ...us au sud, sort immédiatement du ...nite. (PALASSAU.)	Gaz hydrogène sulfuré, carbonate et muriate de soude en petite quantité.	26 à 37.
...UTERET (Hautes-Pyrénées). Granite a petits grains, à mica noir, renfermant un peu de steatite. (A. B.)	Gaz hydrogène sulfuré ; sulfate de soude.	20 à 50.
...RÈGE (Hautes-Pyrénées). Roches de calschiste primordial ou transition, qui sont placées immé-atement sur le granite de Neouvielle. (PALASSAC.)	Gaz hydrogène sulfuré ; carbonate et muriate de soude en petite quantité.	38 à 48.
...GNÈRES DE LUCHON (Pyrénées, départ. de la Haute-Garonne). Du granite, en traversant un schiste ...gileux, carbonné et pyriteux qui le ...couvre. (A. B.)	Gaz hydrogène sulfuré ; carbonate de soude ; muriate de soude ; silice.	30 à 60.
...(Pyrénées - Orientales, dép. ...e l'Arriége). Du granite (DE CHARPENTIER.)(1)	Gaz hydrogène sulfuré ; muriates de soude et de magnésie, sulfate de chaux. (PILHES.)	36 à 78.
...AUDES-AIGUES (au sud, dép. ...u Cantal, près Saint-Flour). D'un terrain composé de gneiss, de ...icaschiste et de schiste argileux. (BERTHIER.)	Sous-carbonate de soude, muriate de soude, carbonate de chaux.	88.

(1) On trouve dans les Pyrénées des eaux qui renferment du gaz hydrogène sulfuré, et qui ne sont thermales : telles sont celles de Cadiac, vallée d'Aure ; de la Bassère, au nord de Bagnère ; de ...nac, vallée d'Ossau ; de Donzac en Chalosse : mais on remarque qu'elles sortent toutes vers le ...des Pyrénées, et loin de la partie primordiale de cette chaîne.

NOM, POSITION GÉOGRAPHIQUE, et OBSERVATIONS GÉOGNOSTIQUES.	PRINCIPES dominant DANS LA COMPOSITION.	TEMPER. au THERMOMÈTRE centigrade
VIC (en Carladès), et les autres qui sortent au pied du Cantal. Immédiatement du granite. (CORDIER.)	Eau presque pure.	100?
VALS (près d'Aubenas, dép. de l'Ardèche). Du granite; elles semblent en altérer le felspath.	Acide carbonique et fer.	55.
Portugal.		
CALDAS (à douze lieues de Lisbonne). Du granite. (LINK.) MANTEGAS (au pied de la Serra de Estrella). (*idem.*) (*idem.*)	Acide carbonique et hydrogène sulfuré; carbonates de chaux et de magnésie; muriates de magnésie et de soude, sulfate de soude, etc.	34 à 48
Pays allemands, etc.		
WISBADEN (près Mayence, rive droite du Rhin). D'un terrain de steachiste.	Acide carbonique; hydrogène sulfuré; carbonate de chaux.	68.
LEUK (dans le Valais en Suisse). A plus de 1600 mètres d'élévation, dans le Gemmi, montagne composée de calschiste et de calcaire alpin, ou de transition.	Gaz hydrogène sulfuré en petite quantité? sulfate de chaux; sulfate de magnésie; oxide de fer.	44 à 49
WILDBAD (pays de Salzbourg). Du granite et d'un gneiss schistoïde. (DE BUCH.)	Acide carbonique; gaz hydrogène sulfuré; muriate de soude; carbonate de soude; chaux, etc.	45.
WISSENBAD et WOLCKENSTEIN (en Saxe, dans l'Erzegebirge). D'un gneiss dans lequel on a exploité un filon d'améthiste. (DE BONNARD.)	....	Therm.
CARLSBAD (en Bohême). Du granite; et principalement de filons de silex corné qui traversent le granite, et qui renferment du calcaire spathique et des pyrites.	Acide carbonique; carbonate, sulfate et muriate de soude; silice. Déposant beaucoup de calcaire concrétionné.	Therm.

NOM POSITION GÉOGRAPHIQUE, et OBSERVATIONS GÉOGNOSTIQUES.	PRINCIPES dominant DANS LA COMPOSITION.	TEMPÉR. au THERMOMÈTRE centigrade.
...ARMBRUNN (en Silésie). D'un granite à petits grains. (De Buch.)	Acide carbonique ; carbonate et sulfate de soude.	37.
...NDECK (comté de Glatz en Silésie). Du gneiss. (De Buch.)	Sulfate de soude.	36.
Pays italiens.		
Saint-Didier (près de Cormayeur, Piémont, presque au pied du Mont-Blanc). D'un calcaire alternant avec du miaschiste. (Gioanetti. Daubuisson.)	Acide carbonique, gaz hydrogène sulfuré, muriate de soude, muriate de magnésie.	27.
...ux autres sources du même canton.	*Idem.*	Temp. m.
Saint-Vincent (route d'Yrée, à la cité d'Aoste. Piémont). D'une roche de steaschiste. (Gioanetti.)	Acide carbonique, sulfate de soude, carbonate de soude, carbonate de chaux.	Temp. m.
Viray (vallée de la Sture, Piémont). D'un calcaire primordial, appuyé sur e terrain de même formation. (Robilant.)	Gaz hydrogène sulfuré.	Therm.
Acqui (Piémont). D'un terrain semblable au précédent. (Fontis.)		75.
La source dite la Bouillante.	Hydrosulfure de chaux, muriates de soude et de chaux, silice. (Mojon.)	
Amérique méridionale.		
...ARIARA (près Valencia, côte de Caracas). D'un gneiss. (De Humboldt.)	Hydrogène sulfuré et un peu de silice ?	56.
Trinchera (même pays). Du granite. (De Humboldt.)	Gaz hydrogène sulfuré et carbonate de chaux, dépôt calcaire abondant.	90.

NOM, POSITION GÉOGRAPHIQUE, et OBSERVATIONS GÉOGNOSTIQUES.	PRINCIPES dominant DANS LA COMPOSITION.	TEMPÉ au THERMOMÈ centigra
II. — *Eaux sortant des terrains moitié cristallisés, moitié compacte.* (Renfermant la plus grande partie des terrains dits *de transition*.)		
Pays françois.		
CAMBO (départem. des Basses-Pyrénées). Calschite noirâtre en lits très-inclinés, et s'appuyant sur un pegmatite à kaolins. (A. B.)	Gaz hydrogène sulfuré ; sulfate de magnésie ; sulfate de chaux.	21.
VICHY (dép. de l'Allier). Terrain de calcaire alpin, terrain houiller, poudingue porphyroïde , etc.	Acide carbonique ; carbonate de soude, carbonate de chaux, etc. Déposant du calcaire concrétionné.	22 à 46
NERIS (dép. de l'Allier). Terrain houiller au milieu de terrains granitiques.	Carbonate de soude ; sulfate de soude; muriate de soude; silice. (VAUQUELIN.)	40 à 42.
BOURBON-L'ARCHAMBAULT (dép. de l'Allier). Schiste dit *de transition*, et calcaire alpin.	Gaz hydrogène sulfuré ; muriate de soude et de magnésie ; sulfate de chaux ; sulfate de soude, etc.	24 à 58.
BOURBON-LANCY (dép. de Saône et Loire). Terrain de transition? sur les limites du granite et du calcaire alpin ; terrain houiller.	. . . .	Therm.
DE CRANZAC, SENZAC, etc. (dép. de l'Aveyron). D'un terrain houiller. (BLAVIER.)	Acide carbonique, sulfates de magnésie , de chaux, d'alumine et de fer. (MURAT.)	42.
SAINT-GERVAIS (Savoie, vallée de l'Arve). D'une roche pétrosiliceuse feuilletée.	Un peu d'acide carbonique; sulfates de soude et de chaux ; muriates de soude et de magnésie.	40.
Angleterre.		
BATH. D'un calcaire compacte, noirâtre, sublamellaire, évidemment de transition, accompagné d'oolithe.	Carbonates de chaux, de magnésie , de soude ; muriate de soude , etc.	. . . .
BRISTOL. Du même calcaire, mais sans l'oolithe.	Acide carbonique; carbonate de chaux ; sulfate de soude ; muriate de magnésie, etc.	. . . .

NOM, POSITION GÉOGRAPHIQUE, et OBSERVATIONS GÉOGNOSTIQUES.	PRINCIPES dominant DANS LA COMPOSITION.	TEMPÉR. au THERMOMÈTRE centigrade.
Pays allemands, etc.		
-LA-CHAPELLE. D'un calcaire compacte, noirâtre, et n psammite micacé appartenant au rain houiller.	Acide carbonique ; odeur sulfureuse ; gaz azote ? carbonate de soude et de chaux ; muriate et sulfate de soude ; silice.	67.
. Terrain de transition et terrain iller.	Acide carbonique ; carbonate de soude ; carbonate de magnésie ; carbonate de chaux ; fer, etc.	Temp. m.
UTZNACH. D'un porphyre recouvert de terrain transport.	Muriate de soude.	Temp. m.
ERNACH (rive droite du Rhin). WALBACH. ERBRUNN (entre Coblentz et immern). D'un schiste............ recouvert basalte. (CALMELET.)	Acide carbonique ; oxide de fer.	Temp. m.
et SELTERS (en Moravie). D'un terrain composé de calcaire de nsition, de schiste et de psammite istoïde. (Dr BUCH.)	Muriate de soude.	Temp. m.
IADIA (dans le bannat de ongrie). D'un calcaire de transition.		Therm.

III. — *Eaux sortant des terrains de sédimens inférieurs.*

| NÈRES DE BIGORRE (Hautes-yrénées). D'un calcaire compacte grisâtre, vent pyriteux, mêlé de calschiste. | Presque pures ; un peu de sulfate de chaux, etc. La source Pinac et un filet d'eau observé par M. Ramond, à l'ouest, dans la limite des terrains primordiaux et secondaires, renferment un peu de gaz hydrogène sulfuré. | 17 à 57. |
| AT (près Tarascon, dép. de Arriége). D'un calcaire...... | Acide carbonique ; sulfates de chaux et de magnésie ; carbonate de chaux. | 35. |

NOM, POSITION GÉOGRAPHIQUE, et OBSERVATIONS GÉOGNOSTIQUES.	PRINCIPES dominant DANS LA COMPOSITION.	TEMP au THERMOM centig
BAGNOLS (à 2 lieues de Mende, dép. de la Lozère). Du calcaire compacte alpin ou jurassique, non loin du terrain granitique.	Gaz hydrogène sulfuré ; savon à base de carbonate de soude ; muriate de magnésie ; sulfate de chaux ?　　(Dr BARBUT.)	43.
LUXEUIL (près Vesoul, dép. de la Haute-Saône). De dessous le psammite rougeâtre des Vosges.	Eau presque pure.	3o à
Ibid.	Acide carbonique ; fer.	Temp.
PLOMBIÈRES (à deux lieues de Remiremont, dép. des Vosges). De dessous le psammite rougeâtre des Vosges.	Carbonate, sulfate, et muriate de soude ; silice.	38 à
AIX (en Savoie). D'un calcaire compacte blanc coquillier, au pied de la c aîne qui borde le lac du Bourget.	Acide carbonique, et gaz hydrogène sulfuré ; sulfates de soude, de magnésie, de chaux ; carbonate de chaux.	38 à
BOBBIO, près Gênes, vallée de la Trebia. D'un calcaire argileux à structure schistoïde et à couches contournées.　(CORDIER.)	Gaz hydrogène sulfuré. Muriate de soude et de chaux.	Therm
NIEDERBRUNN (Bas-Rhin). De dessous le psammite rougeâtre.	Muriates de soude, de chaux, de magnésie ; carbonate de chaux......	Temp.
PYRMONT (en Westphalie). Du calcaire.......	Acide carbonique ; sulfate de magnésie ; carbonate de magnésie ; carbonate de chaux ; sulfate de soude ; fer, etc.	Temp.
BUDE, OFFEN, GLASS-HUTTEN (près Schemmitz), TEPLA (près Rosenberg), Hongrie. Du calcaire compacte alpin.　(TOWSON.)	Carbonate de chaux en grande quantité.	36 à 5
BARTHFELD. De dessous le grès bigarré qui est près le calcaire alpin.　(BEUDANT.)	Acide carbonique.	Temp.

NOM, POSITION GÉOGRAPHIQUE, et OBSERVATIONS GÉOGNOSTIQUES.	PRINCIPES dominant DANS LA COMPOSITION.	TEMPÉR. au THERMOMÈTRE centigrade.
IV. — _Eaux sortant des terrains de sédimens moyens._		
AMPAGNE (arrond. de Limoux, départ. de l'Aude). D'un sol calcaire et alumineux?	Acide carbonique ; sulfate de magnésie.	26.
AINT-FÉLIX DE BAGNÈRE (près Condat, départ. du Lot). D'un sol calcaire.	Sulfates de chaux et de magnésie ; carbonate de chaux, etc. Odeur d'hydrogène sulfuré.	Temp. m.
IX (département des Bouches-du-Rhône). Terrain de calcaire compacte de la formation de celui du Jura.	Carbonates de magnésie et de chaux ; sulfate de chaux ; oxygène? etc. (LAURENS.)	32 à 34.
DE GRÉOULX (près Manosque, dép. des Basses-Alpes.) D'un calcaire du Jura, à couches inclinées.	Gaz hydrogène sulfuré ; acide carbonique ; muriates de soude et de magnésie, etc.	36.
ALARUC (près Montpellier). D'un terrain calcaire......	Acide carbonique ; muriates de soude, de magnésie, de chaux ; carbonate de chaux ; sulfate de chaux.	45.
OURBONNE-LES-BAINS (dans la Haute-Marne). Calcaire compacte du Jura.	Muriates de chaux et de soude ; sulfate de chaux.	55.
HATEAU-SALINS, SALINS, et toutes les autres sources d'eau salée des dép. de la Meurthe et du Jura. De dessous le calcaire compacte du Jura, et probablement du gypse salifère qui est au dessous du calcaire à gryphées. (A. B.). *	Muriate de soude ; sulfate de chaux.	Temp. m.
OUGUES (dép. de la Nièvre). Calcaire du Jura, ou craie tufau. (A. B.)	Acide carbonique ; carbonates de chaux et de soude ; muriate de soude ; silice.	Temp. m.
AINT - AMAND (près Valenciennes). Probablement de dessous la craie qui recouvre le terrain houiller.	Gaz hydrogène sulfuré ; sulfates de soude, de magnésie, etc.	18 à 27.

* Cette présomption est presque changée en certitude par des observations directes de M. Charbant, [in]génieur des mines.

14.

NOM, POSITION GÉOGRAPHIQUE, et OBSERVATIONS GÉOGNOSTIQUES.	PRINCIPES dominant DANS LA COMPOSITION.	TEMPÉR. au THERMOMÈTRE centigrade.
BADEN (canton d'Argovie, en Suisse). De dessous le calcaire du Jura, au niveau du fond de la vallée. (A. B.)	Acide carbonique ; sulfate de soude ; sulfate de chaux, etc.	Therm.
SWANLINBAR (en Irlande, comté de Leitrim). D'un calcaire compacte, fétide, peut-être de transition ? peut-etre du Jura ?	Gaz hydrogène sulfuré.	Temp. m.

V. — *Eaux sortant des terrains de sédimens supérieurs.*

PASSY (près Paris), eaux nouvelles. De dessous le calcaire grossier, probablement des argiles plastiques.	Sulfates de chaux, de fer, de magnésie, d'alumine et de potasse ; muriate de soude.	Temp. m.
ARCUEIL, SÈVRES, etc. (au sud de Paris). Au dessus de la formation du calcaire grossier.	Carbonate de chaux et acide carbonique.	Temp. m.
ENGHIEN (près Montmorency, au nord de Paris). Au dessus de la formation de calcaire grossier, et probablement dans la formation gypseuse. (A. B.)	Gaz hydrogène sulfuré ; sulfate et muriate de magnésie ; sulfate de chaux ; carbonate de chaux, etc.	Temp. m.
MOULIGNON (au N. O. de Montmorency). Assises supérieures de la formation gypseuse, au-dessous du gres ou sable supérieur.	Muriates de magnésie et de chaux ; carbonates de fer et de chaux ; sulfate de chaux.	Temp. m.
PROVINS. De dessous le calcaire grossier, et probablement des argiles plastiques.	Acide carbonique ; carbonate de chaux, etc.	Temp. m.
FERRIÈRE, près Montargis, et SEGRAIS, près Pithiviers (dép. du Loiret). Des formations supérieures à celles du calcaire grossier.	Sulfates de fer, de chaux et de magnésie.	Temp. m
LA CHAPELLE GODEFROY (près Nogent-sur-Seine). De la craie ou de dessus la craie.	Carbonates de chaux et de fer.	Temp. m

NOM, POSITION GÉOGRAPHIQUE, et OBSERVATIONS GÉOGNOSTIQUES.	PRINCIPES dominant DANS LA COMPOSITION.	TEMPÉR. au THERMOMÈTRE centigrade.
FORGES (Seine-Inférieure). Au dessus de la craie, dans les argiles plastiques. (A. B.)	Ferrugineuse ; carbonate et sulfate de chaux, etc.	Temp. m.
REIMS. Au dessus de la craie, et par conséquent dans la formation des argiles plastiques.	Ferrugineuse ; carbonate de chaux ; sulfate de chaux.	Temp. m.
ROYE (en Picardie). De la craie, ou de dessus la craie.	Ferrugineuse ; carbonate de chaux, etc.	Temp. m.
TONGRES (près de Mastricht). Sur les limites de la craie et du calcaire à cerites ; probablement des argiles plastiques.	Oxide de fer.	....
BRIGHTON (côte sud-est d'Angleterre, dans la Manche). Probablement dans les argiles plastiques.	Acide carbonique ; sulfates de chaux et de fer.	Temp. m.
La côte sud-ouest de L'ILE DE WIGHT (en Angleterre). Probablement des argiles plastiques, au dessus de la craie ?	Sulfates de fer, d'alumine, de chaux, de soude, etc., et un peu d'acide carbonique.	Temp. m.
EPSOM (comté de Surrey). Des argiles au dessus de la craie.	Sulfate de magnésie.	Temp. m.
GAMARDE (près Dax, dép. des Landes). Probablement dans les assises inférieures du calcaire grossier ? Peut-être dans les argiles plastiques ?	Muriates de soude et de magnésie ; sulfate de chaux.	Temp. m.

VI. — *Eaux sortant des terrains de porphyre, trachyte et basalte.*

NOM, POSITION GÉOGRAPHIQUE, et OBSERVATIONS GÉOGNOSTIQUES.	PRINCIPES dominant DANS LA COMPOSITION.	TEMPÉR. au THERMOMÈTRE centigrade.
LUCAN (près Dublin).	Acide carbonique ; gaz hydrogène sulfuré , chaux carbonatée, soude carbonatée, etc. (KNOX.)	Temp. m.
MONTS EUGANÉENS.	Hydrogène sulfuré et bitume.	....
DAX (département des Landes). Quoiqu'il y ait du calcaire compacte près des sources, les terrains trappéens peuvent être regardés comme donnant passage à cette eau.	Presque pure ; un peu de muriate de magnésie et de sulfate de soude.	60.

NOM, POSITION GÉOGRAPHIQUE, et OBSERVATIONS GÉOGNOSTIQUES.	PRINCIPES dominant DANS LA COMPOSITION.	TEMPÉR. au THERMOMÈTRE centigrade.
Mont-d'Or (département du Puy-de-Dôme). D'un terrain de trachyte, de basalte, etc.	Acide carbonique; carbonate de soude, muriate de soude, carbonate de chaux; silice, alumine, etc.	43.
Saint-Allyre (fauhourg de Clermont en Auvergne). De la butte composée de débris de roches cornéennes sur laquelle la ville est bâtie.	Acide carbonique; carbonate de chaux en abondance, etc.	25.
Saint-Mart (près Chamaillère, à un quart de lieue de Clermont en Auvergne). De dessous le terrain volcanique, et peut-être du granite.	Acide carbonique; carbonate de chaux; fer.	28.
Bar (près Saint-Germain-Lambron, à neuf lieues de Clermont). Probablement du même gisement.	Acide carbonique; carbonate de soude et de magnésie; sulfate de chaux?	Temp. m.
Vic-le-Comte (à cinq lieues de Clermont). Fontaines de Sainte-Marguerite et du Tambour. Probablement du même gisement.	Acide carbonique; sulfate de soude; muriate de soude.	Temp. m.
Chatel-Guyon (à une lieue de Riom en Auvergne). Du même terrain et du même coteau que celle de Saint-Mart.	Acide carbonique; muriate de soude; sulfate de magnésie.	30.
Amérique.		
Guanaxuato (au Mexique) près de Chichimiquillo. D'un porphyre colomnaire qui paroît reposer sur la syenite, et qui est recouvert de basalte et de brèche basaltique. (DE HUMBOLDT.)		96.
Du lac Cuisco, à Valladolid, à Chucandro, Quinche, San-Sébastian, Saint-Jean-de-Tararanico, etc.	Acide muriatique.	Therm.

NOM, POSITION GÉOGRAPHIQUE, et OBSERVATIONS GÉOGNOSTIQUES.	PRINCIPES dominant DANS LA COMPOSITION.	TEMPÉR. au THERMOMÈTRE centigrade.
VII. — *Eaux sortant des terrains, ou pays volcaniques.*		
PLAINE DE L'ACERRA (à l'Est de Capoue, euvirons de Naples). Donnant des dépôts calcaires analognes au travertin.	Gaz hydrogène sulfuré, et chaux carbonatée.	Temp. m.
Colline de SUJO (rive droite du Leris). CASTELLAMARRE (partie orientale du golfe de Naples).	Gaz hydrogène sulfuré ; acide carbonique, muriate de soude, peut-être carbonate de soude, et carbonate de chaux.	Temp. m.
PISCIARELLI DE LA SOLFATARRE (partie occidentale de Naples).	Gaz hydrogène sulfuré.	93.
CALVI (au pied des collines calcaires qui ferment au nord la plaine de Capoue). Quoique beaucoup de ces sources sortent du pied de montagnes calcaires, nous les rapportons, pour le moment, au *pays* volcanique des environs de Naples, sans pouvoir affirmer qu'elles appartiennent au *terrain* volcanique.	Acide carbonique.	Temp. m.
GURGITELLO (isle d'Ischia).	Carbonate de soude, muriate de soude, carbonate de chaux. Elle dépose beaucoup de calcaire, et a produit des pisolithes.	Temp. m.
MONTICETO (isle d'Ischia).	Fumarolles, ou vapeurs aqueuses qui donnent des dépôts siliceux, comme le geyser d'Islande. (THOMPSON.)	Therm.
MONTEFALCONE.	Muriate de soude.	
ROME (au nord près la porte du Peuple, au pied du mont Pincio).	Acide carbonique et carbonate de chaux. Elle dépose un calcaire concrétionné bien moins blanc que le travertin déposé par l'Anio.	Temp. m.

NOM, POSITION GÉOGRAPHIQUE, et OBSERVATIONS GÉOGNOSTIQUES.	PRINCIPES dominant DANS LA COMPOSITION.	TEMPÉR. au THERMOMÈTRE centigrade.
LAC DE LA SOLFATARRE (à l'est de Rome).	Gaz hydrogène sulfuré, déposant une grande quantité de carbonate de chaux, et contribuant avec l'Anio à former le travertin très-dur de la plaine. (BREISLACK.)	Temp. m.
ISLANDE.	Silice, carbonate et muriate de soude. Elles déposent toutes de la silice en incrustation.	Therm.
JAVA. Au pied du volcan de Java. (LESCHENAULT.) Route de Sirang à Batavia, sur un plateau. (ABEL.)	Acide sulfurique. Gaz hydrogène sulfuré en grande quantité ; dépôt abondant de chaux carbonatée.	Temp. m
OPALSKI, etc. (au Kamtchatka).	Silice déposée en incrustation.	Therm.
ISLE D'AMSTERDAM.	Ferrugineuses.	100.
POPAYAN (volcan de Purazé, Amérique méridionale).	Acide sulfurique.	
SAINT-DOMINGUE (baie et plaine des Gonaïves, côte de Jérémie, pointe des Yrois, etc.).	Hydrogène sulfuré ?	43 à 54.
MARTINIQUE (au pied de la montagne Pelée).	Gaz hydrogène sulfuré.	Therm.

Les tableaux que nous venons de présenter nous font voir, en premier lieu, que les matières dissoutes dans les eaux minérales n'ont souvent aucun rapport avec les matières acides ou salines, et même terreuses, qui entrent dans la composition des roches qu'elles traversent. Cette observation, qui s'applique surtout aux eaux des terrains primordiaux, semble être une première indication que les eaux minérales prennent leur origine ou se forment ailleurs que dans ces terrains. Cette présomption est fortifiée lorsqu'on remarque, au contraire, que les eaux minérales des terrains de sédiment supérieurs, qui, pour la plupart, doivent prendre leur origine dans l'intérieur de ces terrains, contiennent en effet dans leur composition des sels terreux et métalliques, tels que le carbonate de chaux, le sulfate de chaux, le sulfate et l'oxide de fer, dont on trouve tous les matériaux dans les argiles plastiques pyriteuses, dans les calcaires quelquefois magnésiens, et dans les gypses qui forment les assises, tant inférieures que moyennes, et supérieures de ces terrains. La seule eau du bassin de craie de la France et de l'Angleterre, qui paroisse offrir une exception, est l'eau sulfureuse d'Enghien; mais, on fait remarquer dans le tableau qu'elle prend naissance au pied de l'étang de ce nom, au niveau des couches de gypses, traversées et peut-être en partie décomposées par les eaux de cet étang, qui sont chargées de matières organiques propres à opérer cette décomposition, comme on l'observe dans toutes les circonstances où le plâtre reste long-temps en contact avec des matières animales et végétales.

En second lieu, ces tableaux des eaux minérales rapportées aux terrains d'où elles semblent sortir, paroissent conduire aux résultats suivans, au moins pour le plus grand nombre des exemples qui y sont mentionnés.

1.° Les eaux des terrains primordiaux sont presque toutes thermales, et possèdent même, en général, une haute température.

Les matières dominantes qu'elles renferment assez constamment, sont le gaz hydrogène sulfuré, l'acide carbonique libre, le carbonate de soude, et, en général, des sels à base de soude, *de la silice*, peu de sels à base de chaux, excepté du carbonate de chaux dans quelques circonstances, et peu de fer.

On doit faire remarquer, comme une application assez

curieuse de la loi que nous croyons avoir observée, que l'eau salée de Creutznach, qui sort d'un terrain primordial, a toujours été citée comme un exemple rare d'une eau salée sans sulfate de chaux.

L'absence de ce sel terreux s'accorde donc fort bien avec le caractère propre à la position de cette source minérale.

2.° Les eaux des terrains de sédimens, tant inférieurs que moyens, participent des propriétés des eaux inférieures; et rien ne nous apprend si plusieurs des eaux minérales qui sortent de ces terrains ne viennent pas primitivement de dessous les terrains primordiaux. On sent que, dans ce cas, le long trajet qu'elles ont fait, et les roches qu'elles ont traversées, ont pu modifier leur nature, et surtout abaisser leur température.

On trouve encore néanmoins dans ces terrains des eaux qui sont très-chaudes. L'acide carbonique s'y présente encore, mais plus rarement : on n'y connoît presque plus le gaz hydrogène sulfuré. Les minéraux dominans sont encore les sels à base de soude: mais le carbonate de soude y est beaucoup plus rare, tandis que le sulfate de chaux se montre dans presque toutes les eaux. Enfin, la silice ne se trouve que dans deux ou trois exemples, dont la position géognostique est même assez douteuse.

3.° Les eaux minérales des terrains de sédimens supérieurs sont aussi bien caractérisées que celles des terrains primordiaux, placées à l'autre extrémité de la série.

Elles ont toutes la température moyenne du lieu d'où elles sourdent, et sont ce qu'on appelle *froides*, par opposition avec les eaux thermales.

Les eaux de ces terrains, dont la position est la mieux déterminée, et ce sont les plus nombreuses, sont celles qui appartiennent évidemment, soit aux assises inférieures du calcaire grossier, soit plus probablement à la formation des argiles plastiques qui recouvrent le grand bassin de craie qui s'étend dans tout le nord de la France et dans le midi de l'Angleterre. Ces eaux ont aussi une analogie de composition et de propriété fort remarquable. Ici, il n'y a plus, ou presque plus, de gaz acide carbonique libre. Les sels dominans sont le carbonate de chaux, le sulfate de chaux, le sulfate de magnésie, et le sulfate ou le carbonate de fer. Les exceptions, qui sont peu nombreuses, paroissent tenir, ou à quelque erreur dans la classification géognostique, faute de renseignemens suffisans, comme cela est probable pour l'eau de Gamarde, près Dax ; ou à des circonstances particulières de gisement, comme celle que nous avons tâché d'apprécier en parlant plus haut de l'eau hydrosulfureuse d'Enghien.

Les terrains de trachyte et les terrains volcaniques, tant anciens que nouveaux, terrains que beaucoup de géologues regardent maintenant comme étant sortis de dessous les granites, présentent assez souvent en effet dans leurs eaux minérales les mêmes circonstances de température et de composition que celles que nous avons fait remarquer dans les eaux qui sortent des granites ou des autres roches primordiales. L'hydrogène sul·furé, l'acide carbonique, le carbonate de soude, la silice et le carbonate de chaux, reparoissent ici. On ne voit plus, ou presque plus, ni de sulfate de chaux, ni de sels à base de fer ou de magnésie. Ainsi le phénomène des eaux minérales, quoique peu connu, et encore entouré d'incertitudes, sembleroit concourir avec les autres observations géognostiques, à placer au-dessous des granites l'origine des terrains volcaniques.

Il ne faut pas cependant que l'intérêt de ces généralités et de ces rapprochemens nous entraîne au point d'y mettre trop de confiance. Des observations plus nombreuses, plus exactes, peuvent les faire évanouir; mais elles peuvent aussi les fortifier; et c'est pour engager à entreprendre des recherches et des travaux dans ce but, que nous avons hasardé de publier de semblables tableaux, malgré l'insuffisance et de la science et de nos moyens particuliers.

L'étude des eaux minérales, sous le point de vue de la géologie, présente encore d'autres considérations générales.

On remarque que, dans beaucoup de cas, les eaux minérales d'un même canton ont à peu près la même composition. C'est une observation qn'on peut faire sur les eaux de la Hongrie, du nord de la France, des environs de Naples et de Rome, et que M. Palassau a faites sur celles des Pyrénées: mais on trouve aussi quelquefois des faits directement opposés à cette généralité; et on a pu remarquer dans le tableau des eaux des terrains de sédimens inférieurs, qu'auprès de Luxeuil on trouvoit, à très-peu de distance l'une de l'autre, une source d'eau presque pure, mais thermale, et une autre d'eau froide chargée de fer et d'acide carbonique. Si nous avions pu entrer dans les détails d'une énumération beaucoup plus étendue des sources minérales, nous aurions trouvé quelques autres exemples analogues à celui que nous venons de citer.

Kirwan a fait observer dans la composition des eaux minérales certaines associations particulières de substances salines qu'il ne donne pas comme constantes et exclusives, mais comme assez remarquables par leur généralité. Ainsi, on trouve ordinairement ensemble : la chaux carbonatée et la chaux sulfatée ; le fer et l'alumine sulfatée ; la soude et la chaux muriatée.

La soude muriatée est toujours accompagnée de chaux sulfatée, à moins qu'il n'y ait de la soude carbonatée.

La magnésie carbonatée est ordinairement accompagnée de chaux carbonatée ; la soude carbonatée, de soude muriatée et sulfatée ; la magnésie muriatée et la magnésie sulfatée, de soude muriatée, tandis que l'inverse de ces associations n'est pas également vraie. La chaux sulfatée se trouve dans la plupart des sources, et accompagne tous les sels, excepté la soude carbonatée.

Le gaz hydrogène sulfuré et le gaz acide carbonique qui se trouvent non seulement dans les eaux froides, mais même dans les eaux les plus chaudes dans une proportion qui excède de beaucoup ce qu'elles pourroient en dissoudre sous la pression ordinaire de l'atmosphère, est un phénomène également remarquable : il doit faire supposer que ces eaux ont été imprégnées de ces gaz sous une forte pression, et qu'elles ont parcouru des canaux assez bien fermés pour que le dégagement de l'excédant des gaz n'ait pas pu s'opérer dans le trajet ; c'est à l'aide de ces gaz ainsi comprimés qu'elles tiennent en dissolution des matières terreuses, et surtout de la chaux carbonatée qu'elles laissent précipiter aussitôt que l'agitation et la cessation de pression permettent au gaz en excès de se dégager.

Enfin l'objet le plus remarquable, et on peut dire, le plus digne de nos réflexions et de notre étonnement, c'est la constance des phénomènes qui caractérisent ou accompagnent les

eaux minérales. En effet, à quelques exceptions près dont
plusieurs même peuvent être appréciées, on remarque dans
ces eaux, et il y en a quelques unes qui sont connues depuis
plus de dix-huit siècles, le même volume, la même composition, le même dégagement de gaz lorsqu'il a lieu, la même odeur
et la même température. On conçoit bien que la connoissance
qu'on a de leur degré de chaleur, et surtout de leur composition, ne peut pas remonter très-haut. Mais enfin la constance dans ces deux qualités, n'eût-elle été observée que
pendant cinquante à soixante ans, est un phénomène qui a le
droit de fixer notre attention et de motiver notre étonnement.
On assure que les eaux d'Aix en Provence étoient connues
plusieurs siècles avant J. C.; ce qu'il y a de certain, c'est
qu'elles étoient déjà célèbres lorsque Caïus Sextius Calvinus
y fonda une colonie l'an 121 de notre ère.

Les eaux de Plombières étoient déjà employées à la guérison des soldats romains vers l'an 428 de Rome, et Jules César
y établit quatre bains magnifiques dont les parties principales
subsistent encore. Ces eaux étoient donc bien connues il y a
plus de dix-neuf siècles.

Les grandes chaleurs, les grands froids, les longues sécheresses et les pluies abondantes ne sont pas les principales
causes qui influent le plus ordinairement et le plus notablement sur les propriétés des eaux minérales, quoiqu'elles aient
quelquefois et sur quelques sources une influence réelle; mais
on a remarqué que les tremblemens de terre étoient les causes
qui avoient apporté les changemens les plus réels et les plus
notables dans la manière d'être des eaux minérales. Ils les
ont quelquefois fait disparoître entièrement, ou bien ils ont
changé des eaux thermales en eaux froides. Mais souvent
aussi ces altérations n'ont été que momentanées, et au bout
de quelques semaines, de quelques jours, de quelques heures
même, la source a repris son cours et sa température ordinaires.

Nous nous bornerons à un petit nombre d'exemples. On
sait qu'il y a environ dix ans, l'une des sources de Carlsbad
a perdu sa chaleur à la suite d'un tremblement de terre.
D'autres sources semblent, au contraire, avoir acquis par la
même cause, et comme subitement, une augmentation de

température, ainsi qu'on le rapporte de la source de la Reine à Bagnères de Luchon. On croit avoir remarqué un changement analogue dans les eaux de Bude en Hongrie, et dans les sources principales de Tœplitz en Bohème, à l'époque du tremblement de terre de Lisbonne.

La source de Pisciarelli près Naples, et non loin de Pouzzoles, connue depuis si long-temps, n'existe plus et a été remplacée par des fumarolles qui ne sont que de l'eau en vapeur, paroissant avoir les mêmes propriétés et la même composition que la source. En 1660, à la suite d'un tremblement de terre, la chaleur des eaux thermales de Bagnères de Bigorre fut suspendue momentanément. On fit la même remarque en 1755 aux eaux d'Aix en Savoie, à l'époque du tremblement de terre de Lisbonne. Mais on voit qu'à l'exception de ces secousses violentes qui semblent indiquer une révolution géologique, mais partielle, dans l'intérieur du globe, les phénomènes présentent une constance qui doit faire supposer dans les causes qui les produisent un équilibre indicateur de la prédominance de l'état de repos.

Art. 3. Des Eaux considérées dans leur masse.

§. I. *Manière d'être des eaux à la surface de la terre.*

Les eaux sont ou parties accessoires d'une vaste étendue de terre, ou parties principales et enveloppant les terres. Nous décrirons les premières sous le nom d'*eaux continentales*, et les secondes sous celui de MER. (Voyez ce mot.)

Suivant que les eaux continentales sont ou courantes ou stagnantes, elles portent dans le premier cas le nom de fleuves, de rivières, de torrens ou de ruisseaux, et dans le second cas, celui de lac, d'étang ou de marais.

Les cours d'eau prennent immédiatement leurs *sources* ; ou dans l'intérieur de la terre, et en sortent de diverses manières : ou bien ils la tirent de lacs, d'étangs ou de marais (cette seconde circonstance est la moins ordinaire) ; ou bien enfin ils naissent de ces amas de glace naturelle qui recouvrent les hautes sommités des montagnes Alpines. Les eaux courantes offrent dans leurs sources, leurs cours et leurs embouchures, des phénomènes dont la connoissance appartient à l'histoire naturelle du globe.

Les *sources* sont généralement placées au pied ou sur le penchant des montagnes et des collines, ordinairement à l'origine des vallées, sur le penchant des cols, et souvent très-près de la crête de ces cols. On remarque presque toujours auprès des sources, des terrains élevés qui les dominent. Cependant on cite quelques sources qui sont plus élevées que tous les lieux qui les entourent immédiatement. Les quatre sources perpétuelles, qu'on trouve au sommet du mont Cimone près de Modène, paroissent plus élevées que tout ce qui les environne. (Spalanzanni.)

La plaine où est située la ville de Lillers en Artois, et d'où sortent des sources jaillissantes, n'est dominée par des collines qu'à une très-grande distance.

On remarque que dans les pays à couches, les sources d'un même arrondissement renfermant plusieurs myriamètres carrés, sortent toutes à peu près au même niveau. On observe la même règle dans la position des eaux souterraines, lorsqu'on creuse des puits dans un même canton. On donne souvent le nom de *nappe d'eau* à ce niveau général des eaux d'un canton. Lorsqu'une colline est composée de couches inclinées, il arrive souvent que les sources sortent toutes du même côté de la colline, et on observe que c'est presque toujours du côté où les couches présentent leur dos et s'enfoncent dans la terre, tandis qu'il n'y a aucune source du côté où les couches présentent leurs tranches.

Les eaux sortent de la terre sous des volumes très-variables; le plus souvent, les grands fleuves et leurs rivières affluentes n'ont à leurs sources que quelques décimètres de largeur. Mais, dans d'autres circonstances plus rares, quelques cours d'eau présentent dès leur naissance, un volume considérable, et sont déjà capables de faire mouvoir des usines et de porter de petites barques. C'est ainsi que sort la fontaine de Vaucluse dans le département de ce nom, au pied d'une montagne calcaire, et que se présente la source de l'Orbe dans le Jura, dans un pays également calcaire, et celle que l'on regarde comme l'origine du Danube.

Le Loiret possède à sa source un volume d'eau presqu'égal à celui qu'il offre à son embouchure dans la Loire. Cette rivière surgit presque verticalement du milieu d'un bassin en entonnoir évasé, formé de sable sur ses bords, et de rochers à son fond; ce *bouillon* d'eau présente, même dans les sécheresses, une masse de 32 à 33 mètres cubes.

Les sources, quel que soit leur volume, sortent ordinairement de terre avec régularité; mais d'autres sortent avec impétuosité, et jaillissent à des élevations quelquefois considérables.

Assez ordinairement on donne issue à ces sources jaillissantes à l'aide d'une perforation artificielle du sol. Il existe à Paris, rue des Marais, faubourg du Temple, une fontaine jaillissante au niveau du sol, et venant de plus de 33 mètres de profondeur. (Gillet-Laumont.) On connoît de nombreuses sources jaillissantes dans Lillers, département du Pas-de-Calais, et dans tous les environs de cette ville. Il suffit de percer le sol de la plaine à 13 mètres de profondeur pour obtenir presque partout un jet d'eau naturel et perpétuel de quelques décimètres de hauteur.

Il y a, à Saint-Venant, même département, une source qui remonte de plus de 60 mètres de profondeur, et qui jaillit d'environ 2 mètres au-dessus du sol.

Dans le district de Wadneag au royaume d'Alger, lorsqu'on a traversé diverses couches de sable, on arrive à un schiste. En le perçant il jaillit, par le trou, et avec beaucoup de rapidité, un jet d'eau qui s'élève assez haut. (Shaw.)

Toutes ces fontaines jaillissantes s'établissent à l'aide de coffres qu'on enfonce à la suite des uns des autres, jusqu'à la rencontre de la *nappe d'eau* souterraine. Ils servent à empêcher les eaux de se perdre en remontant dans les couches meubles supérieures.

Le phénomène le plus remarquable que présentent les sources dans leur manière de sortir de la terre, est l'intermittence qu'on observe dans plusieurs d'entre elles. Parmi le grand nombre de sources intermittentes décrites par les voyageurs, nous choisirons les exemples suivans.

Les plus célèbres, en ce qu'elles sont en même temps jaillissantes et intermittentes, sont celles d'Islande; on les nomme généralement *geyser*, qui signifie *furieux* (POLVESEN.) (1).

Elles sont situées dans la vallée de Rikum, à deux milles au N. E. de la ville de Skalholt. On en trouve près de cent dans une circonférence de deux milles.

La durée des éruptions de ces sources, et celle des intermittences, sont très-variables: la première ne passe guère 10 minutes. La durée des intervalles varie entre quelques minutes et une demi-heure. L'eau du bassin d'où sortent ces jets, se gonfle, déborde, et le jet jaillit avec force et avec une sorte de grondement. Il s'élève à plus de 40 mètres (2). La gerbe se divise diversement, emportant quelquefois avec elle les pierres qu'on a jetées dans le bassin.

La plus puissante de ces sources porte particulièrement le nom de *geyser*; elle jaillit d'un monticule de 10 mètres de hauteur percé d'un trou parfaitement cylindrique de près de 3 mètres de diamètre. Ses parois intérieures sont parfaitement unies. Sa surface extérieure est couverte d'incrustations siliceuses en forme de choux-fleurs, très-dures quoique très-délicates, et qui s'étendent à plus de 3o mètres autour de la source. La température de l'eau de ces sources varie entre 8o et 1oo deg. centig. Cette eau n'a généralement aucune odeur. (POLVESEN. STANLEY.)

Il y a plusieurs sources intermittentes sur la rive gauche du Gardon, dans l'arrondissement d'Uzès. Telle est celle du Boulidou, près Sanilhac, qui s'élève de près de 2 décimètres plus de trente-six fois en vingt-quatre heures. Celle de Madame, qui coule de suite de 25 à 90 minutes, et qui tarit tout-à fait, de manière que son fond reste à sec, pendant 10 à 15 minutes. [ALLUT. (5)]

A Côme, dans le Milanois, il y a une source intermittente, connue depuis long-temps et décrite même par Pline. Ses intermittences sont d'une heure. Celles de la fontaine de Colmars,

---

(1) Ou de GEYSA, qui veut dire JAILLIR dans l'ancien dialecte scandidinave. (STANLEY.)

(2) Le jet du nouveau geyser a deux mètres en diamètre, et s'élève verticalement à 132 pieds (plus de 43 mètres. (STANLEY.)

(3) Journ. de Phys. T. 26, pag. 295.

en Provence, sont beaucoup plus rapides; l'eau monte et s'abaisse huit fois en une heure.

Dans d'autres sources, les intermittences sont au contraire très-longues. Celle de Boulaigne, près Fressinet, à huit kilom. de Villeneuve-de-Berg, dans les monts Coyrons, reste quelquefois sans couler plus de vingt ans : ensuite, elle coule pendant un mois, deux mois, même une année, et jamais au-delà. Mais, dans ce temps-là même, cette source est encore très-intermittente, coulant pendant environ une heure, et s'arrêtant à peu près le même temps. Il y a des exemples d'intermittences encore plus longues, si toutefois on peut donner ce nom au phénomène suivant. En 1802, il parut, aux environs d'Abbeville, des sources qui avoient déjà paru quarante ou cinquante ans avant, et qu'on n'avoit pas vu couler depuis. Elles parurent à cette dernière époque dans toutes les vallées des plaines, quelques jours après la fonte des neiges. On n'en vit aucune dans la forêt de Crécy. (Traullée.)

On connoît aussi dans le parc de Saint-Cloud, près Paris, une source intermittente.

Enfin, il y a peu de pays dans lequel les voyageurs ne citent des sources intermittentes. Les exemples que nous venons de citer nous paroissent suffisans.

Dans beaucoup de sources, l'écoulement de l'eau est accompagné d'un dégagement d'air, qui sort quelquefois avec l'impétuosité d'un vent assez vif; en Amérique septentrionale, dans le Ténessée, on voit sortir d'excavations assez profondes, situées au pied de plusieurs collines de ce canton, comme à Dixon-Spring et aux environs de Nashwille, de gros ruisseaux qui sont constamment accompagnés d'un courant d'air très-fort. (Michaux fils.)

Quelquefois l'air se dégage en grosses bulles, qui produisent en sortant un bruit périodique assez singulier, et impriment à la source un mouvement intermittent. Telle est *la fontaine dite du Tambour*, sur les bords de l'Allier, près Vayre, en Auvergne.

Il y a des sources qui ne tarissent jamais, et même qui diminuent peu dans les grandes sécheresses de l'été ; d'autres, au contraire, suivent dans leur abondance, non seulement l'ordre des saisons, mais encore celui des phénomènes météorologiques,

et même, dit M. Struve, l'influence des variations baromé-
triques.

Enfin, la nature des différens terrains influe sur l'abondance
des sources qui en sortent, et par conséquent des cours d'eaux
qui les sillonnent.

Les terrains granitiques, schisteux et argileux, présentent
des sources nombreuses, mais généralement foibles.

Les terrains calcaires, et tous les terrains à couches puissantes et presque horizontales, n'offrent pas des sources aussi
multipliées que les précédens; mais elles sont généralement
plus volumineuses, et c'est de ces terrains que sortent ces cours
d'eaux puissans à leur naissance, que nous avons mentionnés
plus haut.

On ne voit presque aucune source dans les terrains volcaniques
proprement dits, ni dans les terrains de cailloux roulés, ni dans
les terrains de sable : les cours d'eau qu'on observe dans les
pays où ces terrains dominent, sortent presque toujours de
leur plan de contact, avec les terrains qu'ils recouvrent.

La théorie de l'origine des sources et des causes de leurs variations, etc., tenant à la connoissance de la structure de la terre
et de tous les phénomènes atmosphériques et géologiques, ne
peut être développée ici.

La rapidité d'un cours d'eau, due à l'inclinaison de sa pente,
est ce qui distingue, en géographie, *un torrent* d'une *rivière*.
Que son lit soit large ou étroit, un torrent n'offre jamais un
grand volume d'eau. On verra dans le troisième article que
ces deux sortes de cours d'eau, dont la distinction paroit,
au premier aspect, si peu importante, ont sur la surface de la
terre des actions bien différentes l'une de l'autre.

Dans un torrent, toutes les parties d'eau qui le composent sont
douées à peu près de la même vitesse.

Dans une rivière ou dans un fleuve, au contraire, les diverses
parties sont douées et de vitesse différente et même de mouvemens très-différens.

Ainsi, 1.° l'écoulement est d'autant moins rapide, que la rivière, en approchant de son embouchure, perd de sa pente,
et cela malgré le volume d'eau considérable qu'elle acquiert au
moyen des affluens qui s'y rendent. Ainsi l'Amazone, malgré sa
masse imposante, n'a dans le *Llanas* que $\frac{1}{7}$ de pouce de pente par

100 pieds. La Seine, entre Saint-Cloud et Sèvres, n'a que 1 pied sur 1100 toises. Le Rhin, qui paroît si rapide entre Schaffouse et Strasbourg, n'a que 4 pieds par mille.

2.° L'écoulement le plus rapide est à la surface et dans le milieu de la rivière. Vers le fond, le mouvement est plus lent, et cette disposition est d'autant plus sensible, que le cours d'eau est plus puissant et plus lent.

3.° Vers les rives, non seulement le mouvement d'écoulement est encore plus lent, mais il est oblique et souvent même rétrograde dans une grande étendue, et jusqu'au premier cap qui reporte l'eau vers l'axe de la rivière. Ce mouvement rétrograde, si facile à voir, est ce que l'on nomme le *remous*. Il est très-remarquable vers l'embouchure de tous les fleuves qui se rendent dans l'Océan, et dans lesquels la direction du courant sur les bords est très-long-temps opposée à celle du courant vers l'axe, pendant le flux et le reflux (1).

Le mouvement oblique résulte de la combinaison du mouvement direct du milieu et du mouvement rétrograde des rives : il est prouvé par la marche des corps flottans qui viennent, tôt ou tard, échouer sur les rives.

La connoissance de ces faits est de la plus grande importance pour apprécier la valeur des hypothèses ou théories géologiques sur la formation des vallées, comme on le verra dans la suite.

Les cours d'eaux ne suivent pas toujours ces dépressions alongées et presque régulières, qui constituent les vallées proprement dites; et ce seroit se faire une fausse idée de la disposition des inégalités de la surface de la terre, que de croire, en regardant une carte, que toutes les rivières indiquent des vallées, que les terrains situés à leur source sont plus élevés que tous ceux qui bordent leur cours; et enfin, que les systèmes, groupes ou chaînes de montagnes, sont en rapports

---

(1) Nous ne donnons pas d'exemple parce qu'il n'y a pas de fleuves sur lesquels on ne puisse l'observer. Je ne l'ai cependant jamais vu d'une manière plus sensible ou plus frappante pour moi, que sur la Tamise, dans Londres.

Le Mississipi est tellement haut et rapide au printemps, qu'il ne seroit pas possible de le remonter, si on ne profitoit des contre-courans ou remous des rives.

constans avec les sources des grands fleuves, et surtout avec leur cours. Les exemples nombreux que nous allons rapporter prouveront que presque tous les grands fleuves du globe traversent des systèmes de montagnes, qui, si elles ne sont pas toujours plus élevées que celles où ils prennent leur source, le sont au moins beaucoup plus qu'une partie des terrains qu'ils ont parcourus avant de les traverser.

L'Europe nous offre quatre exemples remarquables de cette disposition.

Le Rhin, après avoir quitté le lac de Constance et la vallée qu'il suivoit, traverse la chaîne de montagnes bien caractérisée qui se dirige du sud-ouest au nord-est, et qui, sur sa rive gauche, est l'extrémité septentrionale de la chaîne du Jura, dont le Mont-Terrible fait partie, et, sur la rive droite, le commencement méridional de la chaîne des montagnes de la forêt Noire : il traverse cette chaîne presque perpendiculairement à sa direction : son lit est bordé et obstrué par des rochers ; son cours est très-impétueux. Arrivé à Bâle, il change de direction, et coule sans obstacle et tranquillement dans la large vallée de l'Alsace ; mais, après Mayence, il change encore de direction, et se dirige contre une chaîne de montagnes qui semble lui barrer le chemin. Cette chaîne porte sur la rive gauche le nom d'Eiffeld : c'est la continuation des Ardennes ; et, sur la rive droite, elle prend le nom de Westerwald. Il y entre à Bingen, et la traverse, non pas par une vallée proprement dite, mais par une gorge qui ne laisse guère que le passage du fleuve : il en sort vers Coblentz. Ainsi, le Rhin traverse dans son cours deux chaînes de montagnes, peu élevées il est vrai, mais dont les vallées ont une disposition, une forme, une direction même tout-à-fait différentes de la gorge par laquelle le Rhin les traverse.

Le Rhône qui, comme le Rhin, prend sa source dans les Hautes-Alpes, coupe aussi la chaîne du Jura à son autre extrémité, et éprouve dans ce trajet les obstacles, les chutes en cascades, etc., qu'on remarque dans le cours de tous les fleuves, lorsqu'ils traversent des chaînes de montagnes. Il coupe transversalement une partie du Jura au fort de l'Ecluse, coule ensuite dans une des vallées longitudinales de la chaîne, jusque vers Saint-Genix, où il la coupe tout-à-fait vers son extrémité méridionale.

3.

L'Elbe offre un exemple des plus frappans d'un fleuve qui coupe une chaîne de montagnes bien déterminée. Ce fleuve puissant, après avoir traversé toute la Bohême qui ressemble, comme on sait, à un vaste bassin, après avoir reçu les eaux des grandes rivières qui l'arrosent, sort de ce pays en coupant, de Theresienstadt à Pirna, la chaîne des montagnes des Géants qui le bordent au nord, et qui n'a aucune relation avec la chaîne de montagnes, beaucoup moins hautes, qui forme au midi le bord du bassin dans lequel ce fleuve a pris sa source.

Le Danube, après avoir parcouru la plus grande partie de l'Europe, traverse de larges plaines, côtoie quelques groupes de montagnes, traverse, en la coupant, l'extrémité méridionale de la chaîne des Crapaks, à Orsova, sur les confins de la Servie et de la Bulgarie.

En Asie, le Jenessey, l'Obi, l'Irtich, en sortant des lacs qui sont situés sur le bord septentrional du Grand-Plateau de l'Asie, coupent la chaîne de montagnes qui forme ce rebord : leur lit est resserré entre des parois escarpées ; ce qui se remarque surtout sur celui du Jenessey, à sa sortie du lac Baykal.

Sur le côté méridional du même plateau, les fleuves qui descendent des montagnes du Thibet présentent à peu près la même disposition, et elle est tellement remarquable dans le Gange, à sa sortie de ces montagnes, qu'elle a reçu dans le pays un nom particulier. Le Gange s'enfonce dans une caverne, traverse une montagne, et en sort par une ouverture qu'on nomme *Gargoutra* ou *Gueule de vache*.

Nous trouvons dans les Deux-Amériques des exemples encore plus nombreux et plus frappans de cette marche des fleuves opposée à l'idée qu'on s'en fait ordinairement.

On peut dire que, dans les Apalaches, dont les Alleganys forment la chaîne centrale ou principale, presque toutes les grandes rivières coupent les chaînes latérales et les vallées longitudinales, tant sur le versant nord-ouest que sur le versant sud-est. Ainsi, en jetant les yeux sur une bonne carte (1), on voit sur le versant nord-ouest de cette chaîne :

---

(1) Celle d'Arowsmith, par exemple. Il ne faudroit pas cependant se fier complétement à une carte et fonder cette disposition sur ce qu'elle représente, si d'ailleurs elle n'étoit d'accord avec les relations des voyageurs instruits.

La Grande-Kenhawa, qui prend sa source dans les Alleganys, coupe la chaîne des montagnes de Laurel, qui forme la seconde ligne de ce côté, pour se jeter dans l'Ohio, dont la direction, dans cette partie de son cours, est parallèle à celle des Alleganys.

La Tenessée, après avoir suivi quelque temps une vallée longitudinale, coupe l'extrémité sud-ouest de la même chaîne, à *Great Look-out Mountains*, et y fait une chute de 70 aunes. (YARDS.)

Sur le versant sud-est, la rivière d'Hudson coupe l'extrémité du dernier chaînon des Alleganys, au lieu dit les Hautes-Terres (*the high lands*).

La Delaware coupe les montagnes Bleues, second étage des Alleganys, à leur extrémité nord.

La Susquehanna, qui descend de la crête même des Alleganys, coupe les montagnes Bleues dans leur milieu.

Le Potomak suit absolument la même marche, tandis que la Shennando qui s'y jette, suit la vallée longitudinale qui sépare, de celle des montagnes Bleues, la chaîne centrale des Alleganys.

Enfin, la rivière de James, qui descend aussi de la crête des Alleganys, coupe les montagnes du Nord, les montagnes du Sud, chaînes de second et de troisième étage, et encore deux autres chaînons longitudinaux qui se trouvent entre cette dernière chaîne et la côte.

Nous nous bornerons à prendre deux exemples dans l'Amérique méridionale.

L'Orénoque, à Saint-Fernando de Atabapo, tourne tout à coup au nord, et perce une chaîne de montagnes. Il forme dans ce lieu les grandes cataractes de Maypurés et d'Aturés : son lit est resserré entre des masses énormes de rochers, et comme partagé en différens réservoirs par des digues naturelles. Après Carichana, il coule tranquillement dans une plaine jusqu'à l'Océan.

Du lac de *Lauricocha* jusqu'à Saint-Jean de Bracameros, le Maragnon ou rivière des Amazones, ou au moins un de ses principaux affluens, suit une vallée longitudinale, à peu près parallèle à la crête des Andes. Mais à Saint-Jean de Bracameros, cette rivière, ayant reçu ses affluens du nord, tourne à l'est ; son cours, rétréci entre deux montagnes, à travers lesquelles il semble s'ouvrir un passage, devient extrêmement rapide; et enfin, ce fleuve coupe tous les chaînons latéraux des Andes, en coulant entre deux murailles de rochers presque à pic, et sort vers Borja par une passe très-étroite, qu'on nomme le *Pongo de Manseriche.*

Nous ne prendrons d'exemple en Afrique qu'au cap de Bonne-Espérance, la plupart des autres rivières de ce pays étant peu connues.

En jetant les yeux sur la carte physique que M. H. Lichtenstein a donnée des Etats européens du Cap, on voit que les chaînes de montagnes à base primordiale de *Graff-Reynet,* de *Lange-Klooff,* etc. sont traversées, presque perpendiculairement à leur direction, par toutes les rivières qui descendent de la chaîne des montagnes nommée *Nieuwevelds* et *Bambus-Bergen.*

Les exemples que nous venons de donner nous paroissent suffisans pour prouver que les rivières ne peuvent pas toujours indiquer, même à peu près, les mouvemens des terrains. Les espaces qui les séparent sont quelquefois presque au niveau de leurs lits, en sorte qu'il existe entre elles des anastomoses qui sont quelquefois constantes, comme celles qu'on remarque dans l'Amérique méridionale, entre l'Orénoque et le Rio-Nigro, au moyen du Cassiquiare.

Quelquefois ces communications ne sont que momentanées, et n'ont lieu qu'à l'époque des grandes pluies et des débordemens qui en sont la suite.

Soit que les cours d'eau suivent des vallées transversales ou longitudinales, soit qu'ils coupent des vallées et des chaînes de montagnes, la forme de leur lit présente encore quelques considérations particulières, et qui tiennent assez généralement à la structure du terrain qu'ils traversent.

Tantôt les cours d'eau suivent de grandes vallées d'une pente extrêmement douce et d'une largeur telle, qu'on ne peut, à la première vue, les distinguer d'une plaine. Les cours d'eau y sont alors très-lents, quoique puissans, et forment, en s'épanchant latéralement, des marécages, des savanes, et tout ce qu'on peut désigner sous le nom de terrains limoneux. Tels sont, en Amérique, l'Ohio, le Mississipi, l'Orénoque, etc. etc.; en Afrique, le Nil; dans l'Inde, le Gange; en Europe, le Rhin, la Meuse, et enfin presque tous les grands fleuves vers leur embouchure. Rien n'égale ordinairement la fertilité de ces terrains.

Dans d'autres cas, le lit des fleuves est resserré et comme encaissé entre deux rives à pic, ou au moins très-escarpées. Tels sont le Kentuky, à Dixon's-Point, dont les rives ont plus de 130 mètres d'élévation à pic (Volney); le Rhin, près Bingen; enfin, toutes les fois qu'une rivière coupe transversalement une chaîne ou un système de montagnes, son lit se resserre et prend la forme que nous venons de décrire.

Mais, dans les cas les plus ordinaires, une seule rive est escarpée, tandis que la rive opposée est en pente douce. On sait qu'il est rare que le cours d'une rivière soit droit; qu'il est au contraire plus ou moins sinueux. Or, on fera remarquer que les parties saillantes des sinuosités correspondent presque toujours aux rivages escarpés, tandis que les sinus ou parties rentrantes ont leurs rives plates ou en pente très-douce. Cette disposition est très-sensible sur les nombreuses sinuosités de la Seine après sa sortie de Paris.

La pente du lit d'une rivière n'est pas toujours uniforme; elle augmente quelquefois considérablement dans un court espace de terrain, et la rapidité du cours d'eau qui y est reçu augmente dans la même proportion. De là ces *rapides* qu'on remarque dans plusieurs rivières, et notamment dans celles de l'Amérique septentrionale, et qui gênent beaucoup la navigation.

Lorsque le lit d'une rivière aboutit à une pente très-rapide, ou même à un escarpement, le cours d'eau éprouve dans ce point une chute plus ou moins élevée que l'on nomme cataracte. C'est un des phénomènes qui a le plus frappé les voyageurs, un de ceux qui ont été le plus fréquemment décrits, et un de ceux dont l'observation est des plus utiles pour donner des notions précises sur l'influence que les cours d'eau actuels peuvent avoir exercée sur la surface du globe.

La plus célèbre des cataractes est celle du fleuve Saint-Laurent à Niagara, entre le lac Erié et le lac Ontario. Elle a quarante-huit mètres de haut. Le fleuve a, dans cet endroit, 700 mètres de large et environ 5 mètres de profondeur. Le sol, dans lequel est situé l'escarpement qui produit la cataracte, est calcaire. (Volney.) Il n'y a de chute comparable à celle-ci que celle du Rhin, à Schaffouse ; elle est d'environ 25 mètres.

Dans l'Amérique méridionale, on remarque les cataractes puissantes par la masse d'eau qui s'y précipite de l'Orénoque à Aturés et Maypurés, et de la rivière des Amazones au Pongo de Manseriches.

Les cataractes du Nil méritent à peine ce nom; cependant elles sont encore assez hautes pour s'opposer à la navigation continue de ce fleuve, dans les basses eaux.

Le Danube a, près de Lintz en Autriche, des cataractes. Nous pourrions en citer un plus grand nombre; mais ces exemples nous paroissent suffisans (1).

Les ruisseaux, qui coulent dans les vallons élevés des montagnes Alpines, présentent des chutes beaucoup plus hautes, qu'on désigne par le nom particulier de cascades. Elles sont si nombreuses, dans tous les systèmes de montagnes, que nous ne saurions à quel exemple donner la préférence.

Les cáscades, et les cataractes surtout, s'observent ordinairement, 1.° dans les cas où une rivière descend, comme d'étage en étage, des flancs d'une chaîne principale, dans la plaine, en suivant une direction qui coupe, sous un angle presque droit, celle des chaînons latéraux ; 2.° quand un cours d'eau, après avoir coulé tranquillement dans une plaine, rencontre une chaîne ou groupe de montagnes, et le coupe, comme le prouvent les nombreux exemples que nous venons de rapporter.

Quelques unes de ces cascades semblent avoir diminué de hauteur depuis un certain temps. Telle est celle de Tunguska en Sibérie. Mais il paroît que ces exemples, bien constatés, sont fort rares, et qu'au contraire un grand nombre de cataractes, cascades et rapides, connues depuis long-temps, n'ont pas sensiblement diminué malgré la force d'érosion qu'on attribue à l'eau, et qui, si elle a réellement lieu, doit être considérablement augmentée par la quantité de mouvement que l'eau reçoit de sa masse et de sa rapidité dans les cataractes des grands fleuves. Nous reviendrons sur cette considération importante dans le troisième article.

____

(1) Voyez d'ailleurs HERBINIUS, DE ADMIRANDIS MUNDI CATARACTIS, etc. 1678. Un grand nombre de cataractes y sont figurées.

Plusieurs rivières se perdent, c'est-à-dire disparoissent sous la terre avant d'arriver à leur embouchure, dans un fleuve ou dans la mer. Deux dispositions particulières produisent ce phénomène : premièrement, lorsque la vallée que suit le cours d'eau se trouve barrée par une colline transversale, composée de roches caverneuses ; secondement, lorsque le cours d'eau aboutit à des terrains meubles ou spongieux. Nous allons donner des exemples de ces diverses circonstances.

Dans le premier cas, les rivières suivent leur cours sous terre, et reparoissent souvent à peu de distance. Dans le second cas, elles sont entièrement, soit absorbées, soit évaporées, et ne reparoissent plus sous la forme d'un cours d'eau.

On connoît en France, et surtout dans quelques cantons de l'ancienne Normandie, beaucoup de rivières peu considérables, il est vrai, qui se perdent en s'énfonçant dans des cavités ou trous coniques qu'on nomme *bétoires*. Ces bétoires sont ordinairement situés sur les bords ou dans le fond même de la rivière ; mais, comme ils ne sont ni assez nombreux ni assez grands pour engloutir toute l'eau de la rivière, lorsque la masse en est considérable, l'absorption ou disparition de la rivière n'est complète que dans les basses eaux de l'été.

Les rivières de Normandie qui présentent ce phénomène, sont : la Rille qui commence à se perdre dès Lyre ; et, deux lieues plus bas, c'est-à-dire au château de la Lune, elle a entièrement disparu. L'Iton, qui passe à Evreux, se perd au village de Villalet, après la forêt d'Evreux. L'Avre, ou la rivière de Verneuil, se perd près du Chesnebrun et à la Lenbergerie. La rivière du Noyer-Menard se perd à une demi-lieue de sa source, au lieu nommé les Foyards ; mais elle reparoît à peu de distance. Ces quatre petites rivières se perdent par des bétoires creusés dans un terrain composé de cailloux roulés. (GUETTARD.)

La Drôme, réunie à l'Aure, dans le département du Calvados, entre Bayeux et la mer, arrivée au pied d'une colline composée de calcaire compacte, à térébratules, qui paroît être de même formation que celui du Jura, s'engouffre entre les bancs de ce calcaire, et disparoît. On dit qu'elle reparoît dans la mer à marée basse.

En Lorraine, cinq rivières se perdent dans un seul canton

de dix à douze lieues, parmi lesquelles on remarque la Meuse encore foible. Elle disparoît à Bazoille ; mais elle reparoît à Noncourt, à deux kilomètres de Neufchâteau : elle n'est plus aussi forte qu'elle étoit à sa perte. (Héricart de Thury.)

Les autres sont la Feuche, la rivière de Mouzon, celle de Vichy et celle d'Ar. Ce canton est composé de calcaire coquiller, qui paroît appartenir aussi à la même formation que celui du Jura. (Guettard.)

Près de Paris, la rivière d'Hyère se perd dans plusieurs points, notamment dans le bas de la paroisse de Soulaires, et ensuite entre Sognolle et Ivry-les-Châteaux.

On compte en Angleterre plus de sept rivières qui se perdent, et presque toujours dans des terrains sablonneux ou marneux.

L'Aros, dans les Pyrénées, à peu de distance de Sérancolin, passe sous une montagne, et reparoît de l'autre côté.

La perte du Rhône, près du fort de l'Ecluse, au lieu où il coupe une partie du Jura, est célèbre.

Ce fleuve, qui, à sa sortie du lac de Genève et à sa jonction avec l'Arve, présentoit une grande masse d'eau ét une largeur d'environ soixante-dix mètres, arrivé au-dessous du hameau de Coupy, quelques mètres avant sa perte, entre dans une fente étroite et profonde, où cette largeur se trouve réduite à cinq ou six mètres. Cette fente est ouverte, d'abord, dans un terrain composé de calcaire marneux assez solide, et d'argile sableuse, chloritée, disposée en assises nombreuses et presque horizontales, remplie de coquilles fossiles très-variées, et notamment de ces petits corps lenticulaires nommés, par M. de la Marck, *orbitolites lenticulata*. Ces couches, presque meubles, forment les parois de la fente, qui est assez large dans ce lieu. Elles sont placées sur un calcaire compacte, en assises plus épaisses, également horizontales, qui appartient évidemment au calcaire compacte du Jura, et qui forme, dans ce même lieu, le fond du lit du Rhône.

Une fente à parois verticales, beaucoup plus profonde et beaucoup plus étroite, est également ouverte dans ce calcaire compacte ; le Rhône s'y précipite, et c'est dans ce point que sa largeur est réduite à cinq ou six mètres au plus ; mais comme il existe entre ces assises plusieurs de ces cavités si communes dans le calcaire du Jura, les eaux du Rhône s'y engouffrent, en grande partie dans le temps des hautes eaux, et en totalité dans la saison des basses eaux. C'est là ce qu'on appelle *la perte* du Rhône. Cet espace, où le Rhône disparoît quelquefois entièrement, n'a guère plus de vingt-cinq mètres. A environ cent mètres plus bas, le Rhône coulant assez tranquillement au fond de cette fente devenue un peu plus large, mais beaucoup plus profonde (elle a environ cinquante mètres de profondeur verticale), reçoit la Valserine sortant aussi d'une fente semblable, qui s'embranche dans celle du Rhône.

En Espagne, la Guadiana, qui prend sa source dans la Sierra-Morena, se perd dans la prairie d'Alcaza, qui n'en est éloignée que de quatre lieues, et reparoît cinq lieues plus loin en formant de grands marais, qu'on nomme les Yeux de la Guadiana. (PINKERTON.)

Beaucoup de rivières du centre de la Perse se perdent dans les sables de cette contrée. Tel est le Zenderoud, qui s'arrête et disparoît à quatre lieues d'Ispahan, dans une plaine marécageuse.

En Afrique, un grand nombre de rivières descendant du versant méridional de l'Atlas, vers le grand Désert de Sahara, se perdent dans les sables, ou se terminent par des marécages. On rapporte la même chose de plusieurs rivières, qui descendent des montagnes d'Abyssinie vers la mer Rouge.

Dans le Tucuman, au sud-ouest de Buenos-Ayres, on voit beaucoup de rivières qui se perdent dans les sables ou dans des lagunes.

Les eaux des rivières ou des fleuves manifestent, dans certains momens, des mouvemens ou des changemens dans leur direction, leur vitesse ou leur volume.

Le choc des eaux des grands fleuves, descendant avec une grande quantité de mouvemens, contre les eaux des mers remontant par l'effet de la marée, produit souvent, à l'embouchure de ces fleuves, une ligne ou vague élevée, transversale, constante quoique à mouvement irrégulier, que l'on nomme *barre*. Cette tourmente particulière qu'on rencontre à l'embouchure d'un grand nombre de fleuves (l'Adour, le Sénégal, etc.), est toujours difficile à passer et souvent dangereuse pour les vaisseaux.

Une autre sorte de mouvement particulier aux parties des fleuves, voisines de leur embouchure, est celui qui porte le nom de *mascaret* dans la Dordogne, de *pororoca* sur l'Amazone, et de *rat-d'eau* sur quelques autres fleuves. On ne remarque ce mouvement que dans les très-basses eaux : c'est une espèce de vague élevée qui, sur la Dordogne, part du Bec d'Ambez, et remonte ce fleuve avec plus de rapidité qu'un cheval au galop ; elle fait un bruit épouvantable, renversant les barques, démolissant même les constructions qui avancent dans la rivière. Cette vague remonte ainsi jusqu'à sept à huit lieues dans le cours du fleuve ; elle est d'autant plus sensible, que la rivière est moins profonde, et disparoît presque entièrement dans les endroits très-profonds, se continuant seulement sous forme de lames. Le *pororoca* de l'Amazone est composé de trois à quatre vagues de quatre à cinq mètres de haut.

Le mascaret de la Dordogne et le pororoca de l'Amazone paroissent deux fois par jour, aux heures des marées.

On a observé le même mouvement dans les rivières des îles Orcades, dans celles de la baie d'Hudson, dans le fleuve Mississipi, etc. (Delagrave-Sorbie.)

Les mêmes cours d'eau présentent de grandes différences, selon les temps, dans la masse d'eau qui les constitue. Il y a tel cours d'eau qui, dans certaines saisons, est entièrement tari ; en sorte que son lit, mis à sec, est alors suivi par les voyageurs comme une route plus commode ou plus courte. Les cours d'eau des montagnes basses et calcaires des pays chauds sont sujets à ce desséchement complet, comme on l'observe en Provence, dans les Apennins, etc.

Dans d'autres lieux les cours d'eau augmentent tellement de volume, qu'ils sortent de leurs lits et inondent au loin les terrains peu élevés. Ceci est particulier aux grands fleuves, et même aux petits cours d'eau qui descendent des hautes montagnes couvertes de neige. Enfin, dans d'autres circonstances, des ruisseaux, à peine visibles, se changent tout à coup en des torrens puissans et impétueux.

Plusieurs causes produisent ces diverses *crues* d'eau, et y apportent des modifications particulières.

Le vent est la plus foible de ces causes. Lorsqu'un vent souffle dans une direction opposée au cours d'un fleuve, il en ralentit le cours et en élève le niveau.

Des pluies abondantes et continues, tombant vers les sources d'un fleuve et de ses affluens, sont la seconde cause qui contribue à ces crues, tellement considérables quelquefois, qu'elles le font sortir de son lit et produisent des débordemens qui ont lieu ordinairement, dans les pays peu élevés, en automne et vers la fin de l'hiver, saison ordinaire des pluies : ils se font alors graduellement, et causent peu de désordre sur le fond et sur les rives du fleuve.

Mais les pluies d'orage qui tombent à flots dans les vallées des montagnes, grossissent en peu d'heures les cours d'eau qui arrosent ces vallées, et les changent en torrens puissans qui, renversant et entraînant presque tout ce qui s'oppose à leur impétuosité, font éprouver, tant à leurs rives qu'au fond des rivières dans lesquelles ils se rendent, des changemens notables. Nous étudierons ces changemens lorsque, après avoir fait connoître la nature des différens sols, nous traiterons des attérissemens. (Voyez Terrains.) Ces débordemens sont plus fréquens en été qu'en hiver; ils sont renfermés dans des espaces beaucoup plus circonscrits que les premiers et que les suivans.

La fonte des neiges qui s'accumulent en hiver sur les sommets des hautes montagnes, est la troisième cause de la crue des fleuves. Elle a une action très-étendue sur les plus grands fleuves de la terre. Cette fonte ayant lieu principalement au printemps, c'est aussi vers la fin de cette saison que se manifestent les crues et les débordemens dus à cette cause; et, comme elle dure tout l'été, c'est également dans cette saison que les rivières qui sortent des hautes montagnes, sont les plus fortes. Lorsque la fonte des neiges se fait peu à peu, la crue est régulière, tranquille et sans débordemens; mais lorsque des vents chauds du midi viennent faire fondre tout à coup une grande quantité de neige, alors, au milieu même de l'été, sans qu'on ait eu connoissance d'aucune pluie abondante, les rivières et les fleuves dont nous parlons ici croissent avec rapidité, se changent même en torrens, et sortent de leur lit.

La crue rapide d'une rivière qui tombe à angle presque droit dans un fleuve, en arrêtant pour quelques momens l'écoulement de la partie supérieure du fleuve, fait monter les eaux de cette partie par une cause très-différente, de celles que nous venons d'exposer. C'est ainsi que le Rhône, au-dessus de l'Arve, est quelquefois arrêté, et que ses eaux sont comme repoussées par les crues rapides que la fonte des neiges produit dans l'Arve.

Dans certains fleuves les crues et les débordemens qui en sont la suite sont périodiques, c'est-à-dire reparoissent tous les ans à la même époque, et durent à peu près le même temps; elles paroissent avoir pour cause, ou les pluies qui tombent vers leur source, ou la fonte des neiges. Le fleuve le plus connu par ses débordemens périodiques annuels est le Nil.

On sait que sa crue commence tous les ans, vers le milieu de juin; qu'elle atteint son maximum du 20 au 30 septembre; qu'à cette époque, les eaux de ce fleuve commencent à baisser, et ne sont entièrement rentrées dans leur lit que vers le milieu de mai de l'année suivante, en sorte que le Nil est hors de son lit pendant onze mois de l'année. Ses eaux sont troubles pendant toute la durée de sa crue, et ne s'éclaircissent que quelque temps après l'époque de son abaissement.

Le maximum d'élévation du Nil, au-dessus de ses basses eaux, paroît être de 9 mètres 8 décimètres, et le minimum de 6 mètres 8 décimètres; par conséquent, le terme moyen est de 7 mètres 4 décimètres.

On attribue la crue périodique du Nil aux pluies abondantes qui tombent aussi périodiquement en avril, mai et juin dans les montagnes d'Ethiopie et d'Abyssinie. C'est dans ces montagnes que les deux bras principaux de ce fleuve, le *Bahr El-Abyadh* ou *fleuve Blanc*, et le *Bahr-Arzac* ou *fleuve Bleu*, qui est le vrai Nil, prennent leurs sources et reçoivent leurs principaux affluens.

Le Gange, l'Orénoque, le Mississipi ont aussi des crues périodiques annuelles, mais moins régulières, et surtout moins célèbres que celles du Nil, parce qu'elles sont moins indispensables à la fertilité du pays. Ce sont en général les fleuves situés entre les tropiques, qui sont sujets à des crues périodiques et régulières, dues aux pluies qui, sous ces latitudes, tombent abondamment, et dans des saisons déterminées.

D'autres rivières plus près des montagnes ont des crues périodiques toutes les vingt-quatre heures, par suite de la fonte des neiges opérée en été par la chaleur du jour. L'heure de ces crues, beaucoup moins sensibles que les précédentes, est d'autant plus retardée que la partie de la rivière où on les observe est plus éloignée de sa source. La Doire, dans la vallée d'Aoste, est sujette à des crues périodiques de vingt-quatre heures. (DAUBUISSON.)

Les amas d'eaux continentales qui n'ont point d'écoulement sensible et propre, s'appellent *marais*, *étangs* et *lacs*.

Les marais situés dans des plaines, ou sur des plateaux, ont toujours très-peu de profondeur, et souvent une immense étendue. Les végétaux y croissent en abondance. Tantôt ces marais reçoivent des fleuves qui s'y perdent ; tantôt au contraire, des rivières, ou même des fleuves y prennent naissance. Tels sont en Europe, la Dwina, le Niémen et le Borystène, qui tous trois prennent leur source dans la même plaine marécageuse.

Les étangs sont des amas d'eau plutôt artificiels que naturels ; ils résultent de l'obstacle qu'on met dans une vallée au cours d'un ruisseau.

Les lacs diffèrent des marais par leur profondeur ; il y en a d'ailleurs de toutes les dimensions.

Les uns semblent ne recevoir aucun cours d'eau apparent, et donnent cependant naissance à des rivières. Il n'y a pas de doute qu'ils ne soient alimentés par des sources inférieures au niveau de leur surface, et par conséquent invisibles.

D'autres, et ceux-ci sont en très-grand nombre, reçoivent des cours d'eau plus ou moins multipliés, qui semblent les traverser et se continuer ensuite médiatement ou immédiatement jusqu'à la mer. Les exemples de cette sorte de lacs sont innombrables. Le lac de Genève traversé par le Rhône ; le lac de Constance traversé par le Rhin ; le lac Baykal traversé par l'Angara ; les lacs supérieurs, etc. par le fleuve Saint-Laurent ; le lac Dembea par le Nil des Abyssins, sont des exemples suffisans de cette disposition si commune.

Une troisième sorte de lacs présente une disposition contraire à celle des deux premières. Ils reçoivent des cours d'eau souvent nombreux et même puissans, et n'ont cependant aucun écoulement visible, immédiat ou médiat, dans la mer. Ces lacs sont très-rares en Europe, mais très-communs sous les tropiques en Asie, et en Afrique. Il y en a aussi en Amérique. La mer Caspienne peut être considérée comme le plus grand de ces lacs.

Les eaux des deux premières sortes de lacs sont généralement douces.

Les lacs de la troisième sorte, auxquels on ne connoît point d'écoulement, ont tous au contraire leurs eaux salées, et renferment principalement de la soude muriatée. Cette règle ne souffre peut-être pas une exception réelle. Ainsi, en voyant sur une carte dans laquelle on puisse avoir de la confiance un lac sans écoulement quelconque dans la mer, on peut établir avec une grande probabilité, que ses eaux sont salées, surtout si ce lac est situé dans une plaine, ou au moins sur un plateau d'une vaste étendue ; car quelques petits lacs situés vers le sommet des montagnes, dans des cavités qui paroissent avoir été des cratères, tels que celui de Laach près d'Andernach, quoique privés d'écoulemens apparens, ont leurs eaux douces. Mais on doit remarquer, 1°. que ces petits lacs ne sont alimentés que par des eaux pluviales, et non pas par des rivières qui, pendant un long cours, ont comme lessivé une vaste surface de terrain ; 2°. qu'étant placés presqu'au sommet de montagnes coniques et poreuses, leurs eaux doivent s'imbiber perpétuellement dans les roches qui les portent, et se renouveler ainsi par cet écoulement presque imperceptible.

Nous ne parlerons pas ici des causes qu'on peut attribuer à la salure des eaux des lacs sans écoulement. Ce sujet intéressant sera traité dans un autre lieu, lorsque les phénomènes qui peuvent concourir à l'expliquer auront été successivement développés. (Voyez SELS, *Géologie.*)

Les lacs, considérés relativement à leur position, sont placés dans des plaines, sur des plateaux, ou dans des espèces de bassins auxquels viennent aboutir plusieurs vallées, et cette position est ordinairement celle des lacs salés ; ou bien ils sont situés dans des vallées aux points d'élargissement de ces vallées, et souvent même disposés en étages les uns au-dessus des autres, et placés quelquefois à une grande élévation dans les montagnes Alpines. Tous ces derniers lacs sont d'eau douce, et traversés par des cours d'eau. Quelques uns de ces lacs, disposés en étage, versent leurs eaux l'un dans l'autre, par des chutes ou cascades assez hautes, et présentent une disposition que plusieurs géologues ont voulu généraliser, et à laquelle ils ont donné une grande influence sur la formation des vallées, comme nous le dirons en son lieu.

§. II. DE L'ACTION DES EAUX.

On a recherché et on a cru trouver, dans l'action des eaux, une des causes les plus puissantes et les plus naturelles des inégalités de la surface de la terre, de ses révolutions et des changemens tant violens ou instantanés, que lents et successifs qu'elle a éprouvés, et qu'on croit qu'elle éprouve encore. C'est dans deux autres articles, GÉOLOGIE et TERRE, *théorie*, que nous exposerons les principales hypotheses qui ont été fondées sur cette base, et que nous pourrons chercher à apprécier ce qu'on peut savoir de l'action des eaux qui agissoient sur le globe dans les différens états qui ont précédé celui où nous le voyons présentement. Nous n'examinerons ici que l'action des eaux actuelles, c'est-à-dire, de celles qui se montrent à la surface du globe, ou dans ses profondeurs, dans le maximum de masse et de mouvement qu'on a pu y observer depuis que nos continens ont pris la forme que nous leur connoissons.

On est tenté d'attribuer aux eaux qui se meuvent à la surface de la terre, ou dans son intérieur, une très-grande puissance. Beaucoup de géologues ont avancé qu'elles avoient creusé les canaux et même les vallées qu'elles suivent, formé les escarpemens dont elles battent le pied ; et beaucoup de physiciens, de naturalistes et même de géologues soutiennent encore cette opinion, non seulement dans quelques unes de ses applications, mais même dans toute son étendue.

Il suffit, pour l'apprécier, d'observer avec soin les diverses manières d'agir des eaux mises en mouvement par différentes causes, et les changemens qu'elles ont fait éprouver aux rochers et aux terrains sur lesquels elles se meuvent, depuis les temps les plus reculés auxquels l'histoire puisse remonter.

Pour réduire cette considération a ce qui lui est directement propre, nous ne parlerons que de l'action immédiate des eaux en masse, renvoyant à d'autres articles celle de l'eau à l'état de vapeur libre ou condensée, de pluie, de neige, de glace, etc., action d'un tout autre ordre que celle qui va nous occuper.

Nous devons d'abord examiner successivement les différentes sortes d'action des principales masses d'eaux qui sont en mouvement à la surface de la terre, c'est-à-dire, celle des *torrens*, celle des *rivières* et *fleuves*, celle des *courans* de la mer ou des grands lacs, et celle des *vagues*.

Nous verrons ensuite quelles conséquences on doit déduire de ces observations.

Les *torrens* ont, sur la surface de la terre, une véritable action dégradante et *creusante*; mais, par une conséquence nécessaire du sens que nous attachons à ce mot, cette action ne peut s'exercer sur de grandes étendues : car un torrent est un cours d'eau qui a beaucoup de pente : or, en raison du peu de hauteur qu'ont les sommités les plus élevées de la terre, en comparaison de l'étendue de sa surface, cette action ne peut pas beaucoup s'étendre; elle ne peut donc produire que de courtes et étroites ravines. Cette action, comme ont pu le voir tous ceux qui ont visité les hautes chaînes de montagnes n'est souvent que locale et instantanée; elle ne présente quelque effet remarquable que sur les amas de débris qui couvrent les pentes des montagnes, que sur les roches brisées, à moitié désagrégées par d'autres causes; enfin, que sur des terrains meubles. Les résultats de cette action contribuent à la resserrer dans des limites toujours plus étroites, en amoncelant au débouché des torrens dans les vallées ou dans les plaines, les débris charriés par ces torrens. L'exhaussement du sol, suite nécessaire de l'accumulation de ces débris, diminue d'autant la pente, la rapidité et par conséquent la puissance de ces cours d'eau.

La force de transmission des grandes masses d'eaux douées d'une grande vitesse n'est pas douteuse. On n'a eu que trop souvent des exemples frappans de cette force en Hollande, par la rupture des digues, et dans les montagnes Alpines, à la suite de pluies d'orages extraordinaires, ou de la rupture de quelques unes des retenues naturelles de certains lacs. Dans ces derniers temps (en 1818), la vallée de Bagne a ressenti les terribles effets de cette action dévastatrice. Des masses de glaces tombant vers l'origine de cette vallée, et s'y accumulant, ont élevé une digue assez dense et assez puissante pour barrer le cours de la Dranse. Les eaux de cette rivière, rapide et encaissée dans certains points de son cours, comme le sont toutes celles des Hautes-Alpes, se sont accumulées au-dessus de cette digue de glace, et y ont formé un lac qui a atteint, dans son maximum, 130 mètres de largeur moyenne 3500 à 4000 mètres de longueur et 65 mètres de profondeur moyenne, et par conséquent un volume d'eau qu'on a évalué à environ 29,000,000 mètres cubes. Quoique, par des moyens de l'art employés avec autant de génie que de courage, on soit parvenu à faire écouler sans danger le tiers environ de ce volume, ce qui restoit, ayant rompu instantanément la digue de glace, s'est précipité dans la vallée de Bagne avec une impétuosité presque sans exemple, de 11 mètres par seconde. Dans la première moitié de son cours, et dans l'espace d'une demi-heure que la masse d'eau de la débâcle mettoit à passer devant chaque lieu, elle a entraîné les arbres, les habitations ; des masses énormes de terrain meuble et des rochers *déjà séparés de leur masse*, comme le dit expressément M. Escher ; elle a couvert de débris, de cailloux et de sable toutes les parties élargies de la vallée, et a porté le reste des matières qu'elle charrioit, tant à l'extrémité de la vallée, vers Martigny, que dans le lit du Rhône. La masse d'eau a mis une heure et demie pour venir depuis le glacier jusqu'à Martigny. Ce même événement avoit eu lieu, par la même cause et avec des résultats à peu près semblables, en 1595.

Les torrens peuvent donc creuser des ravines dans certains terrains, et produire des effets qui nous paroissent considérables, parce que nous les jugeons avec la mesure de nos foibles moyens. Mais, combien ces changemens apportés dans la configuration du globe sont-ils petits et circonscrits, en comparaison des larges et longues vallées qui sillonnent en grand nombre l'immense surface de la terre, et sur la formation desquelles ni les torrens, ni les grands cours d'eaux *actuels* n'ont concouru en aucune manière, comme nous allons tâcher de le prouver !

L'action des cours d'eau, qui portent le nom de *rivière* et de *fleuve*, doit être examinée dans deux circonstances ou parties de leur cours très-différentes :

Premièrement, lorsqu'ils sont resserrés entre des montagnes, soit à peu de distance de leur source, soit, comme nous l'avons fait voir, au milieu même de leur cours ;

Secondement, lorsqu'ils sont arrivés dans les larges vallées dont la pente est foible, ou dans les plaines qui avoisinent ordinairement leur embouchure.

Dans le premier cas, ces cours d'eau participent de l'impétuosité et de la force des torrens. Ils coulent souvent avec rapidité, et sous un grand volume, au fond de vallées étroites et profondes : ils sont comme encaissés dans des canaux dont les parois verticales sont coupées à pic.

La première idée qui vient à toutes les personnes qui voient ces faits pour la première fois, et qui n'y ont pas assez réfléchi, c'est que ces cours d'eau, assez puissans et toujours très-impétueux, ont creusé ces profonds sillons ; et si quelquefois la dureté des rochers et la hauteur des escarpemens et des montagnes qui les bordent paroissent trop considérables et trop immenses pour ces petits cours d'eau qui serpentent à leur pied, on attribue à l'action continuelle du temps ce qu'on ne peut attribuer à la force.

Sans examiner quelle longue suite de siècles il faudroit admettre pour que les fleuves que nous avons cités plus haut, et les cours d'eau encaissés dans les vallées profondes des Alpes, des Pyrénées, du Jura, etc., aient pu creuser les vallées sur lesquelles leur action actuelle est tellement lente, que personne n'a encore pu l'apprécier ; sans examiner si cette longue suite de siècles s'accorde avec les autres phénomènes qui ne permettent pas de supposer à l'état actuel de la surface du globe une aussi haute antiquité, question trop importante pour être traitée indirectement, il nous suffira de rapporter ici quatre sortes d'observations pour nous persuader, ou au moins pour nous faire douter fortement que les cours d'eau actuels, même en leur supposant dix fois plus de volume qu'ils n'en ont, aient pu creuser les canaux profonds au fond desquels ils coulent.

1.° Il faut d'abord se transporter à l'époque où les crêtes des collines qui bordent la vallée actuelle *non encore creusée par le cours d'eau*, étoient réunies de manière à ne laisser entre elles aucune dépression, ou simplement une légère dépression primitive.

Le fond de la vallée étant ainsi relevé depuis la naissance du cours d'eau, car c'est de ce point qu'il faut le prendre, jusqu'à l'abaissement complet des collines latérales dans la plaine, sa pente sera beaucoup moins rapide; si donc on suppose la même masse d'eau, elle devra couler avec moins de vitesse, et par conséquent avec beaucoup moins de force; et cependant il faudra lui en attribuer une bien grande, pour qu'elle ait eu la puissance d'enlever une portion de terrain à peu près représentée par un prisme triangulaire couché, qui auroit plus de 5oo mètres de large sur une épaisseur verticale, quelquefois égale, et souvent beaucoup plus forte. Si, pour sortir de cet embarras, on admet un volume d'eau incomparablement plus considérable que le volume actuel du cours d'eau auquel on attribue de si grands effets, il faudra aussi admettre des montagnes beaucoup plus élevées, beaucoup plus étendues, pour donner naissance à un si grand volume d'eau.

Si on n'étoit arrêté que par cette hypothèse, et que d'ailleurs l'observation directe ne s'opposât pas à l'admission de cette force désagrégeante et de son effet, on pourroit passer outre: mais deux autres observations rendent cette hypothèse inadmissible.

2.° Les notions historiques concourent également à prouver que les cours d'eau doués de la plus grande puissance qu'on puisse leur attribuer, n'ont aucune action appréciable d'érosion sur les rochers sur lesquels ils se meuvent.

On n'a point remarqué que la plupart des cascades, cataractes ou rapides, connues et citées depuis long-temps en raison de leur célébrité, aient disparu ou aient même sensiblement diminué, ni par conséquent que la digue naturelle que l'eau a rencontrée dans son cours, ait été usée ni même renversée complétement. On ne voit pas que des cascades se soient changées en cataractes, et celles-ci en rapides. On parle depuis un temps immémorial des cataractes du Nil, s'opposant toujours à la navigation de ce fleuve; de celles du Danube, de la chute du Rhin à Schaffouse, etc. On cite, depuis qu'on écrit, les fameuses cascades des Alpes et des Pyrénées, et, au milieu de tous ces exemples, à peine peut-on en trouver deux ou trois de cascades abaissées ou de cataractes aplanies.

La seule cascade que nous puissions indiquer comme ayant réellement diminué de hauteur, est celle de Tungaska en Sibérie. Ce n'est pas que nous assurions qu'il n'y en ait pas d'autres. Tant de causes différentes de celles de l'érosion peuvent concourir à abaisser une cascade, à la faire même disparoître presque entièrement, que nous sommes plutôt étonnés du petit nombre d'exemples qu'on en cite, qu'embarrassés des objections que ces exemples peuvent apporter à l'opinion que nous défendons : car la chute d'une partie du rocher qui forme l'escarpement d'où se précipite la cascade ; une abondante accumulation de débris au pied de l'escarpement ; une destruction réelle des terrains meubles ou délayables, faisant partie des couches de la montagne d'où elles tombent, sont des causes suffisantes pour changer la hauteur des chutes d'eau. Ces causes doivent se présenter assez souvent : mais, combien leur action est-elle différente de celle de l'érosion ! Celle-ci, si elle existoit, s'étendroit depuis la source du fleuve jusqu'à son embouchure, et auroit sur la configuration de la surface de la terre une influence considérable. Celles que nous venons d'indiquer, au contraire, ont une action si limitée, si locale, qu'elles sont à peine appréciables.

3.° En accordant, pour l'instant, qu'un cours d'eau doué d'une force érosive ou désagrégeante, dont nous n'avons aucune idée, ait pu creuser la vallée au fond de laquelle il coule actuellement dans un état de foiblesse bien différent de son état primitif, il faut se rendre compte de ce qu'est devenue la masse immense de terre et de roche qui remplissoit la vallée avant que le cours d'eau l'eût enlevée. Il n'est pas possible de supposer qu'elle ait été transportée dans la mer, qui est souvent à plus de cent lieues de la vallée ; car on sait que dès que les cours d'eau, en atteignant les plaines, perdent de leur rapidité, ils laissent précipiter toutes les matières qu'ils tenoient en suspension. D'ailleurs, nous avons fait remarquer que beaucoup de cours d'eau, en quittant les montagnes, traversent des lacs où ils déposent toutes les matières terreuses suspendues dans leurs eaux. Cette disposition est surtout frappante dans toutes les rivières un peu considérables qui descendent de la crête des

Alpes sur les versans N. O. et S. E. de cette chaîne de montagnes. Ces cours d'eau rencontrent, à l'ouverture des vallées qu'ils suivent, des lacs qu'ils traversent et qui semblent destinés à les épurer. Ainsi, sur le versant septentrional, on voit le Rhône traverser le lac de Genève ; l'Aar, les lacs de Brientz et de Thun ; la Reusse, le lac des Quatre-Cantons ; la Linth, le lac de Zurich ; le Rhin, le lac de Constance. Sur le versant méridional, le lac Majeur est traversé par le Tessin, le lac de Côme par l'Adda, le lac Diseo par l'Oglio, le lac de Guarda par le Mincio, etc. etc. Or, ces lacs qui ne sont eux-mêmes que des parties de la vallée beaucoup plus profondes, auroient été comblés par les débris enlevés à la vallée, si cette dépression eût eu l'origine qu'on lui suppose. D'hypothèse en hypothèse, on supposera peut-être que ces lacs avoient une profondeur, telle qu'ils ont pu engloutir tous les débris de la vallée, sans en être comblés. Mais, plutôt que de se jeter dans de semblables suppositions, pourquoi ne pas admettre que la même cause inconnue qui a creusé le lac a aussi creusé la vallée qui n'en est qu'une continuité?

4.° Mais, si des faits actuels et évidens nous prouvoient que les eaux dégradent les rochers, les creusent, et en entraînent perpétuellement les parties, nous serions peut-être portés à admettre que des causes que nous ignorons absolument, et dont nous ne pouvons nous faire aucune idée, ont donné aux cours d'eau primitifs les moyens de vaincre tous ces obstacles. Or, l'observation semble nous prouver absolument le contraire.

Nous avons remarqué, et Deluc, Dolomieu, Ramond, etc., l'avoient remarqué avant nous, que les cours d'eau rapides qui, dans le fond des vallons, tombent en cascades de rochers en rochers, qui battent avec violence contre les parois des bancs de pierres, n'altèrent nullement ces rochers, et que, loin d'en ronger la surface, ils la laissent se couvrir d'une riche végétation de mousses, de conferves, etc., végétation qui ne pourroit ni s'y maintenir, ni s'y être établie, si la moindre parcelle de la surface de ces rochers en étoit constamment ou seulement fréquemment enlevée.

Un fait bien plus frappant, est celui que nous offrent quelques uns des grands fleuves tels que le Nil, l'Orénoque, etc., qui coulent dans les régions équatoriales.

Ces puissans cours d'eau arrivés, dans des lieux où ils sont resserrés et comme encaissés entre deux murailles de rochers, y forment d'impétueuses cataractes. Leurs eaux douées, par la vitesse de cette chute, de la plus grande force érosive ou désagrégeante qu'on puisse attribuer à ce liquide, devroient corroder ou au moins user les rochers qu'elles frappent ainsi depuis la création des continens actuels ; or, bien loin d'en renouveler la surface, elles la recouvrent d'un vernis brunâtre d'une nature particulière.

Il paroît donc bien constaté que l'eau *seule* ne creuse pas les rochers dont l'agrégation est complète, et qu'elle ne les use en aucune manière, quelle que soit sa quantité de mouvement.

Nous disons l'*eau seule*, et nous devons insister sur cette distinction, pour faire accorder les faits précédens avec d'autres faits qui paroissent contradictoires.

On voit souvent sur les parois de l'encaissement des cours d'eau dont il est ici question, des sillons creusés : on y voit des rochers arrondis et tout-à-fait dégarnis de mousse. Mais, qu'on examine les faits avec attention, et on remarquera que cette érosion a toujours lieu dans les parties de leurs cours, où, en raison de la nature du sol environnant, les torrens entraînent avec eux dans leurs crues des débris de pierres détachées de leurs bords ; c'est à l'aide de ces pierres qu'ils usent les rochers qui sont dans leur lit.

Il est très-facile d'apprécier ces circonstances. On remarquera que cette érosion n'a jamais lieu à la sortie des sources les plus abondantes, telles que sont celles de l'Orbe, de la Sorgue à Vaucluse, etc. etc. Tous les cailloux qui avoient à être entraînés, l'ont été depuis long-temps, et les mousses qui croissent abondamment sur les rochers à fleur d'eau, et dans le lit de ces torrens, n'ont plus rien à craindre de l'action destructive de ces corps solides. Il en est de même des parties du lit qui suivent, soit un lac, soit une grande excavation capable d'arrêter tous les corps durs entraînés par le cours d'eau. Ici encore, les mousses se montrent en abondance, parce qu'elles n'ont à éprouver d'autre action que celle de l'eau.

Les cours d'eau actuels, qui portent le nom de rivières et de fleuves, ne paroissent donc avoir aucune puissance érosive sur les rochers complétement agrégés, quand ils agissent seuls, et qu'aucune autre cause, telle que la gelée, la décomposition, etc., ne vient désagréger la roche. L'absence de ces circonstances étrangères est prouvée par la végétation ou par le vernis qui recouvrent alors les rochers exposés à l'action de l'eau.

Ces cours d'eau, à mesure qu'ils s'éloignent des terrains voisins des hautes montagnes où ils ont pris leur source, gagnent souvent en volume ce qu'ils perdent en impétuosité; mais la force due au volume compense rarement celle qu'ils devoient à la rapidité : et quoique ces grands cours d'eau conservent encore une puissance de transmission assez considérable pour entraîner les nouveaux obstacles qui s'opposent à leur marche, ils sont loin de présenter des résultats d'action aussi frappans que les torrens. Ils remuent, dans leur crue ou dans leur changement de place, les terres et les sables meubles qui couvrent leur fond, surtout vers leurs bords, et les transportent à quelque distance; mais à peine font-ils mouvoir les cailloux, seulement gros comme un œuf, qui se trouvent dans leur lit, et qui y ont été amenés dans d'autres temps et dans d'autres circonstances. En transportant ainsi les matières minérales tenues et meubles, ils les déposent dans des lieux où leur cours est ralenti par une cause quelconque, et relèvent ainsi le fond de leur lit dans ces endroits; ils cherchent un nouveau passage au milieu des digues qu'ils se construisent eux-mêmes. Le courant principal est alors reporté, tantôt sur une rive, tantôt sur l'autre, et lorsqu'il vient à battre le pied d'une berge escarpée, composée d'un terrain meuble, comme elles le sont dans la plupart des cas, ils la rongent réellement, la font tomber dans le fleuve : celui-ci, forcé d'abandonner encore, en tout ou en partie, le lit qu'il suivoit, transporte, dans une autre partie de son cours, les terres résultant de la destruction et du délaiement de la berge, et y fait naître de nouveaux obstacles. De là les nouveaux terrains qui bordent les fleuves dans tous les points où leur cours est ralenti, et principalement vers leurs embouchures, terrains dont nous traiterons particulièrement à l'article Terrain. Il nous suffit d'avoir rappelé pour le moment des faits remarquables par leur nombre, par l'importance qu'ils ont eue sur les changemens modernes de la configuration du globe, sur l'agriculture, et enfin sur la civilisation, faits faciles à observer et qui tendent tous à prouver que l'action des fleuves et des rivières dont la pente n'est pas assez rapide pour qu'on puisse leur donner le nom de torrent, n'est point de creuser leur lit, soit dans les vallées, soit dans les plaines qu'ils parcourent, mais plutôt de les relever, et de tendre, par conséquent, plutôt à niveler et aplanir la terre qu'à la sillonner plus qu'elle ne l'est depuis que les continens ont pris la configuration que nous leur connoissons.

Mais si nous n'avons pu reconnoître une force réelle d'érosion dans les grands cours d'eau tombant en cascade ou en cataracte, cherchons ailleurs, dans des circonstances où l'eau semble douée d'une puissance encore supérieure, quels sont les effets de cette puissance. C'est dans la mer, masse énorme acquérant quelquefois, par l'action du vent, une puissance incalculable, que nous devons trouver le maximum de la force de l'eau des temps *actuels*. En effet, dans le cas présent, la force de translation est si prodigieuse, que les digues artificielles et naturelles les plus fortes sont renversées; que les pierres les plus grosses, des fragmens énormes de rochers, sont arrachés de leur place, transportés et même lancés au loin. Mais c'est à ces effets que se borne cette force incommensurable. L'eau qui déplace et transporte au loin ces lourdes masses, n'en dégrade pas la surface lorsqu'elle agit seule. On voit cette surface, sur les rochers et sur les murs des jetées et des digues perpétuellement battues par les flots, couverte de fucus, de conferves, de byssus, végétaux tendres, *sans racine*, que les vagues n'ont point empêchés de contracter une première et foible adhérence, et qu'elles n'empêchent point de croître. Mais si les flots entraînent avec eux des cailloux ou même du sable, ce sont ces corps durs qui agissent; la surface des rochers est entamée, et toute végétation cesse.

Le même effet a lieu, et il est même augmenté de la dégradation réelle des côtes, si la mer agit sur des pierres délayables, telles que la marne argileuse ou calcaire, sur la craie ou sur des pierres dures, mais naturellement fissurées ou en partie désagrégées, telles que certains granites; alors elle enlève facilement les parties délayées ou préalablement détachées, creuse le pied du rocher ou de la côte escarpée, et en fait tomber

la partie supérieure qui est devenue en surplomb. Mais, par
suite de cette chute, il se forme un talus qui amortit, par
son inclinaison, la violence du choc, qui garantit même le
pied de la côte, pour quelque temps seulement, s'il est dé-
layable ou désagrégeable, et pour toujours, si, étant compacte,
il ne porte pas avec lui de causes de destruction. L'action des
vagues cessant, le talus se couvre de végétation ; et si la côte
continue néanmoins à se dégrader, les changemens sont alors
dus à des causes étrangères à l'action de l'eau.

Telle est, en peu de mots, l'action ordinaire de l'eau de la
mer sur les côtes escarpées, et même celle des grandes masses
d'eau agitées. M. Deluc, dans ses différens ouvrages, a su
apprécier cette action avec une justesse d'observation et de
raisonnement qui n'est remarquable que parce qu'elle n'a
pas été partagée par tous les naturalistes ; mais aussi c'est que
peu y ont apporté l'attention suivie qu'y a mise ce grand et
respectable géologue. Il a fait voir que l'action destructive
des eaux sur les falaises et autres côtes ou berges escarpées,
étoit considérablement restreinte par les suites même de
cette action ; que les débris qui s'y accumuloient garantissoient
le pied de ces côtes de l'action de l'eau ou réduisoient peu à peu
une côte abrupte en un talus très-incliné et permanent.

Après les *torrens* les *cours d'eau* rapides et volumineux et
les vagues, c'est *aux courans* qu'on a attribué encore une grande
influence sur les changemens qu'on a cru qui s'opéroient jour-
nellement à la surface du globe, influence telle qu'un naturaliste d'un génie éminent, Buffon, l'a employée pour expliquer
toutes les inégalités de la surface du globe.

Nous avons moins de notions précises sur l'action des courans, que sur celle des cours d'eau. Mais si nous ne pouvons pas démontrer aussi visiblement que, dans aucune circonstance semblable à celles que nous avons spécifiées, ils
ne creusent point le fond des mers en vallons, et n'y forment aucune montagne, nous pouvons au moins conjecturer
avec beaucoup de vraisemblance, et avancer que nous n'a-
vons aucune preuve directe et constante de cette action.

Personne ne doute que les courans voisins des côtes n'a-
mènent sur la grève, à l'embouchure des fleuves et des ports,
des cailloux, sables, graviers, vases ou autres matières meu-

bles, soit que ces courans existent constamment, soit qu'ils résultent simplement de l'action momentanée d'un vent dominant : mais cette action, quoique déjà bornée aux matières meubles qui ne forment le fond de la mer que dans quelques parages, cette action, dis-je, s'étend-elle à une grande profondeur, c'est - à - dire à plusieurs centaines de mètres ; c'est une question qui n'est point encore résolue. Premièrement, l'observation faite par les marins que, dans les plus violentes tempêtes, la mer n'est troublée que vers les côtes, ou sur les bas fonds, et que les corps plongés à une grande profondeur (et encore quelle est cette profondeur en comparaison de celle de la mer?) ne se ressentent point des mouvemens de sa surface, ou de celui des courans ; secondement, le raisonnement, et même le calcul, suivant MM. Laplace et Poisson, concourent à faire croire que les mouvemens violens des eaux de la mer ne se propagent pas à une grande profondeur. Il est donc probable que toutes les matières meubles, qui sont à cette profondeur, doivent rester à peu près dans la position où elles sont, depuis que nos continens ont pris leur configuration, à moins qu'il ne se passe au fond des mers des phénomènes et des mouvemens qui nous sont inconnus, et qui sont étrangers au sujet qui nous occupe.

Mais si nous n'avons pas de notions parfaitement certaines sur l'étendue de la propagation du mouvement des eaux de la mer en profondeur, nous pouvons avancer que, quelles que soient cette étendue et cette puissance, les courans sous-marins ne rongent pas plus les rochers, que ne le font les cours d'eau de la surface du globe. Cette preuve est toujours tirée du même genre de fait, c'est-à-dire des corps organisés végétaux et animaux qui couvrent constamment les rochers, et qu'on y trouve dans tous les temps au moyen des diverses sortes de pêches à la drague. En effet, on n'a pas encore remarqué, que les lieux où l'on pêche les huîtres, les moules, les coraux, les éponges, soient plus à l'abri des courans que les autres ; ni que ces lieux après de violentes tempêtes, ayant été privés et par conséquent comme dépouillés de ces productions qui, en couvrant les rochers, démontrent qu'ils conservent l'intégrité de leur surface. Cependant beaucoup de ces corps comme les éponges, les fucus et les conferves, ne contractent qu'une assez foible adhérence avec les corps sur lesquels ils sont placés.

Il nous paroit donc, sinon complètement prouvé, du moins extrêmement probable, d'après les faits et les raisonnemens que nous venons de rapporter :

I. Que les eaux *actuelles*, c'est-à-dire, dans l'état de pureté que nous leur connoissons, n'ont aucune action érosive sur les rochers, quelle que soit la nature de ces rochers, lorsque 1.° les rochers sont complétement agrégés, et qu'ils ne sont ni *délayables*, ni désagrégés; 2.° lorsque ces eaux agissent seules, c'est-à-dire, que leur action n'est point compliquée de l'action réellement érosive des corps solides, tels que des cailloux, des sables, et peut-être même des glaçons.

II. Que les eaux, acquérant quelquefois, en raison de leur masse et de leur vitesse, une grande puissance de transmission, peuvent transporter des masses déjà détachées et très-volumineuses, suivant la quantité de leur vitesse, et de leur masse, et aussi loin qu'elles conservent cette même puissance.

III. Que les eaux *actuelles* ont bien pu attaquer, miner, dégrader, et faire tomber même des portions de terrains solides et escarpés, en *délayant* les lits d'argile, de marne, de sable ou de terrains meubles interposés entre leurs couches solides ; qu'elles ont pu aussi, dans leurs chutes rapides, creuser dans des terrains très-inclinés, composés de roches désagrégées, des ravins assez profonds ; mais que ces eaux n'ont pu creuser, ni par une action violente, ni par une action lente , quelque durée qu'on veuille lui supposer, aucune de ces longues et larges dépressions longitudinales qu'on appelle vallées, ni de ces sillons étroits à parois presque verticales, qu'on nomme *gorges*.

IV. Que lors même que les terrains qui bordent ces vallées ou ces gorges sont composés de matières meubles, les eaux qui y coulent actuellement n'auroient pu les creuser, quand on leur supposeroit encore un volume double, et quelquefois plus que décuple, de celui qu'elles ont actuellement; la pente du terrain actuel n'étant pas assez grande pour donner à ces masses d'eau la rapidité nécessaire pour produire cet effet, et une force suffisante pour entraîner les matières meubles qui remplissoient la vallée ou la gorge.

V. Enfin, que les eaux actuelles, loin d'avoir concouru à former les longues et nombreuses dépressions qui sillonnent la surface de la terre, sous les noms de vallées, de vallons, de gorges, de fentes, tendent continuellement à remplir ces sillons, et plutôt à niveler la surface du globe, qu'à la sillonner plus profondément qu'elle ne l'est. (B.)

EAU ACIDULE. (*Chim.*) Quoique cette expression désigne en général une eau dans laquelle il y a assez d'un acide pour lui imprimer une légère saveur aigre, cependant on l'applique plus spécialement à l'eau qui est naturellement ou qui a été artificiellement chargée d'acide carbonique. (Cн.)

EAU ACIDULÉE. (*Chim.*) Cette expression semble être synonyme de la précédente ; cependant on l'applique particulièrement à l'eau qui contient assez de vinaigre, de jus de citron, ou même d'acide sulfurique, d'acide nitrique ou hydrochlorique, pour avoir une saveur aigre. L'eau acidulée est d'usage en médecine. On emploie aussi, dans le blanchiment, de l'eau acidulée par les acides sulfurique, hydrochlorique, ou par des sucs vegétaux. (Cн.)

EAU AÉRÉE. (*Chim.*) C'étoit le nom que l'on donnoit à l'eau qui contient de l'acide carbonique, avant que la nature de cet acide fût connue. (Cн.)

EAU CÉLESTE. (*Chim.*) Eau colorée en bleu par l'ammoniure de péroxide de cuivre, ou bien encore par un sel cuivreux dissous dans l'ammoniaque.

On la préparoit anciennement en abandonnant quelque temps, dans une bassine de cuivre, de l'eau de chaux dans laquelle on avoit mis du sel ammoniac; dans ce cas, le cuivre s'oxidoit aux dépens de l'oxigène de l'air ou de celui qui se trouve en dissolution dans l'eau de chaux, et l'oxide produit étoit dissous par l'ammoniaque mise en liberté par la chaux qui s'étoit emparée de l'acide hydrochlorique. Aujourd'hui on prépare l'eau céleste en versant un peu de sulfate ou de nitrate de cuivre dans de l'eau, et y ajoutant ensuite assez d'ammoniaque pour redissoudre tout l'oxide qui a abandonné son acide.

L'eau céleste, renfermée dans une bouteille sphérique de verre blanc, est employée par les ouvriers qui travaillent le soir à des objets qui doivent être bien éclairés. Par la forme sphérique que lui donne le vase où elle est contenue, elle rassemble les rayons lumineux, et, par sa couleur, elle absorbe les rayons rouges qui fatigueroient beaucoup la vue, s'ils arrivoient à l'œil de l'ouvrier. Les pharmaciens remplissent de grands flacons d'eau céleste pour en décorer le devant de leurs boutiques. Autrefois les médecins la prescrivoient pour les maladies des yeux. (Ch.)

EAU DE BARYTE, DE CHAUX, DE STRONTIANE. (*Chim.*) Ces dénominations s'appliquent aux dissolutions de la baryte, de la chaux et de la strontiane dans l'eau. (Ch.)

EAU DE CITERNE. (*Chim.*) Voyez Eaux naturelles. (Ch.)

EAU DE CRISTALLISATION. (*Chim.*) C'est l'eau qui est en combinaison dans une substance cristallisée. M. Berzelius distingue cette eau de l'eau qui, suivant lui, est mécaniquement interposée dans quelques substances, et qui produit un phénomène de décrépitation lorsqu'on expose ces substances à la chaleur. Cette eau interposée ne fait jamais qu'une très-petite partie du poids des corps où elle se trouve; il suffit, pour l'en chasser, de réduire ces corps en poudre, et de les exposer au soleil ou à une température de 100 deg. (Ch.)

EAU DE FLEUVE. (*Chim.*) Voyez Eaux naturelles. (Ch.)

EAU DE FONTAINE. (*Chim.*) Voyez Eaux naturelles. (Ch.)

EAU DE GOULARD. (*Chim.*) Pour la préparer, on met dans une bouteille deux livres d'eau, une demi-once de sous-acétate de plomb réduit en sirop clair, et deux onces d'eau-de-vie; on agite bien les matières. Il se produit un liquide qui est rendu laiteux par un peu de sous-carbonate de plomb, provenant du transport de l'acide carbonique contenu dans l'eau distillée sur la base du sous-acétate. On s'en sert pour laver les dartres. (Ch.)

EAU DE L'AMNIOS. (*Chim.*) MM. Vauquelin et Buniva sont jusqu'ici les seuls chimistes qui aient entrepris une analyse soignée de l'eau de l'amnios; ils ont examiné l'eau de l'amnios de femme comparativement à l'eau de l'amnios de vache. Nous allons donner un précis de leur travail.

Eau de l'amnios de femme.

Elle a une odeur de sperme, une légère saveur salée ; elle est un peu laiteuse, parce qu'elle tient en suspension une matière caséiforme dont nous parlerons plus bas. Quand elle a été filtrée, elle est transparente.

Sa densité est 1005, celle de l'eau pure étant 1000.

La chaleur la rend légèrement opaque, et y développe en même temps l'odeur du blanc d'œuf cuit.

En la faisant évaporer, elle se recouvre de pellicules transparentes, ainsi que cela arrive aux liquides albumineux très-étendus d'eau, et le résidu qu'elle laisse représente à peine les $\frac{12}{1000}$ de la masse. Ce résidu cède à l'eau du chlorure de sodium et du sous-carbonate de soude ; ce qui n'est pas dissous est de l'albumine contenant un peu de phosphate de chaux.

Elle est tout à la fois acide au tournesol et alcaline à la teinture de violette.

La potasse y fait un léger précipité ; les acides, au contraire, l'éclaircissent quand elle n'est pas limpide.

La noix de galle en précipite une matière azotée.

L'eau de l'amnios de femme, gardée pendant un ou deux mois dans un flacon fermé, se décompose ; elle devient opaque, dépose une matière qui a l'apparence du fromage, produit de l'ammoniaque, sans qu'il se manifeste d'ailleurs de gaz et de mauvaise odeur.

MM. Vauquelin et Buniva concluent, de leurs expériences, que l'eau de l'amnios de la femme contient de l'albumine, de la soude, du chlorure de sodium et du phosphate de chaux.

De la matière caséiforme.

Elle est blanche et brillante, son aspect est celui du savon ; elle est insoluble dans l'eau ; l'alcool, les huiles, les alcalis ne paroissent en dissoudre qu'une partie.

Elle paroît devoir son origine à l'albumine, qui prend un caractère gras.

Eau de l'amnios de la vache.

Sa composition est toute différente de celle de l'eau de l'amnios de femme ; car MM. Vauquelin et Buniva en ont retiré, 1.° un acide particulier, qu'ils ont appelé amniotique ;

.° une matière extractiforme azotée; 3.° du sulfate de soude,
n quantité notable : 4.° un peu de phosphate de magnésie ;
.° une très-petite quantité de phosphate de chaux; 6.° enfin,
e l'eau qui tient ces substances en dissolution.

Elle a une couleur rouge fauve, une saveur acide, un peu
mère, une densité de 1028; elle est visqueuse comme une
dissolution de gomme. Elle rougit fortement le tournesol.

Lorsqu'on la fait évaporer, il se produit une écume épaisse,
facile à séparer, qui présente, après s'être refroidie, des
cristaux d'acide amniotique. Si l'on réduit la liqueur au quart
de son volume, presque tout l'acide se cristallise par le refroidissement; enfin si, après avoir séparé ces cristaux, on fait
évaporer la liqueur en consistance de sirop, et qu'ensuite on
la retire du feu, le sulfate de soude cristallise en prismes
transparens.

Le meilleur procédé pour obtenir l'acide amniotique et
la matière extractiforme à l'état de pureté, est le suivant :

On fait évaporer l'eau de l'amnios en consistance de sirop;
puis on traite le résidu par l'alcool bouillant, jusqu'à ce que
celui-ci cesse de dissoudre de l'acide. Tous les lavages alcooliques, réunis et concentrés, laissent déposer, par le refroidissement, l'acide amniotique sous la forme de belles aiguilles
blanches de plusieurs centimètres de longueur.

Le résidu insoluble dans l'alcool doit être redissous dans
l'eau, afin d'en séparer, par la cristallisation, le sulfate de
soude; ce qui ne cristallise pas est la matière extractiforme
qui retient les phosphates de magnésie et de chaux.

Propriétés de l'acide amniotique.

Il est concret, incolore; ses cristaux sont brillans ; sa saveur
est très-légèrement acide. Il rougit le tournesol.

L'eau chaude en dissout beaucoup plus que l'eau froide;
aussi la solution donne-t-elle des cristaux en se refroidissant.
Il ne reste que très-peu d'acide dans l'eau refroidie.

La potasse, la soude, forment des amniates très-solubles
dans l'eau froide. Les acides un peu énergiques, versés dans
ces solutions, en précipitent l'acide amniotique, sous la forme
de petits cristaux pulvérulens.

Cet acide ne décompose les carbonates qu'avec le secours
de la chaleur.

14.   5

Il ne produit aucun phénomène sensible à la vue, quand on verse sa solution dans les eaux de chaux, de strontiane et de baryte ; il en est de même avec les nitrates d'argent, de mercure et de plomb.

Au feu il se fond, se boursoufle, dégage de l'ammoniaque et de l'acide prussique ; enfin, il laisse un charbon volumineux. On voit donc que cet acide a quelque rapport avec l'acide urique ; mais il en diffère par sa solubilité dans l'alcool bouillant, et par sa propriété de cristalliser en belles aiguilles, quand il se dépose par le refroidissement de l'eau qui en a été staturée à chaud.

Propriétés de la matière extractiforme.

MM. Vauquelin et Buniva pensent qu'elle est d'une nature particulière.

Sa couleur est le rouge brun ; sa saveur est tout-à-fait particulière; elle est très-soluble dans l'eau, à laquelle elle donne de la viscosité et la propriété de mousser par l'agitation. Cette solution n'est pas précipitée par la noix de galle, et n'est pas susceptible de se prendre en gelée par la concentration et le refroidissement.

Distillée, elle se gonfle beaucoup, répand d'abord une odeur de mucilage cuit, puis celle d'une huile empyreumatique ammoniacale ; enfin, l'odeur de l'acide prussique.

Son charbon se consume aisément ; il laisse une cendre blanche, formée de phosphates de magnésie et de chaux. (Ch.)

EAU DE LA MER. (*Min.*) Voyez Mer. (B.)

EAU DE LUCE. (*Chim.*) On la prépare dans les pharmacies en unissant l'ammoniaque à l'huile volatile de succin rectifiée. Elle est employée pour exciter le système nerveux dans les cas d'apoplexie, d'évanouissement, etc. On l'a employée aussi avec succès contre les morsures d'animaux venimeux, tels que la vipère. L'eau de Luce est laiteuse, par la raison que l'huile s'y trouve en partie, si ce n'est en totalité, dans un état de suspension et non de dissolution. Comme elle est réputée d'autant meilleure qu'elle conserve son aspect laiteux pendant plus de temps, l'auteur de la traduction françoise de la Pharmacopée de Londres, a décrit un procédé au moyen duquel on peut préparer une eau de Luce qui jouit, à un haut degré, de cette qualité. Ce procédé consiste à faire dissoudre d'abord dix à douze grains de savon blanc dans quatre onces d'alcool à quarante degrés; puis un gros d'huile de succin rectifiée; à filtrer cette solution et à la mêler peu à peu à de l'ammoniaque liquide la plus forte possible. On doit agiter fortement pendant qu'on opère le mélange des corps. S'il se produisoit une crême à la surface du liquide, il faudroit ajouter un peu d'alcool huileux. L'eau de Luce doit être conservée dans des flacons bien bouchés; car il n'est pas douteux que sa propriété stimulante ne réside en grande partie dans l'ammoniaque qu'elle contient. (Ch.)

EAU DE MER. (*Chim.*) Voyez Eaux naturelles. (Ch.)

EAU DE NEIGE. (*Chim.*) Voyez Eaux naturelles. (Ch.)

EAU DE PLUIE. (*Chim.*) Voyez Eaux naturelles. (Ch.)

EAU DE PUITS. (*Chim.*) Voyez Eaux naturelles. (Ch.)

EAU DE RABEL. (*Chim.*) C'est un mélange de 1 p. d'acide sulfurique concentré, et de 3 d'alcool. Il est d'abord incolore; mais peu à peu les corps réagissant, il se produit de l'eau, et il se développe une couleur rougeâtre. L'eau de Rabel est employée à l'extérieur comme styptique, à l'intérieur comme astringent. (Ch.)

EAU DES HYDROPIQUES. (*Chim.*) M. Berzélius pense que le liquide sécrété par les membranes séreuses, dans les cas d'hydropisie, peut être considéré comme du sérum du sang dépouillé d'une partie de son albumine, partie qui peut aller des $\frac{2}{5}$ aux $\frac{4}{5}$. Exposé au feu, il ne se coagule point; seulement il se trouble graduellement; et par l'évaporation la matière opaque se réunit. Quoique cette matière paroisse bien être de l'albumine, cependant elle en diffère par une couleur jaune de soufre.

Un liquide d'hydrocéphale a donné à M. Berzelius,

Eau, ...	988,30
Albumine, ...	1,66
Chlorures de potassium et de sodium, ...	7,09
Lactate de soude avec une matière animale, ...	2.52
Soude	0,23
Matière animale soluble seulement dans l'eau, avec quelque trace de phosphate, ...	0,35
	1000,00

M. Berzelius pense que les liquides, provenant d'un état d'hydropisie prolongé, ne doivent différer du précédent qu'en ce qu'ils sont plus concentrés; ce qu'il attribue à deux causes, ou à ce qu'ils sont gardés plus long-temps, ou à ce que, dans les dernières périodes de l'hydropisie, il y a toujours une transsudation du sérum du sang qui paroît s'effectuer dans l'urine ou dans les membranes cellulaires.

M. Marcet a obtenu les résultats suivans de l'analyse d'un liquide :

	provenant du spinabifida.	provenant d'un hydrocéphale
Eau...........................	988,60	990,80
Matière muco-extractive........	3,20	1,12
Chlorure......................	7,65	6,64
Sous-carbonate................	1,35	1,24
Phosphate....................	0,20	0,20
	1000,00	1000,00

(Ch.)

EAU DES PIERRERIES. (*Min.*) On entend, par cette expression, le genre de transparence et de limpidité que présentent les pierres gemmes. Ainsi, on dit d'un diamant ou de toute autre pierre précieuse, dont le caractère essentiel est la transparence, qu'il a une belle eau lorsque aucun nuage, aucune glaçure, aucune fissure, aucune strie de couleurs n'altère sa limpidité. Voyez GEMMES. (B.)

EAU-DE-VIE. (*Chim.*) C'est de l'alcool très-aqueux, contenant un peu d'acide acétique. Voyez ESPRIT-DE-VIN. (Ch.)

EAU DISTILLÉE. (*Chim.*) On donne ce nom au produit de la distillation de l'eau de rivière, de l'eau de pluie, d'une eau en un mot qui ne contient qu'une très-petite quantité de matières hétorogènes et fixes. La distillation se fait ordinairement dans un alambic de cuivre, dont le chapiteau et le réfrigérant sont en étain pur. Pour des expériences très-délicates, on se sert quelquefois d'un alambic d'argent. On reconnoît, en général, qu'une eau distillée est pure lorsqu'elle ne trouble pas le nitrate de baryte et le nitrate d'argent; mais d'après les observations que j'ai consignées dans mes Recherches sur le bois de Campêche, l'eau qui a ces qualités peut fort bien n'être pas pure : ainsi, toutes les eaux distillées que j'ai examinées jusqu'ici, et qui provenoient des eaux de Seine ou de puits, m'ont présenté, au moment où elles venoient d'être distillées, les propriétés suivantes :

Elles rougissoient assez fortement le tournesol et très-légèrement le sirop de violette; elles faisoient passer l'hématine au jaune; mais, au bout de vingt-quatre heures, la couleur devenoit rougeâtre. Les eaux soumises à une nouvelle distillation, dans des cornues de verre, donnoient un produit qui, loin d'avoir l'action d'un acide sur le tournesol, agissoit comme un alcali sur le sirop de violette, et surtout sur l'hématine. Il devoit ces propriétés à de l'ammoniaque; car, en ayant fait évaporer une assez grande quantité, dans laquelle j'avois ajouté de l'acide sulfurique, j'obtins du sulfate d'ammoniaque. Quant au résidu de la distillation, il étoit encore beaucoup plus alcalin que le produit, ce qui ne m'étonna point lorsque j'eus reconnu qu'il contenoit des sous-silicates de soude et de potasse qu'il avoit enlevés au verre.

Je m'assurai que l'acide contenu dans l'eau, distillée une seule fois, étoit le carbonique : car, ayant mis dans une assez grande quantité d'eau contenue dans un vase fermé à l'émeri, du sous-acétate de plomb, j'obtins un précipité blanc qui étoit de véritable sous-carbonate de plomb.

D'après ces expériences, je regarde comme très-probable qu'il existe dans l'eau de Seine, distillée une fois, un sur-carbonate d'ammoniaque, qui se réduit, dans une seconde distillation, en sous-carbonate. J'aurois bien voulu distiller de la neige aussi pure qu'il est possible de la recueillir; mais j'ai toujours été contrarié par la saison. Je pense qu'il est d'autant plus utile de rappeler ici ces observations, que, depuis leur publication, on a continué à parler de l'eau distillée dans les ouvrages de chimie, comme si elle étoit absolument pure. Outre l'acide carbonique et l'ammoniaque, l'eau distillée contient encore un peu d'air atmosphérique, et souvent une matière dont l'odeur est empyreumatique. (Ch.)

EAU FORTE. (*Chim.*) On donne communément ce nom à

l'acide nitrique du commerce. Dans les fabriques de savon on l'applique aussi aux lessives alcalines les plus concentrées. (Cn.)

EAU GAZEUSE. (*Chim.*) On pourroit croire cette expression applicable à l'eau qui contient un gaz quelconque en dissolution; on se tromperoit, puisqu'un grand nombre de savans s'en sont servis pour désigner seulement l'eau qui est naturellement ou artificiellement chargée d'acide carbonique. (Cn.)

EAU GRASSE et EAU SURE DES AMIDONNIERS. (*Chim.*) L'art de l'amidonnier a pour but d'extraire l'amidon des griots et des recoupettes, ou des blés gâtés. Pour y parvenir, on met dans un tonneau, dont on a ôté un des fonds, un seau d'eau chaude, dans laquelle on a délayé deux livres de levure (ou bien un seau d'eau sûre); puis on y verse de l'eau jusqu'à moitié, et on finit de le remplir avec parties égales de griots et de recoupettes, ou bien avec de la farine de blé avariée, grossièrement moulue. Les matières fermentent; les couches supérieures de l'eau deviennent blanches, écumeuses : dans cet état on les enlève; ce sont elles qu'on nomme *eau grasse*. L'amidonnier les jette. On pose ensuite un tamis de crin sur un tonneau ; on y jette trois seaux de la matière fermentée, puis on y passe à trois fois deux seaux d'eau chaque fois, en ayant soin de remuer la matière. Par ce moyen le son reste dans le tamis, et l'amidon passe dans le tonneau, en suspension dans l'eau. Quand l'amidon est déposé, on décante cette eau avec une sébile de bois; c'est elle qui porte le nom d'*eau sûre*.

De l'eau grasse.

M. Sage est le premier chimiste qui l'ait examinée ; il y reconnut la présence de l'alcool, celle du glutineux dans un état d'altération; et en outre il crut observer qu'elle contenoit un sulfure ammoniacal phosphorique, et qu'elle n'étoit point acide.

Parmentier, en 1779, ayant examiné l'eau grasse, reconnut qu'elle manifestoit les propriétés des acides après qu'elle avoit été filtrée; il s'assura qu'elle les devoit à de l'acide acétique; il observa aussi qu'on en retiroit de l'alcool par la distillation.

De l'eau sûre.

Trois chimistes, MM. Sage, Parmentier et Vauquelin ont

examiné l'eau sûre à différentes époques. M. Sage ne la trouva
point acide : il crut observer que l'esprit qu'elle donnoit à
la distillation n'étoit point inflammable. Parmentier en retira
une certaine quantité d'acide acétique, et observa qu'il y en
avoit une partie en combinaison avec du glutineux et de
l'amidon. Il vit aussi que l'esprit qu'on en retiroit étoit de
véritable alcool.

Exposons maintenant un précis du travail de M. Vauquelin.

L'eau sûre des amidonniers est blanche, laiteuse ; elle dé-
vient transparente par la filtration ; elle a une odeur légèrement acide et alcoolique : on y reconnoît en outre l'odeur
de la farine humectée. Sa saveur, légérement acide, est un
peu nauséabonde.

Elle rougit fortement le tournesol.

Un peu plus de 12 kilog. d'eau sûre distillée ont donné,

1.° 5 hectog. d'un produit alcoolique, légérement acide,
duquel on a séparé au bain-marie environ 3o gram. d'alcool
assez pur, très-inflammable et d'une saveur peu agréable ;

2.° 11 kilog. ½ d'une liqueur dont l'acidité étoit beaucoup
plus forte que celle de la première portion. Un kilog. de ce
produit a donné, avec la litharge, 33,43 gram. d'acétate de
plomb.

3.° Un résidu sirupeux rouge-brun, très-acide, ayant l'odeur
du pain rôti, et présentant les propriétés suivantes :

L'eau de chaux y faisoit un précipité qu'un excès redissol-
voit ; la potasse en dégageoit de l'ammoniaque ; l'acide oxalique en précipitoit de la chaux, et l'acétate de plomb de
l'acide phosphorique : d'où M. Vauquelin conclut, l'existence
du phosphate de chaux dans l'eau sûre.

Ce sel, et une portion de glutineux, sont tenus en dissolution par l'acide acétique ; aussi peut-on les en précipiter
par l'ammoniaque ; mais il est à remarquer qu'il reste dans
la liqueur neutralisée une certaine quantité de glutineux
qu'on peut en précipiter par la noix de galle et l'alcool.

M. Vauquelin pense que, dans la préparation de l'amidon,
l'acide acétique est produit par le sucre de la farine, par une
portion d'amidon, et enfin par une portion de glutineux ;
mais l'acide produit par ce dernier ne contribue point à
donner de l'acidité à la liqueur : il est entièrement neutra-

lisé par l'ammoniaque qui se forme en même temps que lui et aux dépens de la même substance. (Cн.)

EAU HÉPATIQUE. (*Chim.*) C'est la dénomination que Bergmann a donnée à la solution aqueuse de l'acide hydrosulfurique, par la raison que, de son temps, l'on appeloit *hepar* le sulfure de potasse, et gaz hépathique l'acide hydrosulfurique qu'on en dégageoit par les acides. (Cн.)

EAU MERCURIELLE. (*Chim.*) On donnoit jadis ce nom à la dissolution nitrique de mercure. (Cн.)

EAU PHAGÉDÉNIQUE. (*Chim.*) C'est de l'eau de chaux dans laquelle on a mis $\frac{1}{300}$ de son poids de perchlorure de mercure; quand les corps ont obéi à leur action chimique, la liqueur présente de l'hydrochlorate de chaux et de la chaux en solution, et du péroxide de mercure précipité. Lorsqu'on veut faire usage de cette eau à l'extérieur, il faut l'agiter, afin de suspendre le péroxide. (Cн.)

EAU PUTRIDE. (*Chim.*) On a donné ce nom à des eaux qui contiennent des matières animales en décomposition putride. (Cн.)

EAU RÉGALE. (*Chim.*) Ce nom a été donné par les anciens chimistes au mélange d'acide nitrique et d'acide hydrochlorique qui possède la propriété de dissoudre l'or, qu'ils regardoient comme le roi des métaux. En général, lorsqu'un métal est dissous par l'eau régale, il l'est par l'acide hydrochlorique ou par le chlore qu'elle contient, et en faisant évaporer la dissolution, c'est toujours un hydrochlorate ou un chlorure que l'on obtient; c'est pour cette raison que l'acide hydrochlorique doit s'y trouver dans une plus grande proportion que l'acide nitrique; on peut employer deux parties du premier et une partie du second.

L'eau régale contient, 1.° de l'eau; 2.° de l'acide nitrique; 3.° de l'acide hydrochlorique; 4.° du chlore; 5.° de l'acide nitreux. Ces deux derniers sont le résultat de la décomposition d'une portion d'acide nitrique et d'une portion d'acide hydrochlorique. L'oxigène de la première, qui est en excès à la composition de l'acide nitreux, se porte sur l'hydrogène de la seconde pour former de l'eau : de là résultent l'acide nitreux et le chlore. Il paroît que c'est l'eau qui met obstacle à ce qu'il n'y ait qu'une partie des acides à se décomposer au moment du mélange ; mais une nouvelle décomposition a lieu lorsqu'on met dans l'eau régale un corps qui peut s'y dissoudre : si ce corps est susceptible de se dissoudre, par l'acide hydrochlorique, à l'état d'oxide, il s'oxide aux dépens de l'acide nitrique: s'il est soluble à l'état de chlorure, dans le même temps où il attire le chlore, l'hydrogène qui est uni à ce dernier dans l'acide hydrochlorique se porte sur l'oxigène de l'acide nitrique.

L'eau régale a été appelée acide nitro-muriatique ; mais nous pensons que l'ancien nom est préférable à tout autre.

On fabrique de l'eau régale d'une manière économique, en dissolvant du chlorure de sodium ou de l'hydrochlorate d'ammoniaque dans de l'acide nitrique ; ou bien encore en dissolvant du nitrate de potasse dans l'acide hydrochlorique. (Ch.)

EAU SECONDE. (*Chim.*) Dans les arts on applique ce nom à de l'acide nitrique plus ou moins étendu d'eau, que l'on emploie pour nettoyer les boiseries peintes à l'huile, les pierres dures, pour décaper certains métaux, etc. (Ch.)

EAUX. (*Phys.* et *Géogr. phys.*) Leurs propriétés physiques se trouveront au mot Fluide. Les eaux répandues à la surface de la terre sont ou courantes ou stagnantes : pour les premières, qui sont le produit immédiat des pluies et de la fonte des neiges, voyez Fleuve, et pour les autres, Mer. (L. C.)

EAUX ALCALINES. (*Chim.*) On a souvent appelé eaux alcalines les eaux naturelles qui contiennent assez de souscarbonate de soude ou de soude pour avoir une saveur alcaline et la propriété de verdir le sirop de violette. (Ch.)

EAUX AROMATIQUES. (*Chim.*) Ce sont des eaux distillées qui tiennent en dissolution des principes aromatiques de nature végétale. On les obtient, ou en distillant au bain-marie des plantes vertes hachées, pourvues de leur eau de végétation, ou bien encore en distillant les végétaux avec de l'eau. Elles sont employées en médecine. (Ch.)

EAUX CRUES ou EAUX DURES. (*Chim.*) Eaux qui contiennent naturellement plus de sels calcaires que les eaux de rivière en général, et qui ne peuvent cuire les légumes ni dissoudre le savon sans produire préalablement un caillé blanc. Les sels contenus dans ces eaux sont ordinairement le sulfate et le sous-carbonate de chaux. (Ch.)

EAUX DE SENTEUR. (*Chim.*) Dans la parfumerie on applique cette dénomination à l'eau ou à l'alcool, qui contient des principes odorans de nature organique. (Cʜ.)

EAUX ESSENTIELLES. (*Chim.*) Ce nom a été donné par plusieurs personnes aux eaux aromatiques. (Cʜ.)

EAUX FERRUGINEUSES. (*Chim.*) Les eaux qui contiennent naturellement assez de carbonate de protoxide de fer ou de sulfate de fer, pour avoir une saveur styptique. Voyez Eᴀᴜx ɴᴀᴛᴜʀᴇʟʟᴇs. (Cʜ.)

EAUX MARTIALES. (*Chim.*) Les anciens chimistes, qui appeloient le fer Mars, appeloient eaux martiales les eaux ferrugineuses. (Cʜ.)

EAUX MÉDICINALES. (*Chim.*) Ce sont les eaux qui ont sur l'économie animale une action que l'on n'observe point dans l'usage ordinaire des eaux potables. Les effets qu'elles produisent ayant presque toujours pour cause des corps inorganiques étrangers à la composition de l'eau, on a souvent employé l'expression d'eaux médicinales comme synonyme d'eaux minérales. Voyez Eᴀᴜx ᴍɪɴᴇ́ʀᴀʟᴇs, Eᴀᴜx ɴᴀᴛᴜʀᴇʟʟᴇs. (Cʜ.)

EAUX MÈRES. (*Chim.*) On donne ce nom en général au liquide qui reste après la cristallisation d'une ou plusieurs substances qui y étoient en dissolution, et on l'applique en particulier à des liquides qui, ayant déjà donné des cristaux, ne peuvent plus en fournir dans les mêmes circonstances où ils avoient produit les premiers, et qui, dans ce cas, sont dits *incristallisables;* mais cette incristallisabilité tient presque toujours à ce que le sel ou les sels qui s'y trouvent sont déliquescens, et exercent par conséquent sur l'eau beaucoup plus d'action que ceux qui ont cristallisé d'abord. (Cʜ.)

EAUX-MÈRES DU NITRE. (*Chim.*) C'est le liquide qu'obtient le salpêtrier après qu'il a séparé des lessives de plâtras concentrées, tout le nitre qu'elles sont susceptibles de donner par la cristallisation. Elles contiennent un peu de nitrate de potasse, des nitrates de chaux et de magnésie et des hydrochlorates de ces mêmes bases. Elles contiennent quelquefois aussi du nitrate d'ammoniaque. (Cʜ.)

EAUX-MÈRES DU SEL MARIN. (*Chim.*) Le liquide incristallisable obtenu des eaux de la mer ou des eaux salées, qui ont

donné tout ou presque tout leur chlorure de sodium, est principalement formé d'une solution aqueuse d'hydrochlorate de magnésie. Les eaux-mères du sel marin peuvent être employées avec
un grand avantage dans la fabrication du sel ammoniac. (Ch.)

EAUX MINÉRALES. (*Chim.*) Cette expression désigne les
eaux qui contiennent assez de matières inorganiques pour avoir
des propriétés particulières. Comme il existe un grand nombre
de ces eaux qui ont une action marquée sur l'économie animale,
et qui sont propres à la guérison de plusieurs maladies, on a
souvent confondu les dénominations d'*eaux minérales* et d'*eaux
médicinales*, qui doivent être distinguées : la première, s'appliquant à toutes les eaux qui contiennent une quantité notable de
substances minérales, et la seconde aux eaux dont on fait usage
en médecine. Nous ferons observer à ce sujet qu'il existe des
eaux médicinales qui n'appartiennent point à la classe des eaux
minérales, parce qu'elles sont presque pures, et qu'elles ne
paro ssent devoir leurs propriétés, comme médicament, qu'à
leur température. Telle est l'eau de Bagnolle, en Normandie.
Voyez EAUX NATURELLES, *Chim.* (Ch.)

EAUX MINÉRALES ARTIFICIELLES ou FACTICES. (*Chim.*)
On imite une eau minérale, en dissolvant dans de l'eau pure
ou de l'eau de rivière, les substances qui se trouvent dans l'eau
qu'on veut imiter, et en faisant la dissolution dans la proportion
que la nature a suivie. Ces produits de l'art sont appelés *eaux
minérales artificielles ou factices.* (Ch.)

EAUX NATURELLES. (*Chim.*) Nous comprenons sous cette
dénomination toutes les eaux que la nature nous offre à l'état
liquide.

§. 1er.

Considérations générales sur la nature des eaux naturelles.

Les eaux couvrent des parties plus ou moins étendues de la
surface de la terre ; contenues dans des bassins, elles forment
les mers, les lacs, les étangs, les mares, les marais ; épanchées
sur des plans inclinés, elles forment les fleuves, les rivières, les
torrens, les ruisseaux. Dans l'intérieur du globe, il existe des
masses d'eau plus ou moins considérables, qui sont en repos ou
animées d'un mouvement plus ou moins rapide ; quelques unes,
parvenant à la surface de la terre, constituent les sources qui

donnent naissance à des rivières, à des ruisseaux ou à de simples fontaines. Enfin, l'eau qui s'est évaporée dans l'atmosphère, s'en précipite à l'état de pluie ou de neige.

Aucune eau naturelle ne peut être considérée comme de l'eau pure, c'est-à-dire, comme celle qui ne présente à l'analyse que 1 volume d'oxigène et 2 volumes d'hydrogène (voyez Hydrogène); toutes tiennent en dissolution quelques corps auxquels elles doivent des propriétés qu'elles ne posséderoient pas si elles étoient pures.

Les corps qui se trouvent en dissolution dans les eaux varient beaucoup, suivant que ces eaux ont ou n'ont pas le contact de l'atmosphère, et suivant la nature des corps qui ont été ou qui sont exposés à leur contact. Nous allons faire l'énumération de tous les corps que l'on a trouvés en dissolution dans les eaux naturelles.

Gaz simples.
- Oxigène.
- Azote.

Acides qui s'y trouvent soit libres, soit à l'état de sel.
- Acide carbonique.
- Acide sulfureux.
- Acide sulfurique.
- Acide nitrique.
- Acide hydrosulfurique.
- Acide borique.
- —— silice?

Alcalis libres.
- Soude?

Chlorures et sulfures.
- Chlorure de sodium.
- —— de potassium.
- Sulfure hydrogène de soude?

Sels

borates.
- —— de soude.

carbonates.
- —— de soude.
- —— de potasse.
- —— de chaux.
- —— de magnésie.
- —— d'alumine.
- —— de protoxide de fer.
- —— de protoxide de manganèse.
- —— d'ammoniaque.

sulfates.
- —— de soude.
- —— de chaux.
- —— de magnésie.
- —— d'alumine.
- —— de fer.
- —— de cuivre.
- —— de manganèse.

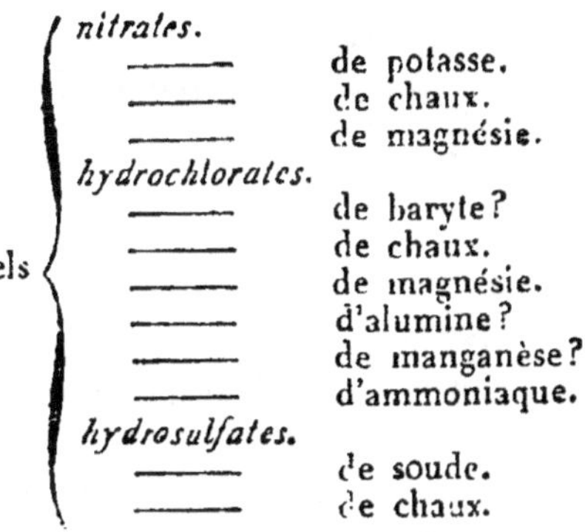

Enfin des matières o·ganiques.

Les eaux qui se rapprochent le plus de l'état de pureté sont, sans contredit, l'eau de pluie et surtout l'eau qui provient de la neige fondue. Elles ne contiennent que des substances avec lesquelles elles se sont trouvées en contact dans l'atmosphère, telles que de l'oxigène, de l'azote, de l'acide carbonique, et, suivant Bergmann, des traces d'hydrochlorate de chaux et d'acide nitrique. Pour avoir les eaux atmosphériques dans leur plus grand état de pureté possible, il ne faut recueillir que les dernières tombées.

Les eaux qui se trouvent dans le sein de la terre, et qui forment les sources et les fontaines, présentent des différences très-grandes relativement à la nature et à la proportion des corps qu'elles tiennent en dissolution, et relativement à leur température. Les unes sont presque pures, le autres sont plus ou moins chargées de gaz et de substances salines; il y en a dont la température est plus basse que celle de l'atmosphère, d'autres qui ont la même température qu'elle; enfin, il en est qui arrivent chaudes et même bouillantes à la surface de la terre: celles-là sont appelées *eaux froides*, et ces dernières *eaux chaudes* ou *eaux thermales*. Tant que les eaux souterraines n'ont été en contact qu'avec des roches siliceuses qu'elles sont incapables d'attaquer, elles se rapprochent beaucoup, par leur pureté, des eaux pluviales; elles ont une limpidité et quelquefois une fraîcheur qui les rend très-agréables a boire : mais, si ces eaux sont placées dans des circonstances qui leur permettent de se charger plus ou moins de gaz, de sels, de substances organiques même, et d'acquérir par là une saveur ou d'autres propriétés que ne possèdent pas les eaux naturelles qui s'approchent de l'état de pureté, on les nomme *eaux minérales*. Enfin, si ces eaux peuvent avoir quelque action sur l'économie animale, soit par les corps qu'elles ont dissous, soit par leur température, elles prennent le nom d'*eaux médicinales*.

Plusieurs eaux souterraines, privées du contact de l'oxigène et circulant dans des canaux ou contenues dans des cavités qu'elles remplissent en totalité, peuvent éprouver deux sortes de changemens quand elles sont parvenues à la surface de la terre. Le premier de ces changemens est relatif à la proportion des gaz qu'elles tiennent en dissolution : comme la quantité de gaz qu'une eau peut absorber, estimée en poids, est d'autant plus considérable que ce gaz est plus comprimé, il doit nécessaire-ment arriver que, quand une eau souterraine aura dissous un poids de gaz plus grand que celui qu'elle pourroit dissoudre sous la simple pression de l'atmosphère, cette eau parvenue à la surface de la terre en perdra une portion, qui s'en dégagera avec bouillonnement. Le second changement se rapporte à certains corps qui sont altérables par le contact du gaz oxigène. Ainsi, les hydrosulfates, contenus dans plusieurs eaux, se dé-composent à l'air ; le carbonate de protoxide de fer s'y décom-pose également : la base, en se suroxidant, se dépose à l'état d'hydrate, et l'acide carbonique mis à nu se dégage, au moins en partie, dans l'atmosphère.

Les eaux de puits doivent, à la rigueur, présenter toutes les variations que l'on remarque dans les eaux de fontaine ou de source : cependant, nous ajouterons que les puits des villes populeuses, qui sont creusés dans des terrains calcaires susceptibles de se salpêtrer, donnent des eaux qui contiennent des nitrates, sels, qu'on ne rencontre pas dans les sources ou terrains qui ne sont pas susceptibles de se salpêtrer. En général, les eaux de puits sont chargées de sulfate de chaux ; aussi pré-cipitent-elles abondamment la solution de savon, et ne peuvent-elles pas ramollir les haricots que l'on y fait bouillir. Cependant, il existe des eaux de puits qui sont très-bonnes à boire, et nous pouvons citer pour exemple celles des puits d'Angers, qui nous ont paru préférables à des eaux beaucoup plus pures, aux réactifs.

Les eaux de la mer doivent être considérées comme des eaux minérales ; car, outre qu'elles contiennent plusieurs espèces de sels en dissolution, et en assez grande quantité, on rencontre dans le sein de la terre des eaux qui ont les plus grandes analogies avec elles : et nous devons faire observer que les eaux de la mer et certaines eaux qui se trouvent dans le sein de la terre sont les moins pures que l'on connoisse.

Les eaux des fleuves et des rivières qui coulent sur un lit de sable sont communément moins impures que les eaux souterraines, par la raison qu'elles sont en contact avec des terrains qui, lavés depuis long-temps, ont dû perdre tout ce qu'ils contenoient de soluble, et parce qu'elles proviennent, en grande partie, des eaux du ciel qui sont presque pures. Souvent, à la vérité, les fleuves et les rivières reçoivent aussi des substances qui ont appartenu à des êtres organisés, et qui sont très-disposées à se décomposer ; mais ces substances ne sont, relativement à la masse de l'eau, que dans une très-foible proportion ; mais les fleuves, les rivières coulent toujours dans le même sens : ils rejettent sur leurs bords une partie des substances qu'ils ont reçues. Si une portion de ces dernières se dissout, cette portion est toujours très-petite ; et l'oxigène atmosphérique contenu dans l'eau, aidé probablement de la lumière du soleil, tend à la réduire en eau et en acide carbonique. Enfin, si l'on considère que la présence de l'air s'oppose à l'existence de certains corps dans les eaux ; que celles-ci, soumises à la simple pression de l'atmosphère, sont dans une circonstance moins favorable pour se charger de gaz, que des eaux qui sont coërcées dans les cavités souterraines ; enfin si l'on considère que la lumière tend à faire reprendre aux gaz dissous dans les liquides, l'état aériforme, on verra qu'il y a réellement beaucoup de raisons pour que les eaux des fleuves et des rivières soient moins chargées de matières étrangères, que les eaux souterraines en général. Les eaux des fleuves et des rivières contiennent toujours de l'oxigène, de l'azote et de l'acide carbonique, mais en petite quantité.

Les eaux stagnantes sont moins pures que celles dont nous venons de parler, et leur impureté est, communément, d'autant plus grande, que l'étendue des terrains qu'elles couvrent est moins considérable ; qu'elles sont moins exposées à la lumière directe du soleil ; et qu'elles peuvent recevoir une plus grande quantité de matières organiques. Il est évident qu'une eau cou-

rante, présentant dans un même lieu une succession de particules qui sont toujours nouvelles, le sol est bientôt privé de
toute matière soluble : il est encore évident que si des matières
altérables, comme le sont les substances qui ont appartenu aux
êtres organisés, se mêlent à cette eau qui se renouvelle sans
cesse, elles ne lui donneront que très-peu de signes de leur
présence, lors même qu'elles seroient en putréfaction. Il n'en
est point ainsi d'une eau stagnante ; celle-ci contient toute la
matière qu'elle a primitivement enlevée au sol qu'elle recouvre, et tous les débris d'animaux et de végétaux qui y ont
été portés par une cause quelconque. La putréfaction de ces
débris doit y être plus rapide et plus sensible que dans une eau
courante, parce que les matières solubles que l'eau stagnante
leur enlève ne se disséminant pas, et étant plus altérables
que les matières de ces débris qui sont insolubles, restent en
contact avec celles-ci, et leur font subir une altération qu'elles
n'auroient pas éprouvée aussi rapidement dans une eau courante. Dès lors, l'eau stagnante est plus exposée que cette dernière à recevoir les émanations de la putréfaction. Il est évident
que moins il y a d'eau, moins l'évaporation se fait librement,
et plus les signes de la putréfaction doivent être prononcés.
Enfin, on a reconnu que les plantes aquatiques contribuent à
restituer aux eaux, dans lesquelles elles végètent, les bonnes
qualités qu'elles pourroient avoir perdues par la présence des
matières organiques, effet que l'on peut attribuer à ce que
les plantes absorbent une portion de ces matières, comme
engrais, et en second lieu, à ce qu'elles degagent de l'oxigène par l'influence du soleil ; principe qui peut contribuer
à faire repasser ces mêmes matières à l'état d'eau et d'acide
carbonique.

Pour rendre les considérations précédentes moins incomplètes, nous croyons devoir examiner l'influence que l'atmosphère exerce sur les eaux, sous d'autres rapports que nous ne
l'avons fait jusqu'ici. L'atmosphère, comme réservoir purement
mécanique, contribue à diminuer dans les eaux les principes
odorans qu'elles contiennent. En effet, lorsqu'elles sont en
communication libre avec l'atmosphère, les principes odorans,
qui sont volatils, ont une tension qui les sollicite à se répandre
dans l'espace aérien qui est au-dessus d'eux. Les eaux odorantes

tendent donc mécaniquement à perdre leur odeur, quand elles
sont exposées à l'air. D'un autre côté, les eaux absorbent une
certaine quantité de l'oxigène atmosphérique ; celui-ci a , en
général, plus de tendance à s'unir aux élémens des principes
odorans qui peuvent être dans les eaux, que ces élémens
n'ont de tendance à rester unis entre eux ; par conséquent ,
l'oxigène tend à les décomposer : il arrive encore que dans les
eaux qui contiennent des sulfates et des matières organiques en
dissolution, celles-ci peuvent réduire les sulfates en sulfures
hydrogénés, si les eaux ne peuvent absorber l'oxigène de
l'atmosphère. De là, on peut tirer une conséquence qui intéresse
les habitans des pays où la nature oblige de recueillir les eaux
du ciel pour les usages économiques : il faut, autant que possible,
s'opposer à ce que ces eaux n'entraînent pas jusque dans les
citernes les matières organiques qu'elles ont pu enlever aux
toits des édifices et aux différens plans sur lesquels elles ont
coulé ; il est nécessaire aussi qu'il y ait un courant d'air établi
dans les citernes, ainsi que M. Thénard a conseillé de le faire
dans celles de la Hollande.

§. II.

*De la classification des eaux, d'après leurs propriétés et la nature
des corps qu'elles tiennent en dissolution.*

Les classifications que l'on a faites des eaux naturelles sont
assurément fondées sur les usages de ces eaux plutôt que sur
leur composition chimique ; c'est pourquoi nous ne les adop-
terons point comme classification scientifique , mais bien
comme indiquant les usages auxquels telles sortes d'eaux
peuvent être employées.

On a distingué les eaux en deux grandes divisions : la première comprend les eaux du ciel , les eaux douces des fleuves,
des rivières, des sources, des fontaines, qui ne contiennent
que de petites quantités de matières salines ; on leur a donné
le nom d'*eaux pures*, d'*eaux économiques*, d'*eaux potables*. Il est
évident, d'après ce que nous avons dit plus haut, que la première dénomination n'est pas exacte. La seconde ne l'est pas
davantage, puisqu'il existe des eaux que l'on emploie dans
l'économie domestique, auxquelles cette dénomination n'est
point appliquée. Les caractères que l'on a donnés aux eaux

potables sont : d'avoir une saveur agréable ; d'être limpides ; de dissoudre le savon , sans produire beaucoup de flocons, de cuire les haricots sans les durcir ; de ne donner que de foibles précipités avec les nitrates d'argent et de baryte.

Nous voudrions présenter des recherches suivies sur la composition des eaux de neige et de pluie, sur celle des eaux des principaux fleuves connus ; malheureusement de pareils travaux n'existent pas, et nous sommes contraints à ne rassembler que des faits épars, qui ont été observés par différens chimistes et à des époques où l'art de l'analyse n'avoit point la même précision.

Première division.

Suivant Bergmann, l'eau de neige ne contient qu'une trace d'hydrochlorate de chaux et d'acide nitrique ; sa densité est de $1,0000\frac{1}{2}$, celle de l'eau distillée étant $1,0000$; lorsque la neige a été fondue sans le contact de l'air, elle ne contient ni air, ni acide carbonique. J. Carradori de Prato croit avoir mis hors de doute cette dernière opinion de Bergmann. Ce savant, ayant vu que les poissons ne pouvoient vivre dans l'eau, privée du contact de l'atmosphère, qu'autant que ce liquide contenoit de l'oxigène dissous, a rempli de neige pilée une petite bouteille de verre à long col, qu'il a exposée à une température de $23^{d}, 75$; lorsque la neige a commencé à se fondre, il a versé de l'huile d'olive dessus, afin de la préserver du contact de l'air. Au bout de seize heures, il enleva l'huile ; il mit un petit poisson dans la bouteille , et il recouvrit l'eau d'une couche d'huile ; le poisson se débattit, et mourut presque au moment de l'immersion. Ayant répété la même expérience avec de l'eau de neige, qui avoit été exposée pendant seize heures à l'air, un poisson y vécut trois quarts d'heure.

J. Carradori a observé que l'eau de neige, exposée pendant seize heures à l'air, n'absorboit pas autant d'oxigène qu'une quantité égale d'eau de puits qu'on y exposoit, pendant le même temps, après l'avoir préalablement privée de tout oxigène, en y faisant respirer des poissons. Deux petits poissons, plongés dans ces deux eaux, y vivoient des temps très-différens : celui qui se trouvoit dans l'eau de neige vivoit un peu plus de trois quarts d'heure, tandis que l'autre vivoit dans l'eau de puits plus de quatre heures.

MM. de Humboldt et Gay-Lussac ont retiré de l'eau de neige un volume d'air qu'ils estiment être égal à $\frac{1}{25}$ environ du volume de l'eau. Ces illustres savans soupçonnent qu'une partie de l'air qu'ils ont retiré de l'eau de neige provenoit d'une absorption qui se sera faite au moment où la liquéfaction aura eu lieu; ce qu'il y a de certain c'est que la quantité d'air qu'ils ont obtenue de l'eau de glace n'est guère que la moitié de celle qu'ils ont retirée de l'eau de neige. L'air de l'eau de neige contenoit 28,7 volumes d'oxigène et 71,3 volumes d'azote.

L'eau de pluie ne diffère, suivant Bergmann, de l'eau de neige qu'en ce qu'elle contient un peu plus d'hydrochlorate de chaux et d'acide nitrique, et en outre de l'air et de l'acide carbonique. MM. de Humboldt et Gay-Lussac ont vu que l'air retiré de l'eau de pluie contenoit 31 volumes d'oxigène et 69 volumes d'azote.

Les mêmes savans ont aussi examiné l'eau de Seine comparativement avec l'eau de neige et l'eau de pluie, sous le rapport de l'air qui s'y trouve, et ils ont vu qu'elle contenoit $\frac{1}{25}$ environ de son volume d'air, ce qui est la même quantité que celle contenue dans l'eau de neige, et que cet air contenoit 31,9 d'oxigène pour 68,1 d'azote.

Nous ajouterons aux faits que nous venons d'exposer sur les eaux de la première division, un tableau que nous tirons du Traité de Chimie de M. Thénard, et qui présente les analyses faites par M. Colin des eaux qui se rendent ou doivent se rendre à Paris.

NOM DES EAUX.	QUANTITÉ D'EAU ANALYSÉE.	AIR contenu DANS CETTE EAU.	ACIDE CARBONIQUE contenu DANS CETTE EAU (1).	RÉSIDU de l'évaporation DE CETTE EAU.	SULFATE DE CHAUX provenant DE CE RÉSIDU.	CARBONATE DE CHAUX provenant DE CE RÉSIDU.	SEL MARIN provenant DE CE RÉSIDU.	SELS DÉLIQUESCENS provenant DE CE RÉSIDU.
	litres.	centil.	centil.	gramm.	gramm.	gramm.	gramm.	gramm.
De Belleville et de Menil-Montant, au regard de Saint-Maur.	15	36,17	29,50	24,735	17,040	3,830	0,317	3,518
Des Prés-Saint-Gervais, fontaine du Chaudron.	15	40,78	32,67	17,281	6,665	3,540	0,439	6,647
De la Beuvronne, fontaine du Ponceau, à Paris.	15	37,94	23,17	10,999	6,728	2,386	0,000	1,885
De la Bièvre, à son entrée dans Paris.	15	35,89	19,89	9,824	3,758	2,047	0,169	1,638
De la Beuvronne.	15	34,22	32,44	8,180	3,050	3,855	0,000	1,275
D'Arcueil, fontaine du Palais de l'Institut.	15	36,89	32,83	6,999	2,528	2,536	0,29	1,646
De la Thérouenne.	15	34,09	26,50	4,770	0,304	3,925	0,000	0,541
Du canal de l'Ourcq (2).	15	43,93	36,32	3,781	0,257	2,993	0,114	0,417
De la Collinance.	15	33,72	12,22	3,390	0,269	2,882	0,114	0,095
De la Gergonne.	15	34,72	23,78	3,276	0,221	2,703	0,129	0,223
De l'Ourcq.	15	35,33	16,83	2,887	0,202	2,362	0,115	0,208
De la Seine, sous Paris.	15	36,28	12,54	2,613	0,295	1,940	0,000	0,373
De la Seine, au-dessus de la Bièvre.	15	36,28	12,54	2,426	0,761	1,494	0,000	0,171

(1) Comme les eaux ont été conservées dans des bouteilles jusqu'à ce qu'elles fussent devenues limpides, il seroit possible que cette circonstance eût influé sur les quantités d'air et d'acide carbonique. Ce qui tend à le faire croire, c'est que les quantités d'air qui devroient être les mêmes probablement pour toutes les eaux, présentent des différences assez marquées.

Deuxième division.

La seconde division comprend les eaux qui exercent sur le goût, sur l'économie animale, une action que ne font point éprouver les eaux de la première division. On les a comprises sous la dénomination d'*eaux minérales*, parce qu'elles contiennent en dissolution des composés, qui sont presque toujours de nature inorganique ; d'*eaux médicinales*, parce que beaucoup de ces eaux exercent une action médicamenteuse sur l'homme malade ; mais ces dénominations sont insuffisantes. Premièrement, il y a des eaux de la première division qui contiennent précisément les mêmes corps que ceux qui se trouvent dans des eaux de la seconde division, seulement ils y sont en moindre proportion que dans ces dernières : il n'y a donc pas de raison de regarder celles-ci comme minérales ; secondement, il existe des eaux minérales que l'on ne prend jamais comme médicament, au moins à l'intérieur ; telles sont les eaux chargées de sous-carbonate et de sulfate de chaux, les eaux cuivreuses, les eaux de la mer ; troisièmement, il y a des eaux qui sont presque pures, comme celles de Bagnolles en Normandie, et qui ont cependant de l'action sur l'économie animale.

Si nous venons de critiquer l'expression d'*eaux médicinales*, comme dénomination applicable à une division d'eaux dont la composition est définie, ce n'est point une raison pour penser que l'on doive la proscrire, puisqu'en la considérant en elle-même, elle a un sens suffisamment clair en le restreignant aux eaux employées pour le traitement des maladies. .

Les eaux médicinales et minérales ont été assez généralement divisées en quatre classes : 1°. en *eaux salines* ; 2.° en *eaux acidules* ; 3.° en *eaux ferrugineuses* ; 4.° en *eaux sulfureuses*.

I.ʳᵉ Classe. Eaux salines.

Elles peuvent contenir de l'acide carbonique, de l'oxide de fer, de l'acide hydrosulfurique ; mais ces corps n'y sont jamais qu'en très-petite proportion, eu égard à celle des matières salines, non ferrugineuses.

Fourcroy a distingué ces eaux en cinq ordres :

Le 1.ᵉʳ comprend les eaux saturées de sulfate de chaux : elles sont fades, précipitent abondamment le savon, durcissent les haricots ; telles sont les eaux de puits de Paris. On les nomme *eaux dures, eaux crues.*

Le 2.e, les eaux dont le sulfate de magnésie est le principe dominant : elles sont *amères et purgatives.*

Le 3.e, les eaux dans lesquelles le chlorure de sodium domine : ce sont les *eaux salées*, celles de la mer.

Le 4.e, les eaux qui contiennent beaucoup de sous-carbonate de soude. On les nomme *eaux alcalines.*

Le 5.e, les eaux dans lesquelles il y a beaucoup de carbonate de chaux, ce sont les eaux *terreuses, incrustantes.*

EAUX SALINES THERMALES.

Eaux de Plombières. (Vosges.)

Il existe à Plombières un grand nombre de sources dont la température est de 56 à 74^d. Ces eaux ont une odeur un peu fétide, qui a de l'analogie avec celle de l'acide hydrosulfurique : cependant on ne peut y trouver de trace sensible de ce corps.

M. Vauquelin a retiré d'une livre d'eau de Plombières,

		grains.
Sous carbonate de soude cristallisé....	1	$\frac{7}{12}$
Sulfate de soude, *idem*........	1	$\frac{5}{6}$
Chlorure de sodium..................	0	$\frac{5}{8}$
Sous-carbonate de chaux............	0	$\frac{1}{4}$
Silice...............................	0	$\frac{2}{3}$
Matière animale.....................	0	$\frac{13}{24}$

M. Vauquelin attribue à cette dernière substance la propriété qu'ont les eaux de Plombières d'être douces au toucher, comme savonneuses. Cette substance est la cause de l'odeur fétide que les eaux exhalent, quelque temps après avoir été tirées de leur source. M. Vauquelin pense qu'elle est tenue en dissolution par un peu de soude caustique, parce qu'en saturant par un acide l'excès d'alcali des eaux de Plombières concentrées, on la précipite en flocons rougeâtres.

Eau de Bourbonne-les-Bains. (Haute-Marne.)

La température de 46 à 69 d.

Elle contient, d'après l'analyse de MM. Bosq et Bezu, par livre,   grains.

    Hydrochlorate de chaux............ 8,76

    Chlorure de sodium.............. 5o,8o

    Sulfate de chaux................. 8,83

    Carbonate de chaux.............. 1,oo

    Substance extractive mélangée avec

      un peu de sulfate de chaux....... o,5o

Eau de Chaudes-Aigues. (Cantal.)

Sa température est de 88^d : elle ne contient aucun gaz. M. Berthier en a retiré :   sels calcinés.

    Chlorure de sodium............. 0,000134

    Sous-carbonate de soude.......... 0,000400

    Carbonate de chaux............. 0,000048

    Carbonate de fer............... 0,000002
                                              ————

                                           0,000584

Eau d'Encausse. (Haute-Garonne.)

Elle est neutre au tournesol et au sirop de violette. Sa température est de 23^d,75.

    M. Save dit qu'elle contient par livre :   grains.

    Sulfate de chaux.................... 15

    Sulfates de magnésie et de soude..... 5 $\frac{2}{5}$

    Hydrochlorate de magnésie........... 3 $\frac{3}{10}$

    Carbonate de magnésie............. $\frac{4}{10}$

    ———— de chaux............... 2

Eau de Capbern. (Hautes-Pyrénées.)

Sa température est de 25 d. Elle est, comme la précédente, neutre au tournesol et au sirop de violette.

Elle contient, suivant M. Save, par kilogramme :

                                      millig.

    Sulfate de chaux.................. 929 $\frac{5}{10}$

    ———— de magnésie............... 610 $\frac{7}{8}$

    Hydrochlorate de magnésie......... 13 $\frac{25}{100}$

    Carbonate de magnésie............ 6 $\frac{5}{8}$

        de chaux............... 166

Eau de Jouhe. (Jura.)

Suivant M. Masson-Four, elle contient par litre :

dix millig.

Hydrochlorate de magnésie.......... 4780
Chlorure de sodium................ 7969
Soude libre....................... 424
Magnésie........................ 551
Carbonate de chaux............... 1593
Sulfate de chaux................. 3824

Nous ferons observer que la soude ne peut exister à l'état de liberté avec le sulfate de chaux, et encore moins avec l'hydrochlorate de magnésie.

Eau de Sainte-Marie. (Hautes-Pyrénées.)

Elle est sans action sur le tournesol et le sirop de violette. M. Save a retiré de 10 livres de cette eau :

	gros.	grains.
Sulfate de chaux.................	1	64
—— de magnésie..............		50
Sous-carbonate de chaux..........		34
——— de magnésie........		2
Acide carbonique portant ces sous-carbonates à l'état de carbonates..		30

Eaux des mers.

Nous allons rapporter à peu près dans l'ordre chronologique les analyses principales que l'on a faites des eaux des mers.

Lavoisier, s'étant occupé, en 1772, de l'analyse de l'eau de la mer prise à Dieppe, retira de 40 livres de cette eau :

	onces.	gros.	grains.
Chaux et sulfate de chaux.....	»	1	56
Chlorure de sodium...........	8	6	52
Sulfates de { soude.............	»	4	
{ magnésie...........			
Hydrochlorate de magnésie...	1		
—— { de chaux...... {	1	5	10
{ de magnésie ... {			
	12	1	26

En 1777, Bergmann fit l'examen d'une eau qui avoit été puisée par André Sparman, au commencement de juillet, en 1776, à la hauteur des Canaries et à une profondeur de 60 brasses.

Cette eau étoit inodore ; sa saveur étoit salée, mais nullement nauséabonde comme l'eau de la surface de la mer. Bergmann attribue la cause de cette différence à ce que les corps organisés qui sont privés de la vie et qui commencent à se décomposer, se gonflent, sont portés dans les couches supérieures de la mer, où ils se putrifient.

Sa densité étoit de 1,0289.

Il en retira par kanne....... (2 pintes $\frac{3}{4}$)   par pinte.

	onces.	grains.	grains
Chlorure de sodium.......	2	433	589 $\frac{21}{32}$
Hydrochlorate de magnésie.		380	160 $\frac{27}{32}$
Sulfate de chaux..........		45	19 $\frac{1}{21}$

3 onc. 578 grains.

En 1778, Lavoisier, Macquer et Sage firent l'examen de l'eau de la mer Morte. Ils trouvèrent qu'elle avoit une densité de 1,24 ; qu'elle laissoit environ 0,45 de résidu fixe par l'évaporation, lequel contenoit 1 partie de chlorure de sodium pour 4 parties d'hydrochlorate de magnésie et 3 d'hydrochlorate de chaux.

Linck, Pfaff, Lichtemberg ont analysé l'eau de la Baltique. Voici leurs résultats pour 1000 parties :

	Linck.	Pfaff.	Licht.
Chlorure de sodium.......	106,04	72,91	55,75
Sulfate de magnésie........	0,86		2,50
——— de soude..........			2,79
Hydrochlorate de magnésie.	48,17	7,81	10,41
——— de chaux....	5,21	31,25	
Sulfate de chaux..........		7,81	2,03
Carbonate de chaux........		1,30	0,85
——— de magnésie.....			0,41
Matière résineuse...........	41		0,41
Acide carbonique...........			43

(centimètres cubes.

En 1807, M. Marcet fit une analyse très-soignée de l'eau de la mer Morte : il lui trouva une densité de 1,211 : sa saveur étoit saline, amère et piquante. Elle n'avoit pas d'action sur la couleur des violettes, sur le curcuma et le tournesol. Elle n'étoit pas saturée de chlorure de sodium, puisqu'elle dissolvoit celui qu'on y jetoit.

100 grains de cette eau donnèrent :

	grains.
Chlorure de calcium..................	3,920
—— de magnésium...............	10,246
—— de sodium...................	10,360
Sulfate de chaux....................	0,054
	24,580

M. Marcet s'est assuré que le résidu de l'évaporation de 100 gr. d'eau, séché à 100 d., pèse 38 grains 5, ce qui explique comment les chimistes françois ont pu trouver 45 pour le poids de ce résidu, et nous devons encore faire observer que l'eau qu'ils examinèrent paroissoit avoir éprouvé un commencement d'évaporation.

En 1813, MM. Bouillon-Lagrange et Vogel firent l'analyse de l'eau de la Manche, de celles de la mer Atlantique et de la Méditerranée. 1000 grammes d'eau leur donnèrent :

	Eau de la Manche.	Mer Atlant.	Méditerr.
Acide carbonique.......	0,23	0,23	0,11
Chlorure de sodium.....	25,10	25,10	25,10
Chlorure de magnésium.	3,50	3,50	5,25
Sulfate de magnésie.....	5,78	5,78	6,25
Carbonates { chaux..... magnésie..	0,20	0,20	0,15
Sulfate de chaux........	0,15	0,15	0,15
Le résidu fixe est donc...	34,73	34,73	36,90

Enfin M. Murray, qui a fait récemment une analyse de l'eau de la mer puisée dans le détroit de Forth, pense que cette eau doit être considérée comme contenant par 100 parties :

Chlorure de sodium...............	2,180
Sulfate de soude...................	0,350
Hydrochlorate de magnésie........	0,486
—— de chaux...........	0,078

Si, en faisant évaporer l'eau de la mer, on obtient des sulfates de magnésie et de chaux sans sulfate de soude, c'est que, suivant lui, celui-ci décompose l'hydrochlorate de chaux et une portion de l'hydrochlorate de magnésie.

II.ᵉ Classe. EAUX ACIDULES.

Elles n'ont point l'odeur de l'acide hydrosulfurique. Elles sont aigres au goût ; elles dégagent beaucoup de bulles de gaz acide carbonique par l'agitation ; elles rougissent la teinture de tournesol. Elles ne contiennent pas de quantité notable d'oxide de fer. C'est donc l'absence de l'acide hydrosulfurique et de l'oxide de fer, et la présence de l'acide carbonique libre qui caractérisent ces eaux. Mais, faisons observer que la distinction des eaux acidules d'avec les sulfureuses, qui est très-bonne pour la médecine, n'est nullement rigoureuse pour le chimiste, puisqu'il existe dans la plupart des eaux sulfureuses de l'acide carbonique, et que l'acide hydrosulfurique libre que ces eaux peuvent contenir leur donne un goût acide et la propriété de rougir la teinture de tournesol. Les eaux acidules contiennent en général une assez grande quantité de sels.

EAUX ACIDULES THERMALES.

Eau de Balaruc. (Hérault.)

Sa température est de 47,5 : sa densité est de 1,023.

La dernière analyse qu'on en a faite est celle de Figuier (1809). Il en résulte que 6 kilogrammes d'eau de Balaruc contiennent :

Acide carbonique...................... 36 pouces cubiques.

	grammes.
Chlorure de sodium...............	44,05.
Hydrochlorate de magnésie.........	8,25.
Chlorure de calcium..............	5,45.
Carbonate de magnésie............	0,55.
——————— de chaux..............	7,00.
Sulfate de chaux..................	4,20.

Fer, quantité impondérable.

M. Brongniart avoit fait à Paris, en 1804, une analyse de la

même eau, qui est pleinement confirmée par celle de M. Figuier. Il avoit trouvé que le kilogramme contenoit :

grammes.

Chlorure de sodium............... 6,25.
Hydrochlorate de magnésie......... 1,40.
——————   de chaux............. 0,61.
Carbonate de magnésie............. 0,04.
—————— de chaux................ 0,37.
Sulfate de chaux.................. 0,58.

Il est évident que si M. Brongniart n'y a pas trouvé d'acide
carbonique, c'est qu'ainsi qu'il l'avoit soupçonné, cet acide
s'étoit dégagé dans le transport de l'eau de Balaruc à Paris.

Eaux acidules froides.

Eau de Bar. (Puy-de-Dôme.)

Elle a la même température que celle de l'atmosphère : le
gaz acide carbonique s'en dégage en pétillant. A mesure que
ce dégagement a lieu, il se produit à la surface de l'eau une
pellicule de sous-carbonate de chaux.

Eau de Saint-Myon. (Puy-de-Dôme.)

Elle a une saveur piquante aigrelette.
Elle contient de l'acide carbonique, du chlorure de sodium,
du carbonate de soude, du carbonate de chaux. Elle a été
analysée par Costel.

Eau de Médague. (Puy-de-Dôme.)

Elle se rapproche de la précédente, avec cette différence
qu'elle paroît contenir un peu de carbonate de fer.

Eau de Langeac. (Haute-Loire.)

Elle paroît avoir beaucoup d'analogie avec la précédente :
elle contient du carbonate de fer.

Eau de Saint-Galmier. (Loire.)

L'acide carbonique s'en dégage en grosses bulles, quoiqu'elle
soit froide; il faut donc qu'il s'y trouve en grande quantité.
Cette eau contient en outre un peu de carbonate de soude.

Eau de Pougues. (Nièvre.)

M. Hassenfratz a trouvé qu'une livre de cette eau contenoit :

grains.

Acide carbonique libre.............	16,7
Carbonate de chaux................	12,4
Carbonate de soude................	10,4
Chlorure de sodium................	2,2
Carbonate de magnésie............	1,2
Alumine..........................	0,35
Silice mêlée d'oxide de fer..........	3,20
	46,45

Eau de Seltz. (Bas-Rhin.)

Elle a une saveur acidule, et un arrière-goût salin et légèrement alcalin. Sa densité est de 1,0027. Elle contient par pinte d'après l'analyse de Bergmann :

pouces cubiques.

Oxigène.........................	$\frac{43}{108}$
Acide carbonique.................	24

grains.

Carbonate de chaux.............	$7 \frac{3}{32}$
Carbonate de magnésie..........	$12 \frac{1}{2}$
Carbonate de soude.............	$10 \frac{5}{32}$
Chlorure de sodium.............	$46 \frac{11}{32}$

Eau de Seydschutz. (Bohême.)

Suivant Bergmann, sa densité est de 1,0060. Elle contient par pinte :

pouces cubiques.

Oxigène.........................	$\frac{43}{108}$
Acide carbonique.................	$\frac{43}{108}$

grains.

Carbonate de chaux.............	$1 \frac{19}{21}$
———— de magnésie..........	$5 \frac{9}{32}$
Sulfate de chaux................	$10 \frac{3}{8}$
———— de magnésie............	$363 \frac{13}{16}$
Hydrochlorate de magnésie.......	$9 \frac{5}{24}$

Il est vraisemblable que la quantité d'acide carbonique indiquée dans cette analyse est trop foible.

Eau de Sedlitz. (Bohême.)

Elle est limpide, pétillante, moins amère et moins salée que la précédente. Elle contient plus d'acide carbonique. Neuman en a retiré, outre cet acide, des sulfates de magnésie et de chaux, des carbonates de chaux et de magnésie, de l'hydro-chlorate de magnésie. Cette eau est éminemment purgative.

Eau d'Alfter. (Près de Cologne.)

Sa densité est de 1,0089. Suivant M. Vauquelin, elle contient un volume d'acide carbonique égal au sien, et de plus :

Carbonate de soude.
————— de chaux.
————— de magnésie.
————— de fer (très-peu.)
Sulfate de soude.
Chlorure de sodium.

Sa température est plus basse que celle de l'atmosphère.

Eau de Sulzmat. (Département du Haut-Rhin.)

L'eau de *la source acide* contient beaucoup d'acide carbonique, et en outre des carbonates de soude et de magnésie. Sa température est inférieure à celle de l'atmosphère.

III.ᵉ Classe. EAUX FERRUGINEUSES.

Elles sont caractérisées par une saveur styptique ; la propriété de bleuir ou noircir par l'infusion de noix de galle ou d'écorce de chêne. On en a distingué quatre genres.

1.ᵉʳ *Genre.* Celles qui ne contiennent que la quantité d'acide carbonique suffisante pour tenir le protoxide de fer en dissolution.

2.ᵉ *Genre.* Celles qui contiennent une quantité d'acide carbonique beaucoup plus grande que celle nécessaire pour neutraliser les bases qui y sont en dissolution à l'état de carbonate.

Elles dégagent beaucoup de bulles d'acide carbonique par l'agitation, et rougissent fortement le tournesol.

3.ᵉ *Genre.* Eaux dans lesquelles le fer est tenu en dissolution par l'acide sulfurique.

Elles peuvent être distinguées des précédentes, en ce qu'en les faisant concentrer beaucoup dans un vaisseau clos, on trouve au résidu toutes les propriétés du sulfate de fer; tandis que les eaux des deux premiers genres concentrées, déposent la totalité de leur oxide de fer à l'état d'hydrate.

4.ᵉ *Genre.* Eaux dans lesquelles il y a du sulfate de fer et du carbonate de fer.

Les eaux de ces deux derniers genres sont moins répandues que celles des deux premiers.

Eaux ferrugineuses comprises dans les deux premiers genres.

EAUX FERRUGINEUSES THERMALES.

Eaux de Vichi. (Allier.)

Il existe à Vichi sept sources d'eaux qui ne diffèrent que par leur température plus ou moins élevée, et, suivant M. Mossier, la proportion des substances qu'elles tiennent en dissolution. Elles ont une odeur de pisasphalte. L'eau de la source des Célestins a 22 d., et celle de la source de la Grande-Grille a 46 d. Elles contiennent, suivant M. Dellefont :

Gaz acide carbonique grande quantité.

Chlorure de sodium.

Sulfate de soude.

Carbonate de soude.

———— de chaux.

———— de magnésie.

———— de fer.

Eau de Campagne. (Aude.)

Elle a été analysée par MM. Estribaud, Frejacque et Reboulh. Sa température est constamment de $27^d,5$: sa densité de 1,004. Elle contient par cinquante litres :

Acide carbonique.......... 2 décimètres cubes.

	gramm.
Hydrochlorate de magnésie............	5,4
Chlorure de sodium................	2,0
Sulfate de magnésie................	19,4
Carbonate de magnésie..............	10,0
———— de chaux................	6,0
———— de fer................	2,2
Silice et perte....................	5,0
	50,0

Eaux de Bourbon l'Archambault. (Allier.)

Suivant M. Faye, leur température est de 58 à 60 d. : leur densité est peu différente de celle de l'eau distillée. Elles ont une odeur d'acide hydrosulfurique.

M. Faye les regarde comme contenant en dissolution :

    Sulfate de soude.
    Sulfate de magnésie.
    Sulfate de chaux.
    Chlorure de sodium.
    Hydrochlorate de chaux.
    Hydrochlorate de magnésie.
    Carbonate de fer.
    Silice.
    Savonule végétal.
    Acide carbonique.
    Trace de gaz acide hydrosulfurique.

Nous ferons observer que le sulfate de soude et le sulfate de magnésie ne peuvent exister en dissolution avec l'hydrochlorate de chaux, puisqu'il se produit du sulfate de chaux, du chlorure de sodium et de l'hydrochlorate de magnésie, quand on mêle des solutions de sulfates de soude et de magnésie avec de l'hydrochlorate de chaux.

Les eaux de Rennes (Aude), *de Châtel-Guyon, de Saint-Mast,* plusieurs sources *des eaux du Mont-d'Or* (Puy-de-Dôme), sont des eaux thermales ferrugineuses.

EAUX FERRUGINEUSES FROIDES.

Eau de Spa.

Suivant Bergmann, sa densité est de 1,0010 ; et elle contient par pinte :

    Acide carbonique...................... 18 pouc. cubiq.

grains.

    Carbonate de chaux.................. $3\frac{19}{32}$
    Carbonate de magnésie.............. $8\frac{7}{15}$
    Carbonate de soude................. $3\frac{19}{32}$
    Carbonate de fer................... $1\frac{3}{8}$
    Chlorure de sodium................. $\frac{8}{19}$

Eau de Pyrmont.

Suivant le même chimiste, sa densité est de 1,0024; et elle contient par pinte :

Acide carbonique..................... 37 $\frac{2}{3}$ pouc. cub.

grains.

Carbonate de chaux................ 8 $\frac{7}{15}$

———— de magnésie............ 19 $\frac{1}{20}$

———— de fer................... 1 $\frac{3}{8}$

Sulfate de chaux................... 16 $\frac{3}{10}$

Sulfate de magnésie............... 10 $\frac{3}{8}$

Chlorure de sodium................ 2 $\frac{31}{32}$

Eau de Siradan. (Hautes-Pyrénées.)

Cette eau, dont la nature ferrugineuse a été découverte par M. Save, en 1803, contient, suivant ce chimiste, par 22 livres :

grains.

Hydrochlorate de magnésie............. $\frac{1}{2}$

Sulfate de magnésie................ 6

———— de chaux................... 4

Carbonate de chaux................ 8

———— de fer................... 8 $\frac{1}{2}$

Silice............................. $\frac{1}{2}$

Acide carbonique.................. 18

Eau de Laifour. (Ardennes.)

M. Amstein dit qu'elle contient par litre :

Acide carbonique.................... 19 centim. cub.

grammes.

Sous-carbonate de chaux⎫

———— de magnésie⎭ 0,0031

———— de fer............. 0,0400

Chlorure de sodium............. 0,0037

Hydrochlorate de chaux⎫

———— de magnésie⎭ 0,0014

Sulfate de chaux................. 0,0365

———— de magnésie............. 0,0291

Silice........................... 0,0045

Total..... 0,1185

Perte............................. 77

14.

7

Eaux de Forges. (Seine inférieure.)

Il y a trois sources qui portent les noms de *la Reinette*, de *la Royale*, de *la Cardinale* : elles contiennent par pinte, suivant M. Robert :

	Reinette.	Royale.	Cardinale.
Acide carbonique.........	$\frac{1}{4}$ du volume de l'eau.	$1\frac{1}{4}$ du vol.	2 du vol.
Carbonate de chaux.......	$\frac{1}{4}$ de grain.	$\frac{3}{4}$	$\frac{3}{4}$
———— de fer..........	$\frac{1}{8}$	$\frac{1}{2}$	$\frac{5}{6}$
Chlorure de sodium.......	$\frac{3}{4}$	$\frac{7}{8}$ (1)	$\frac{7}{8}$ (1)
Sulfate de chaux.........	$\frac{1}{3}$	$\frac{1}{2}$	$\frac{1}{2}$
Hydrochlorate de magnésie.	$\frac{1}{5}$	$\frac{1}{8}$	$\frac{1}{5}$
Silice................	$\frac{1}{16}$	$\frac{1}{12}$	$\frac{1}{6}$

Eau minérale de Rouen. (Seine inférieure.)

M. Dubuc a trouvé que l'eau dite la Marecquerie contenoit par pinte :

	grains.
Carbonate de fer...............	1
———— de chaux............	0, $\frac{3}{4}$
Hydrochlorate de chaux........	3
Matière extractive végétale de.....	1 à 2
Gaz acide carbonique...........	$\frac{1}{30}$

Eau de Saint-Pardoux. (Allier.)

Ces eaux sont remarquables en ce que, suivant M. Faye, elles ne contiennent par pinte que :

	grains.
Acide carbonique..................	$19\frac{1}{2}$
Carbonate de fer..................	$1\frac{2}{3}$

Eau de la Chapelle-Godefroy. (Aube.)

D'après MM. Cadet et Salverte, elle tient en dissolution de l'acide carbonique, et des carbonates de chaux et de fer. Suivant eux, une pinte d'eau contient :

	grains.
Chaux..................	2,243898
Protoxide de fer............	1,666611
Acide carbonique...........	2,750645

------

(1) Il y avoit en outre du sulfate de magnésie avec le chlorure de sodium.

Eaux de Bussang. (Vosges.)

Elles contiennent de l'acide carbonique, des carbonates de fer et de soude. Elles ont été examinées par Thouvenel et Nicolas.

Eaux de Tongres. (Meuse inférieure.)

Il y a deux sources d'eaux qui ont été examinées par M. Payssé. Elles contiennent par 184320 parties :

	N.° 1 (1)	N.° 2
Carbonate de fer	21	27
—— de magnésie	31	28

On ne peut y démontrer d'acide carbonique libre.

Eau de Contrexeville. (Vosges.)

Suivant Nicolas, elle contient par pinte :

	grains.
Carbonate de fer	0 $\frac{1}{2}$
Chlorure de sodium	1 $\frac{1}{2}$
Sulfate de magnésie	0 $\frac{1}{2}$
—— de chaux	5

Carbonate de chaux.
Un peu d'acide carbonique.

Eau de Boulogne. (Pas-de-Calais.)

M. Bertrand dit que 2 livres d'eau de *la Fontaine de Fer*, contiennent :

	grains.
Surcarbonate de fer	6
Sulfate de soude	8 $\frac{1}{2}$
— de chaux	1 $\frac{1}{2}$
Chaux (carbonatée probablement)	2
Hydrochlorate de chaux (2)	12
Matière extractive	2

---

(1) Cette fontaine est appelée Fontaine de Saint-Gilles, Fontaine de Pline.

(2) Mais l'hydrochlorate ne peut exister avec le sulfate de soude.

Eau de Montlignon. (Seine et Oise.)

Elle contient par pinte :   grains.

Hydrochlorate de chaux............... 2

————— de magnésie........... 3

Carbonate de fer.................... 2

——— de magnésie............. 1

Sulfate de chaux.................... 0 $\frac{1}{2}$

Quantité inappréciable d'acide carbonique.

Eau de Pornic. (Loire inférieure.)

Suivant M. Hectot, elle ne contient pas, ou presque pas d'acide carbonique libre.

32 livres lui ont donné 92 grains de résidu, qui ont absorbé 4 grains à l'atmosphère. Ces 96 grains consistoient en ,

                                    grains.

Hydrochlorate de magnésie........... 4

Chlorure de sodium.................. 54

Sulfate de chaux.................... 2

Carbonate de chaux.................. 2

————— de magnésie.............. 18

————— de fer.................... 4

Silice............................. 8

Matière extractive.................. 4
                                     ———
                                     96

Eau de Provins. (Seine et Marne.)

Elle a été analysée par M. Vauquelin. Huit litres d'eau lui ont donné,   pouces.

Acide carbonique................... 27 $\frac{8}{10}$

                                     grammes.

Carbonate de chaux................ 0,554

Fer oxidé......................... 0,076 (1)

Manganèse........................ 0,017 (1)

Magnésie oxidé.................... 0,035

Chlorure de sodium................ 0,042

Silice............................ 0,025

Matière grasse.................... traces.

____

(1) Ces deux oxides sont à l'état de carbonate.

Eaux ferrugineuses comprises dans les deux derniers genres.

Nouvelles eaux minérales de Passy (près de Paris.) M. Deyeux a publié une excellente analyse de ces eaux, de laquelle il résulte que l'eau des deux sources les plus abondantes contient par pinte :

	grains.
Sulfate de chaux	43,120
——— de protoxide de fer	17,245
——— de magnésie	22,060
Chlorure de sodium	6,600
Alun	7,050
Carbonate de fer	0,800
Acide carbonique	0,216
Matière bitumineuse	une trace.

Quand ces mêmes eaux ont été *épurées* par leur exposition au soleil, après les avoir mises dans de grandes jarres de verre, elles ont donné au même chimiste :

	grains.
Sulfate de chaux	44,040
——— de magnésie	22,070
Alun	7,060
Sulfate de péroxide de fer	1,207
Chlorure de sodium	3,700

Eaux de Ferrières. (Loiret.)

Elles passent pour contenir une certaine quantité de sulfates de chaux, de magnésie et de fer.

Eau de Segray. (Loiret.)

M. Gastellier qui l'a examinée, la regarde comme ayant la même composition que la précédente.

Eau d'Alai. (Gard.)

On prétend que cette eau ne contient que du sulfate de fer.

Eau de Sermaise. (Marne.)

Suivant Navier, elle contient des sulfates de chaux et de fer.

Eaux de Vals. (Ardèche.)

Il y a six sources : toutes tiennent, dit-on, en dissolution des carbonates de soude et de fer, du chlorure de sodium, des sulfates d'alumine et de fer, et enfin de l'acide carbonique libre ; mais le carbonate de soude ne peut exister avec les sulfates de fer et d'alumine.

Eaux de Cransac. (Aveyron.)

Parmi les sources assez nombreuses d'eaux minérales que l'on trouve à Cransac, il en existe deux principales qui ont été examinées par M. Vauquelin.

Source Richard.	*Source Bezelgues.*
Sulfate de chaux.	Sulfate de chaux.
de magnésie.	de manganèse.
Sursulfate d'alumine.	de fer.
Hydrochlorate de magnésie.	Hydrochlorate de magnésie.

Cette dernière analyse est remarquable en ce qu'elle est la première qui ait fait connoître dans les eaux naturelles le sulfate de manganèse. Il seroit intéressant de savoir jusqu'à quel point ce sulfate peut avoir d'influence dans le traitement des maladies pour lesquelles on prescrit les eaux de Cransac.

IV.ᵉ Classe. EAUX SULFUREUSES.

Elles ont l'odeur de l'acide hydrosulfurique ; la propriété de dorer d'abord, puis de brunir l'argent métallique qu'on expose à leur contact ; elles précipitent l'acétate de plomb, ainsi que le nitrate d'argent, en brun plus ou moins foncé.

D'après les analyses que l'on a faites en différens temps et dans différens pays, des eaux sulfureuses, on pourroit conclure qu'il faudroit distinguer trois genres de ces eaux, sans avoir égard à leur température qui peut être froide ou plus élevée que celle de l'atmosphère : mais presque toutes les analyses d'eaux sulfureuses manquent de la précision qui seroit nécessaire pour les distribuer dans ces groupes, soit que leurs auteurs n'aient point eu de connoissances chimiques suffisantes, soit qu'ils aient travaillé à une époque où la science de l'analyse n'étoit point assez avancée. Quoi qu'il en soit, nous allons exposer ce que l'on sait sur la composition des eaux sulfureuses les plus connues ; nous prendrons, pour cette classe d'eaux et les suivantes, dans l'article *Eaux Minérales* du Dictionnaire des Sciences Médicales, les résultats des analyses dont nous n'avons pu nous procurer les originaux.

EAUX SULFUREUSES THERMALES.

Eaux de Barège. (Hautes-Pyrénées.)

Température de 30 à 47 d.

Nous ne connoissons la nature de ces eaux que par les notions que M. Borgella a communiquées à M. Alibert.

Suivant M. Borgella, ces eaux contiennent :

      Acide hydrosulfurique ;

      Sulfure de soude ;

      Carbonate de soude ;

      Chlorure de sodium ;

      Une substance terreuse, dont une partie est soluble dans les acides ;

      Une substance grasse à l'état savonneux.

L'acide hydrosulfurique s'y trouve dans une grande proportion ; les autres matières n'y sont qu'en très-petite quantité.

Eaux de Bonnes. (Basses-Pyrénées.)

Elles paroissent avoir la même composition que les eaux de Barège. Leur température est de 26 à 37 d.

Eaux de Cauterets. (Basses-Pyrénées.)

Température de 22 à 65 d.

Elles contiennent, suivant Raulin :

      Acide hydrosulfurique ;

      Sulfure de soude ;

      Subtance bitumineuse ;

      Et plusieurs espèces de sels.

Eau de Saint-Sauveur, de la vallée de Luz, près de Barège. (Hautes-Pyrénées.)

Sa température est de 34 d.

M. Bouillon-Lagrange dit, d'après quelques chimistes, que cette eau ne semble contenir que de l'acide hydrosulfurique et du sulfate de chaux en dissolution ; cependant M. Fabas dit en avoir retiré un sulfure alcalin terreux, une matière grasse savonneuse, de la silice, de la chaux, de la soude et du chlorure de sodium.

Eaux de Bagnères de Luchon. (Haute-Garonne.)

Température de 30 à 62 d.

Bayen, ayant analysé, en 1766 , les eaux sulfureuses de Bagnères de Luchon, crut que le soufre s'y trouvoit à l'état de sulfure de soude, et qu'en outre ces eaux contenoient du sulfate et du carbonate de soude, du chlorure de sodium, une matière bitumineuse et de la silice. M. Save, dans un Mémoire imprimé dans le 57ᵉ vol. des Annales de Chimie, prétend qu'il ne s'y trouve point de sulfure, mais de l'acide hydrosulfurique : il se fonde sur ce que les acides sulfurique et muriatique n'y font pas de précipité, comme cela arriveroit indubitablement, s'il y avoit un sulfure. Le seul phénomène qu'ils produisent est de rendre la liqueur légèrement louche au bout de quelques minutes, sans qu'il se dépose de soufre. L'acide sulfureux en précipite sur-le-champ du soufre ; l'acide nitreux la trouble dans toute son étendue après un contact de deux minutes.

Eaux de Saint-Amand. (Nord.)

Température de 27ᵈ,5.

Monnet dit que ces eaux ne contiennent que très-peu de soufre, et qu'elles perdent leurs propriétés sulfureuses peu de temps après avoir été exposées à l'air, et qu'alors elles ont tous les caractères des eaux ordinaires. Les boues de Saint-Amand ne sont, suivant lui, qu'un terrain gras, fin, abreuvé continuellement par ces eaux.

Eaux de Gréoulx. (Basses-Alpes.)

Température de 30 à 36 d.

M. Laurens dit qu'elles contiennent ;

    Acide hydrosulfurique, une quantité inappréciable ;

    Acide carbonique, huit pouces cubes par livre d'eau ;

    Chlorure de sodium ;

    Hydrochlorate de magnésie ;

    Carbonate de chaux ;

    Sulfate de chaux ;

    Une matière floconneuse.

Elles laissent précipiter un peu de soufre, quand elles sont exposées à l'air.

Bade en Souabe.

Température de 45 à 65 d.

D'après l'examen que M. Kraps en a fait, elles contiennent :

Acide hydrosulfurique ;

Acide sulfurique, 4 grains ½ par livre d'eau (1).

Hydrochlorate de magnésie ;

Hydrochlorate de chaux.

Eaux de Evaux. (Creuse.)

Température de 40 à 50 d.

Elles contiennent, suivant M. Gougnon :

Acide hydrosulfurique ;

Acide carbonique, libre, cinq pouces cubes par pinte d'eau ;

Silice ;

Chlorure de sodium ;

Sulfate de soude ;

Carbonate de soude ;

———— de chaux ;

———— de magnésie.

Eaux de Wisbaden. (Allemagne.)

Température de 68 d.

Elles déposent du soufre.

M. Reynard a trouvé dans quatre livres de ces eaux :

Acide hydrosulfurique, 33 pouces cubes ;

Soufre, 5 grains ;

Carbonate de chaux, 5 grains.

Si cette analyse est exacte, il faut considérer cette eau comme contenant du sulfure hydrogéné de chaux.

Eaux d'Aix. (Mont-Blanc.)

Température de 40 à $40^d,5$.

M. Socquet a retiré des *eaux dites de soufre*,

Beaucoup d'acide hydrosulfurique ;

De l'acide carbonique libre ;

Du chlorure du sodium ;

Du carbonate de chaux ;

de magnésie ;

---

(1) Probablement uni à la soude.

Du sulfate de chaux ;

———— de magnésie ;

———— de soude ;

De l'hydrochlorate de magnésie ;

Une matière azotée.

Il a trouvé que les eaux dites d'*alun* qui se trouvent dans le même lieu contiennent moins d'acide hydrosulfurique et plus d'acide carbonique libre.

Eaux d'Acqui. (Montferrat, Italie.)

Température de 75 d.

M. Mojon assure que ces eaux ne précipitent pas le muriate de baryte ni l'eau de chaux ; d'où il conclut qu'elles ne contiennent ni sulfate ni acide carbonique, ce qui est remarquable. Les acides sulfurique et hydrochlorique n'y produisent pas de précipité ; la densité des eaux est 1,001.

Elles contiennent :

Hydrosulfate de chaux...........	0,000303.
Chlorure de sodium.............	0,001420.
Hydrochlorate de chaux........	0,000314.
Eau........................	0,997963.
	1,000000.

Eau d'Arles. (Pyrénées orientales.)

Temp. de 40 à 63 d.

On dit qu'elles contiennent de l'acide hydrosulfurique libre, sans matières salines.

Eaux d'Aix-la-Chapelle.

Temp. de 57,5 d.

Elles ont été analysées par M. Lausberg et par MM. Monheim et Reumont. Nous allons faire connoître le travail de ces derniers.

Ces eaux ont une densité de 1,012 à la température de $57^d,5$. Lorsqu'on les a laissées se refroidir jusqu'à 25 d. + o, leur densité est de 1,016, ce que M. Monheim et Reumont, qui les ont examinées, attribuent au dégagement du gaz qu'elles contiennent. Elles ont une saveur sulfureuse, alcaline et salée. Leur odeur est celle de l'acide hydrosulfurique.

Le mercure agité, avec l'eau non dégazée, en sépare le soufre et noircit : il n'a point d'action sur l'eau dégazée.

Ce qu'il y a de bien remarquable, c'est que les acides nitreux et sulfureux ne produisent aucun dépôt de soufre quand on les verse dans l'eau non dégazée ; d'où MM. Monheim et Reumont ont conclu l'absence de l'acide hydrosulfurique dans ces eaux. Ils ont pensé que le soufre s'y trouvoit à l'état de gaz azote sulfuré ; combinaison que M. Gimbernat avoit annoncée comme existant dans plusieurs eaux de l'Allemagne. Ils crurent qu'on pouvoit obtenir le gaz sulfuré à l'état de pureté, en agitant avec une solution de chaux les gaz qui se dégagent spontanément de ces eaux ; dans ce cas, l'acide carbonique qui accompagne le gaz sulfuré étoit absorbé. Ils crurent aussi démontrer la composition de ce dernier, par l'expérience suivante : ils mêlèrent dans une cloche renversée dans un bain d'eau presque bouillante, volumes égaux de chlore et de gaz sulfuré ; il y eut condensation, production d'acide sulfurique et un résidu de gaz azote.

Ils conclurent, de leurs expériences, que l'eau d'Aix-la-Chapelle contenoit par kilogramme :

		gramm.
Carbonate de soude	....	0,5444.
Chlorure de sodium	....	2,9697.
Sulfate de soude	....	0,2637.
Carbonate de chaux	....	0,1304.
Carbonate de magnésie	....	0,0440.
Silice	....	0,0705.

Ils évaluèrent avec les chimistes qui avoient examiné cette eau avant eux, que, par kilogramme, elle pouvoit contenir

28,541 pouces cubes de gaz sulfuré, et

18,059 pouces cubes de gaz acide carbonique.

Plusieurs chimistes ayant observé à MM. Monheim et Reumont que leurs expériences n'établissoient point, d'une manière incontestable, l'existence du gaz azote sulfuré, M. Monheim examina de nouveau le gaz sulfuré des eaux d'Aix-la-Chapelle. Il arriva à cette conclusion, que 100 pouces cubes du gaz qui se dégage de ces eaux, consistent en

Gaz azote	....	51,25.
Gaz acide carbonique	....	28,26.
Gaz acide hydrosulfurique	....	20,49.

Il attribua à la présence de cette grande quantité d'azote la non décomposition de l'acide hydrosulfurique par les acides sulfureux et nitreux, ainsi que la non absorption de ce même acide par l'eau de chaux.

M. Monheim fit l'analyse des gaz de l'eau d'Aix-la-Chapelle de la manière suivante : il les reçut dans une cloche pleine de mercure ; il les y agita jusqu'à ce qu'ils fussent complétement désulfurés ; puis il les traita par l'eau de chaux pour absorber l'acide carbonique.

14 mesures du *résidu gazeux* furent introduites dans un eudiomètre, avec 14 d'hydrogène et 14 d'oxigène. Par l'étincelle électrique, il y eut une condensation de 27 mesures qui furent converties en eau. Ces 27 mesures consistoient donc en 9 d'oxigène et 18 d'hydrogène : or, comme on n'avoit mis que 14 mesures d'hydrogène, il falloit bien que les 14 mesures du *résidu gazeux* en continssent 4 de ce principe.

M. Monheim fit encore l'expérience suivante, d'après le conseil de M. Berzelius ; il fit passer le gaz dans un lait de chaux : il obtint du carbonate de chaux, qui ne fut pas dissous, de l'hydrosulfate de chaux qui le fut, et enfin du gaz azote libre. L'hydrosulfate de chaux précipita du soufre, lorsqu'on le mêla avec l'acide sulfureux.

EAUX SULFUREURES FROIDES.

Eaux sulfureuses d'Enghien. (Seine et Oise.)

Fourcroy, aidé de M. Vauquelin, l'examina en 1785 avec beaucoup de soin. L'ouvrage auquel cet examen a donné lieu ne peut être comparé, par la manière savante dont il est traité, qu'aux dissertations du célèbre Bergmann sur les eaux.

La température de l'eau d'Enghien est de 15 d.

Sa densité est de 1,00068.

Elle conserve la propriété de noircir l'argent qu'on y plonge, après avoir bouilli rapidement pendant une demi-heure.

50 livres d'eau exposée à l'air ont déposé 39 grains d'une matière formée de . . . .

      8 grains de soufre.

      18 grains de carbonate de chaux.

      3 grains de carbonate de magnésie.

      8 grains d'eau.

L'acide sulfurique concentré, versé dans l'eau d'Enghien, donne plus d'intensité à l'odeur de l'acide hydrosulfurique, et précipite un peu de sulfate de chaux. Comme il ne se dépose pas de soufre, M. Fourcroy en a conclu que cette eau ne contenoit pas de sulfure hydrogéné.

L'acide nitrique se conduit de la même manière, si ce n'est qu'il ne se dépose pas de sulfate.

Enfin, l'action de tous les acides qui ne décomposent pas l'acide hydrosulfurique, et qui ont une certaine énergie, se borne à faciliter le dégagement de cet acide, sans produire de précipité.

L'acide nitreux en sépare du soufre, parce qu'il brûle l'hydrogène de l'acide hydrosulfurique; il y a aussi une portion de soufre qui passe à l'état d'acide sulfurique.

L'acide sulfureux y fait un abondant précipité de soufre, lequel est dû et au soufre de l'acide sulfureux, et à celui de l'acide hydrosulfurique; l'oxigène et l'hydrogène de ces deux acides forment de l'eau.

L'eau d'Enghien ne dépose pas de soufre par le chlore, par la raison que l'acide hydrosulfurique y est dans une proportion assez foible pour que son soufre soit brûlé par l'oxigène d'une portion d'eau, qui est décomposée en même temps que l'acide hydrosulfurique.

Le mercure ne décompose qu'une portion de l'acide hydrosulfurique de l'eau d'Enghien, ce qui prouve qu'une portion de cet acide est en combinaison avec une base alcaline.

Fourcroy a conclu de ses expériences, que 100 livres d'eau sulfureuse d'Enghien contiennent,

Gaz acide hydrosulfurique fixé.... 700 pouces cubiques.
Sulfate de magnésie cristallisé......... 2 gros 14 grains.
Hydrochlorate de magnésie cristallisé... 1   8
Chlorure de sodium...................   24
Sulfate de chaux.................... 4   45
Carbonate de chaux................. 2   70
Carbonate de magnésie.............. $13\frac{1}{2}$
Acide carbonique................... 2   41
Matière extractive. }
Terre siliceuse.... } Quantité inappréciable.

Nous avons dit plus haut que l'on pourroit former trois genres d'eaux sulfureuses, d'après les analyses que l'on en a faites, mais que le défaut de précision de ces analyses nous

empêchoit de classer chacune de ces eaux dans le genre auquel
elle appartient. Cependant, une classification ainsi établie
présenteroit beaucoup d'utilité : c'est pour cette raison que
nous croyons devoir exposer les propriétés qui peuvent caractériser ces groupes.

I.er Genre. *Eaux minérales qui contiennent de l'acide hydrosulfurique libre, sans hydrosulfate ni sulfure.*

Ces eaux agitées avec du mercure perdent la totalité de leur
soufre, et celui-ci se combine au métal, tandis que l'hydrogène
qui lui étoit uni est mis en liberté. Elles perdent leur acide
hydrosulfurique par une courte ébullition. D'après l'analyse
des eaux d'Aix-la-Chapelle, il paroîtroit que, quand l'acide
hydrosulfurique est mêlé à une certaine quantité d'azote, les
acides nitreux et sulfureux ne le décomposeroient pas, quoique
cette décomposition ait lieu avec précipitation de soufre, lorsqu'on verse ces mêmes acides dans de l'eau distillée qui contient
de l'acide hydrosulfurique pur.

II.e Genre. *Eaux qui contiennent un hydrosulfate.*

Elles ne perdent point du moins en totalité leurs propriétés
sulfureuses par l'ébullition opérée sans le contact de l'oxigène.
Agitées avec le mercure, il n'y a que l'acide hydrosulfurique
libre qu'elles peuvent contenir qui sulfure le métal ; d'un autre
côté, en y versant de l'acide sulfurique étendu, de l'acide hydrochlorique, on n'en précipite pas de soufre au moment du
mélange des liquides : le seul phénomène qui arrive quelques minutes après, c'est la manifestation d'un léger trouble semblable
à celui qu'on observe lorsqu'on dissout de l'acide hydrosulfurique dans l'eau distillée aérée.

III.e Genre. *Eaux qui contiennent un sulfure hydrogéné.*

Elles ne perdent point leurs propriétés sulfureuses quand on le
fait bouillir en vaisseaux clos. L'acide hydrochlorique en dégage
de l'acide hydrosulfurique ; mais, en même temps, il en précipite
du soufre. Agitées avec du mercure, le sulfure hydrogéné
est réduit en hydrosulfate, parce que le métal enlève tout le
soufre qui est en excès à la composition de l'hydrosulfate.

Ce genre n'est établi que sur des analyses qui manquent de
précision ; et il est permis de penser, d'après ce qui est arrivé

déjà, que la plupart des eaux qu'il renferme rentreront dans le genre précédent quand elles auront été mieux examinées.

§. III.

Examen des eaux naturelles.

L'examen des eaux est d'une si grande importance pour les sciences naturelles, que nous croyons devoir exposer ici les observations et les expériences qu'il est nécessaire de faire, lorsqu'on veut avoir des connoissances précises sur la composition d'une eau naturelle quelconque.

CHAPITRE I.er

EXAMEN PHYSIQUE DES EAUX.

Il faut commencer l'examen des eaux par celui de leurs propriétés physiques.

Couleur. Les eaux sont presque toujours incolores ; car, parmi les substances qui s'y trouvent, on ne connoît guère que les sulfates de fer et le sulfate de cuivre qui peuvent les colorer, les premiers en verdâtre ou en jaunâtre, suivant l'état d'oxidation du fer ; le dernier en bleuâtre. Mais, faisons observer que ces sels ne sont pas très-communs dans les eaux, et qu'ils peuvent y exister sans les colorer, lorsqu'ils y sont en foible quantité. Ajoutons que des substances organiques colorent quelquefois les eaux en jaunâtre ou en brun ; souvent cette dernière couleur est le résultat de l'action de l'acide gallique sur des oxides de fer ; l'acide gallique provient d'écorces ou de feuilles tombées dans les eaux, et les oxides de fer du sol baigné par ces eaux.

Transparence. La plupart des eaux sont transparentes : lorsqu'elles ne le sont point, c'est par une cause qui n'agit que momentanément. Ainsi, des matières argileuses ou calcaires, enlevées à un sol meuble par des eaux en mouvement, en altèrent la limpidité ; mais ces eaux, par le repos, reprennent leur transparence, parce que les parties suspendues se précipitent. Des eaux sulfureuses qui sortent très-limpides du sein de la terre déposent du soufre, par le contact de l'air, et deviennent laiteuses : des eaux de source, contenant des sous-carbonates de fer et de chaux, se troublent lorsqu'elles perdent l'acide qui tenoit ces sels en dissolution ; enfin, des matières organiques, rendent ces eaux plus ou moins opaques en s'y décomposant :

les eaux troublées par cette cause sont celles qui mettent le plus de temps à s'éclaircir.

Odeur. L'eau pure est inodore : celle qui est surchargée d'acide carbonique est piquante à l'odorat; celle qui contient de l'acide hydrosulfurique a l'odeur des œufs pouris. L'eau qui contient des matières organiques devient plus ou moins fétide lorsque ces matières se décomposent. Enfin, il existe des eaux dont l'odeur participe de celles du soufre et du fer métallique humide, dans lesquelles la chimie n'a pu encore saisir le principe de cette propriété.

Saveur. Les eaux qui se rapprochent de l'eau pure n'ont pas de saveur que l'on puisse définir. Mais celles qui contiennent de l'acide hydrosulfurique ont un goût de soufre ; celles qui contiennent de l'acide carbonique libre ont une saveur acidule, les substances qui ont le plus d'influence pour donner de la saveur aux eaux, sont le sulfate de magnésie qui les rend amères, le chlorure de sodium qui les rend salées, les sels de fer qui leur donnent de la stypticité, le sulfate de cuivre qui leur imprime une saveur styptique nauséabonde, le sulfate d'alumine qui leur en imprime une sucrée et astringente.

Poids spécifique des eaux. Pour le déterminer, on prend un flacon bouché à l'émeril, dont le col est étroit, et dont la capacité est de 25 à 30 centimètres cubiques. On le remplit de l'eau qu'on veut examiner ; on le bouche, en ayant soin de ne pas laisser d'air entre le bouchon et le liquide; on le met en équilibre dans une balance; on le vide; on le sèche intérieurement ; on le remet dans la balance, et l'on ajoute des poids, jusqu'à ce que l'équilibre soit rétabli. On a ainsi le poids de l'eau. On remplit le même flacon d'eau distillée, ayant la même température que l'eau naturelle : on en prend le poids avec les mêmes précautions que celui de la première eau ; puis on divise le premier poids par le second. Le quotient exprime le poids spécifique de l'eau naturelle.

Température. On ne prend, en général, la température des eaux, que quand celles-ci sortent de la terre. C'est surtout la température des eaux qui servent à la médecine, que l'on s'attache à bien connoître. On la détermine en y tenant un thermomètre plongé jusqu'au sommet de la colonne de mercure, pendant un temps suffisant pour que la colonne reste constante.

On doit faire cette observation à l'ombre, et la répéter dans le même temps sur un thermomètre placé dans l'air et pareillement à l'ombre. Il est bon de faire les observations une demi-heure avant le lever du soleil, à deux heures de l'après-midi, et au soleil couchant, et de les répéter dans les différentes saisons de l'année.

Enfin, il existe d'autres observations à faire, pour que l'examen des eaux soit complet. Ces observations sont relatives à la situation géographique et géognostique du lieu où les eaux se trouvent; à la nature des corps qui sont en contact avec elles; au mouvement de ces eaux ou à leur état de repos; à leur volume. Si elles sourdent de la terre, on doit décrire tous les phénomènes qu'elles présentent, tels que le dégagement d'un gaz, le dépôt d'une matière sulfureuse, calcaire, siliceuse, ferrugineuse ou organique. On doit aussi faire mention des êtres organisés qui peuvent vivre dans les eaux.

CHAPITRE II.

EXAMEN CHIMIQUE DES EAUX.

Ire SECTION.

Essai des eaux, pour reconnoître les substances qu'elles tiennent en dissolution.

Pour reconnoître l'*oxigène* et l'*azote* dans une eau, il n'y a pas de meilleur moyen que de faire bouillir cette eau dans un ballon qui en est rempli, et auquel est adapté un tube à gaz également plein d'eau, qui se rend sous une cloche renversée sur le mercure. (Voyez, pour le détail de l'expérience, n.° 38.)

Quand on a recueilli assez de gaz, on le lave avec un peu de potasse; on introduit dans une cloche courbe étroite, pleine de mercure, un petit morceau de phosphore; on le fait fondre, puis on y fait passer, bulle à bulle, le gaz recueilli; s'il y a de l'oxigène et de l'azote, le phosphore brûle en absorbant l'oxigène, et l'azote reste.

Lorsque l'*acide carbonique libre* n'est pas en grande quantité dans une eau, on distille un litre de ce liquide dans une cornue de 1 litre 5, à laquelle on a adapté un récipient tubulé, de 7 à 8 décilitres; celui-ci porte un tube de verre qui va s'ouvrir dans un flacon de Woulf étroit où l'on a mis de l'eau de baryte; on distille l'eau au tiers de son volume environ; si celle-ci contenoit de l'acide carbonique, le produit rougit la teinture de tournesol, il précipite les eaux de chaux et de baryte, et le sous-acétate de plomb; ce réactif est le plus sensible qu'on puisse employer pour reconnoître l'acide carbonique. Ces précipités, formés sans le contact de l'atmosphère, dans des flacons fermés, font effervescence avec l'acide nitrique foible, quand on a décanté l'eau qui les surnage, et cette effervescence n'est pas accompagnée d'une odeur bien sensible : si l'acide carbonique étoit dans cette eau en quantité notable, la baryte contenue dans le flacon de Woulf qui communique au ballon, seroit abondamment précipitée.

Si l'eau contenoit de l'acide sulfureux, de l'acide sulfurique, de l'acide hydrochlorique, de l'acide nitrique à l'état libre, on la distilleroit, dans un appareil semblable au précédent, presqu'à siccité, en supposant toutefois qu'il ne se manifestât point de fumées blanches; si celles-ci se produisoient, il faudroit arrêter sur-le-champ la distillation. On partageroit le produit en plusieurs portions, sur lesquelles on feroit les essais suivans. On reconnoîtroit :

A. *L'acide sulfureux* : en mettant du nitrate de baryte dans le produit, il n'y auroit pas de précipité; mais en y ajoutant du chlore, du sulfate de baryte se formeroit; on pourroit encore reconnoître l'acide sulfureux en neutralisant le produit par la potasse, y mêlant ensuite un peu de sulfate de cuivre; il se feroit un précipité jaune, lequel a la propriété de devenir rouge lorsqu'on le fait chauffer dans l'eau bouillante.

B. *L'acide hydrochlorique* : par le nitrate d'argent, qui feroit un précipité blanc, insoluble dans l'acide nitrique.

C. *L'acide nitrique* : en neutralisant le produit par la potasse, le faisant ensuite évaporer à siccité, le résidu feroit fuser le charbon.

D. *L'acide sulfurique* : on le trouveroit dans le résidu de la distillation; on le reconnoîtroit à sa grande acidité, à sa causticité, et surtout à la propriété qu'il a, lorsqu'on l'a étendu avec une plume sur un papier, de charbonner les parties sur lesquelles on l'a appliqué, quand on approche le papier du feu.

L'acide borique libre se dépose des eaux qui le contiennent;

lorsqu'on les fiat concentrer; il cristallise en petites paillettes brillantes, acides, qui se dissolvent dans l'alcool et colorent sa flamme en vert.

Quant à l'*acide hydrosulfurique*, il est facile à reconnoître d'après ce que nous avons dit dans le §. 11, à la fin de l'article *Eaux sulfureuses*.

Quand une eau contient de la *silice*, il suffit de la faire évaporer à siccité, et de traiter le résidu par l'acide hydrochlorique étendu, bouillant; la silice reste sous la forme d'une poudre blanche, qui, étant fondue avec trois fois son poids de potasse, forme un silicate soluble dans l'eau, dont les acides précipitent la siliee sous la forme de flocons gélatineux.

Nous ferons observer que les acides carbonique et hydrosulfurique sont ceux qui se trouvent le plus fréquemment dans les eaux à l'état de liberté. L'acide sulfureux n'a été indiqué que dans les eaux voisines des volcans; il ne peut se trouver en dissolution avec l'oxigène, parce qu'alors celui-ci le convertit en acide sulfurique. L'acide sulfurique libre existe aussi dans plusieurs eaux voisines des volcans. L'eau d'un lac de l'île de Java en contient une quantité notable. L'acide hydrochlorique est très-rare. L'acide nitrique paroit l'être encore davantage, et l'assertion de Bergmann, qui prétend l'avoir trouvé dans l'eau de pluie, mériteroit d'être vérifiée. L'acide borique existe dans plusieurs lacs d'Italie; beaucoup d'eaux contiennent une petite quantité de silice; quelques unes en contiennent beaucoup: telles sont les eaux bouillantes de l'Islande; elle y est unie à la soude.

La soude a été annoncée à l'état de liberté dans plusieurs eaux; mais, pour qu'elle existât réellement à cet état. il faudroit que les eaux ne continssent non-seulement aucun acide libre, mais encore aucun sel à base terreuse, si ce n'est du sous-carbonate de chaux. La soude paroît tenir quelquefois plusieurs matières organiques en dissolution. Pour s'assurer de l'existence de la soude dans une eau, il faut évaporer celle-ci à siccité sans le contact de l'acide carbonique; appliquer l'alcool à 0,792 au résidu; la soude est dissoute; on reconnoit la soude à sa causticité; à sa propriété de former avec l'acide sulfurique, un sel qui cristallise en beaux prismes qui s'effleurissent à l'air sec.

8.

On reconnoît en général qu'une eau contient du *chlore* ou de l'*acide hydrochlorique* au précipité insoluble dans un excès d'acide nitrique qu'y produit le nitrate d'argent. Pour savoir la nature des bases qui leur sont unies, on fait évaporer l'eau presqu'à siccité; on traite le résidu par l'alcool à 0,792, puis par l'alcool à 0,875; le premier dissout les *hydrochlorates de chaux* et *de magnésie*; le second, les *chlorures de potassium* et *de sodium*; on fait évaporer ces deux solutions à siccité, et on reprend le résidu par l'eau. Après s'être assuré de l'existence de l'acide hydrochlorique ou du chlore dans ces *deux solutions* par le nitrate d'argent,

A. On verse de l'ammoniaque dans *la première solution*; s'il y a *de la magnésie*, il s'y fait un précipité qui est soluble dans l'acide sulfurique; s'il y a *de la chaux*, l'acide oxalique versé dans la liqueur filtrée y fait un précipité grenu.

B. On verse de la dissolution de platine dans *la seconde solution*; s'il y a du chlorure de potassium, on obtient un précipité jaune; s'il y a en même temps du chlorure de sodium, celui-ci ne sera pas précipité par le platine : en faisant concentrer la liqueur, on obtiendra de beaux cristaux lamelleux orangés, qui sont un sel double de platine et de soude; le chlorure de sodium se rencontre dans la plupart des eaux naturelles, ainsi que l'hydrochlorate de magnésie; le chlorure de potassium et l'hydrochlorate de chaux y sont moins fréquens.

L'hydrochlorate d'ammoniaque n'a été qu'assez rarement indiqué dans les eaux; cependant il peut se former dans plusieurs circonstances, par exemple, lorsque de grandes quantités de substances animales se décomposent dans des eaux stagnantes qui contiennent des hydrochlorates de chaux et de magnésie : dans ce cas, il se produit de l'ammoniaque et de l'acide carbonique, lesquels, en décomposant ces hydrochlorates, forment de l'hydrochlorate d'ammoniaque et des sous-carbonates de chaux et de magnésie; s'il y avoit du sulfate de chaux, il se produiroit en même temps du sulfate d'ammoniaque. Pour reconnoître l'hydrochlorate d'ammoniaque dans une eau, il faut traiter le résidu de son évaporation à siccité, par l'alcool à 0,875, faire évaporer le lavage alcoolique filtré, et chauffer ce qu'il a laissé dans un petit tube fermé, l'hydrochlorate se sublime; ce sel a une saveur fraîche; il précipite le platine en jaune, le nitrate d'argent en blanc, et dégage de l'ammoniaque quand on le mêle avec la chaux.

L'hydrochlorate d'alumine a été indiqué, dans les eaux, par Withering ; ceux *de manganèse* et *de baryte* l'ont été par Bergmann ; mais, comme l'existence de ces sels dans les eaux est très-douteuse, nous ne parlerons pas de la manière de les reconnoître.

S'il existe des *nitrates de chaux* et *de magnésie*, l'alcool à 0,792 les aura dissous avec les hydrochlorates des mêmes bases. Pour reconnoître l'acide nitrique dans ce liquide, on le fera évaporer à siccité; on redissoudra le résidu dans un peu d'eau, puis on fera les essais suivans :

1.° En faisant chauffer un peu de la solution concentrée avec de l'acide sulfurique concentré, il se dégagera du chlore et de l'acide nitreux ;

2.° En précipitant la solution par la potasse, filtrant, faisant évaporer la liqueur à siccité, on obtiendra un résidu qui fera fuser le charbon ;

3.° En faisant bouillir la solution avec du phosphate d'argent (1), jusqu'à ce qu'elle ne précipite plus le nitrate d'argent. Les hydrochlorates de chaux et de magnésie sont réduits en phosphates insolubles, et l'acide hydrochlorique et l'oxide d'argent en chlorure d'argent et en eau. Il y a aussi une portion de phosphate d'argent qui est décomposée par les nitrates; c'est pourquoi il faut filtrer la liqueur, la neutraliser par le sous-carbonate de potasse (2), filtrer de nouveau, évaporer. Le résidu est du nitrate de potasse pur.

Les nitrates de chaux et de magnésie ne se trouvent pas aussi fréquemment que les hydrochlorates.

Le *nitrate de potasse* est assez rare ; les eaux de puits de Paris en contiennent une quantité notable. Lorsqu'on a fait évaporer l'eau qui le contient, à siccité, et qu'on a enlevé à froid, par l'alcool à 0,792, les hydrochlorates et les nitrates de chaux et de magnésie qui peuvent l'accompagner ; si on traite le résidu par l'alcool bouillant à 0,900, on obtient le

---

(1) Le poids du phosphate doit être trois fois environ celui de la matière dissoute.

(2) Si ce précipité contient de la chaux et de la magnésie, on pourra être certain de l'existence des nitrates de ces bases dans l'eau naturelle.

nitrate de potasse par le refroidissement, cristallisé en petites aiguilles; il se reconnoit à sa saveur fraîche et piquante, à sa propriété de dégager des fumées blanches avec l'acide sulfurique concentré sans produire d'effervescence, et surtout à sa propriété de faire fuser le charbon.

L'*acide borique* n'a été trouvé jusqu'ici en combinaison qu'avec la *soude*. On peut reconnoître ce *borate*, et en général un borate soluble, en versant de l'acide hydrochlorique dans l'eau concentrée et chaude; l'acide borique se dépose, par le refroidissement, en petites écailles cristallines.

On s'assure qu'il y a de l'acide carbonique combiné avec toute autre base que l'ammoniaque, dans une eau, en la faisant concentrer, par l'ébullition, au tiers environ de son volume : si elle contient des *carbonates de chaux, de magnésie, de manganèse, de protoxide de fer*, les trois premiers se déposeront à l'état de sous-carbonate; le quatrième à l'état d'hydrate de péroxide de fer; on filtrera, on lavera le précipité; puis on le traitera par l'acide hydrochlorique qui le dissoudra en totalité; on s'assurera de l'existence,

A. *De l'oxide de fer*, par le précipité bleu qu'y produira le prussiate de potasse; la couleur de ce précipité sera d'un bleu d'autant plus pur, qu'il y aura moins de manganèse, parce que celui-ci est précipité en blanc par le prussiate.

B. *De l'oxide de manganèse.* En précipitant, par l'hydrosulfate d'ammoniaque, ce qui restera de la dissolution hydrochlorique, le précipité sera des hydrosulfates de fer et de manganèse; on le calcinera au rouge dans une petite capsule de platine : puis on fondra ce qui restera avec huit fois son poids de potasse; le manganèse se suroxidera, et, en se combinant avec la potasse, il formera un composé vert.

C. *De la chaux*, en faisant bouillir la dissolution hydrochlorique, séparée des hydrosulfates de fer et de manganèse par la filtration, et en y mettant de l'oxalate d'ammoniaque qui précipitera la chaux.

D. *De la magnésie*, en évaporant à siccité la liqueur d'où la chaux aura été précipitée, calcinant le résidu, et le traitant par l'acide sulfurique. On aura du sulfate de magnésie bien caractérisé par sa saveur amère et douceâtre, sa grande solubilité dans l'eau, et sa cristallisation en prismes alongés.

Les *sous-carbonates de potasse* et *de soude* peuvent se trouver dans l'eau dont les carbonates précédens ont été précipités par la concentration. On les reconnoît à l'effervescence que cette eau produit avec l'acide acétique ; si ces sels ne sont pas mêlés avec des chlorures et des sulfates de potasse et de soude, on reconnoîtra l'existence du sous-carbonate de potasse au moyen de la dissolution de platine, le sous-carbonate de soude aux cristaux efflorescens de saveur alcaline que l'on obtiendra en faisant cristalliser spontanément la liqueur. S'il existoit des chlorures de potassium et de sodium, ainsi que des sulfates de potasse et de soude, il faudroit, pour reconnoître les sous-carbonates dont nous parlons, 1.° évaporer la liqueur à siccité, enlever les chlorures par l'alcool à o,875 ; 2.° traiter le résidu par l'acide hydrochlorique, afin de convertir les sous-carbonates en chlorures, que l'on sépareroit ensuite des sulfates par l'alcool à o,875.

Le *sous-carbonate d'ammoniaque* s'obtient d'une eau en la distillant aux deux tiers de son volume ; il passe dans le récipient avec l'eau qui se volatilise ; on met un excès d'acide hydrochlorique dans ce produit ; on fait évaporer à siccité ; le résidu est de l'hydrochlorate d'ammoniaque.

Les carbonates de chaux, de magnésie, de protoxide de fer, d'ammoniaque, de soude, se trouvent fréquemment dans les eaux ; ceux de manganèse et de potasse y sont très-rares.

Les *sulfates* se reconnoissent, comme l'acide sulfurique, au précipité insoluble dans l'eau et l'acide nitrique, qu'ils produisent avec le nitrate ou l'hydrochlorate de baryte. Pour reconnoître les espèces de ce genre de sels, il faut faire concentrer l'eau ; s'il se dépose des sous-carbonates insolubles, on doit les séparer par la filtration dès qu'on s'aperçoit qu'il ne s'en dépose plus ; si l'eau contient des sous-carbonates de soude et de potasse, on doit mettre de l'acide acétique dans la liqueur filtrée, faire évaporer à siccité, et traiter par l'alcool à o,875 : celui-ci dissoudra les chlorures qui pourront se trouver, ainsi que les acétates de potasse et de soude qui auront été produits, si l'eau contenoit des carbonates de ces bases. L'alcool ne pourra dissoudre aucun sulfate, si ce n'est du *sulfate de péroxide de fer*, dont on constatera l'existence au moyen du nitrate de baryte et du prussiate de potasse ; mais nous ferons observer que ce sel ne s'y trouvera point, pour peu que l'eau contienne des carbonates quelconques : quant aux autres sulfates, ils se trouveront dans le résidu indissous dans l'alcool. Mais il est essentiel de remarquer que si l'on avoit trouvé dans l'eau des sous-carbonates de soude ou de potasse, on ne pourroit y rencontrer que des sulfates de ces mêmes bases; on les reconnoîtroit par la cristallisation; le sulfate de potasse cristallise en dodécaèdres ou en prismes courts, durs, non efflorescens, précipitant le platine en jaune, et ne dégageant pas d'odeur avec la potasse ; le sulfate de soude cristallise en longs prismes hexaèdres, efflorescens, qui ne précipitent point le platine.

Si les autres sulfates existent dans la dissolution, on reconnoîtra :

A. *Le sulfate de fer* au précipité bleu qu'il donnera avec le prussiate de potasse.

B. *Le sulfate de cuivre* au précipité noir qu'il donnera avec l'acide hydrosulfurique, et surtout à la couleur bleue qui se produira quand on y mettra un excès d'ammoniaque. Si les sulfates de protoxide de fer et de cuivre existoient en même temps, le précipité obtenu avec le prussiate, au lieu d'être bleu, tireroit sur le marron, et il seroit de cette couleur s'il n'y avoit pas de sulfate de fer.

C. *Le sulfate de magnésie*, en précipitant une portion de la solution des sulfates par un excès de carbonate de potasse. Toutes les bases insolubles, excepté la magnésie, seront précipitées. On filtrera ; on fera bouillir la liqueur filtrée ; alors elle laissera déposer du sous-carbonate de magnésie, qui se dissoudra avec effervescence dans l'acide sulfurique.

D. *Le sulfate d'alumine*, en prenant le précipité produit par le carbonate de potasse dans l'expérience C ; le faisant bouillir dans de l'eau de potasse ou de soude, l'alumine sera dissoute ; on la précipitera ensuite de l'alcali par l'hydrochlorate d'ammoniaque. Nous ferons observer que si le sulfate d'alumine existe en même temps que le sulfate d'ammoniaque ou de potasse, la solution des sulfates donnera, par l'évaporation spontanée, des cristaux octaèdres d'alun, très-faciles à reconnoître.

E. *Le sulfate d'ammoniaque*, en chauffant au rouge un peu

des sulfates desséchés dans un tube de verre, il se volatilisera du sulfite d'ammoniaque.

F. *Le sulfate de chaux.* A ce que la masse des sulfates, traitée par vingt fois son poids d'eau, laissera une matière blanche, qui, étant dissoute par l'acide hydrochlorique foible et chaud, précipitera par le nitrate de baryte et l'oxalate d'ammoniaque; ce dernier réactif pourra aussi le faire découvrir dans la solution aqueuse des sulfates.

Enfin, on reconnoîtra la présence des *matières azotées* dans les eaux par le précipité floconneux que pourra y faire le chlore, et l'infusion de noix de galle; par l'odeur fétide que les eaux exhaleront quand on les abandonnera à elles-mêmes à la température ordinaire; par les précipités que les acides acétique, hydrochlorique, etc., pourront produire dans des eaux alcalines, précipités qui, distillés dans un tube, donneront les produits des matières animales : enfin, on pourra observer des eaux thermales qui déposeront, en se refroidissant, une matière glaireuse de nature organique.

IIe Section.

Des moyens de déterminer la quantité des diverses substances qui sont en dissolution dans les eaux naturelles.

Nous nous occuperons d'abord de l'analyse des eaux qui ne sont ni alcalines ni ferrugineuses aux réactifs, et qui ne contiennent pas d'acide sulfureux, ni d'acide hydrosulfurique. Nous nous occuperons ensuite des eaux alcalines, des eaux ferrugineuses et de celles qui contiennent des acides sulfureux et hydrosulfurique.

Article Ier

Des moyens de déterminer la quantité des substances qui se trouvent dans les eaux qui ne sont ni alcalines, ni ferrugineuses, ni sulfureuses, et qui sont privées d'acide sulfureux.

On reconnoîtra les eaux dont l'analyse est l'objet de cet article : 1.° à ce que ayant été concentrées au sixième de leur volume et filtrées, elles ne dégagent pas d'acide carbonique quand on y verse de l'acide acétique; 2.° à ce qu'elles ne se colorent point par l'infusion de noix de galle et le prussiate de potasse; 3.° à ce qu'elles ne donnent pas d'acide sulfureux quand on les traite comme il est dit, n.° 47 ; 4.° à ce qu'elles n'ont point l'odeur de l'acide hydrosulfurique, et qu'elles ne noircissent pas le mercure avec lequel on les agite, même quand on y a ajouté un léger excès d'acide acétique.

(1) Pour savoir combien l'eau laisse de résidu fixe, on met une petite capsule munie d'une spatule de platine dans l'un des bassins d'une balance, que nous désignerons par la lettre *a*, avec un poids de 5o grammes : on établit l'équilibre en ajoutant des corps quelconques dans l'autre bassin, que nous désignerons par la lettre *b ;* puis on retire le poids de 5o grammes du bassin *a*, et on rétablit l'équilibre en versant de l'eau dans la capsule. Il est évident qu'alors celle-ci contient 5o grammes d'eau. On expose la capsule sur un bain de sable, à une chaleur insuffisante pour faire bouillir l'eau : on fait évaporer jusqu'à siccité, en ayant soin de remuer sur la fin de l'évaporation, afin de prévenir la dispersion du résidu fixe qui pourroit avoir lieu par une sorte de décrépitation. Quand l'eau ne contient point de matières organiques, ni de sels ammoniacaux, ni de carbonates d'hydrochlorates et de nitrates de chaux et de magnésie, on peut faire chauffer le résidu au rouge, ensuite on met la capsule refroidie dans le plateau *a* de la balance ; on établit promptement l'équilibre, en ajoutant des corps quelconques dans le plateau *b*. On passe de l'eau dans la capsule ; on la nettoie bien ; puis on la remet dans le plateau *a*, et on rétablit l'équilibre avec des poids qui représentent la quantité des matières fixes contenues dans 5o grammes de l'eau qu'on examine. Si cette eau contenoit une matière organique, des hydrochlorates, des nitrates et des sous-carbonates de chaux et de magnésie, des sels ammoniacaux, il faudroit sécher seulement le résidu à la température de 1oo degrés. Si les 5o grammes d'eau ne laissoient pas assez de matière fixe, on feroit évaporer 5o ou 15o nouveaux grammes du même liquide, dans la capsule où la première évaporation auroit été faite.

(2) Après cette détermination, on fera évaporer une quantité d'eau suffisante pour avoir de 2o à 3o grammes d'un résidu que l'on amènera au même point de dessiccation que le résidu (1) : on pèsera 1o grammes de ce résidu bien divisé ; on les mettra dans un flacon à l'émeri ; on partagera ensuite le reste de la matière en plusieurs quantités de 1, 2, 5 grammes, et on renfermera

chacune d'elles dans de petits flacons à l'émeri. Il faudra décrire
avec soin tous les phénomènes qui pourront apparoître pendant l'évaporation, et en rechercher les causes. S'il se produit
un précipité, on devra faire une expérience sur une autre quantité d'eau afin de connoître la nature de ce précipité. L'évaporation doit être faite dans une capsule de platine d'argent
ou de porcelaine : les capsules de verre pouvant céder de
l'alcali et de la silice à l'eau qui s'évapore dedans, ne doivent
être employées que quand on n'en a pas d'autres à sa disposition.

(3) On versera sur 10 grammes du résidu contenu dans un
flacon, 50 grammes d'alcool à 0,792 : on agitera les matières
de temps en temps : après deux heures, on décantera l'alcool
avec une petite pipette ; et s'il n'est pas clair, on le passera au
travers d'un filtre pesé : on remettra 25 grammes d'alcool à 0,830
dans le flacon ; on l'agitera, et au bout de plusieurs heures, on
le décantera : enfin, on continuera ce traitement jusqu'à ce
que l'alcool n'ait plus d'action sur le résidu. Alors on versera
le tout sur un filtre, on passera de l'alcool dessus, on fera
égoutter, et on séchera la matière indissoute à une température
que l'on indiquera, et qui devra être au moins de 100.

(4) On l'introduira dans un petit ballon de verre, et on la
traitera par environ cinquante fois son poids d'eau bouillante
divisée en cinq portions. On séparera la partie qui ne sera
pas dissoute au moyen d'un filtre, on la séchera et on la
pesera.

1.) Des matières solubles dans l'alcool.

(5) L'alcool peut contenir en dissolution des chlorures de
sodium et de potassium, des hydrochlorates de chaux, de magnésie, d'ammoniaque, des nitrates de chaux et de magnésie.
Nous allons donner les moyens de déterminer la proportion
des élémens de ces sels, en supposant qu'ils se trouvent tous
dans une eau naturelle. On réunira tous les lavages alcooliques
pour les faire concentrer ; puis on partagera le liquide concentré en *trois volumes égaux.*

1.er volume, *détermination du chlore, de l'acide hydrochlorique,*
de la chaux et de la magnésie.

(6) On le fera évaporer pour en chasser l'alcool ; puis on

dissoudra le résidu dans l'eau : on ajoutera à la solution un peu d'acide nitrique ; on y versera un excés de nitrate d'argent : tout le chlore et l'acide hydrochlorique seront précipités à l'état de chlorure d'argent. On fera le précipité dans un verre ; on décantera la liqueur de dessus le précipité ; on lavera celui-ci à l'eau distillée, puis on le fondra dans une petite capsule de platine, et on en prendra le poids : on calculera la quantité de *chlore*, que ce chlorure représente.

(7) La liqueur (6) précipitée par le nitrate d'argent, réunie au lavage du chlorure, sera mêlée à du chlorure de sodium, afin d'en séparer l'argent qu'on y avoit mis en excès. On décantera la liqueur ; on y ajoutera le lavage du précipité ; on neutralisera exactement, par l'ammoniaque, l'excés d'acide qu'elle contient ; puis on y versera de l'oxalate d'ammoniaque, pour précipiter la chaux. On fera chauffer légèrement ; on séparera l'oxalate de chaux au moyen d'un filtre pesé. Après l'avoir lavé et séché, on le brûlera dans un creuset de platine ; on neutralisera le résidu par l'acide sulfurique, et le poids du sulfate de chaux sec, ainsi obtenu, donnera celui de la *chaux*.

(8) On fera concentrer le lavage de l'oxalate de chaux ; puis on y ajoutera, 1.° la liqueur (7) d'où ce sel a été précipité ; 2.° une solution de sous-carbonate de soude. On fera évaporer à siccité, pour chasser toute l'ammoniaque. En traitant le résidu par l'eau froide, on ne dissoudra pas le sous-carbonate de magnésie. Celui-ci, lavé et rougi dans un creuset de platine, se réduira en *magnésie* pure.

2.e volume, *détermination de l'acide nitrique.*

(9) On en chassera l'alcool, on dissoudra le résidu dans l'eau ; on y ajoutera du phosphate d'argent ; on fera bouillir, quand la liqueur ne contiendra plus d'acide hydrochlorique, on la filtrera, on la fera concentrer, puis on la distillera doucement avec de l'acide sulfurique, dans une petite cornue de verre tubulée à l'émeri, à laquelle on aura adapté un petit ballon pareillement tubulé à l'émeri, dont le col devra être exactement bouché par le bec de la cornue, qui s'y engagera à frottement. Après la distillation, on neutralisera le produit par la potasse ; on fera évaporer à siccité ; on aura du nitrate

de potasse, dont le poids fera connoître celui de l'acide nitrique contenu dans l'eau.

3.ᵉ volume, *détermination de l'hydrochlorate d'ammoniaque et des chlorures de potassium et de sodium.*

(10) On chassera l'alcool de la solution ; on reprendra le résidu par l'eau ; on mettra la liqueur avec de l'hydrate de baryte dans une cornue de verre tubulée, communiquant à un ballon dans lequel on aura mis de l'acide hydrochlorique étendu ; il faudra introduire quelques morceaux de verre dans la cornue ; on fera chauffer les matières ; la baryte pré-cipitera la chaux, et la magnésie des nitrates et des hydrochlo-rates ; elle s'emparera aussi de l'acide hydrochlorique qui étoit uni à l'ammoniaque. Cette dernière base passera dans le ballon, où elle sera neutralisée par l'acide hydrochlorique. Quand la liqueur de la cornue aura été extrêmement concentrée, on mettra le produit du ballon dans une petite capsule de platine, on fera évaporer à siccité, pour chasser l'excès d'acide hydro-chlorique ; on en pèsera le résidu qui donnera le poids de l'hydrochlorate d'ammoniaque contenu dans l'eau.

Quant à la liqueur de la cornue, on la séparera du dépôt, puis on en précipitera toute la baryte par le sulfate d'am-moniaque. On filtrera ; on précipitera l'acide sulfurique et une partie de l'acide hydrochlorique, si ce n'est la totalité, par de l'acétate de plomb ; on filtrera, on précipitera l'acétate de plomb qu'on aura mis en excès, par le sous-carbonate d'am-moniaque. La liqueur filtrée contiendra de l'acide acétique, de l'acide nitrique, de la potasse, de la soude et de l'ammo-niaque. On la fera évaporer à siccité, en tenant toujours dans la liqueur un excès d'acide hydrochlorique ; par ce moyen on chassera les acides acétique et nitrique, et l'on obtiendra de l'hydrochlorate d'ammoniaque et des chlorures de sodium et de potassium ; on séparera ceux-ci du premier par l'action d'une température suffisamment élevée.

(11) On pèsera les chlorures de potassium et de sodium ; on les fera dissoudre dans l'eau ; on y mêlera de la dissolution de platine ; les chlorures s'uniront au platine ; ils formeront le chlorure de potassium, un composé peu soluble ; le chlorure de sodium un composé très-soluble. On fera évaporer à siccité ; on appliquera l'alcool à 0,875 ; le dernier composé sera seul

dissous; on le séparera par la filtration. On traitera le chlorure de potassium et de platine resté sur le filtre par l'eau hydrosulfurée; on séparera le sulfure de platine du chlorure de potassium; on traitera de la même manière le chlorure de sodium et de platine, après qu'on l'aura séparé de l'alcool, puis redissous dans l'eau. Une fois qu'on aura les chlorures privés de platine en dissolution dans l'eau, on fera évaporer les solutions à siccité, on chauffera les résidus jusqu'à les fondre, et on les pèsera.

II.) *Des matières dissoutes par l'eau bouillante.*

(12) Ces matières peuvent être le *borate de soude*, les *sulfates de soude, de potasse, de chaux, de magnésie, d'ammoniaque, d'alumine; de protoxide de manganèse ; de péroxide de cuivre, le nitrate de potasse et une matière azotée.* Mais le borate de soude, les sulfates de cuivre et de manganèse, la matière azotée, étant extrêmement rares, nous n'en parlerons pas.

(13) On fera évaporer la solution à siccité; on traitera le résidu par vingt fois son poids d'eau froide; tous les sels seront dissous, excepté la plus grande partie du sulfate de chaux qui ne le sera point; on séparera cette partie, et on la pèsera; on fera évaporer la solution à siccité.

Détermination de l'acide sulfurique.

(14) On ajoutera au résidu, de l'acide sulfurique étendu, dont l'acide réel sera connu, et dont la quantité sera suffisante pour décomposer le nitrate de potasse. On fera concentrer doucement pour chasser l'acide nitrique sans volatiliser l'acide sulfurique, puis on précipitera ce dernier par l'hydrochlorate de baryte; en retranchant du poids de l'acide contenu dans ce précipité le poids de l'acide réel ajouté, on aura celui qui existoit dans les sulfates solubles dans l'eau froide (13). Comme le nitrate de potasse est très-rare dans les eaux naturelles, presque toujours on est dispensé de faire ce traitement; dans ce cas on précipite, immédiatement par l'hydrochlorate de baryte, la solution des sulfates (13).

(15) La liqueur d'où l'acide sulfurique aura été précipité, contiendra des hydrochlorates de baryte, de chaux, de magnésie, d'ammoniaque, d'alumine et des chlorures de potassium

et de sodium : on la fera évaporer à siccité, et on la partagera en trois quantités.

Ire *quantité*. (Détermination du *sulfate d'ammoniaque*.)

(16) Elle sera introduite dans un petit tube, et chauffée jusqu'à ce qu'il ne se volatilise plus de sel ammoniac ; on coupera la portion du tube où le sublimé se sera condensé ; on la pèsera dans cet état, et après en avoir séparé le sublimé ; la différence des deux poids sera celui de l'hydrochlorate d'ammoniaque. Par le calcul on trouvera la quantité de sulfate que ce dernier représente.

IIe *quantité*. (Détermination des *sulfates d'alumine*, de *chaux* et de *magnésie*.)

(17) On y mêlera la quantité d'acide sulfurique nécessaire pour en précipiter toute la baryte, puis on filtrera ; on précipitera l'alumine par l'hydrosulfate d'ammoniaque : le poids de l'alumine donnera celui de son sulfate.

(18) On fera bouillir pour chasser l'excès de l'hydrosulfate d'ammoniaque, puis on précipitera la chaux par l'oxalate d'ammoniaque ; on brûlera l'oxalate de chaux, et le résidu, neutralisé par l'acide sulfurique, donnera le poids du sulfate de chaux qui aura été dissous par l'eau froide dans l'opération n.° 13.

(19) On séparera la magnésie de la liqueur précipitée par l'oxalate d'ammoniaque avec le sous-carbonate de soude, en suivant le procédé du n.° 8.

IIIe *quantité*. (Détermination des *sulfates* de *potasse* et de *soude* et du *nitrate* de *potasse*.)

(20) On traitera cette quantité par l'acide sulfurique, et on chauffera assez fortement la matière pour en chasser tout le sulfate d'ammoniaque ; on aura un résidu fixe formé de sursulfates de potasse et de soude et de sulfates d'alumine, de magnésie et de chaux. On fera digérer ce résidu après l'avoir dissous dans l'eau avec du sous-carbonate de baryte ; l'on obtiendra des sulfates neutres ou légèrement alcalins de potasse et de soude, et un précipité d'alumine, de sulfate de baryte et de sous-carbonates de chaux et de magnésie.

(21) Les deux sulfates alcalins solubles seront réduits en

chlorures, au moyen de l'hydrochlorate de baryte, et ils seront séparés l'un de l'autre par le procédé décrit n.° 11. Le poids du chlorure de sodium donnera la quantité du sulfate de soude ; le poids du chlorure de potassium donnera la quantité de potasse qui étoit unie aux acides sulfurique et nitrique. Pour déterminer le poids du sulfate de potasse, il suffira de soustraire l'acide sulfurique, qui, dans l'eau naturelle, étoit uni à l'ammoniaque, à l'alumine, à la chaux, à la magnésie et à la soude, de la quantité d'acide sulfurique trouvée par l'expérience n.° 14 ; la différence donnera la quantité d'acide qui étoit unie à la potasse. Si l'on soustrait cette quantité de potasse de la quantité représentée par le chlorure de potassium, la différence représentera le poids de la potasse qui étoit à l'état de nitrate, et ce poids fera connoître celui de l'acide nitrique.

III.) *Des matières indissoutes dans l'eau bouillante.*

(22) Elles peuvent être composées *de sulfate de chaux, de sous-carbonates de chaux, de magnésie, de manganèse, d'un atome de péroxide de fer, et de silice.* On traitera par l'acide hydrochlorique. Tout sera dissous, à l'exception de *la silice.*

(23) On fera évaporer la solution, afin d'en chasser l'excès d'acide hydrochlorique ; on précipitera par l'alcool foible le *sulfate de chaux.*

(24) La solution alcoolique contenant des hydrochlorates de magnésie, de chaux, de manganèse et de fer, sera évaporée. Le résidu sera repris par l'eau. On précipitera le manganèse et le fer par l'hydrosulfate d'ammoniaque. Le précipité calciné sera formé de péroxides de fer et de manganèse.

(25) Quant à la solution des hydrochlorates de chaux et de magnésie, on la fera évaporer à siccité, et on précipitera la chaux par l'oxalate d'ammoniaque, et la magnésie par le sous-carbonate de soude.

ARTICLE II.

Des moyens de déterminer la quantité des substances qui se trouvent dans les eaux alcalines, qui ne contiennent ni fer, ni acide sulfureux, ni acide hydrosulfurique.

(26) On reconnoît les eaux dont l'analyse fait l'objet de

cet article, aux caractères suivans : 1.° à l'état naturel on ne peut y reconnoître, par les moyens énoncés dans la Ire section de ce chapitre, le fer, l'acide sulfureux et l'acide hydrosulfurique ; 2.° quand elles ont été concentrées au sixième de leur volume, et qu'elles ont été séparées du dépôt qu'elles ont pu laisser précipiter, elles font une vive effervescence avec les acides foibles, l'acétique par exemple ; 3.° ainsi concentrées, elles ont une saveur alcaline très-prononcée. C'est presque toujours le sous-carbonate de soude qui leur donne ces propriétés.

(27) On ne peut rencontrer, dans les eaux qui contiennent du *sous-carbonate de soude ou de potasse, que des carbonates, des chlorures de sodium et de potassium, des sulfates de soude et de potasse, de la silice et une matière organique*, par la raison que les sous-carbonates dont nous parlons décomposent tous les sels solubles de chaux, de magnésie, d'alumine, de manganèse, de fer et de cuivre.

(28) On fait évaporer ces eaux à siccité ; on sèche le résidu ; on le traite par l'alcool à 0,850 ; on dissout les chlorures de sodium et de potassium ; on les sépare ensuite l'un de l'autre par le procédé du n.° 11.

(29) On fait sécher la matière qui ne s'est pas dissoute dans l'alcool ; on l'épuise de tout ce qu'elle contient de soluble dans l'eau froide. Supposons le cas le plus compliqué, où l'eau auroit dissous des sous-carbonates et des sulfates de soude et de potasse ; on feroit concentrer la liqueur ; on neutraliseroit les bases des sous-carbonates par l'acide acétique ; on feroit évaporer à siccité, et, en traitant le résidu par l'alcool à 0,820, on dissoudroit des acétates de potasse et de soude ; on feroit évaporer leur solution ; on reprendroit par l'eau, et on convertiroit ces acétates en chlorures ; ensuite on les séparéroit au moyen de la dissolution de platine (n.° 11) : des poids de chacun d'eux, on concluroit par le calcul ceux des sous-carbonates de soude et de potasse.

(30) On dissoudroit les sulfates de soude et de potasse dans l'eau, et on les décomposeroit par l'hydrochlorate de baryte ; le sulfate obtenu donneroit le poids de l'acide sulfurique. Si l'on avoit mis un excès d'hydrochlorate de baryte pour précipiter l'acide sulfurique, on précipiteroit la baryte par la quantité d'acide sulfurique strictement nécessaire pour cela ;

on feroit évaporer la solution à siccité pour en chasser l'acide hydrochlorique libre ; on traiteroit les deux chlorures, redissous dans l'eau, par la solution de platine ; on verroit si le poids des bases seroit dans la proportion convenable pour neutraliser la quantité d'acide sulfurique déterminée précédemment.

(31) Comme il est très-rare de trouver à la fois des sous-carbonates et des sulfates de soude et de potasse dans une eau naturelle ; que presque toujours l'eau qu'on applique au résidu de son évaporation qui a déjà été traité par l'alcool, ne dissout que du sous-carbonate et du sulfate de soude, nous croyons devoir indiquer le procédé à suivre pour déterminer la proportion de ces deux derniers sels. On précipite la solution par de l'hydrochlorate de baryte ; on lave le précipité, on le calcine, et on le pèse ; il est formé de sous-carbonate et de sulfate de baryte ; on le traite par l'acide nitrique ; on dissout le sous-carbonate, et le sulfate reste. Le poids de ce dernier lavé et calciné, soustrait du poids des deux sels, donne la quantité de sous-carbonate de baryte. Avec ces données on détermine, 1.º la quantité des acides sulfurique et carbonique qui ont été précipités par la baryte ; 2.º les poids de soude qu'elles neutralisoient. On peut vérifier ces poids en obtenant le chlorure de sodium qui est resté dans la liqueur, après la précipitation du carbonate et du sulfate de baryte ; seulement il faut avoir l'attention d'en séparer l'hydrochlorate de baryte qu'elle peut contenir.

(32) Le résidu insoluble dans l'eau froide (29), peut contenir des *sous-carbonates de chaux, de magnésie et de protoxide de manganèse*, des atomes *de fer* et de *la silice*. On le fera sécher ; on en prendra le poids ; on le traitera par l'acide hydrochlorique ; on fera évaporer jusqu'à siccité, et on reprendra le résidu par l'eau. *La silice* ne sera pas dissoute ; on la lavera, et on la calcinera. On précipitera le manganèse et le fer de la liqueur filtrée par l'hydrosulfate d'ammoniaque ; on lavera le précipité avec de l'eau tenant de l'hydrosulfate d'ammoniaque, puis on le calcinera. Quant à la chaux et à la magnésie, on les séparera au moyen de l'oxalate d'ammoniaque et du sous-carbonate de soude : toutefois, après avoir chassé de la liqueur, par l'ébullition, l'excès de l'hydrosulfate d'ammoniaque qu'elle contient.

(33) Quand il y a dans les eaux alcalines une matière
organique en dissolution, on l'en précipite, au moins en
partie, lorsqu'on neutralise la base du sous-carbonate alcalin
par un acide foible. Cette matière se dépose sous la forme
de flocons qui brunissent à l'air, et exhalent une forte odeur
de corne brûlée quand on les met sur un charbon ardent.

(34) Plusieurs personnes pensent que la silice qui se
trouve dans les eaux naturelles, y est toujours tenue en
dissolution par un alcali; mais rien n'est moins vraisemblable
lorsqu'on tient compte de la proportion où se trouvent ces
deux corps dans les eaux. En effet, les eaux de Rikum et de
Geyzer contiennent, suivant Black, pour 10,000 grains:

	Rikum.	Geyzer.
Soude caustique,....	0,51	..... 0,95 grains.
Alumine, ...	0,05	 0,48
Silice, ...	3,73	 5,40
Chlorure de sodium,	2,90	 2,46
Sulfate de soude sec,	1,28	 1,46
	8,47	10,75 grains.

Or, en combinant la soude avec la silice dans les proportions où ces bases se trouvent dans les eaux de Rikum et de
Geyzer, on ne peut produire qu'un verre insoluble, ou du
moins sur lequel l'eau bouillante n'exerce qu'une très-foible
action. Si nous nions que la soude soit le dissolvant de la
silice, nous reconnoissons cependant que cet alcali diminue
la cohésion de cette substance, et que par conséquent il doit
favoriser l'action que l'eau et la chaleur exercent sur elle.

COMPLÉMENT DES ARTICLES I ET II.

*B. Détermination de la quantité des substances plus volatiles
ou aussi volatiles que l'eau.*

(35) Dans les eaux qui ne sont ni sulfureuses ni ferrugineuses,
et qui rentrent dans les eaux comprises dans les deux articles
précédens, il peut y avoir, outre les substances dont nous
avons parlé précédemment, du carbonate d'ammoniaque, de
l'acide carbonique, de l'oxigène, de l'azote.

9.

(36) Le *carbonate d'ammoniaque* ne pourra exister (1) que dans les eaux qui ne contiendront ni sulfates de chaux, de magnésie, d'alumine, de péroxide de cuivre, ni hydrochlorates et nitrates de chaux et de magnésie. On en déterminera la proportion en distillant un litre d'eau dans une cornue à laquelle on aura adapté un ballon contenant un peu d'acide hydrochlorique. Quand la liqueur sera réduite à $\frac{1}{8}$ de son volume, on arrêtera la distillation; on fera évaporer le produit du ballon à siccité. Le résidu sera de l'hydrochlorate d'ammoniaque, dont le poids fera connoître celui du carbonate ou sous-carbonate d'ammoniaque qui existoit dans l'eau.

(37) Pour déterminer la quantité d'acide carbonique qui peut se trouver, tant à l'état de liberté qu'à l'état d'acide combiné à des sous-carbonates, on mettra une vingtaine de grammes de mercure dans une cornue tubulée, d'une capacité de 1 litre 3 décilitres; on y versera 1 litre d'eau; on adaptera à la tubulure un tube droit qui plongera dans le mercure; au bec de la cornue, on adaptera un tube courbé, dont la branche verticale ira plonger dans un flacon où l'on aura mis une solution d'hydrochlorate de baryte, à laquelle on aura ajouté de l'ammoniaque caustique. Il faudra que la branche verticale ait une longeur qui soit au moins une fois et demie celle de la colonne d'eau contenue dans la cornue : il faudra faire communiquer avec le flacon, un second flacon contenant comme lui de l'hydrochlorate de baryte et de l'ammoniaque; il faudra recouvrir les bouchons avec de la cire à cacheter : enfin, il faudra faire communiquer le second avec une cloche renversée sur le mercure. Quand l'appareil sera ainsi disposé, on portera peu à peu l'eau de la cornue à l'ébullition; on aura le soin de tenir les flacons dans l'eau froide. L'acide carbonique dégagé se combinera à l'ammoniaque, et le sous-carbonate d'ammoniaque convertira ensuite une proportion d'hydrochlorate de baryte en sous-carbonate de baryte qui se déposera. On recevra les gaz qui se dégageront dans la cloche renversée sur le mercure, et on les traitera dans une cloche graduée avec une solution de potasse caustique, pour savoir s'ils contiennent de l'acide carbonique : s'il ne se produit pas d'ab-

---

(1) Au moins en quantité notable.

sorption dans la cloche graduée, on sera sûr que tout l'acide
carbonique se sera uni à la baryte; quand le précipité n'augmentera plus dans les flacons, on terminera l'opération. On
démontera l'appareil; on versera sur un filtre pesé la liqueur
des flacons, ainsi que le sous-carbonate de baryte, qui s'en
est déposé; s'il est resté du sous-carbonate attaché aux parois
des tubes et des flacons, on l'en détachera avec une barbe de
plume et de l'eau. Sachant, par les expériences précédentes,
la quantité du sous-carbonate d'ammoniaque contenue dans
l'eau, ainsi que celle des autres sous-carbonates, on verra si la
quantité d'acide carbonique représentée par le sous-carbonate
de baryte, de laquelle on aura retranché l'acide carbonique
uni à l'ammoniaque (1), sera suffisante pour convertir les sous-
carbonates de l'eau en carbonates, ou si elle sera plus que suffisante. Dans ce cas, tout ce qui excédera, devra être considéré
comme acide carbonique libre.

(38) On déterminera la quantité d'oxigène et d'azote contenue
dans l'eau, de la manière suivante : On prendra un petit ballon
de 4 à 5 décilitres de capacité; on'y adaptera un bouchon
muni d'un tube recourbé, propre à conduire les gaz sous une
cloche pleine de mercure : on marquera sur le col du ballon
l'endroit où s'enfonce le bouchon; on introduira de l'eau dans
le ballon jusqu'à cette marque; on la pèsera; on remplira le
tube de la même eau ; on enfoncera le bouchon dans le col du
ballon, et on engagera l'extrémité ouverte du tube sous une
cloche pleine de mercure. J'oubliois de dire qu'il étoit nécessaire de tenir le bouchon de l'appareil plongé plusieurs heures
dans l'eau, avant de l'adapter au ballon. Quant à l'eau du tube,
il est facile d'en connoître le poids. Avant de l'y introduire, on
pèse une fiole pleine d'eau ; on met le doigt sur un bout du tube,
et par l'autre bout, on y verse de l'eau de la fiole ; en repesant
celle-ci, et en retranchant son poids actuel de son premier
poids, on a celui de l'eau contenue dans le tube. On porte
l'eau du ballon à l'ébullition ; lorsqu'il ne se dégage plus de gaz
dans la cloche, on arrête l'opération. La cloche contient des

---

(1) Puisque le sous-carbonate d'ammoniaque se sépare de l'eau par
l'ébullition, il est évident que, dans le sous-carbonate de baryte, il y aura
une quantité d'acide qui appartenoit au sous-carbonate d'ammoniaque.

gaz oxigène et azote, plus de l'acide carbonique, et une certaine quantité d'eau. On y fait passer un petit morceau de
potasse à l'alcool pour absorber l'acide carbonique; on abaisse
la cloche dans la cuve, jusqu'à ce que le mercure intérieur soit
de niveau avec le mercure extérieur : on abandonne les matières
pendant 24 heures, afin que l'eau de la cloche puisse se saturer
d'air. Au bout de ce temps, le mercure étant de niveau, on
colle une bande de papier sur tout l'espace de la cloche qui est
occupé par l'eau, ou tient compte du baromètre et du thermomètre et de la colonne d'eau contenue dans la cloche : on
fait passer un certain volume de gaz dans un tube gradué, et
on détermine la proportion respective des deux gaz au moyen
du phosphore ou de l'hydrogène. Pour avoir le volume absolu
des gaz oxigène et d'azote, dégagés de l'eau, on vide la cloche
où on les a reçus, puis on y met de l'eau distillée jusqu'au bord
inférieur de la bande de papier qu'on y a collée ; on pèse cette
eau : son poids donne le volume des gaz. On ajoute de l'eau
dans la cloche jusqu'au bord supérieur de la bande, et on détermine le poids de cette seconde quantité. Il est évident que
cette quantité d'eau devra être soustraite de celle qui a été
soumise à l'ébullition, dans le calcul que l'on fera de l'air que
contenoit l'eau qu'on a examinée.

ARTICLE III.

*Des moyens de déterminer la quantité des matières contenues dans
les eaux ferrugineuses.*

(39) Le fer peut être dans les eaux à l'état de carbonate de
protoxide, et à celui de sulfate : il existe dans quelques eaux
à ces deux états à la fois.

(40) On déterminera la quantité dans laquelle il se trouve, de
la manière suivante : On prendra un ballon de 1 litre 2 décilitres environ; on y mettra un litre d'eau ferrugineuse; on y
adaptera un tube qui ira plonger d'une ligne ou deux dans le
mercure; on fera bouillir l'eau, jusqu'à ce qu'elle soit réduite
à 1 ou 2 décilitres. Alors on retirera le tube; on filtrera l'eau :
le fer qui étoit à l'état de carbonate restera sur le papier, souvent avec des sous-carbonates de chaux et de magnésie, et
quelquefois avec du sous-carbonate de manganèse.

(41) On fera dissoudre le précipité pesé dans l'acide hydrochlorique; on précipitera le fer et le manganèse par l'hydro-

sulfate d'ammoniaque : on rassemblera le précipité sur un
filtre, on le lavera avec de l'eau hydrosulfatée ; puis on le calcinera ; on le dissoudra dans l'acide hydrochlorique , auquel on
ajoutera un peu d'acide nitrique , afin de porter le fer au maximum d'oxidation. On chassera l'excès d'acide ; on étendra d'eau,
et on précipitera le fer par le succinate d'ammoniaque. On calcinera ensuite le succinate de fer, après l'avoir lavé avec de
l'eau contenant un peu de succinate d'ammoniaque. On précipitera le manganèse par du sous-carbonate de soude, et on le
fera calciner. On obtiendra, par ce moyen, des péroxides de fer
et de manganèse, dont le poids fera connoître combien il y
avoit de carbonates de ces métaux dans l'eau qu'on analyse.
S'il n'y avoit pas de manganèse, on pourroit séparer le
fer de la magnésie et de la chaux, en dissolvant ces bases dans
un excès d'acide hydrochlorique ; et, en mettant ensuite de
l'ammoniaque dans la solution, le péroxide de fer seroit seul
précipité. Quant à la chaux et à la magnésie, on les séparera
par l'oxalate d'ammoniaque et le sous-carbonate de soude.

(42) L'eau minérale concentrée , et dont les sous-carbonates
insolubles ont été séparés par la filtration, peut contenir, 1.° ou
du sous-carbonate de soude avec les sels qui se trouvent dans
les eaux alcalines dont nous avons parlé, article II de ce
chapitre ; dans ce cas, l'analyse rentre dans les procédés décrits dans cet article ; 2.° ou des hydrochlorates de magnésie et
de chaux, du chlorure de sodium, du sulfate de chaux ; alors
l'eau concentrée ne peut contenir de sulfate de fer, ni aucun
sulfate très-soluble, parce que ces sulfates décomposent l'hydrochlorate de chaux ; l'analyse de l'eau rentre dans les procédés décrits article I.er ; 3.° du chlorure de sodium, de l'hydrochlorate
de magnésie, des sulfates de soude, de potasse, de chaux, de
magnésie, d'alumine, de fer, de manganèse et de cuivre.
Nous allons nous occuper de la détermination de ces sels.

(43) Après qu'on aura fait évaporer à siccité l'eau qui tient
ces sels en solution, on enlévera au résidu le chlorure de
sodium, et l'hydrochlorate de magnésie, par l'alcool à 0,830.
On précipitera le chlore et l'acide hydrochlorique par le nitrate d'argent, la magnésie par la potasse ; le poids de la magnésie donnera celui de l'acide hydrochlorique qu'elle saturoit,
et conséquemment la quantité du chlore qui entre dans la

composition de cet acide; on soustraira cette quantité de chlore de celle représentée par le chlorure d'argent; la différence sera le poids du chlore qui étoit uni au sodium.

(44) S'il y avoit du sulfate de péroxide de fer, ce sel se trouveroit dans l'alcool; on pourroit en déterminer le poids en précipitant le fer par l'hydrosulfate d'ammoniaque, et l'acide par le nitrate de baryte.

(45) On fera dissoudre dans l'eau les sulfates insolubles dans l'alcool à 0,830. On précipitera le cuivre par l'acide hydrosulfurique; on filtrera, et on ajoutera à la liqueur filtrée de l'hydrosulfate d'ammoniaque, qui précipitera l'alumine et les oxides de fer et de manganèse. On dissoudra ce précipité dans l'acide nitrique : quand le fer sera bien suroxidé, on précipitera, par un excès de potasse, l'alumine restera en dissolution; on la précipitera au moyen de l'hydrochlorate d'ammoniaque. Quant aux oxides de manganèse et de fer, on les dissoudra dans l'acide hydrochlorique, et on les séparera par le succinate d'ammoniaque, comme il est dit n.° 41.

(46) Pour les sulfates de potasse, de soude, de chaux et de magnésie, on suivra les procédés indiqués dans le premier article.

Article IV.

Des moyens de déterminer la quantité de l'acide sulfureux et de l'acide hydrosulfurique contenue dans les eaux.

(47) On reconnoitra qu'il y a de l'acide sulfureux dans une eau, à l'odeur, à la propriété de rougir la teinture de tournesol; enfin, à ce que le produit de cette eau, distillée soit seule soit avec de l'acide phosphorique, précipitera, après avoir été neutralisé par la potasse, le sulfate de cuivre en des flocons jaunes qui se transformeront en une poudre grenue, d'une belle couleur rouge, lorsqu'on les fera bouillir dans l'eau. Il faudra distiller l'eau dans une cornue qui en soit presque remplie, et recevoir le produit dans un petit ballon qui contiendra de l'eau distillée.

(48) Lorsqu'on se sera ainsi assuré de l'existence de l'acide sulfureux dans l'eau, on prendra un litre de ce liquide; on y mettra de l'acide hydrochlorique en excès; on fera bouillir,

en évitant, autant que possible, le contact de l'air; puis on y
versera de l'hydrochlorate de baryte, qui précipitera tout
l'acide sulfurique qui pourra être contenu dans l'eau. On lavera le précipité, et on le pèsera. On prendra un autre litre
d'eau ; on y fera passer un excès de chlore qui convertira tout
l'acide sulfureux en acide sulfurique; on précipitera ensuite
par l'hydrochlorate de baryte; on séparera le sulfate de baryte ;
on le pèsera, en soustrayant de son poids celui du sulfate obtenu du premier litre d'eau : on aura le sulfate produit par
l'acide sulfureux qui existoit dans l'eau; il suffira de déterminer
la quantité de l'acide de ce sulfate, d'en retrancher un tiers
de l'oxigène qu'il contient, pour avoir le poids de l'acide sulfureux contenu dans 1 litre d'eau.

(49) Lorsqu'on aura reconnu l'existence de l'acide hydrosulfurique dans les eaux, au moyen des caractères indiqués plus
haut, il faudra déterminer, 1.° si cet acide est libre ou combiné
à une base; 2.° si, dans ce dernier cas, l'hydrosulfate n'est pas
sulfuré.

(50) On mettra un poids d'eau connu dans une cloche remplie aux deux tiers ou aux trois quarts de mercure; on fermera
celle-ci avec un obturateur de verre, et on mettra la cloche
sur un bain de mercure. On agitera de temps en temps l'eau
avec le mercure; s'il existe de l'acide hydrosulfurique libre, il
sera décomposé; l'hydrogène se dégagera à l'état gazeux, et
le soufre qui lui étoit uni se combinera au mercure et le noircira. Lorsqu'on observera que le volume du gaz n'augmentera
plus, après avoir agité plusieurs fois l'eau avec le mercure, on
notera le volume de l'hydrogène, en tenant compte de la température, de la pression atmosphérique et des colonnes de mercure et d'eau au-dessus desquelles il se trouve. On fera passer
l'eau dans une autre cloche pleine de mercure, et on verra si,
par l'agitation, il y a encore un dégagement de gaz, et si le
mercure est noirci. Si ces deux phénomènes n'ont pas lieu, c'est
que tout l'acide hydrosulfurique libre aura été décomposé;
alors on essaiera le gaz pour savoir si c'est de l'hydrogène pur;
sachant la quantité de ce dernier, on aura facilement la quantité de soufre qui lui étoit uni. Si l'eau contient de l'acide hydrosulfurique combiné avec une base, l'eau qui aura été agitée
avec le mercure jouira encore des propriétés sulfureuses,

c'est-à-dire, qu'elle noircira le nitrate d'argent et l'acétate de plomb, et qu'elle dégagera l'odeur de l'acide hydrosulfurique quand on y versera de l'acide sulfurique ou de l'acide hydro-chlorique.

(51) Pour savoir si l'hydrosulfate contenu dans une eau est sulfuré, on y versera de l'acide hydrochlorique, sulfurique ou acétique affoiblis; sur-le-champ la liqueur deviendra laiteuse; et si on la fait chauffer pour réunir la substance qui la rend opaque, et qu'ensuite on recueille celle-ci sur un filtre, on lui trouvera toutes les propriétés du soufre, et on en déterminera le poids.

(52) Le procédé du n.° 50 n'a donné que la proportion de l'acide hydrosulfurique libre, mais non celle de l'acide hydro-sulfurique qui est à l'état salin : le procédé n.° 51 n'a donné que le poids du soufre qui est en excès à la composition de l'acide hydrosulfurique. Il reste donc à connoître le poids de l'acide qui est à l'état d'hydrosulfate. Pour cela, on fera passer un excès de chlore dans la liqueur : tout l'acide hydrosulfurique et le soufre en excès seront convertis en acide sulfurique. On précipitera par l'hydrochlorate de baryte; on pèsera le sulfate de baryte. D'un autre côté, on déterminera la quantité de sulfate de baryte que l'on obtient d'une quantité d'eau égale à celle qui a été soumise à l'action du chlore, et on retranchera ce sulfate de celui obtenu en premier lieu. La différence sera le sulfate produit aux dépens de l'acide hydrosulfurique et du soufre. On déterminera la quantité de soufre contenue dans le sulfate; on en retranchera, 1.° celle que l'on a reconnue, par le procédé (50), appartenir à de l'acide hydrosulfurique libre; 2.° celle que l'on a reconnue, par le procédé (51), être en excès à la composition de l'acide hydrosulfurique : le reste représentera le soufre de l'acide hy-drosulfurique qui est à l'état salin.

(53) Une fois ces déterminations faites, il est facile, par ce que nous avons dit plus haut, de déterminer la proportion des autres substances qui se trouvent dans les eaux sulfureuses, et qui sont ordinairement de l'acide carbonique, de l'azote, des sulfates de chaux, de magnésie, du chlorure de sodium, du carbonate de soude. Ces eaux ne contiennent pas de sels ferrugineux, au moins en quantité notable : elles ne peuvent contenir d'acide sulfureux, ni d'oxigène.

(54) Nous croyons devoir placer ici quelques expériences que nous avons faites récemment, relativement à l'action de l'acide hydrosulfurique sur le sous-carbonate de soude. Nous fîmes passer du gaz acide hydrosulfurique en excès dans 200 grammes d'eau qui tenoient 3o grammes de sous-carbonate de soude (sec) en dissolution. Il se produisit un dépôt formé de très-petits cristaux, et il ne se dégagea point d'acide carbonique. On le fit égoutter; on le lava avec de l'eau froide, puis on le soumit à la presse entre des papiers Joseph. Soupçonnant que ces cristaux étoient du carbonate de soude, et que par conséquent l'acide hydrosulfurique avoit formé de l'hydrosulfate avec une partie de la soude du sous-carbonate de cette base, nous préparâmes du carbonate de soude, en faisant passer de l'acide carbonique dans 200 grammes d'eau tenant en dissolution 3o grammes de sous-carbonate (sec) : nous obtînmes un dépôt cristallin plus abondant que celui de la première expérience : nous l'amenâmes au même degré de dessiccation que le précédent. Nous pesâmes 3 grains de ce dépôt qui étoit bien du carbonate de soude ; nous les enveloppâmes dans un petit morceau de papier, nous les décomposâmes dans une cloche pleine de mercure, par une mesure d'acide hydrochlorique étendu ; le volume du gaz acide carbonique dégagé fut noté ; 6 grains du même sel, chauffés au rouge dans un creuset de platine, et ensuite décomposés dans la cloche qui avoit servi à la décomposition des 3 grains, donnèrent le même volume de gaz acide carbonique que celle obtenue dans la première expérience. Enfin, ayant décomposé, 1.° trois grains ; 2.° six grains calcinés, du dépôt que nous soupçonnions être du carbonate, nous eûmes les mêmes résultats qu'avec le carbonate saturé d'acide. On peut conclure de là, que si l'on trouve dans une eau minérale de l'acide hydrosulfurique en excès, de l'acide carbonique et de la soude, celle-ci doit y être à l'état de carbonate et non de sous-carbonate.

(55) Je me suis assuré qu'en faisant passer de l'acide carbonique dans un hydrosulfate saturé, on en dégageoit beaucoup de gaz acide hydrosulfurique ; mais j'ignore s'il seroit possible de réduire tout l'hydrosulfate en carbonate, ou bien s'il se produiroit en même temps que du carbonate un sous-hydrosulfate indécomposable par l'acide carbonique. (Ch.)

EAUX SALÉES. (*Chim.*) Toutes les eaux naturelles qui ont une composition analogue à l'eau de mer, c'est-à-dire, dans lesquelles le chlorure de sodium domine. (Cн.)

EAUX SALINES. (*Chim.*) Ce nom a été donné à toutes les eaux naturelles qui contiennent une quantité notable de sels, dont la nature n'est ni ferrugineuse, ni sulfureuse. Elles comprennent les eaux dures, les eaux salées, les eaux alcalines. (Cн.)

EAUX SULFUREUSES. (*Chim.*) Eaux naturelles qui contiennent de l'acide hydrosulfurique ou du soufre en dissolution. (Cн.)

EAUX THERMALES. (*Chim.*) Les eaux qui ont naturellement une température plus élevée que l'atmosphère du lieu où elles se trouvent. (Cн.)

EAUBURON. (*Bot.*) On donne ce nom dans les campagnes, et celui de *prevat*, à des champignons du genre Agaric de Linnæus, à cause de leur saveur piquante et de la disposition de leur chapeau propre à retenir l'eau de la pluie. Le premier de ces noms est un composé des deux mots, *eau*, *boiront*; et le second signifie *poivre*. Ces champignons forment la famille des Poivrés laiteux de Paulet. Voyez à cet article. (Lem.)

EBAL. (*Bot.*) Voyez Iebal. (J.)

EBALIE, *Ebalia*. (*Crust.*) Voyez Leucoriadés. (W. E. L.)

EBANOS. (*Bot.*) Joseph Acosta dit que l'on apporte de la Havane, sous ce nom, un bois très-précieux, et C. Bauhin le classe à la suite du bois de santal. (J.)

EBB (*Ornith.*), nom anglois du proyer, *emberiza miliaria*, Linn. (Cн. D.)

EBEHER. (*Ornith.*) On nomme ainsi, en Saxe, la cigogne blanche, *ardea ciconia*, Linn. (Cн. D.)

EBENACÉES. (*Bot.*) Cette famille de plantes tire son nom du bois d'ébène, fourni par plusieurs espèces de plaqueminiers, et surtout par une principale. Ce nom a paru préférable à celui de plaqueminiers, auparavant donné à la famille qui est placée à la tête des pericorollées ou de la classe des monopétales à corolle insérée au calice.

Ses caractères sont un calice monophylle, commun à toute la classe, et divisé supérieurement; une corolle monopétale, portée sur le fond ou au sommet de ce calice, et divisée à son

limbe en autant de lobes ; des étamines insérées à la corolle,
tantôt en nombre défini, égal à celui des lobes de la corolle,
ou double, tantôt plus rarement en nombre indéfini, et alors
monodelphes ou polyadelphes, c'est-à-dire réunies par le bas
de leurs filets en un seul tube ou en plusieurs paquets : un ovaire
simple et libre ; un style unique ; un stigmate simple ou divisé ;
un fruit libre, capsulaire, ou plus souvent charnu, à plusieurs
loges monospermes ; des graines attachées au sommet de leur
loge et pendantes ; l'embryon de ces graines renversé, à radicule
dirigée supérieurement et à lobes minces, aplatis et élargis ,
renfermé dans un grand périsperme charnu.

Les plantes de cette famille sont des arbrisseaux ou des
arbres à bois dur. Leurs feuilles sont alternes ; leurs fleurs
axillaires et ordinairement sessiles.

On rapporte à cette famille les genres *Embryopteris* de Gærtner, auquel se réunissent le *cavanillea* de M. Lamarck, et peut-
être le *paralea* d'Aublet, *diospyros* qui comprend aussi le
dactylus de Forskaël, et l'*ebenoxylum* de Loureiro, *royena*, *mo-
canera* ou *visnea* de Linnæus fils, auparavant placé dans les
onagraires ; *maba* de Forster ; *pouteria* d'Aublet, ou *chœtocarpus*
de Schreber, dont le *labatia* de Swartz est congénère ; *andreusia*
de Ventenat, ou *pogonia* de M. Andrews.

Deux autres genres *Styrax* et *Halesia*, auparavant associés à
cette famille, paroissent devoir servir de type à une nouvelle
famille des styracées qui restera voisine, et à laquelle se ratta-
cheront peut-être le genre *Symplocos* et les *alstonia*, *ciponima*,
et *hopea* ses congénères, formant auparavant une second esec-
tion des plaqueminiers, à moins qu'ils ne constituent eux-
mêmes une autre famille distincte. (J.)

EBÈNE. (*Bot.*) Le bois qui porte ce nom et qui est employé
pour la fabrication de divers meubles et ustensiles, donne son
nom aux ouvriers qui le mettent en œuvre : il est d'une couleur
noire foncée, et on sait maintenant qu'il est fourni par une
espèce de plaqueminier, *diospyros*. Voyez Bois d'Ebène ,
Ebenus. (J.)

EBÈNE FOSSILE. (*Min.*) C'est le nom trivial qu'on donne
quelquefois au lignite jayet, à cause de sa couleur d'un noir
pur, de sa compacité et d'un reste d'indication de son tissu
ligneux. Voyez Lignite jayet. (B.)

ÉBÈNE VERTE ou JAUNE. (*Bot.*) On donne ces noms, dans les Antilles, à des espèces de *bignonia* de Linnæus, particulièrement au *bignonia leucoxylon*. (J.)

ÉBÉNIER DES ALPES, Faux Ébénier. (*Bot.*) Voyez Ebenus. (J.)

ÉBÉNIER, faux (*Bot.*), nom vulgaire du cytise aubours. (L. D.)

EBENITIS (*Bot.*), un des noms grecs anciens du polium, *teucrium polium*, suivant Ruellius. (J.)

EBENOTRICHUM. (*Bot.*) Voyez Adiante capillaire, *Suppl.* (Lem.)

EBENOXYLUM. (*Bot.*) Le genre de la Cochinchine, établi sous ce nom par Loureiro, paroît devoir être réuni au plaqueminier, *diospyros*, quoique l'auteur le dise dioïque, ayant trois étamines, une corolle composée de trois pétales, et un fruit à trois loges. Cette diminution dans le nombre des parties peut être le résultat d'un avortement. Une corolle, divisée plus profondément, aura paru divisée en plusieurs pièces, et l'auteur n'aura pas tenu compte des organes sexuels existans, mais stériles. (J.)

EBENUS. (*Bot.*) On a été long-temps incertain sur l'arbre qui fournissoit le bois d'ébène, l'*ebenus* des anciens. C. Bauhin dit que de son temps, plusieurs le croyoient tiré d'un palmier épineux d'Amérique, que Thevet, cité par Daléchamps, nommoit *hairi*, et qui étoit écrit *ayri* dans une description du Brésil. Ils motivoient leur opinion d'après l'emploi du bois de ce palmier, dont on faisoit des sabres et des flèches capables de traverser des cuirasses de fer. Cette assertion est probablement exagérée, et d'ailleurs, peut-être a-t-on voulu parler du bois de fer, *sideroxylum*, propre à faire des lances et autres armes très-usitées chez les sauvages d'Amérique, mais qui est différent du véritable ébène. Ce dernier nom a encore été donné à un cytise, *cytisus laburnum*, qui a été indiqué comme la seconde espèce d'*ebenus* de Théophraste, qu'Anguillara nommoit *egano*, et qui est maintenant l'ébénier des Alpes, le faux ébénier. On trouve un *ebenus cretica*, cité par Prosper Alpin et Clusius, adopté par Linnæus, mais plus récemment réuni au genre *Anthyllis* par M. de Lamarck, et ensuite par Willdenow. C'est un simple arbrisseau qui ne peut fournir la véritable ébène.

Ce bois paroît être tiré de quelques espèces du genre *Diospyros*, dont plusieurs mieux connues des botanistes, et mentionnées dans les manuscrits de Commerson, donnent un bois noir par intervalles dans les unes, entièrement noir dans d'autres. Il conviendroit qu'un botaniste exercé revit sur les lieux toutes ces espèces, pour les bien caractériser et faire connoître, avec précision, celle qui donne la véritable ébène. On est maintenant au moins assuré qu'il est extrait d'une ou plusieurs espèces de ce genre, et c'est ce qui a déterminé récemment à donner le nom d'ébénacées à la famille dont le *diospyros* est le genre principal. Les espèces indiquées par Commerson sont naturelles à l'Ile-de-France, autrefois ile Maurice; et on lit dans les *Exotica* de Clusius, qu'il lui avoit été assuré que l'ébénier étoit très-commun dans cette ile. (J.)

EEOES (*Bot.*), nom arabe d'un millepertuis en arbre, qui est le *hypericum Kahnii* de Forskaël, *hypericum revolutum* de Vahl. (J.)

EBOURGEONNEUR. (*Ornith.*) Ce nom et ceux d'*ébourgeonneau* et *ébourgeonneux*, sont donnés, dans plusieurs départemens, à divers oiseaux qui coupent les bourgeons des arbres, tels que le gros-bec, *loxia coccothraustes*, Linn.; le bouvreuil, *loxia pyrrhula*, Linn.; le pinson d'Ardennes ou des montagnes, *fringilla montifringilla*, Linn. (Ch. D.)

EBOUS (*Bot.*), nom languedocien de l'yèble, *sambucus ebulus*. (J.)

EBOUY. (*Bot.*) Voyez Aldine. (J.)

EBRUN. (*Bot.*) Suivant M. Bosc, le blé ergoté est ainsi nommé dans quelques cantons. (J.)

EBULLITION DES LIQUIDES. (*Chim.*) Lorsqu'on chauffe par la partie inférieure un liquide contenu dans un vase, il arrive un moment où la température ne s'élève plus, quoique le liquide continue à recevoir du calorique. A cette époque, ses particules ont une tension ou force expansive, égale a la pression de l'atmosphère; elles commencent à prendre l'état aériforme; et comme la partie du liquide qui touche le fond du vase reçoit le plus immédiatement la chaleur, c'est dans cette partie que se produit la vapeur. Dès que celle-ci est formée, à cause de sa grande légèreté, elle soulève les couches de liquide qui sont au-dessus d'elle, et se dégage en bouillonnant : c'est ce dégagement qui est appelé *ébullition*. (Ch.)

EBULUS (*Bot.*), nom latin de l'yèble, espèce de sureau.
(J.)

EBURNE, *Eburna*. (*Conch.*) M. de Lamarck a séparé sous ce nom un assez petit nombre de coquilles placées par Linnæus et Bruguières parmi les buccins : ses caractères peuvent être exprimés ainsi : Animal inconnu, mais très-probablement peu ou point différent de celui des buccins, contenu dans une coquille ovale ou alongée, un peu turriculée, lisse; la spire aiguë, ses tours confondus et adoucis; ouverture ovalaire, alongée, plus large antérieurement, et fortement échancrée; le bord droit entier; la columelle calleuse postérieurement, largement ombiliquée, et quelquefois canaliculée antérieurement; très-probablement un petit opercule corné.

M. de Lamarck place quatre espèces dans ce genre, qui est évidemment assez artificiel.

1.° L'Eburne ivoire : *Eburna glabrata*, Lamk.; *Buccinum glabratum*, Linn.; Encycl. meth., pl. 401, fig. 1, *a. b.* Coquille vulgairement connue sous le nom d'Ivoire, quelquefois de quatre pouces de haut, extrêmement lisse et polie; les tours de spire comme effacés : ce qui feroit supposer que l'animal relève dans la marche les lobes de son manteau; couleur d'un jaune chamois, nuancé d'un peu d'orangé. De la mer des Indes.

2.° L'Eburne canaliculée : *Eburna spirata*, Lamk.; *Buccinum spiratum*, Linn.; Encycl. méth., pl. 401, fig. 2, *a. b.* Celle-ci est ovale, un peu ventrue; les tours de spire sont fortement canaliculés ou séparés entre eux par un canal profond; elle est du reste lisse et tachetée de jaune comme la suivante. De la mer des Grandes-Indes.

3.° L'Eburne de Ceylan : *Eburna zeylanica*, Lamk.; *Buccinum zeylanicum*, Brug., Encycl. méth., pl. 401, fig. 2, *a. b.* Coquille de deux pouces et demi de haut sur un pouce trois lignes de large, à spire élevée, subturriculée, lisse, variée de taches orangées ou jaunes; ombilic profond, bordé au dehors de dents violettes. Son nom indique sa patrie : elle est assez rare.

4.° L'éburne fangeuse ; *Eburna lutosa*, Lamk., Encycl. méth., pl. 401., fig. 4, *a. b.* Cette espèce, pour la forme, a quelques rapports avec l'éburne canaliculée; mais elle est fortement et longitudinalement striée sur son dernier tour de spire, et elle est variée de blanchâtre et de roussâtre. Cette dernière couleur forme deux ou trois bandes sur le dernier tour de spire.

J'ignore sa patrie.

On peut aussi très-probablement placer dans ce genre le *buccinum adspersum* de Bruguières, quoique son ombilic soit moins considérable que dans les espèces précédentes, et que même il se bouche avec l'âge. (De B.)

ECACOALT (*Erpétol.*), nom mexicain du boïquira. Voyez Crotale. (H. C.)

ECAILLAIRE (*Bot.*), nom françois imposé par Decandolle au genre de la famille des lichens, plus connu sous la dénomination latine de Squamaria. Voyez ce mot. (Lem.)

ECAILLE. (*Entomologie.*) Geoffroy a décrit, sous ce nom, plusieurs espèces de lépidoptères, et en particulier diverses espèces de bombyces, celles que nous avons décrites sous les n.ºs 40, 43, 44.

Ecaille brune. Voyez Bombyce aulique, n.º 41.

Ecaille couleur de rose. Voyez Bombyce hébé, n.º 43.

Ecaille marbrée. Voyez Bombyce marbrée, n.º 40.

Ecaille martre ou hérissonne. Voyez Bombyce caja, n.º 44.

Ecaille mouchetée. Voyez Bombyce du plantain, n.º 45.

Nous avons nous-mêmes indiqué ce nom d'*écailles*, comme celui du troisième sous-genre, parmi les Bombyces qui ont les ailes vivement colorées, avec des taches plus claires ou plus foncées, tom. V, pag. 136. (C. D.)

ECAILLE (*Conch.*), nom marchand de la coquille du *patella testitudinaria*, quand elle a été polie, parce qu'alors elle ressemble à de l'écaille de tortue. (De B.)

ECAILLE ou Grande écaille. (*Ichthyol.*) On a donné ce nom à plusieurs espèces de poissons, remarquables par les dimensions des écailles qui recouvrent leur corps, entre autres à un Héniochus, à un Flétan et à une Girelle. Voyez ces différens mots. (H. C.)

ECAILLE DE MER. (*Conch.*) On donne quelquefois ce nom aux coquilles des patelles. (De B.)

ECAILLE DE POISSON. (*Chim.*) M. Hatchett la regarde

comme étant formée de couches alternatives, d'une membrane et de phosphate de chaux. (Cн.)

ÉCAILLE DE TORTUE. (*Erpétol.*) Voyez Écailles des reptiles. (H. C.)

ECAILLE DE TORTUE. (*Chim.*) M. Hatchett qui l'a examinée, la regarde comme étant anologue à la corne, aux ongles, c'est-à-dire, suivant lui, comme étant formée d'albumine coagulée. Mille parties lui ont donné cinq de cendre, composée de phosphate de chaux, de phosphate de soude et d'un peu d'oxide de fer.

M. Vauquelin pense, au contraire, qu'elle est formée de mucus durci et d'une substance huileuse, à laquelle elle doit sa flexibilité, la propriété de se ramollir, de se fondre par la chaleur, et de dégager en brûlant une flamme volumineuse. (Cн.)

ECAILLES, *Squamæ*, *Tegmenta*. (*Bot.*) Lames en forme de cuiller ou semblables aux écailles de poisson, qui accompagnent ou recouvrent diverses parties de plusieurs plantes. L'observation fait reconnoître les écailles pour des feuilles avortées. L'ognon du lis, la racine du *lathrea squamaria*, etc., ont des écailles appliquées en recouvrement les unes sur les autres. Dans l'orobanche, l'*ophrys nidus avis*, le tussilage, etc., elles sont disposées le long de la tige où elles tiennent lieu de feuilles. Dans le lilas, le marronnier, le pommier, etc. etc., elles recouvrent si exactement les rudimens de la jeune pousse enfermée dans le bouton, que l'on peut conserver intacts, sous l'eau, pendant des années, des boutons détachés de l'arbre, en ayant l'attention de les enduire de résine à leur base.

On donne quelquefois le nom d'écailles aux bractées scarieuses ou imbriquées qui composent l'involucre (calice commun) du *catananche*, du *xeranthemum* et d'autres synanthérées; aux bractées florifères des chatons du peuplier, du coudrier, etc.; aux bractées qui accompagnent les organes sexuels des graminées; à la glande nectarifère placée à l'onglet de chacun des pétales de la renoncule. (Mass.)

ECAILLES DES POISSONS, *Squamæ piscium.* (*Ichthyol.*) Dans les poissons, on désigne sous le nom d'*écailles* toutes les plaques solides dont la peau est recouverte; en général, on peut même dire constamment, quelle que soit la forme de ces organes,

qu'ils s'étendent en lames minces, qu'ils représentent des plaques épaïsses, que leurs molécules se groupent en tubercules, ou s'élèvent en aiguillons; qu'ils soient transparens ou
opaques, ils ont les rapports les plus prononcés avec les
cheveux de l'homme, les poils, la corne, les ongles des quadrupèdes, les piquans du hérisson et du porc-épic, et les
plumes des oiseaux. La matière qui constitue toutes les parties
insensibles est à peu près identique dans les diverses classes
des animaux.

Effectivement, les écailles des poissons reçoivent, par leur
base, de petits vaisseaux nourriciers, et tiennent aux tégumens, à la manière des ongles, des poils, etc. : comme eux
aussi, elles sont très-peu corruptibles; elles se crispent, se
roulent sur elles-mêmes par l'action du feu ; elles répandent,
durant leur combustion, une odeur absolument analogue; des
fibres les composent, comme des fibres agglutinées composent
les cornes et les ongles.

Le plus communément, les écailles des poissons sont *imbriquées*, c'est-à-dire disposées en recouvrement les unes au-
dessus des autres, comme les ardoises des toits de nos maisons;
elles sont rarement adhérentes entre elles : chez quelques espèces néanmoins, elles sont serrées et unies de manière à ne
former qu'une seule pièce, sorte de revêtement osseux, qu'on
a appelé cuirasse, *lorica;* chez plusieurs autres, quoique distinctes, elles sont collées les unes à côté des autres, et c'est
ce qu'on nomme armure, *cataphracta.*

On ne connoit qu'un très-petit nombre de poissons entièrement privés d'écailles ; peut-être même tous en sont-ils
pourvus; car lorsque la peau qui recouvre ces animaux a été
desséchée, on peut avec du soin, dans toutes les espèces à
peu près, détacher une poussière écailleuse et brillante, ainsi
que l'a démontré Broussonnet, de l'Académie des sciences, dans
un Mémoire à ce sujet. Dans le cépole tœnia, par exemple,
dont les écailles n'avoient point été décrites par les ichthyologistes, et avoient même paru ne point exister à M. Gouan, ces
organes sont rangés en lignes obliques qui se croisent en formant
des losanges, et sont retenus sur le corps par une enveloppe
très-fine et très-déliée; elles laissent sur la peau, en tombant,
une trace carrée, et on les voit à l'œil nu très-distinctement.

L'existence des écailles a été également démontrée pour le rémora, à qui Linnæus et M. Gouan en avoient refusé, et pour l'ammodyte, que ce dernier et Willughby ont dit en être privé; on les distingue pareillement bien chez l'anguille, malgré l'assertion de Rondelet et de beaucoup d'autres auteurs, et dans l'anarrhique, malgré ce qu'en ont dit Willughby et Gronou.

Dans quelques poissons, les écailles sont entièrement à découvert; dans d'autres, elles sont en partie recouvertes par la peau ou même cachées dans son épaisseur; quelques clupées nous offrent un exemple remarquable du premier cas : l'anguille rentre dans le dernier. Le corps, la tête et même les yeux de ce poisson sont recouverts d'une peau d'un tissu serré, blanchâtre, et parsemée d'une infinité de petits points noirâtres; elle est protégée par un épiderme fin et noirâtre; on trouve entre ces deux couches des tégumens communs du corps, de petites cellules oblongues ou arrondies, d'une ou de deux lignes de diamètre, et en partie remplies par l'humeur visqueuse qui lubréfie la surface du corps; c'est dans ces vacuoles que sont logées les écailles, une pour chacune d'elles. Leuwenhoëck, Roberg et Baster ont décrit et figuré cette disposition.

La manière de vivre et la forme de chaque espèce de poissons influent assez habituellement sur la position des écailles; ainsi, ceux dont les écailles sont à découvert, et seulement retenues par des vaisseaux, nagent en général dans de grands fonds, ne s'approchent jamais du rivage, et sont par conséquent moins exposés à perdre ces parties, que des chocs contre les rochers et les plantes marines pourroient détacher : telles sont la plupart des clupées, l'argentine, etc.

A mesure que les poissons sont destinés à s'approcher un peu plus du rivage, leurs écailles sont recouvertes en partie par la peau; leur épaisseur devient aussi plus considérable, et leur adhérence est plus forte. Telles sont plusieurs espèces de perches, de sciènes et de labres. Plus ces écailles sont petites, et plus la membrane qui les fixe est épaisse. Pour s'en convaincre, il ne faut que comparer un brochet avec une tanche.

Une preuve qui milite en faveur de l'assertion que nous venons d'énoncer, c'est que les poissons, dont les écailles sont cachées par l'épiderme, sont généralement apodes, ont le corps alongé et propre à exécuter des mouvemens de reptation, et, ne s'éloignant jamais des bords, semblent faits pour vivre dans la vase.

La forme, la consistance, le volume, etc. des écailles sont très-variables, et peuvent donner lieu à un chapitre fort intéressant de philosophie ichthyologique.

Certaines écailles ont la figure d'une pointe plus ou moins aiguë ; on les appelle des aiguillons, *aculei ;* d'autres fois, la matière qui les compose s'élève en *tubercules*, ou se façonne en *boucliers*, en ECUSSONS OSSEUX (voyez ce dernier mot) ; mais, le plus souvent, elle constitue des lames aplaties, et ce sont là les écailles proprement dites, *squamæ piscium.*

En général, dans les écailles proprement dites, le centre est plus épais que la circonférence ; c'est pour cela que quelques auteurs ont pensé que ces parties prenoient leur accroissement à la manière des os plats chez les mammifères, où les fibres osseuses partent en rayonnant d'un point plus ou moins central.

Nous allons présenter brièvement le tableau des variétés les plus saillantes que peuvent offrir les organes dont nous nous occupons.

Les écailles, considérées quant à leur

A. SITUATION , sont

Imbriquées, *squamæ imbricatæ*, c'est-à-dire appliquées en partie les unes sur les autres, de manière que l'extrémité de la première cache la base de la seconde, et ainsi de suite ; exemple : les perches, la carpe, les spares.

Eloignées, *squamæ remotæ*, ou répandues sur le corps, sans se toucher. Ex. : l'anguille, l'anarrhique.

Contiguës, *squamæ contiguæ*, c'est-à-dire, n'empiétant pas les unes sur les autres. Ex. : les vrais balistes.

Cachées, *squamæ occultæ*, ou recouvertes par l'épiderme. Ex. : l'anguille.

Ou implantées sur

Le tronc et la tête. Ex. : les priacanthes, les polyprions.

Le tronc seulement. Ex. : les gremilles, les morues.

Le tronc, la tête et les nageoires en partie. Ex. : les chétodons, les acanthopodes, les osphronèmes. (Voyez SQUAMIPENNES.)

B. NOMBRE, sont

Rares, *squamæ raræ*. Ex. : l'anguille, les donzelles.

Multipliées, *squamæ densæ, confertæ*. Ex. : le labre, l'exocet, les clupées.

C. FORME, sont

Ovales, *squamæ ovales ;* c'est-à-dire, arrondies et plus larges à une extrémité qu'à l'autre. Ex. : la morue.

Arrondies, *squamæ orbiculatæ, subrotundæ ;* c'est-à-dire, offrant la forme d'un demi-cercle, au moins dans leur circonférence. Ex. : le hareng, l'alose, les corégones.

Rhomboïdales, *squamæ rhombeiformes.* Ex. : les balistes.

Anguleuses, *squamæ angulatæ.* Ex. : le lépisacanthe japonois.

Crénelées ou dentées, *squamæ crenatæ* ou *dentatæ ;* c'est-à-dire, présentant des échancrures ou de petites dents sur les bords. Ex. : la sole, la perche goujonière, les holocentres.

Ciliées, *squamæ ciliatæ ;* c'est-à-dire bordées de poils ou de cils. Ex. : le capros sanglier, l'aulope.

En scie, *squamæ serratæ.* Ex. : quelques espèces de cottes.

Aculéiformes, *squamæ aculeiformes ;* c'est-à-dire en pointe recourbée. Ex. : quelques raies, quelques diodons. Observons toutefois que les aiguillons de la raie bouclée ne sont point de véritables écailles ; ce sont des pointes osseuses, recourbées et transparentes, supportées par un tubercule blanc, opaque, creux intérieurement, et portant l'empreinte des fibres charnues sur lesquelles il est implanté.

Lancéolées, *squamæ lanceolatæ.* Ex. : le voilier.

Granulées, *squamæ granulatæ ;* c'est-à-dire ayant l'apparence de petits tubercules durs, rapprochés les uns des autres, et rudes au toucher. Ex. : les roussettes, les rémora, les alutères.

D. GRANDEUR, sont

Grandes, *squamæ magnæ.* Ex. : la girelle macrolépidote, les muges, l'exocet.

Grandes et en plaques, *squamæ scutatæ ;* les malarmats, les coffres, les hippocampes.

Larges, *squamæ latæ.* Ex. : les érythrins, le barbeau du Nil ou benni.

Petites, *squamæ minutæ, exiguæ.* Ex. : la rascasse, la loche.

Fort petites, *squamæ minimæ.* Ex. : l'ammodyte, le blennie vivipare.

Insensibles, *squamæ haud conspicuæ.* Ex. : les gymnonotes, les ceintures.

E. Superficie, sont

Glabres, *squamæ glabræ, inermes.* Ex. : la carpe.

Striées, *squamæ striatæ.* Ex. : la girelle macrolépidote, le tétragonurus.

Rudes, *squamæ asperæ.* Ex. : le goujon, le priacanthe.

Epineuses, *squamæ spinosæ;* c'est-à-dire, hérissées de petites épines. Ex. : le lépidolèpre, quelques unes de celles du *zeus faber.*

Dans l'oligopode, les écailles sont grandes et portent une petite épine, reçue dans une échancrure de l'écaille précédente.

Veloutées, *squamæ subtomentosæ.* Ex. : les monacanthes.

Carénées, *squamæ carinatæ.* Ex. : celles de la ligne latérale des exocets.

F. Adhérence, sont

Caduques, *squamæ deciduæ.* Ex. : la donzelle, le phycis.

Fixes, *squamæ tenaces.* Ex. : la carpe, les lépisostés.

G. Consistance, sont

Molles, flexibles, pliantes, *squamæ flexiles.* Ex. : le hareng, le saumon.

Osseuses, *squamæ osseæ.* Ex. : les lépipostés, les coffres, les polyptères.

Cornées, *squamæ corneæ.* Ex. : la girelle macrolépidote.

Coriaces, *squamæ coriaceæ.* Ex. : les vrais balistes.

Les écailles sont presque toujours enrichies des couleurs métalliques les plus brillantes, et chacune d'elles présente une seule teinte, ou plusieurs nuances arrangées symétriquement, ou disposées sans ordre. Mais la parure des poissons n'est jamais plus belle que dans les contrées où le soleil verse des flots de lumière à la surface des eaux; ceux qu'on prend dans les mers des Tropiques brillent de tout l'éclat des pierres précieuses.

Au reste, les poissons ne conservent leurs teintes que tant qu'ils sont dans l'eau : lorsqu'ils sont retirés de ce fluide, leur vie s'affoiblit; la couleur de leurs écailles se fane, s'altère, et souvent même disparoît entièrement. Remarquons encore que durant leur vie, ces animaux changent quelquefois subitement de couleur, par l'effet des passions qui les émeuvent, des transitions de température, etc. (H. C.)

ECAILLES DES REPTILES, *Squamæ reptilium*. (*Erpétol.*)
A l'exception des animaux de la famille des batraciens, qui ont
la peau nue, celle de tous les autres reptiles est revêtue
d'écailles dont les dimensions et la forme varient presque
dans chaque espèce. Ces écailles ont, du reste, une fort
grande analogie avec la corne et les ongles des mammifères.

La carapace des tortues, en général, est recouverte de grandes
plaques cornées, plus ou moins épaisses. Dans le caret, *chelonia
imbricata*, ces plaques sont fortes, et imbriquées comme les
tuiles d'un toit; ce sont elles que l'on trouve dans le commerce
sous la dénomination d'*écaille* par excellence, et que l'on emploie dans les arts à faire de petits meubles précieux et à une
foule d'usages. Cette écaille est principalement recueillie dans
les mers d'Asie et d'Afrique : elle se présente avec trois couleurs
différentes, la blonde, la brune et la noirâtre; quelquefois elle
est jaspée; souvent elle est demi-transparente : cette substance
est fragile, et fusible par l'action du feu; aussi a-t-on profité de
cette dernière circonstance pour en souder plusieurs pièces les
unes avec les autres à l'aide de l'eau bouillante; elle est susceptible de prendre un beaucoup plus beau poli que celui de la
corne.

La caouane fournit aussi de grandes plaques d'écailles; mais
elles sont moins estimées que celles du caret.

Dans les autres chéloniens, pour la plupart, les plaques
d'écailles tiennent, dans toute leur étendue, à la carapace
osseuse; elles sont aussi moins grandes à proportion, et sont de
deux sortes sur chaque individu ; celles qui garnissent le milieu
de la carapace, et qui sont au nombre de treize à quinze, disposées sur trois rangs, et celles de la circonférence dont le
nombre varie de vingt-deux à vingt-cinq.

Dans la matamata, les écailles sont souples et pergamentacées.

Dans la tortue molle d'Amérique, *trionyx ferox*, celles qui
recouvrent la colonne vertébrale sont carénées.

Dans la tortue géométrique, dans la tortue grecque, etc.,
elles sont bombées et entourées de plusieurs cannelures concentriques.

Le luth, *chelonia coriacea*, est privé d'écailles.

Le plastron des chéloniens est, comme la carapace, protégé

par des plaques d'écaille ; mais elles sont minces comme du
parchemin.

Ce n'est point, au reste, seulement la carapace et le plastron qui sont tapissés par des écailles dans les chéloniens ; mais
la tête, la queue et les membres de ces animaux en sont recouverts, et ces écailles sont larges, épaisses et très-dures.

Les sauriens et les ophidiens ont le corps aussi revêtu d'écailles
ou de plaques cornées.

Ainsi, la surface du corps des crocodiles est, pour ainsi dire,
carrelée d'écailles osseuses, rangées par bandes comme dans les
tatous. Dans la jeunesse de l'animal, elles ne sont que de simples
lames ovales, lisses, et disposées par zones transversales ; ensuite
elles augmentent en largeur et en épaisseur, et se relèvent sur
leur milieu en une forte arête longitudinale ; enfin, dans un
âge plus avancé, toutes celles du dos perdent insensiblement
leur forme ovale, et deviennent des carrés parfaits.

Dans beaucoup d'autres sauriens, les lézards en particulier,
les écailles, beaucoup plus petites, sont carrées, pentagonales
ou hexagonales, plates ou carénées dans le sens de leur longueur, etc.

Celles de la queue des cordyles se prolongent en une sorte
de pointe épineuse.

Sur le dos de quelques iguanes, elles sont très-saillantes,
aplaties et redressées de manière à former une crête dentée
ou pectinée, haute quelquefois de plus d'un pouce.

Dans les scinques et les orvets, elles sont semblables à de
petits ongles plats, et imbriquées à la manière de celles des
carpes, des clupées, etc.

Sous le ventre des lézards, des crocodiles, des tupinambis, etc.,
elles ont la figure de plaques carrées, lisses, et rangées en long
et en travers avec régularité.

Quant aux ophidiens, la forme et la disposition de leurs
écailles varient beaucoup.

Les couleuvres, les boas, etc., ont le dessus de la tête garni
de lames cornées contiguës.

Le dessus du corps dans les couleuvres, les vipères, les crotales,
etc., est couvert de petites écailles hexagonales, lisses, striées
ou carénées, et rangées les unes à côté des autres comme sur
un réseau ; mais sous le ventre et la queue de ces reptiles, on

trouve des lames transversales étroites, tantôt entières, tantôt formées de deux parties engrénées alternativement les unes dans les autres.

Les amphisbènes ont tout le corps entouré d'anneaux étroits et composés de petites écailles carrées.

Les acrochordes semblent, au lieu d'écailles, avoir la peau semée de petits tubercules miliaires, durs et résistans, qui paroissent isolés quand ces animaux sont mal empaillés, mais qui ne sont autre chose que de fort petites écailles relevées chacune de trois arêtes. Ces écailles sont répandues uniformément sous le ventre et sur le dos.

Les cécilies ont la peau nue ; mais, probablement, elles appartiennent à l'ordre des batraciens. (Voyez Cécilie.)

Remarquons, en finissant, que le nombre des lames et des écailles dans les chéloniens, les saurienset les ophidiens, quoique pouvant servir à distinguer les espèces, ne fournit cependant qu'un caractère fort infidèle, puisqu'il n'est pas constant dans tous les individus, et dépend souvent de l'âge, d'une difformité ou d'une circonstance locale.

Il ne faut point non plus oublier que, parmi les reptiles, un certain nombre d'espèces présentent, dans plusieurs parties, des tubercules écailleux. C'est ainsi que l'iguane cornu de Saint-Domingue a sur le museau, près des narines, de petites plaques relevées en bosses. Le céraste a au-dessus de chaque œil une petite corne mobile et pyramidale, composée de couches placées les unes au-dessus des autres, et qui se recouvrent entièrement. C'est encore aux écailles qu'il faut rapporter l'histoire de ces grelots sonores qui terminent la queue des serpens à sonnettes. Voyez Crotale. (H. C.)

ECAILLES DES SERPENS. (*Chim.*) Elles paroissent tout-à-fait analogues à la corne. (Ch.)

ECAILLES D'HUITRE. (*Chim.*) Voyez Coquilles des mollusques, tom. X, pag. 346. (Ch.)

ECAILLEUX, *squamosus*. (*Bot.*) Accompagné, revêtu d'écailles. Les arbres des climats chauds ont rarement des boutons revêtus d'écailles. Au contraire, les arbres des climats froids ou tempérés ont ordinairement des boutons écailleux. (Mass.)

ECAILLEUX. (*Ichthyol.*) On a désigné sous ce nom spéci-

fique un poisson du grand genre des squales de Linnæus. Voyez
Centrine. (H. C.)

ECAILLEUX JAUNE et VERT. (*Bot.*) Paulet donne ce nom
à l'*agaricus crustatus* de Scopoli, parce que son chapeau est
écailleux, jaune ou roux-flave, et que ses feuillets sont verts.
(Lem.)

ECAILLEUX VIOLET. (*Entomol.*) Geoffroy a ainsi nommé
une très-jolie espèce de mélolonthe, dont les élytres et le
corselet sont, en dessus, d'une belle couleur bleue ou violette,
avec des reflets nacrés, et le dessous argenté : c'est la mélolonthe farineuse. (C. D.)

ECAPANI, Undiri (*Bot.*), noms brames cités par Rheede,
du *codagen* des Malabares, qui est l'*hydrocotyle asiatica*.
(J.)

ECAPATLIS. (*Bot.*) La plante du Mexique, citée sous ce
nom par Hernandez, paroît être une espèce de casse, voisine
du *cassia occidentalis*. (J.)

ECARDONNEUX ou Ecardoreux. (*Ornith.*) On nomme
ainsi, dans le département de·la Somme, le chardonneret,
fringilla carduelis, Linn. (Ch. D.)

ECARLATE DE GRAINE. (*Bot.*) On trouve dans quelques
livres, sous ce nom mal appliqué, le kermès, insecte qui vit
sur une espèce basse de chêne, lequel a été pris anciennement
pour une graine ou une galle de cet arbre, et dont on peut
tirer une belle couleur écarlate. (J.)

ECARLATE, graines-d'écarlate. (*Entomol.*) On a cru long-
temps que les cochenilles du commerce étoient une production
végétale, une sorte de baie ou de fruit desséché d'une espèce
de chêne. Ensuite on a bien reconnu que c'étoit une production animale; mais on l'attribuoit à certaines espèces de petits
vers (*vermiculi*, d'où l'on a fait le nom de vermillon). Le
nom d'écarlate est d'origine arabe; il a passé en espagnol, et
dans la plupart des langues vivantes, avec quelques légères
altérations. Voyez Cochenille du Nopal. (C. D.)

ECARLATE. (*Chim.*) La couleur écarlate que l'on donne à
la laine, au moyen de la cochenille, est, suivant MM. Thénard
et Roard, une combinaison de la laine avec la couleur de la
cochenille, l'acide tartarique, l'acide hydrochlorique et le péroxide d'étain. Le drap teint en écarlate, bouilli avec de l'eau

distillée, devient d'abord cramoisi, puis couleur de chair, suivant les mêmes chimistes. (Cʜ.)

ECARLATE. (*Erpétol.*) On a donné ce nom spécifique à une couleuvre de la Caroline, *coluber coccineus*. Voyez Coᴜʟᴇᴜᴠʀᴇ. (H. C.)

ECARLATE-JAUNE. (*Bot.*) Deux espèces de champignons du genre *Agaricus*, remarquables par leur chapeau couleur de feu et par leur feuillet d'un jaune orangé, sont nommées ainsi par le docteur Paulet. Ils croissent en Italie, et ne sont connues que par la description qu'en a donnée Micheli. Ils sont sans usage. Il ne faut pas les confondre avec le *jaune-écarlate*, qui est l'*agaricus aurantiacus* de Jacquin. (Lᴇᴍ.)

ECASTAPHYLLUM. (*Bot.*) Genre de plantes dicotylédones, à fleurs papilionacées, de la famille des légumineuses, de la *diadelphie décandrie* de Linnæus, qui faisoit partie du genre *Pterocarpus*, Linn. M. Persoon, d'après M. Richard, a cru devoir l'en séparer, et rappeler le nom générique donné d'abord par Brown. Il diffère du *pterocarpus* (voyez Pᴛᴇ́ʀᴏᴄᴀʀᴘᴇ) , par un calice campanulé, presque à deux lèvres; la supérieure échancrée, l'inférieure trifide ; les étamines constamment diadelphes; les gousses presque orbiculaires, indéhiscentes, monospermes, point courbées à leur sommet. Il renferme des arbrisseaux, la plupart originaires de l'Amérique, à tiges grimpantes, à fleurs axillaires, fasciculées. Les principales espèces à rapporter à ce ce genre, sont :

Eᴄᴀsᴛᴀᴘʜʏʟʟᴜᴍ ᴅᴇ Bʀᴏᴡɴ : *Ecastaphyllum Brownei*, Pers. , *Synops.; Pterocorpus ecastaphyllum*, Linn.; Berg., *Act. Stockh.*, 1769, tab. 4; Brown, *Jam.*, 299, tab. 32, fig. 1. Arbrisseau de l'Amérique méridionale, dont les tiges se divisent en rameaux diffus, grimpans, quelques uns se traînant sur la terre. Les feuilles sont grandes, simples, alternes, pétiolées, ovales, entières, glabres et vertes en dessus, couvertes en dessous d'un duvet velouté, court et cendré. Les fleurs sont disposées , vers l'extrémité des rameaux, en petites grappes courtes, latérales : leur calice est renflé, légèrement velu ; la corolle blanche ; l'étendard onguiculé, un peu en cœur ; les ailes étroites, de la longueur de l'étendard ; la carène plus courte, à deux pétales onguiculés, réunis vers leur sommet ; l'ovaire pédicellé ; les étamines inclinées, réunies presque en deux paquets à leur base.

Le fruit est une gousse ovale, aplatie, presque orbiculaire, roussâtre, un peu réniforme, de grandeur médiocre, légèrement amincie à ses bords, à peine échancrée, munie d'une petite pointe à son sommet : elle ne renferme qu'une seule semence.

Ecastaphyllum de Plumier : *Ecastaphyllum Plumieri*, Pers., *Synops.*, 2, pag. 277 ; Plumier, *Spec.*, 19, et *Icon.*, tab. 246, fig. 2. Ses tiges sont grimpantes ; ses feuilles alternes, ailées, composées de trois à cinq folioles glabres, ovales, élargies, un peu obtuses, assez semblables à celles du citronnier. Ses fleurs sont blanches, disposées en petites grappes fasciculées aux nœuds des rameaux. Cette plante croit dans l'Amérique méridionale. M. Richard a recueilli une autre espèce dans la Guiane, sur le bord des fleuves, que M. Persoon a nommée *ecastaphyllum Richardi*. Les feuilles sont ailées ; les folioles très-longues, glabres à leurs deux faces, brusquement acuminées. (Poir.)

ECATOTOTL. (*Ornith.*) Hernandez a décrit, aux chap. 46 et 47 de ses Oiseaux du Mexique, sous les noms d'*ecatototl* ou *avis venti*, et d'*ecatototl altera*, le mâle et la femelle du harle huppé de Virginie, pl. enlum. de Buffon, 935 et 936, autrement harle couronné, *mergus cucullatus*, Linn. ; et l'on retrouve, en double emploi, dans le même auteur, chap. 95, une autre description, presque entièrement semblable, des mêmes oiseaux, dont le nom est écrit, par corruption, *heatototl* dans Nieremberg, liv. 10, chap. 46 ; dans Jonston, liv. 6, chap. 6, et dans Willughby, Ornith., p. 301. (Ch. D.)

ECAUDATI. (*Erpétol.*) C'est le nom collectif par lequel la famille des reptiles batraciens anoures est désignée en latin. Ce mot correspond au grec ἄνουρος, et comme lui signifie *privé de queue*. Voyez Anoures, dans le Supplément du second volume. (H.C.)

ECBOLIUM. (*Bot.*) Rivin nommoit ainsi l'*adhatoda* de Ceylan, qui est le type du genre *Justicia* de Linnæus, et qu'il nomme *justicia adhatoda*. Il a donné à une autre espèce du même pays, le nom de *justicia ecbolium*. Il ne faut pas confondre ces plantes avec l'*ecbalium*, genre nouveau de M. Richard, qui étoit auparavant le *momordica elaterium*. (J.)

ECCRÉMOCARPE A LONGUES FLEURS (*Bot.*) ; *Eccremocarpus longiflorus*, Humb. et Bonpl., *Fl. Æquin.*, 1, pag. 229, tab. 65. Genre de plantes dicotylédones, à fleurs monopétalées, de la famille des bignoniées, de la *didynamie angiospermie* de Linnæus, offrant pour caractère essentiel : Un calice ample, membraneux, à cinq découpures; une corolle longuement tubulée, à cinq lobes courts, réfléchis; quatre étamines didynames, un disque en anneau, entourant l'ovaire; un style; un stigmate à deux découpures divergentes. Le fruit consiste en une capsule à une loge, à deux valves, contenant des semences imbriquées, membraneuses à leurs bords.

Arbrisseau grimpant, découvert au Pérou, dans les bois de la montagne de Saragura. Il s'élève, à l'aide de vrilles, jusqu'au sommet des plus grands arbres. Sa tige est grêle, striée, couverte, vers son sommet, d'un duvet roussâtre; ses feuilles opposées, trois fois ailées; le pétiole commun pubescent; les folioles glabres, sessiles, ovales, quelquefois munies à leur sommet de deux ou trois petites dents. Les fleurs sont longuement pédonculées, réunies trois ou quatre en forme de grappes pendantes, opposées aux feuilles; une bractée lancéolée à la base de chaque pédicelle. Le calice est campanulé, d'un beau rouge, presque à cinq côtes; ses divisions ovales, aiguës; la corolle jaune, trois et quatre fois plus longue que le calice, légèrement arquée, un peu dilatée à sa base; le limbe court, partagé en cinq lobes d'un beau vert, ovale, obtus, réfléchis; les étamines attachées à la base de la corolle. La capsule renferme des semences imbriquées, entourées d'une membrane frangée, insérées sur un réceptacle charnu.

Deux autres espèces du même genre ont été observées par les auteurs de la Flore du Pérou, savoir: *Eccremocarpus viridis*, Ruiz et Pav., *Syst. veg.*, *Fl. Per.*, pag. 157. Ses tiges sont grimpantes; ses feuilles deux fois ailées, munies de vrilles; les folioles ovales, très-entières. *Eccremocarpus scaber*, *Syst.*, *Fl. Per.*, l. c. Cet arbrisseau diffère du précédent par ses folioles en cœur, dentées en scie. (Poir.)

ECCLISSA. (*Polyp.*) Ocken, dans son Système général d'histoire naturelle, désigne sous ce nom une petite division de vorticelles, qui ont la forme de petites cloches, et deux rangs de fins tentacules en forme de roues, mais le rang de l'ouverture de la bouche large et frangé. Il y place deux espèces, le *vorticella viridis* et le *nasuta*. Voyez Vorticelle. (De B.)

ECHALOTE (*Bot.*), nom vulgaire d'une espèce d'ognon,

allium ascalonicum, cultivée dans les jardins potagers. (J.)

ECHALOTE D'ESPAGNE (*Bot.*), nom vulgaire de l'ail rocambole. (L. D.)

ECHANCRÉ. (*Bot.*) Voyez EMARGINÉ. (MASS.)

ECHARBOT (*Bot.*), un des noms vulgaires de la mâcre ou châtaigne d'eau, *trapa natans*. Dans un livre, il est nommé *échardon*, peut-être par erreur. (J.)

ECHARDE (*Ichthyol.*), un des noms vulgaires de l'épinoche. Voyez GASTÉROSTÉE. (H. C.)

ECHARPE. (*Ichthyol.*) Ce nom a été donné à plusieurs poissons de genres différens. M. le comte de Lacépède l'a appliqué à un baliste, *balistes rectangulus*, découvert par Commerson dans le voisinage de l'Ile-de-France. Une espèce de chétodon s'appelle aussi écharpe, et quelquefois le genre entier est désigné par cette expression, qui semble alors synonyme de bandoulière. Voyez BALISTE et CHÉTODON. (H. C.)

ECHASSE. (*Ornith.*) Cet oiseau, que Pline a nommé *himantopus*. pied en forme de cordon, à cause de la foiblesse de ses jambes, et M. de Lacépède, *macrotarsus*, en raison de leur excessive longueur, fait partie du genre Pluvier, *charadrius*, dans les systèmes de Linnæus et de Latham; mais il est plus convenable de l'isoler, en lui conservant, comme Brisson, Illiger, etc., le nom plus ancien d'*himantopus*, quoique celui de *macrotarsus*, tiré d'une considération également frappante, ait sur l'autre l'avantage de ne pouvoir être confondu avec la dénomination d'*hæmatopus*, consacrée à l'huîtrier.

Si la privation du pouce n'excluoit pas l'échasse de la famille des chevaliers, cet oiseau sembleroit plus en rapport avec eux qu'avec les pluviers, soit par la longueur des jambes, soit par la forme et la ténuité du bec. Il en seroit de même de l'avocette, si les doigts de celle-ci n'étoient presque entièrement palmés; mais, parmi les oiseaux fissipèdes, dont le pied n'a que trois doigts, tous dirigés en avant, les pluviers ont en général le bec court et renflé vers le bout ; et celui de l'huîtrier, plus long, est aplati par les côtés et comprimé en coin, tandis que l'échasse, de bien plus haute stature, se distingue d'ailleurs par un bec qui excède en longueur celui des premiers, et qui, plus éloigné encore par sa forme du bec des huîtriers, est grêle, cylindrique et très-pointu. Les autres caractères des échasses sont d'avoir la mandibule supérieure sillonnée dans sa première moitié, et les narines linéaires, placées dans la rainure; la langue courte et acuminée; les jambes et les tarses minces, flexibles, et comprimés latéralement; les trois doigts courts, dirigés en avant, et dont les deux extérieurs sont garnis, jusqu'à la première articulation, d'une membrane assez large; les ongles presque droits; les ailes, dont la première penne est la plus longue, dépassant la queue, dont les douze pennes sont égales.

Buffon, considérant la disproportion apparente des jambes de cet oiseau, qui supportent mal son petit corps placé très-loin du point d'appui, et la brièveté de ses doigts, peu susceptible de procurer une assiette solide, n'a vu, dans ces dessins mal assortis, qu'un reste des premières productions par lesquelles la nature ébauchoit le plan de la forme des êtres. Mauduyt n'approuve point cette manière de raisonner sur l'œuvre de la création, et il trouve plus convenable de supposer que la puissance suprême a tout vu, tout pensé, tout exécuté dans le même instant, sans faire de ces tentatives qui la rabaisseroient jusqu'à nous. Nous n'examinerons pas jusqu'à quel point l'une ou l'autre de ces opinions peut être fondée, et nous ferons seulement remarquer que la première n'est, dans le Pline françois, qu'une conjecture du genre de celles qu'on trouve dans le Pline latin. Ce dernier, en parlant du liseron, liv. 21, chap. 5, le présente, en effet, comme un essai de la nature, qui apprend à faire un lis, *convolvulus naturæ rudimentum lilia facere condiscentis.*

Au sur plus, ce qui paroît monstrueux à Buffon, semble à d'autres une des merveilles de la nature. Suivant M. Descourtilz, Voyages d'un Naturaliste, tom. 2, p. 235, la conformation de l'échasse est une preuve que cette mère prévoyante, jusque dans les plus petits détails de la création, a modifié la charpente des êtres animés d'après le genre de leurs besoins journaliers. Il y auroit eu, ajoute-t-il, un défaut de dimensions dans l'échasse, si elle avoit été destinée à chercher sa pâture sur un terrain sec et aride; mais ce sont les bords de la mer et les lieux inondés qu'elle fréquente ordinairement; et la longueur de ses jambes et de son cou lui donne la faculté de s'y introduire et de plonger le bec dans l'eau pour en retirer les vers et les insectes, ou leurs larves, qui existent à la superficie de la vase. La disproportion apparente de ses membres seroit ainsi une preuve que la puissance motrice de l'univers embrasse tous les rapports des êtres.

Plusieurs auteurs ont dit, d'après Pline, que les échasses mangeoient les mouches qui voltigeoient autour d'elles; mais il est fort douteux que des oiseaux, peu solidement établis sur leurs pieds chancelans, se livrent à un pareil exercice, qui ne pourroit d'ailleurs avoir lieu dans toutes les saisons; et si on leur a vu faire des mouvemens de tête qui ont paru causés par cette sorte de chasse, il semble plus naturel de penser que ces mouvemens avoient pour but de faciliter l'introduction des vermisseaux dans le gosier. Les auteurs sont, en général, peu d'accord sur les habitudes des échasses; car, tandis que, selon les uns, elles ont besoin, pour se tenir en équilibre, d'avoir le corps à moitié courbé, d'autres, tels que M. d'Azara, prétendent qu'elles marchent d'un air fier et à grands pas. Si cette dernière assertion est peu probable, au moins ne paroit-il point y avoir d'incertitude sur la rapidité du vol, pour lequel les pieds, tendus en arrière, suppléent à la brièveté de la queue, et servent de gouvernail. Suivant M. d'Azara, leur cri, qui exprime la syllabe *gaa*, se fait rarement entendre; et M. Descourtilz soutient, au contraire, que ce cri très-importun, et qui n'a pas présenté le même son à son oreille, est renouvelé sans cesse par l'oiseau, dont le caractère est fort inquiet. Les échasses sont monogames, et ne muent, selon M. Temminck, qu'une fois, en automne. Leur ponte est, d'après plusieurs auteurs, de cinq ou six œufs; mais, M. Descourtilz dit qu'elle ne consiste qu'en deux ou quatre, qui, pour la grosseur et pour la couleur, ressemblent à ceux de la perdrix rouge, et il ajoute que ces œufs, déposés négligemment sur un tertre, sont couvés comme ceux des flammans, c'est-à-dire l'oiseau restant debout. Les petits quittent le nid peu de temps après leur naissance, pour aller eux-mêmes prendre leur nourriture.

Quoique les échasses soient partout assez rares, on en trouve dans les diverses parties du monde. Marsigli en a vu sur le Danube, et Sibbald en Écosse. On en rencontre quelquefois sur les côtes d'Angleterre et de France. Elles sont plus communes aux environs du Tanaïs et de la mer Caspienne. Cet oiseau vit aussi en Barbarie, et il est de passage en Egypte. On le connoît à la Chine et dans l'Inde, sous le nom de *craboli*. Des auteurs prétendent qu'il y en a trois espèces en Amérique ; savoir : celle du Mexique, que Fernandez a décrite sous le nom de *comaltecatl;* celle que Mauduyt a reçue de Cayenne, et dont Sonnini a fait un article particulier dans son édition de Buffon, sous le nom d'échasse de Cayenne ; enfin, celle que M. d'Azara a vue au Paraguay. Mais les variations peu importantes que présentent ces échasses, pouvant provenir de l'âge, du sexe ou du climat, ce n'est qu'avec beaucoup de réserve qu'on doit se déterminer à les regarder comme autant d'espèces, et il semble plus prudent d'attendre des vérifications ultérieures.

L'Echasse d'Europe : *Charadrius himantopus*, Linn. ; *Himantopus atropterus*, Meyer et Temm. ; *Himantopus albicollis*, ou Echasse à cou blanc, Vieill., pl. enlum. de Buffon, n.° 878, a, de la pointe du bec à l'extrémité de la queue, treize à quatorze pouces, et dix-huit à dix-neuf jusqu'à celle des ongles. Les ailes étendues ont une envergure de deux pieds cinq à six pouces ; la queue n'en a que trois, et pendant le vol elle est dépassée par les jambes, qui font l'office de rectrices. Le corps, qui n'est pas plus gros que celui d'un pluvier doré, ne pèse que quatre à cinq onces. Le bec, long de deux pouces six lignes, est noir ; les jambes et les pieds sont d'un rouge de vermillon ; les ongles sont noirâtres, et l'iris est rouge. Le devant de la tête, le cou, le croupion, la poitrine, et toutes les parties inférieures du corps, sont blancs ; l'occiput et la nuque sont d'un noir plus ou moins foncé, avec des taches blanches ; le dos et les ailes sont d'un noir à reflets verdâtres chez les mâles ; la queue est cendrée. La nuque, et quelquefois l'occiput, sont entièrement blancs chez les mâles très-vieux. Le manteau et les ailes sont bruns, avec des bords blanchâtres chez les jeunes, qui ont les plumes du haut de la tête, de l'occiput et de la nuque, d'un cendré noirâtre, et les pieds d'une couleur orangée.

Cette échasse niche dans les vastes marais salans de la Russie et de la Hongrie : elle est de passage accidentel dans le Midi, en France, en Angleterre ; mais on ne la voit pas en Hollande , où M. Temminck a reçu d'Amérique plusieurs individus qui ne différoient point de ceux d'Europe.

Les autres échasses, présentées comme des espèces particulières, sont :

L'Echasse a cou blanc et noir ; *Himantopus nigricollis*, Vieill. C'est celle qui a d'abord été décrite par Mauduyt, et ensuite par Sonnini , sous le nom d'échasse de Cayenne , dans son édition de Buffon. Elle a vingt pouces du bout du bec à celui des doigts. Le front est blanc, comme à la précédente , ainsi que le devant du cou et tout le dessous du corps ; la queue est grise : mais , tandis que le haut du dos est noir dans la première , la totalité de cette partie est blanche dans la seconde, qui, au contraire , est noire sur le derrière du cou , lequel est blanc dans l'échasse ordinaire. On doit cependant rappeler ici que toute la partie extérieure du cou est également noire dans l'individu tué en Angleterre, et figuré par Lewin, pl. 183; ce qui a paru une circonstance assez essentielle pour motiver la dénomination spécifique.

L'Echasse a queue blanche; *Himantopus leucurus*, Vieill. C'est celle que, suivant Fernandez, pag. 19, chap. 22, on appelle *comaltecatl* au Mexique, où elle ne niche pas, mais où elle vient pendant l'hiver, après avoir élevé sa progéniture dans une contrée plus chaude. Cet oiseau, que Brisson a décrit, tom. 5, p. 56, sous le nom d'échasse du Mexique, est de la taille du biset, et sa longueur, du bout du bec à celui des ongles, est dite de vingt-un pouces, et jusqu'à celui de la queue, de quinze pouces. Le doigt du milieu, joint avec l'ongle, a huit pouces ; les latéraux sont un peu plus courts. La partie supérieure de la tête est noire ; les ailes sont variées en dessus et en dessous de blanc et de noir, et tout le reste du corps est blanc, même la queue.

C'est à l'échasse dont il s'agit ici que M. Descourtilz rapporte celle dont il parle à l'endroit de son Voyage déjà cité, et à laquelle le vulgaire a donné le nom de *pet-pet*, d'après le cri qu'elle jette, surtout à l'instant où elle prend son vol, ce qu'elle fait avec difficulté quand elle est enfoncée dans l'eau. Le même auteur ajoute que ce cri est nuisible aux chasseurs, parce que, mêlés aux bandes des canards, ces oiseaux les avertissent de l'approche du danger, et leur donnent l'exemple de la fuite.

L'Echasse a queue noire; *Himantopus melanurus*, Vieill. Cette espèce, qui est le *mbatuiti*, ou pluvier à longues jambes, et autrement *zancudo* de M. d'Azara, n.° 393 de ses Oiseaux du Paraguay, est considérée par Sonnini comme identique avec la précédente, que Buffon ne séparoit pas de l'échasse commune. Sa longueur est d'environ quatorze pouces. L'individu sur lequel M. d'Azara a fait sa description, avoit la queue noire, ainsi que les ailes, les côtés, le derrière de la tête et le dessus du cou, au bas duquel étoit un demi-collier blanc. Chez d'autres individus, les parties noires étoient brunes ou simplement grisâtres, et l'auteur espagnol attribue ces différences à l'âge; il pense aussi que la supposition d'une taille supérieure dans l'échasse du Mexique et d'un mélange de taches noires et blanches sur ses ailes, provient d'erreurs dans la description de Fernandez, et il ne voit pas de raison suffisante pour séparer l'échasse de ce naturaliste de la sienne propre et de l'espèce d'Europe. (Ch. D.)

ECHASSIERS. (*Ornith.*) Les oiseaux qu'on appelle ainsi, parce que plusieurs d'entre eux peuvent porter en avant le tibia en même temps que le tarse, ce qui les fait paroître comme montés sur des échasses, sont désignés, en latin, par les noms de *grallæ*, Linn., et *grallatores*, Illig. Les caractères donnés par le naturaliste suédois à l'ordre des échassiers, étoient d'avoir le bec un peu cylindrique, qu'il compare à une baguette sondante, la langue entière et charnue, les pieds guéans, les cuisses en partie nues, le corps comprimé, la queue courte; de se nourrir d'animalcules dans les marais, et de faire leur nid le plus souvent sur la terre. Le même naturaliste n'admettoit alors dans cet ordre que les genres Flammant, Spatule, Kamichi, Jabiru, Ibis, Héron, Coureur, Avocette, Bécasse, Vanneau, Foulque, Jacana, Râle, Chionis, Agami, Savacou, Ombrette, Glaréole, Huîtrier, Pluvier. On y a depuis ajouté les Autruches, les Casoars, les Outardes, qui étoient placés auparavant parmi les gallinacés; et les caractères généraux, qu'on ne pouvoit déjà assigner que d'une manière assez vague, le sont devenus encore davantage. La dénomination d'oiseaux de rivage, considérée comme synonyme des *grallæ* proprement dits, a cessé d'être applicable à tous les genres, puisque l'ordre s'est trouvé comprendre des oiseaux vivant dans les terres, et étrangers aux lieux humides ou submergés, lesquels, d'ailleurs, se nourrissent surtout de graines ou d'herbages. Déjà, à la vérité, l'agami et le cariama n'étoient pas habitans des eaux, et, d'un autre côté, le nom d'échassier ne sembloit pas devoir appartenir davantage à des oiseaux dont les jambes étoient aussi courtes que celles des foulques, etc.; mais s'ils offroient, en outre, de grandes disparates dans les doigts, entièrement séparés ou garnis de membranes, ou tout-à-fait palmés, ou simplement lobés, presque tous étoient doués de la faculté de voler, dont l'autruche et le casoar sont privés, et possédoient l'attribut particulier d'étendre alors leurs jambes en arrière, tandis que les oiseaux des autres ordres ont l'habitude de les replier sous le ventre. De grandes différences existent aussi dans la forme du bec, et surtout à l'égard du secrétaire, qui, plus récemment, a encore été rangé avec les échassiers. Le groupe seroit donc plus naturel si l'on en excluoit les autruches, les casoars, les outardes, les agamis, le cariama, le secrétaire. Il est vrai qu'alors la dénomination d'échassiers n'embrasseroit pas tous les oiseaux à longues jambes; mais, au moins, celle de *riverains* pourroit leur être conservée.

M. Cuvier a établi, dans son ordre des échassiers, cinq principales familles; savoir : 1.° les brévipennes, qui ont les ailes trop courtes pour pouvoir voler, et qui, par leur bec et leur régime, ont de nombreux rapports avec les gallinacés : ce sont les autruches et les casoars; 2.° les pressirostres, qui sont privés de pouce, ou dont le pouce ne touche pas à terre : tels sont les outardes, les pluviers, les vanneaux, les huîtriers, les coure-vite, les cariamas; 3.° les cultrirostres, dont le bec est gros, long, fort, et le plus souvent tranchant et pointu, comme chez les grues, les savacous, les hérons, les cigognes, les jabirus, les ombrettes, les becs-ouverts, les tantales, les spatules; 4.° les longirostres, auxquels un bec grêle, long et foible ne permet guère que de fouiller dans la vase pour y chercher les vers et les petits insectes, et dont le plus grand nombre formoit le genre *Scolopax* de Linnæus, qui en avoit confondu d'autres dans le genre *Tringa*, quoiqu'ils n'eussent pas le caractère du pouce trop court pour toucher la terre : tels sont les ibis, les courlis, les bécasses, les rhynchées, les barges, les maubéches, les alouettes de mer, les combattans, les sanderlings, les phalaropes, les tourne-pierres, les chevaliers, les lobipèdes, les échasses, les avocettes; 5.° les macrodactyles, qui ont les doigts des pieds séparés, fort longs et propres à marcher sur les herbes des marais; le bec plus ou moins comprimé sur les côtés, et le corps aplati à cause de l'étroitesse du sternum : cette famille comprend les jacanas, les kamichis, les râles, les talèves ou poules-sultanes, les foulques, les giaroles ou glaréoles, les flammans.

Les oiseaux de cet ordre, qui font leur nid sur les arbres et dans des endroits élevés, sont monogames et nourrissent leurs petits jusqu'à ce qu'ils soient en état de voler. Ceux qui nichent par terre sont presque tous polygames, et leurs petits vont, peu après leur naissance, chercher eux-mêmes leur nourriture.

M. Duméril a fait, sur l'articulation des pattes d'une cigogne, *ardea ciconia*, Linn., une observation curieuse, applicable à tous les oiseaux qui ont la faculté de dormir posés sur un seul pied. Il résulte de cette observation, consignée dans le n.° 25 du Bulletin des Sciences de la Société Philomathique, pag. 4 du tom. 2, publié en l'an VII, que les ligamens latéraux du genou forment le pivot ou la cheville d'une espèce de charnière; que la petite tête du péroné, engagée dans la rainure du condyle externe du fémur, suit le mouvement de cet os, et entraîne en arrière le ligament latéral; enfin, que les condyles sont deux portions de cercle ou de poulie qui se terminent en avant et en arrière par des extrémités de rayon plus rapprochées du point d'attache des ligamens latéraux. L'auteur compare la manière dont les os de la jambe se replient sur le fémur, au jeu de la lame et du manche d'un couteau à ressort. La poulie formée par les condyles est le talon de la lame du couteau; les attaches supérieures des ligamens latéraux sont le point ou pivot sur lequel le mouvement s'exécute; les deux extrémités de la poulie sont les deux plans en ligne droite, et l'élasticité du ligament fait le même effet que le ressort appliqué contre ces plans. (CH. D.)

ECHEANDIA (*Bot.*), *Orteg.*, Decand., pl. 90. Ce genre a été réuni au *Conanthera*. Voyez CONANTHÈRE. (POIR.)

ECHEBANNA. (*Bot.*) Surian, dans son Herbier, cite ce nom caraïbe pour le *besleria melittifolia* de Linnæus. (J.)

ECHELETTE. (*Ornith.*) Le grimpereau de muraille, *certhia muraria*, Linn., est connu sous ce nom et sous celui de *ternier* dans le département du Puy-de-Dôme. Les naturalistes modernes en ont formé un genre distinct des grimpereaux proprement dits. Illiger, tirant sa dénomination particulière de l'habitude qu'il a de grimper le long des murailles et des rochers, ou au moins de s'y cramponner à l'aide de ses grands ongles, l'a appelé *tichodroma* (de τεῖχος, *murus*, et δρόμος, *cursitans*); et, comme on le trouve plus souvent appliqué contre les rochers escarpés que contre les murailles, M. Vieillot a changé ce nom en celui de *petrodoma*. M. Temminck s'est borné à donner au nom formé par Illiger une terminaison françoise; mais M. Vieillot, au lieu d'en faire un pétrodrome à l'instar de tichodrome, a mieux aimé franciser la dénomination italienne *picchio*, quoiqu'elle embrasse la famille entière des pics, et c'est, dans sa méthode, le genre *Picchion*. M. Cuvier a préféré l'ancien terme françois; et, séparant également cet oiseau des autres grimpereaux, il lui a conservé, dans son Règne animal, le nom d'échelette, qui ne convient peut-être pas aux espèces dont les habitudes sont encore inconnues.

Les caractères communs aux deux genres Grimpereau et Echelette sont d'avoir chacun la base du bec triangulaire; les narines placées à cette base, percées horizontalement, et à moitié fermées par une membrane voûtée; les doigts distribués, un derrière, trois en devant, dont l'extérieur est soudé jusqu'à la première jointure; au doigt du milieu et tous garnis d'ongles courbés; mais ils diffèrent l'un de l'autre en ce que le bec du grimpereau est plus arqué, plus effilé que celui de l'échelette, qui est presque droit jusqu'à la pointe, foiblement déprimée, en ce que l'ongle du doigt de derrière est bien plus long dans celle-ci, ainsi que les ailes; et surtout en ce que la queue de cette dernière est arrondie, et a les rectrices foibles, obtuses et entières, tandis qu'elle est étagée chez les grimpereaux, dont les mêmes pennes se terminent en pointes roides, comme celles des pics.

L'espèce vulgairement connue sous le nom de grimpereau de muraille, *tichodroma phœnicoptera*, ou tichodrome à ailes rouges de M. Temminck, pl. enlum. de Buff., n.° 372, fig. 1

et 2, est de la taille de l'alouette commune; elle a, depuis le bout du bec jusqu'à celui de la queue, environ six pouces huit lignes. Le bec, dont la couleur est d'un noir brillant, a quatorze lignes; et Brisson a vu des individus chez lesquels cette partie en avoit jusqu'à vingt. Les ailes, pliées, atteignent les trois quarts de la queue, et le vol est de dix à onze pouces. La tête et les parties supérieures du corps sont d'un gris cendré, qui est bien plus foncé sur la poitrine et sur le ventre; la gorge et le devant du cou, noirs chez le mâle dans le temps des amours, sont, pendant le reste de l'année, d'un gris blanc. Les petites couvertures supérieures des ailes sont d'un rouge vif; la même couleur occupe la première moitié de la longueur des pennes alaires, mais en s'affoiblissant à mesure qu'elles approchent du corps; ces pennes sont noirâtres dans leur seconde moitié, ainsi que les pennes caudales, et sont, comme elles, terminées par du blanc sale. La femelle, dont la gorge n'est jamais noire, est sur cette partie et sur le devant du cou, d'un blanc moins cendré que le mâle.

M. Temminck prétend que cette espèce est sujette à une double mue, et que c'est seulement pendant le court espace de temps que durent la reproduction et l'éducation des jeunes, qu'on voit des mâles qui ont la gorge et le devant du cou d'un noir profond, et le haut de la tête d'un cendré foncé; mais M. Vieillot soutient qu'il n'y a point chez cet oiseau de mue du printemps, époque à laquelle ce sont les anciennes plumes qui prennent la teinte noire; et il ajoute que M. Bonelli, naturaliste de Turin, s'est assuré de ce fait en Piémont, où le grimpereau de muraille n'est pas rare. L'Italie est, en effet, la contrée d'Europe où cette espèce se trouve le plus communément, et ensuite l'Espagne, la France, les Alpes suisses, l'Autriche, la Silésie, la Pologne. Latham dit qu'elle habite aussi diverses parties de l'Asie, et Mauduyt a reçu de la Chine un individu entièrement semblable à ceux d'Europe.

C'est surtout en hiver que les échelettes paroissent dans les lieux habités; elles volent en battant des ailes, comme les huppes; et, suivant Belon, on les entend d'assez loin lorsqu'elles arrivent des montagnes pour s'établir contre les tours des villes. A la fin de l'automne de 1804, il en a été tué une à Paris, dans le jardin de l'abbaye Saint-Victor, près le

Muséum d'Histoire naturelle. Ces oiseaux vont, en général, seuls, ou tout au plus deux à deux; et, quoique solitaires comme la plupart des insectivores, ils ne sont pas d'un caractère mélancolique. Les murailles élevées et les rochers coupés à pic, sont les lieux qu'ils fréquentent le plus; ils y cherchent les insectes, leurs larves, et particulièrement les araignées et leurs œufs; ils logent dans leurs crevasses et y nichent. Kramer cite, dans son *Elenchus animalium Austriæ inferioris*, pag. 356, un cimetière où l'on a trouvé des œufs de ces oiseaux déposés dans des crânes.

Le *certhia fusca*, de Latham et de Gmelin, ou héorotaire brun de M. Vieillot, tom. 2, pag. 99, et pl. 65 des Oiseaux dorés, paroît à M. Cuvier devoir appartenir au sous-genre des échelettes; et M. Vieillot, qui l'a aussi placé dans son genre Picchion, y a ajouté l'espèce suivante, c'est-à-dire le *certhia sanguinea*, Gmel., lequel est décrit et figuré, pl. 66, dans le même ouvrage, sous le nom d'héorotaire cramoisi. Le premier de ces oiseaux a, en effet, les pennes caudales obtuses; mais M. Vieillot avoue lui-même que celles du second sont un peu pointues. Au reste, son picchion brun, *petrodroma fusca*, qui seroit l'échelette brune, *tichodroma fusca*, est long d'environ six pouces, dans lesquels il faut comprendre, pour un sixième, le bec, qui est entouré de plumes ressemblant à des soies, lesquelles se recourbent vers les mandibules, et dont la couleur est noirâtre comme celle des pieds et des ongles, avec une tache orangée vers le milieu. Le dessus de la tête est d'un brun noir, et les côtés offrent plusieurs lignes blanches, dont une, ponctuée, est au-dessus des yeux, et les autres, ondulées, s'étendent sur les joues et les parties latérales du cou. Les bords extérieurs des couvertures et des pennes alaires sont d'un brun clair, qui devient plus foncé sur les autres parties supérieures et sur la queue. La gorge, la poitrine et le haut du ventre sont rayés transversalement de brun sur un fond blanc. Il a été apporté d'une des îles de la mer du Sud.

Le second, qui est le picchion cramoisi, *petrodroma sanguinea*, Vieill., a les pennes secondaires des ailes d'une couleur marron, le ventre blanc, et les autres parties du corps d'un rouge cramoisi: sa longueur est d'environ cinq pouces: on le trouve à l'île de Tanna.

M. Vieillot a aussi décrit, sous le nom de picchion Baillon, *petrodroma Bailloni*, un oiseau de la Nouvelle-Hollande qui existe dans le cabinet de M. Baillon fils, d'Abbeville. Cette espèce, dont la queue est foiblement arrondie, a le dessus de la tête et du cou, le dos et les ailes d'un brun verdâtre, et les parties inférieures d'un blanc roussâtre, avec des taches blanches sur les côtés de la poitrine. Les pennes primaires des ailes, qui sont brunes, ont, à l'exception de la première, une tache rousse vers le milieu de leurs barbes internes; les secondaires, rousses à leur base et ensuite noires, sont grises à leur extrémité; les pennes caudales sont d'un gris bleuâtre; le bec, les pieds et les ongles sont d'un brun noir.

Le même naturaliste a enfin cru devoir retirer deux oiseaux figurés par Sparmann, pl. 34 et 56 de son *Museum carlsonianum*, sous les noms de *certhia undulata* et *certhia ignobilis*, du genre Grimpereau, où Latham les avoit placés, n.ᵒˢ 42 et 43 de son *Index ornithologicus*, pour les ajouter à son genre Picchion. Le premier, d'une taille d'environ sept pouces, a le bec brun, les pieds noirs, le dessus du corps de couleur de suie, et les parties inférieures rayées transversalement de blanc et de noir. Le second, qui a un pouce de plus de longueur, est aussi d'un noir fuligineux sur le dessus du corps, et a, sur toutes les parties inférieures, dont le fond est cendré, des taches longitudinales et elliptiques blanchâtres. La mandibule inférieure est jaunâtre, ainsi que la base de la mandibule supérieure; et le surplus du bec est noir, ainsi que les pieds. Ces deux individus, dont le pays n'est pas indiqué, et qui ne présentent d'ailleurs de dissemblances réelles que dans la direction et la couleur des taches sur les parties inférieures, ont, pour le reste, tant de rapports, qu'ils ne diffèrent probablement que par le sexe. (Ch. D.)

ECHÉNAIS. (*Bot.*) [*Cinarocéphales*, Juss. ; *Syngénésie polygamie égale*, Linn.] Ce nouveau genre de plantes, que nous avons établi dans la famille des synanthérées, appartient à notre tribu naturelle des carduinées, dans laquelle nous le plaçons auprès de l'*alfredia*, dont il diffère surtout par l'aigrette plumeuse.

La calathide est incouronnée, équaliflore, multiflore, obringentiflore, androgyniflore. Le péricline, inférieur aux fleurs, est formé de squames régulièrement imbriquées, appliquées, coriaces ; les extérieures ovales-lancéolées, munies sur les bords, et surtout au sommet, de longs cils subulés, cornés, spiniformes ; les intermédiaires ovales-oblongues, munies au sommet d'un appendice décurrent, scarieux, blanc, profondément découpé en lanières subulées, dont la terminale est très-longue, spiniforme, cornée ; les intérieures linéaires, surmontées d'un appendice scarieux, blanc, ovale, denteté, spinescent au sommet, uninervé. Le clinanthe est garni de longues fimbrilles libres, inégales, filiformes. L'ovaire est glabre, pourvu d'un plateau, et d'une longue aigrette composée de squamellules bisériées, inégales, libres, filiformes, barbées. La corolle, excessivement obringente, est divisée en lanières longues et linéaires. Les étamines ont le filet hispide, l'appendice apicilaire aigu, les appendices basilaires membraneux.

L'ÉCHÉNAÏS CARLINOÏDE (*Echenais carlinoides*, H. Cass., Bull. Soc. Philom., mars 1818. *Carlina echinus*, Marschall, *Flor. Taur. Cauc.*) a la tige dressée, presque simple, haute d'un pied, striée, cotonneuse ; les feuilles alternes, sessiles, semi-amplexicaules, oblongues, échancrées en cœur à la base, sinuées, dentées, épineuses sur les bords, glabres et vertes en dessus, tomenteuses et blanches en dessous ; les calathides, composées de fleurs jaunâtres, sont solitaires au sommet de la tige et des rameaux. Tels sont les caractères que nous avons observés dans l'herbier de M. Desfontaines. Suivant Marschall, la tige est rameuse, les calathides sont nombreuses, la plante est bisannuelle ; elle croît parmi les graviers, aux bords des torrens du Caucase, ainsi que dans les forêts de la Géorgie, autour d'Ananur ; elle fleurit aux mois de juillet et d'août : il ajoute que la variété qui habite les forêts est plus rameuse, moins tomenteuse et moins épineuse. (H. CASS.)

ECHENE. (*Ichthyol.*) Voyez ECHÉNÉIDE. (H. C.)

ECHÉNÉIDE, *Echeneis.* (*Ichth.*) Genre de poissons de la famille des éleuthéropodes de M. Duméril, et de l'ordre des malacoptérygiens subbrachiens de M. Cuvier. On reconnoît les espèces qui le composent aux caractères génériques suivans :

Tête garnie en dessus d'un disque aplati, ovale, très-grand, composé d'un certain nombre de lames transversales, obliquement dirigées en arrière, dentelées ou épineuses à leur bord postérieur, et mobiles, de manière que le poisson, en faisant le vide entre elles, se fixe aux différens corps ; corps alongé ; écailles petites ; une seule dorsale, placée au-dessus de l'anale ; yeux latéraux ; bouche fendue horizontalement, arrondie ; mâchoire inférieure avancée, et garnie, ainsi que les os intermaxillaires, de petites dents en carde ; une rangée très-régulière de petites dents semblables à des cils, le long du bord des os maxillaires ; huit rayons branchiostèges.

Les échénéides manquent de vessie natatoire ; leur intestin est ample, mais court ; leur estomac est un large cul-de-sac, avec de grands plis, et leurs cœcums sont au nombre de six ou huit. Le foie est bilobé.

L'Echénéide rémora : *Echeneis remora*, Linn. ; ἐχενηὶς, Arist., Ælien, etc. Moins de vingt et plus de seize paires de lames à la plaque de la tête ; queue en croissant. Taille de dix à onze pouces environ.

Le corps et la queue du rémora sont couverts d'une peau molle et visqueuse, sur laquelle on n'aperçoit des écailles qu'après la mort de l'animal, et lorsque les tégumens sont desséchés. Aussi Linnæus et M. Gouan ont-ils nié l'existence de ce genre d'organes chez le rémora ; mais feu Broussonnet, de l'Académie des Sciences, l'a démontrée depuis d'une manière évidente.

Le rémora est brun et sans taches ; et, ce qui est digne d'attention, il a le ventre et le dos de la même teinte : cette particularité est une suite de ses habitudes ; car, par la manière dont il s'attache, à l'aide du disque de sa tête, son ventre est aussi souvent exposé que son dos aux rayons de la lumière.

Ses nageoires présentent quelques traces de bleuâtre. L'iris est d'une couleur brune avec un cercle doré. L'intérieur de la bouche est d'un incarnat très-vif.

Commerson dit avoir observé quelques individus blancs.

Le corps et la queue forment un ensemble conique et très-alongé, couvert d'une humeur visqueuse, et garni d'un grand nombre de petits enfoncemens.

La tête est très-volumineuse et très-déprimée. Les lames qui arment son disque sont attachées des deux côtés d'une arête longitudinale et moyenne, et arrangées par paires ; elles sont d'autant moins longues, qu'elles sont plus rapprochées des extrémités de la plaque ovale. Solides, osseuses et presque parallèles entre elles, elles sont très-aplaties et serrées sur les bords. Une sorte de cheville articulée les retient en place.

Le disque lui-même est circonscrit par un rebord cartilagineux, et se prolonge sur le commencement du dos.

Des dents très-fines sont placées autour du gosier, sur une éminence osseuse, en forme de fer à cheval, et attachées au palais : on en observe aussi sur la langue, qui est courte, large, arrondie par devant, dure, à demi cartilagineuse, et retenue en dessus par un frein assez court.

La bouche est ouverte à peu près comme celle de la baudroie, c'est-à-dire en dessus, en raison de ce que la mâchoire supérieure est de beaucoup plus courte que l'inférieure.

L'anus est plus près de la queue que de la tête.

Chaque narine a deux orifices.

Toutes les nageoires, en général, sont petites et peu propres à la natation.

Les catopes sont aussi longs, mais moins larges que les nageoires pectorales; ces dernières ont en effet chacune vingt-cinq rayons, et les premiers n'en ont que chacun six.

La nageoire du dos et celle de l'anus ont à peu près la même étendue : elles diminuent toutes deux également de hauteur en approchant de la queue.

La ligne latérale est composée d'une série de points saillans : née à la base des nageoires pectorales, elle s'élève vers le dos, descend ensuite au milieu du corps, et gagne directement la nageoire de la queue.

Peu de poissons sont aussi célèbres que le rémora : dès la plus haute antiquité, il a été l'objet d'une attention constante, et il a su conserver jusqu'à nos jours sa brillante réputation. Il a, dit M. le comte de Lacépède, figuré avec honneur dans les tableaux des poëtes (1), dans les comparaisons des orateurs, dans les récits des voyageurs, dans les descriptions des naturalistes.

« On a appelé échénéis un petit poisson qui vit habituelle-

______

(1) Parva echeneis adest, mirum, mora puppibus ingens.

Ovid. Halieut.

Non puppim retinens, Euro tendente rudentes,
In mediis echeneis aquis. Lucan. lib. 6.

« ment au milieu des rochers, et l'on croit généralement que
« lorsqu'il s'attache à la carène des vaisseaux, il en retarde la
« marche. Il sert à composer des poisons capables d'amortir et
« d'éteindre les feux de l'amour : il arrête l'action de la justice
« et la marche des tribunaux, *judiciorum mora*. Mais, en vertu
« de la même puissance, il compense les maux qu'il peut pro-
« duire ; une propriété utile le distingue : il délivre les femmes
« enceintes des accidens qui pourroient déterminer un accou-
« chement prématuré ; et si on le conserve dans du sel, son
« approche seule suffit pour retirer du fond des puits les plus
« profonds l'or qui peut y être tombé.

« Mais, sans contredit, le plus haut degré des forces de la
« nature, le plus étonnant de tous les exemples de sa puissance,
« celui qui manifeste le mieux son pouvoir occulte, et au-delà
« duquel nous ne devons rien chercher, puisque nous ne saurions
« rien espérer d'égal ni même de semblable, nous est encore
« offert ici : c'est ici que nous allons la voir se surmonter elle-
« même. Qu'y a-t-il de plus violent que la mer et les vents, les
« tourbillons et les tempêtes? Le génie de l'homme a-t-il mis à son
« service de plus grands auxiliaires que les rames et les voiles?...
« Et cependant, toutes ces puissances et toutes celles qui pour-
« roient seconder leurs efforts, l'échénéis les enchaîne. Que les
« vents se précipitent, que les tempêtes bouleversent les flots,
« il commande à leur fureur, il maîtrise leur rage. Ce vaisseau,
« que n'auroit pu retenir aucune chaîne, que n'auroit fixé au-
« cune ancre, eût-elle été même assez pesante pour ne point
« être retirée de la mer, il le rend immobile. Il dompte ainsi la
« violence des élémens, mais sans travail, sans peine, sans cher-
« cher à retenir, et seulement en adhérant ; il n'a qu'à vouloir, et
« les navires s'arrêtent. Que les flottes guerrières se chargent
« donc de tours et de remparts, pour que l'on puisse combattre,
« du haut des vaisseaux, comme sur terre du haut des murs.
« O vanité des choses humaines ! Un petit poisson rend inutiles
« leurs éperons armés de fer et d'airain ; il enchaîne le courage
« de ceux qui les montent ! Lors de la bataille d'Actium, ce fut,
« dit-on, un échénéis qui, arrêtant le navire d'Antoine au mo-
« ment où ce général alloit parcourir les rangs de ses vaisseaux
« et exhorter ses troupes, donna à la flotte de César l'avantage
« de la vitesse et la supériorité qui résulte de l'impétuosité du

« premier choc. A une époque plus rapprochée, le bâtiment
« qui ramenoit Caius d'Andura à Antium, éprouva le même
« accident. Mais, ne pouvoit-on pas croire que c'étoit ici un
« véritable présage ? A peine entré dans Rome, cet empereur
« périt sous les traits de ses soldats. Dans cette circonstance,
« au reste, l'étonnement ne fut pas long ; car on soupçonna
« bientôt la cause du retard, quand on vit que de toute la
« flotte, le vaisseau principal seul n'avançoit point : des plon-
« geurs trouvèrent l'échénéis attaché au gouvernail, et le mon-
« trèrent au prince indigné d'avoir vu paralyser, par un tel
« animal, la vigueur de quatre cents rameurs. »

C'est à peu près en ces termes que Pline parloit de l'échénéis,
dans des passages de ses 9.ᵉ et 32.ᵉ livres, qui sont des chefs-
d'œuvre de style, mais où le naturaliste ne trouve plus les char-
mes qu'y rencontre l'homme de lettres, doué d'une vive imagination. Cependant, on voit que ce poisson joue un rôle dans l'histoire : que son existence est liée à des faits importans, à la vic-
toire d'Auguste et au sort du monde qui en dépendit, et qu'il
fournit au philosophe, au milieu de fables et d'erreurs accumulées, une occasion de plus d'apprécier l'esprit humain.

Ce qu'il y a de certain, c'est que l'échénéide rémora s'attache
souvent au corps des cétacés et des grands poissons, et spécialement à celui des requins, et qu'il y adhère très-fortement.
Toute la force d'un homme, assure-t-on, ne peut suffire pour
l'en arracher, à moins qu'il n'agisse dans le sens des lames du
bouclier, et qu'il ne les fasse glisser sur la peau à laquelle
elles sont fixées, avant de l'en détacher. Commerson rapporte
qu'ayant approché son pouce du disque d'un rémora vivant, il
*éprouva une force de cohésion si grande, qu'une stupeur remarquable
et même une sorte de paralysie en fut la suite, et ne se dissipa que
long-temps après;* et cependant le même naturaliste ajoute que
le rémora n'exerce en cela aucune force de succion, et ne se
cramponne que par le moyen des nombreux crochets qui hé-
rissent son bouclier. M. Bosc, qui a aussi observé des échénéis
vivans, reste néanmoins persuadé que ces poissons se fixent
principalement en opérant le vide, c'est-à-dire, par une espèce
de succion : il en a saisi un sur une ancre qu'on relevoit, et il
en a vu de collés sur un navire doublé en cuivre ; ce qui confirme encore son opinion.

Au reste, ce seroit une erreur que de croire, avec quelques uns, que le rémora se nourrit par cette succion : il n'y a aucune communication proprement dite entre les lames de la plaque ovale et l'intérieur de la bouche ou du canal alimentaire. Commerson et M. de Lacépède s'en sont assurés. Ce poisson ne s'attache donc ainsi au requin, en particulier, que pour naviguer sans peine et profiter de mouvemens étrangers, afin de parcourir de grandes distances. Quoi qu'il en soit, il demeure collé avec tant de constance à son conducteur, que lorsque celui-ci est pris, et qu'avant d'être amené sur le pont il éprouve des frottemens violens contre les bords du bâtiment, il ne cherche point à s'échapper, et reste fixé à son corps jusqu'à la mort.

Commerson dit encore que lorsqu'on met un rémora dans un vase rempli d'eau de mer, plusieurs fois renouvelée en très-peu de temps, on peut le conserver en vie pendant quelques heures, et qu'alors on le voit presque toujours, faute de soutien et de corps étranger auquel il puisse adhérer, se tenir renversé sur le dos, et ne nager que dans cette position très-extraordinaire. M. Bosc en a vu deux ou trois fois qui se détachoient du navire qu'il montoit, pour courir après des haricots cuits qu'il avoit jetés dans la mer, et toujours ils nageoient sur le dos.

Souvent les échénéis nagent en troupe autour des vaisseaux, pour se nourrir des débris d'alimens qui sont abandonnés à la mer, des substances corrompues dont on se débarrasse, et même des excrémens. C'est ce qu'on a observé principalement dans le golfe de Guinée ; et voilà pourquoi, dit Barbot, les Hollandois qui fréquentent la côte occidentale d'Afrique, ont nommé les rémora *poissons d'ordures*. Dampier (Voyage autour du Monde, tom. 1, pag. 86) paroît avoir observé quelque chose d'analogue.

On aperçoit fréquemment aussi des rassemblemens de ces poissons autour des grandes espèces de squales, et surtout des requins, qu'ils paroissent suivre et précéder sans crainte, et auxquels, suivant l'expression des marins, ils servent de *pilotes*. Il est probable qu'ils profitent des restes de la proie dévorée par ces tyrans des mers. Mais, comment eux-mêmes ne sont-ils pas engloutis par eux? Est-ce l'effet de la saveur ou de l'odeur de leur chair? Est-ce celui de leur agilité ? On l'ignore encore.

De dessus les vaisseaux que suivent les rémora, on peut prendre ces animaux avec des hameçons garnis de viande. Ils ont la chair maigre et sèche, et ils passent, en général, pour un mauvais manger, malgré le sentiment de Dampier, qui paroît en faire assez de cas.

Le poisson dont vous venons de tracer l'histoire, vit dans la mer Méditerranée et dans l'Océan, soit à des latitudes élevées, soit entre les Tropiques. On lui donne vulgairement les noms de *sucet* et d'*arrête-nef*, pour des raisons que nous avons déjà indiquées. Celui de *remora*, par lequel les Latins le désignoient, vient de *morare*, retarder. Quant à celui d'*echeneis*, il est entièrement grec, et dérive de ἔχειν, retenir, et de ναῦς, vaisseau; il correspond, comme on voit, à l'expression françoise *arrête-nef*.

L'Echénéide naucrate; *Echeneis naucrates*, Linn. Plus de vingt-deux paires de lames au disque de la tête; nageoire de la queue arrondie ou rectiligne. Taille de trois à sept pieds.

Les nageoires du dos et de l'anus, plus longues à proportion que sur le rémora, sont légèrement falciformes et semblables l'une à l'autre.

L'ouverture de l'anus est alongée et située à peu près vers le milieu du corps.

La ligne latérale, composée de points très-peu sensibles, s'approche d'abord du dos, change ensuite de direction, et tend vers la queue, à l'extrémité de laquelle elle parvient.

Le naucrate se trouve dans toutes les mers, mais plus spécialement entre les Tropiques : comme au rémora, on lui donne le nom de *sucet*. Celui de *naucrate* dérive du grec ναῦς, vaisseau, et κρατέω, je commande, et signifie *pilote* ou *conducteur de vaisseau*.

Parra l'a désigné sous la dénomination de *pegador* ou *pêcheur*. Nous verrons bientôt pourquoi.

Le naucrate, ainsi que le rémora, s'attache aux vaisseaux, aux grands squales, aux cétacés et aux autres corps qui flottent à la surface des mers. On en rencontre souvent de fixés au plastron des tortues. Il est beaucoup plus grand et plus vigoureux que le rémora; et quoique ses mouvemens ne soient pas toujours faciles, il faut des efforts bien plus violens pour le détacher des corps auxquels il adhère.

Il paroit se nourrir de crabes et de mollusques à coquille.

14.   12

Commerson, qui a observé le naucrate à l'Ile-de-France, rapporte qu'à la côte de Mozambique, où il est très-commun, on a tiré parti, pour la pêche des tortues marines, de la faculté qu'il a de se cramponner aux corps solides qui flottent sur l'eau. M. Midleton avoit déjà consigné ce fait dans son Nouveau Système de Géographie, à l'article *Cafrerie*; et M. Henri Salt vient de le confirmer dans son Voyage en Abyssinie, entrepris par ordre du gouvernement Britannique dans ces dernières années. Voici, au reste, ce que nous avons pu recueillir de ce fait curieux.

On attache à la queue du poisson vivant un anneau d'un diamètre assez large pour ne le point incommoder, et assez étroit pour être retenu par la nageoire caudale. Une corde très-longue est fixée à cet anneau. L'échénéis ainsi préparé est renfermé dans un vase plein d'eau salée, qu'on renouvelle très-souvent; les pêcheurs mettent le vase dans leur barque, et se dirigent vers les parages fréquentés par les tortues marines, qui ont l'habitude de dormir à la surface des flots, mais que le moindre bruit réveille et fait échapper à l'avidité de l'homme. Quand on en aperçoit une de loin, on jette le naucrate à la mer; celui-ci cherche à fuir de tous les côtés : on lui lâche une longueur de corde égale à la distance qui sépare le bateau de la tortue; il parcourt tout le cercle dont cette corde est pour ainsi dire le rayon, et, rencontrant un point d'appui sous le plastron de l'animal endormi, il s'y attache et donne ainsi aux pêcheurs, auxquels il sert de crampon, le moyen de tirer à eux la tortue en retirant la corde. Sur les côtes de la Cafrerie, au rapport de Midleton, on attache deux cordes au naucrate, l'une à la tête et l'autre à la queue, et on le force à plonger dans les endroits où l'on suppose qu'il y a des tortues.

M. H. Salt pense que le poisson employé pour la pêche à la côte de Mozambique n'est point le vrai naucrate; car l'individu dont on lui avoit fait présent avoit la queue en croissant, et, chez plusieurs autres qu'il a examinés, le nombre des plaques varioit de vingt-quatre à trente-six.

La chair du naucrate est moins bonne encore que celle du rémora.

L'Echénéide rayée ; *Echeneis lineata*, Schneid., tab. 53, fig. 1. Moins de douze paires de lames au disque de la tête;

nageoire caudale lancéolée. Taille de cinq à six pouces.

Ce poisson est d'un brun foncé, avec deux raies blanches qui s'étendent depuis les yeux jusque vers le bout de la queue.

Il se trouve dans l'Océan pacifique, où il adhère à des tortues; c'est Archibald-Menzies qui l'a décrit pour la première fois dans le premier volume des Transactions de la Société linnéenne de Londres.

L'Echénéide squalipète : *Echeneis squalipeta*, Schneid., Dald.; *Echeneis tropica*, Euph. Tête obtuse; catopes réunis à la base, nageoires dorsale et anale prolongées jusqu'à la caudale.

Cette espèce, de la grandeur de l'éperlan, et qui habite l'Océan occidental entre les Tropiques, nous paroît classée ici un peu au hasard. On a besoin de nouveaux renseignemens sur son compte. (H. C.)

ECHENEIS. (*Ichthyol.*) Il paroît qu'Oppien, dans le livre premier de ses Halieutiques, a décrit la lamproie sous le nom d'ἐχενίς, et Rondelet attribue à cet animal tout ce que les anciens ont dit du remora, confirmant son témoignage de celui de Guillaume Pelicier, évêque de Montpellier, et assurant avoir vu le vaisseau qu'il montoit être arrêté par une lamproie, dans un voyage qu'il faisoit à Rome avec le cardinal de Tournon. Voyez Echénéide et Lamproie. (H. C.)

ECHENILLEUR. (*Ornith.*) M. Levaillant, ayant trouvé en Afrique trois espèces d'oiseaux appartenant à la famille des gobe-mouches, mais réunissant des caractères propres aux tyrans, aux drongos et aux couroucous, en a formé un genre nouveau, qu'il a nommé échenilleur, parce qu'il n'a trouvé que des chenilles dans l'estomac musculeux et très-ample de cent soixante-dix individus par lui ouverts. M. Vieillot a donné à ce genre la dénomination latine de *campephaga*, tirée des mots grecs κάμπων, *eruca*, et φάγω, *edo*; et M. Cuvier lui a appliqué l'ancien nom de *ceblepyris*, cité par Gesner et par Belon, d'après Aristophane, comme appartenant a un oiseau actuellement inconnu; mais le premier étant la traduction d'un terme qui désigne la nourriture spéciale de l'oiseau, il semble préférable au second, qui ne présente pour nous aucune idée caractéristique, et dont l'emploi est susceptible d'inconvéniens sur lesquels on a déjà appelé l'attention à l'égard d'autres noms de pareille origine, qu'il vaudroit mieux peut-être laisser à l'écart que de s'exposer à en faire une application fausse.

On a déjà parlé des échenilleurs, à l'article Cotinga, où l'on a observé qu'ils n'en formoient qu'une section dans le Règne animal de M. Cuvier, et ne s'en distinguoient proprement que par une particularité étrangère aux parties dont se tirent ordinairement les signes constitutifs des genres. Le bec, large à sa base, est un peu arqué, et la mandibule supérieure a une légère échancrure ; les narines sont en partie recouvertes par les plumes du front ; et la bouche, d'une ample ouverture, est ciliée sur les côtés ; la langue est triangulaire et cartilagineuse ; les pieds sont robustes, les trois doigts de devant sont unis ensemble jusqu'à la première articulation, et celui de derrière est épaté à sa base ; les ongles sont crochus et forts ; les ailes pliées s'étendent un peu plus loin que la naissance de la queue, qui, fourchue au milieu, est aussi étagée en sens inverse sur les côtés, la penne la plus latérale se trouvant la plus courte de toutes. Les plumes, partout fort soyeuses, sont très-longues sur le sternum, et principalement sur le croupion, où elles présentent une singularité remarquable, en ce que leurs tiges, épaisses dans les quatre cinquièmes de leur longueur, s'amincissent tellement à la pointe, qu'en les touchant à rebours la main se sent piquée comme par des épingles.

Ces oiseaux, que l'abondance des plumes fait paroître fort gros, sont toujours d'une maigreur extrême. On ne les rencontre que dans les endroits les plus fourrés des bois, et c'est vers la cime des plus hauts arbres qu'ils cherchent, le matin et le soir, les chenilles dont ils se nourrissent. Très-silencieux en général, ils n'ont qu'un cri plaintif, si foible qu'on l'entend à peine. Les petits vivent ensemble jusqu'à l'époque des accouplemens. M. Levaillant, qui a trouvé en Afrique trois espèces d'échenilleurs, n'a pu s'en procurer ni les œufs d'aucune, ni le nid, qu'il suppose placé sur le sommet des arbres ; mais il a fait une remarque singulière sur les testicules des mâles, qui sont très-petits même au temps des amours, et d'une couleur noire.

Echenilleur gris ; *Campephaga cana*, Vieill. Cet oiseau, dont le mâle et la femelle sont représentés pl. 162 et 163 de

l'Ornithologie d'Afrique, tom. 4, pag. 35, semble être de
la taille de la grive de vigne; mais il ne doit cette apparence
qu'à ses longues plumes, très-garnies de duvet, et il n'est pas
en effet plus gros que l'alouette ordinaire. Le plumage du
mâle est d'un gris bleuâtre et ardoisé, plus foncé sur les
parties supérieures et plus terne sur les parties inférieures;
les grandes pennes des ailes sont brunâtres, et ont le bord
extérieur finement liseré de blanc; l'espace, compris entre
l'œil et le bec, le tour de la bouche et le front, est noir,
le dessous des ailes blanc, et l'iris noirâtre; le bec, les pieds
et les ongles sont noirs. Les plumes latérales de la queue sont
frangées de blanc chez la femelle, qui d'ailleurs est un peu
plus petite, et n'a pas de noir entre l'œil et le bec, au front
ni autour de la bouche.

M. Levaillant a trouvé cette espèce au cap de Bonne-
Espérance, dans les forêts d'Auteniquoi et sur les bords du
Sondag et du Swarte-Kop. Elle fait entendre son cri traînant
li-it, au haut des arbres, où l'on en voit ordinairement sept
à huit individus réunis. Leurs plumes tenoient si peu sur la
peau très-fine, que le coup de fusil en abattoit toujours
beaucoup, et qu'ils en perdoient encore en tombant de
l'arbre.

Quoiqu'il y ait quelques différences dans le plumage du
grand gobe - mouches cendré de Madagascar, que Buffon a
décrit sous le nom de *kinki-manou*, à lui donné dans cette île,
et qui est représenté dans ses planches enluminées, sous le
n.° 541, on ne sauroit douter que cet oiseau, *muscicapa cana*,
Gmel. et Lath., ne soit de la même espèce que le précédent.
Il a huit pouces six lignes de longueur; sa tête est noire, et
cette couleur descend en chaperon arrondi sur le haut du cou
et sous le bec. Le dessus du corps est cendré, et le dessous a
une teinte bleuâtre.

Sparman a figuré, dans son *Museum carlsonianum*, pl. 22,
sous le nom de *muscicapa ochracea*, un oiseau dont M. Vieillot
a fait son échenilleur ochracé, et que Latham hésite à présenter comme espèce distincte du kinki-manou. L'auteur
suédois, qui a décrit le premier cet oiseau du cap de
Bonne-Espérance, n'en a pas indiqué la taille; mais le naturaliste anglois annonce qu'elle est de huit pouces et demi,

comme celle du précédent. Sa couleur est brune sur la tête
et le dos, d'un cendré ferrugineux sur le cou et les parties
inférieures: les pennes des ailes et de la queue, noires en
dedans, sont blanches en dehors; les pieds sont noirs et les
ongles jaunes: mais ce qui sembleroit propre à le faire distinguer, ce sont les plumes ciliées et en faisceau qui occupent
la région des oreilles, et surtout la longueur de la queue, égale
à celle du corps.

ÉCHENILLEUR JAUNE ; *Campephaga flava*, Vieill. Le mâle de
cette espèce, plus petite que l'échenilleur gris ou cendré,
est représenté pl. 164 des Oiseaux d'Afrique de M. Levaillant.
La partie supérieure de la tête et le derrière du cou sont d'un
vert d'olive très-tendre, qui, sur le dos et sur les couvertures
de la queue, est traversé par des raies noirâtres, lesquelles
occupent aussi toutes les parties inférieures dont le fond est
brun avec des nuances jaunes; les pennes des ailes sont brunâtres et liserées d'un jaune jonquille, ainsi que leurs couvertures et les barbes extérieures des trois pennes latérales de la
queue, dont les pennes intermédiaires sont d'un brun olivàtre.
Le bec, les pieds et les ongles sont bruns. M. |Vieillot|rap-
proche cette espèce du *muscicapa bicolor* de Sparrman, pl. 46,
dont le plumage n'offre que deux couleurs; le dessus du
corps étant brun, le dessous ochracé, et la queue mélangée
d'ocre et de brun.

ÉCHENILLEUR NOIR; *Campephaga nigra*, Vieill., pl. 163 des
Oiseaux d'Afrique. Cette espèce, que M. Levaillant a trouvée
dans les forêts, à l'est du Cap, et plus abondamment sur les
bords du Gamtoos, est la plus petite des trois. Son plumage est
d'un noir lustré, qui prend au grand jour une teinte de vert ou
de bleu glacé; le dessous des ailes est d'un vert d'olive; l'iris est
d'un brun noirâtre; le bec, les pieds et les ongles sont noirs.

M. Vieillot range parmi les échenilleurs, sous le nom
d'échenilleur ferrugineux, *campephaga ferruginea*, le *tanagra
capensis* de Sparrman et de Gmelin, pl. 45, du *Museum carlsonianum*, dont le front est roussàtre, et qui a toutes les parties
supérieures d'un brun ferrugineux, et les parties intérieures
couvertes de taches longitudinales blanches sur un fond d'un
ferrugineux plus clair. Le bec du même oiseau est d'un jaune
pàle, et ses pieds sont noirs. (CH. D.)

ECHEONYMOS (*Bot.*), ancien nom grec d'une plante qui paroit être le *mentha arvensis*. Voyez POLYCNEMON. (J.)

ECHÈTROSIS (*Bot.*), un des noms grecs de la bryone, suivant Mentzel. (J.)

ECHIDNA. (*Erpétol.*) Voyez ECHIS. (H. C.)

ECHIDNE, *Echidnis*. (*Conch.*) C'est un de ces corps très-probablement organisés, que l'on trouve fossiles, quelquefois en très-grande abondance, et que, faute de savoir qu'en faire et où les placer, on néglige jusqu'à ce qu'un naturaliste plus hardi, et plutôt géologue que zoologue, en fasse ce qu'on nomme des genres, en les caractérisant souvent plus d'après son imagination que d'après la nature; aussi M. Denis de Montfort le caractérise ainsi : Coquille libre, univalve, cloisonnée, droite, conique, fistuleuse, à bouche arrondie, horizontale, souvent aiguë; cloisons plissées sur les bords seulement; siphon continu et central; des corps fossiles, presque cylindriques, comme annelés fort régulièrement dans toute leur longueur entièrement solides qui se sont trouvés en grande abondance dans un marbre gris, spathique, venant de la vallée d'Os, dans les Pyrénées. Il le figure, pag. 354 de son ouvrage, et lui donne le nom d'ECHIDNE DILUVIEN, *Echidnis diluvianus*. (DE B.)

ECHIDNÉ, *Echidna*. (*Ichthyol.*) On a proposé de faire sous ce nom un genre de poissons dans la famille des ophicthyctes, en lui donnant pour type le *gymnothorax echidna* de Bloch. Voyez ce mot et MURÉNOPHIS. (H. C.)

ECHIDNÉS, *Echidna* (*Mamm.*), nom d'un genre d'animaux très-extraordinaires qui forment, avec les ornithorinques, une tribu particulière, qu'on a réunie aux édentés : mais les animaux de cette tribu présentent tant d'anomalies, lorsqu'on les compare aux autres mammifères, que nous croyons devoir en traiter sous leur nom commun de *monotrèmes*, qui leur a été donné par M. Geoffroy. (F. C.)

ECHINACEA. (*Bot.*) Sous ce nom, Mœnch sépare du *rudbeckia* le *rudbeckia purpurea*, différent des autres espèces par ses demi-fleurons, non jaunes, mais purpurins, longs et réfléchis, son calice commun ou périanthe à trois rangs d'écailles, ses paillettes plus longues que les fleurons, et ses graines couronnées d'un rebord membraneux et multifide. Si l'on en excepte la couleur des demi-fleurons, les caractères indiqués ne paroissent pas suffisans pour motiver la séparation. (J.)

ECHINAIRE (*Bot.*), *Echinaria*, Desf. Genre de plantes monocotylédones hypogynes, de la famille des graminées, de Jussieu, et de la *triandrie digynie* de Linnæus, dont les fleurs sont réunies en une tête arrondie. Leur calice est formé de deux glumes membraneuses, mucronées, contenant environ trois fleurettes, et plus courtes qu'elles. Chacune de ces fleurettes est composée de deux balles, dont l'extérieure découpée en quatre ou cinq divisions longues, subulées, roides, inégales; l'intérieure plus courte, bifide ou trifide; de trois étamines; et d'un ovaire supérieur, surmonté de deux styles. La graine est oblongue et petite.

Ce genre ne renferme qu'une seule espèce. Linnæus l'avoit réunie à son genre *Cenchrus*; Host la range parmi les *sesleria*.

ECHINAIRE EN TÊTE; *Echinaria capitata*, Desf., *Fl. Atlant.*, 2, pag. 385. Ses tiges, hautes de trois à six pouces, croissent souvent plusieurs ensemble. Ses feuilles sont courtes, pubescentes, placées seulement à la base des tiges et dans leur partie inférieure. Ses fleurs sont verdâtres, disposées en tête globuleuse. Cette petite plante croît dans les champs du midi de la France; en Autriche, en Barbarie, etc. (L. D.)

ECHINANTITÆ (*Foss.*), nom qu'on a donné autrefois aux genres fossiles dépendant de la famille des échinides, dont les ambulacres bornés forment en dessus une fleur à cinq pétales. Ce caractère appartient aux carridules, aux spatanguers et aux clypéastres. (D. F.)

ECHINANTHUS. (*Bot.*) Necker a substitué, sans aucun motif valable, le nom d'*echinanthus* à celui d'*echinops*, qui est généralement reçu. (H. CASS.)

ECHINANTHUS. (*Echinod.*) Petite subdivision générique établie par M. Ocken dans son Traité d'Histoire naturelle générale, pour les espèces d'oursins qui ont les ambulacres bornés et en forme de rose, dont l'anus qu'il désigne sous le nom de trou pour la respiration n'est jamais supérieur, mais latéral ou inférieur, et enfin dont la bouche est au milieu de la face inférieure. Il divise les espèces qu'il range dans ce genre en deux sections. Dans la première dont le corps est bombé, il ne met que l'*echinanthus rosaceus*; et dans la seconde, dont le corps est tout-à-fait plat et en forme de galette, il range les *echinan-*

thus laganum, placenta, pentaporus, biforis, hexaporis, decadactylus, octodactylus et *orbiculus*, en sorte que sous le nom d'*echinanthus*, M. Ocken réunit les espèces dont M. de Lamarck fait ses deux genres Clypéastre et Scutelle. (Voyez ces mots.)

Breynius, dans son ouvrage sur les Oursins, avoit aussi depuis long-temps établi la même division sous la même dénomination d'*echinanthus*. Elle correspond au genre *Scutum* de Klein. Van-Phelsum a imité à peu près Breynius. (De B.)

ECHINARACHNIUS. (*Echinod.*) C'est pour Klein le nom d'une petite division générique dans l'ordre des oursins, et qui comprend les espèces dont le têt, peu épais, presque plat, est subanguleux dans sa circonférence, dont la bouche est médiane, l'anus latéral, les ambulacres incomplets, non pétaliformes. Le type de ce genre est l'*echinus placenta* de Linnæus, espèce de clypéastre pour M. de Lamarck. (De B.)

ECHINARIA (*Bot.*), nom latin du genre Echinaire. (L. D.)

ECHINASTRUM. (*Bot.*) Suivant Dodoens, ce nom est un de ceux qui ont été donnés au *geranium tuberosum*. (J.)

ECHINELLA. (*Bot.*) Genre de plantes de la famille des algues, voisin des *nostocs* et des *rivularia*. C'est une masse gélatineuse, uniforme, nue, et qui, au lieu de filamens, contient de petits corps subcylindroïdes, claviformes et excentriques, regardés comme les conceptacles par Acharius, qui a établi ce genre. Ce naturaliste n'en a connu qu'une seule espèce, qu'il nomme *echinella radicosa*, et qu'il a trouvée sur les tiges des plantes aquatiques dans le lac de Boren, en Suède. M. Agardh pense qu'il ne s'agit pas ici d'une plante, mais du *vorticella versatile* de Muller, animal qui rentre dans la classe des animaux infusoires. (Lem.)

ECHINIDES. (*Echinod.*) M. de Lamarck, ayant jugé à propos, pour faciliter la connoissance des espèces extrêmement nombreuses d'oursins, de rétablir la plupart des genres proposés par Klein, Leske et Van-Phelsum, et que Linnæus, Gmelin et le plus grand nombre des auteurs linnéens avoient confondus sous le seul nom d'*echinus*, a dû les réunir sous un nom d'ordre qui est celui d'*echinides*. Il comprend en effet sous ce nom tous les animaux actinomorphes, dont la peau ou enveloppe, formée d'un grand nombre de petites pièces polygones, est solide, crétacée, percée de deux ouvertures, pour les deux orifices du canal intestinal, et couverte de tubercules plus ou moins considérables, dans des dispositions variables, qui portent des appendices mobiles, également calcaires, de forme très-différente, entremêlés de petits suçoirs subtentaculaires, traversant un plus ou moins grand nombre de petits trous dont cette peau est percée suivant des dispositions constantes.

Dans l'établissement des coupes secondaires ou tertiaires à former dans ce petit groupe, que la forme et la disposition des appendices mobiles de l'enveloppe dans les espèces les plus communes ont fait nommer *echinus*, quoiqu'un assez grand nombre d'espèces ne mérite réellement plus ce nom, on doit faire attention, 1.° à la forme générale qui peut être plus ou moins régulière, circulaire, elliptique, et quelquefois presque paire ou même assez irrégulière, bombée, conique, subdéprimée ou très-déprimée; 2.° à la forme des appendices de la peau, qui, dans une partie, sont en forme de bâton ou de piquans disposés de manière à hérisser le corps de toutes parts, et dans l'autre sont toujours infiniment plus petits, déprimés ou aplatis, et couchés dans la direction d'une extrémité à l'autre; 3.° à la position réciproque de la bouche et de l'anus : dans les espèces parfaitement circulaires, la bouche est inférieure, et l'anus supérieur lui est exactement opposé ; dans d'autres, la première se rapproche d'une extrémité, et l'anus de l'autre; et enfin, souvent les deux orifices sont tous deux inférieurs et plus ou moins rapprochés; 4.° enfin, à la disposition des suçoirs tentaculaires qui forment sur l'enveloppe calcaire des séries de petits trous, qui, représentant le plus ordinairement des espèces d'allées, ont été nommées *ambulacres* : on considère si ces ambulacres, qui partent constamment du sommet, se portent jusqu'à la bouche, ou seulement jusqu'au bord, ou enfin si, n'allant pas jusque là, ils s'arrangent de manière à former une sorte de fleur autour du sommet. On doit aussi étudier la forme de la bouche, et savoir si elle est armée de dents ou non ; le nombre de petits trous qui se trouvent entourer le sommet d'une manière plus ou moins régulière, et qui servent d'issue aux ovaires, n'est pas non plus à négliger. Voyez pour l'organisation de ces animaux les mots Oursin et Spatange. (De B.)

ECHINIER A TROIS POINTES (*Bot.*); *Echinus trisulcus*, Lour., *Flor. Cochin.*, vol. 2, pag. 778. Arbre de la Cochinchine,

que Loureiro soupçonne appartenir à l'*ulassi* de Rumph, et
dont il a fait un genre particulier à fleurs dioïques, appartenant
à la *dioécie polyandrie* de Linnæus, mais dont la famille naturelle n'est pas connue. Il est caractérisé par des fleurs mâles,
munies pour calice d'une écaille déchiquetée ; point de corolle ;
environ trente étamines. Les fleurs femelles, nées sur des individus séparés, offrent un calice à cinq ou six découpures; point
de corolle ; deux styles ; deux capsules hérissées, à une seule
semence.

Cet arbre est d'une médiocre grandeur. Son tronc est incliné,
revêtu d'une écorce glabre et cendrée ; ses rameaux obliques,
chargés de feuilles molles éparses, lancéolées, ovales, acuminées,
très-entières, souvent terminées par trois pointes, tomenteuses
à leur face inférieure, munies de veines réticulées. Les fleurs
sont latérales, disposées en grappes. Dans les fleurs mâles, le
calice consiste en une écaille ovale, aiguë, pileuse, déchiquetée
à son sommet en plusieurs découpures linéaires, inégales ; environ trente étamines placées sur le réceptacle ; les filamens
capillaires, plus courts que le calice; les anthères petites et
arrondies. On distingue dans les fleurs femelles un calice à cinq
ou six découpures étalées, pileuses, inégales; un ovaire supérieur, arrondi, surmonté de deux styles courts et pileux,
termines par deux stigmates simples. Le fruit consiste en deux
capsules conniventes, arrondies, monospermes, couvertes de
poils roides, droits, subulés : les semences sont glabres, noirâtres, arrondies. (Poir.)

ECHINION. (*Bot.*) Voyez Hippophaes. (J.)

ECHINITES. (*Echinod.*) Van-Phelsum a employé ce mot pour
désigner les oursins à peu près arrondis, ou en quelque sorte
pentagones, et dont les ambulacres sont doubles et larges. Il
correspond au genre *Conulus* de Klein. (De B.)

ECHINO-AGARICUS. (*Bot.*) C'est le nom que Haller avoit
d'abord donné aux espèces d'hydne, qui semblent pédiculées,
et que depuis il a réunies à son *echinus*, même genre que
l'*hydnum* de Linnæus. (Lem.)

ECHINOBRISSUS. (*Echinod.*) Breynius nomme ainsi les
espèces d'oursins dont la bouche occupe presque le milieu de
la face inférieure, et dont l'anus, un peu éloigné du sommet,
se trouve dans une espèce de sinus opposé obliquement à la

bouche. Ce genre correspond aux genres *Brissus* et *Brissoïdes* de Klein. (D*e* B.)

ECHINOCARDIUM. (*Echinod.*) C'est le nom que Van-Phelsum donne aux genres *Spatangus* et *Spatagoides* de Klein.

ECHINOCHLOA. (*Bot.*) Genre de plantes monocotylédones, à fleurs glumacées, de la famille des graminées, de la *triandrie digynie* de Linnæus, établi par M. Palisot de Beauvois pour plusieurs plantes placées d'abord parmi les *panicum.* Il offre pour caractère essentiel : Des fleurs en épis paniculés, alternes ; les épillets unilatéraux, à deux fleurs, une stérile ; les valves calicinales, hérissées de poils roides ; la fleur stérile à deux valves ; l'inférieure longuement acuminée ou terminée par une soie, la supérieure bifide ou à deux dents : dans la fleur supérieure, hermaphrodite, une corolle à deux valves dures et coriaces, l'inférieure acuminée ; deux écailles intérieures, entières, presque ovales ; trois étamines ; l'ovaire échancré ; une semence libre, à deux pointes, sans sillon, entourée par les valves persistantes. Les principales espèces de ce nouveau genre sont :

Echinochloa lancéolé : *Echinochloa lanceolatum*, Pal. Beauv., Agrost., pag. 53 ; *Panicum lanceolatum*, Retz. Espèce des Indes orientales, dont les tiges sont simples, alongées, couchées et radicantes ; les feuilles lancéolées, ciliées à leur base ; leur gaîne pileuse, tuberculée. Leurs fleurs sont verdâtres, réunies sur un épi commun, composé d'épis particuliers sur lesquels ces fleurs sont rangées deux à deux le long d'un rachis flexueux et trigone : la valve extérieure du calice est large, ciliée à sa base, munie d'une arête flexueuse, trois fois plus longue que la fleur ; une fleur stérile, pileuse au sommet.

Echinochloa des étangs : *Echinochloa stagninum*, Pal. Beauv.; *Panicum stagninum*, Retz, Fasc. 5, pag. 17. Ses tiges sont droites, hautes de trois pieds ; ses feuilles planes, linéaires, rudes sur leurs bords, pileuses à l'orifice de leur gaîne : l'épi long de six pouces ; les épis particuliers longs d'un pouce, garnis de fleurs un peu grosses, unilatérales, solitaires ou géminées ; la valve extérieure du calice ovale-lancéolée, à trois nervures, terminée par une arête hérissée et alongée ; toutes les valves hispides, particulièrement à leurs bords ; la fleur stérile plane et mâle ;

l'intérieure femelle. Cette plante croît dans les étangs des Indes orientales.

ECHINOCHLOA PIED-DE-COQ : *Echinochloa crus galli*, Pal. Beauv.; Linn.; Lobel, *Icon.* 14, Moris, *Hist.*, 3, §. 8, tab. 4, fig. 16; Leers, *Herb.*, tab. 2, fig. 3. Cette espèce est très-commune en Europe, ainsi que sur les côtes de Barbarie et même dans l'Amérique septentrionale : elle se plaît de préférence dans les champs et les lieux cultivés, où elle devient très-incommode par sa multiplication. Ses tiges sont articulées, longues de deux ou trois pieds, souvent couchées à leur base; les feuilles planes, assez larges; les épis sessiles, alternes, quelquefois géminés, verdâtres, un peu épais, les inférieurs plus longs et plus écartés que les autres, composés de fleurs en paquets, situées sur un rachis anguleux; les valves calicinales striées, nerveuses, un peu hispides, rudes au toucher, l'extérieure terminée par une arête roide, longue de huit à dix lignes. Ces arêtes varient souvent dans leur longueur; il est même des individus où elles manquent entièrement. Le *panicum crus corvi*, Linn., est très-voisin de la plante précédente, et n'en diffère que par sa stature plus basse, ses tiges moins roides. La panicule est plus inclinée; les épillets unilatéraux. Cette plante croît dans les Indes orientales. (Poir.)

ECHINOCONUS. (*Echinod.*) Breynius donne ce nom aux espèces d'oursins, dont les deux ouvertures sont inférieures; la bouche au centre, et l'anus dans le bord ou près du bord. C'est le genre *Fibula* de Klein. (De B.)

ECHINOCORYS. (*Echinod.*) C'est le nom que Breynius donne aux oursins dont les deux ouvertures sont inférieures; la bouche entre le bord et le milieu, et l'anus très-éloigné et dans l'autre bord. C'est le genre *Cassis* de Klein. (De B.)

ECHINOCORYTE. (*Foss.*) Ce nom a été donné par Leske à ceux des échinides, qui dépendent du genre Ananchite. (D. F.)

ECHINOCYAMOS. (*Echinod.*) Van-Phelsum, qui a établi encore un bien plus grand nombre de coupes génériques parmi les oursins que Klein et Breynius, réunit sous ce nom les espèces dont la bouche et l'anus sont inférieurs et extrêmement voisins, et dont les ambulacres bornés sont pétaliformes. Ce sont encore des clypéastres pour M. de Lamarck. (De B.)

ECHINODACTYLES. (*Foss.*) On a nommé ainsi les pointes d'oursins fossiles. (D. F.)

ECHINODERMA. (*Conchyl.*) C'est le nom que Poli emploie dans son Système de dénomination des testacés, pour indiquer la coquille de son genre Echion. (De B.)

ECHINODERMAIRES. (*Echinod.*) Dans son Prodrome d'une classification générale des animaux, M. de Blainville, ayant eu l'idée d'aider la mémoire en imaginant des dénominations et surtout des terminaisons propres à chaque espèce de subdivisions primaires, secondaires, tertiaires, et ayant adopté pour terminaison des noms de classe des actinomorphes ou animaux radiaires, celle en *aires*, a employé le nom d'*échinodermaires*, comme synonyme d'Echinodermes. Voyez ce mot. (De B.)

ECHINODERMES, *Echinodermata.* (*Actinoz.*) C'est à Klein que la science doit la création de ce mot, qui étoit assez justement appliqué par lui, puisqu'il ne comprenoit sous ce nom que les oursins de Linnæus, les échinites de M. de Lamarck, qui tous ont la peau couverte de piquans durs, de forme, il est vrai, un peu variable, ce qui a fait comparer ces animaux à des hérissons : mais Bruguières, en réunissant sous ce nom les astéries, a fait qu'il n'est plus convenable, puisque la plupart de celles-ci n'ont aucune trace de piquans à la surface de la peau ; et, enfin, M. de Lamarck et les auteurs qui l'ont suivi, en plaçant sous cette même dénomination les holothuries et même les siponcles, qui sont presque de véritables vers, ont ainsi rendu ce nom de classe encore plus mauvais. Quoique dans notre Prodrome de classification générale des animaux, nous ayons également adopté ce nom, en le restreignant cependant aux trois ordres des holothuries, des échinites et des astéries, et en modifiant seulement sa terminaison, nous croyons que ces trois groupes d'animaux seront mieux réunis sous la détermination de *polycerodermaires*, qui indique le principal caractère qu'ils offrent, et qui consiste dans l'existence d'un très-grand nombre d'espèces de tentacules suçoirs et respiratoires, au moyen desquels l'animal exécute sa locomotion.

Les animaux que l'on range généralement dans cette section, à laquelle on donne le nom de classe, d'ordre ou même de famille, suivant le point de départ qu'on a suivi, ont été long-temps ballottés dans plusieurs endroits de la série animale : ainsi, un assez grand nombre d'auteurs anciens mettoient les oursins parmi les testacés et les astéries, et les holothuries parmi les zoophytes ou les vers ; par suite, les rapports des astéries et des oursins ayant été sentis, on rapprocha ces deux groupes comme fit Linnæus ; mais il les laissa tous deux dans son ordre des vers mollusques. Bruguières, ayant, le premier, aperçu que ces deux familles d'animaux s'éloignoient beaucoup de toutes les autres que Linnæus rangeoit dans cet ordre, en fit un pour elles seules, auquel, comme il a été dit plus haut, il donna le nom de vers échinodermes. Il fut suivi par quelques zoologistes, et entre autres par M. Bosc. M. de Lamarck y introduisit encore un plus grand nombre de genres ou de groupes, puisque successivement, outre les oursins et les astéries, il y plaça les holothuries, les actinies et même les siponcles. C'est ce que M. Cuvier a fait également, si ce n'est qu'il n'y place pas les actinies. Dans mon Prodrome de classification, je ne réunis dans cette classe d'animaux radiaires ou actinomorphes, que les holothuries proprement dites, les oursins et les astéries. Les siponcles et genres voisins forment, pour moi, un sous-type intermédiaire aux entomozoaires ou animaux articulés, et aux actinozoaires ou animaux rayonnés. Quant aux actinies, j'en fais une classe particulière, voisine des polypiaires.

M. de Lamarck partage cette classe en trois ordres, qu'il nomme 1.° les fistulides, partagées en fistulides tentaculées, Actinie, Holothurie, Fistulaire, et en fistulides nues, Priapule et Siponcle, 2.° les échinides, 3.° les stellerides.

M. Cuvier ne divise sa classe des échinodermes qu'en deux ordres : les pédicellaires ou ceux de ces animaux qui ont des tentacules ventouses, faisant l'office de pieds, comme les oursins, et les astéries, et les holothuries, et ceux qui sont sans pieds, comme les siponcles, etc.

Quant à nous, nous établissons dans cette classe trois ordres que nous désignons d'après la forme du corps : ce sont les Cylindroïdes, les Sphéroïdes et les Stellérides. Voyez ces différens mots. (De B.)

ECHINODISCUS. (*Echinod.*) Breynius comprend sous cette dénomination générique les espèces d'oursins qui sont fort comprimées, dont la bouche est à peu près au centre de la face inférieure, et l'anus entre le milieu et le bord ou dans le bord. Ce genre correspond au genres *Placenta* et *Arachnoides* de Klein. Van-Phelsum le borne au *Laganum* de Klein. (De B.)

ECHINOGLYCUS. (*Echinod.*) Van-Phelsum donne ce nom aux espèces d'oursins, dont le têt est extrêmement comprimé et percé d'outre en outre de trous ovales plus ou moins nombreux ; c'est le genre *Echinodiscus* de Leske et de Breynius, le genre *Mellita* de Klein, et le genre Scutelle de M. de Lamarck. (De B.)

ECHINOLŒNA. (*Bot.*) Genre de plantes monocotylédones, à fleurs glumacées, de la famille des graminées, de la *triandrie digynie* de Linnæus, très-rapprochée des *panicum*, offrant pour caractère essentiel : Un calice bivalve, coriace, à deux fleurs, l'une hermaphrodite et l'autre mâle ; cette dernière a deux valves membraneuses : la fleur hermaphrodite est composée de deux valves coriaces et mutiques ; trois étamines ; deux stigmates en pinceau. On y rapporte les espèces suivantes :

Echinolœna rude ; *Echinolœna scabra*, Kunth *in* Humb. *et* Bonpl. *Nov. Gen.*, 1, pag. 118, tab. 38. Plante découverte dans l'Amérique méridionale, sur le bord des rivières, proche le bourg San-Balthazar. Ses tiges sont ascendantes, radicantes à leur base : les feuilles courtes, planes, lancéolées, roides, striées, rudes à leurs deux faces et à leurs bords ; les gaines ciliées à leurs bords ; un épi solitaire, coudé et réfléchi à sa base, muni d'une bractée courte, subulée ; le rachis à demi-cylindrique, pileux à sa base ; les épillets sessiles, unilatéraux, disposés sur deux rangs, serrés, lancéolés, subulés ; les valves calicinales vertes, inégales, longuement acuminées ; l'inférieure un peu plus longue, chargée de poils glanduleux à sa moitié inférieure, et qui se retrouvent vers le sommet de la valve supérieure ; les corolles glabres, trois fois plus courtes que la valve inférieure du calice.

L'*Echilonœla hirta* de Desvaux, Journ. Bot., 1813, pag. 75, et le *Cenchrus marginalis*, Rudge, *Guin. pl. rar. icon.*, 1, pag. 19, tab. 25, sont très-rapprochés de cette espèce.

Echinolœna a plusieurs épis ; *Echinolœna polystachya*, Kunth, l. c. Cette espèce a beaucoup de rapports avec le *panicum nemorosum*. Ses tiges sont renversées, radicantes et rameuses ; les rameaux glabres, ascendans, pileux sur leurs nœuds ; les feuilles

lancéolées, acuminées, planes, arrondies à leur base, un peu
rudes à leurs bords, parsemées de quelques poils couchés; les
gaînes pileuses; cinq ou six épis sessiles, alternes, distans, disposés sur deux rangs; le rachis pubescent; sept à huit épillets
un peu pédicellés, distans, unilatéraux: les valves calicinales
vertes, presque glabres; l'inférieure à trois nervures; la supérieure plus courte, hérissée, blanchâtre, ovale, arrondie, aiguë:
la fleur hermaphrodite, une fois plus courte que le calice. Cette
plante croît en Amérique, sur les bords du fleuve de la Made-
leine. (Poir.)

ECHINOMELOCACTUS. (*Bot.*) Ce nom a été donné par
Clusius, et ensuite par Hermann et Bradley, à deux espèces
de cactes très-basses, chargées d'épines, mamelonnées ou à
côtes, dont une est nommée melon épineux, parce qu'elle
a un peu la forme d'un melon dont les côtes seroient chargées
d'épines. (J.)

ECHINOMETRE. (*Echinod.*) Breynius, qui s'est beaucoup
occupé de la classification des oursins dans ses *Schediama de
Echinis*, a suivi une méthode que nous croyons utile pour aider
la mémoire dans le souvenir des noms, et qui consiste à composer ses noms de genres, dans une famille bien naturelle, du
nom de celle-ci, auquel on en joint un second qualificatif
pour un certain nombre d'espèces. Ainsi il nomme *echinometra*
les espèces pour ainsi dire normales, ou celles qui ont l'anus
et la bouche opposés verticalement : ce sont les *cidaris* de
Klein. (De B.)

ECHINOMITRA. (*Echinod.*) Pour Van-Phelsum, ce sont les
espèces d'oursins qui peuvent avoir la bouche médiane, l'anus
marginal et dirigé en haut, et des ambulacres étroits et complets. Il n'y range qu'une seule espèce, figurée dans Klein,
tab. 14, fig. *e. f. l. m.* (De B.)

ECHINOMYE, *Echinomya.* (*Entomol.*) Nom d'un genre
d'insectes à deux ailes, voisin des mouches proprement dites,
à bouche et trompe rétractiles dans une cavité du front, à
deuxième article des antennes aplati en palette alongée,
avec un poil isolé latéral simple, et par conséquent de la
famille des chétoloxes.

Ce nom d'échinomye, que nous avons créé, et qui a été
depuis adopté par beaucoup d'entomologistes, est composé

de deux mots grecs : l'un ἐχῖνος, qui signifie couvert d'épines, hérisson; et l'autre μυῖα, mouche, est la traduction de *musca hystrix*, sous lequel on désignoit une des espèces. Les espèces de ce genre ont été rangées depuis, pour la plupart, dans le genre *Tachina*.

Voici comment nous caractérisons, d'une manière particulière, ces espèces du genre Echinomye.

Antennes à article intermédiaire plus long que le troisième, à poil latéral simple, cachées dans l'état de repos.

Il est facile, à ces seuls caractères, de distinguer les échynomyes de toutes les espèces de diptères latéralisètes que nous avons nommées chétoloxes.

En effet, les cénogastres et les mouches ont le poil isolé des antennes barbu ou plumeux; et dans les autres genres qui ont le poil simple, le troisième article des antennes est beaucoup plus long que le second : tels sont, entre autres, les syrphes, les sarges, les mulions, les cosmies, les théséves, etc. (Voyez Chétoloxes, tom. viii.) Les seuls tétanocères ont, comme les échinomyes, le second article des antennes plus long que le troisième; mais dans les premiers, comme leur nom l'indique, les antennes, dans l'état de repos, sont portées en avant, tandis que, dans les mêmes circonstances, elles sont cachées chez les autres dans une cavité du front. La forme du corps est aussi fort différente, les échinomyes ayant l'abdomen fort large relativement à sa longueur, tandis que les tétanocères ont le ventre alongé, presque cylindrique.

Toutes les espèces du genre Echinomye ressemblent aux mouches domestiques pour la forme; mais elles sont généralement très-grosses : leur corps est hérissé de longs poils rares, gros et durs, comme articulés à leur base; leur tête est très-grosse, leurs ailes à demi étalées. Elles vivent très-peu de temps sous l'état parfait; alors on les trouve sur les fleurs, principalement sur celles des ombellifères : mais elles ont un autre berceau, comme on va le voir.

Beaucoup d'espèces pondent leurs œufs dans le corps des chenilles et dans les nymphes des lépidoptères et de quelques coléoptères, et les larves s'y développent et s'y nourrissent de la graisse. On en voit sortir quelquefois quatre ou cinq individus d'une même chrysalide, qui périt ainsi sans produire d'insecte parfait. Réaumur et Geoffroy nous en ont fait connoître plusieurs espèces.

Voici les plus communes aux environs de Paris :

Echinomye des larves; *Echinomya larvarum.* Degéer l'a figurée deux fois dans le tome I, pl. XI, fig. 23, et dans le tome VI de ses Mémoires, pl. I, fig. 7, pag. 24, 3 : c'est l'*eriotrix gentilis*, Meigen.

Noire : corselet plus gris à lignes noires longitudinales; écusson jaunâtre; abdomen à taches cendrées satinées.

On voit souvent cette échinomye sortir des chrysalides des bombyces, surtout de celles des espèces dites martres ou hérissonnes, *bombyx dominula, hera, caja.*

Echinomye des chrysalides; *Echinomya puparum.* Fabricius croit que c'est l'*exorista flavescens*, Meigen.

Noirâtre : corselet à lignes longitudinales grises; abdomen à trois bandes blanchâtres.

On l'a vue sortir des chrysalides des papillons de jour à chenilles épineuses, comme de celles de la grande tortue, du paon de jour, du vulcain ou atalante.

Echinomye livide: *Echinomya livida; Tachina lurida*, Fabric., *System. Antliat.*, 310, n.° 6.

Grise : ventre noir au milieu, testacé sur les côtés, et à pattes pâles.

Echinomye tremblante; *Echinomya tremula.*

D'un noir brillant, à ailes fauves, ferrugineuse à la base, ainsi que les balanciers et les cuillerons.

Echinomye farouche, *Echinomya fera.* C'est la mouche noire à ventre jaune, noir dans le milieu, de Geoffroy, tom. II, pag. 509, n.° 33.

Noire : à bords de l'abdomen testacés, transparens, à ailes diaphanes.

Echinomye grosse; *Echinomya grossa.* Degéer l'a figurée dans ses Mémoires, tom. VI, fig. 1.

Très-grosse, toute noire, à base des ailes ferrugineuse.

Réaumur l'a décrite dans le tom. IV de ses Mémoires, et l'a figurée pl. 26, fig. 10. Il dit que sa larve se développe dans les bouses de vaches.

Echinomye hérissonne, *Echinomya erinacea.*

Noire : à ailes transparentes, et bord extérieur noir ; lèvre grise.

Les espèces de ce genre sont encore très-peu connues.
(C. D.)

ECHINONÉE, *Echinoneus.* (*Echinod.*) Ce nom, imaginé par Van-Phelsum pour distinguer quelques espèces d'oursins de forme ovoïde ou orbiculaire, avec des ambulacres complets, formés par deux bandes étroites en forme de stries disposées par paires, et qui ont la bouche subcentrale et très-près d'elle l'anus inférieur, a été de nouveau employé par M. de Lamarck, et tout-à-fait dans le même but. Ces espèces d'oursins sont assez peu connues à l'état un peu complet ; ainsi on ignore si elles ont des dents ou non. La forme et la disposition des épines ne sont pas connues : ce qui est malheureusement trop commun dans cette famille , au point qu'un zoologiste, qui reconnoît fort bien les espèces d'oursins dans les cabinets, seroit souvent très-embarrassé de le faire dans la nature, quand ils sont revêtus de leurs épines. Il est cependant probable que , dans ce genre, il n'y a pas de dents, et que les épines sont peltiformes, par conséquent qu'il appartient à la famille des spatangues.

M. de Lamarck en compte trois espèces.

1.º L'ECHINONÉE CYCLOSTOME : *Echinoneus cyclostomus*, Leske ; *Echinoneus cyclostomus*, Gmel., Leske, Klein, p. 173, tab. 37, fig. 3-4. Sa forme est ovale-oblongue, un peu déprimée ; sa longueur d'un pouce environ ; sa surface couverte d'un grand nombre de petits tubercules égaux ; la bouche est ronde, et l'anus ovale. De l'Océan asiatique.

2.º L'ECHINONÉE SEMI-LUNAIRE : *Echinoneus semilunaris*, Lamk. ; *Echinoneus minor.* Leske, p. 173, tab. 49, fig. 8-9. Beaucoup plus petit que le précédent, et peut-être plus alongé ; la bouche semi-lunaire, et les ambulacres formés par deux seules lignes de points, au lieu de quatre. De l'Océan des Antilles.

3.º L'ECHINONÉE GIBBEUSE : *Echinoneus gibbosus*, Lamk. Espèce plus grosse, plus irrégulière , ovale , renflée ; le sommet excentrique ; les ambulacres ondés ; la bouche ovale et obliquement transverse. Des mers d'Amérique ? (DE B.)

ECHINOPÉES. (*Bot.*) M. Decandolle a divisé les cinarocéphales en *échinopées, gundéliacées, carduacées, centaurées.* Le caractère qu'il assigne à ses échinopées est d'avoir les calathides uniflores et réunies en capitule ; et les genres qu'il attribue à ce groupe sont les *boopis*, *rolandra*, *echinops*. Nous avons démontré que le *boopis* est le type d'une famille particulière, et que le *rolandra* appartient à la tribu des vernoniées, dont l'*echinops* ne peut faire partie. Quant au caractère des échinopées de M. Decandolle, il est aussi artificiel que la composition de ce groupe, qui ne ressemble que de nom à notre tribu naturelle des échinopsées. (H. CASS.)

ECHINOPES. (*Bot.*) Ce groupe artificiel est la seconde des dix sections formées par Adanson dans la famille des synanthérées. Les trois genres dont il le compose, appartiennent à trois tribus naturelles très-différentes, car l'*echinopus* est une échinopsée, le *gundelia* est une vernoniée, et le *sphæranthus* est une inulée. Cette réunion contre nature n'est point étonnante, puisque l'unique caractère du groupe est d'avoir les calathides rassemblées en capitule, et que ce caractère n'est pas même suffisant pour former un bon genre. (H. CASS.)

ECHINOPHORA. (*Bot.*) Ce nom, qui signifie une partie chargée de piquans, a été donné d'abord par Columna et Rivin à quelques espèces de *caucalis* et de *daucus*, dont les fruits sont couverts d'aspérités. Plukenet, par le même motif, nommoit de même l'*osbeckia chinensis*, dont les caractères sont d'ailleurs très-différens. Une autre plante, que Columna nommoit *pastinaca echinophora*, a été établie comme genre par Tournefort, sous ce dernier nom qui lui a été conservé. (J.)

ECHINOPHORE (*Bot.*, *Echinophora*, Linn. Genre de plantes dicotylédones polypétales, épigynes, de la famille des ombellifères de Jussieu, et de la *pentandrie digynie* de Linnæus, dont les principaux caractères sont d'avoir une collerette de trois à cinq folioles lancéolées-linéaires, presque aussi longues que les rayons extérieurs; une collerette partielle monophylle, à six divisions inégales; des fleurs de deux sortes dans chaque ombellule : celles du bord mâles, pédicellées, ayant un calice à cinq dents et cinq pétales inégaux, étalés; une seule fleur femelle, sessile, centrale, à pétales échancrés. Les fleurs mâles ont cinq étamines : dans la fleur femelle l'ovaire est inférieur, oblong, surmonté de deux styles à stigmates simples. Le fruit est composé de deux graines enveloppées par la collerette partielle, qui persiste, s'endurcit, et par les pedicelles des fleurs mâles, épaissis et durcis en pointes, presque épineuses : une des deux graines avorte souvent.

Les échinophores sont des plantes herbacées, à feuilles alternes, deux fois ailées; à fleurs disposées en ombelles terminales. On n'en connoît que deux espèces, qui sont naturelles aux parties méridionales de l'Europe.

Echinophore épineuse; *Echinophora spinosa*, Linn., *Spec.*, 344; Lamk.. *Illust. Gen.*, t. 190, fig. 1. Sa tige est épaisse, cannelée, haute de huit pouces à un pied; garnie de feuilles d'un vert blanchâtre, dont les folioles sont étroites, pubescentes, épineuses. Les fleurs sont blanches, disposées en ombelles très-ouvertes, composées de dix à quinze rayons. Cette plante croît sur les bords de la Méditerranée, en France, dans le midi de l'Europe et en Barbarie.

Echinophore a feuilles menues ; *Echinophora tenuifolia*, Linn. *Spec.*, 344 : Lamk., *Illust. Gen.*, t. 190, f. 2. Sa tige est haute d'un pied à un pied et demi, dure, légèrement striée, ramifiée en panicule. Ses feuilles inférieures sont presque trois fois ailées, leurs folioles étant profondément pinnatifides, non épineuses. Les ombelles sont très-petites, très-nombreuses, la plupart à trois ou cinq rayons seulement. Cette espèce se trouve sur les bords de la mer dans le royaume de Naples. (L. D.)

ECHINOPHORE. (*Conchyl.*) C'est le nom vulgaire d'une espèce de buccin, le *buccinum echinophorum* de Linnæus. (De B.)

ECHINOPLACOS (*Echinod.*), nom de genre employé par Van-Phelsum, pour désigner les espèces d'oursins dont la bouche est au centre, dont la circonférence est irrégulière, arrondie ou anguleuse, et les ambulacres bornés, pétaliformes. C'est le genre *Mellita* de Klein, et le genre *Clypeastre* de M. de Lamarck. (De B.)

ECHINOPODA. (*Bot.*) Belli, médecin de l'île de Crète, cité par Clusius, nomme ainsi une plante de cette île, qu'il croit être le *chenopoda* de Pline, et que C. Bauhin place à la suite des asperges épineuses, en observant que ses épines sont toujours rassemblées trois à trois. Le même caractère se trouve dans l'*asparagus capensis*, qui, étant originaire du cap de Bonne-Esperance, doit cependant être une plante différente. C. Bauhin cite encore la plante de Belli comme étant une espèce de genêt épineux, *genista-spartium*, dont les auteurs plus récens ne font aucune mention, et qui pourroit avoir quelque affinité avec l'*erinacea* de Clusius, *anthyllis erinacea*. (J.)

ECHINOPS. (*Bot.*) [*Cinarocéphales*, Juss.; *Syngénésie polygamie séparée*, Linn.] Ce genre de plantes, de la famille des synanthérées, constitue à lui seul notre tribu naturelle des échinopsées.

La calathide est incouronnée, équaliflore, multiflore, régulariflore, androgyniflore, sphérique. Le péricline est formé d'une multitude de squames diffuses, rabattues, semi-avortées. Le clinanthe est inappendiculé, sphérique. L'ovaire et cylindracé, à partie inférieure atténuée et prolongée en un pied; l'aigrette est quadruple, composée de squamellules multisériées, implantées sur toute la surface du corps de l'ovaire et de son pied. (Pour éviter les répétitions, nous renvoyons le lecteur à notre article Echinopsées, où il trouvera tout le détail des singuliers caractères de l'*echinops*, ainsi qu'une discussion justificative de nos paradoxes sur ce genre remarquable.)

L'Echinops a grosses têtes (*Echinops sphærocephalus*, Linn.) est une plante herbacée, à racine vivace, qui croît en divers pays de l'Europe, et particulièrement en France, dans les lieux incultes et stériles. Sa tige, haute d'environ trois pieds, est dressée, rameuse, épaisse, cannelée, velue; ses feuilles sont alternes, grandes, amplexicaules, pinnatifides, sinuées, dentées-épineuses, vertes en dessus, cotonneuses et blanchâtres en dessous; ses calathides, en forme de grosses têtes globuleuses, sont terminales, solitaires, et composées de fleurs à corolle blanchâtre.

L'Echinops azuré (*Echinops ritro*, Linn.) se trouve sur les collines stériles de nos provinces méridionales, et dans quelques jardins, où il n'est pas indigne de figurer, d'autant plus que sa culture n'exige aucun soin. C'est une plante vivace (ou bisannuelle), bien moins grande en toutes ses parties que la précédente; à tige presque simple, dressée, cannelée, cotonneuse; à feuilles très-profondément pinnatifides, dont les découpures sont étroites, vertes et glabres en dessus, très-blanches en dessous : il n'y a ordinairement qu'une seule calathide; elle est terminale, assez petite, et composée de fleurs à corolle bleu-de-ciel, qui s'épanouissent au mois de juillet.

Ce sont là les deux espèces les plus intéressantes et les plus connues du genre *Echinops*, qui n'en a qu'un petit nombre. (H. Cass.)

ECHINOPSÉES, *Echinopseæ*. (*Bot.*) Nous nommons ainsi la cinquième des vingt tribus naturelles que nous avons établies dans la famille des synanthérées, et nous la plaçons immédiatement après la tribu des carduinées et avant celle des arctotidées.

Il nous importe beaucoup de faire remarquer que notre tribu des échinopsées ne ressemble que de nom aux *échinopes* d'Adanson, aux *échinopées* de M. Decandolle, aux *échinopsidées* de M. Richard et de M. Kunth : groupes qui, selon nous, sont tous artificiels, parce qu'ils sont fondés sur des caractères étrangers à la fleur proprement dite. Notre tribu des échinopsées est, au contraire, essentiellement fondée sur les caractères suivans, fournis par l'ovaire, le style, les étamines et la corolle.

L'*ovaire* est cylindracé, non comprimé, muni de cinq nervures. Sa partie inférieure est atténuée et prolongée en un pied cylindracé. L'aréole basilaire, qui termine le pied, n'est point oblique ; elle n'adhère que par son point central au clinanthe, et elle est bordée d'un bourrelet basilaire pentagone. L'aigrette est quadruple, composée de squamellules multisériées, implantées sur toute la surface du corps de l'ovaire et de son pied. La première aigrette, située autour de l'aréole apicilaire, est formée de squamellules unisériées, paléiformes, courtes, souvent entre-greffées inférieurement. La seconde aigrette, qui occupe tout le corps de l'ovaire, est formée de squamellules multisériées, filiformes, longues, barbellulées. La troisième aigrette, naissant de la partie supérieure du pied de l'ovaire, est formée de squamellules plurisériées, paléiformes, foliacées, coriaces, très-grandes. La quatrième aigrette, implantée sur la partie inférieure du pied, est formée de squamellules plurisériées, laminées, membraneuses, divisées en lanières filiformes, barbellulées. Le placentaire est très-élevé.

Le *style*, androgynique, est semblable à celui des carduinées, si ce n'est que les deux branches sont complétement libres jusqu'à la base, et qu'elles divergent en s'arquant en dehors pendant la fleuraison : d'où l'on peut conclure que leur face intérieure plane est entièrement stigmatique.

Les *étamines* diffèrent de celles des carduinées, en ce que le filet est parfaitement glabre, et qu'il est greffé avec la corolle, non-seulement jusqu'au sommet de son tube, mais encore jusqu'à la base des incisions du limbe. Les molécules polliniques nous ont paru être prismatiques, à quatre faces, avec un sillon longitudinal médiaire sur chaque face.

La *corolle*, staminée, est régulière et très-droite. Le limbe est plus long que le tube ; sa partie indivise est extrêmement courte ; ses divisions sont très-longues, étroites, linéaires, et coudées brusquement en dehors à quelque distance de leur base : un petit appendice plus ou moins manifeste, en forme d'écaille courte, denticulée, est situé transversalement sur la face intérieure de chaque division, à l'endroit où elle se coude.

Tels sont les caractères ordinaires de la tribu des échinopsées, qui nous fournit en outre la matière des remarques suivantes.

La calathide est sphérique, incouronnée, équaliflore, multiflore, régulariflore, androgyniflore. Le clinanthe est sphérique, inappendiculé. Le péricline est très-anomal, formé d'une multitude de squames diffuses, rabattues, semi-avortées, analogues aux squamellules de la quatrième aigrette. Les feuilles sont alternes, épineuses, pinnatifides ; les tiges herbacées ; les fleurs blanches ou bleuâtres. L'ordre de fleuraison de la calathide est inverse, c'est-à-dire que les fleurs intérieures s'épanouissent les premières. Ordinairement les fleurs marginales ne se développent qu'imparfaitement.

L'ordre de fleuraison inverse, ainsi que le demi-avortement ou l'imperfection des fleurs marginales et du péricline, sont, selon nous, l'effet de la situation gênée et renversée des parties extérieures de la calathide, laquelle situation résulte de la sphéricité du clinanthe. C'est donc à tort que M. R. Brown (Journal de Physique, tom. 86, pag. 598 et 410) croit trouver dans l'ordre de fleuraison inverse, une preuve certaine de l'opinion généralement admise, et qui attribue aux *echinops* un capitule composé de plusieurs calathides uniflores. Nous soutenons, au contraire, que les prétendues calathides uniflores de ces plantes sont réellement de simples fleurs, et nous démontrons rigoureusement, cette proposition de la manière suivante.

Toute calathide est essentiellement composée d'une ou de plusieurs fleurs, portées sur un clinanthe, et entourées d'un péricline qui est constamment implanté sur les bords du clinanthe. De. cette définition incontestable, nous tirons deux conséquences : la première est qu'une prétendue calathide uniflore qui n'auroit ni clinanthe ni péricline, ne seroit point une calathide, mais une simple fleur; la seconde est qu'un prétendu péricline qui naîtroit, non des bords du clinanthe, mais de la surface de l'ovaire, ne seroit point un vrai péricline. Posons encore un principe; c'est que tout ovaire de synanthérée est terminé inférieurement par une aréole basilaire qui s'articule avec le clinanthe : d'où il suit que tout appendice qui auroit son origine au-dessus de cette aréole basilaire, dénotée par l'articulation, seroit une dépendance de l'ovaire, et non du clinanthe.

Appliquons ces principes à l'*echinops*. 1.° L'aréole basilaire de chaque ovaire repose immédiatement sur le clinanthe commun à tous, et il ne peut y avoir d'équivoque sur cette aréole, attendu qu'elle est jointe au clinanthe par une articulation manifeste, et qu'elle est bordée d'un bourrelet. Donc la prétendue calathide uniflore est dépourvue d'un clinanthe propre. 2.° Le prétendu péricline de la prétendue calathide uniflore est implanté sur l'ovaire, bien au-dessus de l'aréole basilaire. Donc ce n'est point un vrai péricline : donc la prétendue calathide est dépourvue de péricline, comme de clinanthe : donc ce n'est point une calathide, mais une simple fleur.

Maintenant, si l'on nous demande pourquoi nous considérons comme une aigrette ce faux péricline qui ne ressemble guère à une aigrette, et qui d'ailleurs est implanté sur la base de l'ovaire, au lieu de l'être autour de son sommet, nous répondrons que tout appendice qui est implanté sur des points quelconques de la surface de l'ovaire, entre les deux aréoles basilaire et apicilaire, et qui est manifestement analogue à des squames de péricline, ou à des squamelles de clinanthe, ne peut être assimilé à rien, si ce n'est à des squamellules d'aigrette.

La tribu des échinopsées, parfaitement distincte de toute autre tribu, et extrêmement remarquable par ses singuliers caractères, ne comprend qu'un seul genre composé d'un petit nombre d'espèces qui habitent l'Europe, l'Asie ou l'Afrique. (H. Cass.)

ÉCHINOPSIDÉES. (*Bot.*) M. Richard divise la famille des synanthérées, qu'il appelle la classe de la *synanthérie*, en deux ordres, dont le premier, qu'il nomme *monostigmatie*, est subdivisé par lui en trois sections, sous les titres d'échinopsidées, de carduacées et de liatridées. Les échinopsidées de M. Richard ne sont autre chose que la polygamie séparée de Linnæus: car, selon lui, leur caractère est d'avoir chaque fleur entourée d'un petit péricline propre, ou bien quelques fleurs réunies dans un même péricline, et tous ces périclines rapprochés les uns des autres en un seul et même groupe. Il en résulte que les échinopsidées de M. Richard forment une section tout-à-fait artificielle, et qui n'a aucun rapport avec notre tribu naturelle des échinopsées, dans laquelle nous n'admettons que le seul genre *Echinops*.

Ce que nous venons de dire des échinopsidées de M. Richard, est également applicable aux échinopsidées de M. Kunth. Le quatrième volume de son ouvrage, intitulé *Nova Genera et Species Plantarum*, etc., n'est pas encore publié; mais il est imprimé dans le format in-folio, et le premier exemplaire a été déposé à l'Académie des sciences, le 26 octobre 1818. Un second exemplaire nous a été communiqué par l'auteur, le 1er décembre de la même année. Nous y avons vu que ce botaniste divise les synanthérées en six sections principales, qu'il nomme chicoracées, carduacées, eupatorées, jacobées, hélianthées, anthémidées; et qu'il sous-divise ses carduacées en six sections secondaires, sous les titres d'onoséridées, de barnadésiées, de carduacées vraies, d'échinopsidées, de vernoniacées et d'astérées.

Quoique M. Kunth n'ait assigné aucun caractère à ses sections principales ou secondaires, il nous est facile de juger, par les associations de genres qu'elles présentent, que plusieurs ne ressemblent à nos tribus naturelles que par les noms qui leur servent de titres. Ainsi ses échinopsidées se composent des cinq genres *Lagascea , Elephantopus , Rolandra , Trichospira, Spiracantha*, qui sont tous pour nous des vernoniées, et qui n'ont aucune affinité avec l'échinops, que M. Kunth regarde sans doute comme le type de son groupe , puisque le nom de ce groupe en est dérivé. (H. Cass.)

ECHINOPUS. (*Bot.*) Linnæus a changé la terminaison de ce nom générique employé par Tournefort et les anciens botanistes, de sorte que l'*echinopus* est devenu l'*echinops*. (H. Cass.)

ECHINORHIN , *Echinorhinus*. (*Ichthyol.*) M. de Blainville a proposé de faire, aux dépens du grand genre des squales de Linnæus, un sous-genre de ce nom ; le squale bouclé, Brouss., *squalus spinosus*, Schneid. , lui serviroit de type. Voyez Leiche. (H. C.)

ECHINORHYNQUE , *Echinorhynchus*. (*Entoz.*) Genre de vers intestinaux, établi par Zoëga et Muller, adopté sous ce nom par presque tous les zoologistes systématiques françois et étrangers, tels que Bloch, Goëze, Schrank, Rudolphi, Bosc, Lamarck, Cuvier, Ocher, etc., si ce n'est par Koël-reuter et Acharius, qui le nommoient, le premier Acanthocéphale et le second Acanthure. Ses caractères sont : Corps plus ou moins arrondi, assez généralement en forme de sac alongé et ridé transversalement, terminé antérieurement par un renflement céphalique, contenant une trompe simple, rétractile, garnie de crochets disposés par séries, et postérieurement par un orifice servant probablement d'anus; les deux sexes de l'appareil de la génération séparés sur des individus différens. On connoît assez peu l'organisation de ces animaux. Voici ce que j'en ai pu voir sur un ou deux individus de l'échinorhynque du cochon et de celui de la baleine, les seules espèces que j'aie disséquées. Le corps de forme à peu près cylindrique, mais un peu déprimé, présente antérieurement un renflement circulaire plus ou moins considérable, quelquefois garni dans sa circonférence d'un plus ou moins grand nombre de crochets ; vient ensuite, après un rétrécissement plus ou moins marqué, le corps proprement dit, qui, le plus ordinairement, va en augmentant un peu de grosseur jusqu'à l'extrémité postérieure , et dont toute la peau présente des espèces d'anneaux ou mieux

de plis transversaux, souvent assez réguliers : on n'aperçoit sur
tout le corps de cet animal qu'un orifice antérieur par où sort
ce qu'on nomme la trompe, et un postérieur qui est l'anus. Si
l'on vient à fendre la peau qui est assez épaisse, on trouve
qu'elle est composée de deux ordres de fibres musculaires,
l'un transversal, formant dans toute la longueur du corps des
espèces de muscles annulaires et bien distincts, et l'autre en
dedans formant une couche plus mince, composée de petites
bandelettes longitudinales, luisantes, soyeuses, évidemment analogues des muscles des néréides et autres genres de cette classe.
A l'intérieur de cette peau on trouve une cavité viscérale parfaitement distincte, quoique différente de ce qu'on voit dans
les ascarides lombricoïdes. D'abord, à la partie antérieure, existe
un organe de forme un peu différente, suivant les espèces,
occupant l'intérieur du bourrelet céphalique, et que les auteurs désignent sous le nom de trompe. Elle m'a paru entièrement musculaire, et composée d'un très-grand nombre de
fibres transversales : de toute sa circonférence sortent d'autres
fibres musculaires longitudinales, qui vont au bord antérieur
du bourrelet, et qui doivent servir à la faire sortir de son espèce
de prépuce ; elle y est, au contraire, rentrée au moyen des faisceaux qui terminent une partie des muscles longitudinaux de
la peau. Cette espèce de trompe est, du reste, entourée, dans sa
partie qui peut sortir, de petits crochets recourbés en arrière,
du moins dans les espèces qui n'ont pas de ces organes autour du
renflement. Mais cette espèce de trompe est-elle percée ? J'ai
cru effectivement apercevoir une petite ouverture dans l'échinorhynque de la baleine, et il est certain que dans celui du
cochon on peut, par la pression, faire sortir un fluide de son
milieu. Je ne voudrois pas non plus assurer qu'il naquît de
l'extrémité postérieure de cette trompe un canal intestinal ;
mais cela me paroît extrémement probable. En effet, j'ai vu dans
l'échinorhynque de la baleine partir de l'extrémité postérieure
du corps, ou mieux du tubercule qui la termine, un canal
médian qui, après avoir traversé un organe granuleux plus
large en avant qu'en arrière, se renfle en une sorte de fuseau
charnu, puis en un petit nœud blanc, et se dirige ensuite, fort
grêle et collé contre les fibres musculaires longitudinales, vers
l'extrémité antérieure ; mais j'avoue que je n'ai pu voir sa ter-

minaison, et s'il y a communication avec la trompe. Outre cette espèce de canal intestinal, on remarque encore dans la cavité viscérale plusieurs choses. D'abord, de chaque côté de la masse de la trompe et de la moitié antérieure du corps, se voit un corps jaune, filiforme, granuleux, et dont la terminaison se fait de chaque côté du prépuce de la trompe. Sont-ce des glandes salivaires, dont elles ont l'aspect, ou mieux les ovaires? Dans l'échinorhynque du cochon, cet organe existe aussi, quoique Goëze et Rudolphi ne l'indiquent pas, et il se termine par un petit pédicule court. On voit aussi de chaque côté du dos un organe symétrique, formant une sorte de canal qui, dans sa partie antérieure, m'a offert des trous ou pores régulièrement disposés, du moins dans l'échinorhynque de la baleine : dans celui du cochon, cet organe est d'un blanc sale, mat, certainement non musculaire, légèrement grésillé à sa surface, à bords parallèles, et formant une petite saillie dans la cavité viscérale. Il existe évidemment dans toute la longueur du corps; mais, arrivé vers la trompe, il donne de son bord interne une branche légèrement flexueuse, tout-à-fait ressemblante à une subdivision de vaisseaux, et qui va se perdre dans les fibres musculaires longitudinales, ou s'anastomoser avec celle du côté opposé. Le tronc se continue ensuite dans la même direction, jusque vers l'extrémité, où je l'ai perdue. Dans la dernière espèce que nous venons de citer, au côté externe de cet organe latéral, s'en voit un autre tout-à-fait de même apparence, mais de moitié plus grêle, qui m'a paru aussi occuper toute la longueur de l'animal. On trouve en outre une sorte de vaisseau dorsal et un système nerveux abdominal, disposés tout-à-fait comme dans l'ascaride lumbricoïde.

De tout ce que nous venons de dire sur l'organisation de l'échinorhynque, il nous semble que les deux organes granuleux qui sont de chaque côté de la trompe, sont des ovaires; et en effet Goëze, Zeder et Rudolphi ont fait sortir les œufs par cette extrémité, en comprimant un peu le corps; et cependant les auteurs sont d'accord pour regarder comme les organes mâles des espèces de globules en nombre, à ce qu'il paroît variable, et qui, d'abord internes, sortent ensuite dans une espèce de vésicule, et enfin deviennent tout-à-fait extérieurs, et tout cela à l'extrémité opposée à celle de la terminaison des ovaires.

J'ai bien vu dans l'échinorhynque de la baleine, à cette dernière
extrémité, deux espèces de globules intérieurs, mais placés
symétriquement l'un après l'autre, et appartenant, suivant
ce qu'il m'a paru, au canal intestinal. Quant à celui-ci, la
plupart des auteurs paroissent penser qu'il n'en existe pas.
Nous en avons cependant vu un bien évident dans l'échinorhynque de la baleine, et même dans celui du cochon. Il me
semble que l'espèce de sac qu'on trouve occuper le milieu
de la plus grande partie du corps, doit plutôt être regardée
comme un canal intestinal, que comme un ovaire, contre
l'opinion de Rudolphi, et cela d'autant mieux qu'on trouve
deux organes que nous avons vu être très-probablement les
ovaires. Quant aux ouvertures du canal intestinal, je suis certain de les avoir vues dans l'échinorhynque de la baleine.
D'après cela, les deux organes qui règnent, l'un d'un côté,
et l'autre dans toute la longueur de l'animal, sont évidemment
des vaisseaux entourés peut-être d'une espèce de parenchyme :
il me paroît encore assez difficile de douter que ce soit autre
chose que des organes vasculaires et respiratoires, analogues à ce
qu'on trouve dans les ascarides lombricoïdes. M. Rudolphi, admettant, d'après les auteurs, que la trompe n'est pas percée,
ce que cependant il paroît fort peu porté à croire, et assurant
qu'il n'y a pas d'anus, pense que, dans ces animaux, l'absorption
des substances alimentaires se fait par tous les pores de l'animal
en même temps que par la bouche, s'il y en a une, et que ce
fluide est absorbé dans les vaisseaux latéraux, où il est élaboré et
ensuite transporté par des ramifications vasculaires dans toutes
les parties du corps. Il nous sembleroit plus rationnel de penser
que les matières alimentaires proprement dites sont puisées par
une extrémité ou par l'autre, et transmises dans le canal intestinal ; qu'après une première élaboration elles sont conduites,
par un système vasculaire que nous ne voyons pas, dans les vaisseaux latéraux, où le fluide alimentaire ayant reçu une dernière
élaboration est ensuite transmis à toutes les autres parties du
corps par des ramifications vasculaires. Les œufs sont produits
dans les deux ovaires dont nous avons parlé, et rejetés au dehors
par l'orifice antérieur. Quant aux organes mâles, n'en ayant
pas vu, nous ne pouvons en donner une idée. Quoi qu'il en soit
de l'organisation des échinorhynques et des usages de chacune

de leurs parties, ce sont des animaux qui, jusqu'ici, n'ont été trouvés que dans l'intérieur du canal intestinal des animaux vertébrés. Ils y sont fixés au moyen des crochets dont est armée l'une de leurs extrémités, qui est toujours enfoncée au-delà de son élargissement, en sorte qu'il est assez difficile de les arracher, l'ouverture de la membrane muqueuse de l'intestin étant plus étroite que le renflement. Cette disposition pourroit porter à penser que l'animal a été ainsi fixé par sa mère, étant encore fort petit, ce qui pourroit expliquer la terminaison assez singulière des ovaires. On n'a pas encore rencontré d'espèces de ce genre dans les intestins de l'homme, et elles sont au contraire fort communes dans ceux des poissons.

Le nombre des espèces que les entozoologistes, et surtout Rudolphi, caractérisent dans ce genre, monte déjà à soixante-deux. On peut les diviser, suivant qu'elles ont le prépuce de la trompe, et la trompe elle-même, garnis d'aiguillons, ou que la trompe seule en est pourvue : on pourra ensuite, dans chacune de ces divisions premières, avoir égard à la forme de la trompe, comme l'a fait M. Rudolphi.

A. Espèces qui ont le prépuce et la trompe garnis de crochets.

Cette section ne contient qu'un assez petit nombre d'espèces.

1°. L'Echinorhynque de la Baleine; *Echinorhynchus balenæ*, Zeder. J'ai vu moi-même cette espèce dans la Collection de M. Brongniart. Son corps, d'un pouce de long, et de près de deux lignes dans la partie la plus large, est à peu près cylindrique, ou mieux en forme de massue et très-finement annelée presque régulièrement : à son extrémité la plus grosse, il est terminé par un petit bouton saillant, au milieu duquel est bien certainement une ouverture, et par l'autre qui s'est rétrécie peu à peu, il se renfle en une sorte de disque presque plat antérieurement, garni d'un très-grand nombre de fort petits crochets, et percé dans son milieu par un orifice circulaire qui laisse apercevoir la trompe. Celle-ci n'est armée que d'un rang de crochets recourbés, mais plus forts que ceux du bourrelet. Sa couleur est blanche. Je n'ai pu apercevoir de traces d'autres ouvertures, mais seulement l'indice des organes vasculaires longitudinaux, dont il a été parlé plus haut, et qui étoient un peu plus dorsaux que ventraux, ou peut-être au contraire.

Cette espèce, qui a été trouvée dans les intestins d'une baleine jetée à la côte près de Bayonne, tenoit fortement, non-seulement par la manière dont son bourrelet avoit percé la membrane interne, mais encore par les crochets de sa trompe.

2.° L'Echinorhynque petit : *Echinorhynchus minutus*, Zeder; Goëze, tab. 13, fig. 1-2. De deux à trois lignes de long : le corps ovale-court; le prépuce armé de dix rangs d'aiguillons; la trompe également armée de huit rangs de crochets, et portée sur un assez long cou : intestins du canard brun, de la poule d'eau et du merle à tête noire.

5.° L'Echinorhynque bacillaire : *Echinorhynchus bacillaris*, Zeder; Bloch, tab. 7, fig. 9-11. D'un pouce à un pouce et demi de long; le corps cylindrique, atténué postérieurement, et terminé antérieurement par une trompe globuleuse, aiguillonnée à l'extrémité d'un rétrécissement également armé. Dans les intestins du petit plongeon, *mergus minutus*.

Les *echinorhynchus subulatus, prestis, collaris, constrictus, strenuosus, gibbosus*, appartiennent aussi à cette section.

B. Espèces qui n'ont que la trompe garnie de crochets.

a. La trompe subglobuleuse.

4.° L'Echinorhynque géant; *Echinorhynchus gigas*, Bloch, tab. 7, fig. 1-8. Corps de trois à quinze pouces de long sur une à trois lignes de diamètre; cylindrique, décroissant postérieurement; la trompe presque globuleuse, armée de trois à quatre rangs de forts crochets, portée sur une sorte de cou plus étroit, et pouvant rentrer dans une espèce de prépuce antérieur. Très-commune, à toutes les époques de l'année, dans les intestins du cochon sauvage ou domestique.

Cette division comprend encore les *echinorhynchus ricinoides, napæformis, compressus*, de Rudolphi, et les *echinorhynchus tuberosus* et *clavisceps*, de Zeder.

b. La trompe ovale.

5.° L'Echinorhynque globuleux : *Echinorhynchus globosus*, Rudolp.; *Echinorhynchus anguilla*, E. M. tab. 38, fig. 16-18, d'après Muller. Corps oblong, de quatre à six lignes; la trompe ovale portée sur un cou étroit et assez long : dans les intestins de l'anguille.

C'est dans cette espèce que Muller et Rudolphi ont eu l'occasion d'observer les organes mâles et femelles sur des individus différens.

c. La trompe oblongue et plus épaisse au milieu.

6.° L'Echinorhynque inégal ; *Echinorhynchus inæqualis*, Rudolp., *Entoz.*, tab. 4, fig. 2. Le corps, d'une ligne et demie, est assez alongé et atténué postérieurement. La trompe est oblongue, renflée au milieu, et le cou court. Estomac du *falco buteo*, Linn.

d. La trompe claviforme.

7.° L'Echinorhynque fusiforme : *Echinorhynchus fusiformis*, Zeder ; Goëze, tab. 12, fig. 5-6 ; *Echinorhynchus trutæ*. Le corps très-long, cylindrique, plus mince aux deux extrémités ; la trompe claviforme, sans cou. Intestins de la truite.

e. La trompe conique.

8.° L'Echinorhynque hæruque : *Echinorhynchus hæruca*, Rudolp.; Goëze, tabl. 10-11 ; *Echinorhynchus ranæ*. Corps long, rond, plus épais antérieurement; la trompe conique portée sur un cou à peu près égal. Se trouve dans les intestins de la grenouille temporaire.

Il faut encore rapporter à cette division l'*echinorhynchus globocaudatus* de Zeder.

f. La trompe cylindrique ou linéaire.

9.° L'Echinorhynque étroit : *Echinorhynchus angustatus*, Rudolp.; *Echinorhynchus lucii*, Encycl. méth., tab. 38, fig. 3-5. B. C., d'après Muller. De deux à six lignes de long. Le corps de cette espèce est plus étroit antérieurement, arrondi ; la trompe est cylindrique et comme tronquée antérieurement, portée sur un cou très-court. Des intestins du brochet.

Il faut encore rapporter à cette section les *echinorhynchus affinis, simplex, inflatus, falcatus, cylindraceus, spiralis, caudatus, tuba, æqualis, acus* et *lineolatus*, de Rudolphi.

g. Espèces dont le cou est fort alongé.

10.° L'Echinorhynque a cou rond ; *Echinorhynchus tereticollis*, Rudolp.; Goëze, tab. 12, fig. 12 à 14; *Echinorhynchus lotæ*. Cette espèce, dont le corps est plus mince en arrière, et dont la trompe cylindrique est portée sur un cou plus étroit, filiforme, rugueux, terminé par une bulle, se trouve en grande abondance dans le canal intestinal de beaucoup de poissons d'eau douce et salée.

A cette division appartiennent encore les *echinorhynchus filicollis, nodulosus, ovatus* et *sphæricus,* décrits par Rudolphi. Cet auteur joint aux trente-huit espèces suffisamment connues, l'indication de vingt-huit autres qui lui semblent trop incertaines pour être classées. De ce nombre étoit l'échinorhynque de la baleine, dont nous avons donné la description plus haut, et qui nous paroit évidemment différer du *sipunculus lendex* de Phips, quoiqu'il y ait quelques rapprochemens à faire pour l'organisation. (De B.)

ECHINORODUM. (*Echinod.*) Van-Phelsum désigne sous ce nom le genre *Scutum* de Klein, que M. de Lamarck a nommé nouvellement *Scutella.* (De B.)

ECHINOSINUS. (*Echinod.*) Van-Phelsum, dans sa Disposition méthodique des Oursins, donne ce nom aux espèces dont le têt est en quelque sorte irrégulier et cependant à peu près circulaire. C'est le genre *Clipeus* de Klein. (De B.)

ECHINOSPATAGUS. (*Echinod.*) Dans la classification de Breynius, ce sont les oursins dont la bouche inférieure est placée entre le centre et le bord, et dont l'anus est au bord de la partie supérieure et à l'autre extrémité, en sorte que les deux ouvertures sont obliquement opposées. Cette division correspond aux genres *Spatangus* et *Spatagoides* de Klein. (De B.)

ECHINOSPERME, *Echinospermum.* (*Bot.*) Genre de plantes dicotylédones, à fleurs monopétalées, régulières, de la famille des borraginées, de la *pentandrie monogynie* de Linnæus, offrant pour caractère essentiel : Un calice à cinq divisions; une corolle en soucoupe; le tube court; le limbe étalé, à cinq lobes obtus; l'orifice muni de cinq écailles courtes, concaves; cinq étamines; un style; quatre semences (quatre noix) au fond du calice, non perforées à leur base, hérissées de poils rudes, attachées à une colonne centrale.

Les espèces de *myosotis* à semences hérissées avoient été déjà réunies dans un genre particulier par Mœnch, sous le nom de *lappula.* M. Rob. Brown admet l'établissement de ce nouveau genre; Swartz étoit du même avis. M. Lehmann, dans un nouvel ouvrage qu'il vient de publier (*Plantæ e familia asperifoliarum,* etc.), a donné, sous le nom d'*echinospermum,* la description de toutes les espèces qu'il renferme. Quand on considère que ces espèces offrent le même port que les *myosotis,* qu'elles n'en diffèrent essentiellement que par leurs semences hérissées et non perforées à leur base, attachées à un réceptacle central, tandis qu'elles sont glabres dans les *myosotis*, perforées à leur base et attachées au fond du calice, on sera porté à croire que ces caractères pouvoient fournir une très-bonne sous-division dans le genre *Myosotis*, et non devenir la base d'un nouveau genre formé par l'altération d'un autre très-naturel. Je ne me suis déterminé à le présenter ici que comme une sous-division, qu'on pourra réunir au genre *Myosotis*, ou considérer séparément.

Les espèces qui le composent sont la plupart originaires de l'Asie, des Indes, de l'Amérique; quelques unes croissent en Europe : les feuilles sont simples, alternes, rudes ou pileuses; les fleurs souvent unilatérales, disposées en grappes ou en épis terminaux. M. Lehmann les a distribuées en deux sous-divisions, distinguées ainsi qu'il suit :

* *Fruits droits ; grappes munies de folioles ou de bractées.*

ECHINOSPERME A FRUITS DE BARDANE : *Echinospermum lappula*, Lehm., *Pl. aspérif.*, pag. 121; *Myosotis lappula*, Linn.; Lamk., *Ill.*, tab. 191. Plante herbacée qui offre le port de la vipérine. Ses tiges sont droites, rameuses, hautes de deux ou trois pieds, couvertes de poils blancs; ses feuilles entières, sessiles, oblongues-lancéolées, couvertes d'aspérités et de poils roides; les fleurs petites, presque sessiles, de couleur bleue, quelquefois blan. hes, disposées en grappes le long des rameaux; les semences légèrement chagrinées, hérissées vers leurs bords de poils crochus, épineux, disposés sur un double rang : elle croît en Europe parmi les décombres et aux lieux stériles. Le *myosotis squarrosa*, Retz (non Pallas), est une simple variété de la précédente, à poils plus rudes. Celle qui porte le même nom dans Pallas et Marschall, s'en distingue par une simple série d'aiguillons sur les semences, par les rameaux étalés. Lehmann la nomme *echinospermum patulum*.

ECHINOSPERME A PÉDONCULES RENFLÉS; *Echinospermum condylophorum*, Lehm., *Pl. aspérif.*, pag. 125. Ses tiges sont droites, anguleuses, comprimées, divisées vers leur sommet en rameaux étalés, réfléchis; les feuilles lancéolées, entières, blanchâtres, très-velues; les fleurs deux à deux, disposées en grappes terminales, feuillées ; les pédoncules des fruits alongés et renflés ; la corolle d'un beau bleu ; les fruits coniques, couverts de tubercules calleux, et de pointes épineuses et crochues, disposées sur un seul rang. Elle croît dans la Sibérie. On trouve dans le même pays, sur les bords du Volga, l'*echinospermum minimum*, Lehm., ou le *myosotis echinophora*, Pall., Itin., 3, tab. 1, 1, fig. 1. Sa tige est droite, longue d'environ trois à six pouces ; les rameaux étalés ; les feuilles lancéolées, obtuses, hérissées en dessous et à leurs bords de longs poils étalés ; les pédoncules distans, très-courts, puis renflés, et de la longueur des bractées : la corolle d'un bleu d'azur, blanche dans le centre ; les fruits assez gros, chargés d'aiguillons très-longs, presque rameux et crochus, disposés sur un seul rang. La Russie fournit encore l'*echinospermum Redouskii*, Lehm. Ses tiges sont simples ; les feuilles linéaires-lancéolées, très-longues, pileuses ; les pédoncules souvent bifides ; les fruits à peine pédonculés, un peu coniques ; les aiguillons frangés à leurs bords et à leur sommet.

ECHINOSPERME BARBU : *Echinospermum barbatum*, Lehm.; *Myosotis saxatilis*, Pall., *Fl. Taur.; Myosotis barbata*, Marsch., *Fl. Taur. Caucas.*, 1, pag. 121 ; et Cent., *Pl. rar. Russ.*, tab 36. Cette espèce croît dans la Tauride, sur le Caucase. Ses racines sont rougeâtres, et produisent plusieurs tiges longues d'un pied et plus, couvertes de poils mous, blancs et soyeux ; les rameaux forment une panicule terminale ; les feuilles sont lancéolées en spatule, les supérieures presque subulées : les fleurs assez grandes, d'un beau bleu d'azur ; l'orifice de la corolle fermé par des écailles d'un jaune doré ; les bractées souvent conjuguées ; les semences pyramidales, de la longueur du calice ; leurs aiguillons disposés sur deux rangs. Une autre espèce du Caucase, *echinospermum marginatum*, Marsch., *Fl. Taur. Cauc.*, 1, pag. 120, se distingue par les aiguillons des semences, élargis et soudés à leur base jusque vers leur milieu, disposés sur un simple rang ; les feuilles sont oblongues, obtuses et pileuses ; la corolle à peine plus longue que le calice.

ECHINOSPERME GRÊLE ; *Echinospermum gracile, Fl. Per.*, 2, pag. 5, *sub myosotide*. Plante du Chili, dont les tiges sont grêles, couchées, presque simples ; les feuilles sessiles, linéaires, très-entières ; les fleurs blanches, unilatérales, disposées en un épi lâche.

On trouve au cap de Bonne-Espérance le *myosotis*, Làmk., ou l'*echinospermum cynoglossoides*, Lehm., qui est la même plante que le *cynoglossum echinatum*, Thunb., à tiges droites, presque ligneuses; à feuilles hispides, lancéolées; les aiguillons des semences disposés sur un simple rang, alongés, soudés jusque vers leur milieu. L'*echinospermum Vahlianum*, Lehm., qui est l'*anchusa spinocarpos*, de Forskaël; le *myosotis spinocarpos*, Willd., a des tiges ligneuses à leur base; les rameaux dicho-tomes, très-pileux; les feuilles petites, sessiles, linéaires, très-pileuses; les pédoncules axillaires; deux folioles sous les calices; les fruits anguleux, épineux, dentés sur leur carène. Cette plante croit aux environs d'Alexandrie.

**** *Fruits inclinés* ou *rabattus; grappes presque dépourvues de bractées.***

ECHINOSPERME DE CEILAN; *Echinospermum zeylanicum*, Lehm. Ses tiges sont rameuses, herbacées; les feuilles médiocrement pétiolées, ovales, presque en cœur, aiguës, longues de deux pouces, couvertes de poils blancs, radiés. Les fleurs sont bleues, fort petites, disposées en grappes nues, droites, terminales; les pédicelles inclinés après la floraison; les fruits chargés d'aiguil-lons un peu crochus, presque imbriqués, très-nombreux. Elle croit aux lieux sablonneux, sur les bords de la mer.

ECHINOSPERME DE VIRGINIE: *Echinospermum virginicum*, Lehm.; *Myosotis virginica*, Linn.; Moris., *Hist.* 3, S. 11, tab. 50, fig. 9. Ses tiges sont droites, rameuses, pubescentes et pileuses; ses feuilles assez grandes, ovales-oblongues, aiguës à leurs deux extrémités, un peu molles, rudes en dessus, pubescentes et velues en dessous; les grappes diffuses, presque dichotomes, munies de petites bractées linéaires-lancéolées; les semences chargées d'aiguillons touffus et crochus. Elle croit dans l'Amé-rique septentrionale.

ECHINOSPERME DE JAVA; *Echinospermum javanicum*, Lehm. Cette espèce, découverte dans l'île de Java, diffère de la pré-cédente par ses grappes de fleurs droites et non diffuses, cour-bées au sommet, dépourvues de bractées. Ses feuilles sont ellip-tiques-lancéolées, rudes en dessus, hérissées et non velues en dessous; les fleurs bleues; le tube de la corolle un peu plus long que le calice.

Echinosperme de Bourbon : *Echinospermum borbonicum*, Lehm.; *Act. Soc. scrut. Hal.*, vol. 3, fasc. 2, pag. 23, tab. 2 ; *Myosotis borbonica*, Lamk., *Ill.* et Dict. Ses tiges sont droites, presque ligneuses, longues d'un pied et plus; les feuilles lancéolées-linéaires, très-longues, rudes en dessus, presque nues, rétrécies en pétiole à leur base ; les fleurs distantes, presque unilatérales, disposées en grappes droites, alongées, terminales ; les calices hérissés, à cinq découpures oblongues, lancéolées, un peu obtuses; la corolle semblable à celle du *myosotis palustris ;* les semences ovales, comprimées, chargées d'aiguillons ; ceux des bords dilatés et soudés à leur base.

Echinosperme rabattu ; *Echinospermum deflexum* , Lehm. ; *Myosotis deflexa*, Wahlenb., *Flor. Carp.*, pag. 47 ; *Act. Stockh.* 1810, tab. 4, et *Flor. Dan.*, tab. 1568. Plante qui croît au pied des montagnes Alpines, dans la Laponie, la Norwége, la Hongrie, etc. Ses racines sont fusiformes; ses tiges presque simples, pileuses ; les feuilles oblongues, lancéolées , un peu obtuses, hérissées de poils couchés ; les fleurs disposées en grappes droites, grêles, souvent conjuguées, munies à leur partie inférieure de quelques bractées lancéolées ; les pédicelles des fruits alongés et rabattus ; la corolle de la grandeur de celle du *lappula ;* les semences ovales, armées de petits aiguillons crochus, placés sur un simple rang, soudés à leur base. (Poir.)

ECHINUS. (*Bot.*) Barrère, dans sa France équinoxiale, désignoit sous ce nom un arbrisseau de la famille des apocynées , à fruits hérissés de pointes, qu'Aublet a nommé *orelia*, et Allamand *galurips*, et qui est maintenant l'*allamanda* de Linnæus, adopté plus généralement. On trouve encore parmi les plantes exotiques de Prosper Alpin un *echinus,* qui est une espèce de *statice.* (J.)

ECHINUS. (*Bot.*) Voyez Echinier. (Poir.)

ECHINUS. (*Bot.*) Haller donne ce nom au genre *Hydnum* de Linnæus. Voyez Hydne. (Lem.)

ECHINUS (*Actinoz.*), nom latin du genre Oursin. Voyez ce mot. (De B.)

ECHINUS (*Mamm.*), nom formé d'ἐχίνος, que les Grecs donnoient à notre hérisson, et que les modernes ont encore appliqué à d'autres animaux : Columma et Aldrovande le donnent à des tatous, etc. (F. C.)

ECHIOCHILON LIGNEUX (*Bot.*); *Echiochilon fruticosum ,*

Desf., *Fl. Atlan.*, 1, pag. 167, tab. 47. Genre de plantes dicotylédones, à fleurs monopétalées, irrégulières, établi par M. Desfontaines pour une plante découverte dans le royaume de Tunis, aux environs de Kérouan. Ce genre appartient à la famille des borraginées, à la *pentandrie monogynie* de Linnæus; il se rapproche des *echium*, et se distingue par sa corolle presque labiée. Son caractère essentiel consiste dans un calice à quatre découpures profondes: une corolle tubulée, presque à deux lèvres; la supérieure à deux lobes, l'inférieure à trois; le tube grêle un peu arqué; à cinq étamines non saillantes, insérées au-dessous de l'orifice de la corolle; un style; un stigmate à deux lobes; quatre semences tuberculées, placées au fond du calice.

Ses tiges sont droites, ligneuses, longues de deux pieds; les rameaux grêles, cylindriques, souvent tortueux, parsemés de poils couchés, courts et blanchâtres. Les feuilles sont éparses, linéaires, alternes, persistantes, hérissées, un peu roides, subulées; les inférieures rabattues, les supérieures appliquées contre la tige: les fleurs sont sessiles, solitaires, axillaires; le calice hérissé, à quatre divisions droites, profondes, subulées, presque égales; la corolle petite, de couleur bleue, jaunâtre à son orifice; les filamens très-courts; les anthères petites, vacillantes, à deux loges; un ovaire à quatre lobes; le style grêle et simple; quatre semences glabres, fort petites, tuberculées. (POIR.)

ECHIOIDE, *Echioides*. (*Bot.*) Genre de plantes dicotylédones, à fleurs complètes, monopétalées, régulières, de la famille des borraginées, de la *pentandrie monogynie* de Linnæus, offrant pour caractère essentiel : Un calice renflé, persistant, à cinq découpures; une corolle infundibuliforme; le tube droit; l'orifice nu ou barbu; le limbe à cinq lobes; cinq étamines non saillantes; un style; un stigmate simple; quatre semences nues au fond du calice.

Ce genre faisoit d'abord partie de celui des *lycopsis* de Linnæus. Mœnch l'en avoit séparé sous le nom de *nonea*. M. Desfontaines lui a donné celui d'*echioides*. Quelques auteurs, particulièrement Lehmann, l'ont réuni de nouveau au genre *Lycopsis*, en modifiant le caractère de ce dernier, le plus essentiel. Les principales espèces à rapporter au genre *Echioides*, sont :

Echioïde noiratre : *Echioides nigricans*, Desf., *Fl. Atlant.*, 1, pag. 163; Moris., *Hist.*, 3, §. 11, tab. 26, fig. 11 ; Zan., *Hist.*, tab. 38; Hoffm. et Link, *Pl. Lusit.*, 130, tab. 22 : *Anchusa nigricans*, Brot. , *Pl. Lusit.*, 1, pag. 298. Cette espèce croît en Barbarie et dans quelques contrées de l'Europe. Ses tiges sont couchées, rudes, pileuses, rameuses, longues de deux ou trois pieds ; les feuilles alternes, sessiles, lancéolées, pileuses, de couleur cendrée; les fleurs pédonculées, axillaires et solitaires; le calice hérissé, renflé à l'époque de la maturité des semences; ses découpures droites, ovales , aiguës; la corolle un peu plus courte que le calice ; le limbe petit, noirâtre, à cinq lobes obtus; le tube droit; les semences tuberculées, acuminées, ciselées à leur base. D'après Lehmann (*Plant. aspér.*, 2, pag. 262), cette plante seroit le *lycopsis vesicaria*, Linn.; *nonea decumbens*, Mœnch, *Method.*, 422.

Echioïde violette : *Echioides violacea*, Desf., *Flor. Atlant.*, 1, pag. 164; Rivin., *Intr. in rem herb.*, vol. 1, tab. 8; *Nonea violacea*, Decand., Fl. Fr. Dans cette espèce, très-voisine de la précédente, les tiges sont redressées, presque simples, striées, couvertes de poils mous et touffus; les feuilles lancéolées, très-pileuses; les fleurs axillaires, pédonculées; le calice à cinq divisions inégales, acuminées, renflé et pendant après la floraison, couvert de poils longs et roides; la corolle un peu inégale; le tube d'un jaune pâle, plus court que le calice; l'orifice pileux; le limbe saillant hors du calice, campanulé, presque de la longueur du tube, d'un pourpre violet; ses lobes courts et obtus. Cette plante croît sur les côtes de Barbarie, sur le mont Caucase et dans les contrées méridionales de l'Europe. Selon Lehmann, cette espèce est la même que le *lycopsis pulla*, Linn.; Jacq. *Austr.* 2, tab. 188 ; Clus., *Hist.* 2, pag. 164, fig. 1 ; *anchusa pulla*, Marsch., *Fl. Taur.*; *anchusa tinctoria*, Pall., *Ind. Taur.*

Echioïde a fleurs jaunes : *Echioides lutea* ; *Lycopsis lutea*, Lamk., *Dict.*; *Asperuga divaricata*, Murr., *Nov. Comm. Goett.*, 1776, vel. 7, tab. 2; *Anchusa dubia*, Nocca, *Hort. ticin.*, tab. 3 ; *Anchusa lutea*, Willd., *num. excl. syn.*, Forskh. et Linn.; *Nonea lutea*, Decand., Fl. Fr.; *Oscampia dichotoma*, Mœnch, *Meth.* Plante qui croit dans le sable, au mont Caucase, sur les bords du fleuve Terexa : on l'a aussi trouvée aux îles d'Hyères.

Ses tiges naissent en touffes, et se divisent, vers leur sommet, en rameaux divergens, couverts de longs poils roides, et d'autres plus courts, terminés par une glande. Les feuilles sont ovales-oblongues, pileuses; les calices médiocrement pédicellés, renflés à leur base; la corolle jaune, à peine plus longue que le calice; l'orifice un peu pileux, le limbe à cinq lobes arrondis.

ECHIOÏDE CILIÉE : *Echioides ciliata*; *Lycopsis ciliata*, Willd., *Spec.* Ses tiges sont simples, hispides et cannelées; ses feuilles oblongues-lancéolées, inégalement denticulées, couvertes de longs poils roides et blancs; les fleurs jaunes, solitaires, pédicellées, puis inclinées; les calices à cinq découpures étroites, lancéolées, acuminées; la corolle jaune, assez grande; le tube un peu plus long que le calice; le limbe de la longueur du tube; à cinq lobes arrondis, un peu inégaux; les semences brunes, oblongues. Elle croît dans le Levant.

ECHIOÏDE A FEUILLES OBTUSES : *Echioides obtusifolia*; *Lycopsis obtusifolia*, Willd., *Spec.* Ses tiges sont ascendantes, hérissées de poils épars : les feuilles entières; les inférieures cunéiformes; les caulinaires oblongues, lancéolées, obtuses; les supérieures aiguës : les calices hispides, renflés, à cinq divisions ovales, aiguës; la corolle bleue, quelquefois blanche, un peu plus longue que le calice; le tube un peu courbé. Elle croît dans les îles de Chio et de Lesbos, où elle a été découverte par Tournefort.

ECHIOÏDE A FLEURS BLANCHES; *Echioides alba*; *Nonea alba*, Decand., Fl. Fr., 6, pag. 420. Ses feuilles radicales sont, d'après M. Decandolle, oblongues, étalées; de leur centre s'élève une tige divisée, dès sa base, en plusieurs rameaux droits, alongés, presque simples. Les feuilles sont sessiles, linéaires, oblongues, aiguës, entières, hérissées, munies de poils épars; les rameaux se bifurquent au sommet, et se terminent par cinq ou neuf fleurs unilatérales; le calice est divisé en cinq lobes aigus; la corolle blanche, un peu plus longue que le calice. Cette plante a été découverte le long des deux rives du Rhône, au-dessous d'Avignon.

ECHIOÏDE VENTRUE : *Echioides ventricosa*; *Anchusa ventricosa*, Smith, *in* Sibth. *Flor. Græc.*, 1, pag. 117; *Lycopsis sibthorpiana*, Lehm., *Pl. Asper.*, 2, pag. 259. Ses tiges sont rudes, cylindriques et pileuses; les unes couchées, d'autres ascendantes, simples ou dichotomes; les feuilles lancéolées, obtuses, très-entières; les supérieures aiguës; les fleurs petites, presque sessiles, disposées en grappes terminales et feuillées; le calice à cinq découpures courtes, inégales, aiguës, pendant, renflé, et presque globuleux après la floraison; la corolle blanche ; le tube à peine plus long que le calice; l'orifice barbu ; le limbe à cinq lobes planes, courts, inégaux; les semences lisses, brunes, presque en rein. Elle croit sur les montagnes, dans l'île de Ch.pre.

Echioïde de la mer Caspienne: *Echioides caspica; Onosma caspica*, Willd., *Spec.*, 1, pag. 775; *Lycopsis caspica*, Lehm., *Pl. Aspér.* 156. Ses racines sont fusiformes et teignent le papier en violet. Ses tiges sont droites, cylindriques, divisées dès leur base en rameaux étalés; les feuilles sessiles, lancéolées, rétrécies à leurs deux extrémités, entières, hispides; les fleurs distantes, pédicellées ; les calices renflés et inclinés après la floraison, à cinq découpures inégales, lancéolées-linéaires, longuement acuminées; la corolle purpurine, plus longue que le calice ; le tube grêle, dilaté à son sommet; le limbe un peu redressé, à cinq lobes arrondis ; les semences concaves à leur base, ridées, réticulées.

L'*echioides picta*, *seu lycopsis picta*, Lehm. (*anchusa picta*, Marsch.), diffère de la précédente par ses tiges couchées, par ses feuilles plus étroites, ondulées, obscurément dentées; les supérieures élargies à leur base. Elle croit aux lieux sablonneux, sur les bords du Wolga.

On peut encore rapporter à ce genre,

1.º Le *Lycopsis elongata*, Lehm., 264, à tige droite, simple ; les feuilles lancéolées, très-entières, hispides et pileuses ; les florales ovales, plus courtes que le calice; le tube de la corolle de la longueur du calice, d'un jaune pâle; le limbe court, égal, d'un pourpre violet. Elle croît dans les déserts d'Alexandrie.

2.º Le *Lycopsis colsmanniana*, Lehm., l. c. Ses tiges sont droites, les rameaux étalés; les feuilles hispides, linéaires-lancéolées, étalées, très-entières; les florales ovales; la corolle purpurine; le tube pileux à son orifice, à peine plus court que le calice; le limbe campanulé. On pourroit encore réunir à ce genre l'*anchusa alpestris*, Trans. Linn., vol. 11, tab. 52; et l'*an-chusa rosea*, Marsch. (Poir.)

ECHION. (*Malacoz.*) Poli (Testac. des Deux-Siciles) donne ce nom à l'animal des coquilles connues sous le nom d'anomie, *anomia.* Les caractères qu'il assigne à ce genre sont de n'avoir point de trachée (ce qui, en d'autres termes, signifie que les bords du manteau sont entièrement ouverts, sans aucune trace de pied), et d'avoir au contraire l'abdomen ovale et comprimé, les branchies disjointes, et le muscle adducteur traversant la coquille attachée à une sorte de dent calcaire adhérente. Il en distingue cinq à six espèces. Voyez Anomie. (De B.)

ECHIQUIER (*Entomol.*), nom vulgaire d'une espèce de lépidoptères diurnes, voisine des papillons de la division dite les estropiés, par Geoffroy. C'est l'hespérie panisque, qu'on appelle aussi palémon et sylvain. (C. D.)

ECHIS ou Echidna. (*Erpétol.*) Sous ce nom, Belon parle d'un serpent de l'île de Lemnos, qu'il dit être une vipère, et Seba (*Thes.* 11, tab. 36, n.° 1) l'applique à une vipère également, mais de l'île de Saint-Eustache en Amérique. (H. C.)

ECHISACHYS. (*Bot.*) Necker nomme ainsi le *tragus* de Haller et de M. Desfontaines, genre de plante graminée, qui est le *nazia* d'Adanson, le *lappago* de Schreber et de Willdenow. (J.)

ECHITE, *Echites.* (*Bot.*) Genre de plantes dicotylédones, à fleurs complètes, monopétalées, de la famille des apocynées, de la *pentandrie monogynie* de Linnæus, qui a des rapports avec le *nerium* (laurier-rose), et dont le caractère essentiel consiste dans un calice à cinq découpures; une corolle infundibuliforme, nue à son orifice; le limbe divisé en cinq découpures très-ouvertes; cinq étamines insérées sur la corolle; les anthères roides, acuminées, convergentes; deux ovaires entourés de cinq glandes; un seul style : un stigmate à deux lobes. Le fruit consiste en deux follicules grêles, alongés, contenant des semences couronnées d'une longue aigrette, imbriquées autour d'un placenta libre et longitudinal.

Ce genre renferme des arbrisseaux, la plupart originaires de l'Amérique, à tige ordinairement sarmenteuse et grimpante, d'où découle souvent un suc laiteux. Les feuilles sont simples et opposées; les fleurs axillaires, pédonculées ou terminales, en ombelles, en corymbe ou en épi. Les espèces sont assez nombreuses. On y distingue :

Echite a deux fleurs : *Echites biflora*, Jacq., *Amer.*, 3o, tab. 21 ; et *Icon. pict.*, tab. 28; Plum., *Amer.*, tab. 96. Arbrisseau des Antilles, qui s'élève en grimpant sur les arbres, parmi les palétuviers, jusqu'à la hauteur de vingt pieds, et distille un suc laiteux : ses feuilles sont oblongues, médiocrement pétiolées, glabres, coriaces, entières, un peu roussâtres en dessous, longues de deux ou trois pouces ; les fleurs grandes, blanchâtres, d'un aspect agréable, pédicellées, réunies deux ou trois à l'extrémité d'un pédoncule commun, axillaire ; les follicules grêles, cylindriques. Dans l'*echites quinquangularis*, Jacq. *Amer.*, tab. 25, et *Pict.*, 32, les tiges sont un peu rudes ; les feuilles ovales ; les fleurs réunies, au nombre de douze à seize, en grappes simples, axillaires ; la corolle grande, verdâtre, jaunâtre à son limbe ; le bord du tube formant un anneau blanc, saillant, pentagone. Il croît dans l'Amérique méridionale.

Echite campanulé : *Echites suberecta*, Linn., *Spec.*; Lamk., *Illustr. gen.*, tab. 174, fig. 2 ; Jacq., *Amer.*, tab. 26, et *Pict.*, tab. 33; Sloan., *Jam.*, 1, tab. 13o, fig. 2. Plante sarmenteuse, haute de dix pieds, qui croît parmi les buissons dans les îles de la Jamaïque et de Saint-Domingue. Ses feuilles sont ovales-oblongues, obtuses, un peu rudes sur leur dos ; les fleurs fort belles, grandes et jaunes, velues en dehors, réunies en bouquets. L'*echites domingensis*, Jacq., *Icon. rar.*, 1, tab. 53, se distingue par ses feuilles ovales, en cœur, un peu ferrugineuses en dessous. Ses fleurs sont grandes, jaunes, odorantes. L'*echites agglutinata*, Jacq., *Amer.*, tab. 23, et *Pict.*, tab. 3o, a les fleurs blanches, petites, disposées en grappes souvent bifides ; les divisions du limbe lancéolées, aiguës : les follicules agglutinés à leur sommet. Elle croît à Saint-Domingue.

Echite toruleuse : *Echites torulosa*, Lamk., *Ill.*, tab. 174, fig. 1 ; Jacq., *Amer.*, tab. 27, et *Pict.*, tab. 34; Plum., *Amer.*, tab. 27, fig. 1. Cette espèce croît à Saint-Domingue : elle est remarquable par ses follicules grêles, toruleux ou noueux, comme les coronilles. Ses feuilles sont lancéolées, aiguës ; ses fleurs jaunes, petites, réunies en bouquets ombellifères.

Echite a ombelles : *Echites umbellata*, Jacq., *Amer.*, tab. 32, et *Pict.*, tab. 29; Plum., *Amer.*, tab. 216, fig. 2; Sloan., *Jam.*, 1, tab. 131, fig. 2 ; Catesb., *Carol.*, tab. 58. Ses racines sont noueuses, charnues ; ses sarmens subéreux à leur base ; les feuilles ovales-alongées, obtuses, mucronées, un peu en cœur à leur base ; les fleurs sont blanches, grandes, en soucoupe, disposées en ombelles ; le tube long, un peu ventru dans son milieu ; le limbe très-ample, à lobes ondulés. Elle croît à la Jamaïque et à Saint-Domingue. L'*echites trifida*, Jacq., *Amer.*, tab. 24, et *Pict.*, tab. 31, a les pédoncules communs courts, souvent trifides ; les pédicelles inégaux ; les fleurs grandes, assez belles ; le tube d'un pourpre sale, le limbe verdâtre, les découpures tronquées au sommet. Elle croît en Amérique, aux environs de Carthagène. Dans l'*echites repens*, Jacq., *Amer.*, tab. 38, et *Pict.*, tab. 35, les vieilles tiges sont couchées et enracinées ; les plus jeunes redressées, munies de nœuds épais, orbiculaires ; les feuilles linéaires-lancéolées ; les pédoncules bifides ; les fleurs rouges, élégantes ; leur limbe à découpures larges, triangulaires. Cette plante croît à Saint Domingue.

ECHITE A CORYMBES : *Echites corymbosa*, Jacq., *Amer.*, tab. 30, et *Pict.*, tab. 57. Cette plante est remarquable par la forme de sa corolle rouge, dont le tube est fort court ; le limbe plus grand, presque en étoile, à cinq découpures lancéolées - réfléchies ; les étamines saillantes ; les feuilles ovales-lancéolées. Elle croît à Saint-Domingue. L'*echites myrtifolia*, Poir., Encycl., Suppl., en diffère par ses feuilles plus courtes, ovales ; le tube de la corolle est grêle, le limbe découpé en lanières étroites, alongées. Dans l'*echites spicata*, Jacq., *Amer.*, tab. 29, et *Pict.*, tab. 36, les fleurs sont blanches, petites, nombreuses, disposées en épis axillaires et opposés ; la corolle un peu plus longue que le calice ; l'orifice fermé par des poils ; les divisions du limbe une fois plus longues que le tube ; les étamines saillantes ; les feuilles glabres, ovales-oblongues. Ses tiges grimpent sur les arbres jusqu'à la hauteur de soixante pieds. Elle croît en Amérique, dans les forêts de Carthagène.

ECHITE TRONQUÉE : *Echites truncata*, Lamk., Encycl. ; Catesb. *Carol.*, tab. 53. Cette espèce croît dans les îles de Bahama : elle rampe, et puis s'entortille aux arbres. Ses feuilles sont oblongues d'un vert clair ; les fleurs jaunes, grandes, réunies en bouquets, verdâtres en dehors ; le limbe plane, à cinq lobes tronqués obliquement à leur sommet. L'*echites lappulacea*, Lamk.,

Encycl.; Plum., *Amer.*, tab. 26, est distingué par le sommet des follicules hérissés de poils accrochans : les fleurs sont blanches, en grappes; les pédoncules hispides; les feuilles ovales-lancéolées, hispides en dessous. Elle croît à Saint-Domingue.

ECHITE VERTICILLÉE : *Echites scholaris*, Linn., *Mant.*, 54; *Lignum scholare*, Rumph., *Amb.*, 2, tab. 82; *Pala*, Rheed., *Malab.*, 1, tab. 43. Arbre remarquable des Indes orientales. Son tronc est droit, d'une hauteur médiocre, assez épais; son écorce épaisse, crevassée, raboteuse; le bois tendre, fort blanc; les branches droites, presque en ombelles; les rameaux glabres, noueux; les feuilles glabres, ovales, lancéolées, coriaces, presque verticillées autour des nœuds; les fleurs petites, blanchâtres, nombreuses, en ombelles, presque paniculées; les follicules très-grêles, filiformes, géminés, longs d'un pied et même beaucoup plus.

Toutes les parties de cet arbre fournissent un suc laiteux, amer, un peu piquant. On attribue à son écorce plusieurs propriétés médicales. On fait avec son bois différens ouvrages, et ustensiles agréables et commodes : lorsque les troncs sont assez gros, on en forme des planches, des madriers qui servent à la construction des maisons. Ce bois rend la voix sonore dans les appartemens et les cabinets qui en sont lambrissés; mais il est peu durable, à moins qu'on n'ait coupé les arbres qui le produisent dans des temps secs et convenables. Rumph dit qu'on fait ordinairement avec ce bois des planchettes longues d'un pied ou un peu plus, épaisses d'un doigt, ornées d'un côté de figures ou de paysages, et percées d'un trou pour les suspendre. Les enfans se servent de ces planchettes pour écrire leurs leçons, et pour en recevoir de leurs maîtres : quand elles ont été employées, on efface l'écriture, en les polissant avec les feuilles d'une espèce de figuier, jusqu'à ce qu'elles aient repris leur première beauté, leur blancheur, et qu'on puisse de nouveau écrire dessus.

ECHITE TOMENTEUSE; *Echites tomentosa*, Vahl, *Symb.*, 3, pag. 44. Cette plante croît à Cayenne. Ses feuilles sont oblongues, en cœur, rudes, hérissées sur leurs nervures et à leurs bords, ainsi que les tiges et les pédoncules; les fleurs disposées en grappes; la corolle parsemée de poils cendrés; le tube pileux en dedans; le limbe grand. L'*echites ovalifolia*, Poir., Encycl., Suppl., a les feuilles ovales, obtuses à leurs deux extrémités, pubescentes en dessous; les rameaux pileux, les follicules très-hérissées. M. Nectoux l'a recueillie à Saint-Domingue, ainsi que la suivante, l'*echites glomerata*, Poir., l. c., dont les feuilles sont glabres, membraneuses, ovales-acuminées; les fleurs axillaires, presque sessiles, agglomérées; des bractées lancéolées, un peu colorées. L'*echites rubricaulis*, Poir., l. c., est une plante de la Guiane, à tige rougeâtre : ses feuilles sont ovales-acuminées, nerveuses, un peu pubescentes en dessous; les fleurs latérales presque solitaires. L'*echites myrtifolia*, Poir., l. c., a été découverte, par Commerson, à Madagascar. Ses feuilles sont ovales, aiguës à leurs deux extrémités; les fleurs en ombelles, plus courtes que les feuilles; le tube de la corolle grêle; le limbe découpé en lanières étroites, alongées. Dans l'*echites paniculata*, Poir., l. c., les feuilles sont ovales-lancéolées, très-glabres; les fleurs petites, paniculées; les pédicelles un peu pubescens.

Echite ondulée; *Echites circinalis*, Swartz, *Fl. Ind. occid.*, 1, pag. 334. Cette espèce croît sur les montagnes, dans la Nouvelle-Espagne. Ses tiges sont grimpantes, herbacées à leur partie supérieure; les feuilles glabres, entières, elliptiques; les fleurs blanchâtres; le calice à cinq dents aiguës; les découpures du limbe de la corolle étroites, ondulées, roulées en spirale à leur sommet; l'orifice du tube velu. L'*echites floribunda*, Swartz, l. c., découvert dans le même pays, a ses rameaux glabres, flexibles, point sarmenteux; les feuilles ovales, luisantes, un peu fermes; les grappes axillaires, presque en corymbes, plus courtes que les feuilles; les fleurs nombreuses, petites et blanches. L'*echites angustifolia*, Poir., Encycl., Suppl., se rapproche des *ceropagia* par son port. Ses tiges sont menues et grimpantes; ses feuilles glabres, très-étroites; les follicules très-grêles, toruleux, glabres, comprimés. M. Poiteau l'a découvert à Saint-Domingue. Dans l'*echites pubercula*, Mich., *Amer.*, pag. 120, découvert dans les forêts de la Caroline par Michaux, les tiges sont grimpantes, légèrement pubescentes; les feuilles ovales-lancéolées, aiguës à leurs deux extrémités, un peu pubescentes en dessous; les fleurs petites, jaunâtres, réunies en un petit corymbe axillaire, avec des bractées subulées.

Les auteurs de la Flore du Pérou ont mentionné les espèces suivantes : 1.° *Echites glandulosa*, Fl. Pér., 2, tab. 135; à tiges grimpantes, glanduleuses à leurs articulations, munies de feuilles amples, ovales, en cœur, tomenteuses et blanchâtres en dessous; les fleurs grandes et jaunes, disposées en grappes. 2.° *Echites laxa*, Fl. Pér., tab. 134. Ses tiges sont glabres, angu-leuses; ses feuilles ovales, un peu velues; les stipules den-tées; les grappes làches, simples, axillaires; la corolle grande et jaune. 3.° *Echites acuminata*, Fl. Pér., tab. 134. Plante entièrement glabre; les feuilles ovales-alongées, acuminées, munies de cinq glandes à leur base; les grappes courtes; les pédicelles géminés; la corolle blanche, purpurine en dehors; les follicules subulés. 4.° *Echites sagittata*, Fl. Pér. Ses tiges sont grimpantes, presque filiformes : les feuilles oblongues, un peu sagittées, glanduleuses à leur base, ciliées à leurs bords; les pétioles pubescens; les stipules en forme de glandes oblongues; les pédoncules courts, solitaires, munis de quelques fleurs pédicellées.

On trouve encore les espèces suivantes, citées par Linnæus fils : 1.° *Echites annularis*, Linn. fils, *Suppl.*, 166. Ses tiges sont grim-pantes; ses feuilles longues d'un pied; les grappes bifides, pani-culées; le calice à cinq folioles oblongues; la corolle en sou-coupe; un anneau saillant à l'orifice du tube; le limbe plane, à cinq lobes échancrés. Cette plante croît aux environs de Suri-nam. 2.° *Echites siphilitica*, Linn. fils, *Suppl.* Espèce du même pays, à feuilles ovales, très-glabres, longues de neuf à dix pouces; les panicules portent des fleurs en épis. La corolle est grande et blanche. On fait usage de la décoction de ses rameaux ou de ses jeunes pousses, pour guérir les maladies vénériennes. 3.° *Echites succulenta*, Linn., *Suppl.* Du cap de Bonne-Espé-rance. Ses tiges sont charnues, laiteuses, épineuses; les feuilles linéaires, cotonneuses en dessous; les filamens des étamines barbus. 4.° *Echites bispinosa*, Linn., *Suppl.*, est à peine distin-guée de la précédente par ses feuilles glabres.

Dans le *Botanical Magazine*, tab. 1919, on trouve figuré *l'echites caryophyllata*, des Indes orientales, qui est le *tsievra-pupal-valli*, Rheed., *Mal.*, 7, tab. 55. Ses feuilles sont ovales, mu-cronées; ses fleurs disposées en une panicule terminale; ses calices étalés, de la longueur de la corolle. M. de Lamarck y ajoute *l'echites malabarica*, Encycl., *pal-valli*, Rheed., *Mal.*, 9, tab. 12 : ses feuilles sont ovales, acuminées; ses fleurs disposées en grappes axillaires, un peu velues, ramassées en bouquet. Enfin, Forster cite, des îles des mers du Sud, *l'echites costata*, à feuilles elliptiques, lancéolées, acuminées; les fleurs pédonculées, réunies en cône. (Poir.)

ECHIUM (*Bot.*), nom latin du genre Vipérine. (L. D.)

ECHO. (*Phys.*) Réflexion du son, et localité qui la produit. Lorsque les vibrations de l'air parviennent à la surface d'un corps dur, elles sont répercutées, comme les rayons de lumière tombant sur un miroir; et si la distance entre l'obstacle qui arrête le son et le lieu d'où il part, est assez grande pour que le temps qu'il met à la parcourir soit appréciable, on pourra distinguer le son réfléchi du son direct. Quand les parois qui réfléchissent le son se trouvent trop rapprochées pour que les répétitions soient distinctes des sons primitifs, on n'entend plus qu'un retentissement; et c'est ce qui a lieu dans les chambres dépourvues de tapisseries et de meubles. (Voyez Son.)

Dès qu'il y a *écho*, le moins qu'on puisse entendre, c'est la dernière syllabe; mais si, pour franchir la distance dont on vient de parler, le son employoit plus de la moitié du temps que demande la prononciation distincte de plusieurs syllabes, la répétition de la première, ne parvenant à la personne qui parle qu'après qu'elle auroit prononcé la dernière, seroit entendue, ainsi que celle de toutes les suivantes. Il semble, d'après cela, qu'en s'éloignant de plus en plus de l'écho, on devroit en obtenir la répétition d'un nombre de syllabes de plus en plus grand; mais il n'en est pas ainsi, à cause de l'affoiblissement des sons par la distance et par la réflexion qui est toujours imparfaite. Cependant des localités, apparemment analogues aux instrumens tels que les *porte-voix*, les *cornets acoustiques*, etc., imaginés pour renforcer le son, forment des échos qui répètent bien au-delà de la dernière syllabe.

Lorsque des échos sont assez peu éloignés l'un de l'autre pour que le même son y parvienne, sa répétition est entendue plusieurs fois; il arrive aussi que le son direct n'atteint qu'un seul des échos, et que les autres n'en donnent que des répétitions successives, comme des glaces réfléchissent une suite d'images qui s'affoiblissent de plus en plus.

Enfin, la configuration des parois où se forme l'écho peut être telle, que le son y change de direction, et ne soit entendu que

dans un espace très-circonscrit et différent du lieu de son origine, phénomène analogue à celui des foyers lumineux, produits
par les miroirs concaves. Il ne faut cependant pas trop presser la
comparaison entre la réflexion du son et celle de la lumière; car
les surfaces qui réfléchissent l'un ne sont pas propres à réfléchir
l'autre : non-seulement des murs, des rochers, mais des forêts,
des plantes élevées, peuvent former des échos. On dit même
que les nuées réfléchissent le son, et qu'un coup de canon, tiré
dans un lieu où il ne seroit entendu qu'une seule fois par un
temps clair, l'est plusieurs fois lorsque le ciel est couvert.

Les voyageurs n'ont pas moins exagéré sur ce sujet que sur
beaucoup d'autres; et il est permis de douter de l'existence
d'échos qui répètent jusqu'à cinquante-six fois le même bruit.
On en cite un, dans le parc de Woodstock, en Angleterre,
qui répète dix-sept syllabes dans le jour, et vingt pendant la
nuit.

Les anciens Mémoires de l'Académie des Sciences (tom. XII,
p. 187) contiennent la description fort circonstanciée d'un écho
artificiel construit dans le château de Généty (près de Rouen),
où le son subit des variations assez remarquables; et l'Histoire
de la même compagnie, pour l'année 1710 (p. 18), parle d'un
autre écho multiple formé à trois lieues de Verdun, par deux
tours, entre lesquelles le son se répète douze à treize fois. La
théorie mathématique des échos a été donnée par Lagrange à
la fin de sa Mécanique analytique, et par M. Poisson, dans le
14.ᵉ Cahier du Journal de l'Ecole Polytechnique (p. 319). (L. C.)

ECHTRUS. (*Bot.*) Genre que Loureiro a établi pour une
plante de la Cochinchine, qui paroit très-voisine de l'*argemone
americana*, ou du moins devoir être placée dans le même genre.
Il est vrai que Loureiro dit qu'il n'y a point de calice, mais on
sait qu'il est très-caduc dans l'argemone; et, comme tous les
autres caractères de l'*echtrus* sont exactement les mêmes que
ceux des argemones, on peut soupçonner que le calice aura
échappé à Loureiro. (Poir.)

ECIDIE. (*Bot.*) Voyez Æcidium, Suppl. du tom. 1, pag. 46.
(Lem.)

ECKIGTE NATTER. (*Erpét.*) Merrem a donné ce nom à la
couleuvre anguleuse, *coluber angulatus*, Linnæus. Voyez Couleuvre. (H. C.)

ECLADOUÈRE. (*Aviceptol.*) On donnoit ce nom et celui de *carrelet* à une sorte de filet dont on se servoit pour prendre les oiseaux, mais dont l'usage a été reconnu bien moins avantageux que celui du Rafle. Voyez ce mot. (Ch. D.)

ECLAIRE (*Bot.*), nom vulgaire de deux plantes de différens genres : l'une, grande, est la chélidoine ordinaire, *chelidonium majus*, de la famille des papavéracées ; l'autre, petite, est la ficaire, *ranunculus ficaria* de Linnæus, maintenant *ficaria*, genre distinct de la famille des renonculacées. (J.)

ECLAIRE [Phalène de l']. (*Entomol.*) Geoffroy a ainsi désigné un insecte qui n'est pas un lépidoptère, mais bien un hémiptère de la famille des pucerons. On en a fait le genre Aleyrodes. (C. D.)

ECLAIRETTE (*Bot.*). nom vulgaire de la ficaire. (L. D.)

ECLATANT. (*Ornith.*) On a décrit sous cette dénomination, employée substantivement, plusieurs oiseaux, distribués ensuite dans divers genres, tels que le merle éclatant, *sturnus splendens*, Daud., et *turdus splendens*, Vieill., dont M. Levaillant avoit donné la figure, pl. 85 de son Ornithologie d'Afrique ; le souï-manga éclatant, figuré pl. 2 de l'Histoire des Grimpereaux d'Audebert et de M. Vieillot. (Ch. D.)

ECLIPSE. (*Astronom.*) C'est la disparition totale ou partielle d'un astre, par son passage dans l'ombre d'un autre, ou par l'interposition de cet autre.

Le premier cas est celui des éclipses de lune. Ce satellite, n'ayant d'éclat que celui qu'il tire de la lumière du soleil, et qu'il nous réfléchit, en est privé lorsqu'il passe dans l'ombre de la terre. On cesseroit alors de l'apercevoir, s'il ne se répandoit dans cette ombre des rayons brisés ou réfléchis par notre atmosphère ; de sorte qu'il reste encore au disque lunaire une teinte rougeâtre plus ou moins foncée, suivant qu'il traverse le cône d'ombre plus loin ou plus près de son sommet. Cependant, on cite quelques éclipses où la lune a disparu tout-à-fait ; telle fut celle qu'Hévélius observa le 25 avril 1642. Les satellites des autres planètes s'éclipsent de la même manière.

Quoique la lune, lorsqu'elle est pleine, se trouve derrière la terre par rapport au soleil, elle n'est pas néanmoins toujours éclipsée, parce que, son orbite n'étant pas dans le plan de l'écliptique, elle passe le plus souvent au-dessus ou au-dessous de l'espace occupé par l'ombre de la terre, et ne peut y entrer que lorsqu'elle se trouve dans le voisinage des nœuds de son orbite, qui sont les points où cette orbite coupe le plan de l'écliptique.

Quand un corps opaque passe devant un corps lumineux, il en cache le tout ou une partie, pour tous les points de l'espace situés sur les lignes droites joignant ceux du disque de l'un de ces corps avec ceux du disque de l'autre. Ainsi, il ne peut y avoir éclipse totale ou partielle du soleil par la lune, lorsqu'elle est nouvelle, c'est-à-dire, placée entre cet astre et la terre, qu'autant qu'une partie des lignes que nous venons d'indiquer rencontre la terre, et seulement dans les points où cette rencontre a lieu. De là résulte une différence essentielle entre les éclipses de lune et celles de soleil : les premières présentent les mêmes apparences ou phases dans tous les lieux où la lune est sur l'horizon ; tandis que les secondes ne sont visibles que dans un espace beaucoup plus circonscrit, et montrent des phases diverses pour chacun des points de cet espace. C'est la même chose que ce qui arrive par le mouvement des nuages isolés qui dérobent la vue du soleil dans une étendue très-bornée et changeant à chaque instant de place et de grandeur : quand on est sur les bords de leur ombre, on peut voir une partie du disque du soleil, ce qui répond aux éclipses partielles ; mais ces apparences varient continuellement, à cause que la situation relative du soleil et du nuage change par les mouvemens de la terre et de ce nuage, et n'est pas la même au même instant pour tous les points de l'horizon.

Les éclipses totales de soleil sont très-rares dans un lieu donné ; car il faut d'abord que la distance de la lune à la terre soit assez petite pour que son diamètre apparent, c'est-à-dire, l'angle sous lequel on la verroit si elle étoit éclairée, égale ou surpasse le diamètre apparent du soleil ; ensuite, que la ligne qui joint les centres de ces corps passe très-près du point donné, sans quoi la lune n'entameroit le soleil que d'un côté. Quand ces circonstances se rencontrent, on peut apercevoir les étoiles pendant la durée de l'obscurité totale. Dans l'éclipse du 22 mars 1724, on vit à Paris, où l'obscurité totale dura plus de 2 minutes, Mercure, petite planète qu'on n'y aperçoit que difficilement le matin ou le soir, à cause qu'elle s'éloigne peu du soleil. Mais lors même que les centres des deux astres se correspondent, si le diamètre apparent de la lune est moindre que celui du soleil, elle laisse paroître sur le disque de celui-ci une couronne dont l'éclat suffit pour empêcher l'obscurité ; c'est ce qui eut lieu à Paris dans l'éclipse de 1764. Ces sortes d'éclipses se nomment *annulaires*, et *centrales* lorsque les centres des deux astres se correspondent à l'un des instans de la durée de l'éclipse.

Pour indiquer la grandeur d'une éclipse, on conçoit le diamètre de l'astre éclipsé divisé en douze parties qu'on nomme doigts, et par lesquels on exprime la largeur de la partie du disque du soleil qui doit disparoître, s'il s'agit d'une éclipse de cet astre, ou bien la largeur de la partie de l'ombre de la terre que doit traverser la lune quand elle est éclipsée, largeur qui surpasse souvent celle de son disque.

Depuis que la cause des éclipses est connue, elles ont dû cesser d'être un objet de terreur, puisqu'elles sont les conséquences nécessaires des lois du mouvement des astres les mieux constatées, et qu'on peut, par cette raison, en prédire les époques et en calculer toutes les circonstances avec une grande exactitude. Plusieurs physiciens ont prétendu qu'elles devoient avoir quelque influence sur les phénomènes météorologiques ; mais, outre qu'on n'aperçoit pas bien comment cela pourroit être, les observations n'offrent jusqu'à ce jour aucune marque bien avérée de cette influence.

Les passages des planètes Vénus et Mercure devant le soleil ne sont jamais visibles à l'œil nu, et ne portent pas le nom d'éclipse ; mais, quoique peu apparens, ces phénomènes ont beaucoup d'importance : c'est aux deux passages de Vénus, observés en 1761 et 1769, qu'on doit la connoissance très-approchée qu'on a maintenant des dimensions de notre système planétaire, parce que ces passages ont fait connoître la parallaxe du soleil, de laquelle on a conclu sa distance à la terre, et par suite celle de tous les corps qui composent notre système, ainsi que leurs diamètres réels, d'où se déduit leur grosseur. Les éclipses de lune, et celles des satellites de Jupiter, sont très-propres à déterminer les longitudes géographiques, élémens indispensables de la construction des cartes, et de la navigation. Les éclipses de soleil peuvent aussi servir à cet usage, mais moins commodément, parce qu'elles sont plus rares, et que le calcul en est beaucoup plus compliqué :

on y emploie aussi les éclipses des étoiles par la lune. Ces éclipses, ainsi que celles des planètes, se nomment *occultations*. (I..C.)

ECLIPTE, *Eclipta*. (*Bot.*) [*Corymbifères*, Juss. ; *Syngénésie polygamie superflue*, Linn.] Ce genre de plantes, établi par Linnæus, appartient à la famille des synanthérées, et à notre tribu naturelle des hélianthées, section des rudbeckiées. Il a aussi quelque analogie avec les *buphtalmum*.

La calathide est courtement radiée : composée d'un disque multiflore, régulariflore, androgyniflore, et d'une couronne paucisériée, liguliflore, féminiflore. Le péricline, hémisphérique et un peu supérieur aux fleurs du disque, est formé de squames subbisériées, à peu près égales, appliquées, larges, foliacées, ovales, aiguës. Le clinanthe est convexe, un peu conique, et garni de squamelles subfiliformes, inférieures aux fleurs. Les ovaires sont comprimés bilatéralement, obovales, glabriuscules, et munis d'une aigrette coroniforme, épaisse, charnue, denticulée. Les corolles de la couronne ont la languette linéaire, bilobée au sommet.

On connoît sept ou huit espèces d'écliptes : ce sont, en général, des plantes asiatiques ou américaines, herbacées, annuelles, à tige rameuse ; à feuilles opposées, rudes, trinervées, indivises ; à calathides axillaires et terminales, solitaires, pédonculées, et composées de fleurs ordinairement blanchâtres. Comme elles offrent peu d'intérêt, nous nous bornerons à signaler brièvement l'espèce la plus connue.

L'Eclipte dressée (*Eclipta erecta*, Linn.) est une plante herbacée, annuelle ; à tige dressée, haute d'un pied et demi, rameuse, hérissée de poils roides ; à feuilles opposées, sessiles, presque connées, oblongues-lancéolées, bordées de dents écartées ; à calathides axillaires, pédonculées, composées de fleurs blanches ; la couronne est courte ; les fleurs du disque ont la corolle quadrilobée, contenant quatre étamines ; les cypsèles sont tuberculées. Cette plante habite les Indes orientales, l'Egypte et l'Amérique méridionale ; elle fleurit dans nos jardins de botanique, en juillet, août et septembre : son suc est propre, dit-on, à teindre les cheveux en noir.(H. Cass.)

ECLIPTICA. (*Bot.*) La plante de l'Inde ainsi nommée par Rumph, probablement parce qu'elle a le port d'un *eclipta*, est rapportée, dans le *Flora indica* de Burmann, au *verbesina biflora*. (J.)

ECLIPTIQUE. (*Astronom.*) C'est le nom que l'on donne à l'orbite décrite autour du soleil, par la terre, dans son mouvement annuel. On l'applique aussi au plan de cette orbite dans le voisinage duquel doit se trouver la lune pour qu'elle éclipse le soleil, ou qu'elle soit éclipsée : c'est même de cette circonstance qu'est tirée la dénomination de ce plan. Il est incliné d'environ vingt-trois degrés et demi sur celui de l'équateur, et de là résulte la variété des Saisons. (Voyez ce mot.)

Depuis un grand nombre de siècles, le premier se rapproche du second, leur angle diminuant d'à peu près cinquante secondes par siècle.

Les principes de mécanique appliqués à la constitution du système du Monde, telle que nous la connoissons maintenant, prouvent que cet angle ne peut varier au-delà de limites assez resserrés; en sorte que, dans cet état de choses, l'écliptique et l'équateur n'ont pu être perpendiculaires l'un à l'autre, et ne sauroient coïncider. Dans le premier cas, la route apparente du soleil, passant par les pôles, le feroit successivement répondre à-plomb, deux fois par an, sur tous les points de la surface terrestre ; ce qui n'arrive maintenant que dans la zone torride. (Voyez Zone.) Dans le second cas, il y auroit un équinoxe perpétuel. (Voyez Equinoxe.) L'écliptique, considérée comme un cercle de la sphère céleste, est le milieu de la bande appelée Zodiaque (voyez ce mot); elle coupe l'équateur aux points *équinoxiaux*. (L. C.)

ECLOGITE. (*Min.*) M. Haüy a donné ce nom à une roche mélangée, qui est essentiellement composée de disthène et de diallage. On dit qu'on ne l'a reconnue encore que dans un seul endroit, dans le Sau-Alpe en Styrie. Est-ce, d'après cela, une association assez constante, assez importante, pour constituer une sorte particulière de roche mélangée ? (B.)

ECLOPES. (*Bot.*) Gærtner, d'après M. Banks, nomme ainsi le *relhania* de Lhéritier, qui paroît congénère du *leysera*. (J.)

ECLUSEAU (*Bot.*), synonyme de Couamelle, dans l'ouvrage du docteur Paulet sur les Champignons. Ce nom est donné spécialement dans les ci-devant provinces du Berry et du Poitou, ainsi que ceux d'*éclusiau*, de *cluseau* et de *potiron*, à la grande coulemelle ou agaric élevé (*agaricus procerus*, Pers.), excellente espèce de champignon commune partout. Elle fait partie des Couamblles de Paulet. (Lem.)

ECLUSETTE. (*Bot.*) Dans le département de la Vienne, on donne ce nom à un champignon, auquel on attribue des qualités malfaisantes : il paroît être le même que la *coulemelle d'eau*. Voyez Coulemelle. (Lem.)

ECONOME. (*Mamm.*) Pallas a donné ce nom, pris substantivement, à une espèce de Rat. Voyez ce mot. (F. C.)

ECORCE, *Cortex*. (*Bot.*) On observe dans l'écorce trois parties : la substance herbacée, les couches corticales, et le liber.

La substance ou enveloppe herbacée est formée par une couche de tissu cellulaire qui revêt tout le végétal. La réunion des parois les plus extérieures des cellules qui composent ce tissu, constitue la membrane transparente connue sous le nom d'épiderme. Dans les arbres et les arbrisseaux, l'action de l'air dessèche et détruit insensiblement la substance herbacée de l'écorce.

Les couches corticales se trouvent sous l'enveloppe herbacée. Elles sont composées de réseaux superposés les uns aux autres. Cette partie, apparente seulement dans un petit nombre de végétaux, est très-remarquable dans le lagetto, plus connu sous le nom de bois-dentelle, parce que les couches corticales de son écorce, mises en macération et déroulées, ressemblent à un ouvrage fait à l'aiguille.

Les couches corticales les plus voisines du bois portent les noms de liber.

En automne et au printemps, il se forme entre l'écorce et le bois un nouveau tissu, dont la consistance est d'abord mucilagineuse. Cela explique pourquoi l'écorce, à ces époques, se sépare si facilement du corps ligneux. La partie de ce nouveau tissu qui touche à l'aubier, se change insensiblement en aubier, et celle qui touche au liber se change insensiblement en liber. Lors de cette formation, les mailles de l'écorce croissent ou se multiplient : cette partie devient plus ample dans tous ses points vivans, et permet ainsi à la nouvelle couche régénératrice de se développer. Quant à la partie la plus extérieure de l'écorce, désorganisée par le contact de l'air et de la lumière, et ne pouvant par conséquent prendre aucun accroissement, elle se fend, se déchire et se détruit. Voyez la note sur le *cambium*, par M. Mirbel, Bulletin de la Société philomathique, année 1816, pag. 107. (Mass.)

ECORCE CARIOCOSTINE. (*Bot.*) Elle est la même que la Cannelle blanche. Voyez ce mot. (J.)

ECORCE D'ANGELINA. (*Bot.*) Voyez Angelina. (J.)

ECORCE D'ANGUSTURA. (*Bot.*) On a donné ce nom à une écorce d'un arbre qui croît dans les environs de la ville d'Angustura, dans l'Amérique méridionale, où il est nommé *cusparé*. Ses vertus, qui approchent de celles du simarouba, ont été fort célébrées, et sont consignées dans les livres récens des matières médicales. Cet arbre a été observé et décrit sur les lieux par MM. Humboldt et Bonpland. Il constitue un genre nouveau, voisin du *ticorea* d'Aublet, dans la famille des méliacées, et non du simarouba, comme on l'avoit cru. M. de Humboldt lui avoit donné d'abord le nom de *bonplandia*, en l'honneur du compagnon de son voyage et de ses utiles travaux ; mais ce nom avoit déjà été consacré par Cavanilles à un autre genre de la famille des polémoniacées, qui, d'après les règles reçues, doit le conserver. En conséquence, M. de Humboldt a substitué pour l'arbre d'Angustura le nom de *cusparia*, tiré de celui qu'il porte dans le pays. Voyez Bonplandie. (J.)

ECORCE DE BELA-AYE. (*Bot.*) Voyez Bé-lahé. (J.)

ECORCE DE CHINA ou de Chinchina. (*Bot.*) Ce n'est que dans le sixième volume de la Matière médicale de Murrai, qu'il est fait mention de deux écorces de ce nom, dont la première, écorce du china jaune, lui a été communiquée par un pharmacien de Francfort sur le Mein. Il a vu à La Haye la seconde apportée de Surinam, et qu'il nomme pour cette raison écorce de china de Surinam. Il n'a obtenu aucune notion sur les végétaux qui ont fourni ces écorces. Elles sont amères. On annonçoit la première comme supérieure en vertu au quinquina, et la seconde comme lui étant très-inférieure. (J.)

ECORCE DE CITRON. (*Conch.*) Espèce du genre Cône, le *conus citreus*. (De B.)

ECORCE DE GIROFLÉE. (*Bot.*) C'est la Cannelle giroflée. Voyez ce mot. (J.)

ECORCE DE JUBABA. (*Bot.*) Elle est citée dans le sixième volume de la Matière médicale de Murrai, qui dit qu'elle est apportée de l'Inde. On l'annonçoit comme amère et bonne pour les maladies nerveuses; mais ses vertus n'étoient pas encore constatées, et on connoissoit encore moins son origine. (J.)

ECORCE DE LAVOLA. (*Bot.*) C'est dans le troisième volume de la Matière Médicale de Murrai, que cette écorce est citée, et nommée aussi *écorce d'anis étoilé;* mais il est incertain si elle est fournie par l'*illicium*, dont le fruit est l'anis étoilé. Elle a la même saveur et la même odeur. (J.)

ECORCE DE MAGELLAN. (*Bot.*) Voyez Ecorce de Winter. (J.)

ECORCE DE MASSOY. (*Bot.*) C'est encore Murrai qui parle de cette écorce, apportée de la Nouvelle-Guinée, et envoyée d'Amboine. Elle a un peu l'aromate de la cannelle. Il est dit que les naturels du pays, après l'avoir broyée et réduite en pâte, mêlée avec de l'eau, s'en servent pour se frotter le corps dans la saison froide et pluvieuse : elle passe pour échauffante et bonne contre les coliques. On ne la trouve point encore dans les pharmacies. (J.)

ECORCE DE POCGEREBA. (*Bot.*) Murrai dit, d'après Vogel, que, antérieurement à 1758, cette écorce a été apportée d'Amérique; qu'elle n'a aucune saveur marquée; que les Américains l'employoient pour arrêter les cours de ventre; qu'à Paris cette vertu a été confirmée pour les diarrhées, les dyssenteries et les flux hépathiques, et qu'une dose de trois onces suffisoit pour faire cesser la maladie : cependant, à Paris, cette écorce n'a point de célébrité et n'est point usitée. (J.)

ECORCE DES JÉSUITES. (*Bot.*) Voyez Ecorce du Pérou. (J.)

ECORCE DE WINTER. (*Bot.*) Elle est ainsi nommée, parce que c'est le navigateur Winter qui, le premier, l'a fait connoître en Angleterre en 1579. L'arbre qui la fournit croît dans la Terre-de-Feu, et dans les lieux qui bordent le détroit de Magellan; ce qui a fait encore nommer *écorce magellanique* celle qu'il produit. Comme on lui attribue beaucoup de vertus, elle a encore reçu le nom d'*écorce sans pareille.* Cet arbre est le *drymis Winteri* des botanistes. On avoit cru auparavant que son écorce étoit la même que la cannelle blanche, dont l'arbre avoit été nommé pour cette raison *winterania* par Linnæus; mais, l'erreur ayant été reconnue, Murrai a restitué à la cannelle blanche le nom de *canella*, et Willdenow a voulu nommer *winterania* l'arbre du détroit de Magellan. Cependant le nom de *drymis*, qu'il avoit reçu auparavant, et que d'autres espèces congénères portent aussi, a prévalu avec raison. (J.)

ECORCE D'ORANGE. (*Conch.*) Espèce du genre Cône, le *conus aurantiacus*. (De B.)

ECORCE DU PÉROU. (*Bot.*) Les diverses écorces qui portent ce nom, proviennent de diverses espèces de Quinquina. (Voyez ce mot.) On a donné aussi au premier quinquina apporté en Europe, le nom d'écorce des Jésuites, parce qu'ils ont été les premiers qui l'ont transporté dans l'Ancien-Monde. (J.)

ECORCE ELUTÉRIENNE. (*Bot.*) Ce nom paroît devoir appartenir à l'écorce de l'*eluteria*, dont P. Brown faisoit un *croton*, que Linnæus avoit réuni au *cluytia*, et que Swartz et Willdenow ont plus récemment reporté au *croton*, avec le surnom de *eluteria*. Cependant, quelques auteurs attribuent cette écorce au *croton cascarilla*, et la confondent avec la cascarille. (J.)

ECORCE SANS PAREILLE. (*Bot.*) Voyez Ecorce de Winter. (J.)

ECORCHÉ. (*Conch.*) On donne assez souvent, dans le commerce des coquilles, à Paris, ce nom au cône strié, *conus striatus*, Gmel. (De B.)

ECORCHÉE [la Tête]. (*Entomol.*) Geoffroy a ainsi nommé l'attélabe du coudrier. (C. D.)

ECORCHEUR. (*Ornith.*) Ce nom, appliqué par Albin, tom. 2, n.ᵒˢ 13, 14, 15 et 16, à plusieurs espèces de pies-grièches, désigne d'une manière spéciale le *lanius collurio*, Linn., pl. enlum. de Buffon, n° 31. L'écorcheur de Madagascar est un vanga. (Ch. D.)

ECOSSONNEUX (*Ornith.*), nom vulgaire par lequel on désigne, dans plusieurs départemens, le bouvreuil, *loxia pyrrhula*, Linn. (Ch. D.)

ECOUFFLE. (*Ornith.*) On donnoit anciennement ce nom et celui d'*écouffle* au milan, *falco milvus*, Linn. (Ch. D.)

ECOURGEON. (*Bot.*) Voyez Escourgeon. (J.)

ECRECELLE. (*Ornith.*) On donne vulgairement ce nom et celui d'*écresselle*, à la cresserelle, *falco tinnunculus*, Linn. (Ch. D.)

ECREVISSE. (*Crust.*) Voyez Homardiens. (W. E. L.)

ECREVISSE, *Astacus*. (*Foss.*) Sous cette dénomination ,
quelques auteurs anciens ont compris tous les crustacés fossiles,
auxquels ils ont donné les noms de *cancer lapideus*, *cancer pe-*
trefactus, *cancrites*, *pagurus lapideus*, *astacolithus*, *gammroli-*
thus, *carcinites entomolithus cancri*, et autres ; mais il n'est question ici que des crustacés décapodes macroures, auxquels on a
spécialement donné le nom d'astacolithes.

On en a trouvé dans les couches anciennes des Vaches-Noires,
près de Honfleur ; dans l'île de Shepey, à l'embouchure de la
Tamise ; à Dieu-la-Ville, dans la ci-devant Lorraine ; à Dieu-
Louard et à Pouge, près de Moulins : mais les caractères n'ont
pu en être déterminés, à cause de leur mauvaise conservation.

On a trouvé dans les environs de Papenheim des débris d'un
crustacé dont la courbure et la petitesse du corps ont fait juger
qu'il pourroit appartenir au genre Crangon. Voyez aux mots
Pagure, Remipède, Eryon, Galathée, Langouste et Palémon.
(D. F.)

ECRITURE. (*Ichthyol.*) Voyez Ecrivain. (H. C.)

ECRITURE CHINOISE (*Conch.*), nom marchand de la
venus litterata, à cause des traits singuliers dont elle est ornée.
(De B.)

ECRITURE GRECQUE (*Conch.*), *Venus castrensis*. (De B.)

ECRIVAIN. (*Ichthyol.*) On a ainsi nommé un poisson du
genre Crénilabre, le *crenilabrus scriba* : Linnæus en avoit fait
une persègue, *perca scriba*, et M. de Lacépède un lutjan, *lut-*
janus scriba. Voyez Crénilabre. (H. C.)

ECROUISSEMENT. (*Chim.*) C'est l'augmentation de dureté
et de densité ; c'est l'élasticité que l'on donne à plusieurs substances métalliques ductiles, en les battant à froid pendant un
temps suffisant. Lorsqu'on bat à froid une masse de métal susceptible de s'écrouir, dans le but de l'étendre en lame ou en
feuille, il peut arriver que par une suite de l'écrouissement
elle devienne assez aigre pour se gercer, se rompre même. Pour
prévenir ces accidens, il faut avoir la précaution de recuire de
temps en temps la masse métallique, c'est-à-dire, de la faire
chauffer jusqu'au rouge : lorsqu'elle est refroidie, elle possède
la même ductilité qu'avant d'avoir été battue. (Ch.)

ECTOPOGONES , *Ectopogoni*. (*Bot.*) Les mousses dont

l'orifice de l'urne est garni de dents doubles ou fendues, composant un péristome externe, forment sous ce nom, dans la Méthode de M. Palisot de Beauvois, une section particulière qui comprend les genres suivans, ainsi rangés :

1. Dents doubles ou fendues.

a. Coiffe cuculliforme.

Fissidens, cecalyphum, dicranum, didymodum, Swartzia, cynontodium.

b. Coiffe campaniforme.

Trichostomum, splachnum.

2. Dents simples.

a. Coiffe campaniforme.

Encalypta, grimmia, funaria.

b. Coiffe cuculliforme.

Lasia, pterigynandrum, bryum. (Lem.)

ECTOSPERME, *Ectosperma.* (*Bot.*) Ce genre, établi par Vaucher, a été adopté sous le nom de *vaucheria*, que lui a imposé Decandolle. Les espèces, qui le composent, sont des conferves pour Linnæus. Leur fructification consiste en des tubercules sessiles ou pédiculés ; ce qui a donné occasion à M. Rafinesque de les diviser en deux genres *Vaucheria* et *Ectosperma* : le premier contient les espèces à tubercules sessiles, et le deuxième celles à tubercules pédiculés. Voy. Vaucheria. (Lem.)

ECTROSIE (*Bot.*) ; *Ectrosia*, Rob. Brow., *Nov. Holl.* 1, pag. 185. Genre établi par M. Rob. Brown pour quelques plantes de la Nouvelle-Hollande, à fleurs glumacées, de la famille des graminées, de la *polygamie triandrie* de Linnæus, rapproché des chloris, offrant pour caractère essentiel : Des fleurs polygames ; un calice à deux valves presque égales, mutiques, renfermant plusieurs fleurs disposées sur deux rangs ; la fleur inférieure hermaphrodite avec trois étamines, deux stigmates ; les autres fleurs sont mâles et stériles : la valve extérieure de la corolle surmontée d'une arête simple, beaucoup plus longue dans les fleurs hermaphrodites.

M. Brown ne rapporte que deux espèces à ce genre : 1.° *Ectrosia leporina.* Ses fleurs sont réunies en une panicule serrée ; l'arête de la fleur hermaphrodite est un peu plus courte que la valve extérieure ; celle de la seconde fleur plus longue que la valve. 2.° Dans l'*Ectrosia spadicea* les fleurs sont également disposées en une panicule serrée ; mais l'arête de la fleur hermaphrodite est de moitié plus courte que la valve extérieure, celle de la seconde fleur à peine de la longueur de la valve. Je ne connois pas ces deux espèces ; j'ai présenté leur caractère distinctif, d'après M. Brown. Ce savant botaniste ne dit pas s'il existe entre elles quelque autre différence, soit dans leur port, ou dans quelque autre partie. Des caractères fondés uniquement sur la longueur de l'arête pourront paroître bien peu importans, et, s'ils existent seuls, n'indiquer qu'une simple variété. (POIR.)

ECU DE BRATTENSBOURG. (*Conch.*) On a donné ce nom à une espèce de cranie fossile, à cause du lieu où elle se trouve fréquemment dans la Laponie suédoise. (DE B.)

ECUELLE, *Scutella.* (*Ichthyol.*) M. Gouan donne ce nom à l'espèce de disque que forment, chez les lépadogastères, les deux catopes en se réunissant. Voyez LÉPADOGASTÈRE et POISSONS. (H. C.)

ECUELLE D'EAU (*Bot.*), nom vulgaire de l'hydrocotyle commune, *hydrocotyle vulgaris*, qui croît dans les prairies humides, et dont les feuilles ombiliquées sont quelquefois un peu concaves. (J.)

ECULA. (*Ichthyol.*) Dans le nouveau Dictionnaire d'Histoire naturelle, on écrit ainsi le nom du poulain, *equula vulgaris*, Cuv., que M. de Lacépède a rangé parmi les cœsions. Voyez POULAIN. (H. C.)

ECUME DE CUIVRE *Kupferschaum.* (Min.) Nouvelle espèce de minérai de cuivre, introduite dernièrement par Werner. Voyez-en la description, sous le nom de *Cuivre mousseux*, à la fin du mot CUIVRE. (B.)

ECUME DE MANGANÈSE (*Min.*), *Braunstein-Schaum* de Widenmann. C'est ou du manganèse terne, terreux, ou du manganèse métalloïde argentin, ou du fer oxide écailleux. (B.)

ECUME DE MER. (*Min.*) C'est une pierre composée essentiellement de magnésie, de silice et d'eau, et dont on fait des pipes très-recherchées par les Orientaux. C'est une variété particulière du minéral à base de magnésie que nous décrirons sous le nom de MAGNÉSITE. Voyez ce mot. (B.)

ECUME DE MER. (*Zoophyt.*) On trouve ce nom assez souvent employé par les naturalistes du quinzième siècle pour désigner, d'une manière fort générale et incomplète, tous les corps marins plus ou moins rapprochés des alcyons, des éponges, et qu'ils ne pouvoient rapporter aux groupes d'animaux qu'ils connoissoient. C'est à peu près la traduction du *purgamentum maris* des auteurs qui ont écrit en latin. (De B.)

ECUME DE TERRE. (*Min.*) On a traduit ainsi en françois le mot de *Schaumerde*, qui est le nom donné par les minéralogistes allemands à la variété de *chaux carbonatée*, que nous avons nommée *calcaire nacré talqueux*, deuxième variété.

Il paroît qu'on l'a aussi appliqué à la variété *chaux carbonatée*, nommée par les anciens minéralogistes agaric minéral, et que nous avons décrite sous le nom de *calcaire spongieux*, huitième variété.

Voyez ces mots, à l'article Chaux carbonatée. (B.)

ECUME PRINTANIÈRE. (*Entomol.*) On trouve souvent, au printemps, sur les saules, les bouleaux, les rosiers, les lampettes, et sur les tiges ou les feuilles de plusieurs autres plantes, des amas de matières visqueuses et remplies de bulles d'air semblables à la mousse de savon : c'est là ce que l'on nomme écume printanière. Cette sorte de mousse visqueuse recouvre la larve ou la nymphe d'une petite cicadelle ou de Cercope. (Voyez ce mot.) Le vulgaire nomme encore cette écume, crachat de coucou. (C. D.)

ECUMER. (*Fauconn.*) On emploie ce terme pour désigner l'oiseau qui passe, sans s'arrêter, au-dessus de sa proie ou de l'endroit où elle s'est réfugiée, et celui qui vole sur le gibier que les chiens ont fait lever. (Ch. D.)

ECUREUIL (*Entomol.*), nom vulgaire du bombyce du hêtre. (C. D.)

ECUREUIL. (*Ichthyol.*) M. de Lacépède a donné ce nom à un poisson de son genre Lutjan, *Lutjanus sciurus* : Linnæus l'avoit auparavant rangé parmi les persègues, sous la dénomination de *perca formosa*; Bloch l'en a également tiré pour en faire l'*anthias écureuil*. (H. C.)

ECUREUIL (*Mamm.*), nom dérivé de *sciurus*, dont nous avions d'abord fait escurieux, et que les Latins avoient eux-mêmes tiré de σκίουρος. Il appartient proprement, comme on sait, à une jolie petite espèce de rongeur d'une couleur fauve, qui habite sur les arbres, et qui est assez commune dans nos forêts ; mais le vulgaire, comme les naturalistes, en a fait un terme générique, et il l'applique à tous les autres rongeurs qui ont avec notre écureuil ces rapports qu'on admet plus ou moins arbitrairement, et par lesquels on réunit les espèces en genres. Considéré sous ce point de vue général, le nom d'écureuil n'a pas toujours eu la même signification : Linnæus, Erxleben, etc., joignirent aux écureuils les loirs, que Brisson, Gmelin, et tous les auteurs modernes, en ont séparés et l'on réunit encore aujourd'hui à ces animaux les écureuils volans, les écureuils de terre, etc., qui se distinguent des écureuils proprement dits par des parties assez importantes de l'organisation et par le genre de vie. Nous ne parlerons, sous ce nom, que des animaux qui ne diffèrent de notre écureuil que par le pelage ou par la taille ; ils forment un genre extrêmement naturel et simple, auquel les Polatouches et les Tamias ne peuvent être joints que comme des sous-genres. Nous renvoyons donc à ces deux noms pour traiter des animaux qu'ils désignent.

L'écureuil commun donne une idée fort exacte de la physionomie de toutes les espèces de ce genre, qui ne diffèrent entre elles, comme nous venons de le dire, que par la taille et les couleurs. Elles ont toutes des yeux simples à pupilles diurnes, c'est-à-dire rondes, et des narines entourées d'un mufle ; la lèvre supérieure fendue ; la langue douce ; la conque externe de l'oreille elliptique reployée au bord antérieur. Le pelage est soyeux et doux, et il varie par la nature des poils suivant les climats propres aux espèces.

Les pieds de derrière ont cinq doigts armés d'ongles crochus ; le pouce est le plus court ; le petit doigt vient ensuite, et les trois du milieu sont égaux : les pieds de devant ont quatre doigts avec un rudiment de pouce ; ils sont aussi armés d'ongles crochus, et les deux externes, à peu près égaux, sont les plus courts ; les deux moyens sont de longueur égale. Ces pieds sont garnis de tubercules, qui répondent à la réunion de chaque doigt, c'est-à-dire qu'il y en a trois aux pieds de devant et quatre à ceux de derrière ; et l'on voit, de plus, aux pieds antérieurs un tubercule à côté de celui qui forme le pouce. Il y a deux incisives à chaque mâchoire ; celles d'en-bas sont comprimées sur les côtés. Les molaires sont au nombre de cinq à la

mâchoire supérieure : la première, qui n'est qu'un petit tubercule, tombe souvent avec l'âge. A la mâchoire inférieureces dents sont au nombre de quatre, et elles ont toutes la
même structure : leur couronne est principalement formée de
deux tubercules transverses et mousses, séparés par un sillon.
Les organes de la génération n'ont rien de particulier : le
scrotum est pendant, et la verge se dirige en avant; le vagin
est simple, et il y a quatre mamelles.

Il est permis de conjecturer, quoiqu'on ne connoisse point
en détail le caractère des écureuils, qu'à cet égard ils diffèrent
peu les uns des autres, qu'ils vivent sur les arbres dont ils
mangent les fruits, et où ils établissent leur bouge, leur retraite, pour s'y retirer lorsqu'ils cherchent le repos, et pour
y déposer leurs petits. Les serpens, les petites espèces de chat,
et peut-être les oiseaux de proie, sont leurs plus grands ennemis; mais les serpens, surtout, dont la vue paroît leur causer
un effroi si profond, qu'ils perdent la force de les fuir, et
qu'on les a vus même se laisser tomber dans la gueule de ces
reptiles : c'est en cela que consiste le charme que ces serpens,
dit-on, exercent, et qui a paru quelquefois si merveilleux
aux observateurs prévenus. En général, les écureuils sont des
animaux dont les mouvemens sont légers et gracieux, qui
s'habituent à être touchés de toutes les manières sans paroître
toutefois distinguer les personnes qui les soignent, ni éprouver
d'attachement véritable pour elles.

L'Écureuil commun : *Sciurus vulgaris*, Linn. ; Buffon, fig. 32,
tom. VII. Chacun connoît ce joli petit animal, qui, chez nous,
en toute saison, est d'un roux vif en dessus et blanc en dessous,
avec des pinceaux de poil aux oreilles; et, dans les contrées
septentrionales de l'ancien et du nouveau Monde, en hiver,
d'un gris très-doux à la vue, formé par des poils couverts de
petits anneaux blancs et noirs, et qui donnent la fourrure
que l'on connoît sous le nom de petit-gris : mais, entre ces
deux variétés, il y en a d'intermédiaires, dont les couleurs
résultent des différens mélanges qui peuvent se former du
blanc avec le roux ou le brun plus ou moins noirâtre, et de
la prédominance sur chaque poil de l'une ou de l'autre de ces
couleurs; de sorte qu'il y en a dont la couleur est d'un brun
très-foncé, et d'autres d'un fauve assez pâle, et quelquefois le

dessous du corps est de la couleur du dessus. Enfin, l'on a rencontré des écureuils albinos.

Ces animaux placent leur nid dans les parties les plus élevées des plus grands arbres et à l'enfourchure de deux branches; ils le forment de brins flexibles et de mousse, lui donnent une forme sphérique, et en placent l'ouverture à la partie supérieure, en la recouvrant d'une espèce de toit conique qui empêche la pluie d'y pénétrer. C'est dans ce nid qu'ils passent une partie de la journée; ils en sortent le soir, qui est le moment où ils s'ébattent, en sautant d'une branche à l'autre, et en poussant un sifflement assez aigu. Dès la fin de l'hiver ils entrent en amour, et les petits, au nombre de quatre ou cinq, naissent vers la fin de juin. Le père et la mère en ont un grand soin, et, dès l'année suivante, ces petits travaillent à se donner eux-mêmes une famille; ils se font un nid, et cherchent, par leur propre industrie, à fournir à leurs besoins. Pendant l'été, les écureuils s'occupent à faire des provisions pour l'hiver; aussi a-t-on remarqué qu'ils avoient une grande propension à cacher les alimens qui leur restent. Le tronc d'un arbre creux devient ordinairement leur magasin, et ils y ont recours dès que les fruits dont ils se nourrissent sont devenus rares; ils savent le reconnoître sous la neige qu'ils écartent avec leurs pattes, et leur instinct les porte à ne pas pas réunir dans le même lieu tout ce qu'ils recueillent : ordinairement ils se font plusieurs de ces magasins; et lorsque l'un est découvert et pillé, ou bien épuisé, ils recourent aux autres. C'est par leur adresse et leur agilité seules qu'ils parviennent à se soustraire à leurs ennemis. Dès qu'ils sont avertis de leur approche par un bruit extraordinaire, ils sortent de leur nid; et, au moyen de la ténuité de leurs ongles, qui leur permet de se suspendre à l'écorce des arbres, on les voit, pour fuir l'objet de leur effroi, mettre toujours entre eux et lui l'épaisseur d'une branche, ce qui fait qu'on a de la peine à les voir, si on en est aperçu; lorsque l'on tourne autour de l'arbre, pour se placer du même côté qu'eux, aussitôt ils passent au côté opposé, et lorsque leur peur devient plus grande, ils se tapissent et restent immobiles entre deux branches. Ce sont des animaux d'une propreté extrême; jamais ils ne font d'ordures dans leurs nids, et sans cesse ils sont occupés à polir

16.

leurs poils avec leurs pattes de devant, qu'ils emploient au reste à beaucoup d'usages : c'est avec elles qu'ils portent leurs alimens à leur bouche, qu'ils arrachent la mousse dont ils font leur nid ; on les voit quelquefois opposer leurs doigts au rudiment de pouce dont ils sont pourvus, de manière que, dans ce cas, leurs pattes font tout-à-fait l'office de mains. La grande hauteur de leur train de derrière en fait essentiellement des animaux grimpeurs : aussi, lorsqu'ils sont à terre, ne vont-ils que par sauts ; et, pour se reposer, ils s'asseyent en relevant leur belle queue par derrière et en la ramenant comme une sorte de panache sur leur tête. On a dit qu'ils se servoient d'une écorce pour bateau, et de leur queue pour voile, lorsqu'ils vouloient passer un ruisseau : mais il est permis de croire qu'un ruisseau, même pour un écureuil libre, et que quelques dangers imminens n'effraient pas, sera toujours une barrière qu'il ne tentera jamais de franchir ; et s'il étoit poussé par la peur à se jeter à l'eau, la nage seroit sans doute son unique ressource. La voix de l'écureuil est un cri très-aigu, et quelquefois il fait entendre, quoique sa bouche soit fermée, un petit bruit que l'on dit être un signe d'impatience ou de colère.

On voit souvent des écureuils assez accoutumés avec ceux qui les ont élevés pour se laisser transporter partout sans qu'il soit nécessaire de les attacher. Ce n'est pas cependant qu'ils aient été véritablement apprivoisés. Ce n'est pour eux qu'une habitude qui, dans ce cas, leur donne une sécurité qu'ils n'auroient pas sans elle ; il ne paroît pas que le caractère du véritable *apprivoisement*, ait été développé en eux, et qu'il soit même possible de l'y développer.

Le Coqualin, Buff., tom. XIII, pl. 13 ; le Capistrate, Bosc, Annales du Muséum d'Histoire naturelle, tom. 1, pag. 281. Gris fauve en dessus, blanc jaunâtre en dessous ; quelquefois la tête noirâtre ; nez et oreilles blanches. Le jaune domine sur les pattes et au devant des épaules, et il prend, dans quelques individus, une teinte orangée. M. Bosc, qui a vu cette espèce dans les contrées qu'elle habite, la Caroline, nous apprend qu'on la trouve surtout dans les forêts élevées, plantées de pins, dont les graines font sa principale nourriture ; qu'elle se forme un nid comme l'écureuil commun ; que c'est en janvier qu'elle entre en chaleur, et que les petits naissent en mars. Lorsque cet écureuil est poursuivi, on le voit quelquefois se laisser tomber à terre, du haut des plus grands arbres, sans qu'il lui arrive d'accident; et il paroît que, pour tomber avec légèreté, il a la faculté de s'aplatir en quelque sorte, afin d'offrir une plus grande surface à l'air. Sa chair est un manger fort délicat, en automne surtout. Le coqualin est une des plus grandes espèces d'écureuil; il a un pied, du bout du nez à l'origine de la queue, et celle-ci est de la longueur du corps.

Brown, pl. 470, a donné la figure et la description d'une variété noire du coqualin, sous le nom d'écureuil noir, à nez et oreilles blanches. C'est, sans doute, de cette variété noire que parle Charlevoix, tom. 1, pag. 273.

L'Écureuil de la Caroline, Bosc, Journal d'Hist. nat., t. 11, p. 96, est un peu plus petit que le coqualin : toutes les parties supérieures de son corps sont d'un beau gris, quelquefois avec une légère teinte jaunâtre; les parties inférieures sont blanches; le nez et les oreilles n'ont point une couleur particulière. Il se trouve, comme son nom l'indique, dans les mêmes contrées que le précédent; mais il habite de préférence, dit M. Bosc, les pays bas et marécageux, et lorsqu'il est poursuivi, au lieu de chercher d'abord à fuir sur les arbres, il se laisse tomber à leurs pieds, et va se cacher dans les buissons.

Je crois que cette espèce ne diffère point du petit-gris de Buffon, ni du grand écureuil gris de Catesby, ni de l'écureuil à ventre roux de M. Geoffroy. J'en ai possédé un assez grand nombre d'individus, et tous offroient tant de variations dans les couleurs, qu'entre le gris et le fauve toutes les nuances étoient remplies. Ce seroit un grand service à rendre à l'histoire naturelle que d'étudier de nouveau ces singuliers animaux, qui se trouvent tous dans l'Amérique du Nord.

L'Écureuil noir, Catesby, tom. 11, pl. 73. Cet écureuil est à peu près de la taille du précédent, et entièrement noir : cependant on en trouve quelques individus qui ont du blanc au bout de la queue, au nez, sur les pattes, et, comme celui dont nous citons la figure, autour du cou. Il a la queue plus courte que l'écureuil de la Caroline : ce qui seroit bien un caractère suffisant pour en faire une espèce distincte; car il paroît que, dans ce genre, les couleurs, dans certaines

limites, sont peu propres à donner de tels caractères. Bartam
(Voy. dans l'Amér. sept., tom. II, pag. 31) parle de cet
écureuil.

L'Ecureuil du Malabar : Buffon, Supp., tom. VII, pl. 72 ;
Sonnerat, Voy., tom. II, pag. 139, pl. 87. C'est le plus grand
de tous les écureuils connus. Son nom indique sa patrie; mais
il paroît se trouver aussi à Ceylan, si, comme il est bien vraisemblable, le *sciurus macrourus* de Pennant, *Ind. Zool.*, pl. 1,
n'en diffère point. Il se tient sur les palmiers. Voici la description qu'en donne Sonnerat : Grandeur du chat domestique; queue plus longue que le corps, et aussi longue quand
elle est hérissée; oreilles terminées par une touffe de poils. La
couleur du dessus de la tête, des oreilles, du dos et des côtés
du ventre, est d'un roux mordoré; une petite bande de la
même couleur commence au-dessous de l'oreille etse prolonge
sur le cou. Une partie du cou en arrière, les épaules, et la
face postérieure des bras, sont noires; le reste de la tête, le
devant du cou, les cuisses, les jambes, les pieds et le ventre
sont d'un jaune rouille, plus pâle sur la poitrine; l'iris est
d'un jaune terne.

L'Ecureuil de Madagascar; Buffon , Supp., tom. VII, pl. 13,
pag. 256. La longueur de cet écureuil, depuis le bout du
museau jusqu'à l'origine de la queue, est de dix-huit pouces;
la queue n'a guère qu'un pied ; le dessus du nez, le dessous
des yeux jusqu'aux oreilles, le dessus de la tête et du cou, la
queue, tout le dessus du corps, ainsi que la face externe
des jambes de devant, des cuisses, des jambes de derrière et
des quatre pieds, sont noirs; les joues, le dessous du cou , la
poitrine et la face interne des jambes de devant, sont d'un
blanc jaunâtre ; le ventre et la face interne des cuisses sont
d'un brun mêlé de jaune.

L'Ecureuil de Java a tête blanche; *Sciurus albiceps*, Geoff.
On doit cette belle espèce d'écureuil à M. Leschenault, qui
l'a rapportée de Java ; il est presque aussi grand que l'écureuil
du Malabar. Les parties supérieures du corps , le dessus de la
queue et des membres sont bruns; la tête, la gorge, le ventre,
le dessous de la queue et la face interne des jambes de devant
sont d'un blanc jaunâtre. Elle n'a point encore été représentée.

L'Ecureuil bicolor : *Sciurus bicolor*, Sparmann; Schreber,

pl. 216. Cette espèce, donnée comme de Java par Sparmann, est environ de la grandeur de l'écureuil commun, et il en a presque les couleurs : mais il n'a pas de pinceau aux oreilles ; son corps est roux aux parties supérieures ; la queue, le dessous du corps et de la tête sont fauves ; les yeux sont entourés d'un cercle noir.

L'Écureuil gingy ; Sonnerat, Voy., t. ii, pag. 140. Il est un peu plus grand que l'écureuil d'Europe, et entièrement d'un gris jaunâtre plus clair sous le ventre, les jambes et les pieds ; la queue est noire, avec quelques poils blancs ; sur chaque flanc on voit une bande blanche, transversale, qui naît à l'épaule et se termine à la cuisse. L'œil est entouré d'un cercle blanc ; les moustaches sont noires, ainsi que les ongles. Le dessin, de la main de Sonnerat, que j'ai sous les yeux, fait voir que cet écureuil a la queue à poils distiques et de la forme de celle des autres écureuils. Il paroîtroit que, dans cette espèce,. comme dans toutes les autres vraisemblablement, on trouve des variétés dans les couleurs du pelage. M. Desmarets en fait connoître où le gris jaunâtre des parties supérieures du corps deviendroit roussâtre (son écureuil à bandes blanches), d'autres où les inférieures sont blanches, et d'autres encore où la queue n'est noire qu'en partie. (La variété C. de ce même auteur. Dictionnaire d'Histoire naturelle.)

Le Barbaresque : Edwards, Glanures, n.° 192 ; Buffon, t. x, pl. 27. La tête, le dessus du corps, les jambes, les pieds et la queue, d'un cendré plus ou moins rougeâtre, et de chaque côté deux bandes transversales d'un blanc sale, qui naissent aux épaules et se terminent aux cuisses. Le ventre est tout blanc, ainsi que la face interne des membres ; la queue, semblable à celle de nos écureuils, a chaque poil alternativement cendré et brun, ce qui produit sur cette partie des raies longitudinales assez régulières. Le barbaresque est beaucoup plus petit que l'écureuil commun ; et il se trouve en Barbarie, où il vit sur les palmiers.

Le Palmiste ; Buffon, tom. x, pl. 26. Dos noir à reflet jaunâtre : trois lignes blanches le long du corps ; l'une, sur l'épine, qui ne va que de la queue à l'occiput ; les deux autres qui passent derrière les oreilles et vont joindre les yeux. Le dessous du corps est blanc, et la queue a comme des anneaux blancs et noirs. Il est de la grandeur du précédent, et paroît en avoir les mœurs. On le trouve en Afrique et en Asie.

C'est à cette espèce qu'on peut rapporter l'écureuil à queue en pinceau du D.ʳ Leach, comme il le reconnoît lui-même. (*Zool. misc.*, n.° 1, pl. 1, pag. 6.) Voici la description qu'il en donne : Corps couvert d'un mélange de poils fauves et bruns; trois bandes sur le dos, d'un jaune pâle; la gorge et le ventre blanchâtres; les oreilles un peu arrondies et sans beaucoup de poils; le bout de la queue en forme de pinceau. L'individu qui a servi à cette description, avoit été pris jeune dans la bibliothèque de Madras.

Je terminerai l'histoire des écureuils par le grand et le petit guerlinguet de Buffon, qui, par quelques points de leur organisation et par leur genre de vie, doivent différer des écureuils proprement dits, si le peu qu'on en a rapporté est exact; car il paroîtroit qu'ils se tiennent moins sur les arbres qu'à terre, et que leur queue est en pinceau et non point distique. Cependant leurs molaires sont tout-à-fait semblables à celles des écureuils, et il en est de même des organes du mouvement.

Le GRAND GUERLINGUET; Buffon, Suppl., tom. VII, pl. 65. Partie supérieure du corps d'un gris olivâtre, lavé de jaune; le ventre, la poitrine, la face interne des membres, d'un roux pâle; le dessous du cou blanc jaunâtre; la queue plus longue que le corps, nuancée de brun, de noir et de fauve; oreilles arrondies, sans pinceaux. Cet écureuil a environ cinq pouces de longueur, sans la queue. On le trouve à la Guyane.

Le PETIT GUERLINGUET (Buffon, Supp., tom. VII, pl. 46) est un peu plus petit que le précédent, et il n'en diffère pas beaucoup pour les couleurs; le corps, les jambes et la queue sont d'un gris olivâtre foncé, lavé de fauve, particulièrement sur la tête, le bas-ventre et la face interne des cuisses; les oreilles sont fauves intérieurement, ainsi que le museau où cette couleur est très-pure. Il se trouve à Cayenne; c'est de là que Laborde envoya à Buffon le seul individu qui, jusqu'à présent, ait été décrit. M. Geoffroy a donné à cette espèce le nom d'écureuil nain.

Comme tous les autres noms pris génériquement, le nom

d'écureuil a été appliqué à des animaux qui n'appartenoient pas à ce genre, et, en l'accompagnant d'un adjectif, il a souvent servi à désigner des écureuils qui avoient des noms propres. Ainsi. l'Ecureuil de Madagascar, de Gmelin, est l'Ayeaye; l'Ecureuil a grande queue, de Pennant, est celui du Malabar; l'Ecureuil de terre, l'Ecureuil a raies, et le petit Ecureuil de la Caroline, sont le Tamia suisse; l'Ecureuil des palmiers est le Palmiste; le grand Ecureuil gris et l'Ecureuil du Canada, sont l'Ecureuil gris; l'Ecureuil orangé est le Coqualin; le petit Ecureuil volant est le Polatouche, et le grand, le Taguen, etc. (F. C.)

ECUSSON FOSSILE. (*Foss.*) On a donné ce nom à certaines pièces du têt des oursins fossiles qui ont la forme d'un écusson. (D. F.)

ECUSSON, *Scutellum.* (*Entomol.*) On nomme ainsi, dans les insectes ailés, la partie postérieure du corselet, du côté du dos, celle qui en occupe la portion moyenne, entre les ailes, surtout quand cette partie est saillante ou coloriée. Pour en donner une idée exacte, nous allons indiquer quelques-unes des figures de l'Atlas qui représentent des insectes dans lesquels cette partie est très-distincte. Ainsi, dans la planche des *Coléoptères pétalocères*, l'écusson qui se voit à la base, entre les deux élytres, est très-apparent dans les n.ᵒˢ 6 et 7, qui représentent les genres Hanneton et Cétoine, tandis qu'on ne l'aperçoit pas dans les n.ᵒˢ 2 et 4, qui sont les genres Bousier et Onite.

Parmi les hémiptères, dans la planche sur laquelle on a figuré les genres de la famille des auchénorhinques, les n.ᵒˢ 3 et 8 offrent cette partie très-développée. Parmi les phytadelges, nous citerons les genres Pentatome et Scutellaire.

Parmi les orthoptères grylloïdes, les n.ᵒˢ 2 et 5, le Pneumora et le Criquet nous en offrent encore un développement bien manifeste, quoique ces parties soient bien différentes les unes des autres.

Enfin, il n'est pas jusqu'aux hyménoptères et aux diptères chez lesquels on ne considère un écusson. Ainsi, dans les genres Stratyome et Hypoléon, n.ᵒˢ 6 et 5 de la planche des *Aplocères*, cette partie est garnie de deux ou plusieurs pointes, qui ont fait donner à ces insectes le nom de mouches armées;

et parmi ces hyménoptères anthophiles , dans le philanthe , le crabron , le melline , ces taches jaunes et un peu saillantes qui se voient sur la partie postérieure du corselet, sont appelées des écussons, *scutella.*

Il n'y a donc que les aptères, les lépidoptères et la plupart des névroptères, qui n'en ont pas ; encore a-t-on donné ce nom aux tubercules que présente le corselet entre les deux ailes antérieures des espèces du genre Libellule.

Le véritable usage de cette partie n'est pas encore bien connu. (Voyez INSECTES.) Fabricius, dans sa Philosophie entomologique, n'en donne même pas une bonne définition. Il confond un prolongement même du corselet, et une pièce qui en est tout-à-fait distincte. (C. D.)

ECUSSON. (*Ornith.*) Ce terme, qui s'emploie, en général, pour désigner les pièces de différentes formes que présente la peau dont les tarses et les doigts des oiseaux sont recouverts, fournit à Illiger des sous-divisions qu'il désigne par des mots différens, et qu'il nomme *scutula, clypeus, squamma, liniscus, caligula*, selon qu'elles occupent un espace plus ou moins considérable ; qu'elles affectent une figure pentagone ou hexagone ; qu'elles sont arrondies et ressemblent à des écailles ; qu'elles offrent des réseaux ; ou que la peau est tout-à-fait unie ou simplement granulée. (Ch. D.)

ECUSSONS OSSEUX. (*Ichthyol.*) On donne ce nom à des plaques de substance calcaire qui sont retenues dans l'épaisseur de la peau des poissons. Dans les *coffres, ostracion,* ces écussons sont de petits compartimens de figure régulière, et disposés par ordre à la manière des cubes des mosaïques. Dans l'*esturgeon* (*acipenser*), ils représentent des espèces de boucliers de formes variées, surmontés d'une arête longitudinale, et creusés par beaucoup de pores. Dans le *turbot*, ils sont petits et en forme de trochisques ; leur circonférence est dentelée. Dans le *lépisostée*, ils sont rhomboïdaux et couverts d'un épiderme serré et luisant. Voyez ECAILLES. (H. C.)

EDCHER (*Bot.*), nom arabe du *cacalia odora* de Forskaël. (J.)

EDDER. (*Ornith.*) Le nom de l'eider, *anas mollissima*, Linn., s'écrit ainsi en langue norwégienne. (Ch. D.)

EDDRŒJSI. (*Bot.*) Voyez GATBA. (J.)

EDECHIA. (*Bot.*) Genre de plante de Loefling, qui est le *laugeria odorata* de Jacquin, dont Vahl a fait plus récemment son *matthiola parviflora*. (J.)

EDEMIAS (*Bot.*), un des anciens noms de la conyze, cités dans le livre de Dioscoride. (H. Cass.)

EDENTÉ. (*Ichthyol.*) Les ichthyologistes ont donné, comme nom spécifique. l'épithète d'édenté, *edentulus*, à plusieurs poissons dépourvus de dents. Tels sont le *scomber edentulus*, de Bloch, *leiognathe*, Lacép. (voyez Poulain); le *squalus edentulus* de Brunnich, *aodon cornu*, Lacép. (voyez Aodon); le *blennius edentulus* de Schneider, le *salmo edentulus* de Bloch. Voyez Curimate. (H.C.)

EDENTÉS (*Mamm.*), nom d'un ordre formé par M. G. Cuvier des *bruta* de Linnæus, qui se rapprochent l'un de l'autre par des ongles gros embrassant l'extrémité des doigts, et plus ou moins analogues à la nature des sabots, par une certaine lenteur, un défaut d'agilité, occasionés par la disposition de leurs membres. Cet ordre contient, 1.º les tardigrades composés des paresseux; 2.º les édentés ordinaires, qui se composent des tatous, des oryctéropes, des fourmiliers et des pangolins : 3.º enfin, les monotrèmes, qui consistent dans les échidnés et les ornithorinques. (F. C.)

EDERDON (*Ornith.*), corruption du mot *Edredon*. (Ch. D.)

EDESSE, *Edessa*. (*Entomol.*) C'est le nom de genre sous lequel Fabricius a réuni plus de quarante espèces d'insectes étrangers, de la classe des hémiptères, précédemment rangées parmi les punaises de bois ou *pentatomes*, de la famille des frontirostres ou rhinostomes.

Ces insectes ont, en effet, des élytres, ou ailes supéricures, à demi coriaces; un bec paroissant naître du front; des antennes longues, en fil, formées de cinq articles; les tarses propres à marcher, formés de trois articles; l'écusson triangulaire, très-pointu en arrière, ne couvrant pas entièrement le dos.

Le seul caractère qui distingueroit les édesses d'avec les pentatomes, suivant M. Latreille, qui n'a pas adopté ce genre dans le troisième volume du Règne animal de M. Cuvier, qu'il a rédigé, seroit, 1.º la largeur de la tête respectivement à la longueur, qui est beaucoup plus en museau, ou prolongée dans les pentatomes et les aélies.

2.° Le second article des antennes, qui est beaucoup plus long que le troisième dans les Edesses, tandis que, dans les pentatomes, il est généralement plus court.

Beaucoup d'espèces du genre Edesse ont le corselet prolongé de chaque côté en une sorte d'épine. Fabricius en a fait un sous-genre, auquel il a donné les noms triviaux de plusieurs ruminans, tels que *taurus*, *vitulus*, *vacca*, *antilope*, *gazella*, *tarandus*, *dama*, *cervus*, etc.

Nous le répétons, toutes les espèces de ce genre sont étrangères, la plupart des Indes, de Java, de Sumatra, de Surinam, de la Chine, de la Nouvelle-Hollande, de Guinée ou de l'Amérique. Voyez Pentatome. (C. D.)

EDICNÈME. (*Ornith.*) Voyez Œdicnème. (Ch. D.)

EDINITE (*Min.*), nom donné à un minéral décrit et analysé par M. Kennedy, et dans lequel il a trouvé :

Silice, ...	51,50
Chaux, ...	32
Alumine, ...	0,5
Etain oxidé, ...	0,5
Soude, ...	8,5
Acide carbonique, avec traces de magnésie et d'acide muriatique, ...	5

Ce minéral accompagne la prehnite que renferment les basaltes sur lesquels le château d'Edimbourg est bâti.

L'anonyme qui croit devoir séparer ce minéral des autres espèces connues, et le distinguer des zéolithes ou des amphiboles trémolites, avec lesquels on paroîtroit pouvoir le confondre, fait remarquer qu'il diffère des zéolithes par la très-petite quantité d'alumine qu'il contient, et de l'amphibole trémolite par l'absence presque totale de la magnésie. (B.)

EDMONDIE, *Edmondia*. (*Bot.*) [*Corymbifères?* Juss.; *Syngénésie polygamie égale*, Linn.] Ce nouveau genre de plantes, que nous avons établi dans la famille des synanthérées (Bull. Soc. Philom., mai 1818), appartient à notre tribu naturelle des inulées, section des gnaphaliées, dans laquelle nous le plaçons auprès de l'*anaxeton* de Gærtner, dont il diffère surtout par l'aigrette plumeuse ou pénicillée.

La calathide est incouronnée, équaliflore, multiflore, régulariflore, androgyniflore. Le péricline, très-supérieur aux fleurs et radié, est formé de squames imbriquées, appliquées, extrêmement petites, linéaires, coriaces, surmontées d'un très-grand appendice ovale-oblong ou lancéolé, scarieux, coloré, radiant; les appendices de la rangée contiguë aux fleurs sont très-petits, semi-avortés, ordinairement bilobés. Le clinanthe est plane, entièrement garni de fimbrilles plus ou moins longues, et de forme diversifiée. Les ovaires sont tantôt grêles, cylindracés, tantôt comprimés et bordés d'une membrane; leur aigrette, longue, caduque, est composée de squamellules unisériées, égales, filiformes, dont la partie supérieure au moins est garnie de barbelles très-manifestes. Les anthères ont de longs appendices basilaires membraneux.

Nous avons observé, dans l'herbier de M. de Jussieu, trois espèces d'edmondie, qui sont parfaitement distinctes, quoique la plupart des botanistes les rapportent toutes les trois, comme de simples variétés, au *xeranthemum sesamoides* de Linnæus. Il est vrai qu'elles ne diffèrent point, ou presque point, par le port; mais le péricline, le clinanthe, l'aigrette présentent des différences essentielles. Quelques autres prétendues variétés, que nous n'avons point vues, formeront aussi, sans doute, autant d'espèces d'edmondie, quand on aura bien analysé leurs calathides.

L'Edmondie brillante (*Edmondia splendens*, H. Cass.) est, comme les deux espèces qui suivent, un arbuste d'Afrique, qui s'élève au plus à un pied et demi de hauteur : sa tige se partage, presque dès la base, en plusieurs rameaux simples ou un peu divisés, inégaux, longs de cinq à dix pouces, droits, grêles, cotonneux, garnis de feuilles jusqu'au sommet. Les feuilles, presque imbriquées, et appliquées d'un bout à l'autre sur les rameaux, sont longues de quatre à cinq lignes, linéaires, glabres et un peu carénées sur la face externe, concaves et cotonneuses sur la face interne. Les calathides, solitaires à l'extrémité des rameaux, sont très-remarquables par la grandeur et la beauté de leur péricline, qui est du blanc le plus pur, et de l'éclat métallique le plus brillant. Les appendices des squames sont très-longs, lancéolés, aigus et très-blancs; ceux de la rangée contiguë aux fleurs sont très-courts, presque arrondis, comme bilobés; les fimbrilles du clinanthe sont toutes longues, subulées, membraneuses; les ovaires sont grêles, oblongs, papillés; les squamellules de l'aigrette sont inappendiculées vers la base, garnies, sur les deux côtés de leur partie moyenne, de longues barbelles, régulièrement disposées, contiguës, et leur partie supérieure semble formée de quelques barbelles épaisses, irrégulièrement disposées et entre-greffées.

L'Edmondie bicolore (*Edmondia bicolor*, H. Cass.) a la tige ligneuse, divisée en rameaux grêles, droits, tomenteux, garnis jusqu'au sommet de feuilles alternes, appliquées, étroites, linéaires-lancéolées, obtusiuscules au sommet, coriaces; leur face extérieure (qui seroit l'inférieure si la feuille étoit étalée) est glabre, lisse, luisante, convexe, comme munie d'une grosse côte médiaire; leur face intérieure (qui seroit la supérieure) est concave, laineuse, et semble collée contre le rameau. Les calathides sont terminales, solitaires, grandes, et ont le péricline rougeâtre en dehors, jaunâtre en dedans. Les appendices des squames sont ovales-oblongs, obtus au sommet, jaunâtres en leur partie inférieure, rougeâtres en leur partie supérieure; ceux de la rangée contiguë aux fleurs sont très-petits, et ordinairement suborbiculaires et bilobés. Les fimbrilles du clinanthe sont d'autant plus courtes qu'elles sont plus près du centre, caduques, subulées, triquètres, épaisses, coriaces, roides, à angles membraneux, aliformes; les ovaires sont grêles, cylindracés; les squamellules de l'aigrette ont leur partie supérieure garnie de barbelles larges et obtuses.

L'Edmondie bractéifère (*Edmondia bracteata*, H. Cass.) se distingue des deux espèces précédentes par les caractères suivans : Les feuilles inférieures sont étalées, au lieu d'être appliquées sur la tige ou la branche qui les porte; la partie supérieure des rameaux est garnie, au-dessous des calathides, de bractées scarieuses analogues aux appendices des squames du péricline; les squames proprement dites sont un peu laineuses sur leur face externe; leurs appendices sont lancéolés et d'un blanc sale; ceux de la rangée contiguë aux fleurs sont extrêmement petits, presque entièrement avortés, nullement arrondis, mais divisés jusqu'à la base en deux dents aiguës; les fimbrilles du clinanthe sont très-courtes, inégales, irrégulières, entregreffées, obtuses; les ovaires sont obovales, comprimés, bordés d'une large membrane, et très-glabres; les squamellules de l'ai-

grette sont pénicillées, à peu près comme dans l'edmondie bicolore. (H. Cass.)

EDOLIO. (*Ornith.*) Voyez, sous le mot Coucou, la description de cette espèce du cap de Bonne-Espérance. (Ch. D.)

EDOLIUS. (*Ornith.*) M. Cuvier a, dans son Règne animal,
donné ce nom générique latin aux *drongos*. (Ch. D.)

EDOUARDE (*Bot.*), *Edwardsia*, Ait., *edit. nov.* Genre de
plantes dicotylédones, à fleurs papillonacées, de la famille des
légumineuses, de la *décandrie monogynie* de Linnæus, caractérisé par un calice oblique, à cinq dents; une corolle papillonacée; les pétales droits, connivens; la carène divisée
en deux pétales alongés; dix étamines libres; un style; les
gousses en forme de chapelet presque à quatre ailes, à une
seule loge, à deux valves polyspermes; les semences saillantes en bosse.

Ce genre se compose de quelques espèces découvertes dans
la Nouvelle-Zélande et aux îles Sandwich; on les avoit d'a-
bord réunies au genre *Sophora* de Linnæus, mais des auteurs
modernes ont cru devoir les placer dans un genre particulier.
Ces espèces sont très-voisines des *sophora*, par les gousses; elles
en diffèrent principalement par la forme de leur corolle, dont
les pétales sont droits, rapprochés et presque connivens. On y
rapporte les espèces suivantes:

Edouarde a grandes fleurs : *Edwardsia grandiflora*, Ait.,
edit. nov.; Sophora tetraptera, Lamk., *Ill. gen.*, tab. 325, fig. 3;
Duham., *edit. nov.* 1, tab. 3; Miller, *Icon.*, tab. 1; Curtis,
Magaz., tab. 167. Arbre d'un beau feuillage, originaire de la
Nouvelle-Zélande, cultivé au Jardin du Roi, et introduit,
ainsi que l'*edwardsia microphylla*, en Europe, en 1772, par
M. Bancks. Tous deux exigent, pour réussir, une terre fraîche,
légère, de bonne qualité. Il faut, pendant l'hiver, les tenir à
l'abri du froid, dans une serre tempérée. M. Desfontaines
pense qu'on pourroit les élever en pleine terre dans le midi
de la France.

Les tiges de l'*edwardsia grandiflora* se divisent en rameaux
glabres, cylindriques, les inférieurs un peu pendans. Les
feuilles sont alternes, pétiolées, ailées avec une impaire,
composées de folioles nombreuses, opposées, sessiles, lancéolées, un peu velues, rétrécies à leur base. Les fleurs sont

grandes, nombreuses, d'une belle couleur jaune, disposées en grappes terminales; les gousses alongées, divisées en nœuds globuleux ou ovales, munies sur leurs angles latéraux de quatre ailes courtes, membraneuses, sinuées ou crénelées, terminées par une corne subulée, un peu courbée.

Edouarde a petites feuilles : *Edwarsia microphylla*, Ait., *edit. nov.; Sophora microphylla*, Lauik., *Ill. gen.*, tab. 325, fig. 1. Arbrisseau élégant, qui s'élève peu, et dont les rameaux sont diffus, un peu tortueux, presque cylindriques; les feuilles composées d'environ seize à dix-huit paires de folioles avec une impaire, très-petites, presque rondes, légèrement velues, obtuses, entières, un peu aiguës à leur base. Les fleurs sont grandes, obtuses, d'un beau jaune, réunies en grappes courtes, latérales, supportées par de longs pédoncules un peu inclinés. Leur calice est ample, tomenteux, à cinq dents courtes; les pétales veinés; l'étendard presque aussi long que les ailes. Le fruit est une gousse alongée, un peu comprimée, toruleuse, munie de quatre ailes courtes, membraneuses.

Edouarde a feuilles dorées; *Edwardsia chrysophylla*, Salisb.; *in Trans. Linn.*, 9, tab. 26, fig. 1. Cette espèce, très-rapprochée des deux précédentes, s'en distingue par le duvet, d'un beau jaune doré, qui couvre ses jeunes feuilles. Ces feuilles sont touffues, composées de quinze à dix-neuf folioles ovales, renversées, un peu émoussées, légèrement échancrées à leur sommet. Les fleurs sont d'un jaune pâle, un peu plus petites que dans les autres espèces, disposées en épis courts, axillaires; leur calice oblique, presque tronqué; les dents à peine sensibles; les gousses glabres, alongées en chapelet, un peu frangées sur leurs angles. Cette plante croît aux îles Sandwich. (Poir.)

EDREDON (*Ornith.*), duvet de l'eider, espèce de canard, *anas mollissima*, Linn. (Ch. D.)

EDRITA. (*Ichthyol.*) Suivant quelques auteurs, c'est ainsi qu'Aristote, Elien, Athénée et Oppien ont nommé l'alose. Voyez Clupée. (H. C.)

EDULCORATION. (*Chim.*) Ce mot, très-usité par les anciens chimistes, et qui, à proprement parler, signifie l'action de rendre doux, s'appliquoit à tout lavage fait à grande eau, au moyen duquel on dépouilloit une matière de la saveur acide.

alcaline ou salée, qu'elle devoit à quelque corps soluble qu'elle contenoit. (Сн.)

EDWARSIA. (*Bot.*) Necker est l'auteur de ce genre de plantes, de la famille des synanthérées, auquel il attribue les caractères essentiels suivans : Péricline accompagné de bractées à sa base; clinanthe squamellifère; aigrette formée par des arêtes; feuilles composées. Les *edwarsia* de Necker sont quelques espèces de *bidens*, qui ne diffèrent de leurs congénères que par la présence de bractées formant un involucre autour du péricline; caractère insuffisant pour constituer un genre distinct. (H. Cass.)

EEE-EVE (*Ornith.*), nom que les héoro-taires portent, dans leur jeune âge, aux îles Sandwich. (Сн. D.)

EELPOUT. (*Ichthyol.*) Quelques ichthyologistes et lexicographes, la Chesnaye-des-Bois en particulier, disent que ce nom est quelquefois donné à la lotte par les Anglois. Consultez Grew (*Mus. Soc. Reg.*, p. 95), et Gronou (*Act. Upsal.*, anno 1742). Voyez aussi l'article Lotte. (H. C.)

EELVEK. (*Ornith.*) Le merle commun, *turdus merula*, Linn., porte ce nom, ou, suivant d'autres, celui de *felvek*, en Turquie. (Сн. D.)

EENDT. (*Ornith.*) Voyez Endt. (Сн. D.)

EENI. (*Bot.*) C'est, dit Marsden, dans son Histoire de Sumatra, un arbrisseau à feuilles petites et d'un vert tendre, dont on exprime un suc rouge, avec lequel les naturels se teignent les ongles des pieds et des mains. Cette description et cet emploi conviennent parfaitement à l'alkanna ou henné, *lawsonia*, et c'est aussi à peu près le même nom. Il faut observer cependant que la teinture du henné est d'un jaune doré. (J.)

EEPRAI. (*Ornith.*) Dobrizhoffer dit que les Abipons, l'une des nations qui habitent le Paraguay, appellent ainsi le caracara ordinaire, *falco brasiliensis*, Gmel. (Сн. D.)

EFER (*Bot.*), nom égyptien de la carline, suivant Adanson. (H. Cass.)

EFFARVATTE. (*Ornith.*) Buffon a appliqué ce nom, d'une part à la petite rousserolle, et d'une autre à la fauvette de roseaux, *salicaria* de Gesner et d'Aldrovande. M. Cuvier le restreint au premier de ces oiseaux, *motacilla arundinacea*, Gmel.; et M. Vieillot, qui croit reconnoître la rousserolle dans le *sylvia palustris* de Meyer, figuré pl. 46, n° 105 des Oiseaux de Nauman, lui donne la dénomination particulière de *sylvia strepera*. (Ch. D.)

EFFERVESCENCE. (*Chim.*) Quoique ce mot désigne, en général, le phénomène qui se produit lorsqu'un fluide aériforme se développant dans le sein d'une masse liquide, s'en dégage en bouillonnant, cependant on le restreint généralement aux cas où l'effet est produit par un corps que l'on met en contact avec un liquide à la température ordinaire. Exemples :

1.° Lorsque les carbonates sont décomposés par les acides nitrique, hydrochlorique, acétique, etc., l'acide carbonique, en se dégageant, produit l'effervescence ;

2.° Lorsque les métaux, en se dissolvant dans les acides sulfurique, hydrochlorique, donnent lieu à un dégagement d'hydrogène ;

3.° Lorsque des sulfures ou des hydrosulfates traités par les mêmes agens, donnent lieu à un dégagement d'acide hydrosulfurique ;

4.° Lorsque des chlorures ou des hydrochlorates, traités par l'acide sulfurique, produisent du gaz hydrochlorique :

5.° Lorsqu'on traite des phtorures ou des hydrophtorates dans des vases de verre, par l'acide sulfurique, il y a une effervescence occasionée par de l'acide phtoro-silicique ;

6.° Lorsque du peroxide de potassium est mis dans l'eau, il y a dégagement d'oxigène ;

7.° Lorsque le zinc est dissous par l'ammoniaque liquide de l'hydrogène provenant de l'eau et mis en liberté. (Ch.)

EFFLORESCENCE. (*Chim.*) C'est ce phénomène que présentent un assez grand nombre de substances solides, à la surface desquelles il se manifeste une matière pulvérulente.

Cet effet peut être produit par des causes très-différentes. Nous allons en citer des exemples.

1.° Certains sulfures de fer, certains arséniures, qui ont tous l'aspect métallique, étant exposés à l'atmosphère, en absorbent l'oxigène et l'humidité, et se convertissent à leur surface en sulfate, en arsénite ou arséniate.

2.° L'acide borique vitrifié, exposé à l'air humide, en absorbe l'humidité : il se produit à sa surface de très-petits cristaux d'hydrate qui la rendent farineuse.

3.° Les cristaux de sulfate, de phosphate, de sous-carbonate de soude, ceux d'un assez grand nombre de sels pourvus d'eau de cristallisation, en perdent une portion, lorsqu'ils sont exposés dans un espace sec; alors les parties du cristal qui étoient occupées par l'eau qui s'est volatilisée, sont occupées par l'air, et cet air environnant des particules solides, incolores, très-divisées, leur donne l'aspect de l'amidon. (Ch.)

EFFLORESCENCES. (*Min.*) On nomme ainsi en minéralogie, et surtout en géognosie, les enduits pulvérulens, souvent aussi composés de petites aiguilles cristallines, d'un éclat soyeux, ordinairement blanches, mais aussi ou jaunâtres ou rosâtres, qui recouvrent certaines roches, et qui indiquent qu'une substance saline se forme vers la surface de ces roches, au moyen des principes qu'elles renferment. (B.)

EFFRAIE. (*Ornith.*) Cet oiseau de nuit, qu'on nomme aussi *fresaie*, est le *strix flammea*, Linn. Voyez Chouette. (Ch. D.)

EFTOSECHIN (*Bot.*), nom égyptien de la carline, suivant Adanson. (H. Cass.)

EGAGROPILE. (*Chim.*) C'est une concrétion que l'on rencontre dans le premier et le second estomac, ainsi que dans tous les intestins de plusieurs animaux ruminans. Elle est produite par des poils que ces animaux ont avalés, lesquels, s'étant feutrés et imprégnés des liquides contenus dans le canal alimentaire de ces animaux, ont pris une forme sphérique par les pressions qu'ils ont éprouvées (Ch.)

EGAL. (*Bot.*) : s'entend de la longueur. Les divisions du calice de la renoncule, les étamines du lis, etc., sont égales. Les divisions du calice de la potentille, les étamines du chou, etc., sont inégales. (Mass.)

EGALADE et Ganiaude. (*Bot.*) Ce sont deux variétés de la châtaigne ordinaire, à plus gros fruits, connues sous ce nom dans quelques provinces du midi de la France, et citées dans la Flore Françoise de M. Decandolle. (J.)

EGALURES. (*Fauconn.*) On donne ce nom aux mouchetures du dos d'un oiseau de vol. (Ch. D.)

EGANO. (*Bot.*) Voyez Erenus. (J.)

EGDE. (*Ornith.*) L'oiseau qui porte ce nom en Norwége, est la Sitelle. Voyez ce mot. (Ch. D.)

EGEON. (*Crust.*) Voyez Palœmonidés. (W. E. L.)

EGEONE, *Egeon.* (*Conch.*) Genre établi par M. Denis de Montfort, pour de petits corps crétacés en forme de lentille, garnis sur leurs deux faces de stries ou de rides rayonnantes du centre à la circonférence, et de tubercules ou de trous dans les intervalles. C'étoit pour Von-Fichtel, Test. microsc., pag. 57, tab. 7, fig. *h*, cinq. var., une espèce de nautile qu'il nomme *nautilus lenticularis*, et pour l'auteur que nous citons, c'est une coquille libre, univalve, cloisonnée et cellulée, lenticulaire : têt extérieurement strié et tuberculé, ou criblé en rayons, recouvrant la spire intérieure ; bouche inconnue ; dos ou marge caréné ; centres bombés et relevés. La seule espèce que M. Denis de Montfort mette dans ce genre, l'égéone perforé, *egeon perforatus*, a deux lignes de diamètre ; elle est à peu près diaphane, de couleur ordinairement blanche, et quelquefois un peu ochreuse, à cause des lieux où elle se trouve. En effet, elle forme en certains endroits des mines de fer en exploitation. C'est à Claudiopolis, en Transylvanie, qu'elle se trouve en quantité considérable mêlée de nummulites, et formant presque entièrement les endroits stériles de ce pays. (De B.)

EGERAN. (*Min.*) Cette pierre, ainsi nommée du lieu où on l'a trouvée pour la première fois, en 1816, Eger en Bohême, est regardée, par tous les minéralogistes de l'école françoise, comme une variété de l'idocrase.

Elle est d'un brun rougeâtre, passant au brun de foie ; quand elle se présente cristallisée, elle offre des prismes à quatre pans, dont la surface est raboteuse ; son éclat, assez vif, est gras ; sa pesanteur spécifique, 3,29. Elle est très-fusible au chalumeau avec bouillonnement.

Les substances que M. le comte Dunin Borkowski y a trouvées par l'analyse, sont :

Silice,	41
Alumine,	22
Chaux,	22
Magnésie,	3
Fer,	7
Manganèse,	2
Potasse,	1

En réduisant ces matières à celles qui paroissent être essentielles à la pierre, et comparant sa composition ainsi réduite avec celle de l'idocrase, on trouve les différences suivantes, sur l'importance desquelles nous ne prononçons pas :

	Idocrase.	Egeran.
Silice,	35	41
Chaux,	53	22
Alumine,	22	22

L'égeran se présente aussi en masse, ayant une structure scapiforme, divergente ou entrelacée. Il se trouve à Hasslau, près d'Eger, avec du quarz et du calcaire spathique mêlé de grenat et d'amphibole tremolite, et sur une roche composée de felspath et d'amphibole hornblende schistoïde, qui est probablement placée sur des couches de micaschiste. (B.)

EGÉRIE, *Egeria*. (*Crust.*) M. le docteur Leach a désigné sous ce nom de genre, dans le tom. xi des Transactions de la Société Linnéenne de Londres, une division des crustacés à dix pattes, à branchies cachées, à queue plus courte que le tronc, simple à l'extrémité, à corselet ou têt plus long que large, pointu en avant, voisin des araignées de mer, tels que le *cancer rostratus* de Herbst, et plusieurs autres que M. Leach avoit lui-même figurés auparavant, sous le nom d'*inachus*, dans son Mémoire sur les malacostracés podophthalmes de la Grande-Bretagne. Nous les avions réunis au genre *Maja*, dans la Zoologie analytique. Voy. MAÏADÉS. (C. D.)

EGERITE. (*Bot.*) Voyez ÆGÉRITE, *Suppl.* du I.er vol. (Lem.)

EGETLING. (*Bot.*) A Œttingen, en Allemagne, c'est le nom du champignon de couche (*agaricus edulis*, Bull.). Voyez FONGE. (Lem.)

E'GG. (*Ornith.*) Suivant M. Savigny, l'oiseau auquel les Arabes de Mataryeh donnent ce nom, qu'ils écrivent aussi *hegg*, est le petit aigle noir, *aquila melanaetos*, dans sa vieillesse. (Ch. D.)

EGGENSCHAER. (*Ornith.*) L'oiseau que, suivant Gesner, les Allemands nomment ainsi, est la poule-sultane de Brisson, tom. 5, p. 533, *porphyrio rufescens* du même auteur. (Ch. D.)

EGHELO. (*Bot.*) Dodoens dit que l'ébénier des Alpes, *cytisus laburnum*, étoit ainsi nommé dans l'Italie, aux environs d'Anagni. L'*eghelo* des Philippines cité par Camelli paroît être le même ou une espèce voisine. (J.)

EGIALITE ANNELÉE (*Bot.*); *Ægialitis annulata*, Rob.

Brown, *Nov. Holl.*, 1, pag. 426. Genre de plantes dicotylédones, à fleurs complètes, de la famille des plumbaginées, de la *pentandrie pentagynie* de Linnæus, rapproché des *statice*, et caractérisé par un calice coriace, lissé, anguleux, à cinq dents; cinq pétales rapprochés par leurs onglets; cinq étamines; cinq styles; les stigmates en tête; une capsule univalve, indéhiscente, à une seule semence; point de périsperme.

Arbrisseau découvert sur les côtes de la Nouvelle-Hollande, glabre sur toutes ses parties, et dont les tiges se divisent en rameaux fragiles, cylindriques, marqués d'anneaux formés par l'insertion des pétioles. Les feuilles sont alternes, planes, ovales, coriaces, entières, décurrentes sur les pétioles : ceux-ci dilatés et en gaîne à leur base. Les fleurs sont blanches, alternes, presque imbriquées, munies de trois bractées, et disposées en épis paniculés. (Poir.)

EGILOPE (*Bot.*), *Ægilops*, Linn. Genre de plantes monocotylédones hypogynes, de la famille des graminées de Jussieu, et de la *polygamie monoécie* de Linnæus, dont les fleurs glumacées, polygames, sont disposées en un épi simple, composé d'épillets sessiles, alternes, à trois fleurettes, dont deux hermaphrodites et une mâle. Chaque épillet a deux glumes ovales, cartilagineuses, fort grandes, terminées par deux à quatre arêtes. Chaque fleurette hermaphrodite est composée de deux balles, dont l'extérieure terminée par deux ou trois arêtes; de trois étamines, et d'un ovaire supérieur surmonté de deux styles à stigmates velus. Le fruit est une graine ovale-alongée, sillonnée d'un côté.

Ce genre renferme six espèces, dont quatre croissent naturellement en France ou dans les parties méridionales de l'Europe; les deux autres dans le Levant.

Egilope ovale : *Ægilops ovata*, Linn., *Spec.*, 1489; Host., *Gram.*, 2, p. 5, t. 5. Ses tiges, hautes de sept à huit pouces, sont garnies de quelques feuilles velues, et terminées par un épi court, presque ovale, composé de trois à quatre épillets, dont les glumes calicinales sont hérissées de quatre arêtes fort longues. Cette plante croit dans les champs et sur les bords des chemins.

Egilope a trois arêtes; *Ægilops triaristata*, Willd., *Spec.*, 4,

p. 943. Dans cette espèce l'épi est oblong, et les glumes calicinales sont terminées par trois arêtes : elle croît dans le Midi.

Egilope alongé; *Ægilops triuncialis,* Linn., *Spec.,* 1489. Son épi est cylindrique; ses glumes inférieures ne sont chargées que de deux arêtes, tandis que les supérieures en ont trois, et qu'elles sont très-longues. Cette espèce se trouve dans les lieux secs et arides.

Egilope cylindrique; *Ægilops cylindrica,* Host., Gram., 2, p. 6, t. 7. Son épi est cylindrique, à glumes chargées d'une seule arête, qui est très-longue dans les épillets supérieurs. La plante croît dans les vignes du Piémont et en Hongrie.

Egilope a queue; *Ægilops caudata,* Linn., *Spec.,* 1489. Son épi est grêle, serré, composé d'épillets dont le terminal seulement a les glumes chargées de deux arêtes droites, longues de près de trois pouces, tandis que, dans tous les autres, la glume extérieure n'est terminée que par trois dents. Cette espèce croît dans l'île de Candie.

Egilops squarreux; *Ægilops squarrosa,* Linn., *Spec.,* 1489. Son épi est grêle, long de trois pouces; ses glumes sont toutes dépourvues d'arêtes, et terminées par une seule dent. La balle externe des fleurettes est surmontée d'une arête assez courte, située entre deux dents. Cette plante croît dans le Levant. (L. D.)

EGIPPIA. (*Ornith.*) Ce terme, qui se trouve dans le Vocabulaire de 1420, dont l'extrait a été donné par Klein, pag. 235 de son *Prodromus Historiæ avium,* désigne l'outarde, *otis tarda,* Linn. (Ch. D.)

EGITE. (*Ornith.*) C'est ainsi que l'auteur du Dictionnaire universel des Animaux écrit la traduction du mot grec αἰγίθος. On a déjà dit au mot *Ægithe,* que par ce terme Aristote avoit probablement entendu parler de la linotte, *fringilla linota,* Linn. (Ch. D.)

EGLANTIER. (*Bot.*) On donne vulgairement ce nom aux rosiers sauvages en général; mais les botanistes le donnent particulièrement, comme nom spécifique, à un rosier qui est le *rosa eglanteria,* Linn., nommé aussi *eglantina* par quelques auteurs. (L. D.)

EGLANTIER. (*Ichthyol.*) MM. Bosc et Lacépède ont donné ce nom à une espèce de raie, *raja eglanteria*. (H. C.)

EGLÉ, *Ægle*. (*Bot.*) Genre de plantes dicotylédones, à fleurs complètes, polypétalées, régulières, de la famille des aurantiacées, de la *polyandrie monogynie* de Linnæus, offrant pour caractère essentiel : Un calice d'une seule pièce, à cinq lobes; cinq pétales très-ouverts; un grand nombre d'étamines placées sur le réceptacle; un style court, épais. Le fruit consiste en une baie globuleuse, à douze ou seize loges, dont l'écorce épaisse devient ligneuse.

On avoit soupçonné, avec assez de fondement, que le *cratœva marmelos* de Linnæus (voyez TAPIER) devoit former un genre particulier; mais il étoit nécessaire que cette plante fût mieux connue. Roxburg, dans ses Plantes de Coromandel, tab. 145, en a donné une bonne figure. Elle a été décrite dans les Transactions Linnéennes de Londres, sous le nom de *Correa*; mais, ce nom ayant été appliqué à un autre genre, M. Corréa y a substitué celui d'*Æglé*. Jusqu'à présent ce genre a été borné à une seule espèce.

EGLÉ MARMÉLOS : *Ægle marmelos*, Pers., *Synops.*, 2, pag. 73; *Cratœva marmelos*, Linn.; *Bilacus*, Rumph, *Amb.*, 1, tab. 81; *Covalam*, Rheed., *Malab.*, 3, tab. 37; *Cucurbitifera trifolia*, etc., Pluk., *Almag.*, tab. 170, fig. 5. Arbre des Indes orientales qui s'élève à une grande hauteur, sur un tronc fort épais, portant vers son sommet plusieurs grosses branches chargées de rameaux nombreux, cylindriques, armés de longues épines géminées, placées entre les feuilles. Celles-ci sont alternes, pétiolées, ternées; les folioles opposées, pédicellées, ovales-oblongues, glabres, dentées en scie. Les fleurs sont blanchâtres, odorantes, réunies en petites grappes sur un pédoncule commun, axillaire ou terminal. Son fruit est une baie de la grosseur d'une orange, recouverte d'une peau dure, contenant une pulpe visqueuse, épaisse, jaunâtre. Ces fruits plaisent beaucoup aux Indiens, malgré leur odeur un peu forte et une douceur fade, qui les fait rejeter des Européens. Cependant, cuits sous la cendre, et apprêtés avec du sucre, ils deviennent assez agréables; on les sert sur les tables avec des oranges; il faut en rejeter soigneusement les noyaux qui sont, au rapport de Rumph, d'une amertume insupportable. (POIR.)

EGLEDUN. (*Ornith.*) La Chesnaye-des-Bois parle, sous ce mot corrompu, de l'eider, *anas mollissima*, Linn., dont le duvet, *eider-dunen* dans le Nord, est appelé en France édredon. Voyez EIDER. (CH. D.)

EGLEFIN (*Ichthyol.*), *Gadus æglefinus*, nom d'une espèce de morue des mers du Nord. Voyez GADE et MORUE. (H. C.)

EGLETES. (*Bot.*) [*Corymbifères*, Juss.; *Syngénésie polygamie superflue*, Linn.] Ce nouveau genre de plantes, que nous avons établi dans la famille des synanthérées, appartient à notre tribu naturelle des inulées, dans laquelle nous le plaçons auprès des *buphtalmum* et *ceruana*, dont il diffère principalement par la nudité du clinanthe. L'*egletes* a aussi beaucoup d'affinité avec le *grangea*.

La calathide est globuleuse, radiée; composée d'un disque multiflore, régulariflore, androgyniflore, et d'une couronne unisériée, liguliflore, féminiflore. Le péricline, égal aux fleurs du disque, est hémisphérique, et formé de squames paucisériées, imbriquées, lancéolées, foliacées, à base charnue très-épaisse. Le clinanthe est hémisphérique et inappendiculé. Les cypsèles sont courtes, subturbinées, irrégulières, anguleuses, comprimées; elles sont surmontées, au lieu d'aigrette, d'un bourrelet apicilaire coroniforme, très-épais, très-élevé, oblique, denticulé, subcartilagineux. Les corolles radiantes ont la languette longue, large, tridentée au sommet. Les anthères sont dépourvues d'appendices basilaires.

L'EGLETES DE SAINT-DOMINGUE (*Egletes domingensis*, H. Cass., Bull. Soc. Philom. Octobre 1817) est une plante herbacée, glabriuscule; à tige rameuse, cylindrique; à feuilles alternes, subspatulées, étrécies à la base en forme de pétiole, et dentées supérieurement; les calathides, composées de fleurs jaunes, sont solitaires à l'extrémité de longs pédoncules nus, opposés aux feuilles. L'échantillon, que nous avons étudié, a été recueilli à Saint-Domingue, par M. Poiteau, suivant une note de l'Herbier de M. Desfontaines, où il se trouve. (H. CASS.)

EGOPODE (*Bot.*); *Ægopodium*, Linn. Genre de plantes dicotylédones, polypétales, épigynes, de la famille des ombellifères, Juss., et de la *pentandrie digynie*, Linn., dont les caractères principaux sont les suivans: Collerettes universelle et partielle nulles ; calice très-court entier ; cinq pétales ovales, entiers, inégaux, fléchis à leur sommet ; cinq étamines à filamens une fois plus longs que la corolle ; un ovaire inférieur, surmonté de deux styles redressés, terminés chacun par un stigmate en tête ; fruit ovale-oblong, strié, se divisant en deux graines convexes d'un côté, planes de l'autre. Ce genre n'est composé que d'une seule espèce.

EGOPODE PODAGRAIRE : vulgairement PODAGRAIRE ; *Ægopodium podagraria*, Linn., *Spec.*, 379, *Flor. Dan.*, t. 670. Sa racine, longue, rampante et vivace, donne naissance à une tige droite, glabre, légèrement rameuse, haute de deux à trois pieds, garnie inférieurement de feuilles deux fois ternées, à folioles ovales, dentées et aiguës ; les feuilles supérieures ne sont que simplement ternées, et elles ont leurs folioles plus étroites. Les fleurs sont blanches, disposées en ombelles lâches, et composées de quinze à vingt rayons. Cette plante croît au bord des bois et dans les haies. (L. D.)

EGOPOGON, *Ægopogon*. (*Bot.*) Genre de plantes monocotylédones, à fleurs glumacées, de la famille des graminées, de la *polygamie monoécie* de Linnæus, offrant pour caractère essentiel : Des fleurs très-souvent polygames, monoïques ; deux ou trois épillets pédicellés, très-rapprochés, les latéraux à fleurs mâles ; l'hermaphrodite composé d'un calice uniflore, à deux valves bifides à leur sommet ; une arête dans le milieu de l'échancrure ; deux valves corollaires, l'extérieure surmontée de trois arêtes, l'intérieure de deux ; trois étamines ; deux styles ; les stigmates en pinceau ; les fleurs mâles semblables à l'hermaphrodite, mais dépourvues de style.

Ce genre est composé de deux espèces découvertes par MM. Humboldt et Bonpland, dans l'Amérique méridionale. M. de Beauvois pense qu'on doit réunir à ce genre les *amphipogon* de Rob. Brown. (Voyez AMPHIPOGON, tom. 2, Suppl.)

EGOPOGON A FEUILLES COURTES : *Ægopogon cenchroides*, Willd., *Spec.*, 47, pag. 899 ; Kunth, *in* Humb. *et* Bonpl. *Nov. Gen.*, 1, pag. 132, tab. 42. Cette plante a le port du *cenchrus racemosus* : elle croît en gazon, et produit plusieurs tiges droites, glabres, rameuses, longues d'un pied, garnies de feuilles rudes, planes, linéaires, acuminées ; les gaînes glabres, striées, munies à leur orifice d'une membrane alongée, tronquée, bifide ; les fleurs disposées en une grappe simple , unilatérale , longue de deux ou trois pouces ; les épillets ternés, pédicellés, un peu distans ; l'intermédiaire hermaphrodite ; les deux latéraux mâles , quelquefois tous trois hermaphrodites ; les pédicelles pileux et ciliés ; les valves calicinales égales, en carène, purpurines, ciliées sur leur dos. Elle croît dans plusieurs contrées de l'Amérique méridionale et dans le royaume de Quito, sur le Mont-Pichincha, jusqu'à la hauteur de dix-huit cents toises.

Egopogon a fleurs géminées ; *Ægopogon geminiflorum* , Kunth , l. c. , tab. 43. Espèce découverte sur les rives de l'Orénoque. Ses tiges sont droites , rameuses , garnies de feuilles rudes, planes ; les fleurs disposées en épis unilatéraux ; les épillets géminés , uniflores ; l'un hermaphrodite, un peu pédicellé ; un autre mâle plus petit, à pédicelle plus long : les valves calicinales rudes , blanchâtres , membraneuses, une fois plus courtes que celles de la corolle ; leur arête rude et droite. Les semences sont glabres, oblongues, aiguës à leurs deux extrémités. (Poir.)

EGOU (*Bot.*), nom languedocien du sureau hièble. (L. D.)

EGOUEN. (*Conch.*) C'est la *voluta marginata* de Born. (De B.)

EGREFIN. (*Ichthyol.*) Voyez Eglefin. (H. C.)

EGRET. (*Ornith.*) Les Anglois désignent par ce nom, et Jonston , ainsi que Charleton , par celui d'*egretta Gallorum* et de *garzetta Italorum*. l'espèce de héron, que l'on appelle communément aigrette, *ardea garzetta*. Linn. Voyez Héron. (Ch. D.)

EGRISÉ ou Egrisée. (*Min.*) C'est le nom de la poussière de diamans, obtenue par le frottement de deux diamans l'un contre l'autre, et qui sert non seulement à polir ce minéral, mais encore dans la gravure en pierres fines. Voyez Diamant. (B.)

EGUILLE A BERGER, ou Eguillette (*Bot.*), nom vulgaire du *scandix pecten Veneris.* (L. D.)

EGUILLE et Eguillette. (*Ichthyol.*) Suivant quelques lexicographes, ce nom est donné à l'ammodyte appât. Voyez Ammodyte. (H. C.)

EGUILLE ROUGE. (*Bot.*) Voyez Aiguille rouge. *Suppl.* (Lem.)

EHEGURTEL (*Bot.*), nom du champignon de couché, *agaricus edulis*, Bull., en Allemagne. Voyez Fonge. (Lem.)

EHRETIA. (*Bot.*) Voyez Cabrillet. (Poir.)

EHRHARDIA. (*Bot.*) Voyez Douglassia. (J.)

EHRHARTE (*Bot.*), *Ehrharta.* Genre de plantes monocotylédones, à fleurs glumacées, de la famille des graminées, de l'*hexandrie monogynie* de Linnæus, offrant pour caractère essentiel : Une balle calicinale bivalve, uniflore ; une balle corollaire double, chacune composée de deux valves ; celles de la balle externe naviculaires, ridées transversalement ; celles de la balle interne glabres et inégales; les organes sexuels entourés de deux petites membranes frangées et en godet ; six étamines centrales ; l'ovaire surmonté d'un style court, à stigmate simple ; les semences nues.

Ce genre est tellement rapproché des *melica*, qu'il seroit facile de confondre ces deux genres sans une attention particulière, les fleurs des ehrhartes paroissant formées chacune de deux fleurs de *melica* réunies, dont une n'auroit point de pistil ; mais il est à remarquer que, dans les ehrhartes, les six étamines sont placées dans le centre, sur deux lignes, trois de chaque côté du pistil, et que les deux pièces de chacune des valves sont vides. Cette disposition détruit l'idée de deux fleurs stériles, et confirme l'existence des six étamines pour une seule fleur. M. Swartz a présenté, dans les Transactions de la Société Linnéenne de Londres, une monographie de ce genre, dans laquelle il fait entrer plusieurs plantes placées dans d'autres genres, surtout parmi les *melica*. Parmi les espèces, les unes sont dépourvues d'arêtes, d'autres en sont munies ; d'où résultent les deux sous-divisions suivantes :

* *Espèces dépourvues d'arêtes.*

Ehrharte a fleurs penchées : *Ehrharta nutans*, Lamk., Dict., et *Ill. gen.*, tab. 263, fig. 2 ; *Ehrharta mnemateia*, Linn., *Supp.* ; *Ehrharta capensis*, Thunb., *Act. Stock.*, 1779, tab. 8 ; *Ehrharta cartilaginea*, Smith, *Icon. ined.*, 2. Espèce du cap de Bonne-Espérance, dont la tige est droite, haute d'un pied et demi ; les feuilles glabres, ondulées et cartilagineuses sur leurs bords ; une panicule droite, alongée, presque simple ; les fleurs assez grosses, inclinées ; les pédoncules capillaires, les inférieurs chargés de deux ou trois fleurs pédicellées; les supérieurs uniflores; les épillets obtus; les balles florales pubescentes vers leur sommet, et un peu violettes.

EHRHARTE A FLEURS DROITES : *Ehrharta erecta*, Lamk., Dict. et *Ill. gen.*, tab. 263, fig. 1; *Ehrharta panicea*, Smith, *Icon., ined.* 1, tab. 9. Elle diffère de la précédente par ses fleurs au moins deux fois plus petites, par sa panicule rameuse, par les épillets plus nombreux, tous redressés, de couleur pàle ou blanchàtre : les tiges sont grêles; les feuilles plus courtes que les gaines. Elle croît au cap de Bonne-Espérance, ainsi que les suivantes :

EHRHARTE RAMEUSE : *Ehrharta ramosa*, Swartz, Transact. Linn., 6, p. 49; *Melica ramosa*, Thunb., *Prodr.*, et Willd., *Spec.*, 1, p. 383. Cette plante s'élève à la hauteur de trois ou quatre pieds : ses tiges sont très-rameuses, divisées par dichotomies; les feuilles longues de deux pouces; les supérieures linéaires, roulées à leur sommet; les panicules droites, presque simples; les épillets blanchàtres, lancéolés; les valves du calice luisantes, aiguës; celles de la corolle pileuses sur le dos et à leur base.

EHRHARTE MÉLIQUE : *Ehrharta melicoides*, Swartz, l. c.; *Melica capensis*, Thunb. et Willd. Ses tiges sont pubescentes à leurs articulations; les feuilles linéaires, rudes à leurs bords ; la panicule droite, étalée, rameuse, longue d'un pied; les pédicelles flexueux, colorés; les valves du calice d'un vert pàle, glabres, ainsi que celles de la corolle. Dans l'*Ehrharta calycina*, Smith, *Icon. ined.*, 2, tab. 33 (*Aira capensis*, Linn.), la panicule est droite, serrée, presque simple; les pédicelles réunis deux ou quatre ; les fleurs grandes, souvent purpurines; les valves calicinales presque aussi longues que la corolle. Les tiges sont un peu rameuses, en gazon; les feuilles glabres; leur gaîne ciliée à son orifice.

EHRHARTE A FEUILLES COURTES ; *Ehrharta disticophylla*, Labill., *Nov. Holl.*, 1, tab. 117. Espèce découverte au cap Van-Diémen par M. de la Billardière. Ses tiges sont foibles, rameuses, longues d'un pied; les rameaux redressés ; les stériles plus courts, couverts de feuilles presque sur deux rangs, roides, subulées, longues d'un pouce, pileuses en dedans; les inférieures planes; un épi court, peu interrompu; les valves du calice courtes, ovales, un peu ciliées ; la valve extérieure de la corolle oblongüe, obtuse, à cinq nervures.

** *Espèces munies d'arêtes.*

EHRHARTE PANICULÉE : *Ehrharta paniculata*, Swartz, l. c.; *Melica geniculata*, Thunb. et Willd. Cette plante et les suivantes ont été découvertes au cap de Bonne-Espérance. Ses racines sont filiformes, très-longues; ses tiges hautes de trois ou quatre pieds, glabres, couchées à leur base ; les feuilles un peu glauques, noirâtres et ciliées à l'orifice de leur gaîne ; les panicules médiocrement rameuses, serrées ; les épillets oblongs, mélangés de blanc et de pourpre ; les valves du calice glabres, presque égales ; celles de la corolle un peu plus longues, hérissées en dehors ; l'intérieure terminée par une arête courte.

EHRHARTE A LONGUES FLEURS : *Ehrharta longiflora*, Swartz, l. c., Smith, *Icon. ined.*, tab. 32 ; *Ehrharta aristata*, Thunb., *Prodr.* 66 ; *Ehrharta Bancksii*, Gmel., *Syst.*, 349. Ses tiges sont droites ; ses feuilles glabres, un peu élargies, longues d'un pied ; les panicules peu rameuses ; les épillets nombreux, lancéolés, d'un vert pourpre : les valves calicinales inégales ; l'extérieure plus petite, terminée par une arête droite, subulée ; l'intérieure une fois plus longue, très-aiguë : les valves de la corolle presque égales, aristées, munies à leur base d'un paquet de poils.

EHRHARTE GÉANTE : *Ehrharta gigantea*, Swartz, l. c.; *Melica gigantea*, Thunb. et Willd.; *Aira villosa*, Linn., *Suppl.* Ses tiges sont hautes de six pieds, très-dures, stolonifères ; les feuilles roides, roulées et subulées à leur sommet, pubescentes sur leur gaîne ; la panicule longue de deux pieds, peu rameuse ; les pédicelles presque verticillés ; les épillets inclinés, d'un jaune un peu rougeâtre ; les valves du calice lancéolées, aiguës ; celles de la corolle chargées de longs poils blanchâtres, terminées par une arête droite, subulée, noirâtre.

EHRHARTE BULBEUSE : *Ehrharta bulbosa*, Swartz, l. c., Smith, *Icon. ined.*, Sax., 2.; *Trochera spicata*, Rich., Journ. de Phys., vol. 13, pag. 213, tab. 3. On ne cite, pour cette espèce, que trois étamines ; mais on en a découvert six : ses tiges sont droites ; ses feuilles glabres, linéaires-lancéolées ; ses panicules droites, un peu lâches ; les valves du calice ovales-acuminées, inégales; celles de la corolle beaucoup plus grandes, pubescentes, obtuses, échancrées à leur sommet, surmontées d'une arête courte, munies à leur base d'un petit paquet de poils blancs. L'*ehrharta stipoides*, Labill., est aujourd'hui le genre *Microlæna* de Rob. Brown. Voyez ce mot. (Poir.)

EHRL (*Ichthyol.*), nom allemand du dobule ou meunier, *leuciscus dobula*. Voyez Ablo, dans le Supplément du I.er volume. (H. C.)

EICHEN-HEHER (*Ornith.*), un des noms allemands du geai d'Europe, *corvus glandarius*, Linn. Voyez Geai. (Ch. D.)

EIDER. (*Ornith.*) Ce palmipède a des caractères qui tiennent de ceux qu'on observe particulièrement chez les oies, et d'autres qui le rapprochent des canards proprement dits. Brisson, Buffon et d'autres auteurs l'ont placé avec les premières, et on lui donne, en général, le nom d'*oie à duvet*. Mais, parmi les naturalistes modernes, ceux qui ont divisé les cygnes, les oies et les canards, en genres ou en sections, n'ont pas séparé l'eider de ces derniers, et ils lui ont conservé la dénomination linnéenne d'*anas mollissima*. Ce oiseau n'ayant cependant pas été décrit à l'article Canard, on ne pourroit renvoyer son histoire au mot Oie, sans en faire un *anser*; et, afin de ne pas se trouver en contradiction avec la plupart des méthodistes, on va la donner ici.

M. Cuvier, après avoir observé que le bec des garrots s'écarte du caractère général de celui des canards, en ce qu'au lieu d'être autant ou plus large à son extrémité que vers la tête, il est plus étroit en avant, reconnoît la même particularité chez les eiders, dont le front est, d'ailleurs, échancré par un angle de plumes. Cette circonstance, et la hauteur du bec à la base, établissent des rapports avec les oies; mais les eiders ont les pieds situés en arrière du corps. Leur habitude de chercher au sein des mers agitées, où ils croisent pendant presque tout le jour, les poissons et les coquillages, qu'ils saisissent à la surface de l'eau ou en plongeant, les éloigne aussi des oies qui trouvent sur la terre les herbes dont elles font leur principale nourriture. Le major Cartwright a évalué la rapidité du vol de l'eider à dix-neuf milles par heure.

Le mâle pèse plus de quatre livres; il a près de deux pieds de longueur, et huit pouces de plus d'envergure. Ses ailes pliées s'étendent jusqu'à la moitié de la queue, qui n'a pas quatre pouces. Le bec, long de deux pouces et demi, est noir; sa base est garnie d'une membrane ridée qui se partage en deux sur le front, où se réunissent les deux parties de la bande, d'un noir violet et ras comme du velours, qui couvre le sommet de la tête; l'occiput est d'un blanc verdâtre; les joues, la partie inférieure du cou, le dos, les scapulaires et les petites couvertures des ailes sont blancs; quelques unes des grandes couvertures sont plus longues que les autres, et se recourbent à leur extrémité sur les pennes; le bas de la poitrine, le ventre, le croupion et les pennes alaires et caudales sont noirs; les jambes sont vertes. La femelle, qui est beaucoup plus petite, et ne pèse qu'environ trois livres, a le plumage d'un brun rougeâtre, nuancé de jaune, avec des raies longitudinales brunes sur la tête et le cou, et des raies transversales noires sur le reste du corps. Les grandes pennes des ailes et celles de la queue sont d'un brun foncé; les pennes secondaires des ailes ont la bordure plus claire; les pieds sont d'un cendré verdâtre. Suivant M. Temminck, la trachée du mâle, dont le diamètre est le même dans toute sa longueur, est composée d'anneaux durs, entiers, cylindriques; le larynx inférieur se dilate en avant, et forme, du côté gauche, une légère protubérance qui est osseuse et demi-sphérique : le socle triangulaire du fond de la glotte est très-proéminent.

Le mâle et la femelle sont représentés en leur état parfait, à l'âge de quatre ans, dans les planches enluminées de Buffon, n.ᵒˢ 209 et 208; dans Edwards, tom. 2, pl. 98; dans l'Histoire des Oiseaux d'Angleterre de Lewin, tom. 6, pl. 244 et 245, et dans les Oiseaux d'Allemagne de Naumann, pl. 54. Mais, comme jusqu'à cette époque le plumage de l'oiseau, et surtout du mâle, est sujet à des variations considérables, on en a fait des espèces purement nominales.

Dans la première année, les joues et le haut du cou sont d'un brun plus ou moins foncé; la même couleur règne sur la tête, dont le sommet est partagé par une bande blanchâtre, marquée de points noirs; la partie inférieure du cou et la poitrine offrent des raies transversales noires et blanches, avec une teinte de roux cendré; les plumes du ventre sont d'un brun noirâtre, avec la bordure blanchâtre; le dos et la queue sont d'un brun

plus foncé. Les scapulaires, qui ne sont pas encore courbées en
faucille, sont droites et arrondies vers le bout. Le bec est
d'un vert sombre, ainsi que les pieds, qui sont souvent d'un
brun rougeâtre. L'oiseau est figuré dans cet état, sous le nom
d'*anas spectabilis femina*, pl. 40 du *Museum carlsonianum* de
Sparmann.

Quand l'eider a atteint sa deuxième année, on voit, sur le
cou, la poitrine et le haut du dos, de grands espaces blancs,
tandis que le reste du dos est d'un noir profond, et que les
parties inférieures sont parsemées de taches ou de raies noires,
blanchâtres et rousses. Tel étoit l'individu sur lequel a été faite
la 6.ᵉ planche du *Museum carlsonianum*.

Enfin, à l'âge de trois ans, le plumage devient plus régulier
et le blanc plus pur, quoiqu'il y ait encore quelques plumes
brunes ou rayées sur le cou ; l'occiput et les joues prennent une
teinte d'un vert clair; le dos, et quelques plumes scapulaires
sont encore noirs. Tel étoit l'oiseau qu'on a peint sur la pl. 39
de l'ouvrage de Sparmann déjà cité, avec la dénomination
d'*anas spectabilis mas*. M. Temminck prétend que c'est mal à
propos qu'on lui a supposé le bec et les pieds rouges : cependant
ces parties sont de la même couleur sur l'individu peint dans
Edwards, Hist., tom. 3, pl. 154 ; et dans Séligmann, tom. 5,
pl. 49. Lewin, qui, dans la planche 246 de son Ornithologie
angloise, a aussi fait peindre cet oiseau, l'a représenté comme
ayant un tubercule proéminent sur le bec, tandis que la mandibule supérieure est seulement divisée en deux lames plates ;
mais il n'avoit pas vraisemblablement sous les yeux l'individu,
dont, au reste, la figure de Sparmann avoit déjà donné une
idée fausse.

Les lieux où les eiders fixent leur demeure habituelle, sont
les contrées les plus froides, contre la rigueur desquelles ils sont
suffisamment garantis par cette fourrure épaisse si connue
sous le nom d'édredon. Quoique ces oiseaux ne soient plus si
nombreux qu'autrefois, on les trouve encore en grande quantité en Islande, en Laponie, au Groënland, au Spitzberg, au
Kamtschatka ; ils passent même en Amérique, et l'on en voit
dans le pays des Esquimaux, au Canada, aux îles Miquelon,
d'où Mauduyt en a plusieurs fois reçu, dans la Nouvelle-Angleterre, dans l'Etat de New-Yorck. Les contrées européennes

qu'ils fréquentent le plus, après celles qu'on vient d'indiquer, sont la Suède, le Danemarck, les îles Hébrides et les Orcades; mais on n'en voit point sur les côtes de l'Océan. C'est d'eux que Martens a parlé sous la dénomination de *canards de montagne.*

Les eiders se nourrissent de poissons, de coquillages, d'insectes, de plantes marines ; ils se montrent très-avides des boyaux de poissons que les pêcheurs jettent de leurs barques, et tiennent la mer tout l'hiver, ne revenant à terre que le soir. On regarde leur retour à la côte comme un présage de tempête.

Au temps des amours, les mâles font continuellement entendre les cris *ha ho,* d'une voix rauque et comme gémissante. La voix de la femelle est semblable à celle de la cane commune. Il paroît y avoir dans cette espèce plus de mâles que de femelles, et comme celles-ci deviennent adultes les premières, c'est avec les vieux mâles qu'elles s'accouplent d'abord. Plus tard les jeunes mâles se livrent des combats, et les vaincus qui n'ont pas trouvé à s'apparier, volent souvent seuls : les Norwégiens les nomment *gield-fugl* et *gield-ace.* Ce sont probablement ceux qu'on rencontre accidentellement dans des latitudes plus méridionales que celles qu'ils fréquentent.

Ces oiseaux nichent sur des terres baignées par la mer, sur des caps, des rochers, et placent à l'abri de quelques pierres, parmi les herbes et les fougères, leur nid, dont la base est composée de fucus, et à la confection duquel le mâle et la femelle travaillent d'abord ensemble. Celle-ci en recouvre ensuite le fond et les bords, du duvet qu'elle s'arrache et qu'elle entasse, jusqu'à ce qu'il forme tout à l'entour un gros bourrelet, qu'elle rabat sur les œufs quand elle les quitte pour prendre sa nourriture. Le mâle, qui ne participe pas à l'incubation, fait sentinelle aux environs du nid, pour avertir du danger sa femelle, qui cache d'abord la tête, et ne s'envole qu'au moment où sa fuite devient nécessaire. Les œufs, d'un vert olivâtre, dont Lewin a donné la figure, pl. 54, sont, en général, au nombre de cinq à six ; ils sont bons à manger. M. de Troïl prétend, dans ses Lettres sur l'Islande, qu'on en trouve quelquefois jusqu'à dix dans un même nid occupé par deux femelles qui vivent ensemble de bon accord. Lorsqu'on enlève une première fois ces œufs avec le duvet dont ils étoient recouverts, la femelle se déplume une seconde fois pour garnir son nid, dans lequel elle fait une deuxième ponte, qui est moins nombreuse que la première. Le nid peut même être dépouillé une seconde fois; et, dans ce cas, c'est le mâle qui se déplume l'estomac pour remplacer le duvet que la femelle ne peut plus fournir, par le sien même qui est plus blanc; mais la ponte n'est alors que de deux ou trois œufs, qu'il faut bien se garder d'enlever encore, si l'on ne veut pas s'exposer à ce que la place soit désertée pour toujours.

Il y a en Norwége et en Islande des endroits où ces nids se trouvent par centaines, et de pareils cantons se transmettent par héritage aux propriétaires, qui, pour attirer les eiders, sont parvenus à former artificiellement de petites îles en coupant des langues de terre avancées dans la mer. Ils ont même, à l'époque des nichées, la précaution de faire repasser sur le continent les troupeaux qu'ils y entretiennent, ainsi que les chiens, pour laisser le champ libre aux oiseaux qu'ils veulent y fixer.

Brunnich, qui a publié en 1763 une Monographie des Eiders, prétend que les corbeaux détruisent leurs œufs et tuent même leurs petits, ce qui détermine la mère à faire quitter le nid à ceux-ci, peu d'heures après qu'ils sont éclos. Les oiseaux aquatiques n'ont pas besoin d'excitation particulière pour en user ainsi; mais l'auteur ajoute que l'eider femelle, prenant les petits sur son dos, les transporte d'un vol doux à la mer, d'où ils ne reviennent plus, et que plusieurs couvées, se réunissant, forment, dans les mois de juin et de juillet, des troupes de vingt à trente. Abandonnées des mâles, qui ne les suivent point, les femelles s'occupent sans cesse à battre l'eau, pour faire remonter du fond, avec la vase et le sable, les insectes et les menus coquillages dont se nourrissent les petits.

On dit que les eiders vivent fort long-temps, et que dans leur extrême vieillesse ils deviennent tout gris. Leur chair est fort bonne à manger, et leurs peaux sont employées en fourrure; leur duvet est surtout trop précieux pour que ces oiseaux ne soient pas épargnés, et Pontoppidan dit. dans son Histoire naturelle de Norwége, qu'il est défendu de les tuer : mais Olassen et Povelsen assurent, dans leur Voyage en Islande, tom. 1, p. 122 de la traduction françoise, que ces ordonnances ne sont plus exécutées, et que le nombre des eiders est sensiblement diminué dans les districts de Kiosar et de Gouldbring, depuis qu'on leur fait la chasse au fusil. En tolérant ces infractions si nuisibles à une branche de commerce fort importante, on la détériore dès à présent, si, comme plusieurs personnes le prétendent, le duvet pris sur l'oiseau mort est enduit d'une certaine mucosité qui le rend sujet à se pourrir ; et si d'ailleurs il est moins léger que celui dont la femelle se dépouille elle-même, et dont l'élasticité est telle, que deux ou trois livres, qu'on pourroit réduire en une pelote en les pressant dans la main, se dilatent jusqu'à remplir un grand couvre-pied. On doit, pour recueillir ce duvet dans les nids, choisir un temps sec, et il faut avoir soin de n'en pas chasser la mère trop brusquement, de peur qu'effrayée elle ne lâche sa fiente sur les plumes, qu'on seroit obligé d'éparpiller sur un crible à cordes tendues et de frapper d'une baguette, pour les purger des ordures, qui, dans cette opération, retombent par leur propre poids. Les habitans des contrées septentrionales mêlent souvent au duvet de l'eider celui d'autres espèces de canards ; mais, comme il a également la propriété de retenir le calorique, on s'aperçoit peu de cette fraude. (Ch. D.)

EINFLECK. (*Ichthyol.*) C'est le nom allemand du curimata. Voyez Curimate. (H. C.)

EIOUKHTCHITCH. (*Ornith.*) Les Kamtschadales nomment ainsi les perdrix. (Ch. D.)

EIRAKUSA, Sokutan (*Bot.*), noms japonois, cités par Thunberg, d'un lamier, *lamium garganicum.* (J.)

EISENMANN et Eisenrahm. (*Min.*) Quoique nous ne donnions point dans ce Dictionnaire les noms étrangers des minéraux, quand ces noms ont leurs équivalens françois, ou quand ils n'ont pas entièrement passé dans notre langue, ainsi que cela a eu lieu pour les mots *Quarz*, *Felspath*, etc., nous ne pouvons nous dispenser de citer ces deux noms allemands, employés quelquefois seuls par les minéralogistes françois.

Leur synonymie est assez obscure ; ils indiquent tous deux des minérais de fer oxidé, et sont quelquefois synonymes.

L'Eisenmann s'applique au fer oligiste écailleux, et également aux deux variétés d'*Eisenrahm* : celui-ci se divise en *Eisenrahm rouge* et *Eisenrahm brun*, qui se rapportent au fer oxidé luisant, tantôt rouge et tantôt brun. Voyez Fer oxidé. (B.)

EISSPATH. (*Min.*) Ce minéral n'a point encore de nom scientifique, et nous sommes forcés de l'indiquer sous le nom allemand que lui a donné M. Werner; il est encore peu connu, et il n'est nullement prouvé qu'il doive constituer une espèce distincte.

Cette pierre est sans couleur, et a la limpidité de l'eau glacée, avec la structure laminaire: c'est ce qui lui a fait donner le nom d'*Eisspath*. Elle se présente aussi cristallisée en petites tables à six faces. Elle accompagne au Vésuve, dans le lieu nommé Fosso-Grande, la népheline, et surtout les beaux cristaux de sodalites décrits par M. de Borkowski. (B.)

EIS-VOGEL. (*Ornith.*) On appelle ainsi, en Allemagne, le martin-pêcheur d'Europe, *alcedo hispida*, Linn. (Ch. D.)

EJARD. (*Bot.*) Dans le Poitou, suivant M. Desvaux, on nomme ainsi l'érable de Montpellier. (J.)

EJOO. (*Bot.*) Production végétale de l'île de Sumatra, ressemblant à des crins de chevaux, laquelle enveloppe le tronc du palmier armé. On en trouve de pareille à la base des feuilles d'autres palmiers. L'éjoo sert, au rapport de Marsden, à couvrir le toit des maisons, comme une espèce de chaume. Il ne se corrompt point à l'air, et on n'a pas besoin de le renouveler. (J.)

EKALLUGAK. (*Ichthyol.*) Au Groënland, on donne ce nom à la salmone icime, *salmo rivalis*, Linnæus. Voyez Saumon. (H. C.)

EKALLUK (*Ichthyol.*), nom que l'on donne, au Groënland, au saumon carpion. Voyez Salmone ou Saumon. (H. C.)

EKALLUKAK. (*Ichthyol.*) Au Groënland, on appelle ainsi la salmone reidur, *salmo stagnalis*, Linnæus. Voyez Saumon. (H. C.)

EKAWERYA. (*Bot.*) L'arbre qui porte ce nom à Ceilan, suivant Hermann, est regardé par Linnæus comme le même que son *ophiorhiza*, connu en pharmacie sous le nom de *lignum colubrinum*. (J.)

EKEBERG DU CAP (*Bot.*): *Ekebergia capensis*, Thunb., *Nov. Gen.*, 44; Sparm., *Act. Holm.*, 1779, tab. 9; Lamk., *Ill. Gen.*, tab. 358. Genre de plantes dicotylédones, à fleurs complètes, polypétalées, régulières, de la famille des méliacées, de la *décandrie monogynie* de Linnæus, très-rapproché des *portesia* et des *trichilia*; offrant pour caractère essentiel: Un calice campanulé, à quatre divisions; quatre pétales; un anneau en couronne, environnant la base de l'ovaire; dix étamines; les filamens très-courts, pubescens; un ovaire supérieur; le style court; un stigmate en tête. Le fruit est une baie globuleuse, à cinq semences, ou moins.

Grand arbre du cap de Bonne-Espérance, dont l'écorce est cendrée; le bois dur; les rameaux alternes, grisâtres, noueux; les feuilles sont éparses, ramassées aux extrémités des rameaux, pétiolées, ailées, avec une impaire, composées de trois paires de folioles sessiles, glabres, oblongues, entières, acuminées; leurs bords repliés en dessous; leur côté intérieur rétréci vers la base; les nervures latérales et parallèles. Les fleurs sont blanches, axillaires, paniculées; les pédicelles courts et inclinés; leur calice cotonneux; ses découpures ovales-obtuses; la corolle un peu plus longue que le calice, tomenteuse en dehors; pétales oblongs, obtus; les anthères droites, ovales, aiguës, jaunes avec deux lignes noires; le fruit de la grosseur d'une noisette; les semences varient de deux à cinq. Le bois de cet arbre est employé à différens ouvrages. (Poir.)

EKEBERGIA. (*Bot.*) Voyez Ekeberg. (Poir.)

EKEBERGITE. (*Min.*) M. Berzelius donne pour synonyme de ce nom la natrolite de Hesselkulla, en Suède. Voyez Mesotype Natrolite. (B.)

EKOR-CUTSJING-UTAN. (*Bot.*) Voyez Cupessa. (J.)

EKORKOUNING. (*Ichthyol.*) Aux Indes orientales, les Hollandois nomment ainsi l'holacanthe bicolor. Voyez Holacanthe. (H. C.)

ELABATHU. (*Bot.*) Hermann et Linnæus rapportent ce nom d'une plante de l'île de Ceilan à une espèce épineuse de *solanum* qui est omise dans les ouvrages généraux, et qui paroît voisine du *solanum sodomæum*. (J.)

ELA-CALLI (*Bot.*), nom malabare, suivant Rheede, de l'*euphorbia neriifolia*, qui est le *ligularia* de Rumph. (J.)

ELACATÈNE ou Hélacatane. (*Ichthyol.*) Athénée, Pline, Festus et Columelle, ont parlé d'un poisson de ce nom, que Rondelet soupçonne être une espèce de scombre voisine du thon. Au reste, les anciens donnoient aussi le nom d'*élacatène*, ἠλακατῆνη, à une sorte de salaison faite avec les entrailles de cet animal : *Scombri, carchari, elacatenæque ventriculos, et ne singula enumerem, salsamentorum omnium purgamenta*, dit Colu-melle ; ce que confirme le passage suivant de Festus : *Elacatena genus est salsamenti, quod appellatur vulgò melandrya* ; et d'après Athénée : μέλανδρυς τῶν μεγίσ]ων θύννων εἶδος ἐσ]ί. (H. C.)

ELACHI. (*Bot.*) Voyez ENSAL. (J.)

ELACTÈNE. (*Ichthyol.*) Voyez ELACATÈNE. (H. C.)

ELÆAGNUS (*Bot.*), nom latin du genre Chalef. (L. D.)

ELÆODENDRUM (*Bot.*), vulgairement OLIVETIER. Genre de plantes dicotylédones, à fleurs complètes, polypétalées, régu-lières, de la famille des rhamnées, de la *pentandrie monogynie* de Linnæus, qui a des rapports avec les *schrebera* et les *cassine*, caractérisé par un calice à cinq divisions ; cinq pétales ; cinq étamines (quelquefois quatre) ; un ovaire supérieur ; le style très-court ; le stigmate obtus. Le fruit est un drupe, conte-nant un noyau à deux loges, à deux semences ; quelquefois les loges se réunissent et n'en forment qu'une seule.

ELÆODENDRUM D'ORIENT : *Elæodendrum orientale*, Jacq., *Icon. rar.* 1, tab. 48 ; Lamk., *Ill. gen.*, tab. 132 ; *Rubentia olivina*, Comm., et Juss., *Gen.*, 378 ; vulgairement BOIS ROUGE, BOIS D'OLIVE. Arbre observé par Commerson à l'île de Madagascar, dont les rameaux sont opposés et noueux ; les feuilles également opposées, remar-quables par leur forme variable. Sur les jeunes rameaux elles sont fort étroites, dentées, ou plutôt ponctuées sur leurs bords à de grandes distances, linéaires, longues de huit à dix pouces, larges de deux à trois lignes : sur d'autres rameaux moins jeunes, elles sont plus courtes, lancéolées, et commencent à s'élargir ; elles ont deux ou trois pouces de long sur six à sept lignes de large : enfin, elles sont plus courtes et ovales sur les vieux rameaux, épaisses, coriaces, glabres et un peu sinuées sur leurs bords. Les fleurs sont axillaires, placées le long des rameaux, portées sur des pédoncules simples, et qui se divisent ensuite au même point en trois rayons uniflores, munies à leur base de bractées linéaires, aiguës. Les divisions du calice sont arrondies, concaves, obtuses, petites, persistantes ; les pétales concaves, arrondis, une fois plus longs que le calice, les filamens recourbés, insérés sur une glande située à la base de l'ovaire ; les anthères droites, presque rondes ; l'ovaire conique, ainsi que le style court ; les drupes ovales, de la forme et de la grosseur d'une olive.

ELÆODENDRUM ARGAN : *Elæodendrum argan*, Retz, *Obs.* 6, pag. 26; Schousb., *Maroc.*, pag. 89; Willdenow, *Spec.*, 1, pag. 1148 (*excl. synon.*, Jacq. *et* Boccon.); *Lycii similis frutex indicus*, Commel., *Hort.*, 1, tab. 83. Arbrisseau épineux, toujours vert, assez élégant. Son tronc est droit, haut de douze à quinze pieds et plus, soutenant une belle cime pyramidale : les rameaux sont glabres, cylindriques, très-souvent alternes, terminés par une épine : les feuilles alternes, rétrécies en pétiole, glabres, entières, lancéolées; les inférieures fasciculées, longues d'un pouce, larges de trois lignes : les épines axillaires, plus courtes que les feuilles; les fleurs éparses, latérales, solitaires et sessiles; le calice à cinq divisions, concaves, arrondies, entourées de cinq écailles de même forme; la corolle d'un vert jaunâtre; les pétales ovales-lancéolés, concaves, soudés à leur base; cinq appendices pétaliformes, linéaires, subulés, alternes avec les pétales; les filamens de la longueur de la corolle; l'ovaire conique, hérissé. Le fruit est une baie verdâtre, laiteuse, parsemée de points blancs, de la grosseur d'une prune, renfermant un noyau à deux ou trois loges, dont une avorte souvent. Cet arbre croît dans les forêts, au royaume de Maroc. Son bois est dur, pesant et compacte; il est employé très-utilement dans les constructions. Les fruits ont une saveur acidule assez agréable; ils sont recherchés par les chameaux et les chèvres. Les Maures retirent des semences une huile un peu âcre, dont ils font usage dans l'apprêt de leurs alimens.

ELÆODENDRUM GLAUQUE : *Elæodendrum glaucum*, Pers., *Synops.*, Roxburg, *Corom.* 2, pag. 2; *Schrebera albens*, Retz, *Obs.*, 6, tab. 3; *Celastrus glaucus*, Vahl, *Symb.*, 2, pag. 42; *Mangifera glauca*, Rottb., *Nov. Act. Hafn.*, vol. 2, tab. 4, fig. 1. Arbre de l'île de Ceilan et de la côte de Coromandel. Ses rameaux sont alternes, épars et diffus; ses feuilles opposées, pétiolées, ovales, luisantes, d'un vert pâle, un peu dentées en scie, longues de deux ou trois pouces et plus, larges d'un pouce et demi, à nervures simples, latérales et parallèles; les fleurs sont blanches, disposées en corymbes latéraux et terminaux, dichotomes; leurs ramifications tétragones, avec des écailles à leur base; le calice glabre; la corolle petite; les pétales arrondis, couverts d'un duvet brun et tomenteux à leur moitié inférieure, blancs à leur partie supérieure : le fruit est un drupe sec, renfermant un noyau à deux loges.

ELÆODENDRUM AUSTRAL; *Elæodendrum australe*, Vent., Malm.2, tab. 117. Arbrisseau toujours vert, recueilli sur les côtes de la Nouvelle-Hollande, et cultivé au Jardin du Roi. Il a beaucoup de rapports avec la première espèce ; mais ses fleurs n'ont que quatre divisions au lieu de cinq. Ses tiges sont d'un brun cendré ; ses rameaux opposés, ainsi que les feuilles ; celles-ci sont coriaces, elliptiques, d'un vert foncé, glabres, pétiolées, longues de six à sept pouces, larges d'un pouce et demi, à dentelures glanduleuses et distantes ; les pédoncules axillaires, à deux ou trois fleurs pédicellées, munies de bractées lancéolées ; le calice à quatre divisions ovales, obtuses ; quatre pétales courts, d'un blanc sale ; autant d'étamines ; l'ovaire enfoncé dans un disque charnu, divisé en quatre loges ; le stigmate simple, tronqué. (POIR.)

ELAINE. (*Chim.*) Principe immédiat que j'ai retiré, à la fin de l'année 1813, de la graisse de porc ; et en 1814 des graisses d'homme, de femme, de mouton, de bœuf, du beurre de vache, de l'huile d'olive, etc.

Les élaïnes que j'ai extraites de ces graisses diffèrent, à quelques égards, l'une de l'autre. Cet article sera spécialement consacré à l'élaïne de la graisse de porc. Je renverrai au mot GRAISSE l'examen comparé des diverses élaïnes.

L'élaïne ressemble à l'huile ; de là son nom (dérivé de $\check{\epsilon}\lambda\alpha\iota o\nu$, huile). Sa densité est de 0,915, à la température de 15 deg. Elle est incolore, inodore ou presque inodore ; elle n'a pas de saveur sensible ; elle se fige de 3 à 4 deg. $+$ o.

Elle n'a aucune action sur les réactifs colorés.

Elle est insoluble dans l'eau.

100 d'alcool à 0,816, bouillant, dissolvent 3,2 d'élaïne ; cette solution se trouble en refroidissant. Elle n'a pas d'action sur le tournesol. Comme tous les corps gras en général, l'élaïne est beaucoup plus soluble dans l'alcool très-rectifié que dans l'alcool foible. Ainsi, gr. 11, 1 d'élaïne ont été dissous à 75 d. par 9 gr. d'alcool d'une densité de 0,795. La solution s'est troublée à 62.

L'élaïne est soluble dans l'éther sulfurique.

Quand on l'expose, à une température de 23^d. à 100^d., à l'action des bases qui, comme la potasse, la soude, etc. sont douées d'une forte alcalinité, elle se saponifie, c'est-à-dire qu'elle se change, pour la plus grande partie, en substances acides, savoir, en acides oléique et margarique, et en outre en principe doux.

100 parties d'élaïne (fusible à 7 d.), saponifiées par 25 p. de potasse, dissoutes dans 200 p. d'eau, ont donné :

Principe doux syrupeux,........	6
Acide oléique fusible de 3 d. à 0 , .	75
Acide margarique ,.............	32
	113

Pour l'extraction de l'élaïne, voyez GRAISSES et HUILES. (CH.)

ELAIS. (*Bot.*) Voyez AVOIRA. (POIR.)

ELAN. (*Mamm.*), nom d'une espèce de CERF. (Voyez ce mot.) La Condamine, dans son Voyage en Amérique, a donné ce nom au TAPIR. Voyez ce mot. (F. C.)

ELAN DU CAP. (*Mamm.*) Les Hollandois ont donné ce nom à l'antilope caama. Voyez ANTILOPE. (F. C.)

ELANCEUR. (*Ornith.*) L'oiseau que des voyageurs ont vu en Afrique, et auquel ils ont donné ce nom, parce qu'il s'élançoit avec légèreté pour attaquer ou pour fuir, ne peut être considéré comme une espèce particulière, mais seulement comme appartenant à la famille des rapaces ; ils l'ont aussi nommé *œil de bœuf*, vraisemblablement à cause des mouchetures noires qui leur auront présenté la forme d'yeux sur le fond blanc du plumage de ces oiseaux. Le mot *élanceur* ne doit donc pas surcharger la nomenclature ornithologique. (CH. D.)

ELANGITCH. (*Ornith.*) Voyez AANGITCH. (CH. D.)

ELANOIDE. (*Ornith.*) M. Vieillot, qui, d'après M. Savigny, avoit d'abord adopté le terme *couhier*, ou *couhieh* en arabe, pour désigner un genre d'oiseaux de proie composé alors de cette seule espèce, lui a substitué celui d'*élanoïde*, formé des mots grecs ἐλανὸς, *milvus*, et εἶδὸς, *forma*, en ajoutant à ce genre une seconde section, qui comprend les milans de la Caroline et du Paraguay. Mais le nouveau nom a, comme tous ceux dont la désinence est la même, l'inconvénient de présenter des idées vagues d'analogie ; et, si on peut les employer, c'est bien plutôt pour des familles que pour des genres, qui exigent plus de précision, et veulent des attributs exclusifs ou des mots tout-à-fait insignifians. (Ch. D.)

ELANUS (*Ornith.*), nom générique latin que M. Savigny a donné, dans son Système des Oiseaux d'Egypte et de Syrie, au genre Couhieh, dont il a décrit, sous la dénomination d'*elanus cæsius*, une espèce qui se rapporte au *blac* de M. Levaillant, *falco melanopterus*, Daud. (Ch. D.)

ELAPHIS. (*Erpét.*) Nicander a parlé, sous ce nom, d'un serpent innocent ainsi appelé, dit-on, du mot grec ἔλαφος, *cervus*, parce qu'il a la vitesse du cerf. Aétius en parle également. Voyez Elaps. (H. C.)

ELAPHIS. (*Ornith.*) Brisson pense que l'oiseau dont Gesner parle sous ce nom, et qu'il dit être d'une couleur fauve, et faire dans les eaux le même usage de sa langue très-alongée, que le torcol fait de la sienne sur terre, pourroit être la barge commune, *scolopax limosa*, Linn. (Ch. D.)

ELAPHOBOSCUM. (*Bot.*) Ce nom a été appliqué par d'anciens botanistes à diverses plantes ombellifères, avec un nom adjectif qui les distinguoit. Le *sativum* étoit le panais, le *nigrum* s'appliquoit à l'*athamanta cervaria*; le *gratia dei*, au *buptevrum rigidum*, l'*album* au *laserpitium latifolium*. Il paroît encore que l'on donnoit anciennement ce nom à la sauge que les Grecs, suivant Dioscoride, nommoient Elelisphacon. Voyez ce mot. (J.)

ELAPHO-CAMELUS (*Mamm.*), un des noms que les Latins donnoient à la Giraffe. Voyez ce mot. (F. C.)

ELAPHOCERATITE. (*Foss.*) Mercatus avoit regardé comme un débris de corne de cerf fossile, un corps auquel il a donné ce nom (Métall., pag. 324); mais Bertrand a regardé ce corps comme un polypier branchu. (D. F.)

ELAPHOS, *Elaphus.* (*Mamm.*) Les Grecs et les Latins désignoient par ce nom notre cerf commun. Voyez Cerf. (F. C.)

ELAPHOSCORODON. (*Bot.*) Daléchamps dit que Dioscoride fait mention de deux espèces d'ail : l'une est l'*ophioscorodon* ou ail de serpent, et l'autre l'*elaphoscorodon* ou ail de cerf; mais il ne dit pas quelles sont ces espèces.

ELAPHRE, *Elaphrus.* (*Entom.*) Genre d'insectes coléoptères pentamérés, c'est-à-dire, à cinq articles à tous les tarses et à antennes sétacées, de la famille des carnassiers ou créophages, dont les élytres sont dures, longues, couvrant le ventre, à corps déprimé et à tarses simples, propres à la marche rapide.

Ce nom d'*élaphre*, emprunté par Fabricius du grec ἐλαφρός, signifioit léger, prompt à la course, comme le cerf : il a été adopté par la plupart des entomologistes ; et les insectes qu'il rapproche nous paroissent réunis par des caractères très-naturels, que nous exprimons de la manière suivante :

Coléoptères pentamérés, créophages ; à corselet plus étroit que la tête ; à dernier article des tarses simple, entier ; des ailes membraneuses ; des palpes simples, non velus ; jambes antérieures sans échancrures.

Ces caractères suffisent pour distinguer les élaphres de toutes les espèces de coléoptères qui constituent les genres de la même famille. Ainsi, tous les *carabes*, *scarites*, *cychres*, *calosomes*, *brachins*, etc., ont le corselet aussi large que les élytres. Parmi ces espèces, voisines des *cicindèles* par la forme générale, et dont les élaphres se rapprochent, on remarquera d'abord que les *dryptes* et les *colliures* ont le dernier article des tarses à deux lobes ; ensuite, que les *manticores* ont les élytres soudées et sans ailes ; que les *cicindèles* ont les palpes très-épineux ou velus ; enfin, que les *bembidions* ont les jambes de devant échancrées en dedans. (Consultez les deux planches de l'Atlas de ce Dictionnaire, qui représentent les Créophages.)

On n'a pas encore décrit les larves des élaphres. Il est très-probable qu'elles se développent, comme les insectes parfaits, sur le bord des eaux, et qu'elles ont quelque analogie avec celles des cicindèles.

On trouve les élaphres sur les bords humides des mares, des ruisseaux et des rivières. Ils courent avec beaucoup de rapidité. Ils s'enfoncent avec prestesse dans les crevasses de la terre humide, et s'y blottissent dans la plus grande immobilité. Il semble que leur corps laisse suinter quelque humeur grasse, qui leur sert d'enduit pour les préserver de l'humidité : ils laissent aussi échapper, quand on les saisit, une vapeur acide, d'une odeur toute particulière.

Les principales espèces du genre Elaphre sont celles dont les noms suivent :

Elaphre riverain, *Elaphrus riparius.*

Figuré dans l'Atlas de ce Dictionnaire, première planche des Créophages, n.° 6.

C'est le bupreste à mamelons de M. Geoffroy (tom. I.er, pag. 156, n.° 3o), qui l'a très-bien décrit et placé près des cicindèles.

D'un vert cuivreux, brun en dessus, plus brillant en dessous; élytres à quatre séries de points excavés, au centre desquels se trouve un petit mamelon.

Geoffroy, en décrivant cet insecte, engage les naturalistes à l'examiner à la loupe, pour admirer comment les élytres, d'un verd mat et pointillé, offrent de larges points ronds et enfoncés, du milieu desquels s'élève un petit mamelon d'un rouge cuivreux.

Elaphre uligineux, *Elaphrus uliginosus.*

Il est bien figuré dans la Faune d'Allemagne de Panzer, cah. 68, n.° 1.

D'un brun cuivreux, à points enfoncés d'un bleu violet.

Les individus de cette espèce sont généralement plus petits. Ne seroient-ce pas des différences de sexe ?

Elaphre pattes-jaunes, *Elaphrus flavipes.*

Il est figuré par Panzer, même ouvrage, cah. 20, pl. 2.

D'un vert cuivreux obscur; élytres un peu velues; pattes pâles.

Elaphre imprimé, *Elaphrus impressus.*

Panzer, Faune d'Allemagne, cah. 40, pl. 8.

Cuivreux; élytres à stries effacées, avec deux points élevés, bleuâtres, brillans entre la deuxième et la troisième strie, vers la suture.

Ces quatre espèces d'élaphres, et plusieurs autres, se trouvent dans les environs de Paris, dans les lieux précédemment indiqués. (C. D.)

ELAPHRIUM. (*Bot.*) Ce genre de Jacquin a été réuni au *fagara* par Linnæus, qui le nomme *fagara octandra.* Il a en effet beaucoup d'affinité avec ce genre, dont il ne diffère que par la soustraction d'une cinquième partie dans la fructification. Quelques auteurs ont voulu le rétablir, tels qu'Adanson et Necker; mais ce changement n'a pas été adopté. On s'est contenté de donner une extension au caractère générique du *fagara.* L'écorce et l'intérieur du fruit de l'*elaphrium* contiennent un suc balsamique, semblable à celui du gomart, *bursera.* (J.)

ELAPS, *Elaps.* (*Erpétol.*) Genre de reptiles ophidiens, de la famille des hétérodermes, établi par M. Schneider, et qui renferme des espèces séparées des vipères; ses caractères peuvent être ainsi établis :

Des crochets à venin; queue arrondie; plaques, entières sous le ventre, et divisées en deux sous la queue; de grandes plaques sur la tête, qui est tout d'une venue avec le corps, comme celle des tortrix et des amphisbènes, à cause de la brièveté des os tympaniques et mastoïdiens; côtes non dilatables; mâchoires peu susceptibles de s'écarter en arrière.

Ce genre est par conséquent facile à distinguer des Vipères, qui ont l'occiput élargi, et la tête le plus ordinairement couverte de petites plaques ou d'écailles; des Naja, qui ont les premières côtes très-dilatables; des Trigonocéphales, qui ont l'occiput très-élargi et la tête couverte d'écailles, des Platures, qui ont la queue comprimée; des Couleuvres, qui manquent de crochets à venin, etc. (Voyez ces différens mots.)

M. Schneider comprend parmi ses élaps tous les serpens qu'il suppose manquer d'un os mastoïdien séparé, sans avoir égard ni aux écailles ni au venin.

Le mot *élaps* est d'origine grecque. Nicander dit que l'ἔλαψ ou ἔλαφις est un serpent non venimeux; Aétius en parle dans le même sens.

L'Elaps psyché; *Elaps psyches; Vipera psyches,* Daudin, VIII, 320. Bouche peu fendue, yeux très-petits; écailles rhomboïdales, presque arrondies et lisses. Cent quatre-vingt-huit grandes plaques abdominales, et quarante-cinq doubles sous-caudales très-petites; queue pointue : taille de neuf à dix pouces; aspect d'un orvet.

La tête et le devant du cou sont noirs; il y a une tache triangulaire blanche sur les côtés de l'occiput, derrière les yeux; tout le reste de l'animal est agréablement orné d'une cinquantaine d'anneaux, larges d'environ deux lignes, alternativement noirs et bruns autour du corps, seulement noirs autour de la queue, et tous séparés par une rangée circulaire très-étroite d'écailles blanches.

Cet ophidien a été trouvé dans l'intérieur de Surinam, et fait partie de la collection de M. Levaillant.

L'ELAPS GALONNÉ : *Elaps lemniscatus*, Schneider ; *Coluber lemniscatus*, Linnæus ; *Natrix lemniscata*, Laurenti ; *la Vipère galonnée*, Daudin. Teinte générale blanche, avec des anneaux ferrugineux ou d'un brun noirâtre, rapprochés trois à trois. Bout du museau noirâtre ; une bande transversale sur le milieu de la tête, et une tache ronde sur l'occiput, de la même couleur. Corps cylindrique, de la grosseur d'une plume de cygne ; écailles lisses, rhomboïdales, un peu obtuses, formant quinze rangées sur le dos ; queue obtuse ; nombre de plaques abdominales variant de cent soixante dix-huit à deux cent soixante-cinq ; celui des doubles plaques sous-caudales, de vingt-neuf à quarante-quatre ; taille de dix-huit pouces à trois pieds environ.

Les ouvertures des narines sont très-petites ; entre elles il y a deux petites plaques rhomboïdales.

Cet élaps n'habite point en Asie, comme l'ont prétendu beaucoup de naturalistes ; il est de la Guiane et de Surinam, où on le redoute beaucoup, et où il fait redouter aussi , quoique innocens, le *tortrix scytale* et la *couleuvre à bandes noires*, qui lui ressemblent par leur forme, leur grandeur et leurs couleurs. C'est très-probablement le serpent *ouroucoukou* des nègres de Surinam, dont le venin est très-actif. Stedman rapporte qu'un esclave, ayant été mordu au pied par un de ces animaux, eut la jambe enflée en moins d'une minute, ressentit des douleurs cuisantes, et tomba bientôt dans des convulsions qui précédèrent sa mort. Le même voyageur raconte que le fiel du serpent est regardé comme un spécifique contre sa piqûre, mais il n'a point vu ce remède réussir. Il fait remarquer aussi qu'en général, plus le serpent est petit, plus la morsure est à craindre ; et il pense que notre élaps est le même animal que le *petit labarra*, dont le docteur Bancrost a fait mention dans son Histoire de la Guiane, et qui, suivant lui, a *quatorze pieds* de longueur, ce que Daudin paroît fort bien expliquer par une erreur typographique et en conseillant de lire *quatorze pouces*. Il assure que la violence de son poison est telle qu'en moins de cinq minutes il cause la mort, au milieu de convulsions accompagnées d'écoulement de sang par les ouvertures naturelles du corps.

L'ELAPS ANGUIFORME : *Elaps anguiformis*, Schneider ; *Vipère anguiforme*, Daudin. Corps cylindrique, lisse, glissant au toucher, et entouré de vingt-deux anneaux noirs plus larges en dessus et un peu plus étroits de chaque côté sur les flancs. Queue courte, obtuse et terminée au milieu de son extrémité par une pointe cornée. Ouvertures des narines larges ; yeux moyennement grands. Teinte générale blanche ; une tache noire sur l'occiput, prolongée obliquement vers les flancs ; deux points noirs entre les deux plaques sus-oculaires, et un point noir à la jonction de la seconde paire des plaques antérieures de la tête ; sur la nuque une grande tache noire triangulaire, plus étroite de chaque côté, et qui entoure le ventre. Ecailles oblongues, quadrilatères, obliques et lisses. Cent soixante-trois plaques sous-abdominales, et vingt-cinq doubles plaques sous-caudales.

La patrie de cet ophidien est inconnue ; M. Schneider l'a décrit d'après un individu conservé dans la collection de M. Heyer, pharmacien de Brunswick.

L'ELAPS LACTÉ : *Elaps lacteus*, Schneider ; *Coluber lacteus*, Linnæus ; *Cerastes lacteus*, Laurenti ; *la Vipère lactée*, Latreille, Daudin. Teinte générale blanche, avec le sommet de la tête noirâtre, marqué d'une ligne longitudinale blanche ; des taches noirâtres disposées deux à deux sur tout le corps. Corps du volume d'une plume de cygne. Cent quatre-vingt-six à deux cent trois plaques abdominales ; trente-deux à trente-cinq doubles plaques sous-caudales. Ecailles hexagonales et carénées.

Cet animal paroît différer de la *vipère lactée* de M. de Lacépède. Il a été figuré par Linnæus dans le Muséum du prince Adolphe-Frédéric, tom. I, pl. XVIII, fig. 1, et par Seba, 11, 55, 2.

Linnæus lui attribue l'Amérique méridionale et l'Inde pour patrie.

L'ELAPS LATONIEN : *Elaps latonius*, Cuv.; *Coluber latonius*, Daud.; *Natrix lubrica*, Laurenti. Daudin dit que cette espèce de serpent est privée de crochets venimeux, et en fait par conséquent une couleuvre. Ecailles ovales, lisses, imbriquées ; queue courte, cylindrique, obtuse ; teinte générale d'un blanc jaunâtre, avec une bande noire transversale devant les yeux,

:t une tache noire anguleuse en forme de V sur le sommet de
l tête, derrière les yeux. Corps et queue entourés d'anneaux
.u de bandes noires, dont les deux premières sont plus larges.
Caille de huit à neuf pouces.

Il paroît que cette espèce habite l'ancien continent, en
Afrique ou dans l'Inde. Merrem l'a décrite dans le premier
fascicule de son ouvrage, et Seba l'a figurée, 11, XXXIV, 4, et
LIII, 5. sous les noms de *serpens siamensis* et d'*anguis lubricus*.

M. Cuvier a nommé *Elaps surinamensis* un serpent que le
même Seba a figuré II, VI, 2, et LXXXVI, 1. Il range aussi dans
:e même genre la couleuvre-fulvie. (Voyez COULEUVRE.)

ELAPS A ANNEAUX; *Elaps annulatus*, Schneider. C'est notre
couleuvre-thalie. (Voyez COULEUVRE.)

ELAPS A DEUX RAIES; *Elaps bilineatus*, Schneider. C'est notre
couleuvre à deux raies. (Voyez COULEUVRE.)

ELAPS-DUBERRIE: *Elaps duberria*, Schneider. C'est notre cou-
leuvre-duberrie. Voyez COULEUVRE. (H. C.)

ELARATHMETHUL, RATHMETHUL. (*Bot.*) Les plantes ainsi
nommées a Ceilan, suivant Hermann, sont des dentelaires,
plumbago zeylanica et *rosea* de Linnæus. (J.)

ELARATHMUL, RATHMUL, TSIADA. (*Bot.*) L'*oldenlandia umbellata* porte ces divers noms dans l'ile de Ceilan, suivant
Hermann et Linnæus. (J.)

ELASA. (*Ornith.*) Voyez ELEA. (CH. D.)

ELASTIQUE. (*Bot.*) Dans l'oxalis, l'arille, dans lequel la
graine est enfermée comme dans un sac, s'étend peu à peu, à
mesure que la graine grossit, jusqu'à ce qu'enfin, tendu outre
mesure, il se déchire en se resserrant sur lui-même par un
mouvement subit qui chasse vivement la graine à quelque
distance. Dans la pariétaire, l'ortie, le mûrier, le kalmia, etc.,
les anthères, retenues contre la paroi de l'enveloppe florale,
forcent les filets des étamines à se courber; mais, semblables
à un ressort que l'on relàcheroit tout à coup, ils se redressent
avec force au moment de l'épanouissement de la fleur, et
déterminent les anthères à lancer subitement la poussière
féco·dante qu'elles contiennent. Dans la fraxinelle, la balsa-
mine, le ricin, l'*hura crepitans*, etc., les valves du fruit, se con-
tractant à l'époque de la maturité, se disjoignent brusquement, et projettent les graines à quelque distance de la plante

mère. Le fruit du *momordica claterium* se contracte également avec force lorsqu'il se détache du pédoncule, et, par une ouverture pratiquée à sa base, il lance au dehors les graines et le suc corrosif dont il est rempli. Tous ces phénomènes n'indiquent point une élasticité réelle; car ils n'ont lieu qu'une fois, et les parties ne se rétablissent point dans leur état antérieur. On trouve un exemple d'élasticité véritable dans le pollen de l'orchis : la masse qu'il forme s'alonge ou se contracte selon qu'on la tire ou qu'on la livre à elle-même. On a encore un exemple remarquable d'élasticité dans la poussière contenue dans les loges de l'épi qui termine la tige de la prêle. Cette poussière, vue au microscope, est un amas de petites fleurs composées d'un ovaire globuleux, ayant quatre étamines attachées en croix à sa base. Ces étamines se contractent et se roulent autour de l'ovaire quand l'humidité les pénètre; elles s'étendent comme les pattes d'une araignée, sitôt qu'elles viennent à se dessécher. Dans ce dernier cas, elles se déroulent avec une élasticité de ressort si brusque et si ferme, qu'elles impriment un mouvement de projection au pistil auquel elles sont fixées, et s'élancent avec lui à une hauteur considérable, eu égard au poids infiniment léger de cette petite machine hygrométrique : souvent, en moins d'une minute, ces bonds se répètent plusieurs fois. (MASS.)

ELATÉ INDEL (*Bot.*) : *Elate sylvestris*, Linn.; Lamk., *Ill. gen.*, tab. 893 ; *Katou-indel*, Rheed., *Malab.*, 3, tab. 22-25. Genre de plantes monocotylédones, très-voisin du dattier, de la famille des palmiers, de la *monoécie hexandrie* de Linnæus, offrant pour caractère essentiel : Des fleurs monoïques, réunies dans une spathe à deux valves; dans les fleurs mâles un calice à trois dents, trois pétales, les anthères sessiles; dans les fleurs femelles, un style, trois stigmates simples. Le fruit est un drupe ovale, acuminé, monosperme; le noyau muni d'un sillon.

Cet arbre d'environ quatorze à quinze pieds de haut pousse au sommet de son tronc un faisceau de feuilles ailées, assez grandes, épineuses à leur base, composées de folioles ensiformes, pliées en deux longitudinalement, vertes, glabres à leurs deux faces. Les spathes naissent dans les aisselles des feuilles, s'inclinent ou pendent, se divisent en deux valves, et donnent passage à un régime ou spadice rameux, paniculé, chargé de la fructification. Les fleurs sont petites, nombreuses, sessiles, verdâtres, placées le long des rameaux du spadice. Il leur succède des fruits ovales, de la grosseur du prunier épineux, mucronés à leur sommet, d'un rouge brun ou noirâtre à leur maturité : ils renferment, sous une écorce mince, lisse et cassante, une chair douce, presque farineuse, placée autour d'un noyau presque osseux, oblong, muni latéralement d'un sillon, et renfermant une semence amère et blanchâtre. Cet arbre croît dans les Indes orientales, dans l'île de Ceilan et sur la côte de Malabar. (Poir.)

ELATER. (*Entom.*) C'est le nom latin d'un genre de coléoptères, que l'on traduit en françois par le nom vulgaire de *maréchal*, de *scarabée sauteur*, de *scarabée à ressort.* Voyez Taupin. (C. D.)

ELATÉRIE, *Elaterium.* (*Bot.*) Genre de plantes dicotylédones, à fleurs monoïques, de la famille des cucurbitacées, de la *monoécie monadelphie* de Linnæus, très-rapproché des *sicyos* et des *bryonia*, dont le caractère essentiel consiste dans des fleurs monoïques : les mâles composées d'une corolle (calice, Juss.) tubulée, infundibuliforme ; le tube cylindrique ; le limbe à cinq découpures lancéolées, quelquefois avec cinq petites dents entre les découpures ; point de calice ; les étamines réunies en un seul filament avec les anthères soudées entre elles, formant cinq plis continus et serpentans du haut en bas : les fleurs femelles, semblables aux fleurs mâles, munies d'un ovaire inférieur, hérissé, surmonté d'un style en colonne, épaissi vers son sommet, et terminé par un stigmate en tête. Le fruit est une baie capsulaire, coriace, peu charnue, uniloculaire, hérissée de pointes molles, s'ouvrant avec élasticité en deux valves, contenant une pulpe aqueuse, et plusieurs semences ovales, anguleuses et comprimées. On distingue les espèces suivantes :

Elatérie de Carthagène : *Elaterium carthaginense* , Linn. ; Lamk., *Ill. gen.*, tab. 743 ; Jacq., *Amer.*, tab. 154 , et *Pict.*, tab. 232. Plante de l'Amérique méridionale, à tige herbacée, grimpante, munie de vrilles bifides. Ses feuilles sont alternes, pétiolées, en cœur, profondément sinuées, aiguës, anguleuses, un peu rudes en-dessus ; les pédoncules sont courts, axillaires, réunis au nombre de deux à cinq ; les fleurs blanches, pédicellées, alternes, presque en ombelle, odorantes pendant la nuit ; les pédoncules des fleurs femelles uniflores ; les fruits oblongs, verdâtres, réniformes, hérissés de poils mous, longs d'un pouce et demi ; les semences planes, comprimées, tridentées à leur base.

ELATÉRIE HASTÉE : *Elaterium hastatum*, Kunth, *in* Humb. *et* Bonpl., *Nov. Gen.*, 2, pag. 120. Pour être assuré que cette plante appartient aux *elaterium*, les fleurs exigeroient d'être mieux observées. Ses tiges sont glabres, grimpantes, garnies de feuilles triangulaires, hastées, échancrées en cœur, denticulées, acuminées, mucronées, un peu rudes en-dessus ; les vrilles simples ou bifides ; les pédoncules courts, axillaires, géminés ; les fleurs mâles fort petites, pédicellées, disposées en grappes ; la corolle presque en roue, campanulée, à cinq découpures ovales, aiguës. Les étamines n'ont point été observées ; les pédoncules des fleurs femelles uniflores. Les fruits sont oblongs, réniformes, de la grosseur d'une olive, bivalves, à une loge, s'ouvrant avec élasticité ; les semences un peu arrondies, tridentées à leur base. Cette plante croît au Mexique, sur la pente des montagnes volcaniques.

ELATÉRIE A FEUILLES DÉCOUPÉES : *Elaterium trifoliatum*, Linn., *Mant.*, 123 ; *Sicyos foliis ternatis*, Gronov., *Virg.*, 191, et Clayton, n.° 652. Cette espèce, d'après Clayton, est une petite plante, à tige renversée ou grimpante ; les feuilles sont partagées en trois lobes très-profonds, incisées, soutenues par de longs pétioles ; les fleurs petites et blanches ; les pédoncules grêles, alongés, axillaires ; la corolle velue en dehors. Le fruit est une capsule brune, velue, uniloculaire, bivalve, s'ouvrant avec élasticité, contenant une ou deux semences ovales. Elle croît dans la Virginie. (POIR.)

ELATERITES (*Min.*), nom donné, dans le Catalogue de la Bibliothèque de Bancks, au bitume élastique. Voyez BITUME. (B.)

ELATERIUM (*Bot.*), nom sous lequel étoit désigné anciennement le *cucumis sylvestris* de Pline, connu encore sous celui de *cucumis asininus*, concombre aux ânes, et qui est le *momordica elaterium* de Linnæus. Adanson a voulu le rétablir comme genre, à cause de son fruit chargé d'aspérités, se séparant

avec élasticité de son pédoncule, et lançant à quelque distance
ses graines par le trou que laisse le pédoncule se séparant du
fruit. C'est probablement de là que vient son nom. On en tire un
suc employé dans les pharmacies, qui est l'*elaterium* proprement
dit de Dioscoride et de Théophraste. Dans la suite, Jacquin a
donné ce nom à un autre genre de la même famille, dont le fruit
presque capsulaire s'ouvre en deux valves avec élasticité. (J.)

ELATICANTO (*Bot.*), nom brame de l'*idou-moulli* des Malabares, qui paroît appartenir à la famille des MYROBALANÉES.
Voyez ce mot. (J.)

ELATINE. (*Bot.*) Ce nom a été appliqué successivement à
un assez grand nombre de plantes différentes entre elles.
Dioscoride le donnoit au *linaria spuria*, et Matthiole, son com-
mentateur, l'étendoit au *linaria elatine;* Tragus, à un gremillet,
myosotis lappula; Tabernæmontanus, à l'*aphace* de Dioscoride ,
ou *pitine* de Théophraste, qui est le *lathyrus aphaca* de Linnæus.
Daléchamps l'employoit pour désigner trois véroniques, *vero-
nica arvensis, agrestis* et *triphyllos;* Brunsfels, pour le lierre terrestre, *glecoma hederacea ;* Cordus, pour le sarrazin grimpant ,
polygonum convolvulus; Césalpin, pour la doucette, *campanula
speculum.* Enfin, Linnæus l'a substitué à celui d'*alsinastrum ,*
donné par Vaillant à un de ses genres publiés dans son
Botanicon Parisiense, et ce dernier emploi a été maintenu par
les botanistes qui sont venus après lui. (J.)

ELATINE (*Bot.*), *Elatine,* Linn. Genre de plantes dicotylédones, de la famille des cariophyllées de Jussieu, et de l'*octandrie tétragynie* de Linnæus, dont les principaux caractères sont
les suivans : Calice de quatre folioles persistantes, égales à la
corolle ; quatre pétales ; huit étamines ; un ovaire supérieur,
arrondi, surmonté de quatre styles ; une capsule globuleuse,
divisée en quatre loges s'ouvrant en quatre valves, et contenant plusieurs graines. Dans une espèce, toutes les parties
de la floraison, qui sont ordinairement au nombre de quatre,
ne sont qu'en nombre ternaire, et il n'y a que six étamines
au lieu de huit. Ce genre comprend seulement trois espèces,
qui sont toutes indigènes. Les élatines sont de petites plantes
herbacées, à feuilles opposées ou verticillées, et à fleurs axillaires.

ELATINE VERTICILLÉE : *Elatine alsinastrum,* Linn., *Spec.*, 527 ;

Alsinastrum galii folio, Vaill., *Bot. Par.*, p. 6, t. 1. f. 6. Sa tige est simple, garnie de feuilles nombreuses, verticillées : les unes cachées dans l'eau et capillaires; les autres, situées dans la partie de la tige qui s'élève de quelques pouces au-dessus de la surface de l'eau, sont courtes, plus larges, lisses et un peu succulentes. Les fleurs sont blanches, très-petites, portées sur de courts pédoncules dans les aisselles des feuilles supérieures, et verticillées comme elles. Cette plante croit dans les mares et les lieux inondés, en France, et en différentes parties de l'Europe.

ELATINE POIVRE-D'EAU : *Elatine hydropiper*, Linn., *Spec.*, 527; *Alsinastrum serpyllifolium, flore albo tetrapetalo*, Vaill., *Bot. Par.*, p. 5, t. 2. f. 2. Sa tige est menue, très-rameuse, étalée, longue de trois à quatre pouces, garnie de feuilles ovales-lancéolées, opposées; ses fleurs sont blanches, axillaires, portées sur des pédoncules plus courts que les feuilles. Cette espèce croit dans les mares et dans les lieux inondés en Europe.

ELATINE HEXANDRIQUE : *Elatine hexandra*, Decand., *Ic. rar.*, 1, p. 14, t. 43, f. 1; *Birolia paludosa*, Bell.. Mém. acad. Tur., 1808; *Alsinastrum serpyllifolium, flore roseo tripetalo*, Vaill., *Bot. Par.*, p. 5, t. 2, f. 1. Cette espèce diffère de la précédente, parce qu'elle est toujours plus petite, et surtout parce que les folioles de son calice, ses pétales, ses styles et les loges de ses capsules ne sont jamais qu'au nombre de trois, et parce qu'au lieu d'avoir huit étamines elle n'en a que six. Elle croît dans les mêmes lieux. Sa fleur est rose. (L. D.)

ELATITE. (*Min.*) Hill, dans ses notes sur Théophraste, donne ce nom comme synonyme de la pierre nommée XANTHUS par les anciens (voyez ce mot). Pline dit que le quatrième genre d'hématite étoit nommé *élatite* lorsqu'il étoit dans son état naturel, et *millite*, lorsqu'il avoit été grillé : on le préféroit alors aux autres *rurica*. L'élatite de Pline paroit donc être, sans aucun doute, une variété d'hématite, nommée probablement *élatite* à cause de son tissu fibreux, ressemblant à celui du bois; car *élatite* est aussi, dans quelques auteurs anciens et dans Vallerius, le nom du bois de sapin pétrifié. (B.)

ELATOSTEMA. (*Bot.*) Genre de plantes de Forster, que lui-même a supprimé postérieurement et réuni au *dorstenia*, dans la famille des urticées. (J.)

EL-BAKHRAH. (*Bot.*) Voyez Dehoręg. (J.)

ELBAS. (*Ornith.*) Ce nom (que Forskaël définit, p. 7 de son ouvrage sur les animaux qu'il a observés en Orient, *avis cinerea, columba major, prædatrix*), est donné par M. Savigny, dans son Système des Oiseaux d'Egypte, p. 34, comme synonyme de l'autour, qui est son *dædalion palumbarius*, ou *falco palumbarius*, Linn. (Cʜ. D.)

ELBIGER. (*Ornith.*) L'oiseau ainsi nommé dans Schwenck-feld est la cigogne blanche, *ardea ciconia*, Linn. (Cʜ. D.)

ELBISH. (*Ornith.*) L'oiseau désigné par ce nom et par celui d'*elbsh*, en Saxe et en Suisse, est le cygne à bec rouge, *anas olor*, Gmel., qu'on appelle aussi *elbs* ou *elps*. (Cʜ. D.)

ELCAB. (*Bot.*) Suivant Shaw, les Arabes nomment ainsi l'Azedaracʜ. Voyez ce mot. (J.)

ELCAJA. (*Bot.*) Ce genre de plantes trouvées dans l'Arabie, établi par Forskaël, a le plus grand rapport avec le *trichilia*, faisant partie de la famille des méliacées : il n'en diffère que par un calice divisé plus profondément, un stigmate en tête moins divisé, des loges remplies de deux graines au lieu d'une. Wahl a réuni, avec raison, ces deux genres en un seul, auquel il a conservé le nom de *trichilia*. (J.)

ELCH. (*Mamm.*) On dit que c'est le nom de l'élan, en langue celtique. Voyez Cerf. (F. C.)

ELCOZTOTOTL. (*Ornith.*) Hernandez, qui parle de cet oiseau insectivore au chapitre 172 de son *Hist. avium Nov. Hisp.*, le compare, pour la taille, à la draine et au merle; et il le décrit comme ayant les parties inférieures du corps jaunes, la tête, le cou et le dos cendrés; les ailes d'un noir roussâtre; la queue noire, ainsi que le bec, qui est assez long, et un peu courbé à la pointe. (Cʜ. D.)

EL-DAKAR. (*Bot.*) Le palmier dattier, *phœnix*, dont le nom arabe est *nakhleh*, suivant M. Delile, *nachl*, suivant Forskaël, est très-cultivé dans l'Egypte. Son individu mâle est nommé *el-dakar*, et le femelle *el-entayeh*. (J.)

ELEA. (*Ornith.*) Ce nom et celui d'*elasa* se trouvent dans la comédie d'Aristophane intitulée *les Oiseaux*. Aristote, en parlant de l'*elea*, liv. 9, chap. 16, se borne à dire que l'été il se tient à l'ombre dans un lieu exposé au vent, et l'hiver au soleil dans des lieux abrités, sur les roseaux, auprès des marais; en ajoutant qu'il est petit et a la voix forte. Les commentateurs Gaza et Scaliger écrivent ce nom *velia* et *helea*. Gesner s'est vaïnement efforcé de déterminer l'espèce de cet oiseau, que Belon met, pag. 80, au nombre de ceux qui sont restés inconnus; mais. à la fin du 4.ᵉ liv., pag. 227, il parle du *velia* ou *helea*, qui est le même, et l'oiseau de couleurs variées, auquel il le compare en cet endroit, sans le nommer, paroît être l'ortolan de roseaux. *emberiza schœniclus*, Linn. (Cʜ. D.)

ELÉAGNÉES. (*Bot.*) Cette famille de plantes, qui tire son nom du chalef ou olivier de Bohême, *eleagnus*, contenoit d'abord une série de genres distribués en deux sections, dont la plupart ont été détachés pour être reportés à d'autres familles connues, ou pour former des familles nouvelles. Maintenant, elle ne renferme que le chalef et l'argoussier, *hippophae*, qui, plus récemment, ont été mieux observés, surtout pour la situation respective du calice et de l'ovaire.

Cette famille a pour caractère général un calice monophylle, embrassant l'ovaire sans lui adhérer, et divisé seulement à son sommet en plusieurs lobes; la non existence d'une corolle; des étamines insérées au haut du calice en nombre défini, égal à celui de ses lobes, et alternes avec eux, à filets courts, à anthères alongées; un ovaire non adhérent, mais recouvert par le calice, et contenant un seul ovule dressé; un style; un stigmate renflé; un brou rempli d'une noix monosperme; un embryon dressé, sans périsperme, à radicule dirigée inférieurement vers le point d'attache de la graine au fond de sa loge. Les plantes réunies dans la famille sont des arbrisseaux ou petits arbres, à feuilles alternes et simples. Les fleurs sont axillaires; quelquefois des fleurs mâles sont mêlées sur le même pied avec des hermaphrodites; quelquefois aussi elles sont mâles sur un pied et femelles sur un autre.

Les éléagnées appartiennent à la classe des péristaminées ou dicotylédones apétales à étamines portées sur le calice. (J.)

ELEAH. (*Bot.*) Suivant Shaw et Gronovius, éditeur de Rauvolf, les Arabes nomment ainsi l'azedarach. (J.)

ELECTRE, *Electris.* (*Polyp.*) Genre de polypiers établi par M. Lamouroux, pour une espèce qui se trouve communément dans nos mers, et qui paroît différer des sturtres proprement dites, avec lesquelles Gmelin, Solander et Ellis l'avoient confondue, parce que les cellules ne sont pas isolées, mais communiquent entre elles, et qu'en outre elles sont verticillées autour d'un axe fistuleux, et qu'on pourroit cependant rapprocher encore moins des *sertulariées*, comme l'ont fait Bosc et Esper, parce que l'espèce de tige qu'elle forme n'est ni cornée, ni fistuleuse, ni surtout remplie d'une pulpe vivante, etc. Ses caractères sont: Polypes semblables à ceux des sturtres contenus dans des cellules companulées, ciliées sur leurs bords, et disposées de manière à former des espèces de verticilles autour du thalassiophyte et cylindrique, et par suite une sorte de polypier rameux. La seule espèce de ce genre, l'ELECTRE VERTICILLÉE, *Electris verticillata*, Sol. et Ell., *Zooph.*, n.° 7, p. 15, tab. 4, fig. a A, est d'un rouge violet plus ou moins brillant quand elle est fraîche; les cellules sont turbinées et ciliées, et elle forme des branches linéaires, subcomprimées et amincies à leur base. (DE B.)

ELECTRICITÉ. (*Phys.*) L'ensemble des phénomènes qu'on désigne sous ce nom ne peut être convenablement indiqué par une définition, lorsqu'on veut, comme je me le propose, s'abstenir de toute hypothèse, et se borner à l'exposition des faits principaux, enchaînés dans l'ordre qui paroît résulter de l'état actuel de la science. Ainsi qu'on l'a déjà vu à l'article CORPS (tom. X, pag 514), la propriété, établie par le premier fait découvert sur l'électricité, ne peut même s'énoncer d'une manière absolue; et son exposition exige des détails qui passent les bornes ordinaires d'une définition. Je n'essaierai donc point d'en donner une de la collection entière des phénomènes, qui sont très-divers; mais je les exposerai succinctement, en les divisant en plusieurs classes, établies d'après celle de leurs formes qui est la plus apparente.

1.° *Attractions et répulsions.*

A l'époque où vivoit Thalès, on avoit déjà remarqué que l'ambre jaune, ou succin, après avoir été frotté, attiroit les corps légers placés dans son voisinage; et c'est du mot *electron*, nom grec de cette substance, que dérive celui d'*électricité*. Ce phénomène avoit frappé Thalès, au point de lui faire regarder le succin comme un corps animé. Il paroît qu'on étendit cette observation à d'autres corps, puisque Théophraste joint au succin une pierre précieuse, nommée LYNCURIUM (voyez ce mot); mais il s'est écoulé bien des siècles avant qu'on ait rien ajouté à ces remarques. Il faut remonter jusqu'au commencement du dix-septième, pour trouver de nouveaux faits rassemblés par Gilbert de Glocester dans son traité *de Magnete*. En augmentant beaucoup le catalogue des substances dans lesquelles le frottement manifeste une force attractive, et en y inscrivant le verre, non seulement il ramena l'attention sur cet ordre de phénomènes qui joue un grand rôle dans la nature, mais il prépara les moyens de les porter, dans les expériences, à un degré d'énergie bien supérieur à celui qu'ils avoient offert jusque-là. On vit alors qu'un tube de verre bien sec, un bâton de résine ou de cire d'Espagne, frottés assez long-temps avec une étoffe de laine, ne se bornoient point à attirer les corps légers qu'on leur présentoit, mais les repoussoient ensuite, lorsqu'ils étoient très-petits, ou même encore lorsque, suspendus à un fil, ils jouissoient de la plus grande mobilité. A partir de ce fait, aperçu par Boyle et développé par Otthon-Guéricke, la multiplicité des recherches et des découvertes ne permet plus d'en donner ici le détail sous la forme historique : il est indispensable de supprimer les tentatives, et de prendre, pour arriver aux phénomènes, le chemin le plus court, qui n'est pas toujours celui qu'ont suivi les inventeurs.

En variant seulement la matière du fil qui porte le corps léger, par les mouvemens duquel on reconnoît l'état électrique du corps frotté, on aperçoit bientôt une différence essentielle dans les corps relativement à cette propriété. Si ce fil, dis-je, étoit métallique, et tenu à la main, ou suspendu à une baguette métallique, quelque flexible qu'il fût d'ailleurs, le corps léger placé à son extrémité ne seroit pas repoussé. C'est avec un fil de soie que la répulsion se montre le mieux.

S'il étoit métallique, mais très-délié, et qu'on l'attachât à un bâton de cire d'Espagne ou de verre bien sec, le phénomène se reproduiroit comme avec le fil de soie ; mais, si l'on faisoit toucher le fil métallique à un autre corps métallique, ou qu'on le touchât soi-même pendant un instant, le corps léger seroit attiré de nouveau par le corps frotté ; et l'on pourroit répéter ce

jeu, tant que l'état électrique acquis par le second corps conser-
veroit quelque énergie. Ainsi, *un corps que le frottement a rendu
électrique, a la propriété d'attirer et de repousser les corps légers
qu'on lui présente.*

Le mot *léger* n'est employé ici que pour indiquer un corps
ayant la plus grande mobilité, et pouvant en conséquence obéir
à une très-petite force. Au lieu de le suspendre à un fil, on
pourroit le façonner en aiguille, et le poser sur un pivot avec
une chape, comme une aiguille de boussole.

Placé entre un bâton de cire d'Espagne, ou de résine, et un
bâton de verre frottés tous deux avec la même substance, avec
un morceau d'étoffe de laine, par exemple, le corps léger ira
sans cesse de l'un à l'autre ; repoussé par le premier, il sera attiré
par le second, *et vice versâ* : en sorte qu'on ne peut pas regarder
comme identiquement les mêmes l'état du verre et celui de la
résine, lorsqu'ils sont électrisés. Il semble que la manière la plus
simple d'exprimer cette différence, sans prononcer sur sa
cause, étoit de nommer *électricité vitrée* le premier de ces états,
et *électricité résineuse* le second. Cependant, on a reconnu ensuite que cette différence dépendoit aussi de la matière du frottoir ; car, si l'on substituoit de la peau de chat à l'étoffe de laine
pour frotter le verre, il repoussoit alors le corps léger repoussé
par le bâton de résine frotté avec de la laine : le verre sembloit
donc doué alors de l'électricité résineuse.

En variant la matière du corps frotté et celle du corps frot-
tant, on a pu, dans le tableau des substances susceptibles d'être
ainsi rendues électriques, marquer l'espèce d'électricité qu'elles
manifestoient dans chaque cas, en la comparant avec celles que
présentent la résine et le verre, lorsqu'ils sont frottés avec la
laine, et on regarde comme de même nature celles par lesquelles
le corps léger est repoussé simultanément, et comme de natures
diverses celles qui agissent en sens contraire.

Dans le cours des expériences dont nous parlons, on a cru saisir
une différence encore bien plus importante. Les corps métalliques, avec quelque matière qu'ils fussent frottés, ne donnoient aucun signe d'électricité. Ne paroissoit-il pas suivre de là
que, par rapport à l'électricité, les substances devoient se
diviser en deux grandes classes : celle des corps électriques par
eux mêmes, ou, comme l'on disoit, *idioélectriques*, et celle

des corps qu'aucun frottement ne pouvoit rendre tels, et qu'on
nommoit pour cette raison *anélectriques* ? Mais on n'a pas tardé
à reconnoître que dans la dernière classe de corps, la faculté
d'acquérir l'électricité par le frottement existoit aussi, et qu'elle
étoit seulement masquée par une autre propriété, dont la découverte a eu des conséquences bien importantes, je veux dire
la faculté de transmettre promptement l'électricité d'un corps
à un autre, ou d'en être les *conducteurs*.

J'ai déjà fait remarquer une différence dans les mouvemens
que prend un corps léger qu'on approche d'une surface électrisée, selon qu'il est suspendu à un fil de soie ou bien à un fil
métallique tenu à la main. On a vu de plus qu'en touchant cette
surface par un assez grand nombre de points avec des fils métalliques, on la dépouilloit promptement de sa force électrique,
ce qui n'arrivoit pas, si on lui présentoit du verre bien sec ou
de la résine. Enfin, lorsqu'on a construit les appareils, connus
aujourd'hui sous le nom de *machines électriques*, où des globes
de soufre, des globes, des cylindres, des plateaux de verre, qui,
présentant au frottoir une plus grande surface, et tournant sur
un axe avec rapidité, donnent plus d'efficacité au frottement,
produisent une électricité bien plus énergique, et qu'on a placés
très-près des surfaces frottées des cylindres métalliques portés
sur des supports de verre, et ne communiquant point d'ailleurs
au sol et aux corps environnans; on a vu ces cylindres, tant
qu'ils restoient *isolés* ainsi, donner des signes d'électricité,
avec une énergie proportionnée à celle de la machine dont ils
faisoient partie, la transmettre à d'autres corps métalliques
placés comme les premiers sur des supports de verre ou de résine; enfin la perdre, lorsqu'on les touchoit ou qu'on les faisoit
communiquer avec le sol par des chaînes métalliques.

On a conçu alors que le frottement ne les mettoit pas dans
l'état électrique, parce que leur faculté conductrice le leur
faisoit perdre à mesure qu'ils l'acquéroient. En les isolant, avant
de les frotter, ils devinrent électriques comme les corps de la
première classe. C'est donc une loi générale, que *le frottement
électrise tous les corps*, lorsqu'on les place, comme nous venons
de le dire, dans des conditions qui préviennent la perte de la
force électrique qu'ils acquièrent : et de là résulte, par rapport à l'électricité, la distinction des corps en *conducteurs*, et

non conducteurs ou *isolans*, au nombre desquels il faut bien remarquer que se trouve l'air sec. Cette distinction, comme toutes celles que nous formons dans la nature, n'est point par-faitement tranchée. Les corps *isolans* ne font qu'apporter une difficulté plus ou moins grande à la transmission de l'électricité, tandis que les autres la conduisent plus ou moins rapidement : mais, réduite à ce point, et se modifiant même par beaucoup d'accidens, cette différence suffit pour fournir les moyens d'accumuler sur des surfaces données l'électricité, de la conduire où l'on veut, et de la soumettre aux épreuves les plus nombreuses et les plus variées.

D'abord, si l'on fait communiquer deux cylindres métalliques isolés, recevant l'électricité, l'un d'une surface vitrée, l'autre d'une surface résineuse, d'une énergie égale, ces deux cylindres ne donneront aucun signe d'électricité ; tandis que le contraire auroit eu lieu, s'ils eussent été mis en contact avec deux plateaux de verre ou deux plateaux de résine électrisés de la même manière. Il semble donc, dans le premier cas, que les électricités reçues par les cylindres se neutralisent ou se détruisent en se combinant l'une avec l'autre : ce qui confirme la distinction des électricités vitrée et résineuse, ou *positive* et *négative*. Ces dernières expressions sont celles qu'avoit adoptées Franklin, auteur de découvertes très-brillantes, dont nous parlerons dans la suite, et d'une théorie si ingénieuse et si simple, qu'on n'a pu l'abandonner sans beaucoup de regret.

Déjà on sent qu'il nous est impossible de continuer à parler de l'*électricité*, sans employer des expressions qui ne doivent être prises que dans un sens métaphorique, et non pas littéral, sans quoi on prononceroit sur des choses absolument inconnues. Non seulement on énonce que *les électricités de même nature*, ou plutôt de même nom, *se repoussent;* que celle de *natures contraires*, ou de noms différens, *s'attirent*, sans savoir si les éloignemens et les rapprochemens qui s'opèrent sous nos yeux, entre les corps légers électrisés, sont le résultat de *répulsions* ou d'*attractions* véritables ; mais on dit encore que l'*électricité se partage entre les corps, se distribue à leur surface, pénètre plus ou moins dans leur intérieur, se meut avec une grande rapidité;* que les *deux électricités se neutralisent l'une l'autre*, ou qu'*une dose d'électricité positive, communiquée à un corps qui en contient une pareille d'électricité négative*, ramène à zéro l'état de ce *corps :* et tout cela sans pouvoir même bien affirmer que l'électricité soit une matière existante à part des corps. Plusieurs de ses effets paroissant analogues à ceux qu'on remarque dans les fluides, on a imaginé un fluide électrique répandu dans tous les corps, attiré par eux ou attirant leurs molécules (tandis que ses propres molécules se repoussent entre elles), et dont l'accumulation au-delà de l'état naturel constitue *l'électricité positive*, le défaut ou la perte, *l'électricité négative;* ensuite on a cru devoir attribuer chaque électricité à un fluide particulier, dont les molécules se repoussent entre elles et attirent celles de l'autre fluide : mais tout cela ne doit être considéré que comme une simple nomenclature des phénomènes électriques, tirée de la comparaison de leurs formes avec celle des effets qui ont déjà reçu un nom dans la langue vulgaire; et ce n'est pas autrement que Newton vouloit qu'on entendît le mot *attraction* dans les mouvemens célestes, où ses effets ont été mesurés et combinés d'une manière si heureuse.

L'attraction et la répulsion électriques ont aussi été mesurées, au moyen de plusieurs instrumens nommés *électromètres* ou *électroscopes*, et dont le plus parfait est la *balance électrique* inventée par Coulomb. Avec cet instrument on peut apprécier les plus petites forces, en les comparant à la torsion d'un fil très-délié ; c'est tout ce que nous devons dire ici de sa construction, qui ne seroit jamais bien saisie par quelqu'un qui ne l'auroit pas vu et ne seroit pas familiarisé avec les machines de physique. Il suffira de savoir que, par son moyen, Coulomb a prouvé que l'intensité de la force attractive et répulsive de l'électricité varie en raison inverse du carré de la distance, de même que l'attraction qui paroît s'exercer entre les corps célestes. Avec cette loi, l'hypothèse des deux fluides électriques a pu être soumise au calcul par M. Poisson, dans deux beaux Mémoires faisant partie de ceux de la *classe des sciences mathématiques et physiques de l'Institut* (année 1811). Il a obtenu, par rapport à la communication, à la distribution de l'électricité sur les corps, à sa densité, ou, comme on dit maintenant, à sa *tension*, des résultats dont l'accord avec les expériences est très-satisfaisant.

2.° *De l'influence électrique.*

Ce n'est pas seulement par le contact que la force électrique se propage et se communique ; il suffit de rapprocher assez près deux corps isolés, dont l'un est électrisé et l'autre ne l'est pas, pour voir le dernier donner des signes d'électricité, avec des circonstances qui méritent d'être développées, tant à cause de leur singularité que par les conséquences importantes qu'on en tire. Si l'on prend deux cylindres de métal, arrondis par les deux bouts, et portés sur des pieds de verre pour qu'ils soient isolés ; qu'on charge le premier d'électricité, puis qu'on en approche le second autant qu'il est possible, sans que de l'un à l'autre il parte une étincelle lumineuse qui, comme on le verra plus bas, accompagne toujours la communication instantanée ou la *décharge* de l'électricité un peu forte, on remarquera les faits suivans. Des fils attachés aux deux extrémités du cylindre non électrisé, divergent lorsqu'il est en présence de l'autre, et reprennent leur direction naturelle lorsqu'on écarte les cylindres ou qu'on touche celui qui est électrisé. C'est donc la présence de celui-ci et son influence qui font paroitre l'autre dans l'état électrique. C'est aux extrémités de cet autre que les signes qu'il manifeste ont le plus d'intensité ; ils décroissent en s'éloignant de l'extrémité la plus prochaine du cylindre électrisé, jusqu'à un point plus ou moins distant, où l'on ne trouve aucune électricité, et après lequel les signes se reproduisent avec une énergie croissante en allant vers l'autre extrémité. Dans ce passage, l'électricité a changé de nature ; en sorte que, si le conducteur électrisé l'est vitreusement, l'extrémité de l'autre qui en est la plus prochaine, manifeste l'électricité résineuse, et l'extrémité la plus éloignée, l'électricité vitrée, *et vice versâ.*

Ici il faut bien remarquer que le cylindre électrisé ne perd rien et ne transmet rien à l'autre cylindre : celui-ci a donc en lui-même, dans son état naturel, les élémens du phénomène, savoir, les deux électricités qu'il manifeste. Si on les regarde comme deux fluides distincts, il faut que, réunies, elles se neutralisent comme on l'a déjà dit, et que l'influence du corps électrisé les sépare, en retenant dans son voisinage l'électricité contraire à la sienne, et en repoussant celle qui est semblable.

Si, quand les deux cylindres sont en présence, on touche, par l'extrémité la plus éloignée du cylindre électrisé, celui qui ne l'est pas, et qu'on le mette ensuite hors de la portée de l'influence du premier, il manifeste alors une électricité contraire à celle de ce premier, comme si on lui avoit enlevé l'électricité accumulée à la partie soumise au contact, et qu'il lui soit resté un excès de l'électricité contraire mise en évidence à l'autre extrémité.

Dans son nouvel état, ce cylindre étant rapproché du premier, si l'on remet celui-ci en communication avec la machine ou la source qui l'a chargé, il pourra reprendre une nouvelle dose de l'électricité et s'en trouver beaucoup plus chargé qu'il ne l'étoit d'abord; comme si l'électricité opposée, dont le second cylindre est maintenant affecté, attiroit dans le premier cette seconde dose de l'électricité contraire: car les deux cylindres réagissent l'un sur l'autre, suivant la même loi. Cela fait, si l'on touche de nouveau le cylindre qui n'a pas été électrisé par communication, et qu'on l'éloigne ensuite de celui qui l'a été ainsi, il manifestera une électricité semblable à celle qu'il avoit acquise au premier contact, mais plus forte, comme s'il avoit éprouvé une seconde perte pareille à la première. En répétant cette manœuvre, on pourroit toujours augmenter l'énergie des électricités contraires dont chacun des cylindres est chargé, si l'on n'étoit bientôt arrêté par l'imperfection de l'air par rapport à l'isolement des cylindres; car, quelque sec qu'il soit, son contact apporte encore une diminution très-sensible à l'électricité, et, toutes choses d'ailleurs égales, plus la couche d'air est mince, moins elle isole.

Mais si l'on change les cylindres en plateaux métalliques, qu'on les sépare seulement par une lame de verre mince et bien sec, qui les déborde assez pour que l'électricité accumulée sur l'un ne puisse passer sur l'autre, les phénomènes que je viens de décrire acquerront une intensité d'autant plus grande, que les plateaux auront plus de surface; et l'on pourra accumuler dans chaque plateau une plus grande quantité d'électricité qu'ils n'en recevroient séparément par la seule communication avec la source qui a fourni primitive-

ment l'électricité. On obtient ce résultat par une seule opération, en touchant continuellement le plateau non électrisé,
ou en le faisant communiquer au sol par une chaîne métallique,
pendant qu'on électrise l'autre. Si l'on sépare ensuite l'appareil
de la source d'électricité qui a servi à charger l'un des
plateaux, mais qu'on les tienne toujours en présence, l'ensemble ne donne aucun signe d'électricité, quoique chacun,
pris à part, en soit très-chargé. Ainsi, les deux électricités
accumulées dans cet appareil se neutralisent sans communication et par leur seule influence. Alors le rétablissement de l'état naturel de chaque plateau s'opère par le
phénomène le plus remarquable de tous ceux qu'offre l'électricité : c'est celui qu'on a nommé *coup foudroyant*, tant à
cause de son intensité, que par sa ressemblance avec le tonnerre, ainsi qu'on le verra bientôt; il se produit en mettant
les deux plateaux en communication par un corps conducteur. Si l'on touche d'abord la surface extérieure de l'un des
plateaux par l'une des extrémités du conducteur, et qu'on
approche l'autre de la surface extérieure du second plateau,
il partira, d'une distance plus ou moins grande, une étincelle
accompagnée d'un bruit plus ou moins fort, selon l'étendue
superficielle de l'appareil. Si c'est une personne qui touche
en même temps les deux plateaux, la décharge, en s'effec-
tuant, lui fera éprouver une commotion.

Ces divers phénomènes, à la production desquels les surfaces métalliques ou conductrices concourent, comme nous
venons de le voir, ont principalement leur siége dans les
surfaces du verre; car si, lorsque l'appareil est chargé, l'on
enlève, par des manches isolans, les deux plateaux, et qu'on
les remplace par d'autres qui soient dans l'état naturel, on
éprouvera la commotion à peu près comme si on eût laissé les
premiers en place.

C'est à cela que revient la fameuse expérience faite à
Leyde, en 1746, avec une bouteille contenant de l'eau dans
laquelle plongeoit un conducteur électrisé, et qu'on tenoit
à la main : l'eau, jouissant de la propriété conductrice,
faisoit fonction de plateau électrisé; la main qui tenoit la
panse de cette bouteille, remplaçoit le second plateau; et
lorsque, avec l'autre main, on touchoit le conducteur, on

14.   20

ressentoit la commotion dont nous venons de parler. Cette expérience ne fut pas plus tôt connue, qu'on la varia de plusieurs manières. Au lieu d'employer l'eau, on étama l'extérieur de la bouteille jusqu'à quelque distance du goulot, et on la remplit de feuilles d'or battu; puis on vint à bout d'étamer aussi l'intérieur de la bouteille, ou bien on prit des *jarres* ou bocaux à grande ouverture, qui furent étamés en dehors et en dedans; enfin, on se contenta de coller une feuille d'étain sur chacune des faces d'un carreau de verre mince, ce qui est tout-à-fait semblable à l'appareil des plateaux, et donne un spectacle agréable, quand, au lieu d'une surface continue, on forme avec l'étain, sur chaque face, des contours dont les parties sont assez rapprochées pour que l'électricité puisse sauter de l'une à l'autre : alors la charge et la décharge de l'appareil rendent lumineux les dessins de ces contours.

Mais c'est avec les jarres dont les surfaces intérieures sont réunies par un conducteur commun, qu'on obtient les plus grands effets, quand on a pour les charger une machine électrique suffisante. Les commotions produites par ces appareils ont assez d'énergie pour tuer de grands animaux, fondre des fils métalliques, briser et dissiper des corps solides.

L'expérience de la bouteille de Leyde fait connoître aussi la promptitude avec laquelle la force électrique se transmet par les corps qui la conduisent. Quelque grand que soit le nombre de personnes qui, se tenant par la main, forment une chaîne dont les extrémités touchent aux deux faces d'un carreau électrique, ou font communiquer l'intérieur avec l'extérieur d'une bouteille de Leyde, la commotion se fait sentir instantanément à toutes les personnes qui composent cette chaîne. Si on y substitue un fil métallique, porté ou suspendu par des corps isolans, quelque longs que soient les contours qu'on lui fasse prendre, il opère en un seul instant la décharge de la bouteille.

Enfin, la même expérience a manifesté une propriété dont il a été fait depuis une application bien importante dans les paratonnerres; c'est la préférence que donne l'électricité aux corps qui la conduisent le mieux. Quand une personne fait communiquer l'intérieur à l'extérieur d'une bouteille de Leyde, par les extrémités d'un arc métallique qu'elle tient à la main, quoiqu'elle ne soit point isolée, elle ne ressent aucune commotion; l'électricité suit l'arc métallique sans dévier en aucune manière sur cette personne, à moins que cet arc ne soit un fil trop mince, et que l'appareil à décharger ne soit très-étendu et très-énergique : c'est alors comme s'il s'agissoit de faire passer un torrent dans un canal trop étroit pour le contenir.

Pour établir la communication de l'intérieur avec l'extérieur, on arme ordinairement la bouteille de Leyde d'un crochet métallique, qui favorise le procédé par lequel on la décharge lentement, et sans détonation. Ce procédé consiste à toucher d'abord le crochet seul; ce qui enlève un peu d'électricité à la surface intérieure, et, diminuant sa tension, rend libre, sur la surface extérieure, une petite quantité d'electricité, qu'on soutire en ne touchant que cette seule surface. Cette succession de deux contacts étant répétée un nombre suffisant de fois, la bouteille se trouve complétement déchargée, n'ayant donné, à chaque contact, qu'une très-foible étincelle, accompagnée d'un léger craquement, comme en produit la simple électrisation des corps par le frottement quand elle acquiert un peu d'énergie.

On fait avec la bouteille de Leyde un grand nombre d'expériences, qu'il est toujours aisé d'expliquer par la marche des phénomènes dans l'appareil des plateaux, et que les bornes où je dois me renfermer me forcent d'omettre; mais je ne puis néanmoins passer sous silence la charge par *cascades*, c'est-à-dire celle qui s'opère en suspendant les unes aux autres des bouteilles de Leyde, de manière que le crochet de chacune soit lié à la surface extérieure de celle qui la précède, et que la surface extérieure de la dernière communique avec le sol. Alors, si on électrise le crochet de la première, elles se chargent toutes à la fois, parce que l'électricité de la source, passant dans l'intérieur de la première bouteille, repousse sur sa surface extérieure une dose d'électricité qui, passant dans l'intérieur de la seconde bouteille, en repousse une autre dose sur la surface de cette seconde bouteille, dose qui passe dans la troisième bouteille, et ainsi de suite jusqu'à la dernière, dont l'excédant extérieur se perd dans le sol ; et toutes les bouteilles se trouvent ainsi chargées à la fois. La même chose auroit lieu entre une suite de carreaux électriques, ou un appareil à plateaux, dont une des deux faces extérieures seroit électrisée, tandis que toutes celles qui se regardent seroient liées entre elles par des conducteurs, et que la dernière communiqueroit de même avec le sol.

L'intensité des phénomènes de la bouteille de Leyde et du carreau électrique dépend, non seulement de l'énergie de l'électricité communiquée à l'une de ses surfaces, mais encore de l'épaisseur de la lame isolante qui les sépare. Plus cette lame sera mince, plus l'influence produira d'effet, la tension dans l'électricité communiquée, restant la même , pourvu toutefois que l'énergie de celle-ci n'excède pas certaines limites ; car, l'attraction des deux électricités opérant avec assez de force pour briser la lame isolante, la décharge s'effectue spontanément.

Il suit de là que l'on rendroit sensibles les plus foibles doses d'électricité, en les accumulant sur un carreau électrique dont la lame isolante seroit très-mince ; mais, la fragilité du verre ne permettant pas d'en diminuer l'épaisseur au point où il le faudroit pour en construire un instrument fort sensible , on y a suppléé par l'application d'une couche de vernis résineux sur les surfaces correspondantes des plateaux. Ces deux couches forment une séparation très-mince, capable de retenir les petites doses d'électricité, en laissant agir l'influence dans toute sa force.

Dans cet instrument, qu'on appelle *condensateur*, une foible électricité reçue par l'un des plateaux, celui qu'on nomme, pour cette raison, *collecteur*, agit sur l'autre plateau qu'on fait communiquer avec le sol, comme une électricité plus forte dans la bouteille de Leyde ; et l'un des plateaux pouvant être enlevé par un manche de verre, l'autre, lorsqu'il est lui-même isolé, demeure dans un état d'électricité très-appréciable par les bons électromètres.

Avant d'employer le vernis pour séparer les deux plateaux du condensateur, on lui donnoit une autre forme : l'un des plateaux étoit de marbre blanc. Cette substance, tenant comme le milieu entre les corps conducteurs et ceux qui ne le sont pas, ne transmet l'électricité qu'à de très-petites distances ;

et ne permet pas la décharge de l'électricité acquise par le plateau métallique, mais seulement son influence, qui détermine, près de la surface du plateau de marbre, une électricité contraire, laquelle réagit à son tour sur le plateau métallique. Il semble ainsi qu'on doive regarder le plateau de marbre comme partagé en deux couches, dont l'une, très-mince, fait fonction de lame isolante, et l'autre tient lieu du second plateau conducteur.

L'influence qui s'exerce à distance, ou mieux encore par un isolement complet entre deux corps conducteurs, dont l'un est électrisé et l'autre ne l'est pas, a lieu de même entre un corps non conducteur électrisé par frottement, et un corps conducteur non électrisé. C'est ce qui se passe dans l'*électrophore*, et fournit un moyen très-commode de produire l'électricité, lorsqu'on n'a pas besoin qu'elle ait une grande énergie. Cet appareil a consisté, d'abord, dans un gâteau de résine, recouvert d'un plateau métallique, pourvu d'un manche de verre, afin qu'il pût rester isolé dans les déplacemens qu'on lui faisoit subir. Lorsque la surface du gâteau de résine est électrisée par le frottement avec un morceau de laine ou une peau garnie de son poil, et qu'on pose dessus, le plateau métallique dont la surface a été polie avec soin, celle-ci ne prend point ou presque point de l'électricité du gâteau, parce que la communication d'un corps qui n'est pas conducteur avec un corps qui l'est, ne se fait bien qu'au moyen des aspérités ou pointes que présente le dernier, et dont sont armés les conducteurs qu'on adapte aux machines électriques.

Cette circonstance, qui a suggéré l'invention des paratonnerres, sera bientôt considérée plus en détail : il nous suffit à présent d'observer que le plateau de l'électrophore n'offrant qu'une surface très-unie, et ayant ses bords même relevés en bourrelet, pour éviter toute forme anguleuse ; que ce plateau, dis-je, ne se charge point par communication, mais éprouve seulement l'influence de l'électricité du gâteau de résine. Sa face supérieure acquiert donc une électricité de même nature que celle du gâteau sur lequel il est posé. Alors, si on touche cette face, ou qu'on la mette en communication avec le sol, et qu'on enlève le plateau de dessus le disque, en ne le touchant que par son manche isolant.

il manifestera une électricité contraire à celle du gâteau. Enfin, si on le fait communiquer au crochet d'une bouteille de Leyde, il lui cédera de son électricité. On pourra donc, en répétant la même manœuvre un nombre de fois suffisant, parvenir à charger la bouteille. Il n'est pas besoin d'avertir que les divers états par lesquels passe le plateau, et celui du gâteau qu'il recouvre, se reconnoissent au moyen des électromètres ou des corps légers suspendus à des fils isolans.

On peut substituer au gâteau de résine un plateau de verre; mais celui-ci s'électrise plus difficilement, attire l'humidité, et, par cette raison, n'est pas aussi commode que l'autre.

De la lumière, de l'odeur et autres sensations produites par l'électricité.

Jusqu'à présent nous n'avons considéré, dans les phénomènes électriques, que les attractions et les répulsions, soit absolument, soit relativement, pour en déduire les lois de la propagation de la force électrique ; mais, dès que cette force acquiert un peu d'intensité, les phénomènes deviennent plus complexes. Lorsque, dans l'obscurité, on électrise un corps par frottement, un tube de verre bien sec, par exemple, on en voit sortir des étincelles lumineuses; il répand une odeur analogue à celle de l'ail ou du phosphore. Si, par un temps sec, on passe la main sur le dos d'un chat, elle est suivie de traces lumineuses, accompagnées d'une crépitation plus ou moins forte. Les mêmes phénomènes se produisent par le frottement sur les jambes des hommes velus, et deviennent très-intenses dans les machines électriques d'une grande dimension. Lorsqu'on approche des plateaux de ces machines le dos de la main, ou le visage, on a la sensation que feroit éprouver une toile d'araignée.

Ces phénomènes, paroissant rendre l'électricité immédiatement perceptible aux sens, sont souvent apportés en preuve de son existence comme matière particulière; mais quelques physiciens ont pensé qu'on pouvoit également les envisager comme des modifications qu'un état particulier de mouvement intestin ou de vibration apportoit aux corps électrisés. Une compression très-forte suffisant pour produire une étincelle lumineuse dans l'air, la force répulsive de l'électricité ne

peut-elle pas opérer une semblable compression? Les fortes
attractions et répulsions ne peuvent-elles pas agir sur le duvet,
plus ou moins apparent, qui recouvre la peau humaine, sur les
extrémités des nerfs même, qui sont très-sensibles aux effets
électriques, ainsi qu'on le verra plus bas? Mais en voilà assez
sur de simples conjectures; rentrons dans la description des
faits.

La lumière produite par l'électricité prend diverses teintes,
suivant les circonstances dans lesquelles elle est produite.
Quand on présente un corps conducteur à un autre chargé
d'électricité, et que la distance qui les sépare est assez petite
pour que la force attractive du second surmonte la résistance
que l'air oppose au passage de cette électricité, il part, entre les
deux conducteurs, une étincelle qui est en général d'une teinte
violâtre. Cette faculté d'étinceler, commune à tous les corps
conducteurs, surprit beaucoup la première fois qu'on vit une
personne, touchant le conducteur d'une machine électrique,
et montée sur un tabouret à pieds de verre qui l'isoloit du
sol, lancer de toutes les parties de son corps des étincelles à
ceux qui en approchoient. On voulut bientôt savoir si cette
lumière pouvoit mettre les corps en ignition, et on en eut la
certitude pour ceux qui sont très-inflammables, comme l'alcool
et l'éther. Présentés dans une cuiller, au doigt de la personne
électrisée, ces fluides s'enflammèrent sur-le-champ. La force
des étincelles dépend de l'intensité de l'électricité, et aussi de
l'état de l'air : plus il est sec, plus elles sont brillantes.

Van-Marum, dans sa *Description d'une très-grande Machine
électrique*, a représenté des étincelles lancées à plus de six
décimètres (24 pouces) de distance.

Dans cette machine, l'impression, comparée à celle que
produiroit la toile d'araignée, se faisoit sentir à plus de deux
mètres (8 pieds de distance), et l'attraction à plus de douze
mètres (38 pieds).

La raréfaction de l'air, opérée par la machine pneuma-
tique, augmente l'étendue de la lumière électrique. Quand
on fait communiquer au conducteur d'une machine un ballon
de forme alongée, armé à ses extrémités d'une garniture
métallique, et où l'on a fait le vide, il s'établit, dans l'intérieur de ce vase, un courant continuel de lumière, tantôt

sous la forme d'une gerbe, tantôt serpentant le long des parois, présentant des apparences très-variées et une teinte d'autant plus violà re que le vide est mieux fait. Nous avons déjà parlé, à l'article Baromètre, d'un phénomène semblable.

Le dégagement spontané de l'électricité devient sensible, dans l'obscurité, par une trace lumineuse qui se manifeste à l'extrémité des pointes présentées au corps électrisé. S'il l'est vitreusément, il se forme à la pointe un cône lumineux, et une aigrette, si la pointe est un peu mousse. Une électricité résineuse ne produit qu'un seul point lumineux ; circonstance qui n'est pas encore expliquée, mais qui est très-remarquable, puisqu'elle rend immédiatement perceptible la distinction des deux électricités. Les aigrettes que la machine de Van-Marum, déjà citée, lançoit à l'extrémité d'un bouton de 11 centimètres (4 pouces $\frac{1}{2}$) de diamètre, s'étendant jusqu'à plus de 4 décimètres (15 à 16 pouces) en longueur et en largeur, offroient un très-beau spectacle.

Du pouvoir des pointes, et du tonnerre.

Mais, ce que ces derniers phénomènes offrent de plus intéressant, c'est que les décharges électriques qui s'opèrent avec explosion entre des conducteurs arrondis, ont lieu sans bruit, de la manière la plus tranquille, et à des distances bien plus considérables quand ces conducteurs sont pointus. Les corps les mieux polis ont des aspérités qu'on pourroit regarder comme des pointes, et qui opèrent sans doute la dispersion de l'électricité ; mais on reconnoît qu'elles ont perdu, par leur voisinage, la plus grande partie de cette faculté, en observant que lorsqu'on met à l'extrémité d'un conducteur plusieurs pointes, au lieu d'une seule, la dispersion de l'électricité diminue loin de s'accroître.

La ressemblance de la lumière des étincelles électriques avec les éclairs, celle des effets de la décharge des bouteilles de Leyde, ou des batteries avec les effets de la foudre, ont porté Franklin à regarder les phénomènes produits en petit par les appareils électriques, comme identiques à ceux que la nature opère en grand avec les éclats de la foudre.

« Une étincelle électrique, dit-il, tirée d'un corps irrégu- « lier, à quelque distance, n'est presque jamais droite ; elle

« paroît courbée et ondoyante dans l'air : ainsi paroissent
« les faisceaux d'éclairs.

.... « Quand les nuages électriques passent sur un pays,
« les sommets des montagnes, des arbres, les tours élevées,
« les pyramides, les mâts des vaisseaux, les cheminées, etc.,
« comme autant d'éminences et de pointes, attirent le feu
« électrique, et le nuage entier s'y décharge.

« Les métaux sont souvent fondus par la foudre........
« Le feu électrique, ou la foudre, causant une répulsion
« violente entre les particules du métal à travers lequel il
« passe, le métal est mis en fusion. »

Plus loin, Franklin annonce qu'il a fondu l'or, l'argent et
le cuivre, en petites quantités, par le coup électrique, au
moyen d'un grand vase ou carreau de verre électrisé. La
même expérience se fait maintenant, avec beaucoup plus de
facilité et d'énergie, par de fortes batteries électriques.

« La foudre déchire quelques corps : l'étincelle électrique
« perce aussi un trou à travers une main de gros papier (1). »

Ce qui précède n'est qu'une partie des similitudes décrites
par Franklin ; mais, pour changer en certitudes ces ingénieuses
conjectures. que Nollet paroît avoir aussi formées de son côté,
il falloit aller saisir dans les nuages l'électricité qui s'y trouvoit accumulée, et la soumettre aux mêmes épreuves que celle
de nos machines. Franklin conçut aussi l'appareil propre à
cet effet.

« Sur le sommet d'une haute tour ou d'un clocher, placez
« une espèce de guérite assez grande pour contenir un homme
« et un tabouret électrique (2) ; du milieu du tabouret élevez
« une verge de fer qui passe, en se courbant, hors de la
« porte, et de la se relève perpendiculairement à la hauteur de
« vingt ou trente pieds, et qui se termine en pointe fort aiguë :
« si le tabouret électrique est propre et sec, un homme, qui
« y sera placé lorsque les nuages électrisés y passeront un peu
« bas, peut être électrisé et donner des étincelles, la verge

______

(1) Ce phénomène est accompagné de circonstances très-singulières ;
souvent la direction suivie par le coup paroît brisée dans le milieu du
cahier, et les barbes du trou sont tournées en sens contraire.

(2) C'est-à-dire, à pieds de verre servant à isoler l'homme et l'appareil.

« de fer lui attirant le feu du nuage. S'il y avoit quelque
« danger à craindre pour l'homme (quoique je sois persuadé
« qu'il n'y en a aucun), qu'il se place sur le plancher de la
« guérite, et que, de temps en temps, il approche de la
« verge le tenon d'un fil d'archal qui a une extrémité attachée
« aux plombs (de la couverture du bâtiment), le tenant par
« un manche de cire : de cette sorte les étincelles, si la verge
« est électrisée, frapperont de la verge au fil d'archal, et ne
« toucheront pas l'homme (1). »

Cet appareil, très-peu modifié par Dalibard, physicien
françois, qui l'éleva à Marly (près Paris), remplit parfaitement le but pour lequel Franklin l'avoit imaginé. Ce fut le
10 mai 1752 qu'il donna les premières étincelles que l'homme
ait tirées volontairement de la foudre. La précaution de ne pas
communiquer directement à la barre, jugée d'abord peu
nécessaire par Franklin, étoit indispensable ; et Richman
périt à Pétersbourg pour s'être trop approché d'un semblable
appareil, qu'il avoit placé dans son cabinet afin de suivre
plus commodément les effets de l'électricité : car un isolement qui suffit pour préserver d'une foible décharge, ne
garantit point d'une électricité plus forte. Les fils conducteurs
même sont fondus lorsque leur épaisseur n'est pas proportionnée à l'énergie de l'électricité qu'ils doivent nous transmettre.

Franklin, qui n'avoit point fait d'abord l'expérience de la
barre, tentoit en Amérique de tirer l'électricité des nuages
par le moyen du *cerf-volant*, comme Romas le faisoit en France.
Dans cette expérience le cerf-volant servoit de pointe, sa
corde de conducteur, et il falloit qu'elle fût isolée du sol
assez du moins pour que l'électricité ne se perdît que dans le
cas où elle seroit très-forte, et afin qu'elle ne pût frapper l'ob-
servateur. Avec cet appareil non seulement on obtint des étincelles, mais Franklin chargea des bouteilles de Leyde, soumit l'électricité tirée des nuages à toutes les épreuves connues ;
et il ne fut plus possible de douter de son identité avec l'électricité fournie par les machines.

---

(1) Expériences et Observations sur l'Électricité, faites à Philadelphie par M. Benjamin Franklin ; traduites de l'anglois. Paris, 1752,
pag. 119, 124, 126 et 164.

On conçut alors la nature de quelques phénomènes remarqués antérieurement, tels que ces lueurs nommées *feu Saint-Elme* (anciennement *Castor et Pollux*), qui se montrent quelquefois aux extrémités des vergues et des mâts des vaisseaux, et qui ne sont autre chose que l'électricité manifestant son passage à ces extrémités de corps terminés en pointe.

Que les nuages soient quelquefois fortement électriques, c'est ce dont ont pu se convaincre les voyageurs qui ont gravi de très-hautes montagnes. Jallabert le fils et Saussure, visitant les Alpes, furent surpris par un orage qui leur communiqua tant d'électricité que, lorsqu'ils étendoient leurs bras, des étincelles sortoient de leurs doigts, et leur faisoient éprouver la même sensation que celles qu'ils auroient tirées du conducteur d'une machine.

Si, par les expériences que je viens de citer, et par un grand nombre d'autres, on s'est assuré de l'état électrique des nuages, on n'a pu encore savoir comment ils l'acquièrent, et par conséquent faire un pas de plus vers la cause du tonnerre ; on a seulement expliqué l'explosion qui se fait ressentir dans un point très-éloigné de l'endroit où la foudre a éclaté. Le physicien anglois Mahon a nommé *choc en retour* cet effet singulier, dont on rend ainsi raison. Un nuage fortement électrisé, agissant par influence sur les corps qui en sont près, refoule l'électricité de ceux-ci dans le sol auquel ils communiquent ; alors si le nuage vient à se décharger promptement par un autre de ses points, son influence cessant tout à coup, cette électricité se rétablit dans le corps dont elle a été repoussée, et peut y exciter une explosion capable de le détruire.

Dirigeant toujours ses méditations vers les applications utiles, Franklin n'eut pas plus tôt constaté l'effet des pointes sur l'électricité des nuages, qu'il conçut l'idée d'employer les unes à détourner les effets de l'autre. Il proposa d'établir, sur les toits des édifices, des barres métalliques, ou *paratonnerres*, dont les pointes, soutirant avec lenteur l'électricité des nuages, et la conduisant dans le sol par des conducteurs métalliques, l'empêchent d'éclater sur ces édifices, et en assurent ainsi la conservation.

Des observations nombreuses ont prouvé l'utilité des para-

tonnerres, et, plus encore que les autres, quelques-unes où
le conducteur a été fondu par l'abondance de l'électricité
qu'il n'étoit pas en état de transmettre, et qui évidemment
eût été bien funeste à l'édifice. Par là on a appris aussi quelles
sont les dimensions qu'il faut donner aux verges des paratonnerres, à quelle distance il convient de les placer pour
qu'elles ne se nuisent point, et pour qu'elles étendent leur
action à tous les points par lesquels l'édifice pourroit être
atteint ; enfin, quelles précautions on doit prendre en établis-
sant leur communication avec le sol : en sorte que cette application, la plus belle de toutes celles que l'homme a pu faire
de ses connoissances physiques, est portée à une grande
perfection (1).

On n'en peut pas dire autant de celles qu'on a tentées en
médecine et en agriculture. La manière dont l'électricité agit
sur les nerfs par la commotion, et même par la simple communication ; la continuité qu'elle imprime à l'écoulement des
fluides dans les tuyaux capillaires, et qui paroît due à la force
répulsive qu'acquièrent les molécules d'eau électrisées ; la
présence de l'électricité dans l'atmosphère ; enfin, certains
corps devenant électriques par un simple changement de
température, comme la tourmaline, qui donne des signes
d'électricité quand on la chauffe, et les liquides quand on les
fait évaporer : toutes ces circonstances, dis-je, portoient
naturellement à penser que l'électricité devoit jouer un grand
rôle dans les phénomènes de la vie animale et de la végétation ; que, par conséquent, son emploi bien dirigé pouvoit
provoquer le rétablissement de l'ordre dans ces phénomènes,
ou en accélérer le développement. Quelque plausibles que
paroissent ces conjectures, les faits n'y ont point répondu.

Galvanisme ou électricité voltaïque.

Si la médecine n'a pu jusqu'à présent mettre à profit l'action
énergique de l'électricité sur les nerfs, cette action a enrichi

---

(1) Le mérite de son auteur, comme physicien et comme homme d'Etat,
est bien heureusement exprimé dans ce vers :

«   ERIPUIT COELO FULMEN SCEPTRUMQUE TYRANNIS

(Il arracha la foudre au ciel, et le sceptre aux tyrans!)
attribué à Turgot.

dans ces derniers temps la physique d'un ordre de phénomènes bien remarquable ; je veux parler de celui qu'on appelle
galvanisme, du nom de l'anatomiste Galvani qui l'a fait connoître le premier, et *électricité voltaïque*, parce que c'est Volta
qui l'a rattaché à l'ensemble des phénomènes électriques.

Dès 1767 on avoit pu lire, dans un ouvrage de Sulzer
sur la nature du plaisir, qu'en plaçant la langue entre deux
pièces de métaux différens, l'une de plomb et l'autre d'argent,
par exemple, qu'on faisoit toucher d'un côté par leurs bords ,
on éprouvoit une saveur amère analogue à celle du sulfate de
fer. Quelquefois, quand cette expérience est faite dans l'obscurité, on voit passer devant ses yeux une espèce de lueur. Ces
faits curieux demeurèrent isolés , oubliés même jusqu'en 1789,
que, par diverses circonstances imprévues, des parties animales qu'on disséquoit manifestèrent des contractions et des
mouvemens convulsifs auxquels on ne s'attendoit pas, et dont
on reconnut bientôt que la production étoit due à ce que
l'on avoit fait communiquer les extrémités de quelques
nerfs avec deux corps métalliques qui se touchoient. Ceux-
ci formoient un *arc excitateur* qui mettoit en jeu la faculté
contractile de *l'arc animal*, dont il réunissoit les extrémités. Ainsi, en armant de deux garnitures métalliques le
nerf et l'un des muscles de la cuisse d'une grenouille, séparée
du tronc de l'animal et dépouillée de sa peau, et en faisant communiquer ces garnitures par un arc métallique, dans lequel
il ne régnoit pas une parfaite homogénéité, on excitoit des
contractions sensibles, mais qui devenoient beaucoup plus
fortes quand l'arc étoit formé de deux métaux différens.
L'expérience indiquée par Sulzer est très-analogue à la précédente ; car les deux surfaces de la langue, étant parsemées
de houpes nerveuses, forment évidemment l'arc animal, et
les deux pièces qui se touchent par un de leurs bords, l'arc
métallique.

On varia de beaucoup de manières les essais tentés pour
expliquer ou multiplier ces phénomènes. M. Alexandre de
Humboldt se fit poser des vésicatoires sur les épaules, afin
d'appliquer ensuite aux plaies un arc métallique excitateur,
dont l'effet fut marqué par des douleurs très-vives. Dans toutes
ces expériences le galvanisme présentoit des analogies frap-

pantes avec l'électricité ; mais il manifestoit aussi des différences qui ne permettoient pas de conclure d'abord l'identité
de l'un avec l'autre, jusqu'à ce que Volta eut l'heureuse idée
de chercher directement si, par leur simple contact, les deux
métaux dont est formé l'arc excitateur ne sont pas mis dans
un état électrique appréciable : et c'est ce qu'il trouva en
effet.

Pour démontrer cette nouvelle manière de produire de
l'électricité, on prend deux plateaux, l'un de zinc et l'autre
de cuivre, ayant chacun un manche de verre afin de les tenir
isolés. On les applique l'un sur l'autre ; alors celui de zinc
manifeste une électricité vitrée, et celui de cuivre une électricité résineuse. On enlève le premier pour le faire communiquer au condensateur, tandis que, pour remettre celui de
cuivre dans son état naturel, on le touche avec quelqu'un
des corps environnans ; et en répétant cette manœuvre plusieurs fois, on accumule dans le condensateur une dose d'électricité suffisante pour agir sur un électromètre adapté à ce
condensateur. Enfin, si l'on reprend l'expérience dans un
ordre inverse, en substituant le plateau de cuivre à celui de
zinc, l'électricité accumulée dans le condensateur est résineuse,
au lieu d'être vitrée comme dans le premier cas.

L'appareil décrit ci-dessus constitue un élément de la *pile*
imaginée par Volta pour multiplier les petites quantités
d'électricité développées au contact de deux surfaces métalliques hétérogènes, et dont voici la description. Entre des
baguettes de verre qui les isolent, on place l'un sur l'autre
des couples composés d'un disque de cuivre et d'un autre de
zinc ; on sépare chaque couple par un carton imbibé d'eau,
ou, mieux encore, d'une dissolution saline, et qui ne paroit
remplir que la fonction de conducteur, en transmettant l'électricité de la pièce supérieure de chaque couple à l'inférieure
du couple suivant. Par cette communication, l'état absolu
de la dernière de ces pièces venant à changer, il faut que
celui de la pièce qui la recouvre change, de manière qu'il y
ait dans les tensions électriques de l'une et de l'autre la différence convenable à l'effet du contact. La suite des changemens pareils d'un couple à l'autre modifie les tensions électriques, en sorte que, dans une pile dont chaque couple est

un disque de cuivre recouvert d'un disque de zinc, l'électricité est résineuse à la partie inférieure, et décroît jusqu'à zéro, en allant vers le milieu, puis devient vitrée, et croit jusqu'au sommet.

Ce fait, indiqué par M. Biot, au moyen du calcul appliqué à hypothèse très-simple, d'une différence constante entre les deux tensions des pièces qui forment un même couple, a été vérifié avec la balance électrique de Coulomb ; en sorte qu'il est prouvé que la pile agit par l'accumulation des petites différences d'électricité que développe dans chaque couple le contact des métaux hétérogènes. Quand on met sa base en communication avec le sol, elle répare continuellement ses pertes, et devient une source permanente d'électricité, qui ne s'altère que par l'oxidation qu'éprouvent les pièces métalliques. C'est cette propriété d'opérer un développement spontané de l'électricité qui a suggéré à Volta le nom d'*appareil électromoteur* qu'il a donné à la pile, qu'on appelle aussi *colonne*. Comme on suit toujours le même ordre dans la superposition des métaux, les extrémités de la pile, qu'on nomme *pôles*, sont formées par deux métaux différens : l'un est ainsi le *pôle zinc*, et l'autre le *pôle cuivre*, ou bien le *pôle vitré* et le *pôle résineux*.

Les principaux phénomènes produits par cet appareil sont les suivans. Des fils métalliques très-déliés, suspendus au même pôle, divergent, comme ils le feroient sur le conducteur d'une machine électrique ; au contraire, s'ils sont suspendus à des pôles différens, ils s'attirent et demeurent unis. Si l'on se mouille les mains, et qu'on touche en même temps les deux extrémités de la pile, on éprouve, non pas une commotion instantanée comme avec la bouteille de Leyde, mais une sensation convulsive continue, d'autant plus forte que la pile est plus énergique. En faisant communiquer l'intérieur d'une bouteille de Leyde avec l'un des pôles, et l'extérieur avec l'autre, cette bouteille se charge comme par une machine.

Déjà bien remarquable par ses effets physiques, la pile l'est devenue encore plus par ses effets chimiques. Elle brûle les corps bien plus aisément que ne le fait la décharge des batteries électriques. En touchant à la fois les deux extrémités d'une pile, par un fil métallique, il part une étincelle des points de contact, et le fil brûle dans une étendue plus ou moins considérable, suivant les proportions relatives de la pile et de ce fil.

Deux fils de platine partant, l'un du pôle vitré, l'autre du pôle résineux, et étant introduits dans un vase contenant de l'eau, il se dégage de l'oxigène à l'extrémité du premier, et de l'hydrogène à celle du second : ainsi, l'électricité de la pile décompose l'eau.

Enfin, c'est par la pile de Volta que M. Humphry Davy a, le premier, opéré la décomposition de la potasse et de la soude, pressentie depuis long-temps par les chimistes, mais que jusque-là aucun de leurs procédés n'avoit pu effectuer.

On a varié la forme de la pile. Dans l'*appareil à couronne de tasses*, les couples sont des arcs métalliques soudés par une de leurs extrémités avec une plaque de zinc, par l'autre avec une plaque de cuivre ; et des tasses en partie remplies d'eau, recevant les plaques, tiennent lieu des rondelles humides mises entre les couples de la pile. MM. Thénard et Gay-Lussac ayant reconnu que l'énergie de la pile, dans les décompositions chimiques, augmentoit avec la surface des plaques, le Gouvernement accorda, en 1811, à l'Ecole polytechnique des fonds pour construire cet appareil sous de très-grandes dimensions, qui ne permettoient plus d'employer la disposition ordinaire. Il faut voir, dans les *Recherches physico-chimiques*, publiées par MM. Thénard et Gay-Lussac à cette occasion, les moyens ingénieux qu'ils ont mis en usage dans la nouvelle disposition qu'ils ont adoptée, et les beaux résultats qu'ils en ont tirés.

On ne s'est pas borné à former des piles avec des couples de plaques métalliques ; on a essayé d'autres substances : on n'a même employé que des disques d'un seul métal, combinés avec des conducteurs humides. Ces dernières piles, qui, ne jouissant point de la propriété de développer par elles-mêmes de l'électricité, ont été nommées *secondaires*, présentent encore des phénomènes curieux, mais dont les détails ne sauroient entrer que dans un traité de physique, et l'on doit consulter à ce sujet ceux de MM. Haüy, Biot et Beudan.

C'est à la pile, et non pas à la bouteille de Leyde, que l'on paroît rapporter maintenant les organes des poissons électriques, tels que la Torpille, *raya torpedo*, l'Anguille de Surinam, *gymnotus electricus*. Voyez la description des phénomènes et des organes qui les produisent aux mots CEINTURE, GYMNONOTE, MALAPTÉRURE, TÉTRODON, TORPILLE, RHINOBATE. Ici je me bornerai à dire que leur identité avec ceux de l'électricité a été bien constatée non seulement par les commotions que ces poissons font éprouver à ceux qui les touchent imprudemment, mais parce qu'on évite ces commotions, en ne touchant l'animal qu'avec des corps isolans; enfin, parce qu'en le mettant en communication avec la bouteille de Leyde, elle se charge comme avec une machine.

Résumé.

On voit, par ce qui précède, que le frottement, avec des conditions convenables, dans tous les corps, la chaleur dans quelques uns, le simple contact dans d'autres, excitent des changemens qui se manifestent d'abord par des attractions et des répulsions, qui se communiquent par le contact, qui donnent lieu à des émissions de lumière, à une odeur, à une sensation tactile particulière, à des bruits, à des détonations, à l'inflammation de certaines substances, à des combinaisons et des décompositions chimiques, enfin, à des explosions.

Tel est l'ensemble des phénomènes compris aujourd'hui sous la dénomination d'*électricité*. Lorsqu'on les attribue à un ou à deux fluides particuliers, il faut admettre que ces fluides sont répandus dans tous les corps, comme le calorique, avec lequel ils présentent beaucoup d'analogie, et dont ils paroissent aussi différer à beaucoup d'égards. (L. C.)

ÉLECTRICITÉ. (*Chim.*) Voyez ATTRACTION MOLÉCULAIRE; Supplém., tom. III, pag. 114 et suivantes. (CH.)

ÉLECTRICITÉ DES MINÉRAUX. (*Min.*) Le frottement et la chaleur sont les deux moyens employés ordinairement pour exciter l'électricité dans les minéraux qui jouissent de cette propriété.

Le succin, les résines, le soufre, et toutes les substances qui ont la texture vitreuse, sont susceptibles de s'électriser par le frottement, et de manifester cette propriété en attirant à eux les corps légers et mobiles.

M. Haüy, à qui l'on doit toutes les observations intéressantes relatives à l'électricité minérale, après avoir remarqué que le plus léger frottement suffisoit souvent pour déterminer dans certains minéraux des signes électriques très-apparens, s'est assuré qu'en pressant ces mêmes substances pendant un seul instant entre deux doigts, les attractions se manifestoient d'une manière tout aussi marquée que par suite d'un frottement prolongé.

Les minéraux qui s'électrisent par frottement ou pression, ne donnent jamais les marques des deux électricités à la fois; mais, en raison de leur nature, ou simplement de l'état de leur surface, chacune de ces substances s'électrise ou vitreusement, ou résineusement: ce que l'on reconnoît au moyen d'un électromètre que l'on a préalablement mis à l'état positif ou négatif.

Le succin, les résines, le soufre, et la plupart des substances vitreuses dépolies, acquièrent par le frottement l'électricité résineuse ou négative.

Les minéraux vitreux polis, au contraire, s'électrisent vitreusement (1).

Du moment où un minéral, après avoir été frotté ou pressé, commence à donner des signes d'électricité, jusqu'à celui où il n'exerce plus aucune action sur les corps légers ou sur les électromètres, il s'écoule un certain laps de temps qui varie en raison de la substance que l'on soumet à l'expérience; et, comme cette propriété de conserver l'état électrique pendant des momens plus ou moins prolongés est très-constante dans les mêmes espèces, M. Haüy, à qui nous devons encore cette nouvelle application de l'électricité à la distinction des minéraux, en a fait usage d'une manière très-heureuse dans son Traité des Caractères physiques des pierres précieuses. Ainsi, par exemple. l'on distinguera facilement un fragment de quartz hyalin taillé poli, d'avec une topaze incolore, en faisant l'application de ce nouveau caractère, puisque le premier ne conserve sa vertu électrique qu'une demi-heure au plus, tandis que la topaze la conserve pendant vingt-quatre heures et même davantage. La chaux carbonatée spathique et limpide sous la forme d'une lame, après avoir été simplement pressée entre deux doigts, a

---

(1) Les diamans bruts, dont la surface est le plus ordinairement dépolie, s'électrisent néanmoins toujours vitreusement.

donné des signes d'électricité pendant onze jours consécutifs; viennent ensuite, et toujours en diminuant, relativement à leur propriété conservatrice, la topaze incolore, la chaux fluatée, le mica, et enfin toutes les substances métalliques qui perdent très-promptement leur vertu électrique, surtout quand elles n'ont point été isolées.

La faculté conservatrice étant subordonnée à une foule de circonstances étrangères, telles que l'état hygrométrique de l'atmosphère, la nature des corps environnans, et beaucoup d'autres causes atténuantes, on sent bien qu'il est impossible d'énoncer d'une manière absolue le nombre d'heures pendant lequel telle ou telle substance est susceptible de donner des signes d'électricité; mais il suffit que les résultats soient comparativement constans, pour qu'on puisse s'en servir comme d'un caractère distinctif.

La nature des frottoirs influe souvent sur l'énergie des signes électriques, et même sur la nature du fluide qu'on développe par cette action. C'est ainsi qu'un bâton de cire à cacheter, qui s'électrise résineusement quand on le frotte avec la main, acquiert l'électricité vitrée quand on emploie certaine substance métallique pour frottoir; que la chaux carbonatée limpide, que la simple pression des doigts met à l'état électrique, refuse d'en donner les moindres signes quand on la serre entre du drap, du bois, etc.

Les substances minérales, surchargées d'oxides métalliques, sont bons conducteurs de l'électricité; mais celles qui conservent long-temps leur propriété attractive, sont généralement susceptibles de remplir le rôle d'isoloir : tel est surtout le succin et toutes les substances vitreuses et incolores.

Les minéraux qui s'électrisent par la chaleur, sont peu nombreux, et présentent dans leurs formes secondaires un manque de symétrie d'autant plus remarquable, qu'il est constant et uniforme. Cette anomalie dans les lois de la cristallisation consiste en ce que les parties semblables et semblablement situées d'un cristal primitif, sont différemment modifiées, et présentent un système et un nombre différent de facettes additionnelles. La tourmaline, la topaze, la magnésie boratée, l'axinite, la mésotype, la prehnite et le zinc oxidé cristallisé, sont jusqu'à présent les seuls minéraux qui jouissent de cette propriété; et, pour la développer en eux, il suffit de les élever à une température de 80 d. au plus : passé ce terme, les effets sont nuls, et ne commencent à se manifester qu'à partir du moment où ces substances ont perdu l'excédant de leur calorique.

Chacune des substances électriques par la chaleur donne la marque des deux électricités ; et, si le minéral mis en expérience est cristallisé en un prisme terminé à ses extrémités, on remarquera que le côté qui donnera des signes d'électricité vitrée ou positive, sera toujours celui qui offrira le plus grand nombre de facettes, tandis que l'électricité résineuse aura constamment son siége vers le côté qui sera le moins compliqué. Si, comme cela arrive dans la *magnésie boratée*, le cristal dérive d'un cube, alors quatre des angles solides donneront des marques d'électricité positive, et les quatre autres s'électriseront négativement. L'on remarquera, comme dans les cristaux prismatiques, que les quatre premiers angles seront plus surchargés de facettes que les quatre derniers.

Si l'on divise un cristal prismatique alongé en deux ou plusieurs tronçons, chacun de ces fragmens acquerra des pôles, et ils seront tournés dans le même sens qu'ils l'étoient lorsque le cristal étoit entier.

La différence dans le nombre des facettes additionnelles est tellement constante, que, bien avant qu'on se fût procuré des topazes terminées par les deux extrémités, on avoit prévu que leurs sommets seroient différens. En effet, parmi le nombre immense des topazes du Brésil qui se répandent en Europe par le Portugal, on a fini par en trouver quelques unes qui étoient pyramidées des deux côtés, et qui présentoient, comme on l'avoit bien prévu, un nombre différent de facettes.

On observe l'état électrique des substances qui sont susceptibles d'acquérir cette propriété, au moyen de quelques petits instrumens fort simples, auxquels on donne le nom d'électromètres.

Pour connoître la nature du fluide électrique qui occupe un point donné quelconque sur le cristal d'une tourmaline, par exemple, et en supposant toutefois qu'on ignore ou qu'on ne puisse point observer le manque de symétrie dont on a parlé plus haut, il faudra commencer par isoler un corps mobile et léger, et ensuite lui communiquer l'une des deux électricités par les moyens qui sont connus de quiconque a les plus légères notions de physique. L'appareil (que nous supposerons composé d'une aiguille d'argent terminée par une petite boule à chacune de ses extrémités, tournant librement sur un pivot à la manière d'une aiguille de boussole, et posé sur un isoloir de verre ou de résine), étant électrisé positivement, par exemple, se précipitera sur le point de la tourmaline qu'on lui présentera, s'il est occupé par l'électricité résineuse, tandis qu'il s'en éloignera si ce même point sert de siége à l'électricité vitrée, en raison de ce qu'on a démontré depuis long-temps, que les électricités de même nom se repoussent, et que celles de noms différens s'attirent.

Outre les électromètres ordinaires dont on fait souvent usage pour l'observation de l'électricité des minéraux, et dont le plus simple se compose d'une petite aiguille d'argent ou de laiton, suspendue par son centre sur un pivot très-pointu, la minéralogie peut à la rigueur se suffire à elle-même, et puiser dans son sein des électromètres supérieurs à ceux des cabinets.

Une tourmaline flottante, suspendue par son centre ou portée sur un petit appareil tournant, ayant été chauffée, remplacera avec avantage l'aiguille d'argent dont on a déjà parlé; et, comme elle jouit à la fois des deux électricités, et que chacune d'elles occupe l'une de ses extrémités, on conçoit parfaitement que si l'on en approche un corps quelconque qui aura été préalablement électrisé, la tourmaline électromètre s'éloignera, ou s'approchera de ce corps, suivant qu'il possédera une électricité semblable ou opposée à celle de l'extrémité de la tourmaline vers laquelle on l'aura dirigée. La tourmaline ne jouissant point à un haut degré de la faculté conservatrice dont il a été fait mention au commencement de cet article, il suit de là que son effet électrométrique diminue à chaque instant, et disparoit même souvent en entier dans le courant de la durée d'une simple expérience, ce qui, au reste, arrive également aux électromètres des cabinets de physique. Mais, depuis qu'on a reconnu au spath d'Islande (chaux carbonatée limpide) la propriété de conserver son état électrique pendant plusieurs jours, et que cette faculté ne diminue pas sensiblement dans la durée d'une ou de plusieurs expériences, M. Haüy a profité de cette propriété, et s'est composé un électromètre qui est formé d'une lame de cette substance engagée dans un tuyau de plume, et suspendue par son centre de gravité, au moyen d'une soie attachée à un crochet de cuivre.

Cet électromètre, qu'une simple pression met en expérience, s'électrise vitreusement, et, par conséquent, s'éloigne ou s'approche des corps électrisés qu'on soumet à son action.

Ce n'est point ici le lieu d'expliquer les lois suivant lesquelles les phénomènes que l'on vient de citer s'accomplissent : on a pu voir à l'article physique Electricité ce que l'on entend par un corps à l'état naturel, électrisé, conducteur, isolé, isolant ; tout le monde est familiarisé avec les phénomènes électriques : et d'ailleurs on aura occasion de revenir plusieurs fois encore sur l'examen de ce sujet intéressant, soit en parlant de la tourmaline, soit en parlant de cette substance qui a fourni la première idée de l'électricité, par son attraction sur les corps légers, à laquelle nous donnons le nom de succin, et que les anciens avoient nommée *electrum*, d'où l'on a fait électricité, comme pour rappeler à chaque instant que le fracas du tonnerre, et l'effet de nos plus puissantes batteries électriques dépendent toujours du fluide qui fut découvert dans l'électrum des anciens. (B.)

ELECTRUM. (*Min.*) On donne quelquefois ce nom au Succin. (Voyez ce mot.)

Les Grecs et Pline ont appliqué aussi ce nom à un alliage particulier d'or et d'argent, dans lequel ce dernier métal est pour un cinquième, et même plus. Sa couleur est alors d'un jaune verdâtre, approchant de celle de l'ambre, ou succin, nommé aussi *electrum*.

On prétend que le rapport que ce nom a avec celui d'Electre, fille d'Agamemnon, vient de la couleur *blonde* que les poëtes grecs attribuoient aux cheveux de cette princesse, et, en général, aux cheveux de toutes les femmes qu'ils chantoient.

Klaproth, ayant reconnu dans les minérais de Schlangenberg en Sibérie un minérai d'or natif d'un jaune verdâtre assez beau, et dans lequel il a trouvé 0,64 d'or et 0,36 d'argent, lui a donné le nom d'*electrum*. Voyez Or argental. (B.)

ÉLÉDONE, *Eledona*. (*Entom.*) M. Latreille appelle ainsi

un petit genre d'insectes coléoptères, de la famille des mycé-
tobies ou fongivores, qu'il a cru devoir séparer des *cnodalons*
et des *bolétophages*, parce que leurs antennes ne sont pas brisées,
mais arquées, et que la masse qui les termine est oblongue
et comprimée.

Le bolétophage agaricicole, que l'on a décrit sous le nom
d'*agricole*, par une erreur typographique, appartient à ce
genre. Nous avons fait connoître ce genre sous le nom qui lui a
été imposé par Illiger. Voyez Supplément du tome V, pag. 17.
(C. D.)

ELÉDONE, *Eledone*. (*Malacoz.*) M. L. D. Leach, dans le dernier article du 8e. volume de ses Mélanges de Zoologie, a proposé de regarder comme formant un genre distinct le poulpe à
un seul rang de ventouses qui se trouve dans la mer Méditerranée, et de lui donner le nom d'élédone, employé par Aristote pour désigner cette espèce. C'est celle que M. de Lamarck a nommée le poulpe musqué, *octopus moschatus*, dans son
Mémoire sur les genres Sèche, Calmar et Poulpe, inséré dans
les Mémoires de la Société d'histoire naturelle de Paris. Voyez
Poulpe. (De B.)

ELEGANTE STRIÉE. (*Conch.*) Geoffroy, l'entomologiste, a
donné ce nom vulgaire à la jolie coquille que Draparnaud a
nommée *cyclostomus striatus*. Voyez Cyclostome. (De B.)

ELEGIA. (*Bot.*) Belon, dans son Voyage au Levant, dit que
les habitans de la Judée se servoient de son temps pour écrire,
non de plumes d'oiseau, mais d'un roseau nommé *elegia*,
qu'ils cueilloient avec soin sur les bords du Jourdain pour cet
usage. Cet *elegia* n'est point celui des modernes appartenant
à la famille des restiacées, et naturel au cap de Bonne-Espérance. C'est probablement quelque cypéracée ou joncée à tige
dure. (J.)

ELEGIA. (*Bot.*) Voyez Restio. (Poir.)

ELEGIENS. (*Ichthyol.*) Aristote donne le nom d'ἐλεγῖνοι à
des poissons de mer qui vivent en troupes. Rondelet ne sait
à quelle espèce connue de son temps les rapporter, et la même
incertitude subsiste encore aujourd'hui. (H. C.)

ELELISPHACOS. (*Bot.*) Ce nom, qui indique quelque chose
ressemblant à un objet sec ou comme flétri, a été donné par les
Grecs à la sauge, qui est d'une nature sèche. Dioscoride, à qui

on doit cette indication, dit aussi qu'on a donné à cette plante les noms de *elaphoboscon* et *sphagnon;* mais on ne trouve pas dans son ouvrage ceux de *ailopsis, ciosmin* et *cosalon*, qu'Adanson cite d'après lui ; Ruellius, son traducteur, qui ajoute souvent beaucoup de mots, ne fait pas mention de ceux-ci. Le nom *sphacos* seul est aussi donné à la sauge, qui est encore le *sphacelus* de Théophraste. *Phacos* est le nom de la lentille. Pline, trompé par cette ressemblance de mots, dit Dalechamps, parle aussi de l'*elelisphacos* comme d'une espèce de lentille plus légère que la bonne lentille. Le nom *elaphoboscon*, cité plus haut, a été donné plus particulièrement à quelques plantes OMBELLIFÈRES. Voyez ce mot. (J.)

ELEMEKAY (*Bot.*), nom caraïbe, cité par Surian, d'une espèce d'*hedysarum* à feuilles ternées, des Antilles. (J.)

ELÉMENS. (*Chim.*) Les chimistes modernes regardent comme élément, tout corps dont on n'a pu jusqu'ici séparer plusieurs sortes de substances; ils n'assurent pas pour cela que les corps qui sont dans ce cas soient essentiellement simples, mais ils se font une loi de ne point dépasser les limites posées par l'expérience. Les anciens, au contraire, regardoient comme démontré qu'il existoit quatre élémens, ou quatre substances essentiellement simples, la terre, l'eau, l'air et le feu. Nous devons faire remarquer que cette distinction correspond à celle que l'on a faite dans ces derniers temps des quatre états de la matière, relativement au mode d'agrégation de ses particules, c'est-à-dire, à l'état solide, à l'état liquide, à l'état gazeux, et enfin à l'état éthéré des agens dits corps impondérables. Pour peu qu'on y réfléchisse, on voit que cette distinction devoit se présenter d'abord à l'esprit des philosophes qui méditèrent les premiers sur la nature des corps. (CH.)

ELEMI. (*Bot.*) C'est une résine ou un baume, nommé improprement gomme elemi. On n'a pas des notions bien certaines pour savoir de quel arbre il découle. On avoit cru d'abord que c'étoit le gomart, *bursera*. Quelques uns pensoient que ce pouvoit être l'*amyris* de la Caroline et des Antilles. décrit par Plumier et par Catesby : mais les opinions sont plus nombreuses pour l'*icicariba* du Brésil, mentionné par Marcgrave et Pison, qui disent que de son écorce entaillée suinte une résine ayant l'odeur d'anis écrasé, la couleur vert-jaunâtre, et la consistance

de la manne. L'icicariba est reconnu pour un *amyris*, et Linnæus,
pour rappeler son genre d'utilité, le nomme *amyris elemifera*.
On pourroit croire cependant, d'après Geoffroy, que l'élemi
découle de différens arbres; car cet auteur cite deux espèces
de résines portant ce nom. L'une est l'élemi vrai, que l'on dit
originaire d'Ethiopie, qui est jaunâtre ou d'un blanc vert,
solide à l'extérieur, mou et gluant à l'intérieur, d'une odeur
de fenouil, apporté en petites masses cylindriques. L'autre est
l'amyris faux, qui vient, dit-on, du Mexique, des Antilles et
du Brésil, et qui nous parvient plus facilement que le premier. Il est en masses considérables, demi-transparentes, jaunâtres, avec une teinte verte, fragile entre les doigts, et se
ramollissant à la chaleur. Il a une saveur amère, une odeur
agréable d'aneth, qui semble annoncer plus de vertu que dans
beaucoup d'autres résines. Cependant celle-ci n'est guère employée qu'à l'extérieur, pour résoudre des tumeurs et déterger
des ulcères. On la regarde surtout comme très-bonne, au rapport de Pison, pour les plaies de la tête. Ces diverses observations
sont extraites en grande partie de l'*Apparatus medicaminum* de
Murrai. (J.)

ELEMIFERA. (*Bot.*) Voyez Iciquier. (Poir.)

ELEND (*Mamm.*), un des noms allemands de l'élan. (F.C.)

ELENGI (*Bot.*), nom malabare du *mimusops* de Linnæus, cité
par Rheede, et adopté par Adanson pour désigner ce genre.
(J.)

ELENI (*Bot.*), nom du fruit vert du cocotier sur la côte Malabare, suivant Clusius. (J.)

EL-ENTAYEH. (*Bot.*) Voyez El-dakar. (J.)

ELEOCHARIS. (*Bot.*) Genre de plantes monocotylédones,
à fleurs glumacées, de la famille des cypéracées, de la *triandrie monogynie* de Linnæus, très-rapproché des scirpes, principalement des *dichromena*. Il se distingue principalement par
sa fructification. Les écailles, imbriquées en tout sens, sont
presque toutes fertiles, renfermant chacune trois étamines;
un ovaire accompagné de quatre à douze soies denticulées,
quelquefois nulles; le style deux et trois fois bifide, dilaté à
sa base, articulé avec l'ovaire; une semence très-souvent lenticulaire, élargie et endurcie à sa base, couronnée par le
style.

Ce genre a été établi par M. Rob. Brown , pour quelques plantes de la Nouvelle - Hollande, auxquelles se réunissent plusieurs autres espèces d'Europe placées parmi les scirpes de Linnæus. Les épis sont solitaires, terminaux; les tiges simples ordinairement sans feuilles , mais munies à leur base d'une gaine courte, cylindrique, entière. Nous allons faire connoître ces espèces les plus remarquables :

ELÉOCHARIS DES MARAIS : *Eleocharis palustris*, Rob. Brown; *Scirpus palustris*, Linn.; Lamk. , *Ill. gen.*, tab. 58, fig. 1; Lobel, *Icon.*, 86 ; C. Bauh. , *Theatr.*, 186, *Icon.* Ses racines sont brunes, rampantes et fibreuses; ses tiges droites, touffues, jonciformes, très-simples, cylindriques , longues de six à quinze pouces, fistuleuses, dépourvues de feuilles, enveloppées à leur base d'une gaîne membraneuse : elles sont terminées par un petit épi solitaire , cylindrique , un peu ovale, sans bractées; les écailles brunes, oblongues, un peu aiguës et blanchâtres à leurs bords; les deux inférieures plus larges; le style bifide ; les semences entourées à leur base de quelques soies courtes. Cette plante croît aux lieux marécageux et humides, dans les fossés aquatiques, dans la plupart des contrées de l'Europe et sur les côtes de Barbarie. Elle offre plusieurs variétés, auxquelles il faut, à ce que je crois, rapporter les *scirpus intermedius* et *fluitans*, Thuill. : la première, distinguée par ses tiges plus courtes, ses épis oblongs, un peu aigus; la seconde, par ces mêmes épis grêles, alongés, presque subulés. Les chevaux et les chèvres recherchent cette plante; mais les vaches et les moutons la rejettent. En Suède on en fait sécher les racines pour servir de pâture aux cochons pendant l'hiver : ils les recherchent avec avidité lorsqu'elles sont fraîches. Le *scirpus variegatus*, Poir., Encycl., a des rapports avec l'espèce précédente : sa tige est nue, fistuleuse, terminée par un épi conique, obtus, long d'un pouce; les écailles ovales, obtuses, purpurines à leurs bords, d'un vert pâle, ou blanchâtres dans leur milieu; le style terminé par trois stigmates; quelques soies à la base de l'ovaire; les semences comprimées, acuminées par le style. Elle a été découverte à l'île de Madagascar, par M. du Petit-Thouars. Le *scirpus fistulosus*, Poir., Encycl., est une autre espèce du même pays , dont les tiges sont presque trigones, molles, soutenant un épi

cylindrique; les écailles alongées, très-obtuses, d'un fauve-
clair, scarieuses et blanchâtres à leur contour; le style articulé et trifide.

Eléocharis géniculée : *Eleocharis geniculata*, Rob. Brown;
Scirpus geniculatus, Linn.; Sloan., *Jam.* 1, tab. 81, fig. 5;
Scirpus interstinctus, Vahl., *ex herb.*, Linn. Ses tiges sont
longues de plusieurs pieds, molles, cylindriques, articulées,
un peu fistuleuses, de couleur glauque, soutenant un épi à
peine plus épais que les tiges; les écailles membraneuses,
oblongues, en carène; les quatre écailles de la base plus petites, en forme d'involucre. Elle croît à Cayenne, à Surinam,
à la Jamaïque. Le *scirpus maculosus* de Vahl, *Enum.*, 2, p. 247,
recueilli à la Guadeloupe par M. Richard, a des tiges filiformes, anguleuses; un épi aigu, à peine long de trois lignes;
les écailles convexes, obtuses, munies d'un tubercule plane,
orbiculaire; les semences noirâtres. Dans le *scirpus tubercu-
losus*, Mich., l'épi est ovale, renflé, un peu aigu; les écailles
arrondies: des soies à la base de l'ovaire plus longues que les
semences; celles-ci surmontées par un tubercule épais. Le
scirpus plantagineus, Retz et Rottb., *Gram.*, tab. 15, fig. 2,
diffère peu de l'*eleocharis geniculata*. Ses épis sont subulés,
longs de deux ou trois pouces, les écailles verdâtres, blanches
à leur contour; les stigmates velus et flexueux. Elle croît dans
l'Amérique méridionale. On peut encore y joindre le *scirpus
spiralis*, Rottb., *Gram.*, tab. 75, fig. 1, des côtes de Malabar,
distingué principalement par la disposition de ses écailles en
spirale.

Eléocharis variable: *Eleocharis mutata*, Rob. Brown; *Scirpus
mutatus*, Linn. Cette espèce croît à la Jamaïque, et se distingue par ses tiges triangulaires, point articulées, nues dans
toute leur longueur, terminées par un épi droit, oblong,
cylindrique. Le *scirpus quadrangulatus* de Michaux en diffère
par ses tiges roides, quadrangulaires, terminées par un épi
cylindrique, alongé, muni d'écailles imbriquées, un peu
arrondies, obtuses à leur sommet. Cette plante croît dans la
Caroline.

Eléocharis en épingle : *Eleocharis acicularis*, Rob. Brown;
Scirpus acicularis, Linn.; Moris., Hist., 3, §. 8, tab. 10, fig. 37;
Boccon., *Sic.*, tab. 41. Cette plante est remarquable par la

finesse de ses tiges, par ses épis solitaires, terminaux, très-petits, un peu plus longs que les deux écailles inférieures qui leur servent de spathe. Les racines sont presque sétacées ; les tiges en gazon, longues à peine de deux ou trois pouces, plusieurs stériles, aciculées ; les épis verdâtres, ou panachés de blanc et de brun ; les fleurs très-petites ; les semences dépourvues de soie à leur base. Cette plante croît en Europe, aux lieux humides, sur le bord des étangs. Le *scirpus capillaceus*, Mich., *Amer.*, découvert dans l'Amérique septentrionale, à la Nouvelle-Angleterre, est très-rapproché de cette espèce. Ses tiges sont fort courtes, extrêmement fines et molles ; les épis ovales-oblongs, aigus ; les écailles rares, oblongues, d'un brun châtain.

ELÉOCHARIS CAPITÉE : *Eleocharis capitata*, Rob. Brown ; *Scirpus capitatus*, Linn. ; *Hort. Cliffort*, 21. *Scirpus caribæus*, Rottb., *Gram.*, tab. 15, fig. 3. Ses tiges sont simples, filiformes, striées, un peu anguleuses, hautes d'environ quatre à six pouces ; quelques-unes stériles, environnées à leur base de membranes courtes, vaginales, souvent teintes en rouge et tronquées à leur sommet : les fleurs réunies en une petite tête ovale, un peu globuleuse, composée d'écailles concaves, obtuses, caduques, d'un brun rougeâtre ; les inférieures un peu plus grandes, stériles ; les semences luisantes et noirâtres. Cette plante croît dans la Virginie, aux Antilles et sur les côtes de la Nouvelle-Hollande. Dans l'*eleocharis setacea*, Rob. Brown, *Nov. Holl.*, 1, pag. 224, les tiges sont striées, filiformes, et les épis ovales-globuleux ; les écailles ovales, obtuses, comme dans l'espèce précédente : mais les écailles inférieures sont semblables aux autres, et les semences brunes. Elle croît à la Nouvelle-Hollande.

ELÉOCHARIS SCARIEUSE ; *Eleocharis sphacelata*, Rob. Brown, l. c. Ses tiges sont cylindriques, articulées, fistuleuses, soutenant un épi cylindrique, composé d'écailles ovales-oblongues, à une seule nervure, membraneuses et scarieuses à leurs bords. Cette plante, ainsi que les suivantes, croît à la Nouvelle-Hollande. Dans l'*eleocharis acuta*, Rob. Brown, l. c., les tiges sont très-lisses, point articulées, cylindriques, munies à leur base de gaînes tronquées, mucronées, presque foliacées, soutenant des épis solitaires, cylindriques ; leurs écailles sont lancéolées, aiguës, en carène. Dans l'*eleocharis compacta*, Brown, l. c., les épis sont cylindriques; les écailles nombreuses, fortement imbriquées, cunéiformes, en ovale renversé, sans carène; les tiges cylindriques, celluleuses en dedans, point articulées.

Eléocharis grêle; *Eleocharis gracilis*, Brown., l. c. Ses tiges sont sétacées, striées, munies à leur base de gaînes obliques, un peu mucronées; les épis ovales, aigus; les écailles obtuses; quatre soies un peu plus longues que l'ovaire, placées à sa base. L'*eleocharis pusilla*, Brown, l. c., en diffère par les épis lancéolés, quatre à cinq soies plus courtes que l'ovaire; les gaînes des tiges obliques et scarieuses à leur orifice, point mucronées. On distingue l'*eleocharis atricha*, Brown, l. c. Les tiges sont cylindriques, striées; les épis oblongs, cylindriques, aigus; les écailles un peu obtuses; point de soies à la base de l'ovaire. (Poir.)

ELÉOLITHE. (*Min.*) Klaproth a rendu par ce nom tiré du grec, et admissible dans toutes les langues, le nom de *Fettstein*, (pierre grasse), donné par Werner à un minéral dont l'aspect est généralement gras et comme frotté d'huile. C'est donc sous ce nom que nous rappellerons ce qu'on sait actuellement sur cette pierre.

L'éléolithe présente un éclat gras, plus remarquable que dans aucune autre pierre. La couleur dominante des variétés et échantillons connus jusqu'à présent est grise, tirant sur le verdâtre foncé. Il est assez dur, non seulement pour rayer le verre, mais même pour donner des étincelles sous le choc du briquet. Sa pesanteur spécifique est de 2,61; et il se fond plus ou moins facilement au chalumeau en un émail blanc.

D'après M. Haüy, l'éléolithe offre des joints parallèles aux faces d'un prisme droit, à base rhombe, qui peut se subdiviser dans le sens des petites diagonales de ses bases. Les faces, mises à découvert par cette dernière coupe et par celles qui sont parallèles aux bases, sont les plus nettes.

La translucidité comme gélatineuse de l'éléolithe, jointe à sa structure foiblement laminaire, lui donne souvent un éclat un peu chatoyant.

L'éléolithe paroit offrir deux variétés, l'une bleuâtre, l'autre rouge de chair, qui sont, suivant M. Werner, très-différentes l'une de l'autre, mais sous le rapport de la couleur seulement.

M. Haüy, en regardant le lythrode comme une variété d'éléolithe, établiroit aussi dans ce minéral, en le supposant une espèce particulière, deux variétés distinctes.

Comme nous n'avons pas de moyens de résoudre cette question d'une manière complète, nous ne parlerons ici que de l'éléolithe verdâtre ou bleuâtre, renvoyant l'histoire de la seconde variété, si toutefois c'en est réellement une, au mot Lythrode.

L'éléolithe bleuâtre ou verdâtre a été trouvé à Arendal en Norwége, avec du felspath et de l'amphibole. MM. Vauquelin et Klaproth ont analysé l'éléolithe de ce lieu, et y ont trouvé les principes suivans :

	Vauquelin.	Klaproth.
Silice	44	46,50
Alumine	34	30,25
Fer oxidé	4	1
Chaux	0,12	0,75
Soude et potasse	16,50	18
Perte, ou eau	1,38	2
	99,55	98,50 (B.)

ELÉOMÉLI. (*Bot.*) On indique sous ce nom un baume venant d'Arabie et employé à divers usages. Son origine n'est pas connue. (J.)

ELÉONORE. (*Entomol.*) Geoffroy a ainsi désigné une espèce d'insectes névroptères, de la famille des demoiselles ou libelles, dont les ailes sont diaphanes, avec une grande tache jaune, brune à la base. C'est la libelle jaunette, *libellula flaveola*. (C.D.)

ELEOS (*Ornith.*), nom grec de l'effraie, *aluco* des Latins, persil et *strix flammea* de Linnæus. (Ch. D.)

ELEOSELINUM. (*Bot.*) Lobel et Dodoens désignoient le persil sous ce nom, au rapport de C. Bauhin. (J.)

ELÉOTRIS, *Eleotris*. (*Ichthyol.*) M. Cuvier a adopté un genre de ce nom formé par Gronou aux dépens du genre *Gobius* de Linnæus, et qu'il ne faut point confondre avec le genre *Eleotris* de Bloch, édition de M. Schneider. Dans le genre de Gronou et de M. Cuvier, qui appartient à la famille des éleuthéropodes, on observe les caractères suivans :

*Deux nageoires dorsales : la première à filets flexibles ; un appen-
dice derrière l'anus ; catopes très-distincts ; tête obtuse, un peu
déprimée ; yeux écartés l'un de l'autre ; membrane des branchies à
six rayons ; ligne latérale insensible.*

Dans le genre *Eleotris* de Bloch et de Schneider, les catopes
sont réunis en éventail, et sans former l'entonnoir, parce
que la membrane qui réunit en avant leurs bords externes est
très-courte.

Les éléotris de M. Cuvier et de Gronou vivent, pour la
plupart, dans les eaux douces, où ils se cachent dans la
vase, ainsi que leur nom semble l'indiquer, ἕλειος, signifiant
tout ce qui appartient aux lieux vaseux et marécageux. Les
espèces en sont encore peu connues.

M. Cuvier en a reçu deux de la Guiane, qui lui ont été
données par le célèbre voyageur Levaillant : l'une de ces espèces
a la queue fourchue et paroît nouvelle. Le Muséum d'Histoire
naturelle de Paris en possède deux autres d'origine inconnue.
Adanson en a rapporté une cinquième espèce qui paroît habi-
ter dans les marais fangeux du Sénégal.

Le premier éléotris de Gronou (*Mus. Ichthyol.*, p. 16), qui
vient de la Guiane, et a la nageoire caudale arrondie, appartient à ce genre véritablement. C'est l'amore *pixuma* de
Marcgrave, 166, et le *gobius Pisonis*, de Linnæus, édit. de
Gmelin ; mais il ne faut point le confondre avec le *gobiomoroïde Pison* de M. de Lacépède.

Le troisième éléotris de Gronou, qui est l'amore *guazu* de
Marcgrave, est un vrai gobie.

M. Cuvier rapporte aussi à son genre Eléotris le *gobiomore
taiboa* de M. de Lacépède, qui est le *gobius strigatus* de
Broussonnet. Voyez GOBIOMORE.

Athénée donne le nom d'ἐλεώτρις à un poisson du Nil, que
Strabon ne cite point dans son catalogue. (H. C.)

ELÉPHANT. (*Ichthyol.*) On a quelquefois donné ce nom à
la centrisque bécasse. Voyez CENTRISQUE. (H. C.)

ELÉPHANT, *Elephas.* (*Mamm.*) Jusqu'à ces derniers temps
ce nom n'a désigné qu'une espèce de mammifère, qui, croyoit-
on, se trouvoit également en Asie et en Afrique. M. G. Cuvier,
ayant reconnu que les éléphans de ces deux continens constituent deux espèces distinctes, ce nom est devenu générique,

et chaque espèce a reçu en outre le nom du continent qui lui est propre.

Les éléphans sont les plus volumineux de tous les quadrupèdes, et ils se distinguent par des caractères si particuliers, qu'ils forment en quelque sorte une famille isolée, ayant peu de rapports communs avec les autres mammifères. Chacun connoît ces singuliers animaux : leur corps épais, leur démarche pesante, leur peau nue, et surtout leur tête que termine une trompe alongée et mobile qui, par la variété de ses usages, exerce sur leur naturel l'influence la plus étendue; elle leur sert de main pour empoigner et d'organe pour toucher, pour sentir et pour respirer. C'est une arme à l'aide de laquelle ils saisissent et étreignent étroitement une massue dont ils frappent avec violence; enfin, ils n'ont pas d'autre moyen de porter leurs alimens et leur boisson à leur bouche. Avec ces traits principaux ils ont encore, pour caractères communs, des pieds divisés en cinq doigts engagés dans la peau, et dont les ongles seulement sont apparens; deux défenses à la mâchoire supérieure, qui naissent dans les os des incisives, et qui ne sont remplacées qu'une fois; des molaires composées de lames verticales, formées d'une substance osseuse, enveloppées d'émail, et réunies par une troisième substance nommée corticale. Ces molaires ne se succèdent pas, comme celles de la plupart des autres animaux, en se poussant dehors du dessous en dessus, mais en se poussant d'arrière en avant; de sorte que le nombre de ces dents varie d'une à deux de chaque côté des deux mâchoires. Les premières de ces dents ont peu de lames, et elles en ont d'autant plus que les éléphans sont plus vieux; on dit qu'elles sont remplacées huit fois. Les yeux de ces animaux, pourvus de trois paupières, sont très-petits, et leur pupille est ronde; le sens de l'odorat ne se prolonge pas au-delà des es du nez: la trompe lui est étrangère, et doit plutôt être considérée comme un organe de préhension que comme une dépendance de ce sens; la langue est douce, et la lèvre inférieure, la seule qui existe, peu mobile; la lèvre supérieure se confond avec la trompe. Les oreilles ne se développent point en cornet; elles sont collées contre la tête, mais susceptibles de mouvemens assez étendus. Le principal organe du toucher est l'extrémité de la trompe; car l'éléphant, outre sa peau épaisse et calleuse, n'a que

quelques poils et surtout au bout de la queue, autour des yeux
et sur la tête. Le vagin se montre au dehors par un pli de la
peau suspendu entre les cuisses, et au milieu duquel se trouve
une ouverture. Le fourreau de la verge se présente aussi de
cette manière; lorsque la verge est en érection, elle prend
la forme d'un ⌒⌣; les testicules ne se voient point à
l'extérieur, et les mamelles sont au nombre de deux entre les
jambes de devant.

Quoique les allures de l'éléphant soient très - lourdes, sa
marche devient rapide, comparativement à celle des animaux
plus petits que lui; ainsi, un cheval pourroit peut-être à
peine le devancer. La brièveté de son cou ne lui permettant
pas de baisser sa tête pour paître, il ramasse l'herbe et cueille
les branches des arbres avec sa trompe; et c'est encore avec
cet admirable organe qu'il pompe l'eau pour la verser ensuite
dans son gosier. Lorsqu'il mange, les muscles de ses joues ra-
mènent, par un mouvement continuel et très-marqué, les
alimens sous les molaires. Quoique ses yeux soient petits, sa
vue est assez bonne, et il en est de même de son ouïe; mais,
de tous ses sens, c'est l'odorat qui a le plus de délicatesse. On
a dit que l'éléphant ne se couchoit point ; c'est une erreur
que rien ne peut motiver; il se couche sur le côté et dort
profondément; et il s'accouple à la manière de tous les autres
mammifères, quoi qu'on en ait dit.

Il est peu d'animaux dont on ait autant exalté l'intelligence,
et qui, sous ce rapport, ait été jugé avec plus de prévention.
Le trait caractéristique de son esprit est la prudence; il n'apprend rien, mais il le fait plus aisément, qu'on ne puisse
apprendre à un cheval, et si on a cru apercevoir le contraire,
c'est qu'on n'a pas fait attention à la différence des organes.
Tout ce qu'on a dit de ses calculs et de ses combinaisons ne
repose que sur de simples apparences, et n'a de consistance
que dans l'erreur de ceux qui ont cru les apercevoir; et l'on
doit surtout mettre au nombre de ces créations fantastiques,
l'histoire que rapporte Pline, et qui a toujours été répétée,
d'un éléphant qui s'exerçoit la nuit aux leçons de danse qu'il
recevoit pendant le jour, afin d'éviter les châtimens que sa
maladresse lui attiroit.

L'Eléphant des Indes, Buffon, t. xi, pl. 1, et Supp., t. iii,

p. 59. Les caractères principaux de cette espèce consistent dans les figures que présente la surface des molaires, qui, en définitive, résultent de la structure de ces dents. Ces figures sont celles de rubans placés à côté les uns des autres transversalement aux mâchoires ; les bords de ces rubans sont dessinés par l'ivoire qui environne chacune des lames dont la dent se compose ; leur milieu est rempli de la substance osseuse, et l'intervalle qui les sépare, par la corticale. Cet éléphant a en outre la tête oblongue, le front concave, et ses oreilles ne descendent pas plus bas que le cou. Cette espèce se rencontre dans toutes les parties méridionales de l'Inde et dans les îles qui avoisinent ces régions. On ne peut pas dire que ce soit une espèce domestique, quoique ses individus passent à l'état de domesticité aussi facilement que s'ils appartenoient à une race depuis long-temps soumise à l'empire de l'homme. Elle ne se reproduit pas en esclavage, et les Indiens ne se procurent ces animaux qu'en allant à leur recherche dans les forêts. Pour cet effet, lorsqu'ils veulent attaquer une horde d'éléphans, ils se réunissent en une grande troupe, entourent la horde, qu'ils chassent à force de bruit dans une vaste enceinte préparée, fermée de fossés et de palissades, et à laquelle communique une seule ouverture en forme de couloir, qui se referme dès que les éléphans sont introduits. On se rend maître ensuite de chacun des individus de la horde, en les attirant successivement par l'attrait de la nourriture, dans le couloir par lequel ils sont entrés, et où ils sont garrottés et attachés à des éléphans apprivoisés qui les entraînent avec eux. Si, au contraire, on veut se rendre maître d'un éléphant isolé, qui est toujours un mâle chassé de la horde par les autres, on conduit près de lui des femelles domestiques à l'abri desquelles on l'attache, et qui ensuite l'entraînent en le corrigeant dès qu'il fait des efforts pour s'échapper. Lorsqu'on s'est ainsi rendu maître d'un éléphant, on travaille à le dresser, et pour cela on emploie, suivant le caractère de l'individu, les caresses ou les corrections ; et l'on estime qu'il faut communément six mois pour compléter l'éducation d'un animal de cette espèce. On sait quels sont les services qu'ils peuvent rendre : les plus forts portent jusqu'à deux milliers, et ils font sans peine de vingt à vingt-cinq lieues par jour. On a cru long-temps qu'ils ne s'accouploient point en domesticité, et l'on attribuoit cela à une sorte de pudeur ou d'éloignement pour l'esclavage, dont la plus simple attention auroit montré la fausseté. Un Anglois, M. Corse, a été à portée de voir l'accouplement de ces animaux, et de suivre leur gestation. Ils éprouvent en toute saison les besoins de l'amour, et le mâle couvre la femelle comme le font tous les autres mammifères. Trois mois après l'accouplement on voit déjà le ventre grossir et les mamelles se gonfler, et après vingt mois le petit naît. Sa taille est d'environ trois pieds, et tous ses sens sont entièrement formés et propres à le servir. Il tette avec sa bouche, en renversant sa trompe en arrière; l'allaitement dure environ deux ans, et c'est entre quinze et vingt ans qu'il atteint l'âge adulte, et qu'il éprouve les besoins de la reproduction. Le rut, chez la femelle, se montre par une sorte d'érection du vagin, qui en porte l'ouverture en arrière. Les mères ont le plus grand soin de leurs petits; mais ceux-ci vont, dit-on, tétant, sans distinction, toutes les femelles de la horde qui nourrissent. Dans leur état de nature, ces animaux, comme on sait, vivent en troupes, qui s'élèvent quelquefois jusqu'à cent individus de tout âge et de tout sexe, et ils habitent de préférence les forêts humides et le voisinage des rivières, où ils aiment à se plonger et où ils nagent avec une grande facilité, en ne tenant hors de l'eau que l'extrémité de leur trompe par laquelle ils respirent. Dès que l'éléphant est sorti de l'eau, il ramasse de la terre avec sa trompe et s'en couvre le corps; cet instinct le porte même à se couvrir ainsi de poussière toutes les fois qu'il en trouve.

On rencontre aussi quelquefois, comme nous l'avons dit plus haut, des éléphans solitaires, qui sont généralement très-méchans et très-dangereux; et, comme ils sont toujours des mâles, on croit qu'ils ont été chassés des hordes par des mâles plus forts : ils attaquent tout ce qu'ils rencontrent, détruisent les huttes, tuent le bétail, et causent souvent des ravages considérables. On a vu des éléphans pousser leur vie jusqu'à cent trente ans, et tout fait présumer qu'elle doit s'étendre jusqu'à deux siècles. Leur taille au garot atteint quelquefois jusqu'à quinze pieds; mais elle n'est communément que de dix. Il paroîtroit qu'il y a plusieurs races d'éléphans : les uns ont des défenses très-grandes, et d'autres n'en ont que de fort petites. En général, celles des femelles sont moins grandes que celles des mâles. On a vu de ces défenses qui pesoient jusqu'à cent cinquante livres. La couleur de ces animaux est ordinairement d'un gris noirâtre; mais il paroît que cette couleur tient surtout à la terre dont ils se couvrent. Lorsqu'ils sont restés quelque temps dans l'eau, et que leur peau a été débarrassée des matières qui la recouvroient, elle est couleur de chair avec de nombreuses taches rondes et noirâtres. C'est ce qui explique la différence de couleur sous laquelle ils ont quelquefois été vus, différence qui ne tenoit qu'à la couleur de la terre qui les recouvroit. On sait aussi qu'il y a des éléphans très-blancs, ce qui résulte peut-être d'une maladie semblable à celle qui produit les albinos. Chaque éléphant adulte consomme à peu près par jour une centaine de livres d'herbe ou de foin, et la valeur de douze à quinze seaux d'eau. L'éléphant a de tout temps, sans doute, été réduit à l'état de domesticité dans l'Inde. Porus en avoit dans son armée contre Alexandre, et Pyrrhus en amena en Italie. Il y en a eu souvent à Rome, et c'est aujourd'hui un des animaux les mieux connus des Européens.

L'Eléphant d'Afrique, Perrault, Mémoires pour l'Histoire des Animaux. Cette espèce se distingue de la précédente par une tête ronde, un front convexe, des oreilles qui descendent jusqu'aux jambes, et des mâchelières qui présentent sur leurs couronnes des losanges au lieu de rubans; et on a quelques raisons de penser que trois doigts des pieds de derrière sont seuls onguiculés. Elle se trouve principalement depuis le cap de Bonne-Espérance jusqu'au Sénégal, et elle s'avance sans doute dans l'intérieur, mais on ignore si c'est elle qui se trouve du côté oriental de l'Afrique. Cet éléphant ne paroît plus être aujourd'hui à l'état de domesticité; on en avoit même conclu qu'il étoit indomptable; mais tout doit faire croire que s'il n'est pas, comme celui des Indes, le compagnon de l'homme, cela tient uniquement à l'état actuel des peuples de l'Afrique. Ce que les voyageurs ont dit de cet animal, porte tout à-fait à penser qu'il a les mêmes qualités et le même naturel que l'espèce précédente, et il est bien vraisemblable que c'est à cette espèce qu'appartenoient les éléphans que les Carthaginois avoient dans leurs armées. Les femelles de cet éléphant ont des défenses aussi grandes que les mâles : aussi est-ce avec l'Afrique que se fait le plus grand commerce de l'ivoire.

Eléphant fossile. Voici ce que M. G. Cuvier dit de cette espèce (Recherches sur les Ossemens fossiles, tom. ii.) : « On « trouve sous terre, dans presque toutes les parties des deux « continens, les os d'une espèce d'éléphant, voisine de celle « des Indes, mais dont les mâchelières avoient des rubans « plus étroits et plus droits, où les alvéoles des défenses étoient « beaucoup plus larges à proportion, et la mâchoire inférieure « plus obtuse. Un individu récemment tiré des glaces, sur les « côtes de Sibérie, par M. Adams, paroît avoir été couvert « d'un poil épais et de deux natures (l'un soyeux et l'autre « laineux), en sorte qu'il seroit possible que cette espèce eût « vécu dans des climats froids. Elle a depuis long-temps dis- « paru du globe. »

Eléphant nain. On a parlé d'éléphans nains à Ceylan, qui n'auroient que trois pieds de hauteur. Il est vraisemblable qu'il s'agit d'une espèce de tapir, que nous ferons connoître sous le nom de Maïba. Voyez Tapir. (F. C.)

ELÉPHANTE (*Mamm.*), nom de la femelle de l'éléphant. (F. C.)

ELEPHANTEN-NASE. (*Ichthyol.*) Les Allemands donnent ce nom au petit espadon, *hemiramphus brasiliensis.* Voyez Demi-bec. (H. C.)

ELEPHANTIS. (*Bot.*) Le palmier, cité par Dalechamps sous ce nom et sous celui de palmier d'Inde, paroît être le cocotier, *cocos nucifera.* (J.)

ELÉPHANTOPE, *Elephantopus.* (*Bot.*) [*Corymbifères ,* Juss. ; *Syngénésie polygamie séparée*, Linn.] Ce genre de plantes, établi par Vaillant, appartient à la famille des synanthérées, et à la tribu naturelle des vernoniées, dans laquelle nous le plaçons auprès de notre nouveau genre *Distreptus*, qui diffère de celui-ci par l'aigrette et par l'inflorescence. (Voyez l'article Distreptus.)

La calathide est incouronnée, équaliflore, quadriflore, subrégulariflore, androgyniflore. cylindracée. Le péricline , presque égal aux fleurs et cylindracé, est composé de huit squames quadrisériées ; chaque rang formé de deux squames

opposées; les quatre paires croisées; les deux paires extérieures
égales entre elles, et notablement plus courtes que les deux
paires intérieures qui sont aussi égales entre elles; toutes ces
squames sont lancéolées, acuminées, coriaces-membraneuses,
appliquées. Le clinanthe est petit et inappendiculé. Les ovaires
sont oblongs, comprimés, hispides, munis de dix côtes.
L'aigrette, plus longue que l'ovaire, est composée de cinq
squamellules unisériées, filiformes, barbellulées, et dont la
partie basilaire est élargie, laminée, paléiforme, ovale,
frangée. Les corolles sont divisées en cinq lanières longues
et linéaires par autant d'incisions, dont l'une est plus profonde.

Les calathides sont réunies en capitules, lesquels sont
solitaires à l'extrémité de longs pédoncules; chaque capitule
est composé de calathides nombreuses, immédiatement rapprochées et sessiles sur un calathiphore hérissé de poils, et
entouré d'un involucre formé de trois grandes bractées foliacées, cordiformes. Les différentes calathides d'un même capitule ne se développent que successivement.

L'Eléphantope rude (*Elephantopus scaber*, Linn.) est une
plante herbacée, à racine vivace; à tige un peu ligneuse,
dressée, haute d'environ deux pieds, rameuse, hérissée de
poils roides; à feuilles alternes, sessiles, amplexicaules,
grandes, ovales-oblongues, dentées, velues, ridées et rudes;
les radicales étrécies à la base, les caulinaires lancéolées; les
calathides sont réunies en plusieurs capitules grands, cymbi-
formes, terminaux, solitaires, et longuement pédonculés,
formant, par leur ensemble, une sorte de corymbe très-
lâche. Cette plante habite les Indes orientales, où elle porte
le nom d'*anaschovadi*. (H. Cass.)

ELEPHANTOSIS (*Bot.*), un des noms de la bardane, *lappa*,
cités par Apulée et Dodoens. (J.)

ELEPHANTUS (*Mamm.*), nom latin de l'éléphant. (F. C.)

ELEPHANTUSIE (*Bot.*) : *Elephantusia*, Willd.; *Phylephas*,
Fl. Per. Genre de plantes monocotylédones, que son port semble rapprocher de la famille des palmiers, mais qui appartient davantage à celle des typhinées, par les caractères de la
fructification. Il doit être placé dans la *polygamie diœcie* de
Linnæus. Son caractère essentiel consiste dans ses fleurs po-

lygames ou dioïques, offrant dans les fleurs mâles une spathe d'une seule pièce ; un spadice simple en massue, chargé de fleurs serrées et nombreuses. Leur calice est urcéolé, obscurément denté; la corolle nulle ; les étamines très-nombreuses : dans les fleurs femelles un style à cinq ou six divisions profondes ; plusieurs drupes réunis, anguleux, hérissés, à quatre loges; une semence dans chaque loge. On en distingue deux espèces, qui ne sont peut-être que deux variétés.

Eléphantusie a gros fruits : *Elephantusia macrocarpa*, Willd., *Spec.*, 4, pag. 1156; *Phylephas macrocarpa*, Ruiz et Pav., *Syst. veg.*, *Fl. Per*, 301; Kunth, *in* Humb. *et* Bonpl. *Nov. Gen.*, 1, pag. 83; vulgairement *Tagua*, ou *Cabeza de negro*, tête de nègre. Arbrisseau fort élégant, dont la tige est couronnée par des touffes épaisses de très-longues feuilles ailées. Les fruits sont très-gros, hérissés, en forme de tête. Ils renferment une liqueur d'abord cristalline, sans saveur, d'un grand secours pour les voyageurs altérés; cette eau se convertit ensuite en une sorte de liqueur laiteuse, agréable et savoureuse, mais dont la saveur varie à mesure que cette substance se condense : elle acquiert graduellement la dureté de l'ivoire. Cette liqueur, retirée des jeunes fruits et conservée pendant quelque temps, s'aigrit et se convertit en vinaigre. Les naturels du pays font, avec les noyaux, des pommes de cannes et plusieurs autres ouvrages élégans, qui ont la dureté et la blancheur de l'ivoire. Ils perdent dans l'eau ces deux qualités; mais ils les reprennent de nouveau, étant exposés à l'air pendant quelques momens. Plusieurs animaux sont très-avides des jeunes fruits. Cet arbrisseau croît au Pérou, dans les grandes forêts, et sur les rives du fleuve de la Magdeleine. L'*Elephantusie microcarpa*, Willd., *Phytelephas microcarpa*, *Fl. Per.*, ne diffère de l'espèce précédente que par ses fruits beaucoup plus petits : les tiges sont très-basses, presque nulles. On l'emploie aux mêmes usages. (Poir.)

ELEPHAS. (*Bot.*) On trouve dans un ouvrage de Columna ce nom appliqué à une plante à corolle monopétale irrégulière, dont la lèvre supérieure, entière, longue et étroite, imite en petit la trompe d'un éléphant. Tournefort l'avoit adopté, en ajoutant à ce genre deux nouvelles espèces. Linnæus l'a supprimé, en réunissant ces plantes au genre *Rhinanthus*. (J.)

ELÉPRINOS (*Bot.*), nom de l'alaterne, dans l'île de Crète, suivant Belon. (J.)

ELETTARI. (*Bot.*) Ce nom malabare, cité par Rheede, est celui d'un amome, *amomum grana paradisi*, suivant Linnæus. Les Brames le nomment *elu*. (J.)

ELETTARIA (*Bot.*), *Trans. Linn.*, 10, pag. 254. Genre établi pour l'*amomum cardamomum*, Linn. et Roxb., *Corom.*, tab. 227. Voyez Amome. (Poir.)

ELEUSINE, *Eleusine*. (*Bot.*) Genre de plantes monocotylédones, à fleurs glumacées, de la famille des graminées, de la *triandrie digynie* de Linnæus, très-rapproché des *chloris*, offrant pour caractère essentiel : Un calice à deux valves, renfermant plusieurs fleurs toutes hermaphrodites ; la corolle à deux valves sans arêtes ; trois étamines, deux styles : les fleurs disposées en épis digités.

Ce genre diffère, par la privation de bractées, des *cynosurus* (cretelles), dont il faisoit partie ; des *chloris*, par ses fleurs toutes hermaphrodites et non polygames. On y rapporte les espèces suivantes.

ELEUSINE A LARGES ÉPIS : *Eleusine coracana*, Lamk., *Ill. gen.*, tab. 48, fig 1 ; *Cynosurus coracanus*, Linn. ; *Panicum gramineum*, Rumph., *Amb.*, 5, tab. 6, fig. 2 ; *Tsjitti-Pullu*, Rheed., *Malab.*, 12, tab. 78 ; Pluken., *Almag.*, tab. 91, fig. 5 ; vulgairement le Coracan. Plante des Indes orientales, cultivée au Jardin du Roi. Ses tiges sont droites, articulées, comprimées, hautes de plusieurs pieds, un peu rameuses, garnies de feuilles assez longues, larges de trois lignes, un peu pileuses en dessus et à l'entrée de leur gaîne. Les fleurs sont disposées en épis terminaux, réunis quatre à six en fascicule, longs d'un à deux pouces, larges d'environ cinq lignes, épais, un peu comprimés, soutenant des épillets courts, sessiles, unilatéraux, imbriqués sur plusieurs rangs dans toute la longueur de l'épi : ces épis, d'abord droits, se courbent un peu sur leur dos à la maturité des semences : celles-ci sont nues, presque globuleuses, un peu plus grosses que des grains de millet. Ces semences sont d'une grande ressource dans l'Inde, lorsque la récolte du riz vient à manquer. Il paroît que le coracan rapporte beaucoup dans les bonnes terres : il est à présumer que sa culture réussiroit dans les contrées méridionales de l'Europe.

ELEUSINE DES INDES : *Eleusine indica*, Lamk., *Ill. gen.*, tab. 48, fig. 5, *Cynosurus indicus*, Linn.; Burm., *Zeyl.*, tab. 47, fig. 1; Rumph, *Amb.*, 6, tab. 4, fig. 2. Ses tiges sont comprimées, inclinées ou couchées, variables dans leur longueur; les feuilles disposées sur deux rangs, larges de deux lignes et plus, parsemées de poils lâches, particulièrement à l'entrée de leur gaîne; les épis linéaires, digités, longs de deux ou trois pouces, un peu rétrécis vers leur sommet, au nombre de trois à sept, terminaux, fasciculés, très-rapprochés, quoique alternes, outre un épi solitaire et pédicellé, un peu au-dessous du faisceau. Ces épis sont moins épais, composés d'épillets courts, serrés, verdâtres, à trois ou quatre fleurs; disposés d'un même côté sur deux ou trois rangées. Cette plante, originaire des Indes, est cultivée au Jardin du Roi.

ELEUSINE EFFILÉE : *Eleusina virgata*, Pers.; *Cynosurus virgatus*, Linn.; Sloan., *Jam.*, 1, tab. 70, fig. 2; *Festuca virgata*, Lamk., *Ill.*, n°. 1031. Espèce de la Jamaïque, dont les tiges sont droites, hautes d'environ deux pieds; les feuilles larges de deux à quatre lignes, gárnies en dessus, vers leur base et un peu sur leur gaîne, de poils lâches. Les fleurs forment une panicule longue de six à sept pouces, d'un vert pâle, quelquefois purpurine, composée de vingt à trente épis linéaires, grêles, longs de deux à trois pouces, les uns alternes, d'autres fasciculés ou verticillés, deux ou trois ensemble par étages. Chaque épi porte deux rangées d'épillets presque unilatéraux, fort petits, composés de cinq ou six fleurs renfermées dans un calice à deux valves lancéolées, comprimées, rudes sur leur dos : deux ou trois des fleurs inférieures sont souvent munies d'une arête très-fine et courte. Le *cynosurus domingensis*, Jacq., *Icon. rar.*, tab. 22, est très-rapproché de cette espèce. La panicule est d'un vert pâle; les épis plus étroits, composés de trois à cinq fleurs, munies chacune d'une arête à peine longue d'une ligne. Elle croît à Saint-Domingue.

ELEUSINE RAYONNANTE : *Eleusine radulans*, Rob. Brown, *Nov. Holl.*, 1, pag. 186. Cette plante, découverte par M. Brown sur les côtes de la Nouvelle-Hollande, a des feuilles planes et pileuses; ses tiges supportent à leur sommet quatre épis étalés en rayons, munis d'épillets très-courts, à deux fleurs; leur calice à deux valves, l'intérieure surmontée d'une arête, l'extérieure acuminée.

Eleusine ciliée : *Eleusina ciliata*, Schmaltz, Journ. Bot., 4, pag. 273. Cup. 2, tab. 59. Plante citée de la Sicile, qui paroît se rapprocher beaucoup du *dactyloctenium ægyptiacum*. Ses tiges sont flexueuses ; ses feuilles ciliées ; ses épis environ au nombre de cinq, droits, étalés, lancéolés, aigus.

Eleusine filiforme ; *Eleusine filiformis*, Pers., *Synops.*, est une espèce de l'Amérique méridionale, dont les feuilles sont garnies sur leur gaîne de poils produits par un petit point glanduleux visible à la loupe. Les fleurs sont disposées en une panicule très-rameuse, resserrées, composées d'épis très-simples, filiformes ; les épillets alternes, de couleur purpurine, composés de deux à quatre fleurs mutiques. Peut-être faudroit-il rapporter également à ce genre le *chloris mucronata*, Mich., *Amer.*, qui est l'*eleusine cruciata*, Lamk., *Ill.*, tab. 48, fig. 2. (Voyez Chloris.) Cette plante paroit être la même que l'*oxidema attenuata* ; Nuttal, *Amer.*, 1, pag. 76. (Poir.)

ELEUTHÉRATES, *Eleutherata*. (*Entom.*) C'est le nom imposé par Fabricius à l'ordre le plus nombreux de la classe des insectes, que l'on désignoit déjà auparavant sous celui de coléoptères ou d'élytroptères, d'après la disposition des ailes, dont les supérieures recouvrent, comme des gaînes ou des étuis, les ailes inférieures qui sont membraneuses et le plus souvent pliées en travers.

Fabricius. dans le Système qu'il a imaginé pour classer les insectes d'après les parties de la bouche, a inventé ce nom d'*eleutherates*, tiré du grec ἐλευθερόω, *je rends libre*, pour indiquer la disposition des mâchoires, qui sont libres en dehors et non recouvertes d'une *galète*, sorte d'appendice qui caractérisoit dans ce système l'ordre des orthoptères d'Olivier que Fabricius nommoit les ulonates.

Sous le titre de système des éleuthérates, Fabricius a publié en 1801, à Kiel, deux volumes in-8.°, dans lesquels il a renfermé la description de tous les genres et de toutes les espèces de coléoptères connus à cette époque. Les 181 genres y sont rangés, comme au hasard, à la suite les uns des autres, sans qu'on puisse reconnoître le motif qui l'a dirigé dans cette série d'énumération.

L'auteur a donné au commencement de cet ouvrage une sorte de clef pour la classification, sous le titre de caractères des genres. On voit qu'il forme autant de sections qu'il a pu distinguer de modifications dans les antennes.

En voici l'énumération :

1. Antennes portées sur un bee de corne alongé.

Ce sont les *rhinocères* ou rostricornes: mais les genres voisins des charançons et des attelabes, que renferme cette section, commencent par les n.ᵒˢ 152 et suivans, jusqu'à 163 ; justement le premier genre indiqué, qui est celui de la calandre, est sous le n.° 158. Il en de même pour toutes les autres sections.

2. Antennes en masse lamellée.

Ce sont les *pétalocères*, les *priocères*.

3. Antennes en masse perfoliée.

Ici se trouvent les *hélocères*, les *silphes*, les *dermestes*.

4. Antennes en masse solide.

Tels sont les *stéréocères*, les *nitidules*, les *coccinelles*.

5. Antennes en éventail.

Tels que les *panaches*, les *mélasis*, les *rhipiphores*.

6. Antennes plus grosses en dehors.

Là se rapportent les *ténébrions*, *bolétophages*, *clairons*, *trogosites*.

7. Antennes cylindriques.

Hispe, sagre, alurne, parne, etc.

8. Antennes en chapelet ou moniliformes.

Cérocome, érodie, staphylins, cassides, opatres, mordelles, et beaucoup d'autres genres qui n'ont entre eux que ce rapport dans la forme des antennes.

9. Antennes en fil.

Apale, manticore, tourniquet, gribouri, et plus de quarante autres genres.

10. Antennes en soie.

Capricorne, prione, lepture, et tous les xylophages.

Cicindèle, carabe, et tous les créophages.

Dans ce système. aucun des caractères n'est comparatif; et il est impossible de distinguer un genre d'un autre, comme il est aisé de s'en convaincre par les exemples que nous allons en donner d'après cet ouvrage, et en mettant en opposition les caractères des genres Ips et Hydrophile.

N.° 172. Ips. *Palpi æquales, brevissimi; articulo ultimo ovato; maxilla bifida; ligula conica, emarginata.*

Tom. II, pag. 577. *Antennæ perfoliatæ.*

N.° 46. Hydrophilus. *Palpi quatuor elongati, filiformes, maxilla bifida.*

Tom. I, pag. 249. *Labium corneum subemarginatum, antennæ clavâ perfoliatâ.*

Voyez l'article Coléoptères. (C. D.)

ELEUTHERIA. (*Bot.*) M. Beauvois avoit proposé ce nom pour désigner un genre de la famille des mousses. Il le caractérise ainsi : Coiffe cuculliforme; opercules coniques plus ou moins aigus; péristome externe à seize dents lancéolées; dents du péristome externe libres. Ce genre a été réuni à celui que Hedwig a nommé *neckerea*, et que Bridel, Schwægrichen et autres ont beaucoup augmenté. Voyez Neckera. (Lem.)

ELEUTHÉROPODES. (*Ichthyol.*) M. Duméril a donné, dans sa Zoologie analytique, le nom d'éleuthéropodes à une famille de poissons holobranches osseux thoraciques, dont le corps est arrondi, et dont les catopes sont séparés, ce qu'indique leur nom tiré du grec ἐλεύθερος, *libre*, et πȣς, *pied*. Elle ne renferme qu'un petit nombre de genres, dont le tableau suivant donnera une idée.

Famille des Eleuthéropodes.

Tête	à plaque ovale en dessus, et sillonnée en travers...Echénéide.	
	sans plaque ovale : nageoire dorsale	unique....Gobiomoroïde,
		double....Gobiomore.

C'est aussi à cette famille que je rapporte le genre Eléotris de M. Cuvier et de Gronou. Voyez ce mot et Echénéide, Gobiomore, Gobiomoroïde. (H. C.)

ELEUTHÉROPOMES (*Ichthyol.*), nom du troisième ordre et de la quatrième famille des poissons cartilagineux, dans le système ichthyologique de M. Duméril. Ce nom est tiré du grec, ἐλεύθερος, *libre*, et πῶμα, *opercule*. Le caractère principal des poissons de cette famille est d'avoir en effet des branchies operculées sans membranes; ils ont en outre quatre nageoires paires, et la bouche sous le museau. Ils rentrent en partie dans la famille des sturioniens de M. Cuvier.

Cette famille ne renferme que peu de genres; le tableau suivant mettra leurs caractères en opposition.

Famille des Eleuthéropomes.

Corps { protégé par des écussons osseux; bouche { sans barbillons,.. Pégase. / à barbillons,..... Esturgeon. / nu, sans écussons; museau aussi long que le corps,........ Polyodon.

Voyez ces différens mots. (H. C.)

ELFE ou Elft. (*Ichthyol.*) La Chesnaye-des-Bois donne ce nom à un poisson qu'on prend dans la baie de la Table, au cap de Bonne-Espérance. Il le dit long d'environ trois quarts d'aune et écailleux comme le hareng. Ses écailles sont jaunes; il a le dos noirâtre, le ventre blanc, tacheté de noir, avec une raie noire longitudinale. Sa chair est sèche et remplie d'arètes. On fait beaucoup de cas de ses œufs. (H. C.)

ELFIL. (*Mamm.*) C'est un des noms que l'on donne dans l'Orient à l'éléphant. (F. C.)

ELHANNE (*Bot.*), un des noms égyptiens, cités par Prosper Alpin, du henné ou alcanna, *lawsonia* des botanistes. (J.)

ELI (*Bot.*), nom languedocien du lis blanc, selon M. Gouan. (J.)

ELICANO. (*Bot.*) On lit dans Dalechamps que quelques-uns donnent ce nom au fruit que Clusius cite sous celui de *buna*, et qui est le café. Cependant la figure du *buna* donnée par Dalechamps ne ressemble pas au café. (J.)

ELICHRYSO-AFFINIS. (*Bot.*) Cette dénomination composée a été appliquée, par quelques anciens botanistes, au *tarchonanthus camphoratus*, au *baccharis halimifolia*, à l'*iva frutescens*. Le *conyza saxatilis* a aussi été nommé *elichryso similis* par Caspar Bauhin. (H. Cass.)

ELICHRYSUM. (*Bot.*) A l'exemple de M. Persoon, nous décrirons ce genre sous le nom d'*helichrysum*, dont l'orthographe est plus conforme à la véritable étymologie. (H. Cass.)

ELIDES, *Elis.* (*Entom.*) Dans le Système des Piézates de Fabricius, pag. 24, n.° 46, on trouve ce nom de genre employé pour désigner un genre d'insectes hyménoptères, de la famille des anthophiles. M. Latreille s'est assuré que la plupart sont des individus mâles du genre Scolie, et d'un autre genre voisin. L'une des espèces, par exemple, est la *scolie interrompue*, figurée par Panzer dans le Cahier 62 de sa Faune, pl. 14, décrite aussi dans la Faune d'Etrurie par Rossi, partie 11, pag. 72, n.° 838. (C. D.)

ELIGUG. (*Ornith.*) Les oiseaux que l'on appelle ainsi à l'île d'Hirta ou S. Kilda, sont une espèce de guillemot, qui porte également le nom de *shout*. (Cʜ. D.)

ELIOCARMOS (*Bot.*), nom donné par Reneaulme à l'*ornithogalum umbellatum*, parce qu'il aime le soleil et ne fleurit que lorsqu'il est élevé; ce qui l'a fait nommer aussi par les jardiniers Dame d'onze heures. (J.)

ELIOTTIA MUHLEA (*Bot.*); Nuttal, *Gen. North. Amer.*, pl. 2, add. Genre de plantes dicotylédones, de la famille des éricinées, de l'*octandrie monogynie* de Linnæus, qui paroît différer très-peu des *elethra*, caractérisé par un calice inférieur, à quatre dents; une corolle à quatre divisions très-profondes; huit étamines; un style; un stigmate entier, presque en massue; une capsule à quatre loges. Arbrisseau de l'Amérique septentrionale, dont les tiges se divisent en rameaux effilés, garnis de feuilles alternes, entières. Les fleurs sont disposées en grappes terminales. (Poɪʀ.)

ELIPHACOS. (*Bot.*) Voyez Æʟɪsᴘʜᴀᴄᴏs. (J.)

ELITIS. (*Bot.*) Voyez Hᴇʟᴢɪɴᴇ. (J.)

ELITRE. (*Entom.*) Ce nom doit s'écrire, d'après son étymologie, par un Y. Voyez Eʟʏᴛʀᴇ. (C. D.)

ELIXATION. (*Chim.*) Vieux mot qui signifioit une opération par laquelle on soumettoit une substance à l'action de l'eau bouillante, afin de charger ce liquide de principes propres à la guérison des maladies ou à la nourriture de l'homme. (Cʜ.)

ELIXIR. (*Chim.*) En pharmacie, on donne ce nom à des liquides alcooliques qui ont été plus ou moins chargés de principes résineux, de matières astringentes, et surtout de principes odorans de nature huileuse, etc. (Cʜ.)

ELK (*Mamm.*), nom de l'élan, en allemand et en anglois. (C.F.)

ELK (*Ornith.*), nom anglois du cygne sauvage ou à bec noir, *anas cygnus*, Linn. (Cʜ. D.)

EL-KAHALI. (*Bot.*) Ce nom arabe est, selon Forskaël, celui de son *echium rubrum*, espèce de vipérine, dont les racines ont une couleur rouge très-agréable et solide, qui en fait un bon cosmétique estimé dans l'Egypte. (J.)

ELKARIE (*Bot.*), un des noms de l'arbre du café dans quelques lieux, au rapport de C. Bauhin. (J.)

ELKERKEDON (*Mamm.*) (Porte-corne) C'est, dit Chardin,
un des noms persans du rhinocéros. (F. C.)

EL-KHADDAD (*Bot.*), nom arabe, selon Rauvolf, d'une
espèce de *statice* voisine du *limonium*. (J.)

EL-KHADDÆL. (*Bot.*) Shaw, cité par Gronovius, éditeur
de Rauvolf, indique sous ce nom arabe une variété ou espèce
voisine du *statice sinuata*, à feuilles moins âpres et calices plus
aigus. (J.)

ELKIAGEBER (*Bot.*), nom arabe du romarin, suivant Dalechamps. Il est nommé *klil* par Forskaël et par M. Delile, qui y
ajoute le nom d'*aselban*. (J.)

ELKIOLGEBER. (*Bot.*) Suivant Dalechamps, ce nom arabe
est donné au *libanotis* ou *rosmarinum* de Matthiole, qui est
notre armarinte, *cachrys libanotis*. Dalechamps cite ailleurs le
même nom, ou plutôt celui d'elkiageber, pour le vrai romarin de nos jardins. Il faut croire que ce dernier n'a reçu de
Dalechamps ce nom arabe, qu'à cause de la conformité des
noms latins ; car, suivant M. Delile, les Arabes modernes le
nomment *klyl* et *aselban*. (J.)

ELLEBORASTER. (*Bot.*) Voyez Helleboraster. (J.)

ELLEBORE. (*Bot.*) Voyez Hellébore. (L. D.)

ELLEBORINE. (*Bot.*) Césalpin nomme ainsi l'*helleborus hye-
malis*, qui diffère un peu des autres hellébores par une feuille
florale entourant la fleur, et par une sixième partie ajoutée à la
fructification. Quelques auteurs ont voulu, pour cette raison,
en faire un genre distinct, quoiqu'on ne puisse l'éloigner du
genre primitif. Boerhaave et Adanson l'ont nommé *helleboroides*;
M. Biria *koellea*, et M. Merat, *robertia*. D'autres *elleborine* sont
renvoyés à l'article Elleborine. (J.)

ELLEBORINE (*Bot.*), *Serapias* Linn. Genre de plantes
monocotylédones ; de la famille des orchidées de Jussieu, et de
la *gynandrie monandrie* de Linnæus, dont les principaux caractères sont les suivans : Calice partagé en six folioles pétaliformes,
dont les cinq supérieures redressées et conniventes en capu-
chon, et l'inférieure (le label) plus grande, concave, aiguë,
pendante, dépourvue d'éperon ; ovaire inférieur, surmonté
d'un style portant, à sa face antérieure, un stigmate concave,
placé immédiatement sous l'anthère ; capsule oblongue, à trois
loges s'ouvrant par trois fentes longitudinales, et contenant

un grand nombre de graines très-menues. Ce genre, d'après les réformes que les botanistes modernes ont faites dans les orchidées, se trouve réduit à trois espèces, et toutes les autres, qu'on y rapportoit autrefois, sont maintenant rangées, les unes dans les *limodorum*, quelques autres dans les *cimbidium*, et la plupart dans les *epipactis*. Les elléborines sont des plantes herbacées, à feuilles entières, alternes, engaînantes, et à fleurs disposées en grappe terminale, d'un joli aspect.

ELLÉBORINE A LANGUETTE; *Serapias lingua*, Linn., *Spec.*, 1344. Sa racine est une bulbe arrondie, laquelle produit une tige haute de huit à douze pouces, garnie à sa base et dans sa partie inférieure de feuilles alongées, un peu étroites, terminée par cinq à sept fleurs assez grandes, d'une couleur ferrugineuse, et disposées en une grappe lâche; le label est en forme de languette étroite, alongée, pointue, glabre, avec un lobe court de chaque côté de sa base. Cette plante croît dans le midi de la France, en Espagne et en Italie.

ELLÉBORINE EN CŒUR; *Serapias cordigera*, Linn., *Spec.*, 1345. Cette plante a beaucoup de ressemblance avec la précédente; mais elle en diffère par ses fleurs deux fois plus grandes, dont le label est hérissé de poils à sa base, et partagé en trois lobes dont celui du milieu est plus large que les autres et en forme de cœur. Elle croît également dans le midi de l'Europe.

ELLÉBORINE OXIGLOTTE; *Serapias oxyglottis*, Willd., *Spec.*, 4, p. 71. Dans cette espèce le label est à trois divisions, dont les deux latérales sont obtuses, roulées en dedans, et la moyenne pendante, lancéolée, glabre, acuminée au sommet. Cette plante se trouve en Italie. (L. D.)

ELLIPSOLITE, *Ellipsolithes.* (*Conchyl.*) Genre de coquilles à cloisons simples, à tours de spire tous visibles et enroulés dans le même plan, le dernier modifiant un peu l'ouverture qui est ronde, et percée d'un syphon à sa partie supérieure. Ses caractères se retrouvent à peu près dans les planulités, autre genre de la famille des ammonacées : mais dans les ellipsolites la coquille est ovale ou elliptique, ce qui a déterminé Denis de Monfort à en former un genre distinct, admettant que cette forme est normale, et ne dépend pas d'un accident qui auroit déprimé ou écrasé la coquille. Quoi qu'il en soit, M. Denis de Monfort regarde comme type de ce genre

qui, dit-il, en contient cinq ou six espèces, l'ELLIPSOLITE COR-
DONNÉ, *ellipsolithes funatus*, fig.. p. 86. du tom. 1 de sa Conchy-
liologie systématique, qu'il a trouvé fossile dans la montagne
Sainte-Catherine près Rouen. (DE B.)

ELLIPSOSTOMES, *Ellipsostomata*. (*Conchyl.*) M. de Blainville, dans son Système de Conchyliologie, a employé ce nom
pour désigner toutes les espèces de coquilles dont l'ouverture,
ou bouche, est entière, médiocre et plus ou moins ovale dans
un sens ou dans l'autre. Voyez CONCHYLIOLOGIE, table synop-
tique. (DE B.)

ELLISE DE VIRGINIE (*Bot.*): *Ellisia nyctelea*, Linn., *Mant.*,
et *Nov. Act. Ups.*, vol. 1, tab. 5, fig. 5; Lamk., *Ill. Gen.*, tab. 97;
Gærtn., f., *Carpol.*, tab. 184; Moris., *Hist.* 3, §. 11, tab. 28,
fig. 3. Genre de plantes dicotylédones, à fleurs complètes,
monopétalées, régulières, de la famille des borraginées, de la
pentandrie monogynie de Linnæus, rapproché des hydrophyl-
les, caractérisé par un calice à cinq divisions profondes, persistant, plus long que la corolle; celle-ci presque campanulée,
à cinq découpures; cinq étamines non saillantes; les anthères
arrondies; un ovaire supérieur surmonté d'un style court. Le
fruit est une capsule à deux valves, à deux loges, placée sur
le calice ouvert en étoile; deux semences dans chaque loge,
placées l'une sur l'autre.

Petite plante dont la racine pousse des tiges herbacées,
cylindriques, diffuses, très-rameuses, longues de quatre à
cinq pouces, plus ou moins inclinées, hispides vers leur
sommet. Les feuilles sont alternes, d'un vert clair, pétiolées, profondément pinnatifides, à découpures aiguës, munies d'une dent anguleuse de chaque côté; le pétiole hispide,
canaliculé, à demi amplexicaule; les fleurs solitaires, pédonculées, opposées aux feuilles, inclinées, blanches, parsemées
à l'intérieur de points pourpres fort petits; les pédoncules
courts, hispides. Les divisions du calice sont ovales, aiguës;
celles de la corolle émoussées. L'ovaire velu; la capsule hispide, à quatre loges avant sa maturité, puis à deux loges, et
même presque uniloculaire par l'effet du dessèchement et du
retrait d'une partie de ses cloisons. Cette plante croît dans la
Virginie: on la cultive au Jardin du Roi. (POIR.)

ELLISIA. (*Bot.*) Il ne faut pas confondre avec le genre de ce nom décrit ci-dessus, et appartenant aux borraginées, l'*ellisia* de P. Browne, congénère du *castorea* de Plumier, qui est maintenant le *duranta* de Linnæus, dans la famille des verbenacées. (J.)

ELLOU. (*Bot.*) Dans un catalogue manuscrit des plantes de la côte de Coromandel, communiqué à Commerson, ce nom est donné au sésame, qui est le *car-élu* du Malabar. (J.)

ELMINS ou HELMINS. (*Entom.*) Ce nom est quelquefois employé par Aristote, par Dioscoride, comme synonyme de larve, de chenille, de ver qui ronge. (C. D.)

ELMIS. (*Entom.*) M. Latreille a indiqué sous ce nom de genre une espèce de petit coléoptère pentaméré, de la famille des hélocères, voisin des parnes, du dryops, dont elle diffère parce que les antennes ne sont pas logées dans une cavité du front, et qu'elles sont comme fourchues à cause de la dilatation de l'un des articles de la base.

Le seul individu de ce genre observé par M. Latreille, avoit été trouvé dans un ruisseau à Fontainebleau par Maugé, qui l'avoit pris sous une pierre, ce qui l'a fait désigner sous le nom d'*elmis de Maugé*; elle étoit plus noire en dessus, avec deux lignes saillantes sur le corselet, et plusieurs sur les élytres. (C. D.)

EL-NEFYR. (*Bot.*) Ce nom arabe, qui signifie trompette, a été donné en Egypte à la pomme-épineuse, *datura stramonium*, dont la fleur est évasée comme l'extrémité d'une trompette. On donne celui de *zamr-el-sultan*, ou trompette du sultan, au *datura fastuosa*. (J.)

ELO (*Ornith.*), nom donné par les Kamtschadales, suivant M. Krascheninnikow, à un aigle, blanc suivant lui, et que M. Steller dit être plutôt gris que blanc. (Ch. D.)

ELODE, *Elodes*. (*Entom.*) Genre d'insectes coléoptères, à cinq articles à tous les tarses, ou pentamérés, à élytres molles, ou de la famille des apalytres. MM. Paykull et Fabricius avoient donné le nom de *cyphon* à ce genre, qu'on avoit aussi confondu avec les *cistèles* et les *galéruques*. Leurs mœurs sont encore peu connues. Par l'analyse, ils se rapprochent du genre *Téléphore*, parce que leur corselet est carré, et leurs antennes simples, non dentelées; mais les articulations de leur abdomen n'ont pas de papilles ou de dentelures molles. M. Latreille rapporte à ce genre l'élode *gris*, le *bordé*, le *livide*, que Fabricius a décrits comme des cyphons. Nous avons nous-mêmes fait figurer sous ce nom, dans la planche des coléoptères apalytres, le *cyphon pâle*, n.º 9. (C. D.)

ELODE. (*Entom.*) Voyez Hélodes. M. Paykull a nommé ainsi un genre de coléoptères phytophages, voisins des criocères. (C. D.)

ELODEA. (*Bot.*) Sous ce nom, Adanson avoit séparé du genre *Hypericum* quelques espèces remarquables par un disque glanduleux, des pétales à onglet pareillement glanduleux, des filets d'étamines réunis jusqu'à leur milieu en trois ou cinq faisceaux. De ce nombre est l'*hypericum elodes*. Ce genre mériteroit d'être adopté. M. Richard a donné plus récemment le même nom à un de ses nouveaux genres de la famille des hydrocharidées. (J.)

ELODÉE, Elodea. (*Bot.*) Genre de plantes monocotylédones, à fleurs régulières, qui paroît se rapprocher de la famille des nymphéacées, appartenant à la *triandrie monogynie* de Linnæus, offrant pour caractère essentiel : Un calice supérieur, tubulé; le limbe à trois découpures ; trois pétales insérés sur le limbe du calice avec les trois étamines ; un ovaire inférieur; un style filiforme ; trois stigmates bifides et réfléchis. Le fruit est une capsule oblongue, uniloculaire, à trois valves; de trois à six semences.

Michaux, dans la description de ce genre, avoit présenté comme un prolongement de l'ovaire, un tube, que MM. Humboldt et Bonpland ont reconnu pour être le tube du calice, auquel le style n'est nullement adhérent : ils admettent trois pétales que Michaux, qui n'en admet aucun, regarde comme appartenant aux divisions du calice. On en distingue deux espèces.

Elodée de la Nouvelle Grenade : *Elodea granatensis*, Humb. et Bonpl., *Pl. Æquin.*, 2, tab. 128; Poir., *Ill. Gen.*, cent. 10. Plante aquatique, dont les tiges sont flottantes, cylindriques, longues d'un pied; les rameaux simples et alternes; les feuilles plongées dans l'eau, verticillées, glabres, très-étroites, linéaires, aiguës, entières, un peu ciliées, longues de huit à douze lignes; les entre-nœuds inférieurs très-distans, les supérieurs plus rapprochés. Les fleurs sont sessiles, solitaires,

23.

axillaires, munies à leur base de bractées aiguës, de la longueur du calice ; celui-ci est tubulé, supérieur ; le tube long d'un pouce, blanc, filiforme ; divisé à son limbe en trois découpures vertes, ovales, obtuses : la corolle composée de trois pétales blancs, oblongs, insérés sur le tube du calice, alternes avec ses divisions, caducs, trois fois plus longs que le limbe du calice ; les filamens très-courts ; les anthères en cœur, vacillantes ; l'ovaire oblong, à trois sillons : le style filiforme, de la longueur du tube du calice ; les capsules oblongues, elliptiques, à trois sillons ; les semences blanches, cylindriques. Cette plante croit abondamment dans les mares voisines de Guaduas, entre Hunda et Cune, à 590 toises au-dessus du niveau de la mer.

ELODÉE DU CANADA ; *Elodea canadensis*, Mich., *Amer.*, 1, pag. 20. Cette espèce croît dans les ruisseaux, au Canada. Ses tiges sont garnies de feuilles simples, verticillées, trois par trois, oblongues, un peu obtuses, finement dentées en scie lorsqu'on les examine à la loupe. Les fleurs sont sessiles, éparses, solitaires, enveloppées à leur partie inférieure d'une petite bractée alongée, en forme de spathe ; les filamens épais, un peu plus courts que la corolle ; les anthères en cœur ; trois stigmates bifides, en lanières. (POIR.)

ELŒAGNUS. (*Bot.*) L'arbre qui porte ce nom, le possède depuis long-temps, et on le trouve cité dans Matthiole ; mais il n'est pas sûr que ce soit l'*elœagnus* de Théophraste. Quelques personnes, au rapport de C. Bauhin, le prennent pour le *ziziphus cappadocica* de Pline ; d'autres pour le *barba Jovis* du même ; Dalechamps veut que ce soit un saule. Matthiole le nomme aussi *olea bohemica*, d'où est venu son nom françois olivier de Bohème. C'est le *saisefun* du Levant, suivant Rauvolf. (J.)

ELŒOMELI (*Bot.*), nom de l'huile que l'on retire de la substance renfermée dans le fruit du cocotier, suivant Clusius. (J.)

ELŒPRINOS (*Bot.*), nom donné dans l'île de Crète, suivant Belon, à l'alaterne, *rhamnus alaternus*, qui est le *phylica* de Théophraste. (J.)

ELOIGNÉS [LOBES DE L'ANTHÈRE]. (*Bot.*) Dans certaines plantes les lobes de l'anthère se confondent l'un avec l'autre, de manière à paroître ne former qu'un seul lobe (*plectranthus*) ;

dans d'autres ils se touchent sans se confondre (*lis*); dans plusieurs ils sont tenus à une distance notable l'un de l'autre par le filet (*begonia*) ou par le connectif (*sauge*), et alors on les dit éloignés, *remoti*. (MASS.)

ELOPE, *Elops*. (*Ichthyol.*) Genre de poissons de la famille des siagonotes, et de l'ordre des abdominaux. Il a été établi par Linnæus, et il offre les caractères suivans :

Trente rayons et plus à la membrane des branchies; mâchoires exactement constituées comme celles des harengs proprement dits, auxquels ils ressemblent encore par la forme générale du corps et par la disposition des nageoires; mais le ventre n'est ni tranchant, ni dentelé; yeux gros, rapprochés et presque verticaux; bords des mâchoires et os palatins garnis de dents en velours; bords supérieur et inférieur de la nageoire caudale armés d'une épine plate; une seule nageoire dorsale, située sur les catopes ou au-devant d'eux; un appendice écailleux auprès de chaque catope.

Selon Forskaël, les élopes manquent de cœcums, et leur vessie natatoire règne tout le long de l'abdomen.

On distinguera facilement ces poissons des POLYPTÈRES, des SPHYRÈNES et des SCOMBRÉSOCES, qui ont plus d'une nageoire dorsale; des SYNODON, qui manquent d'appendices auprès des catopes; des ESOCES, des MÉGALOPES et des LÉPISOSTÉES, dont la nageoire dorsale est en arrière des catopes. (Voyez ces mots et SIAGONOTES.)

I.'ELOPE LÉZARD, *Elops saurus*, Linnæus. Nageoire caudale fourchue; mâchoire inférieure prolongée; langue, mâchoires et palais garnis d'un grand nombre de petites dents : tête longue, dénuée de petites écailles, comprimée et un peu aplatie en-dessus; orifices des narines doubles; opercule composée de deux pièces; ligne latérale droite; anus une fois plus loin de la tête que de la nageoire de la queue. Teinte générale nuancée de bleu et d'argent; tête souvent comme dorée; des teintes rouges sur les nageoires.

De la Caroline.

L'*Elops saurus* de Bloch, tab. 393, ne doit pas être confondu avec celui de Linnæus. Il vient d'Afrique, et, selon Adanson, c'est le *lak* des nègres; il ressemble beaucoup à l'*argentina machnata* de Forskaël, et probablement il doit être confondu avec elle. La description de l'*argentina carolina* de Linnæus lui convient aussi parfaitement, quoique, dans la figure de Catesby, II, xxiv, la dorsale ait été oubliée.

Enfin, le poisson que Sloane a figuré sous le nom de *saurus maximus*, 251, 1, est probablement le *salmo saurus* de Linnæus, l'*esox saurus* du même auteur; le *synodus synodus* de M. Schneïder, et le *synode fascié* de M. de Lacépède. Voyez Saure. (H. C.)

ELOPHILE, *Elophilus*, ou mieux *Helophilus*. (*Entom.*) Genre d'insectes diptères ou à deux ailes, de la famille des sarcostomes, établi par M. Meigen, pour y rapporter quelques espèces de syrphes, dont la palette des antennes est presque aussi longue que large. M. Fabricius les avoit rapportés au genre *Erystale*, tels sont le *syrphus tenax* ou apiforme, ainsi nommé, parce qu'on a observé que sa larve qui se développe souvent parmi les chiffons qu'on fait pourir pour en fabriquer du papier, résistoit au choc du pilon destiné à réduire ces matières en une sorte de pâte. Le *syrphus pendulus*, *nemorum*, *flavicinctus*, *berberinus*, *oestraceus*, etc., appartiennent à ce genre. (C. D.)

ELOPHORE, *Elophorus*. (*Entom.*) Genre d'insectes coléoptères pentamérés, à antennes en masse perfoliée, et par conséquent de la famille des hélocères ou clavicornes.

Ce nom, formé de deux mots grecs, indique une particularité des mœurs des insectes de ce genre, qui se trouvent dans les marais où ils s'enfoncent dans la terre et souvent sous l'eau, du mot ἕλος, *marais*, et de φορύω (*subigo-pinso*), je trouble la vase.

Les espèces du genre Elophore sont de très-petits coléoptères à élytres dures, couvrant tout le ventre, à antennes aplaties, terminées par une petite masse perfoliée; à corps alongé, dont les bords antérieurs des élytres ne sont pas relevés, et chez lesquels le corselet semble être marqué de plis enfoncés dans la longueur, ce qui le fait paroître comme chiffonné.

Ces caractères sont propres à faire distinguer les élophores des espèces de tous les genres voisins : des *sphéridies*, qui ont le corps hémisphérique; des *scaphidies* et des *birrhes* qui l'ont ové; des *hydrophiles*, des *parnes* et des *dermestes*, qui ont le corps ovale; des *nécrophores* et des *boucliers*, qui ont les élytres plus courtes que le ventre; des *silphes* et des *nitidules*, qui ont les bords antérieurs des élytres relevés en gouttières.

Comme nous l'avons dit, en parlant de l'étymologie du nom d'élophore, on trouve ces insectes dans la vase ou au fond des eaux dormantes. Quoiqu'ils n'aient pas les tarses aplatis ni disposés en rames, ils nagent fort bien, et ils s'élèvent à la surface des eaux. On croit qu'ils se nourrissent de débris d'animaux aquatiques, à la manière des dermestes; c'est au moins l'opinion de quelques naturalistes : on ne connoît pas leurs larves ni leur métamorphose.

Nous avons fait figurer l'*élophore aquatique* sous le n.º 6, des planches de l'atlas de ce Dictionnaire , planche seconde, ou suite des hélocères.

Fabricius n'a rapporté que huit espèces de ce genre.

1.º L'ELOPHORE AQUATIQUE , *Elophorus aquaticus.*

Figuré par Panzer, cah. 26, pl. 26.

C'est le dermeste bronzé de Geoffroy, tom. 1, pag 105, n.º 15.

D'un brun verdâtre cuivreux ; corselet à quatre lignes saillantes , élytres à stries de points.

Les individus de ce genre varient beaucoup pour la taille depuis une jusqu'à quatre lignes de longueur.

Cet insecte se trouve sur les plantes aquatiques , souvent au fond de l'eau. Schrank dit qu'il se nourrit de matières animales. Dans l'eau , ses antennes sont étalées ; elles ne paroissent pas quand l'insecte est sur la terre ou dans l'air.

2.º ELOPHORE ALONGÉ, *Elophorus elongatus.*

Panzer l'a aussi représenté à la planche 17 du 16º cahier.

Son corselet est cuivreux prononcé ; les élytres sont d'un brun mat.

Il y a une espèce à pattes jaunes que l'on nomme *flavipes,* et une autre excessivement petite, que l'on a appelée *minimus,* dont le corselet est lisse et les élytres striées. (C. D.)

ELOPS. (*Entom.*) Voyez HÉLOPS. Coléoptères de la famille des Sylvicoles ou Ornéphiles. (C. H.)

ELOPS. (*Ichthyol.*) Aristote a donné le nom d'ἔλωψ, et Elien et Athénée ont appliqué celui d'ἔλλωψ, à un poisson qu'Artédi regarde comme étant l'esturgeon, mais que Rondelet dit être un petit poisson sacré qui se pêchoit rarement et avec peine au fond de la mer de Pamphylie. Quand les pêcheurs en pouvoient prendre un, ils mettoient des couronnes sur leur tête, paroient leur barque de bouquets, frappoient des mains en signe de joie, et arrivoient au son des hautbois. En cela Rondelet est d'accord avec Elien. Les Latins ont conservé le même nom dans leur langue :

Et pretiosus Helops, nostris incognitus undis.

OVID. Halieut., vers 96.

Elops est aussi le nom latin du genre FLOPE. (Voyez ce mot.)

Le genre *Elops* de Commerson est le même que le genre GOMPHOSE de M. de Lacépède. Voyez ce dernier mot. (H. C.)

ELORIOS (*Ornith.*). nom grec du courlis commun, *scolopax arquata*, Linn. (CH. D.)

ELOTOTOTL. (*Ornith.*) Ce nom est répété cinq fois dans Fernandez, *Hist. av. Nov. Hisp.*, sous les n.ᵒˢ 48, 49, 169, 209 et 227, quoique ce dernier chapitre ait pour titre *De quarta elototrl.*

Le premier oiseau est décrit comme étant de la taille du moineau, mais ayant le bec court et menu, et offrant, dans son plumage, un mélange de blanc, de brun, de bleu et de cendré. Il vit dans les contrées froides, ne chante pas, et sa chair est peu estimée.

Le second a neuf pouces et demi de longueur totale. Son bec est d'un noir luisant ; les parties supérieures du corps sont d'un bleu plus éclatant sur la queue, plus foncé sur la tête, le cou et le dos, et entremêlé de barres noires sur les ailes ; les parties inférieures sont grises. Il a une sorte de huppe, et ses yeux sont environnés d'un petit cercle de plumes blanches : il habite les lieux froids, et y fait sa couvée.

Le troisième, qui se tient à terre sous les tiges de maïs, n'est pas plus gros qu'une caille, mais la longueur de son bec lui donne des rapports avec les bécasses. Son plumage offre un mélange de blanc, de roussâtre et de noir. Il ne chante pas, et ne fait que jeter un cri.

Le quatrième élototrl est à peine de la grosseur du chardonneret. Sa queue est presque entièrement noire, et le reste de son plumage est mélangé de bleu et de blanc. Il se tient sur les arbres, dans les montagnes, et ne chante pas.

Le cinquième est de la grosseur d'un moineau : ses ailes sont variées de fauve, de noir et de cendré ; son bec est d'un blanc noirâtre ; ses yeux sont noirs : l'iris est jaune, et le reste du corps est bleu. Il se plaît dans les régions tempérées, et on l'élève en cage pour jouir de son chant, qui est fort agréable.

Le rapprochement de ces descriptions suffit pour faire voir que le nom d'élotototl a été donné à des oiseaux de genres bien différens. Brisson a rapporté le premier à son tangara bleu du Brésil, tom. 3, p. 9, auquel il a également donné pour synonyme le *guira jenoia* de Marcgrave, p. 209, et de Pison, p. 94 ; mais il n'a sans doute pas fait assez d'attention au bec grêle que Fernandez lui attribue. Le même auteur a rapporté le quatrième élotototl, celui du chapitre 209, à son pitpit bleu de Cayenne, tom. 3, p. 534, *motacilla cayana*, Linn. ; mais cette prétendue identité ne semble pas fondée à Buffon, et celle que M. d'Azara suppose avec son *bec-en-poinçon*, n.° 107, ne l'est peut-être pas davantage, tant la description de Fernandez est vague. Buffon trouve lui-même que le troisième élotototl, chap. 169, présente une grande analogie avec la barge blanche, *recurvirostra alba*, Gmel. ; mais il ne paroît pas qu'on ait fait des applications particulières des deux autres. (Cʜ. D.)

ELPHÉGÉE, *Elphegea*. (Bot.) [*Corymbifères*, Juss. ; *Syngénésie polygamie nécessaire*, Linn.] Ce nouveau genre de plantes, que nous avons établi dans la famille des synanthérées, appartient à notre tribu naturelle des astérées, dans laquelle nous le plaçons auprès de notre nouveau genre *Sarcanthemum* et du *Baccharis*.

La calathide est radiée ; composée d'un disque pluriflore, régulariflore, masculiflore ; et d'une couronne subunisériée, liguliflore, féminiflore. Le péricline, égal aux fleurs du disque, et subhémisphérique, est formé de squames paucisériées, imbriquées, appliquées, ovales, concaves, coriaces, avec une bordure membraneuse. Le clinanthe est plane et inappendiculé. Les ovaires de la couronne sont oblongs, hispides, et pourvus d'un bourrelet basilaire ; leur aigrette est irrégulière, et composée de squamellules unisériées, entre-greffées à la base, inégales, flexueuses, filiformes-laminées, irrégulièrement barbellulées. Les faux-ovaires du disque sont réduits au seul bourrelet basilaire qui porte une aigrette semblable à celles de la couronne. Les corolles de la couronne ont la languette ovale-oblongue, et entière au sommet.

L'Elphégée crénelée (*Elphegea crenata*, H. Cass.) est un arbrisseau glabre; à tige rameuse, cylindrique, munie d'angles longitudinaux, et parsemée de cicatrices qui sont les vestiges des feuilles tombées. Les feuilles sont alternes, pétiolées, longues de deux à trois pouces, larges de neuf lignes; leur pétiole est long de six lignes, et bordé par la décurrence du limbe; celui-ci est oblong-lancéolé-aigu, insensiblement étréci vers la base, et pourvu sur les bords de crénelures longues et peu saillantes. Les calathides, composées de nombreuses fleurs jaunes, sont nombreuses, et disposées à l'extrémité des rameaux en corymbes paniculés, nus, dont les ramifications semblent enduites d'un vernis visqueux, qu'on observe aussi sur les feuilles et les jeunes rameaux. Nous avons observé cette espèce dans l'Herbier de M. de Jussieu, sur des échantillons recueillis par Commerson à l'île de Bourbon.

L'Elphégée a larges feuilles (*Elphegea latifolia*, H. Cass.) est un arbrisseau glabre, à tige cylindrique, anguleuse, dont les dernières ramifications, ainsi que les jeunes feuilles, semblent enduites d'un vernis visqueux. Les feuilles sont alternes, pétiolées, longues de quatre pouces, larges d'un pouce et demi, décurrentes sur le pétiole, qui est long d'un demi-pouce; leur limbe est elliptique, insensiblement étréci à la base, acuminé au sommet, muni de trois nervures principales convergentes, et son bord est tantôt très-entier, tantôt pourvu vers le haut, sur chaque côté, d'une ou deux dents aiguës. Les calathides, nombreuses, petites, et composées de fleurs jaunes, sont disposées en panicule corymbiforme terminant les rameaux. Nous avons observé cette espèce, dans l'Herbier de M. de Jussieu, sur un échantillon recueilli par Commerson à l'Ile-de-France.

L'Elphégée petite (*Elphegea minor*, H. Cass.; *Baccharis viscosa* Lamk., Encycl.) est un arbuste glabre, à tige divisée en rameaux divergens, cylindriques, grisâtres, rudes, parsemés de cicatrices qui sont les vestiges des feuilles tombées, et garnis de feuilles seulement vers le sommet. Les feuilles sont rapprochées, alternes, pétiolées, visqueuses dans leur jeunesse, à pétiole long d'un demi-pouce, à limbe long au plus d'un pouce et demi, large de huit à neuf lignes, elliptique, obtus au sommet, très-entier sur les bords, et muni de trois nervures principales convergentes. Les calathides sont nombreuses, petites, et disposées en panicule corymbiforme au sommet des rameaux; chaque calathide est composée d'un petit nombre de fleurs, à corolle jaune; son clinanthe est petit, et son péricline est à peine imbriqué. Nous avons observé cette espèce dans l'Herbier de M. de Jussieu, sur un échantillon recueilli par Commerson à l'Ile-de-France.

L'ELPHÉGÉE LANCÉOLÉE (*Elphegea lanceolata*, H. Cass.) est un arbrisseau rameux, diffus, glabre, à tige cylindrique, à rameaux anguleux, striés, divergens. Les feuilles sont alternes; leur pétiole long de huit à dix lignes, porte un limbe long d'environ deux pouces et demi, large de neuf à dix lignes, lancéolé, aigu aux deux bouts, un peu coriace, muni de trois nervures convergentes, et tantôt très-entier sur les bords, tantôt pourvu de quelques dents ou crénelures plus ou moins rares, et plus ou moins saillantes. Les calathides, disposées en corymbes paniculés au sommet des rameaux, sont nombreuses, petites, pauciflores, à corolles jaunes.

L'ELPHÉGÉE A CINQ NERVURES (*Elphegea quinquenervia*, H. Cass.) diffère de l'espèce précédente par les feuilles qui sont plus larges, elliptiques - lancéolées, toutes très-entières sur les bords, et à cinq nervures principales, au lieu de trois; par les corymbes, qui sont plus petits, plus denses, moins ramifiés; enfin, par les calathides qui sont multiflores, et dont les périclines sont plus imbriqués.

L'ELPHÉGÉE DENTÉE (*Elphegea dentata*, H. Cass.) est un arbrisseau rameux et glabre, à feuilles alternes, longues d'environ deux pouces et demi, larges d'environ un pouce, un peu obovales, aiguës, munies de trois ou cinq nervures principales; leur pétiole est très-court, large, bordé par la décurrence du limbe; celui-ci est ordinairement très-entier sur les bords de sa partie inférieure, et découpé en grandes dents aiguës, sur les bords de sa partie supérieure. Les calathides, rassemblées en grands corymbes à l'extrémité des rameaux, sont très-nombreuses, multiflores, et composées de fleurs jaunes. Nous avons observé cette espèce-ci et les deux précédentes, dans un Herbier des îles de France et de Bourbon, reçu au Muséum d'Histoire naturelle de Paris, en janvier 1819.

L'Elphégée hérissée (*Elphezea hirta*, H. Cass., Bull. de la Soc. Philom., février 1818; *Conyza lithospermifolia*, Lamk., Encycl.) paroît être un arbuste, hérissé sur toutes ses parties de poils roides, articulés, analogues à ceux des borraginées; sa tige est ligneuse, épaisse, rameuse; ses feuilles, très-rapprochées sur les rameaux, sont alternes, pétiolées, ovales-lancéolées, blanchâtres sur les deux faces, comme argentées, tantôt, et le plus souvent, entières, tantôt munies de quelques dents sur leur partie supérieure; les calathides, composées de fleurs jaunes, sont réunies en petits corymbes, qui terminent des rameaux pédonculiformes; le péricline est formé de squames bi-tri-sériées, obimbriquées, à peu près égales, appliquées, linéaires-lancéolées, coriaces, uninervées, membraneuses sur les bords et au sommet, les extérieures plus grandes; le clinanthe est planiuscule et papillifère. Nous avons observé cette espèce, dans l'Herbier de M. de Jussieu, sur un échantillon recueilli par Commerson à l'Ile-de-France. Elle s'écarte un peu des caractères du genre par le péricline et le clinanthe. (H. Cass.)

ELPHIDE, *Elphidium.* (*Conch.*) Genre établi par M. Denis de Montfort, pour des coquilles presque microscopiques, très-comprimées, enroulées verticalement, non ombiliquées; les tours de spire non apparens; le dernier modifiant fortement l'ouverture triangulaire, et entièrement close par la dernière des cloisons, qui sont simples et percées à leur partie supérieure par un seul trou. Il ne contient qu'une seule espèce, que L. Fichtel et J. P. C., Moll. Test. microsc., pag. 68, tab. 10, *h, i, k,* nomment *nautilus macellus,* et que M. Denis de Montfort appelle l'Elphide soufflé, parce que cette petite coquille, d'un quart de ligne de diamètre, est renflée d'espace en espace. Elle est de couleur rosée ou jaunâtre, et se trouve assez abondamment dans les éponges, les polypiers et autres corps marins de la Méditerranée. (De B.)

ELPOUT (*Ichthyol.*), nom anglois de la Lote. Voyez ce mot. (H. C.)

ELPS. (*Ornith.*) Voyez Elbish. (Ch. D.)

ELSHOLTZIA. (*Bot.*) Genre de plantes dicotylédones, à fleurs complètes, monopétalées, irrégulières, de la famille des labiées, de la *didynamie gymnospermie* de Linnæus, ayant pour caractère essentiel : Un calice tubulé , à cinq dents ; une corolle labiée ; la lèvre supérieure à quatre dents, l'inférieure plus longue , entière , un peu crénelée ; quatre étamines écartées et didynames ; un style ; quatre semences nues au fond du calice.

Ce genre faisoit partie des hysopes de Linnæus : il s'en distingue par le port de ses espèces à fleurs unilatérales, munies de bractées ; par les deux lèvres de la corolle. On y rapporte les espèces suivantes :

Elsholtzia en crête : *Elsholtzia cristata*, Willd., *Spec.*, 3, pag.159, et *in Ust. Bot. Mag.* 11, pag. 5, tab. 1 ; *Hyssopus ocymipholius*, Lamk., *Encycl.*; Schrad., *Bot. Handb.*, 2, tab. 167 ; *Mentha Patrini*, *Nov. Act. Petrop.*, 1 , pag. 336, tab. 8. Cette plante a été découverte dans la Sibérie, sur les bords du lac Baikal. Elle est odorante et ressemble au grand basilic par son feuillage. Ses tiges sont herbacées, hautes d'environ un pied et demi, rameuses, obtusément tétragones, un peu pubescentes vers leur sommet ; les feuilles opposées, longuement pétiolées, ovales, dentées, glabres à leurs deux faces ; les fleurs fort petites, bleuâtres, disposées sur des épis sessiles et terminaux : ces fleurs sont nombreuses, tournées d'un seul côté de l'épi, tandis que l'autre côté est garni dans toute sa longueur de deux rangées de bractées presque en cœur, ovales ou arrondies avec une petite pointe ; les dents du calice droites, aiguës, presque égales ; il existe entre ces dents, des poils, qui , après la chute de la corolle, deviennent connivens à l'orifice du calice. Cette plante est cultivée au Jardin du Roi. Son odeur est pénétrante, fort agréable , et approche de celle de la rose.

Elsholtzia paniculée : *Elsholtzia paniculata*, Willd.; *Hyssopus cristatus*, Lamk. *Encycl.*; *Manam-podam*, Rheed., *Malab.*, 10, tab. 65. Cette espèce croît aux lieux humides dans l'Inde et sur la côte du Malabar ; elle a une odeur aromatique et agréable dans toutes ses parties. Sa tige est herbacée, tétragone, velue ainsi que toute la plante, rameuse, haute de deux pieds ; les rameaux quelquefois alternes ; les feuilles opposées, médiocrement pétiolées, ovales, grossièrement dentées, inégales à chaque paire, l'une étant beaucoup plus petite que l'autre : les fleurs petites, nombreuses, unilatérales, réunies sur des épis terminaux, interrompus, velus, comprimés latéralement, garnis de bractées à demi en cœur, veinées, imbriquées; le calice tubuleux, à cinq dents droites, aiguës; les semences noires, ovales et anguleuses.

Il faut rapporter au même genre le *colebrookea oppositifolia*, Smith, *Bot. Exot.*, tab. 115, dont les feuilles sont opposées, elliptiques lancéolées, ridées, velues, un peu aiguës, légèrement dentées en scie; les fleurs disposées en épis opposés, en forme de queue, réunis en verticilles très-rapprochés. Elle croît dans les Indes orientales : elle a le port de l'*hyssopus nepetoides*. Quelques auteurs pensent que le *barbula* de Loureiro doit trouver place ici. M. Rob. Brown le rapporte à son genre *Plectranthus*. Voyez BARBULE. (POIR.)

ELSOTA. (*Bot.*) Adanson emploie ce nom pour désigner le *securidaca* de Linnæus, genre de plante légumineuse. (J.)

ELSTER (*Ornith.*), nom allemand du pic varié ou grand épeiche, *picus major*, Linn. (CH. D.)

ELU. (*Bot.*) nom brame des *elettari* du Malabar, espèces d'amome. Il ne faut pas les confondre avec l'*ellou* de Pondichéry, ou *car-élu* du Malabar, qui est le sésame. (J.)

ELUTHERIA. (*Bot.*) Ce nom d'un genre de P. Browne, réuni par Linnæus à son *guarea*, avoit été adopté par Adanson pour designer ce dernier genre qui appartient aux méliacées. Linnæus avoit fait sous le même nom, dans l'*Hort. Clifort.*, un autre genre qu'il a ensuite réuni à son *clutia* ou *eluytia*, et dont plus récemment M. Swartz fait une espèce du genre *Croton*, rangé parmi les euphorbiacées. (J.)

ELVAN (*Min.*), nom que l'on donne en Cornouailles à la roche que les géognostes allemands nomment *thonporphyr*, et que nous avons rendu par celui d'*argilophyre*. Voyez PORPHYRE. (B.)

ELVASIA A FEUILLES ELÉGANTES (*Bot.*), *Elvasia calophylla*, Decand., Ann. Mus., 17, pag. 422, tab. 20. Genre de plantes dicotylédones, à fleurs complètes, polypétalées, régulières, de la famille des ochnacées, de l'*octandrie monogynie* de Linnæus, offrant pour caractère essentiel : Un calice à quatre divisions; quatre pétales; huit étamines; les filamens alongés; les anthères ovales s'ouvrant par deux fentes; un ovaire à quatre loges; le fruit inconnu.

Quoique le fruit n'ait point été observé dans cette plante, il est facile néanmoins de reconnoître, par les autres parties de sa fleur, qu'elle appartient à la même famille que l'ochna, et qu'elle ne peut être réunie à ce dernier genre. Cette plante est un arbrisseau du Brésil, dont la tige est revêtue d'une écorce cendrée, garnie de feuilles alternes, très-médiocrement pétiolées, alongées, un peu rétrécies à leur sommet, traversées par une côte large et aplatie, munies de veines simples, latérales, fines, régulières, très-nombreuses; les bords entiers ou à peine denticulés; de petites stipules aristées, acuminées. Les fleurs sont disposées en grappes terminales, paniculées, un peu plus courtes que les feuilles; les ramifications alongées; les pédicelles grêles, uniflores, articulés à leur base; ces fleurs sont petites, leur calice à quatre lobes ovales, obtus; quatre pétales en ovale renversé ou cunéiformes, obtus, à peine plus longs que le calice; les filamens grêles, persistans; l'ovaire formé de quatre tubercules; le style filiforme, surmonté d'un stigmate simple, en tête. (Poir.)

ELVE-KONGE. (*Ornith.*) L'oiseau que l'on nomme ainsi en Norwége, suivant Pontoppidan, *Nat. Hist. of Norway*, tom. 2, p. 72, est le cincle, *sturnus cinclus*, Linn. (Ch. D.)

ELVELE ou Elvelle. (*Bot.*) Voyez Helvelle. (Lem.)

ELVO. (*Bot.*) Voyez Alevo. (J.)

ELV-KRA (*Ichthyol.*), un des noms norwégiens de la truite. (H. C.)

ELWANDOU. (*Mamm.*) C'est à Ceylan, suivant Knox, le nom d'une espèce de singe à corps gris et à barbe noire. C'est le macaque ouanderou des naturalistes. Voyez Macaque. (F. C.)

ELYME (*Bot.*), *Elymus*, Linn. Genre de plantes monocotylédones, de la famille des graminées de Jussieu, et de la *triandrie digynie* de Linnæus; dont les principaux caractères sont les suivans : Fleurs disposées en un épi simple, formé d'épillets sessiles, géminés ou ternés sur chaque dent de l'axe commun; chaque épillet à deux glumes accompagnées extérieurement d'une ou deux paillettes latérales, et contenant deux à quatre fleurettes composées de deux balles, dont l'extérieure plus grande, pointue et souvent terminée par une arête; de trois étamines à filamens capillaires, et d'un ovaire supérieur à deux styles, se changeant en une graine oblongue, enveloppée dans sa balle florale.

Les élymes comprennent aujourd'hui environ vingt espèces, presque toutes vivaces, et qui pour la plupart habitent
les contrées tempérées et septentrionales de l'ancien ou du
nouveau continent; deux d'entre elles sont indigènes. Ces
plantes ne présentant pas beaucoup d'intérêt, nous ne parlerons que des plus remarquables.

ELYME DES SABLES ; *Elymus arenarius*, Linn., *Spec.*, 122. Toute
cette plante a une belle couleur glauque ou blanchâtre ; sa
tige s'élève à deux ou trois pieds, et se termine par un épi
pubescent, blanchâtre, long de six à huit pouces, et dépourvu
d'arêtes. On trouve cette plante dans les lieux sablonneux
des bords de la mer, en France et en Europe. Ses racines
rampantes, très-nombreuses et très-longues, sont propres
à donner de la fixité et de la consistance aux sables mouvans.

ELYME D'EUROPE ; *Elymus europæus*, Linn., *Mant.*, 35. Les
feuilles de cette espèce sont légèrement pubescentes ; sa tige,
haute d'un pied et demi à deux pieds, est terminée par un épi
droit, cylindrique, comprimé, muni d'arêtes fort longues, dont
la glume de chaque épillet contient ordinairement deux à trois
fleurettes. Cette espèce croît en Europe, dans les prés et sur
les bords des chemins. Kœler (*Gram.*, 328) en a fait sous le
nom de *cuviera* un genre qui n'a pas été adopté.

ELYME DE CANADA ; *Elymus canadensis*, Linn., *Spec.*, 123. Cette
espèce se distingue aisément par ses épillets velus, lâches,
penchés et munis de très-longues arêtes ; sa tige s'élève à trois
ou quatre pieds, et ses feuilles sont glauques.

ELYME TÊTE DE MÉDUSE ; *Elymus caput Medusæ*, Linn., *Spec.*,
123. Sa tige est menue, n'a qu'un pied de haut, et elle se
termine par un épi oblong, dont les épillets sont munis d'une
sorte d'involucre, formé de quatre paillettes sétacées, très-
ouvertes et réfléchies. Cette plante croît dans les lieux maritimes de l'Espagne et du Portugal.

ELYME HÉRISSONNÉ ; *Elymus hystrix*, Linn., *Spec.*, 124. Ses tiges
hautes de deux pieds ou environ, sont terminées par un épi
droit, long de quatre à cinq pouces, composé d'épillets géminés à chaque dent de l'axe, munis de très-longues arêtes,
dépourvus de paillettes latérales, mais chargés de deux callosités particulières sur leur pédicule propre. Cette espèce croît

dans la Virginie. Willdenow (*Enum. Hort. Berol.*, 1, 132.) en
a fait un genre particulier sous le nom d'*Asprella*.

Les botanistes placent aujourd'hui parmi les fromens, sous
le nom de *triticum sepium*, l'*elymus caninus* de Linnæus. (L. D.)

ELYMODRYS. (*Bot.*) Suivant Dalechamps, le chêne étoit
ainsi nommé dans la Macédoine. (J.)

ELYONURE, *Elyonurus*. (*Bot.*) Genre de plantes monocotylédones, à fleurs glumacées, de la famille des graminées.
de la *polygamie monoécie* de Linnæus, rapproché des *andropogon*, offrant pour caractère essentiel : Des fleurs polygames,
disposées en épi terminal; les épillets géminés, uniflores, l'un
hermaphrodite, sessile, l'autre mâle, pédicellé; les valves du
calice coriaces; celles de la corolle membraneuses et mutiques; trois étamines; deux styles.

Ce genre, très-voisin des *andropogon*, en diffère particulièrement par les valves de sa corolle, privées d'arête. Ses
fleurs, disposées en épis grêles et alongés, lui ont fait donner
le nom d'*elyonurus*, composé de deux mots grecs, ἐλειὸς (loir),
οὐρὰ (queue), queue de loir. Il renferme les deux espèces
suivantes :

ELYONURE FAUX TRIPSAC : *Elyonurus tripsacoides*, Willd., *Exclus.
Descrip.*; Kunth, *in* Humb. et Bonpl. *Nov. Gen.*, 1, pag. 192,
tab. 62. Plante découverte à la Nouvelle-Grenade, dans la
vallée de Caracasana. Elle répand, ainsi que l'espèce suivante,
une odeur aromatique qui approche de la térébenthine. Ses
tiges sont droites, comprimées, rameuses, longues de trois
pieds, pubescentes entre les nœuds et les épis; les entre-nœuds
supérieurs alternativement canaliculés à un de leurs côtés; les
feuilles roides, linéaires, roulées par la dessiccation, lanugineuses et pileuses en dedans, denticulées à leurs bords et sur
leur carène; un épi solitaire, terminal; le rachis flexueux,
articulé, pileux et soyeux à ses bords; les épillets géminés.
Dans la fleur hermaphrodite, les valves calicinales verdâtres,
oblongues, inégales, à peine pubescentes; les valves de la
corolle glabres, blanchâtres, deux fois plus courtes que le
calice; l'ovaire oblong, accompagné de deux écailles lancéolées, une fois plus courtes; dans la fleur mâle, les valves du
calice fermées, une fois plus petites; l'inférieure acuminée et
non bifide.

Elyonure ciliÉ; *Elyonurus ciliaris*, Kunth, *in* Humb. *et* Bo.ipl. *Nov. Gen.*, 1, tab. 63. Cette espèce est très-rapprochée de la précédente. Ses racines sont rougeâtres, aromatiques; ses tiges presque ascendantes; ses feuilles étroites, rudes à leurs deux faces; l'épi linéaire, long de trois pouces; le rachis flexueux, comprimé et pileux : dans la fleur hermaphrodite, la valve inférieure du calice est lanugineuse et soyeuse à son sommet, la supérieure pubescente, ainsi que celle de la corolle; dans la fleur mâle, les valves calicinales sont très-ouvertes, une fois plus petites; l'inférieure acuminée. Cette plante croît dans les forêts, le long de l'Orénoque et dans la Nouvelle-Grenade. (Poir.)

ELYTRAIRE, *Elytraria*. (*Bot.*) Genre de plantes dicotylédones, à fleurs complètes, monopétalées, irrégulières, très-rapproché des *justicia* (carmantine), de la famille des acanthacées, de la *diandrie monogynie* de Linnæus, ayant pour caractère essentiel : Un calice à quatre divisions inégales; celle de devant bifide ou à deux dents, accompagnées de deux bractées; une corolle infundibuliforme, presque labiée, à cinq découpures presque égales; deux étamines; deux filamens stériles; les anthères à deux loges; un seul style; le stigmate en languette; une capsule supérieure, bivalve, à deux loges, chaque loge divisée par une cloison opposée aux valves; quelques semences lenticulaires, attachées à la base de la cloison.

Ce genre, auquel se rapportent quelques *justicia* de Linnæus, est composé d'espèces la plupart originaires de l'Amérique, pourvues d'une tige courte ou presque nulle, feuillée vers son sommet; les pédoncules alongés, garnis de bractées nombreuses, en écailles; les fleurs imbriquées sur un ou plusieurs épis. On y rapporte les espèces suivantes :

Elytraire rameuse; *Elytraria ramosa*, Kunth, *in* Humb. *e* Bonpl. *Nov. Gen.*, 2, pag. 235. Plante du Mexique, qui croî aux lieux maritimes et sablonneux, proche Acapulco, don les racines, presque ligneuses et ramifiées, produisent de feuilles toutes radicales, oblongues-lancéolées, aiguës, entières rétrécies à leur base, glabres en dessus, un peu hispides e dessous, longues de deux pouces. De leur centre s'élèvent de pédoncules longs d'un pied, à trois divisions ramifiées; le

rameaux étalés, cylindriques, couverts d'écailles imbriquées,
ovales, aiguës, un peu ciliées; les épis courts, solitaires; les
bractées bifides à leur sommet, ovales-oblongues, mucronées
dans l'échancrure; les divisions du calice ciliées au sommet;
la corolle bleue.

ELYTRAIRE CRÉNELÉE : *Elytraria crenata*, Vahl, *Enum.*, 1,
pag. 106; Pluken., *Almag.*, tab. 438, fig. 1; *Justicia acaulis*,
Linnæus, *Supp.* Cette espèce croît dans les Indes orientales.
Ses racines sont pubescentes, lanugineuses à leur partie supérieure; les feuilles toutes radicales, presque sessiles, oblongues,
à grosses dentelures, longues de six à sept pouces, velues en
dessous. De leur centre s'élèvent plusieurs pédoncules courts,
très-simples, couverts d'écailles lancéolées, aiguës; les épis
simples, cylindriques; les bractées ovales, concaves, entières;
celles du calice linéaires; les divisions calicinales velues; la
supérieure plus large, l'inférieure bidentée. L'*elytraria lyrata*,
Vahl, l. c., du même pays, se distingue par ses feuilles pétiolées, longues d'un pouce et plus, glabres, en lyre, presque
pinnatifides; les pétioles hérissés.

ELYTRAIRE TRIDENTÉE: *Elytraria tridentata*, Valh, *Enum.*, l. c.,
et *Eglog. Amer.*, 1, pag. 1. Ses feuilles sont lancéolées, entières,
longues d'un pouce et demi, un peu décurrentes sur le pétiole,
toutes radicales, un peu velues sur leurs nervures. Les pédoncules sont longs de six à sept pouces, simples, ou divisés vers
leur sommet en deux ou trois rameaux, couverts d'écailles
subulées, en carène; les épis, longs d'un à deux pouces, munis
de bractées convexes, tridentées; la dent du milieu prolongée
en une pointe roide; les deux bractées du calice sétacées; les
découpures calicinales linéaires, égales, légèrement ciliées à
leur sommet; les capsules ovales, aiguës, de la longueur du
calice. Cette plante croît à l'île de Sainte-Marthe et au Brésil.

ELYTRAIRE BORDÉE : *Elytraria marginata*, Vahl, *Enum.*, l. c.;
Pal. Beauv., *Fl. Owar.*, 2, tab. 93. Ses feuilles sont toutes radicales, lancéolées, rétrécies et décurrentes à leur base sur le
pétiole, longues d'environ trois pouces, glabres, entières; les
pédoncules simples ou bifides vers leur sommet, couverts
d'écailles ovales lisses, scarieuses et ciliées à leurs bords; les
divisions du calice linéaires-lancéolées, mucronées, vertes
sur leur dos, ciliées à leur sommet. Cette espèce croît au Séné-

gal, dans la Guinée et dans les royaumes d'Oware et de Bénin.

ELYTRAIRE EFFILÉE : *Elytraria virgata*, Mich., *Amer.*, 1, pag. 9, tab. 1; *Tubiflora caroliniensis*, Gmel., *Syst. nat.*, pag. 17; Walth., *Carol.*, 60. Cette espèce a été découverte aux lieux humides dans la Basse-Caroline. Ses racines sont brunes et fibreuses : elles produisent des feuilles oblongues, lancéolées, obtuses, rétrécies en pétiole à leur base, longues de deux ou trois pouces, très-glabres, légèrement sinuées à leur partie inférieure. Il sort immédiatement du collet de la racine une hampe ou un pédoncule très-simple, long d'un pied, couvert d'écailles courtes, vaginales, mucronées, imbriquées, de couleur cendrée; les fleurs sont disposées en un épi droit, chacune d'elles placée dans l'aisselle d'une bractée coriace; leur calice velu, sa découpure inférieure bidentée; deux bractées linéaires, un peu pubescentes; la corolle blanche, un peu plus longue que le calice ; ses lobes crénelés.

ELYTRAIRE FASCICULÉE; *Elytraria fasciculata*, Kunth, *in* Humb. *et* Bonpl., *Nov. Gen.*, 2, pag. 233. Ses racines produisent une tige très-courte, des feuilles pétiolées, oblongues, aiguës, rétrécies en pétiole, entières, hispides en dessus, pubescentes en dessous sur leurs veines, longues de deux pouces; les pédoncules sont fasciculés, ascendans, longs de deux à six pouces, contenant à leur sommet plusieurs épis; les écailles ovales, aiguës, pubescentes et ciliées à leur contour. Les épis sont fasciculés, au nombre de six à onze; les bractées ovales, tridentées à leur sommet; la dent du milieu subulée, plus longue que les autres; les divisions du calice pileuses et ciliées à leur sommet; la corolle bleue. Cette plante croît aux environs de Caracas, dans les champs de riz.

ELYTRAIRE FEUILLÉE; *Elytraria frondosa*, Kunth, l. c. Plante des environs de Carthagène et de Turbaco, dans la Nouvelle-Grenade. Ses racines sont annuelles et rameuses : il s'en élève une tige simple, haute d'un demi-pied, glabre, cylindrique, chargée à son sommet de feuilles oblongues, aiguës, rétrécies en pétiole à leur base, glabres, entières, longues de trois pouces, soutenues par des pétioles longs d'un à deux pouces : les pédoncules sont axillaires, cylindriques, longs d'environ six pouces, soutenant d'un à trois, quelquefois quatre épis; les écailles ovales-lancéolées, cuspidées, ciliées à leurs bords; les épis longs de deux pouces ; les bractées imbriquées, ovales, coriaces, membraneuses et blanchâtres à leurs bords, bifides, aristées ; les divisions du calice inégales, pileuses et ciliées à leur sommet : la corolle bleue, tachetée de blanc ; le tube filiforme, à peine de la longueur du calice ; le limbe à deux lèvres : la supérieure droite, bifide ; l'inférieure réfléchie, à trois lobes. (Poir.)

ELYTRES, *Elytræ*. (*Bot.*) Les séminules, corps reproducteurs des agames et des cryptogames, se développent, soit dans des ovaires qui font partie de véritables pistils (mousses, hépatiques et autres cryptogames), soit dans des conceptacles, sortes d'ovaires qui, n'ayant pas fait partie du pistil, n'offrent point de vestiges de styles et de stigmates (fougères, algues, etc.). Les séminules sont libres dans ces conceptacles (fougères), ou bien elles sont enfermées dans des conceptacles particuliers, réunis dans des conceptacles communs (quelques algues, quelques lichens). Ce sont ces conceptacles particuliers qu'on nomme élytres. (Mass.)

ELYTRES (*Entom.*) ; *Elytra, vaginæ alarum, alæ vaginantes*. On nomme ainsi les ailes supérieures dans les insectes, quand elles protègent les inférieures, qui sont alors membraneuses et plissées, et qui sont le plus ordinairement pliées en travers comme dans les coléoptères, ou tout-à-fait droites comme dans la plupart des orthoptères.

Le mot *élytre* est grec, ἔλυῖρον. On trouve souvent cette expression dans Aristote. Ainsi, dans son Histoire des Animaux, on lit dans le livre Ier, chapitre 5 : « Entre les volatiles « dont les ailes n'ont pas de plumes, on distingue les coléoptères, « ainsi nommés parce que leurs ailes sont enfermées sous « des étuis ; tels sont les *scarabées* et les *hannetons* : les autres « n'ont pas d'étuis pareils ; ils ont deux ou quatre ailes. » Τῶν ϗ πτενῶν μεν, ἀναίμων δὲ, τὰ μεν κουλεοπτερα ἐστιν. Ἔχει γὰρ ἐν ἐλυτρω τὰ πτερα, οἷον αἱ μελολονθαι ϗ οἱ κανθαροί. Τὰ δὲ ἀνελυτρα. ϗ τουτων τὰ μεν διπτερα, τὰ ϗ τεταπτερα.

Tous les auteurs ont fait le mot *élytre* féminin, tandis qu'il devoit être masculin. Nous nous sommes conformés à l'usage.

Les élytres sont donc des ailes le plus souvent coriaces, comme crustacées, peu flexibles, qui préservent et protègent les ailes inférieures ou membraneuses, comme des gaînes, des fourreaux ou des étuis, surtout dans les coléoptères qui ont tiré leur nom de l'usage des élytres.

Fabricius, dans sa Philosophie entomologique, distingue dans l'élytre la *base* qui correspond au corselet, la pointe ou l'extrémité qui lui est opposée; la *suture* ou le bord interne qui se joint à celui de l'élytre opposée; le bord externe, ou simplement le bord; la face convexe ou supérieure, et l'inférieure ou abdominale, qui est concave ou en voûte.

On a donné différens noms aux élytres, suivant leur proportion, leur étendue, leur superficie, leur consistance.

Ainsi, elles sont courtes, raccourcies, prolongées, élargies, rétrécies, arrondies, pointues, molles, flexibles, dures, convexes, planes, concaves, bossues, réfléchies, lisses, brillantes, velues, chagrinées, striées, roides, épineuses, etc. etc. Voyez AILES; COLÉOPTÈRES, tom. X, pag. 27, et ORTHOPTÈRES.

Quelques auteurs ont appelé *anélytrés*, d'après Aristote, les insectes qui sont privés d'élytres, comme les diptères, les hyménoptères, les lépidoptères, les névroptères: et, parmi les hémiptères, les cigales, les pucerons et autres genres voisins.

Les élytres ne servent pas au vol : elles s'écartent et se soulèvent sans s'étendre tout-à-fait. Leur articulation est beaucoup plus facile à luxer que celle des ailes membraneuses : aussi trouve-t-on souvent des coléoptères estropiés et impropres au vol, quoique ces parties ne soient que déplacées.

Quant aux proportions, on nomme raccourcies ou demi-élytres, *dimidiata elytra*, celles des *staphilins*, des *forficules*, des *molorques*, des *meloës*. On appelle alongées, celles des *blattes*, des *criquets*, des *capricornes*.

Quant à la forme, les élytres sont subordonnées à celle de l'abdomen. Ainsi, dans les *coccinelles*, les *chrysomèles*, elles sont arrondies, courtes et voûtées; à peu près de même largeur, et alongées dans les *cicindèles*; rétrécies à l'extrémité libre dans les *leptures*, les *nécydales*, les *mordelles*;

Planes dans les *priones*;

Bossues dans les *érotyles*, les *cnodalons*;

Comme croisées, ou se recouvrant dans la plupart des hémiptères voisins des punaises.

Elles sont molles, flexibles dans les apalytres et les épispastiques, comme les *cantharides*, les *mylabres*. Ces élytres sont très-dures, au contraire, dans les *brachycères*, les *lamies*, les *chrysomèles*.

Le bord des élytres est relevé en dessus dans les *cossyphes*, les *eurychores*; il est recourbé en dessous dans les *boucliers*, *nitidules*, *cassides*.

Leur pointe ou extrémité libre est comme découpée dans quelques espèces de *silphes*; garnie de pointes ou de dentelures dans quelques *bostriches*, dans plusieurs *buprestes*, dans quelques *priones* : elle est comme tronquée dans les *staphilins*, les *molorques*; un peu prolongée dans les *blaps*.

Les élytres sont soudées dans plusieurs coléoptères privés d'ailes membraneuses, tels que les *manticores*, les *cychres*, les *anthies*, la plupart des *photophyges*, des *brachycères*, des *lamies*, etc.

La surface des élytres présente en outre un très-grand nombre de particularités que l'on a désignées par des expressions techniques qui leur sont spécialement attribuées. Ainsi, on appelle élytres pubescentes celles qui sont couvertes de poils flexibles, longs, comme dans quelques *trichies*, *lagries*, *dasytes*, qui tous ont tiré leur nom de cette particularité. Dans d'autres espèces, les élytres sont poilues, comme dans quelques mélolonthes, dans le foulon, dans quelques charançons : quelquefois ces poils sont disposés en faisceaux, comme dans le *bupreste*, dit fasciculaire, dans la *sphéridie* qui porte le même nom. Au contraire, les élytres sont lisses, brillantes, polies, dans les *coccinelles*, les *diapères*, les *oxypores* : elles sont rugueuses ou scabres dans les *sépidies*, les *pimélides*, les *brachycères*, avec des lignes élevées, enfoncées, longitudinales ou transverses, des points saillans ou des enfoncemens semblables à des cicatrices, à des fossettes régulières, orbiculaires ou ovales. On donne aux taches qui s'y voient et qui prennent diverses couleurs, des noms particuliers : tantôt on les nomme maculatures, points, gouttes, notes, lignes, ceintures, bandes, etc.

Enfin, comme les élytres portent de très-bons caractères spécifiques, on s'est souvent servi des particularités qu'elles présentent pour en composer les noms triviaux. (C. D.)

ELYTRIGIA. (*Bot.*) Dans le genre *Triticum* de Linnæus, on trouve réunies des espèces qui se présentent sous un aspect qui les rend très-différentes les unes des autres, mais rapprochées par leur caractère essentiel. M. Desvaux (Journ. Bot., 5, pag. 74, tab. 3, fig. 4) a essayé de les séparer, surtout du froment cultivé, par l'établissement qu'il propose du genre *Elytraria*, caractérisé par des épillets imbriqués, disposés en épis, placés sur un rachis denté; chaque épillet composé de dix ou douze fleurs; un calice à deux valves lancéolées, obtuses ou aiguës; les valves de la corolle lancéolées, mutiques, ou terminées par une soie. Dans les vrais *triticum*, les épillets n'ont guère que deux ou trois fleurs; les valves du calice sont en bosse, échancrées à leur sommet; la fleur inférieure fertile, les supérieures stériles. (Poir.)

ELYTROPAPPUS. (*Bot.*) [*Corymbifères*, Juss.; *Syngénésie polygamie égale*, Linn.] Ce nouveau genre de plantes, que nous avons établi dans la famille des synanthérées (Bull. de la Soc. philom., décembre 1816), appartient à notre tribu naturelle des inulées, section des gnaphaliées, dans laquelle nous le plaçons auprès du *metalasia* de M. R. Brown, dont il diffère principalement par l'aigrette, qui est double, l'intérieure plumeuse, l'extérieure en forme de gaîne.

La calathide est incouronnée, équaliflore, pluriflore, régulariflore, androgyniflore. Le péricline, égal aux fleurs, est formé de squames subunisériées, oblongues-aiguës. Le clinanthe est petit et inappendiculé. Les ovaires sont grêles, cylindriques, papillés, et pourvus d'un gros bourrelet basilaire; leur aigrette est double : l'extérieure courte, coroniforme, membraneuse, cylindrique, à bord irréguliérement sinué, imite un calice en cloche, ou un étui qui embrasse étroitement en dehors la partie basilaire de l'aigrette intérieure; celle-ci est longue, composée de squamellules égales, unisériées, entre-greffées à la base, caduques, filiformes, barbées. Les divisions de la corolle sont hérissées de papilles sur leur face intérieure. Les anthères sont munies de longs appendices.

L'ELYTROPAPPE SPINELLEUX (*Elytropappus spinellosus*, H. Cass.; *Gnaphalium hispidum*? Willd.) est une plante ligneuse, ou un petit arbuste, ayant le port et la taille d'une bruyère. Ses rameaux supérieurs sont entièrement couverts de feuilles très-rapprochées, alternes ou spiralées, sessiles : celles-ci sont

linéaires, mucronées au sommet, subcylindracées, roulées en
dessus par les bords, épaisses, coriaces ; leur face supérieure,
presque entièrement cachée par la roulure des bords, est
concave et couverte de longs poils blancs, laineux, couchés ;
leur face inférieure est convexe, glabre, lisse, luisante, d'un
vert gai, hérissée d'excroissances éparses, filiformes : les calathides, composées chacune d'environ douze fleurs, sont rassemblées en capitules au sommet de la tige et des rameaux ;
chacun de ces capitules comprend une douzaine de calathides
sessiles, et séparées seulement par quelques bractées ou feuilles
florales.

Nous avons décrit cette plante sur un échantillon conservé
dans l'Herbier de M. de Jussieu, où il est nommé, d'après
Vahl, *gnaphalium hispidum*, avec une note indiquant qu'il a
été envoyé par Thunberg en 1788, et qu'il vient du cap de
Bonne-Espérance. Nous devons faire remarquer que notre
plante a les squames du péricline aiguës, tandis que Willdenow
attribue à la sienne des squames obtuses.

L'élytropappe est un genre très-remarquable par son aigrette et par ses feuilles. (H. Cass.)

ELYTROPHORE ARTICULÉ (*Bot.*): *Elytrophorum articula-
tum*, Pal. Beauv., *Agrost.*, pag. 67, tab. 14, fig. 2 ; Poir., *Ill. Gen.*,
Supp., cent. 10 ; Pluken., *Phytogr.*, tab. 190, fig. 5. Genre de
plantes monocotylédones, à fleurs glumacées, de la famille des
graminées, de la *triandrie diginie?* de Linnæus, qui a des rapports avec les *cynosurus*, et dont le caractère essentiel consiste
dans des épillets agglomérés dans un involucre à plusieurs folioles
lancéolées ; un calice bivalve, de trois à six fleurs ; la valve
inférieure de la corolle ventrue, naviculaire, subulée ; la
supérieure échancrée, mucronée dans l'échancrure.

Cette plante, originaire des Indes orientales, a des tiges
droites, grêles, ramifiées, garnies de feuilles courtes, étroites,
alternes, subulées ; un épi droit, terminal ; les épillets réunis en
paquets sessiles, globuleux ; les inférieurs distans, renfermés
dans un involucre un peu plus court que les épillets, composé
de trois à sept folioles lancéolées ; le calice composé de deux
valves subulées, aiguës, contenant trois ou six fleurs ; les valves
de la corolle inégales ; l'inférieure ventrue, naviculaire, subulée ; la supérieure échancrée, légèrement mucronée entre les

deux lobes de l'échancrure. Les étamines n'ont point été observées. L'ovaire est ovale, aigu; le style court, bifide; les stigmates velus. (Poir.)

ELZÉ (*Bot.*), nom languedocien du chêne-yeuse. (L. D.)

ELZERINE, *Elzerina.* (*Polyp.*) Genre de polypiers établi par M. Lamouroux, dans son ouvrage sur les polypiers flexibles, dans la famille des cellariées, pour une petite espèce qui a quelque ressemblance avec un petit fucus cylindrique rameux ou dichotome, que MM. Peron et Lesueur ont rapporté des mers de Timor et de l'Australasie. Ses caractères sont : Polypes inconnus, mais très-probablement fort voisins de ceux des cellaires, contenus dans des cellules grandes, peu saillantes, à ouverture ovale, et éparses à la surface d'un polypier frondescent, cylindrique, dichotome, non articulé. Ce petit genre ne contient encore qu'une espèce que M. Lamouroux nomme l'elzerine de Blainville, *elzerina Blainvillii*, pl. 2. fig. 3, a B, dont la grandeur ne dépasse pas 0,04 m., et dont les rameaux supérieurs sont quelquefois formés en massue. Elle adhère à des fucus. (De B.)

ELZHOLTZIA. (*Bot.*) Ce nom est employé par Necker pour désigner le *couroupita* d'Aublet, connu à Cayenne sous celui de *boulet de canon*, à cause de la forme et grosseur de son fruit. Gmelin le nomme *curupita*, et Scopoli *pontopidana*. On trouve encore dans la famille des labiées un autre *elzholtzia* de Willdenow et de M. Persoon, distingué de l'hysope par la lèvre inférieure de la corolle entière, et la supérieure à quatre dents. (J.)

EMA. (*Ornith.*) L'oiseau que les Portugais nomment ainsi est l'autruche de Magellan ou Nandu, *struthio rhea*, Linn., ou *rhea americana*, Lath. (Ch. D.)

EMAIL. (*Chim.*) On regarde en général l'émail comme une substance vitrifiée, dans l'intérieur de laquelle sont interposées des particules d'une substance non vitrifiée. Si la proportion de cette dernière est assez grande, l'émail est plus ou moins opaque; si, au contraire, elle s'y trouve dans une foible proportion, l'émail est plus ou moins transparent.

Les émaux opaques sont blancs ou colorés; les émaux transparens sont toujours colorés. Il y a des personnes qui restreignent le nom d'émail aux seuls émaux opaques, et qui donnent le nom de *verres colorés* aux émaux transparens.

Les émaux blancs, entre autres usages, s'appliquent sur la faïence, les cadrans de montres, etc.; les émaux colorés, sur la faïence, sur la porcelaine, pour y faire des fonds ou des dessins.

Néri a donné, dans son sixième livre du Traité de la Verrerie, la recette suivante pour fabriquer l'émail qui sert de base à tous les émaux opaques.

On prend trente livres de plomb pur, et trente-trois livres d'étain pur. On calcine ces métaux ensemble; on les tamise après la calcination : on met la matière tamisée dans un vase avec de l'eau bien pure. Après un moment d'ébullition, on retire du feu, on décante le liquide, qui entraîne avec lui la portion la plus tenue des oxides. On met de nouvelle eau sur le résidu, on fait bouillir le tout; puis on décante comme la première fois. On répète ces opérations jusqu'à ce que l'eau n'enlève plus d'oxide au résidu. Celui-ci est métallique; il doit être converti en totalité, par la calcination et les lavages, en oxides très-divisés. Quand cela est fait, on évapore doucement toutes les eaux de lavage, et l'on obtient les oxides, ou plutôt le stannate de plomb, qu'elles tenoient en suspension. On prend 25 livres de ce stannate, 25 livres d'une fritte de cailloux blancs réduite en poudre très-fine, et 8 onces de sous-carbonate de potasse pur (celui du tartre blanc): on pulvérise le tout, on le tamise, et on l'expose dans un vase pendant dix heures, à l'action du feu; puis on le pulvérise, et on conserve la poussière dans un lieu sec.

Avec cette composition et divers autres oxides métalliques on fabrique tous les émaux. Ainsi, en ajoutant à 6 livres de cette composition,

Quarante-huit grains de peroxide de manganèse, on fait un *émail blanc de lait;*

Trois onces de safre, 72 grains de peroxide de cuivre, on fait *un émail bleu de ciel;*

Trois onces de peroxide de cuivre, 96 grains de safre et 48 grains de peroxide de manganèse, on fait *un émail bleu turc;*

Deux onces de peroxide de manganèse, et 48 grains de peroxide de cuivre, on fait *un émail violet;*

Trois onces de peroxide de manganèse, ou bien encore

trois onces de peroxide de manganèse et six onces de cuivre jaune calciné, *on fait un émail pourpre;*

Trois onces de tartre, et 72 grains de peroxide de manganèse, *on fait un émail jaune;*

Trois onces de peroxide de cuivre et 72 grains de battitures de fer, ou bien encore trois onces de peroxide de cuivre et 72 grains de peroxide de fer préparé avec le vinaigre, *on fait un émail vert;*

Trois onces de cuivre jaune calciné, et 72 grains de safre, *on fait un émail vert de mer;*

Trois onces de safre et trois onces de peroxide de manganèse, ou bien encore six onces de tartre rouge et trois onces de peroxide de manganèse, *on fait un émail noir.*

On peut remplacer le peroxide d'étain, dans la préparation de l'émail blanc, par l'acide antimonique, le phosphate de chaux, le mélange du sulfate de chaux ou de baryte avec l'argile blanche.

Voyez, sur l'art de l'émailleur sur métaux, un excellent Mémoire de M. Brongniart, dans les Annales de Chimie. (Cʜ.)

EMARGINÉ (*Bot.*), terminé par un sinus rentrant ou une entaille arrondie. Les feuilles du buis, les pétales du *geranium sanguineum*, les filets des étamines du poreau, le stigmate du circea, le fruit de l'euphraise, celui de l'ibéris, etc., sont émarginés. (Mᴀss.)

EMARGINULE, *Emarginula.* (*Conch.*) Petit genre de coquilles proposé, pour la première fois, par M. de Lamarck, dans la première édition de ses Animaux sans vertèbres, et dont il paroît qu'il n'avoit pas encore senti la nécessité dans son Mémoire sur les genres de coquilles, inséré dans le premier volume des Mémoires de la Société d'histoire naturelle de Paris. Linnæus et Gmelin confondoient, en effet, la seule espèce qu'ils connoissoient de ce genre dans la section des patelles à sommet percé, dont M. de Lamarck a fait le genre Fissurelle. Tous les auteurs subséquens ont suivi M. de Lamarck, quoiqu'il soit évident que ce genre diffère assez peu, pour l'animal, de celui des fissurelles, et extrêmement peu par la coquille, si ce n'est que le trou qui se trouve au sommet de ces dernières s'est, pour ainsi dire, avancé jusqu'au bord antérieur, et surtout que le sommet est plus distinct, et évidemment dirigé en arrière. On trouve même des espèces de fissurelles dans lesquelles ce trou forme une sorte de fente intermédiaire au sommet et au bord antérieur. Les parmaphores de M. de Blainville, pavois de M. Denys de Montfort, dans lesquels l'échancrure antérieure est réduite à n'être plus qu'une dépression presque effacée, sont le dernier terme de cette disposition. Quoi qu'il en soit, les caractères du genre Emarginule pourront être exprimés ainsi : Corps ovale, conique, pourvu inférieurement d'un large pied occupant tout l'abdomen, et débordé de toutes parts par le manteau, dont la circonférence, garnie de tentacules très-fins, est fendue antérieurement pour la communication avec la cavité branchiale; tête distincte, pourvue de deux tentacules contractiles, coniques, et d'yeux situés à leur base externe ; branchies parfaitement symétriques . composées de deux peignes triangulaires situés sur le commencement du dos ; organes de la génération se terminant par un seul orifice au côté droit de la cavité branchiale; coquille recouvrante, symétrique, conique, à sommet bien distinct, et dirigé en arrière, fendue profondément à son bord antérieur pour la communication avec la cavité branchiale, ou n'offrant qu'une légère échancrure à l'extrémité d'un sillon interne. Ce genre, d'après ces caractères, appartient à l'ordre des mollusques céphalophores cervicobranches de la méthode de M. de Blainville, et doit être placé entre les parmaphores et les fissurelles. On n'en connoît encore qu'un très-petit nombre d'espèces, dont les mœurs paroissent en tout semblables à celles des patelles. Les seules espèces qui aient encore été définies dans ce genre, sont :

1.° L'EMARGINULE CONIQUE : *Emarginula conica*, Lamk.; *Patella fissura*, Linn.; Mull., *Zool. Dan.*, I, tab. 24, fig. 7-9. Très-petite coquille de quatre à cinq lignes de long sur presque autant de large, réticulée et jaunâtre en dessus, blanche et lisse en dedans, et dont l'animal est blanc, avec les yeux noirs et les franges de son manteau d'un cendré blanc. Elle se trouve attachée aux madrépores, aux rochers dans la mer d'Angleterre, de Norwége, et même de la Méditerranée.

2.° L'EMARGINULE SILLONNÉE : *Emarginula sulcata; Patella fissurella*. Mull., *Zool. Dan.*, tab. 24, fig. 4-6. Faut-il séparer de la précédente cette espèce, qui se trouve aussi sur les côtes d'Islande, dont la coquille est plus petite, de trois lignes de long, un peu sillonnée seulement et non réticulée, et dont l'animal est jaune?

3.° L'Emarginule subémarginée : *Emarginula subemarginata*, De B. Je désignerai sous ce nom une jolie espèce de coquille appartenant à ce genre par tous les caractères importans, mais dans laquelle l'échancrure n'est presque que l'extrémité d'un gros pli qui, partant du sommet, se termine au bord antérieur. Du reste, elle est ovale, entièrement blanche, réticulée à sa surface, et de neuf à dix lignes de long, sur cinq à six de large. J'ignore sa patrie. Elle provient de la collection de M. Valenciennes.

M. Renieri, dans son Catalogue, note une quatrième espèce qu'il nomme *patella fissa*; mais il se contente de dire qu'elle est rapprochée de la *patella fissura* de Linnæus, sans rien ajouter de plus. (De B.)

EMARGINULE. (*Foss.*) Les espèces fossiles dépendantes de ce genre n'ont été trouvées, jusqu'à ce jour, que dans les couches de calcaire coquiller analogues à celles de Grignon.

Emarginule a côtes; *Emarginula costata*, Lamk., Ann. du Mus., tom. 6, pl. 43, fig. 6. Coquille obliquement conique, à côtes carénées et à sommet renversé. Grandeur, deux lignes. On trouve cette espèce à Grignon, et elle n'est pas rare.

Emarginule en bouclier; *Emarginula clypeata*, Lamk., l. c., même pl., fig. 5. Coquille elliptique, déprimée, couverte de stries en forme de treillis, à sommet près du bord, et portant un canal longitudinal au milieu antérieur. Grandeur, six lignes. Cette jolie espèce, que l'on trouve à Grignon, est rare, et tellement fragile que je ne l'ai jamais vue parfaitement entière.

Emarginule radiole; *Emarginula radiola*, Lamk., l. c. Coquille elliptique, déprimée, à sommet élevé et subcentral. Elle est couverte de côtes longitudinales qui partent du sommet et font une dentelure dans son contour. On voit, dans l'intérieur, une gouttière qui va du centre vers le bord. Grandeur, une ligne et demie. On trouve cette espèce à Parnes, près de Gisors.

Emarginule élégante; *Emarginula elegans*, Def. Coquille ovale, à sommet subcentral et élevé, couverte de côtes rayonnantes et coupées par des stries transverses. Une forte côte longitudinale occupe le milieu antérieur; il se termine au bord par une petite entaille. Longueur, six lignes. Cette espèce se trouve à Parnes, et elle est rare : elle a beaucoup de rapport avec une coquille à l'état frais que l'on voit dans les collections.

EMARGINULE ALONGÉE; *Emarginula elongata*, Def. Cette espèce est plus longue, moins large et moins élevée que la précédente; mais elle a beaucoup de rapport avec elle. On la trouve à Hauteville, près de Valognes.

EMARGINULE RÉTICULÉE; *Emarginula reticulata*, Sowerby, *Min. conch.*, tab. 33. Coquille ovale, à sommet abaissé vers le bord postérieur, et agréablement treillissée, entaille marginale. Longueur, trois à quatre lignes. On trouve cette espèce à Hauteville et en Angleterre. Elle a beaucoup de rapport avec une espèce à l'état frais que l'on trouve sur les côtes de la Manche.

M. Sowerby a donné dans la planche ci-dessus citée la figure d'une espèce d'émarginule qui a environ un pouce de longueur, et que l'on trouve en Angleterre; il lui a donné le nom d'*emarginula crassa*.

J'ai rencontré, dans le sable de Hauteville, de petites coquilles d'une espèce singulière, qui se rapprochent des émarginules, mais qui pourroient constituer un genre nouveau, voisin des fissurelles; elles sont ovales, à sommet près du bord postérieur. Au lieu de porter une entaille marginale, comme les émarginules, elles ont un sillon qui part du sommet, et qui, en s'étendant sur la partie antérieure de la coquille, vient se terminer par un trou rond posé à peu près à égale distance du bord et du sommet. J'ai donné provisoirement à cette espèce le nom d'*emarginula dubia*. (D. F.)

EMBAMBI. (*Erpétol.*) La Chênaye-des-Bois dit que c'est un serpent du royaume d'Angola, en Afrique, qui tue avec sa queue. Peut-être est-ce le même que le suivant. (H. C.)

EMBAMMA. (*Erpétol.*) Dapper dit que dans le royaume d'Angola on donne ce nom à un serpent qui a la gueule assez grande pour avaler un cerf entier, et qui s'étend dans les chemins comme une pièce de bois mort. Il nous paroit que cet animal doit être rapporté au genre BOA (voyez ce mot); et ce que Merolla raconte de l'aiguillon qui arme sa queue, est évidemment une fable. (H. C.)

EMBEGUACA. (*Bot.*) Dans l'Histoire des Voyages, on lit que la plante qui porte ce nom au Brésil, a des racines longues de plusieurs coudées, recouvertes d'une écorce tellement dure que les Brésiliens en font des cordes qui se fortifient dans l'eau. Cette simple indication n'est pas suffisante pour désigner le genre de ce végétal. (J.)

EMBELGI. (*Bot.*) Voyez Delegi. (J.)

EMBELIA. (*Bot.*) Ce genre de Linnæus, qui est le *ghœsem-billa* de l'île de Ceilan, est réuni par Gærtner à l'*antidesma*, parce qu'il lui trouve de la conformité dans la structure du fruit et de la graine. (J.)

EMBELIER DES INDES. (*Bot.*) *Embelia indica*, Burm., *Fl. Ind.*, tabl. 28; Lamk., *Ill. Gen.*, tab. 133 : *Ribesioides*, Linn., *Zeyl.*, n.° 403 ; vulgairement Embeli ou Ribélier. Arbre des Indes orientales, sur lequel nous n'avons encore que des détails incomplets, relativement à sa fructification. Sa famille naturelle n'a pas encore pu être déterminée; il appartient à la *pentandrie monogynie* de Linnæus, et offre pour caractère essentiel : Un calice fort petit, à cinq divisions; une corolle composée de cinq pétales; cinq étamines; un ovaire supérieur; un style.

Ses rameaux sont glabres, garnis de feuilles alternes, presque sessiles, ovales, un peu lancéolées, longues d'environ deux pouces, glabres à leurs deux faces, entières, obtuses et un peu mucronées à leur sommet, rétrécies à leur base en un pétiole très-court. Les fleurs sont disposées en grappes paniculées, alternes, axillaires et terminales; les pédicelles à peine de la longueur des fleurs; le calice partagé en cinq découpures; la corolle un peu plus longue, à cinq pétales ovales, obtus. Le fruit paroît être une petite baie, assez semblable à celle des groseilliers. Ces baies sont employées dans le pays à faire une confiture qui ressemble à celle de nos groseilles par ses qualités et ses propriétés. Le genre *Pella* de Gærtner paroît appartenir au même genre, et peut-être à la même espèce. (Poir.)

EMBERGOOSE. (*Ornith.*) On nomme ainsi, aux îles Orcades, l'oiseau que les habitans de l'île Feroë appellent *imbrim;* les

Danois, *ember-gaas*, et les Islandois, *hunbryre.* C'est le grand plongeon des mers du Nord, *colymbus immer*, Linn. (Ch. D.)

EMBERIZA (*Ornith.*), nom générique latin des bruans, que l'on a francisé pour l'embérise à cinq couleurs, *emberiza platensis*, Gmel. (Ch. D.)

EMBIRA, Pindaiba. (*Bot.*) L'arbre du Brésil cité sous ces noms par Pison est, selon Aublet, son *xylopia frutescens;* et M. Dunal, dans sa Monographie des Anonées, adopte cette opinion. Willdenow, au contraire, la rejette; il adopte seulement, avec ces deux auteurs, l'*ibira* de Marcgrave, comme synonyme de ce *xylopia.* Si l'on compare avec attention les figures données par Pison et Marcgrave à celle d'Aublet, on sera porté à douter de l'identité de ces plantes. (J.)

EMBLICA. (*Bot.*) Genre établi par Gærtner pour quelques espèces de *phyllanthus*, dont le caractère distinctif consiste particulièrement dans le fruit; sa coque est renfermée dans une baie, et les loges occupées par deux semences. Voyez Phyllanthe. (Poir.)

EMBOLUS. (*Bot.*) Batsch, Haller et Hoffmann ont donné ce nom générique à de petits champignons capillaires qui rentrent dans le genre *Trichia* (capilline) de Bulliard, ou *Arcyria* de Hill, et principalement dans le genre *Stemonitis* des botanistes actuels. Cependant les auteurs y ont rapporté également quelques espèces de *mucor* et de *calycium.* Le pédicule capillaire, terminé par une tête globuleuse oblongue et seminifère, forme le caractère de l'*embolus.* Voyez Stemonitis. (Lem.)

EMBOTHRION. (*Bot.*) Genre de plantes dicotylédones, à fleurs incomplètes, de la famille des protéacées, de la *tétrandrie monogynie* de Linnæus, caractérisé par une corolle tubulée, grêle, alongée, ventrue à son sommet, divisée souvent jusqu'à sa base en quatre découpures conniventes, creusées en cuiller à leur sommet, puis ouvertes et roulées en dehors; point de calice; quatre étamines presque sessiles; chaque anthère placée dans chacune des cavités de la corolle; un ovaire supérieur, presque linéaire, surmonté d'un style à stigmate épais. Le fruit consiste en un follicule alongé, un peu pédicellé, acuminé par le style persistant, s'ouvrant d'un seul côté dans toute sa longueur, à une seule loge: plusieurs semences munies, d'un côté, d'une aile membraneuse.

Plusieurs espèces rapportées à ce genre par des auteurs modernes en ont été, la plupart, retranchées par M. Rob. Brown, et placées dans d'autres genres, dont il sera fait mention dans le cours de cet ouvrage. (Voyez Grevillea, Hakea, Lomatia, Oreocallis, Roupala, Stenocarpus, Telapia.) Je crois devoir y rapporter les espèces suivantes :

Embothrion a fleurs écarlates : *Embothrium coccineum*, Forst., *Nov. Gen.*, 16; Linn., *Supp.*, 128; Lamk., *Ill. Gen.*, tab. 55, fig. 2. Bel arbrisseau découvert dans les bois, au détroit de Magellan, par Commerson. Il est glabre dans toutes ses parties, d'un aspect fort agréable lorsqu'il est en fleurs. Ses feuilles sont éparses, nombreuses, ovales-oblongues, obtuses, un peu mucronées, vertes en dessus, blanchâtres et un peu glauques en dessous, entières, médiocrement pétiolées; les bourgeons composés d'écailles assez grandes, membraneuses, persistantes, réfléchies, semblables à des stipules; les fleurs nombreuses, d'un beau rouge de corail, disposées en grappes courtes, touffues, axillaires et presque terminales; la corolle grêle, longue de douze à quinze lignes, s'ouvrant d'abord longitudinalement à un de ses côtés, puis en quatre découpures linéaires; les follicules pendans, pédicellés, presque longs d'un pouce et demi.

Embothrion a grandes fleurs : *Embothrium grandiflorum*, Lamk., Dict., n.° 1; Humb. et Bonpl., *Pl. Æquin.*, vol. 2, tab. 139; *Embothrium emarginatum?* Brown, *Flor. Per.* Arbrisseau très-élégant, découvert au Pérou par M. Joseph de Jussieu, distingué par ses longues grappes de fleurs simples, droites, terminales. Ses rameaux sont cylindriques, chargés de beaucoup de feuilles éparses, pétiolées, glabres, ovales, entières; la corolle longue d'un pouce et demi à deux pouces, un peu ventrue au sommet; les follicules grands, ovales-oblongs, pédicellés, presque ligneux, ayant l'aspect d'une gousse uniloculaire, terminé par un long style et un stigmate oblique, dilaté, assez semblable à l'extrémité de la trompe d'un éléphant.

Embothrion a ombelles : *Embothrium umbelliferum*, Forst., *Nov. Gen.*, 16 ; *Embothrium umbellatum*, Linn., *Supp.*, 128; Lamk., *Ill. Gen.*, tab. 55, fig. 1; *Stenocarpus Forsteri*, Rob. Brown. Cet arbrisseau croît dans la Nouvelle-Ecosse. Il est d'un aspect agréable, garni de feuilles oblongues, de petites fleurs d'un rouge vif, disposées en ombelles axillaires, solitaires, très-simples, pédonculées; la corolle se divise jusqu'à sa base en quatre découpures linéaires; les follicules sont étroits, linéaires, presque cylindriques, acuminés à leur sommet, mais privés de style, d'où résulte un des principaux caractères du genre *Stenocarpus* de M. Rob. Brown. L'espèce suivan*e* est dans le même cas.

EMBOTHRION VELU : *Embothrium hirsutum*, Lamk., Dict., n.° 4; *Catas.*, Domb., *Herb.* Cette espèce, découverte par Dombey, dans le Pérou, se distingue de la précédente par ses fleurs disposées en grappes lâches, courtes, peu garnies; par ses feuilles ovales, obtuses, élargies vers leur base, pubescentes en dessous dans leur jeunesse; les pétioles et le sommet des rameaux abondamment velus. Les follicules sont pédicellés, longs d'un pouce et demi, larges de quatre à cinq lignes, un peu comprimés, rétrécis vers leur base, un peu courbés en faucille, à peine mucronés. La corolle n'a point été observée. M. Brown cite, de la Nouvelle-Hollande, le *stenocarpus salignus*, à feuilles oblongues, lancéolées, marquées de trois nervures à leur base; le style caduc et non persistant sur le fruit, caractère qui ne me paroit pas assez important pour constituer un genre particulier.

EMBOTHRION ÉLÉGANT : *Embothrium speciosissimum*, Smith, *Nov. Holl.*, 1, tab. 7 ; *Telopea speciosissima*, Rob. Brown, *Nov. Holl.*, 1, pag. 388; *Embothrium spatulatum*, Cav., *Ic. rar.*, 4, pag. 60; *Hylogyne speciosa*, Knight et Salisb., *Prot.*, 126. Cet arbrisseau, dont on a formé un genre nouveau, ne diffère essentiellement des *embothrium* que par une glande insérée à la base de l'ovaire qu'elle entoure presque entièrement, et non en demi-cercle. Ses tiges s'élèvent à la hauteur de dix pieds et plus; elles sont glabres, rameuses, garnies de feuilles alternes, spatulées, longues de trois à quatre pouces, entières depuis leur base jusque vers leur milieu, puis inégalement dentées, très-obtuses, presque tronquées à leur sommet : les fleurs disposées en un corymbe terminal, composé de grappes réunies en tête, munies d'un involucre à plusieurs folioles : les follicules longs de trois pouces, larges de six lignes, terminés par un style recourbé, renfermant seize à dix-huit semences. Cette plante croit à la Nouvelle-Hollande.

Embothrion tronqué : *Embothrium truncatum*, Labill., *Nov. Holl.*, 1, tab. 44; *Telopea truncata*, Rob. Brown, 1, pag. 389; *Hylogyne australis*, Knight et Salisb., *Prot.*, 127. Arbrisseau recueilli par M. de la Billardière au cap Van-Diémen. Ses tiges sont hautes de trois ou quatre pieds; ses rameaux droits, garnis de feuilles oblongues, rétrécies à leur base, coriaces, presque sessiles, un peu pileuses en dessous, les unes entières, d'autres dentées ou sinuées; les follicules oblongs, ligneux, un peu courbés en faucille, rétrécis à leurs deux extrémités, terminés par le style; le stigmate latéral, presque en massue; les ailes des semences oblongues et tronquées à leur sommet; l'ovaire entouré à sa base d'une glande foliacée.

Embothrion lancéolé; *Embothrium lanceolatum*, Flor. Per., 1, pag. 62, tab. 196. Arbrisseau qui décore les collines et les montagnes du Chili. Ses tiges sont droites, glabres, rameuses; les rameaux cylindriques, garnis de feuilles éparses, pétiolées, linéaires-lancéolées, entières, luisantes en dessus; les grappes simples, droites, terminales; les fleurs géminées, d'un rouge-écarlate; la corolle, partagée jusqu'à sa moitié et plus, en quatre découpures égales, linéaires, spatulées; une glande placée sous l'ovaire; les follicules oblongs, un peu comprimés, terminés par un long style en pointe. (Poir.)

EMBRASSANT. (*Bot.*) Voyez Amplexicaule. (Mass.)

EMBRIAIGO (*Bot.*), nom vulgaire du narcisse des prés, en Languedoc. (L. D.)

EMBRIAIGUA (*Bot.*), nom languedocien du lotier ordinaire, *lotus corniculatus*, suivant M. Gouan, qui dit aussi que l'*orchis morio* est nommé *embriaiguas*. (J.)

EMBRICAIRE. (*Bot.*) Voyez Imbricaria. (Lem.)

EMBRITZ. (*Ornith.*) L'oiseau auquel on donne, en Suisse, ce nom et ceux d'*emmeritz*, *emmering*, *emmerling* ou *hemmerling*, est le bruant commun, *emberiza citrinella*. Linn. (Ch. D.)

EMBROSI (*Bot.*), nom égyptien de la laitue, suivant Adanson. (H. Cass.)

EMBRYON, *Embryo*. (*Bot.*) Une graine comprend deux parties principales, l'amande et les tuniques séminales. L'amande, à son tour, comprend deux autres parties, l'embryon et le périsperme; mais souvent le périsperme manque, et

alors l'embryon constitue l'amande à lui seul. L'embryon est
la partie essentielle de la graine ; il réunit les élémens d'une
nouvelle plante semblable à celle dont il provient. Une de
ses extrémités, nommée radicule, est l'ébauche de la racine ;
l'extrémité opposée, nommée plumule, est l'ébauche des parties qui doivent se développer à la lumière ; entre la radicule
et la plumule est le collet ou nœud vital, au-dessus duquel
sont les cotylédons, premières feuilles de la plante.

Les caractères tirés de la position de l'embryon, par rapport au périsperme et par rapport à la base de la graine,
sont très-constans. Les plantes qui se rapprochent par plusieurs caractères, diffèrent bien rarement par la situation de
leur embryon. Dans les conifères, l'embryon traverse le
périsperme comme un axe ; dans les atriplicées, il l'entoure
comme un anneau ; dans les palmiers, dans le nymphæa, dans
les ombellifères, il est relégué dans une cavité du périsperme
tout-à-fait excentrique ; dans les convolvulacées, l'embryon
et le périsperme, tous les deux très-minces, sont engagés dans
les replis l'un de l'autre. Ordinairement l'embryon dirige sa
radicule vers la base de la graine ; quelquefois il l'en éloigne
sensiblement (asperge, cyclamen) ; d'autres fois il la dirige
vers le point diamétralement opposé (sterculia). La base de
la graine est déterminée par le hile, point par lequel la
graine étoit attachée à la plante-mère. (MASS.)

EMBRYOPTERIS. (*Bot.*) Ce genre doit être réuni au *diospyros*, dont il ne diffère que par ses étamines quatre fois plus
nombreuses, et par les divisions de la corolle. Voyez PLAQUE-
MINIER. (POIR.)

EME (*Ornith.*), nom indien du casoar, qu'on appelle aussi
emeu. (CH. D.)

EMEKAY. (*Bot.*) Guettard, dans les Mémoires de l'Académie des Sciences, 1748, pag. 470, cite sous ce nom un *hedysarum* de Plumier, de l'Herbier de Surian, qui, dans cet herbier, est inscrit ELEMECAY. Voyez ce mot. (J.)

EMERAUDE. (*Min.*) Ce nom n'est plus employé par
M. Brongniart que pour désigner une variété de l'espèce
béril. Comme il importe infiniment que tous les articles de
minéralogie soient en harmonie dans un même ouvrage, ce
sera sous cette dénomination de béril, qui est restituée.

d'après Théophraste, Pline, Dolomieu, etc., que tous les minéraux qui font le sujet de cet article vont être décrits.

Il seroit aisé d'établir entre les variétés qui composent aujourd'hui l'espèce béril, une sorte de graduation insensible qui conduiroit de l'émeraude du Pérou la plus pure et la plus précieuse au béril blanchâtre, opaque et grossier ; néanmoins les minéralogistes ont séparé pendant long-temps ces variétés de la même espèce, et ce n'est même que d'après les travaux de MM. Vauquelin et Haüy que cette réunion a été définitivement arrêtée.

En effet, M. Vauquelin, ayant analysé comparativement l'émeraude et l'aigue-marine du commerce, a trouvé pour résultat les principes suivans, qui s'accordent sensiblement :

	Pour l'émeraude du Pérou.	Pour l'aigue-marine de Sibérie.
Silice,	64,50	68,0
Alumine,	16,00	15,0
Glucine,	13,00	14,0
Chaux,	1,60	2,0
Oxide de chrôme,	3,25	0,0
Eau,	2,00	0,0
Oxide de fer,	0,00	1,0
	100,35	100,0

Un prisme hexaèdre régulier, plus ou moins modifié par des facettes additionnelles, mais dont la figure est toujours dominante ; une cassure brillante, vitreuse et ondulée ; une réfraction double, toutes les fois que la transparence le permet ; la propriété de fondre au chalumeau en verre blanc et bulleux ; une dureté susceptible seulement d'attaquer le verre ; une pesanteur spécifique de 2,7 environ, et enfin une couleur qui passe, par des nuances infinies, du vert le plus agréable au gris blanchâtre ou au jaune de miel foncé, sont les caractères communs à toutes les variétés de notre espèce béril.

Il existe un assez grand nombre de variétés de formes secondaires parmi le béril ; toutes sont dues à des facettes additionnelles, qui remplacent les arêtes des bases ou les angles solides du prisme.

Les plus simples sont.

Le *béril primitif*, qui présente le prisme hexaèdre régulier, terminé par deux faces planes.

MP.

Le *béril épointé*, qui est le primitif, dont les angles solides sont remplacés par douze facettes triangulaires.

MP$\overset{2}{A}$.

Le *béril annulaire*, qui est encore le primitif, mais dont les arêtes ou bases sont remplacées par des facettes qui, en se touchant à leurs extrémités, composent une espèce d'anneau.

MP$\overset{2}{B}$. $\left\{\begin{array}{l}\text{Incidence des faces additionnelles } \overset{2}{B}, \text{ sur les} \\ \text{pans du prisme, } 120^{d}, \text{ et sur les bases } 150^{d}.\end{array}\right.$

Le *béril rhombifère*, qui présente la réunion des deux variétés précédentes rassemblées sur le même cristal.

MP$\overset{2}{B}\overset{2}{A}$.

Le *béril peridodécaèdre*, dans lequel chaque angle du prisme primitif est abattu et remplacé par six facettes, ce qui change l'hexaèdre en un prisme à douze pans.

M'G'P. $\left\{\begin{array}{l}\text{Incidence des six nouveaux pans, sur ceux} \\ \text{de l'hexaèdre primitif, } 150^{d}.\end{array}\right.$

M. Haüy a décrit plusieurs autres variétés de formes dans son Traité; il en a reconnu depuis beaucoup d'autres encore. M. Leman en a remarqué, parmi celles de la collection de M. de Drée, qui n'ont point été décrites et qui sont parfaitement analogues à celles de la chaux phosphatée, et entre autres celle à laquelle M. Haüy a donné le nom de doublante. On sait, au reste, que le prisme hexaèdre est également la forme primitive de la chaux phosphatée.

Enfin, dans la collection minéralogique particulière du Roi, dont M. le comte de Bournon est conservateur, il existe aussi de très-jolies variétés de formes nouvelles de bérils; on y remarque, surtout, les passages des variétés simplement annulaires à celles qui ne présentent plus aucun rudiment de la face qui servoit de base, et qui, par conséquent, sont véritablement pyramidées (1).

Le *béril cylindroïde* dérive souvent de la variété pérido-

____

(1) Catalogue de la collection particulière du Roi, pag. 39.

décaèdre, dont tous les pans sont effacés et remplacés par des cannelures ou des stries longitudinales.

Le *béril spiculaire* est composé d'une simple pyramide hexaèdre, excessivement alongée, et se terminant par une pointe aiguë. Cette forme indéterminable existe dans la collection particulière du Roi; et M. de Bournon remarque à ce sujet que toutes les substances qui sont susceptibles de se présenter sous la forme de filamens déliés, comme l'épidote, le titane, le pyroxène, etc., offrent également cette forme pyramidale excessivement aiguë. D'après cette observation, on peut donc présumer qu'on trouvera l'émeraude à l'état soyeux et asbestiforme, ce qui n'auroit rien d'étonnant.

Le béril, considéré sous le rapport du prix qu'on attache à sa principale variété, à son principe colorant particulier, sous celui des différens gisemens de cette espèce, du volume et du peu d'éclat d'une partie de ses cristaux, se divise naturellement en deux variétés principales:

1. Le *béril-émeraude*, qui comprend l'émeraude noble des lapidaires et toutes celles qui sont colorées par le chrôme;

2. Le *béril aigue-marine*, qui renferme le béril proprement dit, l'aigue-marine, et tous ceux qui se trouvent en gros cristaux et même en masses dans certaines roches granitoïdes.

I.re Variété. Béril-émeraude (Emeraude proprement dite).

Le vert éclatant est le caractère le plus saillant de cette variété; mais elle se distingue aussi des suivantes par l'absence des stries longitudinales de ses prismes: ses variétés de teintes sont le vert velouté, le vert-pré, le vert un peu sombre, et le vert chatoyant. Toutes ces nuances sont dues à la présence de quelques centièmes d'oxide de chrôme.

Les belles émeraudes du Pérou se vendent au carat; mais, comme elles ne sont pas toutes également belles, le prix de chaque carat varie depuis cinquante centimes jusqu'à cent francs. Les plus estimées sont celles qui présentent la nuance veloutée ou le vert-pré; et il en est des émeraudes comme de toutes les pierres précieuses; lorsqu'elles sont d'une perfection ou d'un volume remarquable, le prix en devient absolument idéal. Telle est celle qui appartenoit à M. de Drée, qui pesoit six carats ou vingt-quatre grains, et qui a été vendue 2,400 fr.

On taille ordinairement l'émeraude en tables carrées, simplement bisotées sur les bords; mais, quand elle renferme quelque glace, on varie adroitement la disposition des facettes pour dissimuler les défauts. On la monte à jour, quand sa teinte est franche, et sur paillon, quand elle est foible en couleur, qu'elle est trop mince, ou qu'on veut assortir toutes les pierres d'une parure qui, de nos jours, se compose du peigne, du collier, des boucles d'oreilles, des bracelets et de la plaque de ceinture.

L'émeraude perd de son éclat aux lumières; elle s'y soutient mieux quand elle est accompagnée de diamans : aussi l'entoure-t-on souvent de brillans, et quelquefois aussi de perles.

Les beaux bérils émeraudes nous viennent de la vallée de Tunca et de la juridiction de Santa-Fé au Pérou, entre les montagnes de Grenade et celles de Popayan; suivant M. de Humboldt, elles sont engagées dans un schiste argileux, et, selon Dolomieu, dans un granit.

On remarque, en effet, dans les échantillons des collections, que les émeraudes y sont souvent accompagnées de quarz et de mica ; mais on en voit aussi qui sont associées à la chaux carbonatée, à la chaux fluatée, et même à la chaux sulfatée : ce qui fait présumer, avec beaucoup de vraisemblance, qu'une partie des émeraudes du Pérou appartiennent à des terrains assez modernes. Il existe, dans la collection particulière du Roi, un échantillon d'émeraude dont la gangue est une chaux carbonatée blanche, et qui adhère à une substance noire, pyriteuse, excessivement tachante, qui a quelques rapports avec certains schistes noirs altérés.

Le *béril-émeraude vert sombre* se trouve dans un micaschiste d'un gris foncé, aux environs de Saltzbourg.

Sa couleur, et l'absence des stries longitudinales de ses cristaux, le font placer à côté des émeraudes du Pérou.

Le *béril-émeraude chatoyant* ne s'est point encore trouvé en place ; on ne l'a rencontré jusqu'à présent que parmi les ruines des villes de la Haute-Egypte, sous la forme de scarabée ou de petits cylindres perforés, qui ont probablement servi d'amulettes.

La transparence de cette sous-variété est obscurcie par une

multitude de petites fissures; son tissu est légèrement lamelleux; son aspect est chatoyant; sa teinte rappelle celle de l'émeraude noble, et elle est due évidemment au même principe colorant.

Malgré l'existence de ces émeraudes véritablement antiques, quelques minéralogistes doutent encore que les anciens aient eu connoissance de cette gemme; mais il nous semble que ce que rapporte Pline, au sujet de cette belle substance, est tellement précis, qu'il n'est guère possible d'en douter. Il est bien vrai qu'on réunissoit alors, sous le nom générique de *smaragdus*, des substances vertes qui n'avoient rien de commun avec l'émeraude; mais il nous paroît bien prouvé qu'elle faisoit elle-même partie de ce groupe incohérent.

Les émeraudes de la Scythie, de la Bactriane, de l'Ethiopie et de la Thébaïde, qu'on trouvoit, dit Pline, dans les fentes des rochers ou dans les sables mouvans, ressembloient tellement au béril qu'on présumoit dès lors qu'elles étoient de même nature que lui. Cette ressemblance même, et leurs défauts, qui, selon l'expression de ce naturaliste ancien, étoient de petites fentes en forme d'ongles (1), concourent à prouver que les Grecs ont connu l'émeraude verte, analogue à celle du Perou; et si, comme on le dit encore, les graveurs de ces temps reculés soulageoient leurs yeux fatigués en regardant à travers une émeraude, quelle est la pierre verte qui pourroit servir à cet usage d'une manière plus convenable que l'émeraude elle-même?

Les mines d'émeraudes des Egyptiens, des Grecs et des Romains, sont perdues pour nous : mais cette raison seule ne suffit point pour que nous devions en nier l'existence. Nous connoissons encore si peu la minéralogie de l'Asie, celle de l'Afrique, celle de l'Archipel, qu'il n'y auroit sans doute rien d'étonnant à ce que ces mines existassent dans l'une de ces contrées. N'oublions pas que nous n'avons point encore retrouvé le gisement des grandes sardonix, sur lesquelles les Grecs ont gravé de si beaux camées; que nous ne connoissons pas mieux les mines de cuivre qui abondoient dans les mêmes contrées, et que nous devons être fort circonspects dans le

---

(1) Pline, liv. xxxvii, c. 1.

jugement que nous serions tentés de porter sur l'état des connoissances minéralogiques des anciens. D'ailleurs, sans parler de quelques émeraudes gravées, sur lesquelles on pourroit élever quelques discussions, peut-on nier qu'il en existoit dans les trésors de certaines cathédrales bien avant la découverte du nouveau monde, puisque celle qui fut donnée au souverain pontife actuel, lors de son voyage à Paris en 1804, porte le nom gravé du pape Jules II, qui mourut trente-deux ans avant la conquête du Pérou? Cette pierre seule, qui est remarquable par son gros volume et sa forme ovoïde, suffiroit sans doute pour décider la question ; mais celles qu'on trouve dans les ruines de Thèbes de la Haute-Egypte, prouvent encore mieux, jusqu'à l'évidence, que l'émeraude étoit connue des peuples de la plus haute antiquité (1).

On imite ordinairement l'émeraude, dans les manufactures d'émaux et de pierres fausses, avec des verres colorés par l'oxide de cuivre, nommé *æs ustum*; mais depuis la découverte de l'oxide de chrôme, on emploie ce principe colorant lui-même, et l'on approche ainsi beaucoup mieux de la vérité. MM. Dumas et Raisin, fabricans d'émaux et de verres colorés à Genève, emploient dans ce moment l'oxide naturel de chrôme de Couchet, près le Creusot, département de Saône et Loire.

---

(1) Depuis que cet article est rédigé, l'existence de l'émeraude dans l'ancien monde, et même dans la partie de l'Egypte indiquée par les auteurs de l'antiquité, a été mise hors de doute par la découverte qu'a faite M. Cailliaud, ingénieur françois au service du vice-roi d'Egypte, du gîte des émeraudes de la Haute-Egypte. Cet ingénieur l'a reconnu dans la montagne de Zabara, à quarante-cinq lieues au sud de Qoceir, et à sept lieues de la mer Rouge, dans l'endroit, ou à peu de chose près, qui est indiqué sous le nom de mine d'émeraude, sur la carte d'Afrique de d'Anville. L'émeraude y est disséminée dans une roche granitoïde, et principalement dans un micaschiste presque entièrement composé d'un mica noir en petites paillettes très-éclatantes, semblable à celui des environs de Saltzbourg, qui contient la même pierre; ce micaschiste n'en diffère que par une couleur plus foncée et un éclat plus vif: les émeraudes qu'il renferme sont d'un assez beau vert, un peu chatoyant, d'un assez grand volume, et très-nettement cristallisées. J'ai reçu des échantillons de ces pierres et des roches qui les renferment, des mains même de M. Cailliaud.   A. B.

II.ᵉ Variété. BÉRIL AIGUE-MARINE.

C'est à cette seconde variété qu'appartiennent tous les bérils qui se présentent en longs prismes striés ou cylindroïdes, souvent d'un volume assez considérable, et dont les couleurs varient depuis la limpidité la plus parfaite jusqu'à l'opacité presque complète, en passant par les teintes légères du vert d'eau, du bleu tendre, du bleu verdâtre, du vert jaunâtre, du jaune de miel, etc.

On a vu, par le rapprochement des analyses de l'émeraude et de l'aigue-marine, combien la concordance des principes composans est remarquable; mais on aura sans doute observé que l'oxide de chrôme qui existe dans le béril-émeraude est remplacé, dans le béril aigue-marine, par une petite proportion d'oxide de fer. L'absence de ce principe colorant n'influe en rien sur les autres caractères physiques, qui sont communs à l'espèce en général, mais autorise suffisamment sa division en deux variétés distinctes.

C'est sur les gros cristaux du béril aigue-marine que M. Patrin a remarqué un mode particulier de rupture qui s'opère transversalement à leurs prismes, et de manière à ce que les tronçons qui en résultent sont terminés, d'un côté, par une saillie, et de l'autre par un enfoncement. On avoit même comparé ce fait à l'espèce d'articulation de certains basaltes d'Irlande; mais la chose n'est point aussi régulière, et M. Leman, qui a étudié avec beaucoup de soin un grand nombre de ces gros prismes de bérils aigues-marines, a observé, d'une manière constante, que cette espèce d'articulation plus ou moins régulière étoit due au mode d'accroissement et à la composition des prismes, dont les couches extérieures, étant moins denses et moins homogènes que celles qui occupent le centre, se rompent en deux temps, de manière que la partie extérieure ne se brise point dans le même plan que le prisme intérieur. Les mêmes naturalistes ont également observé des bérils dont la base étoit marquée d'une suite d'hexagones concentriques, disposée d'une manière analogue à celle des couches ligneuses des bois.

M. Leman a vu deux autres exemples (1) d'une disposition

---

(1) L'un sur une aigue-marine proprement dite, et l'autre sur une éme-

particulière de sept prismes de bérils réunis en un seul cristal. Cette espèce de faisceau, composé d'un hexaèdre central et de six autres prismes groupés autour de lui, étoit réuni par une dernière couche également hexaèdre, mais dont le milieu de chaque face répondoit à chacune des arêtes du prisme intérieur. M. Patrin a figuré, dans sa Minéralogie, une ébauche de ce dernier accident, ainsi que les prismes articulés dont nous avons parlé plus haut.

Toutes ces remarques sont, au reste, parfaitement d'accord avec la théorie de la cristallisation du prisme hexaèdre régulier que l'on suppose, et qui est en effet divisible en un certain nombre de prismes triangulaires qui en sont les molécules intégrantes ; et j'ajouterai à leur appui qu'il existe dans le cabinet de minéralogie du Roi un béril qui présente des lignes creuses, assez profondes, qui passent sur l'une et l'autre base par les trois diagonales de l'hexaèdre.

Les sous-variétés du béril aigue-marine sont nombreuses ; mais les plus tranchées sont le *béril proprement dit*, dont la couleur est le bleu tendre. Il est souvent rempli de glaces et de jardinages. On le trouve au Brésil et en Sibérie. Il étoit connu des anciens ; car Pline le décrit d'une manière très-claire, et assure qu'on le tiroit alors de l'Inde.

Le *béril aigue-marine* des lapidaires. La couleur d'eau de cette sous-variété n'a rien de très-agréable à l'œil : néanmoins, quand une aigue-marine est pure et d'un beau volume, elle est assez estimée par les joailliers ; mais sa valeur est toujours incomparablement moindre que celle du beril-émeraude.

L'une des plus belles aigues-marines et des plus volumineuses qui soient connues, est celle qui représente en grand relief le portrait de Julie, fille de Titus. Cette magnifique gravure antique est ovale et fait partie de la collection de la Bibliothèque Royale ; elle a près de deux pouces dans son grand diamètre. On cite également celle qui termine la couronne du roi d'Angleterre, comme l'une des plus volumineuses ; mais elle est simplement sphérique, et n'est point gravée.

L'aigue-marine se trouve en Sibérie ; sa valeur est à peu

raude du Pérou ; la première appartenoit à M. le marquis de Drée, et la seconde à M. Achard, joaillier à Paris.

près la même que celle du béril, et elle renferme souvent aussi de nombreuses imperfections, surtout quand elle est d'un certain volume.

Le *béril incolore* se présente presque toujours en prismes et en cristaux très-nets et très-déliés : c'est peut-être même à leur peu d'épaisseur qu'on doit attribuer l'absence de leur couleur; car, si l'on compare ces bérils soi-disant blancs, avec le quarz incolore, par exemple, ou bien encore avec la topaze blanche, on remarquera toujours une légère nuance de bleu verdâtre dans les aigues-marines, de même que le corindon-télésie blanc n'est jamais exempt d'une nuance, infiniment claire, de bleu. C'est pour cette raison que je place cette sous-variété de béril à la suite de l'aigue-marine, avec laquelle elle se trouve communément.

Le *béril jaune de miel* (émeraude miellée des lapidaires). On emploie rarement cette variété en bijouterie, parce qu'elle ne peut point soutenir la concurrence des autres pierres jaunes que l'on taille ordinairement pour cet usage. On la trouve en Sibérie, où elle porte le nom de chrysolithe.

Le *béril rose* a été trouvé à Chesterfield, près de Philadelphie. Cleaveland, qui fait mention de cette nouvelle variété, dit qu'il est engagé dans une roche granitoïde, à base d'albite, et qu'il est accompagné de tourmalines roses. Il en cite un cristal d'un pouce de diamètre.

Les bérils translucides et opaques se trouvent, le plus ordinairement, en gros cristaux cylindroïdes et lamelleux, ou en masses assez irrégulières. Tels sont particulièrement ceux des environs de Limoges, ceux des Etats-Unis, ceux de Nantes et de Marmagne, sur lesquels nous allons revenir à l'instant.

Nous devons à M. Patrin la connoissance des lieux et des gisemens qui renferment les bérils aigues-marines qui se trouvent en Sibérie, sur les frontières de la Chine.

Il y en a trois mines différentes dans la montagne d'Odon-Tchelon, près du fleuve Amour en Daourie.

L'une fournit les bérils aigues-marines proprement dits, qui sont d'un vert assez pur, sans mélange de bleu ni de roux, et qui se présentent souvent en très-gros prismes hexaèdres.

La seconde renferme les bérils jaunes de miel, qui sont toujours moins volumineux que les verts, et qui prennent la forme cylindroïde dès qu'ils dépassent environ trois lignes de diamètre ; ils gisent dans un large filon d'argile roussâtre, ferrugineux, qui est encaissé dans le granit, et qui contient beaucoup de schéelin ferruginé.

La troisième mine enfin, qui est située tout au sommet de la montagne, renferme les bérils d'un bleu plus ou moins vif, qui sont engagés dans une argile blanche : leur forme est constamment cylindrique.

Suivant Hermann, ce gisement renferme aussi du zinc (probablement sulfuré), et se trouve près de Nertschinsk.

A cinq cents lieues d'Odon-Tchelon, M. Patrin dit avoir visité un autre gisement de bérils, entre l'Oby et l'Irtisch, dans les monts Altaï, et un troisième aux monts Ourals : dans ce dernier lieu ces pierres sont rares, vertes et d'un petit volume. Hermann ajoute que cette mine se trouve dans le cercle d'Alepafski, en Perse, dans une montagne granitique, et que le même filon renferme aussi du quarz, des topazes et du felspath cristallisé.

M. Patrin remarque que tous ces gisemens se trouvent dans le voisinage de la variété de granite à laquelle on a donné le nom de graphique (*pegmatite*, Haüy); et nous ajouterons, pour appuyer cette observation, qu'on trouve cette même roche à Marmagne, près d'Autun ; aux environs de Nantes, et dans le gisement qui renferme les gros bérils de Limoges, qui ont été découverts par M. Lelièvre, et qui font partie d'un granite à très-gros élémens de quarz, de mica, de felspath, d'émeraude et de lépidolithe, dont on se sert pour charger la grande route. La substance qui se trouve en longs prismes cannelés sur la montagne de Rabenstein, près de Swisel en Bavière, et qui avoit été rangée parmi les pycnites, est maintenant reconnue pour un béril aigue-marine.

Il paroît que les bérils qui se trouvent aux Etats-Unis, en Pensylvanie, dans le Connecticut, près de New-Yorck, aux environs de Philadelphie, etc., sont également engagés dans des roches granitoïdes; d'où l'on peut conclure que tous les bérils aigues-marines connus appartiennent à des terrains primitifs et granitiques par excellence; ce qui n'est pas aussi bien prouvé à l'égard des bérils-émeraudes.

La glucine, qui est la terre particulière à l'espèce béril,

se trouvant tout aussi bien dans les variétés en masse des environs de Limoges que dans l'émeraude du Pérou, et pouvant par conséquent s'obtenir en assez grande quantité, pourra peut-être un jour procurer à la médecine quelque médicament précieux. La saveur sucrée des sels qu'elle est susceptible de former avec les acides, semble indiquer des propriétés qu'il seroit au moins intéressant d'étudier sous le rapport de l'art de guérir.

Non seulement les anciens réunissoient à l'émeraude véritable des substances qui n'avoient aucune analogie avec elle, mais il y a peu d'années qu'on lui associoit encore plusieurs pierres qui lui sont tout aussi étrangères. Il faut donc bien se garder de lui adjoindre, par exemple,

L'*émeraude du Brésil*, qui est une tourmaline verte ;

L'*émeraude orientale*, qui est notre corindon-télésie vert;

Les *prismes d'émeraudes*, les *émeraudes de Carthagène*, ou morillons, qui sont, le plus souvent, de la chaux fluatée verte, non plus que le *béril bleu*, qui est notre disthène. Mais, depuis qu'on a réduit le caractère tiré de la couleur des minéraux à sa juste valeur, on n'est plus exposé à faire de ces sortes de réunions forcées, que l'analyse et la cristallographie désavouent toujours. (BRARD.)

EMERAUDE DU BRÉSIL. Voyez TOURMALINE VERTE.

EMERAUDE DE CARTHAGÈNE. Voyez CHAUX FLUATÉE VERTE.

EMERAUDE DE SIBÉRIE. Voyez CUIVRE DIOPTASE.

EMERAUDE-MORILLON. Voyez CHAUX FLUATÉE VERTE.

EMERAUDE ORIENTALE. Voyez CORINDON-TÉLÉSIE ÉMERAUDINE.

EMERAUDE VERTE DE BOHÊME. Voyez CHAUX FLUATÉE VERTE. (B.)

EMERAUDE-AMÉTHISTE (*Ornith.*), nom donné à une espèce d'oiseau-mouche, *trochilus ourissia*, Linn. et Lath. (CH. D.)

EMERAUDINE. (*Entom.*) Espèce de cétoine dorée, que Geoffroy avoit désignée sous ce premier nom, à cause de la couleur verte brillante de tout son corps. (C. D.)

EMERAUDINE. De la Métherie. Voyez CUIVRE DIOPTASE. (B.)

EMERAUDITE. Daubenton. Voyez DIALLAGE VERTE. (B.)

EMERIL. Voyez CORINDON-ÉMERIL. (B.)

EMERILLON. (*Ornith.*) Cette espèce de faucon, *falco œsalon*, Linn., est le plus petit de nos oiseaux de proie. (CH. D.)

EMERKOTULAK (*Ornith.*), nom groënlandois de l'espèce

de sterne connue en France sous le nom de pierre-garin, *sternæ hirundo*, Linn. (Cʜ. D.)

EMÉRUS (*Bot.*); *Emerus*, Tournef. Genre de plantes dicotylédones, de la famille des légumineuses, Juss., et de la *diadelphie décandrie*, Linn., dont les principaux caractères sont les suivans: Calice monophylle, à cinq dents; corolle papillonacée, à pétales munis d'onglets plus longs que le calice; l'onglet de l'étendard chargé de deux callosités à sa base; dix étamines, dont neuf ont leurs filamens réunis en un seul corps; un ovaire supérieur, à style simple; légume grêle, alongé, cylindrique, partagé par des cloisons transversales, entre chacune desquelles est une graine.

Ce genre ne comprend qu'une seule espèce, que Linnæus et la plupart des botanistes après lui ont réunie aux coronilles; mais, à l'exemple de Tournefort, d'Adanson, de Miller, etc., nous avons cru devoir la considérer de nouveau comme type d'un genre particulier, d'après les caractères distincts qu'elle présente.

Eᴍᴇ́ʀᴜs ᴅᴇ Cᴇ́sᴀʟᴘɪɴ: *Emerus Cæsalpini*, Tournef., *Just.*, 650; *Coronilla emerus*, Linn.; vulgairement Sᴇ́ɴᴇ́ ʙᴀᴛᴀʀᴅ, Fᴀᴜx Bᴀɢᴜᴇɴᴀᴜᴅɪᴇʀ, Sᴇ́ᴄᴜʀɪᴅᴀᴄᴀ ᴅᴇs ᴊᴀʀᴅɪɴɪᴇʀs. Sa tige est ligneuse, divisée en rameaux nombreux, formant un buisson de quatre à cinq pieds de haut; ses feuilles sont ailées avec impaire, composées de sept folioles ovales. Ses fleurs, jaunes, variées d'un peu de rouge, sont portées, deux à quatre ensemble, au sommet d'un long pédoncule axillaire. Cet arbrisseau croît dans les haies et les bois des parties méridionales de la France et de l'Europe. On le cultive dans le Nord pour l'ornement des jardins. Il n'est pas délicat, et n'exige aucun soin particulier. Ses feuilles passent pour être légèrement purgatives; mais elles ne sont pas en usage. (L. D.)

EMÉSE, *Emesa.* (*Entom.*) Fabricius a ainsi nommé un petit genre d'insectes hémiptères, voisin des ploières, des podicères et des gerris, dont les antennes, très-longues, filiformes, ne seroient, selon cet auteur, formées que de deux articles. Il n'y rapporte que quatre espèces, une des Indes orientales, et les autres d'Amérique. Degéer en a figuré une espèce dans le tom. 3 de ses Mémoires, pag. 352, pl. 35. Fabricius n'est cependant pas bien certain que ce soit l'espèce qu'il nomme fil. (C. D.)

ÉMÉTINE. (*Chim.*) Principe immédiat qui a été découvert par MM. Magendie et J. Pelletier, dans le *psychotria emetica*, le *caliccca ipecacuanha*, et le *viola emetica*. Emétine est dérivé de ἐμέω, *vomo*, parce que c'est ce principe qui donne aux parties des végétaux qui le contiennent, la propriété de faire vomir.

L'émétine desséchée, et sous la forme de petits feuillets, est transparente et d'une couleur brune rougeâtre ; elle est presque inodore ; elle a une saveur amère, légèrement âcre, mais point nauséabonde.

Elle est déliquescente à l'air ; l'eau la dissout en toutes proportions, sans l'altérer. On ne peut l'obtenir cristallisée.

Elle est soluble dans l'alcool, et insoluble dans l'éther.

L'acide sulfurique foible ne l'altère point ; celui qui est concentré la charbonne.

L'acide nitrique la dissout à froid : la couleur passe au rouge foncé. En faisant chauffer, la liqueur devient jaune : beaucoup de gaz nitreux se dégage ; il se produit une grande quantité d'acide oxalique ; il ne se forme pas de matière jaune amère.

L'acide hydrochlorique la dissout sans la dénaturer. Il en est de même de l'acide phosphorique, de l'acide acétique. L'acide gallique la précipite de sa solution aqueuse, ou alcoolique, en s'y combinant ; quoique ce précipité soit peu soluble, cependant il reste une quantité notable d'émétine dans la liqueur qui le surnarge.

Le précipité n'a point la propriété vomitive. Une infusion alcoolique de noix de galle produit dans la solution d'émétine un précipité plus abondant que l'acide gallique.

Les acides oxalique, tartarique, etc., sont sans action sur l'émétine.

Les solutions alcalines étendues n'altèrent pas l'émétine ; les solutions concentrées la décomposent.

Quand on mêle des solutions alcooliques d'iode et d'émétine, on obtient un précipité rouge qui a paru aux auteurs un composé d'iode et d'émétine.

Le sous-acétate de plomb la précipite en totalité ; l'acétate de plomb en partie seulement.

Le nitrate de protoxide de mercure, le sublimé corrosif, l'hydrochlorate d'étain sont les seuls sels qui la précipitent ; encore les précipités sont-ils peu abondans. Les sels de fer sont sans action sur l'émétine; il en est de même de l'émétique.

La décoction de quinquina la précipite légèrement; les sels végétaux, le sucre, la gomme, la gélatine, n'ont pas d'action sur l'émétine.

Les huiles ne la dissolvent pas.

L'émétine distillée se boursoufle, et donne de l'eau, de l'acide acétique, de l'acide carbonique, un peu d'huile et un charbon très-léger. On ne peut trouver d'azote dans aucun de ces produits.

Pour extraire l'émétine, on réduit de l'écorce d'ipécacuanha brun en poudre. On la traite, 1.° par l'éther rectifié : celui-ci dissout deux matières huileuses, dont l'une est volatile et l'autre fixe; la première est le principe odorant de l'ipécacuanha. 2.° Par l'alcool, à 0,816 bouillant. Celui-ci dissout de la cire, dont une partie se précipite par le refroidissement : on filtre, on fait évaporer à siccité; on applique l'eau froide au résidu. L'émétine tenant un peu d'acide gallique est dissoute, et il reste de la cire et de l'huile pure. On fait macérer l'émétine sur le carbonate de baryte; on traite par l'alcool qui ne dissout que l'émétine : en le faisant évaporer, on obtient cette dernière à l'état de pureté.

L'écorce d'ipécacuanha, traitée par l'éther et l'alcool, cède à l'eau froide de l'émétine et de la véritable gomme. En appliquant l'alcool à ces deux substances desséchées, on dissout l'émétine, et la gomme est séparée. Enfin, l'écorce, épuisée par l'eau froide, cède de l'amidon à l'eau bouillante. Le résidu est du ligneux.

Cent parties d'écorce d'ipécacuanha brun (*psychotria emetica*) ont donné à l'analyse :

Matière grasse huileuse..............	2
Emétine...........................	16
Cire..............................	6
Gomme...........................	10
Amidon...........................	42
Ligneux...........................	20
Traces d'acide gallique..............	
Perte.............................	4
	100

26.

Cent de la partie ligneuse de la racine du même végétal :

Emétine............................... 1,15
Matière extractive non vomitive..... 2,45
Gomme................................ 5,00
Amidon............................... 20,00
Ligneux.............................. 66,60
Acide gallique et matière grasse, traces.
Perte................................ 4,80
                                    ———
                                    100,00

Cent parties d'écorce de l'ipécacuanha gris (*calicocca-ipeca-cuanha*) ont donné :

Emétine............................... 14
Matière grasse....................... 2
Gomme................................ 16
Amidon............................... 18
Ligneux.............................. 48
Perte................................ 2
                                    ———
                                    100

Cent parties de racines du *viola emetica*, ont donné :

Emétine............................... 5
Gomme................................ 35
Matière végéto-animale............... 1
Ligneux.............................. 57
Perte................................ 2
                                    ———
                                    100

Les auteurs concluent de leurs expériences et observations physiologiques, que l'émétine est vomitive et purgative ; qu'elle a une action spéciale sur le poumon et la membrane muqueuse du canal intestinal, et une propriété narcotique marquée : en second lieu, que l'émétine peut remplacer l'ipécacuanha, avec d'autant plus de raison qu'elle a des propriétés constantes, quand on l'emploie à dose déterminée, et qu'elle a encore cela d'avantageux qu'elle est peu sapide et presque inodore. (Cu.)

EMEU. (*Ornith.*) Voyez EME. Les fauconniers nomment *émeu* les excrémens des oiseaux de proie. (Ch. D.)

EMEX. (*Bot.*) Necker fait sous ce nom un genre du *rumex spinosus*, espèce de patience remarquable par son calice, dont

les trois divisions extérieures sont aiguës, fermes et recourbées.
(J.)

EMFEGY. (*Ornith.*) Voyez Emseesy. (Ch. D.)

EMGALO, Engall, Engula (*Mamm.*), noms africains du
sanglier d'Ethiopie, *sus africanus*, Gm. Voyez Phacochères. (F. C.)

EMGOI. (*Mamm.*) On trouve, dans le Voyage de François
Drack, ce nom comme étant celui des tigres, et par là il entend
quelques espèces de chats tigrés. Ce nom est vraisemblablement
le même que celui d'Engri. Voyez ce mot. (F. C.)

EMIAULLE. (*Ornith.*) L'oiseau qu'on appelle grande
émiaulle, sur les côtes françoises de la Manche, est la grande
mouette cendrée ou à pieds bleus, pl. enlum. de Buff., n.° 977,
the common sea mew des Anglois, dont Gmelin a fait une
variété du *larus canus* de Linnæus. (Ch. D.)

EMIDE. (*Erpétol.*) Voyez Emyde. (H. C.)

EMIDHO. (*Bot.*) A Otahiti, on nomme ainsi l'*hibiscus popul-
neus*. Les prêtres de cette île, qui sont en même temps les seuls
médecins du lieu, se contentent, en entrant chez le malade, de
réciter quelques sentences usitées dans ces occasions, de passer
aux doigts du malade des portions de feuilles ou fibres extraites
du cocotier, et de laisser derrière lui quelques branches
d'*emidho* en le quittant. Cette pratique est consignée dans le
Voyage de Cook. (J.)

EMIDO-SAURIENS. (*Erpét.*) Voyez Emydo-Sauriens. (H. C.)

EMIGRATION. (*Ornith.*) Voyez Migration. (Ch. D.)

EMILIE, *Emilia*. (*Bot.*) [*Corymbifères*, Juss. — *Syngénésie
polygamie égale*, Linn.] Ce nouveau genre, ou sous-genre, que
nous avons établi dans la famille des synanthérées (Bull. Soc.
philom., avril 1817), appartient à notre tribu naturelle des
sénécionées. Il diffère du *cacalia* par les branches du style ap-
pendiculées au sommet; par l'ovaire pentagone, à cinq arêtes
saillantes, hispides; par le péricline non accompagné de petites
squames à la base; par la forme de la corolle, et par un port
particulier.

La calathide est incouronnée, équaliflore, multiflore, régulariflore, androgyniflore. Le péricline, inférieur aux fleurs et
ovoïde-cylindracé, est formé de squames unisériées, contiguës,
égales, linéaires, et il n'est accompagné à sa base d'aucune
squame surnuméraire. Le clinanthe est plane et inappendi-

culé; les ovaires sont oblongs, pentagones, à cinq angles saillans, subuliformes, lesquels sont hérissés de poils papilliformes; ils ont un bourrelet apicilaire, et une aigrette de squamellules nombreuses, inégales, filiformes, barbellulées. Les divisions de la corolle sont longues et linéaires; chacune des deux branches du style est surmontée d'un appendice non stigmatique, en forme de languette subulée, hispide.

EMILIE ÉCARLATE : *Emilia flammea*, H. Cass., Atlas du Dict. des Scienc. Nat., 3ᵉ cahier, pl. 5; *Cacalia sagittata*, Willd. Plante herbacée, annuelle, originaire de l'île de Java, et assez remarquable par la belle couleur de ses fleurs. Sa tige, haute d'environ deux pieds, est dressée, peu rameuse, cylindrique, glauque, pubescente sur sa partie inférieure; les feuilles sont alternes, sessiles, demi-amplexicaules, ovales-oblongues, cordiformes-sagittées à la base, aiguës au sommet, à peine denticulées sur les bords, glabres, glauques et molles; les calathides nombreuses, et composées de fleurs couleur de feu, sont portées sur de longs pédoncules, et disposées en une panicule lâche, terminale. (H. Cass.)

EMINION. (*Bot.*) Voyez DORCADION. (J.)

EMISSOLE, *Mustelus*. (*Ichthyol.*) Genre nouvellement établi dans la famille des plagiostomes, aux dépens des squales de la plupart des ichthyologistes. Il présente les caractères suivans :

Deux nageoires dorsales, des évents, une nageoire anale, des dents en petits pavés; forme générale des carcharias et des milandres.

On distingue avec aisance les émissoles des CARCHARIAS, des LAMIES et des MARTEAUX, qui n'ont point d'évents; des AIGUILLATS, des CENTRINES, des SQUATINES et des LEICHES, qui n'ont point de nageoire anale; des MILANDRES, dont les dents sont dentelées; des GRISETS, qui n'ont qu'une nageoire dorsale; des PÉLERINS, dont les dents sont petites et coniques; des CESTRACIONS, qui ont une épine en avant de chaque nageoire dorsale. (Voyez ces différens mots et SQUALE.)

On ne connoît que deux espèces d'émissoles; Linnæus les avoit confondues sous la dénomination de *squalus mustelus*. Ce sont :

L'EMISSOLE COMMUNE : *Mustelus vulgaris*, Cuv.; *Squalus mustelus*, Linn.; *Galeus lævis*, Rond., *lib.* 13, *cap.* 3. Dents très-comprimées de haut en bas et seulement un peu convexes, très-

serrées les unes contre les autres, figurées en losange, en ovale
ou en cercle, ne s'élevant en pointe dans aucune de leurs parties, et disposées sur plusieurs rangs avec beaucoup d'ordre.
Elles paroissent comme incrustées dans les mâchoires, et forment une sorte de mosaïque très-régulière. Première nageoire
dorsale presque triangulaire, et plus avancée vers la tête que
les catopes; ceux-ci une fois plus petits que les nageoires pectorales; seconde dorsale une fois plus grande que l'anale, qui
est à peu près carrée; nageoire caudale élargie à l'extrémité;
dos d'un gris cendré ou brun; ventre blanchâtre.

L'estomac de l'émissole est garni de plusieurs appendices
situés auprès du pylore. Sténon et Bartholin ont donné la description anatomique du fœtus de ce poisson.

L'émissole, dont le nom est celui qu'emploient pour désigner
cet animal les habitans de nos provinces méridionales, habite
dans les mers de l'Europe et de l'Inde, et dans l'océan Pacifique.

Le Lentillat, *Mustelus asterias.* — *Galeus asterias*, Rond.,
lib. 13, *cap.* 4; *Squalus mustelus*, Linn. Il ressemble beaucoup
au précédent; seulement sa peau est moins rude, et toute parsemée de mouchetures étoilées ou arrondies.

Rondelet le premier a fait de ce chien de mer une espèce distincte; mais presque tous les ichthyologistes qui lui ont succédé
en ont fait une simple variété de l'émissole, dont Broussonnet,
dans son Mémoire sur les squales, n'a point osé le séparer.
Willughby paroît avoir été du même sentiment; mais M. Cuvier les sépare l'un de l'autre, sans aucun doute.

Quelques auteurs ont désigné le poisson qui nous occupe
sous le nom d'*étoilé.* Son nom de *lentillat* est languedocien, et
est tiré de la ressemblance que les pêcheurs croient trouver
entre les taches de sa peau et des lentilles. Les Grecs le nommoient γαλεὸς 'αςεριας, c'est-à-dire *chien de mer étoilé,* ou
ποικίλος c'est-à-dire *varié.* Athénée nous apprend que sa chair
passoit pour savoureuse et tendre; et Aristote a écrit qu'il
pondoit deux fois par mois. (H. C.)

EMMER. (*Ornith.*) On donne en Norwége ce nom et ceux
d'*imber* ou *hymber* au lumme ou petit plongeon des mers du
Nord, *colymbus arcticus*, Linn. (Ch. D.)

EMMERING ou Emmeritz. (*Ornith.*) Voyez Embritz. (Ch. D.)

EMOI (*Ichthyol.*), nom spécifique d'un poisson du genre POLYNÈME. Voyez ce mot. (H. C.)

EMOSSÉ-BERROY. (*Bot.*) Les Galibis, suivant Aublet, nomment ainsi le *besleria violacea*, dont ils emploient la tige et les fruits pour teindre en violet leurs ouvrages de coton et leurs meubles d'écorce ou de paille. (J.)

EMOU. (*Ornith.*) M. Vieillot a formé, sous ce nom, un genre particulier du cosoar sans casque, de la Nouvelle-Hollande. Voyez CASOAR. (CH. D.)

EMOUCHET. (*Ornith.*) Ce nom, communément donné à l'épervier mâle, est aussi appliqué, par les oiseleurs de Paris, à la cresserelle, et surtout à la femelle de cette espèce. (CH. D.)

EMOUROUKAY (*Bot.*), nom caraïbe de l'abutilon frisé, *sida crispa*, cité dans l'Herbier de Surian. (J.)

EMPABUNGA. (*Mamm.*) Je trouve ce nom dans Buffon (tom. XI, p. 356), sans citation d'auteur, comme étant celui du bubal au Congo. Voyez ANTILOPE. (F. C.)

EMPAILLEMENT. (*Ornith.*) Voyez TAXIDERMIE. (CH. D.)

EMPAKASSE. (*Mamm.*) Dapper dit qu'on donne ce nom au buffle, dans le royaume de Lorgo en Afrique. Voyez BŒUF. (F. C.)

EMPALANGA. (*Mamm.*) Pourchas, dans son Recueil de Voyages, donne ce nom à un antilope, qu'on a rapporté à l'oryx de Pallas. Voyez ANTILOPE. (F. C.)

EMPAN , *Dodrans*. (*Bot.*) Mesure qui indique la longueur comprise entre l'extrémité du pouce et celle du petit doigt écartés le plus possible, c'est-à-dire environ neuf pouces. (MASS.)

EMPEREUR, *Imperator*. (*Conch.*) Genre tout-à-fait artificiel, établi par M. Denys de Montfort pour une très-belle coquille figurée par Chemnitz, vol. 5, pl. 173 et 174, sous le nom de *trochus imperator*, et qui ne diffère guère des autres espèces du genre Turbot, que parce que son ouverture, qui est arrondie, entière, est pourvue à son bord dorsal d'une sorte de canal anguleux, assez prolongé, qui, en se conservant dans les accroissemens successifs de la spire, rend celle-ci comme carénée. Du reste, il y a un large ombilic comme dans les turbos; l'intérieur est nacré, et l'extérieur offre des stries longitudinales assez marquées. L'espèce de coquille qui sert de type à ce genre, et que M. Denys de Montfort nomme l'empereur couronné, *imperator aureolatus*, vient des mers de la Nouvelle-Zélande, d'où elle a été rapportée pour la première fois par l'expédition du capitaine Cook : elle a trois pouces de diamètre, est rugueuse, un peu écailleuse ou imbriquée, et de couleur vineuse. Elle est surtout remarquable par des espèces de folioles carénées qui forment une rangée décroissante dans toute l'étendue de la spire. (De B.)

EMPEREUR. (*Entom.*) Quelques amateurs ont donné ce nom trivial à une espèce de papillon que Geoffroy appeloit le tabac d'Espagne, *papilio paphia*. Voyez Papillon. (C. D.)

EMPEREUR. (*Ornith.*) On a donné ce nom et ceux de petit-roi, petit-doré, au roitelet, *motacilla regulus*, Linn., à cause de la huppe dont sa tête est couronnée. (Ch. D.)

EMPEREUR DU JAPON (*Ichthyol.*), nom d'un poisson du genre Holacanthe, *Holacanthus imperator*. Voyez Holacanthe. (H. C.)

EMPEREUR, ou Poisson-Empereur. (*Ichthyol.*) On donne quelquefois ce nom à l'espadon, *xiphias gladius*. Voyez Espadon. (H. C.)

EMPEREUR, ou Serpent-Empereur. (*Erpétol.*) On trouve le boa devin désigné par ce nom dans quelques ouvrages. Voyez Boa. (H. C.)

EMPETRUM. (*Bot.*) Ce nom avoit été donné par Rondelet à la bacile, *crithmum;* par Fragus, à une turquette, *herniaria glabra;* par Dodoens, à une soude; par Anguillara, à une thymélée; par Dalechamps, au *globularia alypum;* par Rumph, à un *begonia*. Dioscoride, avant eux, l'avoit cité comme un des synonymes du *saxifraga*. Tournefort et Linnæus ont fixé sa destination, en l'appliquant à la camarine, genre voisin des éricinées, dont il diffère en quelques points. (J.)

EMPIS. (*Entom.*) Ce nom, employé souvent par Aristote, a été le plus ordinairement traduit par celui de *culex*, cousin, ou de *moucheron*. Linnæus l'a appliqué à un genre d'insectes diptères, qui a été adopté par tous les entomologistes, et que nous avons nous-même rangé dans la famille des sclérostomes, ou à suçoir saillant, alongé, sortant de la tête, près des asiles, dont ils ne diffèrent que par la forme des antennes, qui ne sont pas en fil, mais en fer d'alêne. Leurs mœurs paroissent les mêmes. Le caractère du genre Empis peut être ainsi exprimé :

*Diptères sclérostomes, à antennes en fer d'alène, sans poil isolé ;
à tête plus étroite que le corselet, et à suçoir vertical.*

Les stomoxes, rhingies, myopes, hippobosques, ont un poil isolé distinct aux antennes. Ces organes sont filiformes, ou en fuseau, dans les cousins, les asiles et les conops ; dans les bombyles, le suçoir est horizontal ; enfin, dans les chrysopsides et les taons, la tête est plus large que le corselet.

Les principales espèces de ce genre sont les suivantes :

L'Empis livide, *Empis livida.*

Degéer en a donné l'histoire dans ses Mémoires, tom. 6, pag. 204, et l'a figuré à la planche 14, fig. 14.

Cette espèce a fourni à Fabricius le type du genre dont il a décrit les parties de la bouche.

D'un jaune livide, avec des lignes sur le corselet, avec la base des ailes et les pattes ferrugineuses.

C'est l'asile à ailes réticulées, de Geoffroy.

Empis du Nord, *Empis borealis.*

C'étoit le platyptère de Meigen, 2, pl. 13, f. 25.

Noir ; à ailes arrondies, roussâtres sur le bord, externes ; pattes rousses à articulations et tarses noirs.

Cet insecte est connu dans le nord de l'Europe. Il se réunit en groupes qui volent le soir en forme de tourbillons, par les temps sereins. Sa taille varie.

Empis bordée, *Empis marginata.*

Il est noir, avec les ailes transparentes à bord noir.

Empis patte-plume, *Empis pennipes.*

Noir ; à pattes postérieures alongées, avec les cuisses et les jambes ciliées en manière de barbe de plumes.

Cette espèce, très-remarquable, varie aussi beaucoup pour la taille. Scopoli l'a décrite dans sa Faune de Carniole, sous le n.° 994 ; et Panzer en a donné une bonne figure dans le 74ᵉ cahier de sa Faune d'Allemagne, n.° 18. (C. D.)

EMPOISSONNEMENT. (*Ichthyol.*) Voyez Etang. (H. C.)

EMPOPHOS. (*Mamm.*) J. Lobo (Relat. hist. d'Abyssinie) dit que l'on trouve dans cette contrée un animal sauvage qui a des crins comme nos chevaux, et qui hennit de même, mais qui a les pieds fourchus, et deux cornes petites et droites. Il s'agit vraisemblablement de quelque antilope. (F. C.)

EMPREINTES ou Typolithes. (*Foss.*) On a donné ces noms

aux impressions que laissent, dans les couches pierreuses, les corps organisés qui s'y sont trouvés retenus lorsqu'elles se sont formées. (D. F.)

EMPUSE. (*Entom.*) C'est le nom donné par Illiger à un genre d'insectes orthoptères, de la famille des anomides ou difformes, pour y placer les espèces de mantes dont les mâles portent des antennes pectinées, et dont le front se prolonge en une sorte de corne ou dé pointe dans les deux sexes; de plus, les quatre cuisses postérieures sont lobées. La plupart de ces insectes sont étrangers, excepté une espèce qui a été confondue avec la *pauperata* de Linnæus. Voyez MANTE. (C. D.)

EMPYREUME. (*Chim.*) C'est l'odeur qu'exhalent les matières organiques quand on les chauffe suffisamment pour les décomposer, et dans des circonstances où les produits de leur décomposition ne peuvent être convertis en totalité en eau et en acide carbonique par l'oxigène. Il existe pour nous au moins trois genres d'odeurs empyreumatiques. Le premier renferme les odeurs connues sous le nom de caramel; elles nous paroissent dues à de l'acide acétique huileux : le second renferme les odeurs des corps gras, d'origine végétale et animale; l'acide acétique, et surtout une huile ou un esprit odorant, dont la nature peut varier, en sont les principes : le troisième comprend les odeurs empyréumatiques des matières azotées ; elles sont le résultat de l'union du sous-carbonate d'ammoniaque avec une huile. (CH.)

EMSEESY. (*Ornith.*) Ce nom, que l'on a depuis corrompu en l'écrivant *emfegy*, est donné en Barbarie à un oiseau qu'on appelle aussi oiseau-bœuf, *ox-bird*, de Shaw, lequel, suivant cet auteur, page 330 de la traduction françoise de ses Voyages, a la taille du corlieu, et le corps d'un blanc de lait, excepté le bec et les jambes qui sont d'un beau rouge. Il fréquente les prairies, et vit auprès des bestiaux. Gmelin l'a placé parmi les synonymes du *tantalus ibis* ; mais il est bien plus petit. M. Cuvier, dans un Mémoire dont l'analyse se trouve au Magasin Encyclopédique, 6.ᵉ année, tom. 1, pag. 527 et 528, le regarde comme un vrai courlis. (CH. D.)

EMULSION. (*Chim.*) C'est une liqueur aqueuse, opaque, ordinairement blanche comme du lait, qui tient une substance grasse en suspension, au moyen d'un autre corps dont la nature peut varier. Quoiqu'il existe des sucs végétaux qui rentrent dans la définition que nous venons de donner, cependant le mot *émulsion* s'applique spécialement à des liquides que l'on prépare comme médicamens, ou comme boisson alimentaire.

L'émulsion la plus commune est le lait d'amande. Il se fait avec parties égales d'amandes douces et d'amandes amères, de la manière suivante. On fait bouillir de l'eau, on la retire du feu, on y met les amandes, et on les y laisse jusqu'à ce qu'on puisse facilement les séparer de leur pellicule; alors on les retire de l'eau, on enlève leurs pellicules, on les met dans l'eau froide. Quand elles sont bien lavées, on les pile dans un mortier de marbre avec un peu d'eau, et on les réduit en une pâte homogène. On y ajoute peu à peu de nouvelle eau, environ les deux tiers de celle qu'on veut faire entrer dans l'émulsion. On passe le tout au travers d'une toile, et on soumet le marc qui y reste à une forte expression. Quand cela est fait, on remet le marc dans le mortier, on le divise bien au moyen du pilon, puis on y ajoute une quantité d'eau égale à la moitié de celle qui a été employée.

En ajoutant à cette émulsion du sucre, de l'eau de fleur d'oranger et de l'alcool chargé d'huile de citron, on fait le sirop d'orgeat. Dans ce cas on emploie moins d'eau pour faire l'émulsion, que quand on veut boire celle-ci sur-le-champ.

L'émulsion des amandes douces présente une huile tenue en suspension par du sucre et de la gomme, et surtout par une matière azotée qui est de la nature du fromage, suivant M. Proust et M. Vogel, et de la nature de l'albumine, suivant M. Boullay. L'émulsion des amandes amères présente les mêmes corps, et en outre de l'acide hydrocyanique, et une huile volatile. Il est à remarquer que cette huile volatile communique à l'eau distillée dans laquelle on la dissout, l'odeur et la saveur de l'acide hydrocyanique, sans lui donner la propriété de précipiter les solutions de fer en bleu de Prusse, ainsi que M. Vogel l'a observé.

En suivant le procédé que nous venons de décrire, on peut préparer des émulsions avec toutes les graines qui contiennent assez d'huile pour en donner par expression. Si les graines sont petites ou très-dures, il faut les laver à l'eau froide, puis les broyer dans le mortier, sans préalablement les priver de leur enveloppe. La quantité d'eau employée dans les émulsions varie suivant que ces liquides doivent être pris sur-le-champ, ou qu'on veut les faire entrer dans un sirop : dans ce dernier cas il faut moins d'eau que dans le premier, ainsi que nous l'avons déjà dit pour le lait d'amande.

On prépare aussi une émulsion de jaune d'œuf, en délayant celui-ci avec de l'eau tiède. Dans cette émulsion, l'huile du jaune d'œuf est tenue en suspension par de l'albumine, et la soude que celle-ci contient toujours.

Les émulsions qui sont faites avec des semences douces, sont adoucissantes, tempérantes et rafraîchissantes : elles sont employées dans tous les cas où il y a irritation, inflammation dans l'estomac, les intestins; elles le sont surtout dans les maladies des voies urinaires.

Les émulsions ont en général de grands rapports avec le lait : on y trouve, comme dans celui-ci, une matière grasse, une matière azotée, une matière douceâtre, soluble dans l'eau, et enfin du phosphate de chaux, et autres sels. *Emulsion* dérive du latin *emulgere*, qui signifie *traire, tirer le lait de la mamelle.* (Cн.)

EMYDE, *Emys.* (*Erpétol.*) On appelle de ce nom un genre de reptiles de l'ordre et de la famille des chéloniens, lequel renferme ceux des animaux du genre *Testudo* de Linnæus, qui vivent habituellement dans les eaux douces. On les reconnoît aux caractères suivans :

Doigts mobiles, palmés, terminés par des ongles longs, au nombre de cinq en devant, et de quatre derrière le plus généralement; mâchoires cornées, en bec tranchant; queue généralement aussi très-courte; carapace écailleuse et solide, ainsi que le sternum, qui est élargi.

Le corps est nu ou couvert de papilles et d'écailles; la tête, écailleuse ou nue, se cache sous la carapace ou sur ses côtés. Les mâchoires sont entières le plus communément, et la supérieure recouvre l'inférieure, comme une boîte; le col est communément nu et arrondi; la carapace est généralement convexe; les ongles sont pointus.

On distinguera donc aisément les Emydes des Chélydres, qui ont la queue très-longue; des Chéxydes, qui ont les mâchoires plates, non cornées; des Trionyx, qui n'ont que trois ongles postérieurs au plus; des Chélonées et des Tortues, dont les doigts sont immobiles. (Voyez ces différens mots et Chéloniens.)

La plupart des reptiles de ce genre vivent dans les marais, et habitent particulièrement les pays chauds, où ils se nourrissent d'herbes et de mollusques.

Le mot Emyde est tiré du grec ἐμύς, qui signifie *tortue*. M. Duméril l'a appliqué le premier à un genre des chéloniens que M. Brongniart venoit d'indiquer; et, depuis, ce nom a universellement été adopté par les erpétologistes.

Les espèces de ce genre sont nombreuses; on peut les partager en deux sections.

§. 1.er *Plastron immobile, anguleux.*

La Tortue d'eau douce d'Europe : *Emys Europæa; Testudo orbicularis*, Linnæus; *Testudo lutaria*, Hermann, Marsigli, Brunnich; *la Verte et jaune*, Lacép.; *Testudo flava*, Bonnat., Daudin; *Testudo punctata*, Gottwald; *Tortue ronde*, Daubenton; *Testudo europæa*, Schneider, Schœpff, pl. 1. Carapace ovale, peu convexe, assez lisse, noirâtre, toute semée de points jaunâtres, disposés en rayons, de huit pouces de longueur au plus, sur cinq pouces environ de largeur; plastron aussi long que la carapace, un peu moins large, ovale, oblong, arrondi en devant, tronqué et presque sans échancrure en arrière; tête aplatie en-dessus et sur les côtés; cinq doigts onguiculés aux pieds de devant, quatre seulement à ceux de derrière; queue petite, écailleuse; peau du cou épaisse, lâche, ridée, lisse et non écailleuse, comme Schœpff l'a cependant prétendu.

Dans les adultes, la carapace est lisse, tandis que celle des jeunes a des écailles marquées de sillons parallèles à leur bord, surtout à la partie postérieure du dos et sur les côtés. Marsigli (*Danub. illustrat.*, 4) a prétendu que ces sillons sont plus apparens chez les mâles que dans les femelles.

Le disque de la carapace est occupé par treize grandes plaques, cinq vertébrales, et huit sur deux rangs latéraux; la première plaque vertébrale est pentagonale; les trois suivantes sont hexagonales; la dernière est irrégulièrement pentagonale, et quelquefois marquée dans son milieu d'une arête saillante.

La première plaque latérale est grande, carrée, irrégulière ; les deux suivantes sont grandes, pentagonales et alongées ; la dernière est quadrilatère, à côtés courbes.

Le bord de la carapace est composé de vingt-cinq plaques toutes carrées : la première est petite ; le bord, quoique tranchant, excepté sur les flancs, n'est pas dentelé sur les cuisses.

Le plastron est formé de douze plaques.

Les deux narines sont petites, rondes et séparées par une cloison mince.

Les pieds sont couverts d'écailles, et demi-palmés.

La tête et les membres sont bruns, parsemés çà et là de points jaunâtres.

Le plastron est jaunâtre, avec quelques teintes brunes.

Cette espèce est la plus répandue du genre Emyde : on la voit dans tout le midi et l'orient de l'Europe, jusqu'en Prusse, où J. Chr. Wulff l'a observée. Bernouilli l'a vue en Pologne ; Targioni, Tozzetti, Cetti et Marsigli l'ont rencontrée en Italie, en Sardaigne et en Hongrie. Elle est rare en France. Suivant M. Lacépède, on la trouve aussi en Amérique et dans l'île de l'Ascension.

Elle vit dans les eaux bourbeuses et les marais, et s'y nourrit d'insectes, de mollusques, de petits poissons et d'herbe. On mange sa chair : aussi l'on vend cet animal dans divers marchés d'Allemagne : on le nourrit dans des viviers ou des jardins, avec du pain, de la laitue, des légumes, etc. J. C. Wulff (*Ichthyol. Regni Borussici*) dit que les paysans prussiens en gardent dans des auges, quelquefois pendant deux ans, pour les engraisser.

Les œufs de l'émyde d'Europe sont gros à peu près comme des œufs de pigeon, mais plus oblongs ; la femelle les dépose dans le sable, au soleil, et ils n'éclosent, selon Marsigli, qu'au bout d'un an environ.

Ce chélonien offre un assez grand nombre de variétés. D'après une note remise à feu Daudin par le naturaliste espagnol Ruis de Xelva, il paroît qu'une de ces variétés habite les marais de l'Espagne, en particulier aux sources de la Guadiana.

L'EMYDE PORPHYRÉE : *Emys porphyrea*, Schweigger ; *Testudo porphyrea*, Daudin. Carapace orbiculaire, du diamètre de trois pouces au plus, déprimée, d'un rouge d'ocre, avec de petites taches fauves et d'un vert foncé plus nombreuses et plus apparentes, sur les plaques vertébrales; plastron brunâtre; pieds palmés.

La peau de la tête, du cou et des pattes est d'un cendré pâle, et couverte de tubercules; une rangée transversale de quatre tubercules écailleux et brunâtres occupe le dessous de la base de la queue près de l'anus.

La queue est garnie en-dessous d'une petite carène longitudinale.

Les deux plaques du bord antérieur de la carapace, au-dessus du cou, se prolongent chacune en une petite pointe, de manière à former ensemble une fourche arrondie.

Daudin a décrit cette espèce d'après un individu envoyé de la Nouvelle-Hollande à M. Christian Hayes.

L'EMYDE PEINTE : *Emys picta*, Schweigger; *Testudo picta*, Linnæus, Schœpff, Hermann, Schneider, Seba, *Thes.*, 1, tab. 80, fig. 5. Pieds antérieurs demi-palmés; ceux de derrière entièrement palmés; carapace oblongue, déprimée; écailles très-lisses, brunes, entourées chacune d'un ruban jaune, fort large au bord antérieur; cinq à six pouces de longueur totale, sur quatre pouces de largeur, et seulement dix-huit lignes d'épaisseur.

Les treize plaques du disque de la carapace sont presque toutes quadrangulaires, excepté les trois antérieures et deux de la rangée vertébrale, lesquelles ont leurs ongles obtus, avec leurs sutures sillonnées.

Le bord de la carapace, composé de vingt-cinq plaques, est tranchant, excepté seulement sur les flancs.

Le plastron est oblong et aussi long que la carapace. Toutes ses plaques, au nombre de douze, sont marquées d'une strie. Il est d'un gris jaune.

Les pieds sont couverts d'écailles, ainsi que la queue, qui est courte.

Le doigt latéral extérieur est dépourvu d'ongle.

La couleur générale de ce reptile est brunâtre, plus foncée sur la tête et les membres; sur les côtés de la tête et des mâchoires on voit quelques traits jaunes, et la queue est marquée de quatre lignes longitudinales d'un jaune clair.

On trouve l'émyde peinte dans l'Amérique septentrionale ; elle vit dans les ruisseaux tranquilles et profonds, et dans les lieux solitaires : les Pensylvaniens la nomment *flat-brook turtle*.

Lorsque le ciel est serein et l'atmosphère échauffée, elle abandonne les eaux, et va, par petites troupes, se reposer sur les troncs d'arbres et les rochers voisins, d'où elle plonge dans le liquide qu'elle a quitté, au moindre bruit ou à l'approche de l'homme. Elle nage avec vitesse ; mais elle marche lentement.

On prétend qu'elle est très-vorace, et qu'elle saisit par les pieds les petits canards qui nagent au-dessus d'elle, de manière à les entraîner au fond des eaux pour les y dévorer.

Sa chair est regardée comme saine et agréable.

C'est cette espèce que Seba a décrite et figurée sous le nom de *Testudo Novæ Hispaniæ, Lusitanis Kagado d'Agoa.*

L'Émyde cendrée: *Emys cinerea*, Schweigger ; *Testudo cinerea*, Schœpff, Schneider. Cinq doigts onguiculés à tous les pieds ; carapace orbiculaire, déprimée, très-lisse, à quinze plaques écailleuses, cendrées, bordées de blanc ; tour de la carapace composé de vingt-quatre pièces, dont les deux antérieures sont plus petites, obliques et elliptiques ; plastron à douze plaques, beaucoup plus court que la carapace, rétréci en arrière ; tête déprimée, cendrée, avec des raies noires ; queue plus longue que dans l'émyde peinte.

Cette espèce est de l'Amérique septentrionale. Brown, le premier, l'a décrite sous la dénomination de *cinereous tortoise*, dans ses *New Illustrations of Zoology*, pag. 115. M. Palisot de Beauvois et Daudin l'ont confondue avec l'émyde peinte.

L'Émyde écrite : *Emys scripta*, Schweigger ; *Testudo scripta*, Schœpff ; *Testudo scabra*, Thunberg. Carapace orbiculaire, aplatie et crénelée sur son bord, qui est composé de vingt-cinq plaques ; plastron très-grand et très-large, sans aucune échancrure ; le cinquième doigt des pieds de derrière dépourvu d'ongle ; tête nue, déprimée ; museau un peu prolongé.

La carapace n'a guère qu'un pouce et demi de diamètre. Sa couleur est jaunâtre, avec des lignes brunes, tortillées et imitant en quelque sorte des caractères d'écriture ; toute la boîte osseuse est jaunâtre inférieurement, et marquée, sous chaque plaque du bord de la carapace, d'une tache brune, arrondie; le disque est formé par treize plaques.

Le plasfron est jaunâtre pâle, avec deux petites taches brunes à sa partie antérieure, deux autres sur son milieu, et deux autres sur chaque côté. La queue est alongée, verruqueuse.

On ignore la patrie de ce reptile.

L'EMYDE RABOTEUSE : *Emys dorsata*, Schweigger; *Testudo scabra*, Linnæus; *Testudo dorsata*, Schœpff; *Testudo verrucosa*, Wa'lb. Un cinquième doigt non onguiculé aux pieds de derrière; carapace orbiculaire, très-large, peu bombée, rude au toucher, échancrée antérieurement, à treize plaques dorsales, parmi lesquelles les cinq vertébrales sont surmontées d'une carène saillante et longitudinale; vingt-cinq plaques marginales, lisses en devant et sur les côtés, et un peu dentelées par derrière; plastron arrondi et un peu festonné en devant, échancré en arrière, et concave dans son centre.

L'émyde raboteuse a environ trois pouces de longueur totale sur deux de largeur.

La tête est un peu alongée, amincie en devant, assez lisse.

Le cou est couvert d'une peau plissée.

La queue est très-courte et presque conique.

La couleur de la carapace et de la peau est d'un jaunâtre pâle, varié et comme marbré en divers sens par de très-petites bandes, et des taches brunes ou noirâtres, plus larges sur la tête et les pieds.

Seba a le premier décrit ce reptile (*Thes.*, 1, tab. 79, 1, 2) sous le nom de *Testudo terrestris amboinensis minor*. Linnæus l'a reçu de la Caroline, et Daudin, de Surinam, où il vit dans les savannes, noyées assez avant dans l'intérieur du pays.

La tortue raboteuse de Retz est l'émyde à casque, et la tortue raboteuse de Thunberg est l'émyde écrite.

L'EMYDE A NEZ ; *Emys nasuta*, Schweigger. Un cinquième doigt non onguiculé aux pieds de derrière; carapace ovale, déprimée, à treize plaques dorsales, à vingt-cinq plaques marginales; plaques rugueuses; celles du plastron au nombre de treize; celui-ci arrondi en devant, bifide en arrière; tête couverte d'écailles très-nombreuses; narines supportées par un tube cylindrique; deux barbillons blancs et filiformes sous la mâchoire inférieure.

La longueur de la carapace est d'un peu plus de deux pouces; celle du plastron est un peu moindre; la largeur de la carapace est de dix-huit à vingt lignes.

La carapace est fauve, ponctuée; ses plaques, vertébrales, portent une carène obtuse; le plastron est bordé de jaune.

La queue est très-courte.

La patrie de cet animal est inconnue.

M. Schweigger l'a décrit d'après un individu unique, conservé dans le Muséum d'Histoire naturelle de Paris.

L'EMYDE LÉPREUSE : *Emys leprosa; Testudo leprosa*, Schœpff. Un cinquième doigt non onguiculé aux pieds de derrière; carapace ovale, peu convexe, à treize plaques dorsales, à vingt-cinq plaques marginales, légèrement carénée; d'un jaune obscur, et couverte de tubercules verruqueux; douze plaques au plastron, qui est arrondi en devant, bifide en arrière; tête glabre, aplatie; cou garni de papilles; queue assez longue.

La longueur de la carapace est d'un peu plus de trois pouces; sa largeur est de deux pouces et demi; le plastron est presque aussi long que la carapace; la hauteur de celle-ci est de douze à quatorze lignes.

Les plaques marginales sont noirâtres, irrégulièrement bordées de jaune.

La patrie de ce reptile est ignorée.

M. Schweigger en a observé dans le Muséum de Paris un individu que l'on conservoit autrefois à La Haye, et en a vu une description et une figure dans les manuscrits inédits de Schœpff.

L'EMYDE DE CAYENNE; *Emys cayennensis*, Schweigger. Un cinquième doigt non onguiculé aux pieds de derrière; carapace ovale, convexe, à treize plaques dorsales lisses, d'un jaune verdâtre, marquées de noir aux angles postérieurs; vingt-quatre plaques marginales, dont les deux antérieures sont plus courtes; treize plaques au plastron, qui est tronqué en devant, et bifide en arrière; tête protégée par des plaques membraneuses, brune, avec deux taches jaunes sur son sommet; queue très-courte; nez profondément sillonné dans le sens de sa longueur; cou nu.

La seconde, la troisième et la quatrième plaques vertébrales sont carénées.

La longueur de la carapace est de cinq pouces six lignes;
celle du plastron, de cinq pouces; la largeur de la carapace
varie de quatre pouces quatre lignes à trois pouces onze lignes;
sa hauteur est de deux pouces une ligne.

Cette espèce habite Cayenne, comme son nom l'indique.
M. Schweigger en a vu trois individus, dont un à Paris et un
à Erlang; il possède le troisième dans sa collection.

L'Emyde bossue; *Emys gibba*, Schw. Un cinquième doigt non
onguiculé aux pieds de derrière; carapace ovale, très-noire,
basse, à plaques vertébrales, postérieures, carénées et tuber-
culeuses, tandis que l'antérieure est aplatie et déclive.

La tête est noire, déprimée, protégée par des plaques écailleuses, nombreuses; le cou est long, garni de papilles; les
plaques dorsales sont au nombre de treize; les marginales au
nombre de vingt-quatre, dont les antérieures sont longues, très-
étroites et planes, de même que les suivantes qui sont carrées
et très-larges; celles des côtés sont roulées en haut; celles qui
passent au-dessus des cuisses, horizontales; et celles qui recouvrent la queue, déclives. Le plastron, couvert de treize
plaques, est arrondi en devant, bifide en arrière. La queue est
très-courte.

Les dimensions sont à peu près les mêmes que dans l'espèce
précédente.

La patrie de l'émyde bossue est ignorée. On a observé ce
reptile dans le Muséum de Paris.

L'Emyde élargie; *Emys expansa*, Schw. Un cinquième doigt
non onguiculé aux pieds de derrière. Carapace déprimée, brune,
à plaques dorsales carrées, aplaties, à bord très-large, horizontal; nez sillonné dans le sens de sa longueur; mâchoires entières.

Le plastron est couvert de treize plaques, arrondi et presque
tronqué en avant: il est bifide en arrière. Il y a treize plaques
dorsales à la carapace; et vingt-quatre marginales, parmi
lesquelles les deux antérieures sont plus courtes.

La tête est convexe, et couverte d'écailles membraneuses.

Le cou est long, épais.

De l'Amérique méridionale.

M. le professeur Richard en possède une carapace qui a un
pied deux pouces six lignes de longueur, sur onze pouces six
lignes dans sa plus grande largeur.

L'Emyde de Duméril; *Emys Dumeriliana*, Schw. Un cinquième
doigt non onguiculé aux pieds de derrière. Carapace peu élevée, noire, à plaques dorsales planes, au nombre de treize;
vingt-quatre plaques marginales; les postérieures plus grandes,
presque horizontales; les antérieures plus petites.

La tête, épaisse, est comme globuleuse et nue, ainsi que le
reste du corps. Le nez, convexe et très-lisse, est obtus. La
mâchoire supérieure, recourbée en crochet, est profondément sillonnée de chaque côté; l'inférieure, très-crochue
également, est pointue.

Le plastron est protégé par treize plaques, arrondi en devant,
et presque tronqué; il est bifide en arrière.

La queue est épaisse, pointue, assez longue.

La longueur de la carapace d'un individu gardé dans le Muséum de Paris, est d'un pied 2 pouc. 6 lig., sur 10 pouc. 3 lig.
dans sa plus grande largeur. Le plastron n'a qu'un pied de
longueur.

Cette émyde vient de l'Amérique méridionale. Elle a été
dédiée par M. Schweigger à son maître, le professeur Duméril,
de Paris.

L'Emyde réticulaire : *Emys reticulata*; la Tortue réticulaire,
Bosc; *Testudo reticularia*, Latreille; *Testudo reticulata*, Daud.
Un cinquième doigt non onguiculé aux pieds de derrière; carapace un peu bombée, ovale-alongée, plus large à sa partie
postérieure, et sans aucune carène.

Les plaques dorsales, au nombre de treize, sont grandes,
raboteuses, couvertes de nombreuses petites stries parallèles.

Les plaques marginales sont au nombre de vingt-cinq, et
forment un bord simplement tranchant, sans échancrures ni
dentelures: celles du dessus des cuisses sont plus grandes que
les autres.

Le plastron, couvert de douze plaques lisses et assez grandes,
est alongé et un peu ovale.

Tout le dessus de la carapace est d'un brun foncé, avec quelques traits jaunes croisés qui se continuent sur toutes les plaques
dorsales, en forme d'un très-large réseau. On observe, en outre,
une ligne jaunâtre continue sur toute la longueur du dos. Toutes
les plaques marginales ont leur face supérieure partagée transversalement par un trait jaune.

Le plastron et le dessous des plaques marginales sont lisses, et d'une teinte de cire jaune; sur les bords des plaques marginales, près de chaque côté du plastron, il y a trois taches rondes, noirâtres, et deux autres taches, noirâtres aussi, mais alongées, qui sont situées sur les saillies osseuses qui unissent le plastron à la carapace.

Les plaques marginales latérales ont en dessous de leur jonction une tache elliptique noirâtre, ce qui fait en tout neuf taches elliptiques.

La longueur de la carapace est de 7 pouces, sur 4 pouces 6 lig. dans sa plus grande largeur; celle du plastron est de 5 pouces 9 lignes.

La tête est brune en dessus, avec des lignes jaunes, peu marquées sur les côtés, et une large bande jaune; le cou et les pattes sont bruns, avec des bandes et des taches jaunes; la queue est couverte d'écailles variées de brun et de jaune.

Ce chélonien habite la Caroline, où il est très-rare, et où il a été observé, décrit et figuré par M. Bosc, qui croit qu'il pourroit bien être la *tortue des marais*, de Brown.

L'Emyde a lignes concentriques: *Emys centrata; Testudo centrata*, Bosc; *Testudo concentrica*, Shaw; *Testudo terrapin*, Schœpff; *Testudo palustris*, Gmel., 1041; *Terrapène*, Lacép. Un cinquième doigt non onguiculé aux pieds de derrière; carapace ovale, peu bombée, un peu échancrée en devant, et presque lisse, à treize plaques dorsales; une légère protubérance noirâtre, un peu prolongée en avant, sur le milieu des quatre premières plaques vertébrales; deux à sept stries circulaires et concentriques, à peine creusées sur toutes ces plaques, et surtout sur les latérales: ces stries sont noires, parallèles aux bords, et se détachent sur le fond gris de la carapace.

Les plaques marginales, au nombre de vingt-cinq, ont aussi quelques stries longitudinales enfoncées. La plaque collaire est un peu large et carrée; les latérales sont plus étroites, et légèrement bordées; les huit postérieures, plus larges que les autres, forment comme autant de festons.

Le plastron, ovale-oblong, tronqué en devant, échancré en arrière, couvert de douze plaques lisses, jaunâtres, sans taches, à sutures noirâtres, est presque aussi long que la carapace.

Le corps est cendré; les écailles ont des taches noires, quel-

quefois grises à leur centre, irrégulières, réunies souvent
deux à deux, ou formant des marbrures.

La tête est large, obtuse, avec des taches noires sur les côtés
et en dessous. Les yeux sont petits et gris.

La queue est courte, amincie, écailleuse et carénée en
dessus.

La femelle a la tête plus obtuse que le mâle; les taches du
corps plus larges, et la carapace plus carénée et moins colorée.

Cette espèce vit dans les grands marais de la Caroline. M. Bosc
l'a souvent observée se chauffant au soleil, et en troupes nombreuses, sur les arbres renversés, ou sur les mottes de terre qui
en couvrent les bords. Elle est d'un naturel craintif; elle court
et nage avec une grande vivacité, parce qu'elle a le têt très-
mince, et il est très-difficile de la pêcher. Sa chair est fort
estimée.

Sa longueur est de 8 à 9 pouces, sur 5 de large, et 2 et demi
de haut.

L'Emyde a bord en scie : *Emys serrata; Testudo serrata*, Bosc,
Daud.; Tortue hécate, Dampier; *Testudo rugosa*, Shaw. Un cinquième doigt non onguiculé aux pieds de derrière; carapace
ovale, oblongue, à peine carénée, à plaques garnies de stries
rugueuses et rayonnées; plaques marginales postérieures échancrées ou même bifides.

La couleur de la carapace est d'un noir brun, varié de
lignes irrégulières d'un jaune pâle. Son disque, couvert de
treize plaques, est entouré d'un sillon plus profond vers les
cuisses.

Les plaques marginales sont au nombre de vingt-cinq, noirâtres en dessus, jaunes en dessous; les latérales sont marquées
d'une tache noire arrondie.

Le plastron est couvert de douze plaques jaunâtres; il est
tronqué en avant, et profondément échancré en arrière.

La tête est ovale, aplatie, couverte d'une peau lisse; le museau est obtus; les mâchoires sont entières; la supérieure est
légèrement sinueuse vers la pointe.

Le cou est garni de papilles et d'écailles clair-semées.

La queue est fort courte.

La taille de l'émyde à bord en scie, est souvent d'un pied; et,
dans ce cas, elle a 9 pouces de largeur et 5 de hauteur.

La figure et la description que Daudin en a données, sont fort mauvaises. Par erreur, il a attribué à cette espèce la description que M. Bosc avoit faite sur le vivant de sa *tortue réticulaire*.

Sa chair est excellente, et très-recherchée en Caroline, patrie de ce reptile.

L'EMYDE DE DIVERSES COULEURS; *Emys discolor*, Thunb. Doigts distincts, garnis d'ongles; carapace déprimée au milieu, déclive sur les côtés, d'un jaune sale avec des bandes irrégulières brunes.

La carapace a treize plaques dorsales; les vertébrales sont légèrement carénées; les marginales sont au nombre de vingt-cinq, et variées de jaune en dessous. Cette carapace, ovale-oblongue, est deux fois plus longue que large.

Le plastron est défendu par treize plaques; il est très-large, tronqué en avant, bifide en arrière.

On ignore quelle est la patrie de cette émyde. M. Thunberg en a envoyé la description et la figure à M. Schweigger, d'après un individu conservé dans le Muséum d'Upsal, et de la grandeur de la main.

L'EMYDE JAUNATRE; *Emys lutescens*, Schw. Un cinquième doigt non onguiculé aux pieds de derrière; carapace d'un jaune sale, oblongue, ventrue, légèrement carénée, aplatie sur le dos, à treize plaques dorsales presque carrées, à vingt-cinq plaques marginales; tête aplatie, très-nue; queue courte; plastron brunâtre, tronqué en devant, bifide en arrière, et à douze plaques.

On ne sait quelle est la patrie de l'émyde jaunâtre. Il en existe un individu dans le Muséum de Paris, où M. Schweigger l'a observé. Sa carapace a 5 pouces 7 lig. de longueur, 3 pouces 9 lig. de largeur, et 25 lignes de hauteur.

L'EMYDE DE GEOFFROY; *Emys Geoffroana*, Schw. Un cinquième doigt non onguiculé aux pieds de derrière. Carapace convexe et surbaissée, noire, à treize plaques dorsales aplaties, recourbées sur leurs bords latéraux, à vingt-quatre plaques marginales, parmi lesquelles l'antérieure est très-longue et linéaire; plastron couvert de treize plaques.

Cette émyde vient du Brésil. M. le professeur Geoffroy Saint-Hilaire en a rapporté à Paris un individu tiré du cabinet royal de Lisbonne, et dont la carapace a un pied 2 pouces 4 lig.

de longueur, sur 10 pouces 2 lig. dans sa plus grande largeur, et 5 pouces 1 lig. de hauteur.

L'Emyde martinelle : *Emys martinella; Testudo martinella*, Daud.; *Testudo planiceps seu platycephala*, Schn., Schœpff; *Emys planiceps*, Schw. Cinquième doigt des pieds de derrière nul ou remplacé par une écaille ; carapace oblongue, un peu aplatie, à treize plaques dorsales ; dos muni de deux carènes longitudinales, à cause des plaques vertébrales creusées en gouttière ; vingt-cinq plaques marginales, parmi lesquelles l'antérieure est très-étroite, et un peu plus longue que les autres ; plastron couvert de treize plaques, tronqué en devant, bifide en arrière ; queue assez longue.

Cette espèce vient des Indes orientales, suivant Schneider, et de Cayenne, suivant M. Martin, auquel Daudin l'a dédiée. On en voit deux individus dans les galeries du Muséum d'Histoire naturelle de Paris.

L'Emyde gentille; *Emys pulchella*, Schœpff, pag. 113, tab. 26. Pas de cinquième doigt rudimentaire aux pieds de derrière ; carapace ovale, basse, légèrement carénée, à treize plaques dorsales, d'un brun pâle, rayonnées de jaune vers les bords, et marquées d'aréoles enfoncées, à vingt-cinq plaques marginales, parmi lesquelles l'antérieure est carrée et plus petite que les autres ; plastron couvert de douze plaques, tronqué en devant, obtus en arrière ; tête aplatie, tachetée de jaune ; queue longue.

Patrie inconnue.

La Tortue bourbeuse; *Emys lutaria, Testudo lutaria*, Linn. Un rudiment de cinquième doigt non onguiculé aux pieds de derrière ; carapace un peu aplatie, noirâtre, à treize plaques dorsales, irrégulièrement sillonnées, foiblement pointillées dans le centre. Une petite arête longitudinale sur les cinq plaques vertébrales ; vingt-cinq plaques marginales, parmi lesquelles l'antérieure est plus petite que les autres ; plastron arrondi et comme tronqué en devant, fourchu en arrière, couvert de douze plaques. Huit pouces de longueur au plus, sur quatre pouces de largeur.

La plupart des individus n'ont pas d'ongle au doigt extérieur des pieds de devant.

La peau est noirâtre : celle du cou est plissée et épaisse ; celle des pattes est écailleuse. La queue est lisse, longue et comme annelée, toujours roide, toujours horizontale, et dirigée en arrière, circonstance qui a fait que quelques anciens auteurs, Rondelet en particulier, ont nommé ce reptile *mus aquatilis*.

L'accroissement de la tortue bourbeuse est très-lent, et elle grossit pendant un certain nombre d'années. On prétend qu'elle vit quelquefois plus de quatre-vingts ans.

Elle est assez commune dans diverses parties de l'Europe méridionale, et habite même assez vers le nord. Gmelin en effet dit qu'on la trouve dans les rivières de la Silésie, dans les fleuves Tanaïs, Volga, Oural, Lawbe, dans les lacs voisins, et dans le pays des Kirguis. On a prétendu qu'elle habite même le Japon, et qu'elle y est connue sous les noms de *jogame*, *doogame*, ou *doccame*; mais il paroît probable que les voyageurs l'ont confondue dans ce cas avec une espèce différente.

Elle aime les eaux marécageuses et dormantes. Elle vit de reptiles, de mollusques, d'insectes et de plantes. Lorsqu'elle est dans une rivière ou dans un étang, elle attaque les poissons, même les plus gros, les mord sous le ventre, les laisse s'épuiser par la perte de leur sang, et les dévore ensuite avec avidité, ne laissant que les arêtes, la tête et la vessie natatoire, qui remonte quelquefois au-dessus de l'eau : il est donc très- important de l'empêcher d'entrer dans les viviers.

On l'élève en domesticité dans beaucoup de jardins du midi de la France, parce qu'elle détruit les limaçons, les insectes et les vers de terre. Il faut lui procurer assez d'eau pour qu'elle puisse se baigner au moins de temps en temps, et, lorsque sa nourriture devient peu abondante, du pain ou du son mouillé.

Elle marche assez rapidement sur les terrains unis, et est plus vive que la plupart des tortues de terre. Lorsqu'on la tourmente, elle fait entendre un petit sifflement entrecoupé.

Elle s'engourdit pendant l'hiver : pour cela, elle se creuse dans de la terre sèche un trou profond de six ou huit pouces, et y travaille quelquefois pendant un mois entier. D'après M. Detouchy, de Montpellier, M. de Lacépède a écrit que souvent elle ne se trouve point entièrement cachée, parce que la terre ne retombe pas toujours sur elle lorsqu'elle s'est placée au fond de son trou. Dès les premiers jours du printemps, elle quitte son asile et gagne l'eau, où elle reste alors habituellement; mais en été elle est presque toujours sur terre.

L'accouplement de l'émyde bourbeuse a lieu dans l'eau, et dure ordinairement deux ou trois jours. La femelle dépose ses œufs dans le sable, au soleil : ils sont blancs, un peu nuancés de gris plus ou moins foncé. Il faut environ trois mois de chaleur continue pour les faire éclore. Les petits, au moment où ils sortent de la coque, ont environ huit lignes de longueur totale, et vont sur-le-champ se jeter à l'eau.

Cette émyde produit beaucoup ; car, selon le président de la Tour d'Aygue, il y a environ trente ans qu'on en trouva, dans un marais de la plaine de la Durance, une si grande quantité, que pendant plus de trois mois les paysans des environs purent s'en nourrir. La chair de ce reptile, quoique inférieure à celle des tortues d'Amérique, est en effet assez estimée en Provence. On en prépare des bouillons que les médecins ordonnent contre la phthisie pulmonaire, et pour réparer les forces épuisées par l'abus des plaisirs ; et la plupart des pharmaciens de Paris en conservent, à cet effet, de vivantes dans leurs officines.

L'Emyde ponctulaire : *Emys punctularia*, Schw.; *Testudo punctularia*, Daud. Pattes presque en moignon ; doigts palmés ; cinq ongles aux membres antérieurs, quatre seulement aux postérieurs ; carapace convexe, ovale, élargie, un peu déprimée, presque tronquée en devant, arrondie en arrière ; treize plaques dorsales ; les cinq vertébrales relevées dans leur milieu par une petite carène lisse et non interrompue ; vingt-cinq plaques marginales.

La plaque collaire marginale est très-petite ; les deux suivantes, de chaque côté, sont larges et tranchantes ; celles des flancs sont carrées, avec leur bord un peu relevé ; les huit postérieures, carrées, diminuent graduellement de grandeur, et sont tranchantes sur leur bord.

Le plastron, large surtout en arrière, est presque aussi long que la carapace ; sa surface est lisse et luisante ; il est couvert de douze plaques ; il est tronqué en devant, et presque bifide en arrière.

Toute la carapace est brunâtre, lisse, plus foncée sur sa carène et sous ses plaques marginales. Le plastron est d'un brun noirâtre, avec une tache longitudinale jaune sur son milieu, et avec le bord de ses plaques de la même couleur.

La tête est petite, nue, un peu aplatie en dessus et sur les côtés; le crâne est d'un brun noirâtre, avec quatre lignes jaunes obliques. Il y a une petite tache jaune au devant de chaque orbite, et des traits jaunes longitudinaux sur les joues.

Le bec est aminci; la mâchoire inférieure est jaune et un peu relevée vers sa pointe.

Le cou est long, très-extensible, finement granulé et jaune, avec des séries longitudinales de points noirs, nombreux en dessous et sur les côtés; en dessus, il est rude et noirâtre.

Les pieds sont jaunes, pointillés de noir, couverts d'écailles.

La queue est triangulaire, pointue, courte, revêtue de petites écailles rudes, dont quelques unes sont redressées en pointe.

Par la conformation particulière de ses pieds, cette espèce semble tenir le milieu entre les émydes et les tortues proprement dites. Mais Daudin, qui l'a fait connoître le premier, l'a placée à tort parmi ces dernières: elle a, en effet, des ongles aigus; son cou est protractile, et sa tête déprimée.

Elle habite diverses parties de l'Amérique méridionale, surtout dans les déserts et les grands bois de la Guiane. Elle est d'un certain volume, et sa chair est très-estimée des habitans de Cayenne, qui nomment cet animal *racaca*, au rapport de M. Richard.

C'est peut-être à l'émyde ponctulaire qu'il faut rapporter la *tortue alacacca* que Stedmann a observée plusieurs fois à Surinam, et qui, suivant lui, a moins de 18 pouces de longueur et une chair un peu coriace.

L'Emyde caspienne : *Emys caspica; Testudo caspica*, Gmel., Lacép. Cinq doigts onguiculés aux pieds de devant, quatre seulement à ceux de derrière; carapace presque orbiculaire, convexe, longue de huit pouces, et large de sept au moins, variée de noir et de vert. Treize plaques dorsales, à sutures tantôt droites et tantôt courbes; vingt-cinq plaques marginales, parmi lesquelles l'antérieure est plus petite que les autres: tête écailleuse; aucun vestige de queue.

Le plastron est très-lisse, noirâtre, tacheté de blanc, couvert de onze plaques, tronqué en devant, échancré profondément en arrière.

Le voyageur S. G. Gmelin, le seul qui ait encore observé cette émyde, dit qu'elle vit dans les eaux douces de l'Hyrcanie, et qu'elle devient quelquefois assez grosse pour pouvoir porter plusieurs hommes sur son dos. Il l'a observée vers la mer Caspienne, dans les ruisseaux du Pusahat, auprès de la ville de Schamahir.

Daudin pense que des tortues observées par S. G. Gmelin dans la province de Masandéran en Perse, et qu'on élève en domesticité pour détruire les serpens, doivent être rapportées à l'émyde caspienne, susceptible probablement d'acquérir un grand volume.

Gmelin, dans la treizième édition du *Syst. Nat.*, parle d'une tortue voisine de celle-ci, qui a été trouvée dans la mer Caspienne, et que le professeur Blumenbach lui a fait connoître. Elle n'en diffère que par sa carapace brune, variée de taches foncées, et par son plastron bordé de blanc. Les plaques marginales sont au nombre de vingt-cinq, blanches, tachetées de brun, presque toutes d'égale grandeur, à peu près carrées.

L'EMYDE OLIVATRE; *Emys olivacea*, Schw. Pieds non observés; plastron inconnu; carapace oblongue, aplatie, olivâtre, à treize plaques dorsales couvertes de rides rayonnées; plaques vertébrales relevées en bosse; vingt-quatre plaques marginales, dont les deux antérieures sont plus larges que les latérales, et égales.

Cette émyde habite les sables de la Nigritie. Le célèbre Adanson en a rapporté à Paris une carapace seulement. Elle est déposée dans les galeries du Muséum d'Histoire naturelle, et a 4 pouces de longueur sur 3 de largeur et 1 pouce 3 lig. de hauteur.

L'EMYDE A CASQUE : *Emys galeata*; *Testudo galeata*, Schœpff, Daud.; *Testudo scabra*, Retz. Cinq doigts onguiculés à tous les pieds; carapace oblongue, déprimée, tronquée en devant, cendrée, tachetée de noirâtre; treize plaques dorsales rudes au toucher, pointillées au centre, striées vers la circonférence; les plaques vertébrales carénées; vingt-quatre plaques marginales, lisses; les deux antérieures carrées, droites, plus petites.

Le plastron est arrondi en devant et tronqué en arrière. Il est protégé par treize plaques d'écaille, mélangées de blanc et de brun, avec les sutures livides.

La tête est lisse, le front aplati; le sommet du crâne revêtu d'une sorte de bouclier ovale.

Sur le bord de la mâchoire inférieure on voit deux barbillons charnus, filiformes, courts, et qui peuvent se contracter en forme de verrue, comme dans la matamata. (Voyez Chélyde.)

Le cou est un peu mince et blanchâtre, de même que la plus grande partie de la tête.

Les cuisses sont ridées, et les jambes couvertes d'écailles.

La queue, conique et pointue, dépasse à peine l'extrémité de la carapace.

La carapace, longue de deux pouces et demi, est large de deux pouces et haute d'un pouce.

Cette petite émyde a été apportée des Indes orientales en Angleterre, où Retz l'a gardée vivante pendant deux années. Quoiqu'elle aimât beaucoup l'eau douce, elle se tenoit quelquefois à sec pendant plusieurs heures. Durant l'hiver, elle vivoit dans l'eau près d'un poêle, et faisoit entendre alors des sons rauques et affoiblis. On la nourrissoit avec du pain de froment et de seigle; elle mangeoit aussi des mouches, dont elle rejetoit les pattes et les ailes. Elle ne prenoit aucune nourriture depuis le mois d'octobre jusqu'au milieu du mois de mai, et ne rendoit alors aucun excrément, venant rarement respirer à la surface de l'eau. Dans les autres mois, elle rendoit des excrémens blancs, en chapelet. Elle aimoit beaucoup le soleil.

L'Emyde roussâtre : *Emys subrufa; Testudo subrufa*, Lacép. Cinq doigts onguiculés à tous les pieds; carapace aussi longue que large (5 pouces 6 lig.), aplatie, d'une couleur analogue à celle du marron. Le disque de la carapace recouvert de treize lames, minces, légèrement striées, unies dans leur centre; les plaques marginales au nombre de douze, suivant Daudin, et de vingt-quatre, selon Schweigger.

Le plastron est défendu par treize plaques, tronqué en avant et bifide en arrière.

La tête est très-plate. La queue n'a point encore pu être observée.

Cette émyde vient des Indes orientales. M. le professeur Lacépède l'a fait connoître aux naturalistes, d'après un individu apporté par Sonnerat, et auquel la queue avoit été enlevée.

L'Emyde d'Adanson; *Emys Adansonii*, Schw. Pieds non observés encore; carapace aplatie, très-large en arrière; jaune, abondamment tachetée de noir; treize plaques dorsales; les vertébrales carénées, la première très-longue et panduriforme.

la dernière triangulaire ; vingt-quatre plaques marginales, dont les deux antérieures sont carrées, droites, à angles arrondis.

On ne connoît de cette émyde que la carapace qui a été rapportée du Sénégal par Adanson.

L'Emyde a long cou : *Emys longicollis ; Testudo longicollis*, Shaw. Quatre doigts onguiculés à tous les pieds ; carapace oblongue, aplatie, à treize plaques dorsales, rudes çà et là, d'une couleur brunâtre : la première plaque vertébrale, très-longue ; vingt-cinq plaques marginales, dont l'antérieure plus petite que les autres ; plastron arrondi en devant, échancré en arrière, protégé par treize plaques écailleuses, dont l'antérieure est sexangulaire. Tête déprimée, nue ; cou très-long.

Cette émyde habite les marais de la Nouvelle-Hollande, au rapport de Shaw et de Péron. On l'a eue vivante au Jardin du Roi.

L'Emyde a gouttelettes : *Emys guttata ; Testudo guttata*, Shaw, Schneid. ; *Testudo punctata*, Schœpff, Daud. ; *Tortue ponctuée*, Latreille, Bosc. Doigts libres, non palmés ; cinq ongles aux pieds de devant, quatre seulement à ceux de derrière ; carapace lisse, un peu bombée, ovale, d'un noir luisant uniforme, avec un ou plusieurs points jaunes sur chaque plaque ; treize plaques dorsales ; vingt-quatre plaques marginales, parmi lesquelles l'antérieure est linéaire ; plastron noirâtre, avec quelques teintes jaunes, protégé par douze plaques, tronqué en avant, échancré en arrière. Longueur totale de 6 à 7 pouces ; longueur de la caparace de 4 pouces ; celle du plastron de 5 pouces seulement ; largeur de la carapace de 2 pouces 9 lig.

La tête est lisse ; la peau du cou finement granulée ; la queue et les pieds sont revêtus de petites écailles, excepté sous les talons, où elles sont grandes et carrées.

Le dessous des plaques marginales de la queue, des pieds et des cuisses, est jaunâtre.

La tête est marquée de points jaunes, sur un fond noir.

La mâchoire supérieure est échancrée à son extrémité.

On trouve ce reptile dans les marais de l'Amérique septentrionale. M. Bosc l'a rapporté de la Caroline ; et Daudin en possédoit un individu pris dans les environs de Quebec, en Canada.

Pendant le mois de mai 1778, Schœpff a vu, près de Philadelphie, plusieurs jeunes tortues de cette espèce qui étoient grosses comme des œufs de pigeon; leur carapace étoit très-courte, noire et marquée élégamment de taches safranées.

Quelquefois la carapace est brune : alors les taches qu'elle présente sont orangées.

Seba a représenté l'émyde à gouttelettes, *Thes.*, 1, tab. 80, fig. 7, sous le nom de *testudo terrestris amboinensis*, qui signale une double erreur de sa part.

L'ÉMYDE DE MUHLENBERG : *Emys Muhlenbergii*, Schw.; *Testudo Muhlenbergii*, Schœpff, pag. 132, tab. 31. Pieds non encore observés. Carapace comprimée sur les côtés, oblongue, basse, carénée, d'un châtain uniforme, à treize plaques dorsales sillonnées et aréolées, à vingt-cinq plaques marginales, dont l'antérieure plus petite que les autres. Plastron arrondi en devant, échancré en arrière, et revêtu de douze plaques. Tête ponctuée.

De Pensylvanie.

L'ÉMYDE DE SPENGLER : *Emys Spengleri*, Schw.; *Testudo Spengleri*, Gmel., Daud., Wall.; *Testudo areolata varietas*, Shaw. Pieds non encore observés; carapace oblongue, déprimée, lisse, mince, grosse à peu près comme le poing, presque ovoïde, avec trois carènes longitudinales; bord tranchant latéralement, muni en arrière de dix longues dentelures courbes qui vont en montant, et, au contraire, foiblement dentelées en devant; treize plaques dorsales offrant des stries circulaires et concentriques en avant, et des points enfoncés à leur partie postérieure, qui est imbriquée; vingt-cinq plaques marginales, l'antérieure plus petite que les autres; plastron lisse, presque aussi long, mais moins épais que la carapace : il est composé de six paires de plaques séparées par un petit sillon longitudinal, et par cinq sillons transversaux; il est arrondi en devant, échancré en arrière.

La carapace, d'une teinte de cire jaune, est marquée irrégulièrement d'un grand nombre de petites taches anguleuses et d'un gris brun. Le plastron est d'un brun marron, avec une bande d'un jaune citron, dentelée en scie sur ses deux côtés.

La queue est très-longue.

On ignore quelle est la patrie de ce chélonien. J. J. Wallbaum l'a décrit le premier dans les *Schrift. der Berl. Naturfor.*, tom. 6, pag. 122, d'après une boite osseuse conservée dans la magnifique collection d'histoire naturelle de Spengler.

L'EMYDE A TROIS CARÈNES; *Emys trijuga*, Schweigger. Pieds non encore observés; carapace convexe, ovale, brune, tricarénée, à bord entier et jaunâtre, à disque environné latéralement d'un profond sillon; treize plaques dorsales, à points et à aréoles enfoncés; vingt-cinq plaques marginales, brunes, jaunes sur le bord, avec une tache noire triangulaire en dessous, l'antérieure plus petite que les autres; les carènes interrompues au niveau des sutures; plastron couvert de douze plaques, tronqué en avant, échancré en arrière, jaune, tacheté de noir.

On conserve au Muséum de Paris une carapace de cet animal, que M. Leschenault a rapportée de l'île de Java. Sa longueur est de 3 pouces 6 lig., sur 2 pouces 8 lig. dans sa plus grande largeur, et 1 pouce 7 lig. de hauteur.

L'EMYDE D'HERMANN; *Emys Hermanni*, Schweigger. Pieds à demi palmés, un cinquième doigt non onguiculé à ceux de derrière; carapace basse, oblongue, tricarénée, à treize plaques dorsales à peine aréolées, à vingt-cinq plaques marginales, dont l'antérieure plus petite que les autres; carènes non interrompues; plastron à douze plaques, tronqué en devant, échancré en arrière.

La tête est nue, ovale; le front aplati, le museau obtus, la mâchoire supérieure légèrement échancrée vers son sommet.

La carapace est entièrement brune.

Les pieds sont écailleux; la queue est arrondie.

M. Schweigger a vu deux individus de cette espèce : l'un dans le cabinet d'Hermann à Strasbourg, l'autre dans celui de Schreber. La carapace du premier avoit 6 pouces 5 lignes de longueur, sur 4 pouces 4 lignes de largeur, et 2 pouces de hauteur.

Il ne faut point confondre cette émyde avec le *Testudo Hermanni* indiqué par Gmelin dans le *Syst. Nat.* de Linnæus, et qui est une espèce fort douteuse, dont les caractères ont été donnés d'après une très-courte note de l'Histoire des Tortues, de Schneider.

14.   28

§. II. *Plastron oblong et mobile, c'est-à-dire divisé en deux battans
par une articulation en charnière.*

Les émydes rangées dans cette division ont été généralement
désignées par le nom de tortues à boîte ; et peut-être devroient-
elles former un genre à part dans l'ordre des chéloniens. Elles
peuvent toutes fermer entièrement leur carapace quand leur
tête et leurs membres y sont retirés : mais dans les unes le battant antérieur seulement est mobile, tandis que dans d'autres
les deux battans se meuvent également.

A. *Battant antérieur du plastron seul mobile.*

La TORTUE A BOÎTE NOIRATRE : *Emys subnigra; Testudo subnigra;*
Lacép., Daud. Un cinquième doigt non onguiculé aux pieds de
derrière qui sont palmés comme ceux de devant ; carapace
ovale, convexe, d'un noir foncé, lisse, comme vernie, de
5 pouces 4 lig. de longueur sur à peu près autant de largeur ;
les treize plaques dorsales épaisses et striées dans leur contour ; une petite saillie dans le centre des cinq plaques vertébrales ; vingt-quatre plaques marginales, les deux antérieures
plus petites et droites, les latérales très-étroites.

Le plastron est ovale-oblong, arrondi en devant, échancré
en arrière, et couvert de treize plaques.

C'est M. de Lacépède qui le premier a décrit cette émyde,
d'après un exemplaire conservé dans les galeries du Muséum
d'Histoire naturelle de Paris. Les pieds ont été examinés, dit
Daudin, par Van-Ernest, sur un individu du cabinet du Stat-
houder, en Hollande.

On ignore quelle est sa patrie.

La TORTUE A BOÎTE ODORANTE : *Emys odorata; Testudo odorata,*
Bosc, Daud. Doigts palmés ; le cinquième doigt des pieds de
derrière non onguiculé ; carapace ovale, d'un noir brun ; treize
plaques dorsales : la première plaque vertébrale étroite et très-
longue, les suivantes carénées ; plastron très-étroit, arrondi
en devant, échancré en arrière, et couvert seulement de onze
plaques ; vingt-trois plaques marginales : quelquefois seulement
vingt.

Sa longueur est de 3 pouces, sa largeur de $2\frac{1}{3}$, et sa hauteur
de 14 lig. (Bosc.)

La tête de cette tortue à boîte est aplatie, pointue, brune, avec deux lignes jaunes, et un peu fléchie de chaque côté; elles partent du nez, l'une au-dessus, l'autre au-dessous, enferment l'œil, et disparoissent vers l'oreille. La ligne supérieure a la forme d'un Y.

Le menton a quelques petits tubercules jaunes en forme de barbillons.

Les pattes sont brunes avec des nuances plus pâles.

La queue est très-courte, chargée de tubercules charnus, blanchâtres, en forme d'épines; elle est terminée par un ongle corné.

Pendant la vie, cet animal répand une odeur de musc assez agréable. M. Bosc l'a observé dans les eaux stagnantes et bourbeuses de la Caroline, où il est rare. Il se rapproche beaucoup de la tortue à boîte rougeâtre, *emys pensylvanica*.

Van-Ernest en a fait voir à Daudin deux variétés qu'il avoit reçues du Canada.

La Tortue a boîte proprement dite : *Emys clausa; Testudo clausa*, Bloch, Linn., Schœpff, Daud., Wallbaum, Shaw; *Testudo carolina*, Linn.; *Testudo caroliniana*, Schn.; la Tortue courte queue, *Testudo brevicaudata*, Daub., Lacép., Latreille; la Prisonnière striée, *Testudo incarcerata-striata*, Bonnaterre. Doigts presque palmés; cinq ongles aux pieds de devant, quatre seulement à ceux de derrière; carapace brune, marbrée de jaune, fortement carénée, à treize plaques dorsales lisses; vingt-cinq plaques marginales, l'antérieure presque linéaire; plastron arrondi des deux côtés, et protégé par douze plaques; queue très-courte.

Cette émyde, quoique très-bombée, est cependant aplatie en dessus.

Ses plaques latérales postérieures sont relevées en gouttière. Sa tête est noire avec une bande jaune sur la partie supérieure de chacun de ses côtés, et garnie de plusieurs taches de la même teinte; ses pattes sont très-écailleuses et noirâtres.

Elle parvient à 6 ou 7 pouces de longueur.

Elle vit dans les marais de plusieurs contrées de l'Amérique septentrionale. On la rencontre aussi dans les lieux secs et même élevés, exposés à l'action d'un soleil ardent. Elle nage, dit-on, avec peine. Daudin assure que sa boîte osseuse est tellement épaisse, qu'elle peut supporter un poids de cinq ou six cents livres, sans que pour cela l'animal cesse de marcher. Henri Muhlenberg et M. Bosc disent qu'elle mange du crottin de cheval, des scarabées, et qu'elle dévore même des serpens de quatre à cinq pieds de longueur, après les avoir tués et étouffés en les serrant par le milieu de leur corps entre sa carapace et le battant mobile de son plastron. On peut l'élever en domesticité, comme l'émyde bourbeuse : on en a conservé une dans un jardin pendant quarante-six ans. Elle vivoit de limaçons et de mulots.

On ne mange point sa chair, parce qu'elle a une saveur rance; mais on recherche beaucoup ses œufs, qui sont gros comme ceux des pigeons.

Son accouplement dure pendant quatorze jours.

L'EMYDE MARRON; *Emys castanea*, Schw. Pieds non encore examinés; carapace ovale, convexe, de couleur marron, à rides rayonnées très-lisses; treize plaques dorsales presque lisses, les vertébrales carénées; aréoles ponctuées, rugueuses, noires; vingt-quatre plaques marginales, les deux antérieures plus petites, droites et carrées; plastron jaune, à larges taches brunes, et couvert de treize plaques; lobe antérieur arrondi, lobe postérieur étroit, bifide.

La patrie de ce chélonien est inconnue. On en conserve dans le Muséum d'Histoire naturelle de Paris une boîte osseuse, que Daudin (11, 198) a rapportée à tort à l'émyde noirâtre : 2 pouces 9 lig. de longueur, sur 2 pouces 2 lig. de largeur.

L'EMYDE COURO; *Emys couro*, Leschenault. Doigts palmés; le cinquième des pieds de derrière dépourvu d'ongle; carapace presque globuleuse, aplatie en dessus, garnie de trois carènes peu élevées, noirâtre; treize plaques dorsales; vingt-cinq écailles marginales, l'antérieure linéaire; plastron très-large, d'un jaune sale, nuageux; des taches noires sous les plaques marginales. La peau est noire, marbrée de jaune; la tête oblongue, avec une ligne jaune près des yeux.

Ce reptile a été pris dans l'île de Java, par M. Leschenault. On en possède une boîte osseuse dans le Muséum d'Histoire naturelle de Paris. La carapace a 11 pouces de longueur, et le plastron 9 pouces 1 lig. seulement. La plus grande largeur de la carapace est de 4 pouces 11 lig., et sa hauteur de 2 pouces 10 lig.

La Tortue a boîte a gouttelettes : *Emys virgulata*; *Testudo virgulata*, Bosc, Daud.; *Testudo incarcerata*, Bonnaterre; la Bombée, *Testudo carinata*, Lacép.; *Testudo carinata?* Linn. Doigts presque libres, au nombre de cinq aux pieds de devant, de quatre à ceux de derrière; carapace convexe, noire, légèrement carénée; treize plaques dorsales garnies de stries circulaires; vingt-cinq plaques marginales, plus grandes au-dessus des bras et des cuisses, et assez tranchantes, excepté sur les flancs; plastron arrondi en avant et en arrière, et protégé par douze plaques.

Le nombre de plaques marginales, et la convexité de la carapace, sont sujets à varier. Dans quelques individus, la carène est presque nulle; dans d'autres, elle est à peu près continue.

La couleur de la carapace et des plaques marginales, dessus et dessous, est brune, avec des gouttelettes jaunes, arrondies ou alongées, et nombreuses; la carène vertébrale est jaune; le plastron est aussi d'un jaune uniforme.

La tête est alongée, aplatie en dessus, brune, marquetée de jaune, avec une grande tache jaune sur chaque côté du nez et sur la mâchoire inférieure, qui a de plus trois petits traits bruns.

Les membres sont bruns et courts.

La queue est à peine apparente au dehors.

La *Tortue à petites raies*, de M. Latreille, n'est qu'une variété de la tortue à boîte dont il s'agit, et qui a le dessous des plaques marginales du même jaune que le plastron.

On trouve ce reptile dans les marais de plusieurs contrées de l'Amérique septentrionale. M. Bosc l'a rencontré en Caroline, dans les grands bois, où il est rare. Il habite aussi les savannes de la Floride méridionale. Carver l'a observé plusieurs fois sur les rivages du lac Ontario, et il existe également dans le Canada. Sa carapace est longue de cinq pouces, et large de quatre environ.

L'Emyde de Schneider; *Emys Schneideri*, Schw. Doigts non encore examinés; carapace couleur de soufre, fortement carénée, à taches d'un brun marron; treize plaques dorsales lisses; vingt-cinq à vingt-sept plaques marginales; plastron arrondi aux deux bouts, tronqué en arrière, protégé par douze plaques. La longueur de la carapace est de 3 à 4 pouces; sa largeur varie de 2 à 3.

La patrie de l'émyde de Schneider n'est point connue.

M. Schweigger en a examiné deux individus : un dans les galeries du Muséum d'Histoire naturelle de Paris, l'autre dans le cabinet d'Hermann, à Strasbourg.

L'EMYDE POLYPHÊME : *Emys polyphemus* ; la Tortue gopher, *Testudo polyphemus*, Bartram, Daud. Doigts des pieds non isolés les uns des autres à peu près : teinte générale d'un gris cendré ; plastron grand, divisé transversalement en cinq parties régulières qui ne sont point réunies ensemble par des sutures, mais qui adhèrent les unes aux autres par un cartilage saillant et de substance cornée. La première portion de ce plastron, lancéolée, longue d'environ trois pouces et large d'un pouce ; sa partie postérieure très-prolongée en arrière et profondément bifurquée.

La mâchoire supérieure est un peu courbée; le nez pointu ; les narines sont très-petites et presque réunies; les yeux, grands et ouverts.

Les jambes et les pieds sont couverts d'écailles plates : ceux-ci sont, pour ainsi dire, terminés en moignon.

La carapace a 18 à 20 pouces de longueur, sur 10 à 12 de largeur.

Bartram, le voyageur, nous apprend que cette espèce singulière existe dans plusieurs contrées de l'Amérique septentrionale, principalement sur les bords de la rivière Savannah, et près de l'Alatamaha.

On la trouve toujours réunie en petit nombre dans des terriers ou cavernes qu'elle se creuse sur des collines arides et sablonneuses. Elle est regardée comme un bon manger, et très-recherchée en Floride. Ses œufs sont ronds et à coque dure.

Ce chélonien n'est peut-être point une émyde : la conformation de ses pieds, et le choix de sa demeure semblent l'éloigner de ce genre. Il est d'ailleurs trop mal décrit par Bartram, pour qu'on puisse rien décider à son égard. Daudin en fait une véritable tortue.

B. *Les deux battans du plastron également mobiles.*

L'EMYDE DE RETZ : *Emys Retzii* ; *Testudo tricarinata Retzii*, Schœpff ; la Tortue à trois carènes, Latreille ; *Testudo Retzii*, Daud. Pieds palmés; le cinquième doigt de ceux de derrière non onguiculé; carapace orbiculaire, brune, à trois carènes; treize plaques dorsales, rudes et ridées; les vertébrales plus larges que longues; vingt-trois écailles marginales presque égales, à l'exception de l'antérieure qui est plus étroite, et formant un bord tranchant et non dentelé; plastron ovale-oblong, plus étroit que la carapace, un peu déprimé dans son milieu, arrondi en devant, tronqué et non échancré en arrière, jaunâtre et à taches brunes, de même que le dessous des plaques marginales.

La tête est assez grosse, brune, variée de blanc sur les joues et en dessous. Le front est lisse; les orbites sont ovales, les narines saillantes, les mâchoires simplement tranchantes.

La peau du cou est lâche, verruqueuse, sans écailles, et brune, striée de blanc en dessous.

Les membres sont rudes, un peu écailleux en dessus.

La queue, courte, conique et pointue, est entourée d'écailles.

La patrie de cet animal est inconnue. Schœpff l'a décrit d'après un individu conservé dans l'esprit-de-vin par feu Hermann de Strasbourg, qui l'avoit étiqueté à tort sous le nom de *Testudo orbicularis*. Retz est le premier naturaliste qui l'ait bien observé : il l'a décrit d'après un exemplaire du Muséum de Londres, sous le nom de *Testudo tricarinata*.

Les descriptions, à ce qu'il paroît, ont été données d'après des individus trop jeunes.

L'Emyde a trois carènes : *Emys tricarinata* ; *Testudo scorpioides*, Linn.; *Testudo scorpioïdea*, Lacép.; *Testudo tricarinata*, Daud.; la Tortue scorpion, Daub. Pieds palmés; le cinquième doigt de ceux de derrière non onguiculé; carapace oblongue, brune, à trois carènes; treize plaques dorsales presque lisses; les vertébrales plus longues que larges; vingt-trois plaques marginales presque égales, à l'exception de la première qui est plus petite que les autres, qui sont très-étroites en dessus et élargies vers le plastron; plastron ovale-oblong, jaunâtre, avec quelques traits bruns en dessous, et protégé par douze plaques.

La queue est courte, et armée à l'extrémité d'un crochet corné.

Cette émyde habite les marais et les savannes noyées de la Guiane et de Surinam. Elle n'a jamais plus de huit pouces de longueur totale.

L'Emyde rougeatre : *Emys pensylvanica* ; *Testudo pensylvanica*, Linn., Bosc, Daud., Edward. Pieds palmés; le cinquième doigt de ceux de derrière non onguiculé; carapace ovale, brune, aplatie sur le dos; treize plaques dorsales, les vertébrales presque carénées, la première très-large en devant et rétrécie en arrière; vingt à vingt-trois écailles marginales, l'antérieure plus petite que les autres; plastron large, arrondi en devant, échancré en arrière, défendu par onze plaques.

La tête est brunâtre en dessus, jaunâtre, variée de points bruns et nombreux sur les côtés, avec plusieurs petites raies brunes et jaunâtres sous la mâchoire inférieure, dont l'extrémité est très-recourbée en haut.

La queue est grosse à sa base, mince et munie d'un petit ongle corné à sa pointe.

Le menton a quatre barbillons jaunes.

Le devant de la carapace est échancré.

Cette espèce d'émyde, de la taille de .5 à 6 pouces, et qui présente un assez grand nombre de variétés, vit dans les marais de la Floride, de la Caroline et de diverses autres contrées de l'Amérique septentrionale. Elle se tient cachée et engourdie dans la bourbe pendant tout l'hiver, et en sort à la fin du mois de février, selon M. Bosc. Elle s'accouple vers la fin de mars, et fait sa ponte en mai.

M. Palisot de Beauvois assure qu'elle a une odeur de musc.

La Tortue a boîte d'Amboine : *Emys amboinensis* ; *Testudo amboinensis*, Riche, Daud. Quatre doigts aux pattes postérieures, cinq aux antérieures; carapace convexe, lisse, brune, à treize plaques dorsales, presque quadrilatères; vingt-quatre plaques marginales presque quadrilatères aussi, et recourbées en dessous; plastron grand, ovale, à douze plaques.

La couleur de la carapace et du corps est brune; la tête est rayée de jaune; le bord des plaques marginales et du plastron est tacheté de jaune.

Le cou est plus court que la tête, calleux et ridé transversalement.

La queue est aiguë et repliée sur le côté.

La carapace a 7 pouces de longueur, sur 6 de largeur.

Riche a observé cette tortue à boîte dans l'île d'Amboine, pendant le séjour qu'y fit le capitaine d'Entrecasteaux, en revenant de chercher les traces de l'infortuné La Peyrouse. Elle vit dans les marais.

Le battant antérieur du plastron adhère au corps par la peau et par la tête inférieure des clavicules; le battant postérieur y adhère par deux muscles cylindriques et par la peau; en outre, deux muscles ventraux, longs, aplatis, partent du bord du bassin pour se rendre au bord postérieur de l'omoplate. Il résulte de là que les battans ont des muscles pour se fermer, et n'en ont point pour s'ouvrir. Riche en conclut que l'animal sort de sa carapace en dilatant ses poumons, et ce, avec d'autant plus de certitude, qu'il lui a constamment vu aspirer beaucoup d'air en ce moment.

§. III. *Plastron rhomboïdal, en forme de croix; queue aussi longue que le corps.*

Les émydes renfermées dans cette section ont servi à M. Schweigger à l'établissement d'un nouveau genre qu'il nomme Chélydre, *chelydra.* Leur queue est au moins aussi longue que la carapace, sous laquelle elle ne peut se cacher, non plus que les membres, qui sont très-volumineux.

L'Emyde serpentine : *Emys serpentina* ; *Testudo serpentina.* Linn., Lacép.; *Testudo serrata*, Penn.; *Chelydra serpentina*, Schw. Carapace déprimée, ovale, presque subquadrangulaire, tronquée et un peu plus étroite en devant, à trois carènes épineuses, à six ou huit dents en arrière du bord.

On compte treize plaques dorsales, toutes munies à leur partie postérieure d'une carène ou saillie granulée, d'où partent en rayonnant des rides peu marquées et entrecoupées de petits plis concentriques. Il y a vingt-cinq plaques marginales.

Toutes les plaques de la carapace sont minces, un peu transparentes, assez semblables à de la corne, et d'un brun plus ou moins foncé.

Le plastron est petit, et couvert seulement de neuf plaques, (Schweigger) ou dix plaques (Daudin) lisses, minces et pergamentacées.

Il y a cinq doigts onguiculés aux pattes antérieures. Le cinquième des postérieures ne l'est point.

Les mâchoires forment un bec avancé, analogue à celui d'une

buse, et terminé par deux barbillons; la supérieure est plus large que l'inférieure.

Le cou est au moins aussi long que le corps, très-rétractile, très-plissé, très-rude.

La queue a le dos armé d'une crête dentelée. Elle est aussi longue que le corps : cette disposition l'a fait nommer, en Caroline, *alligator tortoise.*

On trouve cette émyde dans les eaux douces de l'Amérique septentrionale. Elle est rare, parce qu'elle est très-recherchée à cause de l'excellence de sa chair. Elle atteint la taille de quatre pieds, et alors la carapace en a deux à elle seule. Souvent elle pèse plus de vingt livres. Méchante et vorace, elle déchire les petits canards et les poissons, et attaque souvent même sa propre espèce. Elle s'écarte parfois assez loin des rivages; elle saisit sa proie en se soulevant sur ses pieds de derrière, et en alongeant son cou avec rapidité. On prétend qu'elle a un cri assez semblable à un sifflement, et que, lorsqu'on l'irrite, elle mord avec tant de violence qu'on a beaucoup de peine à lui faire lâcher prise. Schœpff en a élevé plusieurs en Amérique dans une chambre : elles recherchoient les coins les plus sombres, et se cachoient dans les cendres de la cheminée.

L'Emyde lacertine : *Emys lacertina; Chelydra lacertina,* Schweigger. Tous les caractères de la précédente, seulement les plaques vertébrales, non carénées, sont entourées par un léger sillon pour les trois intermédiaires : les vingt-cinq écailles marginales entières, les six postérieures seulement prolongées en forme de dents. Taille de plus de deux pieds.

Patrie inconnue.

On en conserve un individu dans le Muséum d'Histoire naturelle de Paris.

Les *Testudo melanocephala* de Daudin, et *planitia* de Gmelin, sont des émydes; mais elles sont encore fort peu connues. Voyez Chéloniens. (H. C.)

EMYDO-SAURIENS. (*Erpétol.*) M. de Blainville a donné ce nom à un ordre de la classe des reptiles, dans lequel il place les Crocodiles, les Gavials et les Caïmans. Voyez ces différens mots. (H. C.)

EMYS (*Erpétol.*), nom latin du genre Emyde. Voyez ce mot. (H. C.)

ENAARAKAKA. (*Erpét.*) Barrère donne ce nom à une tortue
de terre de Cayenne. Voyez TORTUE. (H. C.)

ENALCIDE, *Enalcida*. (*Bot.*) [*Corymbifères*, Juss.; *Syngénésie polygamie superflue*, Linn.] Ce nouveau genre de plantes,
que nous avons établi dans la famille des synanthérées, appartient à notre tribu naturelle des tagétinées.

La calathide est discoïde, composée d'un disque pluriflore,
régulariflore, androgyniflore, et d'une couronne unisériée,
pauciflore, anomaliflore, féminiflore. Le péricline, égal aux
fleurs, oblong, cylindracé, plécolépide, est composé de cinq
squames unisériées, entre-greffées jusqu'au dessous du sommet
qui forme un lobe triangulaire, libre. Le clinanthe est petit,
subconoïdal, alvéolé, à cloisons un peu frangées. Les ovaires
sont excessivement longs et grêles, presque linéaires, anguleux, hispidules: leur aigrette est composée de plusieurs squamellules unisériées, paléiformes, coriaces, dont une située
sur le côté extérieur, beaucoup plus longue, lancéolée, libre ;
les autres beaucoup plus courtes, oblongues, tronquées au
sommet, entièrement entre-greffées. L'aigrette des fleurs marginales est composée de squamellules égales, oblongues, tronquées, entre-greffées. Les fleurs de la couronne, au nombre
de cinq environ, sont cachées par le péricline ; leur corolle
courte, entièrement engainée dans l'aigrette, a le limbe presque
avorté, cochléariforme. Les fleurs du disque ont la corolle
quinquéfide, et le style divisé en deux longues branches
divergentes.

L'ENALCIDE À FEUILES DE FENOUIL : *Enaleida fœniculifolia*,
H. Cass.; *Enalcida pilifera*; Bull. Soc. philom., février 1819.
Plante herbacée, glabre, haute d'un pied dans l'échantillon
observé qui est incomplet. La tige est rameuse, munie de côtes
saillantes. Les feuilles sont opposées et alternes, sessiles, pinnatifides ou bipinnatifides, linéaires, munies de quelques grosses
glandes éparses ; leur base est souvent laciniée sur les côtés ;
leurs pinnules sont linéaires, entières, aiguës, terminées quelquefois par un filet presque capillaire. Les calathides, solitaires
à l'extrémité de rameaux pédonculiformes, composent, par
leur assemblage, au sommet de la tige et des branches, de
petits bouquets irréguliers; leur péricline, parsemé de glandes
oblongues, est comme pubescent au sommet; les corolles sont

jaunes et parsemées de glandes. Nous avons décrit d'abord cette plante sur un petit échantillon sec que nous a donné M. Godefroy, qui l'avoit recueilli au Jardin de botanique de Rennes, en 1815, et qui ne sait rien de plus sur son origine.

Depuis, nous avons retrouvé la même plante dans l'Herbier de M. Desfontaines, sous le nom de *Tagetes fœniculacea*, avec une note indiquant qu'elle a été cultivée au Jardin du Roi, en 1815, et qu'elle est annuelle.

Enfin, nous avons remarqué, dans l'opuscule de M. Lagasca publié à Madrid en 1816, sous le titre de *Genera et Species Plantarum*, un *tagetes clandestina*, originaire de la Nouvelle-Espagne, et qui nous paroît être la même plante que notre *enalcida fœniculifolia* : cependant il est possible que la plante de M. Lagasca se rapporte au *diglossus variabilis*.

L'*enalcida* est un genre voisin du *diglossus* et du *tagetes*, dont il diffère par l'aigrette et la couronne ; le *diglossus* se trouve exactement intermédiaire entre l'*enalcida* et le *tagetes*. (H. Cass.)

ENARGEA. (*Bot.*) Ce genre de Gærtner, observé par lui sur le fruit, et par M. Bancks sur la fleur, paroît n'être qu'une espèce de *callixene*, quoique Gærtner lui attribue un embryon dicotylédone. (J.)

ENARTOCARPE ARQUÉ (*Bot.*) : *Enartocarpus arcuatus*, Labill., *Icon. Syr.*, *fasc.*, 5, pag. 4, tab. 2 ; *Raphanus lyratus*, Forsk., *Ægypt.*, p. 119. Genre de plantes dicotylédones, à fleurs complètes, polypétalées, de la famille des crucifères, de la *tétradynamie siliqueuse* de Linnæus, rapproché des *sinapis*, offrant pour caractère essentiel : Un calice fermé, à quatre folioles ; quatre pétales en croix ; six étamines, dont quatre plus longues et deux plus courtes ; un ovaire supérieur alongé ; un style ; un stigmate obtus. Le fruit consiste en une silique toruleuse, articulée ; les articulations supérieures réunies se détachent ensuite de l'inférieure qui reste et se partage presque en deux valves ; ces articulations sont toutes monospermes.

Ce genre se rapproche des *raphanus* par son port, des *brassica* par son calice fermé, des *cakile* par ses siliques : d'où lui vient son nom composé de deux mots grecs ἔναρθρος (articulé), καρπός (fruit), remarquable par son fruit articulé à sa base. Il a été établi par M. de Labillardière pour une plante du mont Liban, découverte en Crète par Tournefort, qui l'avoit nommée *raphanistrum creticum, siliqua incurva villosa*, Coroll. 17, désignée par C. Bauhin, *Prodr.* 40, sous le nom d'*eruca maritima cretica, etc.* Il paroît qu'il faut rapporter à la même plante, celle que Forskaël a découverte depuis en Egypte, et qu'il a nommée *raphanus lyratus.*

Cette espèce a des tiges droites, annuelles, rameuses, longues d'un pied, hispides, ainsi que les rameaux; ses feuilles sont alternes, pétiolées, presque en lyre, roncinées, longues de six à huit pouces, parsemées à leurs deux faces de poils couchés, un peu rudes; les lobes presque obtus, distans sur les feuilles inférieures, entiers, dentés ou découpés, les supérieurs plus grands. Les fleurs sont disposées en grappes terminales; les pédicelles courts, un peu cylindriques; le calice composé de quatre folioles serrées, oblongues, hispides; les pétales une fois plus longs que le calice; les anthères versatiles; l'ovaire soyeux, oblong, égalant avec le style la longueur des étamines. Les siliques sont arquées, hispides, longues de deux pouces, acuminées, rarement obtuses; toutes les articulations monospermes, fongueuses, univalves, indéhiscentes; elles se détachent toutes ensemble de l'articulation inférieure, qui reste et s'entr'ouvre presque en deux valves: les semences sont ovales, émoussées, d'un gris pâle. (Poir.)

ENBOUTOUBANNA (*Bot.*), nom caraïbe d'une oxalide, *oxalis frutescens*, cité dans l'Herbier de Surian. (J.)

ENCAFATRAHÉ. (*Bot.*) Bois de Madagascar qui est marbré, ayant le cœur vert et l'odeur du bois de rose. Flacourt n'en dit rien de plus. (J.)

ENCALYPTA. (*Bot.*) Ce genre de mousses est caractérisé par son urne pédicellée, terminale, à péristome simple, à seize dents étroites, redressées; fermée par un opercule terminé par une longue pointe, et munie d'une coiffe longue, conique, en forme d'éteignoir, qui enveloppe toute l'urne, et tombe sans se fendre. Dans les aisselles des feuilles sont de petits bourgeons que, dans la méthode d'Hedwig, on regarde comme les fleurs mâles.

Hedwig et Bridel avoient d'abord appelé ce genre *Leersia;* mais ils ont ensuite adopté le nom d'*Encalypta* imposé par Schreiber, parce qu'il existe déjà en botanique un genre *Leersia* dans la famille des graminées. Le nom d'*encalypta* dérive du grec, et rappelle que l'urne est enveloppée par la coiffe.

Ce genre ne contient qu'un très-petit nombre d'espèces. Schwægrichen le porte à dix ; mais toutes ses espèces n'ont pas été adoptées. Nous n'y comprenons pas, 1.° l'*anacalypta* de Rohling, fondé sur le *leersia lanceolata*, Hedw., Brid.. qui a la coiffe fendue, et que Smith et Decandolle placent dans le genre *Grimmia*, où paroît devoir se réunir l'*encalypta squarrosa*, Brid. ; 2.° l'*encalypta cirrhata*, Sw., qui est le *weissia cirrhata*, Hedw., Dec.; 3.° l'*encalypta gracilis*, Roth, parce que cette mousse, très-différente des vraies *encalypta*, est la même que le *pterigynandrum gracile*, Hedw. Quelques unes des espèces qui restent dans le genre *Encalypta*, ont été placées, avant Hedwig, dans le genre *Bryum*, Linn. ; et l'une d'elles est le *bryum extinctorium*, Linn.

Ces mousses croissent presque toutes en Europe, sur les pierres, les rochers, les murailles, dans les champs, les lieux secs et les bois. Elles ont une petite tige droite, rameuse du bas ou simple, terminée par un pédicelle plus ou moins long, rougissant, et surmonté d'une longue coiffe en forme d'éteignoir, demi-transparente, de couleur de paille ou verdâtre dans son parfait développement, et laissant voir à travers l'urne, qui est nichée bien en avant dans sa partie supérieure. On trouve en France les trois espèces suivantes : la première seule croît aux environs de Paris.

ENCALYPTA VULGAIRE : *Encalypta vulgaris*, Hedw. ; Dec. ; Hook, *Musc. Brit.*, tab. 13 ; *Leersia vulgaris*, Hedw., *Musc.*, 5, 1, tab. 18 : *Bryum extinctorium*, Linn.; Lamk., *Illust. Gen.*, tab. 875, f. 1 ; Dill., *Musc.*, t. 45, f. 8. Jolie petite mousse à tige simple ou presque simple, haute de deux à quatre lignes, garnie de feuilles ovales-alongées, terminées par un pédicelle long de cinq à six lignes, surmontée d'une capsule droite, cylindrique, recouverte d'une grande coiffe pointue, entière à sa base : dents du péristome courtes, lancéolées. On trouve fréquemment cette mousse à l'entour du château et dans le parc de Meudon, auprès de Paris, sur les murs et dans les fossés des bois.

ENCALYPTA CILIÉE ; *Encalypta ciliata*, Hook, *Musc. Brit.*, tab. 13. Cette espèce est deux fois plus grande que la précédente, et en diffère essentiellement par sa coiffe dentée ou languettée à sa base et ses feuilles oblongues très-pointues. Il y en a trois variétés : 1.° à feuilles toutes vertes, urne unie ; c'est le *leersia ciliata*, Hedw., *Musc.*, tab. 19; l'*encalypta fimbriata*, Brid., Dec., et le *bryum extinctorium*, var. B., Linn.; 2.° à feuilles diaphanes à leur pointe, et urne unie (*encalypta alpina*, Engl. Bot. 1419; *encalypta affinis*, Hedw. fils; Schwæg., Suppl., tab. 16.) ; 3.° à feuilles aiguës vertes et à urne striée longitudinalement dans la vieillesse (*encalypta rhaptocarpa*, Schwæg., Suppl., tabl. 16). Cette espèce se plaît dans les montagnes alpines, sur les rochers; elle est plus rare que la précédente. La deuxième variété a été observée en Allemagne et en Ecosse; la troisième en Irlande.

Encalypta tordu : *Encalypta streptocarpa*, Hedw., *Spec.*, tab. 10, fig. 10-15; Hook, *Musc. Brit.*, tab. 13. Tige longue, feuilles lancéolées-elliptiques; urne cylindrique, tortillée ou striée en spirale de droite à gauche; dents du péristome rouges, alongées, convergentes ; coiffe frangée à la base; pédicelle alongée. Cette mousse atteint près d'un pouce et demi de hauteur; elle est droite et croît sur les vieux murs, les rochers, dans les lieux montueux des Alpes, de la Suisse, d'Allemagne, de France, en Angleterre, etc. (Lem.)

ENCAPHYLLUM. (*Bot.*) La langue de serpent et la lunaire ont été ainsi nommées autrefois par Lobel. Ces deux fougères étoient placées dans le même genre, *Ophioglossum*, par Linnæus. Voyez Ophioglosse et Botrychium. (Lem.)

ENCARDITE. (*Foss.*) C'est le nom que l'on a donné aux bucardes fossiles. (D. F.)

ENCÉLADE. (*Entom.*) M. Bonelli, dans son travail sur les carabés, inséré dans les Mémoires de l'Académie de Turin, a nommé ainsi un petit genre de coléoptères créophages : c'est le *carabus rufipes*, dont M. Latreille a fait le genre *Siagone*. (C. D.)

ENCELIA. (*Bot.*) Hill donne ce nom générique à un groupe de champignons dont les espèces sont membraneuses, et rentrent dans les genres Pczize et Helvelle. (Lem.)

ENCÉLIE, *Encelia*. (*Bot.*) [*Corymbifères*, Juss.; *Syngénésie polygamie frustranée*, Linn.] Ce genre de plantes, établi par Adanson dans la famille des synanthérées, appartient à la tribu naturelle des hélianthées, et à la section des hélianthées-prototypes. Voici les caractères génériques que nous avons observés :

La calathide est radiée, composée d'un disque multiflore, régulariflore, androgyniflore, et d'une couronne unisériée, liguliflore, neutriflore. Le péricline, à peu près égal aux fleurs du disque, est irrégulier, formé de squames diffuses, subbisériées, appliquées, inégales, oblongues-aiguës, coriaces-foliacées. Le clinanthe est plane, et garni de squamelles presque égales aux fleurs, embrassantes, naviculaires, membraneuses. Les ovaires sont très-comprimés sur les deux faces latérales, obovales, hispides, munis sur chaque arête (antérieure et postérieure) d'une petite bordure linéaire, qui porte de très-longs poils dressés, biapiculés; l'aigrette est nulle. Les fleurs de la couronne sont privées de faux-ovaire.

L'ENCÉLIE A FEUILLES D'HALIME (*Encelia halimifolia*, Cav.; *Pallasia grandiflora*, Willd.) est un arbuste à tiges rameuses, cylindriques, grisâtres, hispides. Les feuilles sont alternes, pétiolées, entières, pointues, trinervées, d'un vert grisâtre; les unes ovales, les autres munies d'une ou deux dents, dont une plus grande, située près de la base, fait paroître ces feuilles hastées; quelques unes sont ondulées. Les calathides sont terminales, pédonculées, presque éparses, à disque brun, et à couronne jaune, composée de neuf à douze languettes, marquées chacune de deux sillons. Cet arbuste, indigène de la Nouvelle-Espagne, ne peut être cultivé sous notre climat que dans la serre chaude ou tempérée; c'est pourquoi on ne le rencontre que dans les jardins de botanique.

On connoît une seconde espèce d'encélie (*encelia canescens*), qui ne diffère pas beaucoup de la première, et qui est, comme elle, un arbuste du Mexique, assez peu intéressant pour tout autre que pour les botanistes de profession. (H. CASS.)

ENCEN (*Bot.*), nom provençal de quelques absinthes, suivant Garidel. L'*encen marin* est l'*artemisia santonica*; le *gros encen* est l'absinthe ordinaire, *artemisia absinthium*; et le *pichot encen* est l'absinthe pontique, *artemisia pontica*. (J.)

ENCENS D'EAU. (*Bot.*) On donne vulgairement ce nom, dans quelques cantons, au sélin des marais. (L. D.)

ENCÉPHALE. (*Anat.*) Voyez TÊTE. (G. C.)

ENCEPHALIUM. (*Bot.*) Genre établi par Link, dans la famille des champignons, dans la série qu'il appelle des trémelloïdées, pour placer le *tremella encephalla* de Persoon, champignon floconneux, compacte et dur dans le milieu, à bords étendus, plissés, gélatineux et séminifères : les séminules sont éparses, d'abord enfoncées, puis saillantes. (LEM.)

ENCEPHALOIDE. (*Foss.*) Quelques auteurs anciens ont donné ce nom aux polypiers fossiles du genre Méandrine. (D. T.)

ENCHELIDE, *Enchelis*. (*Infus.*) Muller, auquel nous devons le peu que nous savons sur les corps organisés, appelés INFUSOIRES (voyez ce mot), a désigné sous la dénomination générique d'enchelide, un certain nombre de petits corps de forme cylindrique, un peu variables, mais, en général, plus courts et plus gros que les vibrions, sans aucune trace d'organes quelconques, transparens, microscopiques, que l'on trouve principalement dans les eaux douces corrompues, et assez rarement dans les infusions végétales. L'auteur que nous venons de citer, en compte une trentaine d'espèces. Mais sont-elles réellement bien distinctes? Nous nous contenterons de noter, comme les plus communes,

L'ENCHELIDE VERTE : *Enchelis viridis*, Mull., *Inf.*, t. 4, fig. 1; Encycl., pl. 2, fig. 1, qui est cylindrique et tronquée obliquement en avant. Elle se trouve dans l'eau gardée plusieurs semaines.

L'ENCHELIDE PONCTUÉE; *Enchelis punctifera*, Mull., *Inf.*, t. 4, fig. 2, 3; Encycl., pl. 2. De couleur verte comme la précédente, subcylindrique, obtuse antérieurement et acuminée postérieurement. Dans l'eau des marais.

L'ENCHELIDE OVULE : *Enchelis ovulum*, Mull., *Inf.*, t. 4, fig. 9-11; Encycl., pl. 2, fig. 3, *a*, *b*, c. De couleur hyaline, de forme cylindrique ovale, paroissant un peu plissée longitudinalement. Dans l'eau douce gardée.

L'ENCHELIDE PARESSEUSE : *Enchelis deses*, Mull., *Inf.*, tab. 4, f. 4, 5; Encycl., pl. 2, fig. 4, *a*, *b*. Verte, cylindrique, subacuminée, gelatineuse. Infusion de la lentille d'eau.

L'ENCHELIDE ANNEAU : *Enchelis similis*, Mull., *Inf.*, tab. 4, fig. 6; Encycl., pl. 2, fig. 5. Un peu ovale, opaque, à bords pellucides. Eau douce gardée plusieurs mois.

L'Enchelide tardive : *Enchelis serotina*, Mull., *Inf.*, t. 4, fig. 7 ; Encycl., pl. 2, fig, 6. Ovale-cylindrique ; les parties intérieures immobiles. Eau des marais gardée.

L'Enchelide nébuleuse : *Enchelis nebulosa*, Mull., *Inf.*, tab. 4, fig. 8 ; Encycl., pl. 2, fig. 7. De même forme que la précédente, mais les parties internes très-manifestes et mobiles. Eau douce gardée.

L'Enchelide semence : *Enchelis seminulum*, Mull., *Inf.*, t. 4, fig. 13, 14 ; Encycl., pl. 2. fig. 8, *a*, *b*. Cylindrique et égale. Se trouve dans l'eau douce gardée plusieurs jours.

L'Enchelide poire ; *Enchelis pirum*, Mull., *Inf.*, t. 4, fig. 12 ; Encycl., pl. 2, fig. 11. En forme de poire, dont la partie postérieure est hyaline. Dans l'eau douce gardée long-temps.

Muller, qui a été suivi par l'auteur de l'Encyclopédie méthodique, ajoute encore les caractères et les figures de dix-huit autres espèces, mais dont la forme du corps commence à devenir un peu différente et paroît être extrêmement variable. Aussi est-il difficile d'assurer que toutes appartiennent à ce genre : cela nous paroît fort douteux pour l'Enchelide rétrograde, *Enchelis retrograda*, Encycl., pl. 2, fig. 19, qui se trouve dans les infusions végétales de l'eau de mer, et encore plus pour l'Enchelide cheville, *Enchelis epistomium* de Muller, qui doit être un petit ver d'une organisation plus avancée, puisqu'on y voit une sorte de tête, un canal intestinal et un anus. Il en est peut-être de même de l'Enchelide larve, *Enchelis larva*, Encycl., pl. 2, fig. 32, dont la forme paroît bien symétrique, et qui a une paire d'appendices en forme de tubercules. En général, comme nous connoissons fort peu, pour ne pas dire pas du tout, beaucoup d'animaux aquatiques dans leurs différens états d'accroissement, il est fort possible que Muller ait pris quelques uns de ces états pour des animaux distincts. Voyez Infusoires. (De B.)

ENCHELYOPUS. (*Ichthyol.*) Gronou a donné ce nom à la blennie vivipare, qui forme le genre Zoarec de M. Cuvier. (Voyez Blennie et Zoarec.)

Dans un genre de ce nom, M. Schneider a rassemblé une certaine quantité des espèces comprises dans le grand genre *Gadus* de Linnæus : tels sont les *gadus cimbricus*, *lub*, *brosme*, *molva*, *mustella*, *mediterraneus*, *lota*, etc. Il y a également réuni deux ou trois espéces de blennies étrangères. Nous décrivons ces divers *enchelyopus* de M. Schneider, aux articles Brosme, Lote et Mustèle. (H. C.)

ENCHICOULEHUE (*Bot.*), nom caraïbe sous lequel est inscrit, dans l'Herbier de Surian, un *zanthoxylum*, qui paroît être le *zanthoxylum ternatum* de Swartz. (J.)

ENCHOIS. (*Ichthyol.*) Voyez Anchois et Engraule. (H. C.)

ENCHUSA. (*Bot.*) Voyez Doris. (J.)

ENCHYLÈNE, *Enchylœna.* (*Bot.*) Genre de plantes dicotylédones, à fleurs incomplètes, de la famille des atriplicées, de la *pentandrie digynie* de Linnæus, qui a beaucoup de rapports avec les *chenopodium* (ansérines), offrant pour caractère essentiel : Un calice persistant et se convertissant en baie, divisé jusqu'à sa moitié en cinq découpures; point de corolle; cinq étamines insérées au fond du calice; un ovaire supérieur, surmonté de deux ou trois styles filiformes; une semence comprimée, à un seul tégument.

Ce genre, établi par M. Rob. Brown, renferme quelques arbustes, découverts sur les côtes de la Nouvelle-Hollande, bornée jusqu'à ce jour aux deux espèces suivantes :

Enchylène tomenteuse; *Enchylœna tomentosa*, Rob. Brown, *Nov. Holl.*, 1, pag. 408. Arbrisseau dont les tiges sont couchées, très-rameuses, tomenteuses, ainsi que les rameaux. Les feuilles sont alternes, presque cylindriques, velues, charnues; les fleurs, sessiles, solitaires, striées, placées dans les aisselles des feuilles, dépourvues de bractées, munies de trois styles.

Enchylène paradoxale; *Enchylœna paradoxa*, Rob. Brown, l. c. Cette espèce diffère de la précédente par ses feuilles oblongues, linéaires, charnues. Ses tiges et ses rameaux sont glabres; ses fleurs ne renferment que deux styles. (Poir.)

ENCHYLIUM (*Bot.*), nom donné par Achard à la seconde division du sous-genre qu'il établit dans les Collema. Voyez ce mot. (Lem.)

ENCIOVA (*Ichthyol.*), nom italien de l'anchois. Voyez Engraule. (H. C.)

ENCKOL. (*Bot.*) Voyez Ensal. (J.)

ENCOUBERT, Encuberto, Encubertado. (*Mamm.*) Buffon, qui a donné ce nom à une de ses espèces de tatous, dit qu'il est

employé d'une manière générique par les Portugais, pour désigner ces animaux. Voyez Tatous. (F. C.)

ENCRASICHOLUS (*Ichthyol.*), ancien nom de l'anchois,
dérivé d'un composé grec, signifiant, *qui a le fiel dans la tête*,
εν τῷ κρατὶ χολὴν (ἔχων). Voyez Engraule. (H. C.)

ENCRE A ÉCRIRE. (*Chim.*) Elle est essentiellement formée
de sulfate de fer, de noix de galle, de gomme et d'eau. Les
meilleures recettes que nous connoissons, sont celles de Macquer et de Lewis : aussi, allons-nous les exposer.

Recette de Macquer. On prend une livre de noix de galle, six
onces de gomme arabique, six onces de sulfate de fer, quatre
pintes d'eau ou de bière. On concasse la noix de galle; on la fait
infuser pendant vingt-quatre heures, sans bouillir; on ajoute la
gomme concassée, et on la laisse dissoudre ; enfin, on ajoute le
sulfate de fer; on passe au travers d'un tamis de crin.

Recette de Lewis. On fait bouillir pendant une demi-heure,
dans trois chopines de vin blanc ou de vinaigre, trois onces
de noix de galle en poudre, une once de bois de campêche très-
divisé, et une once de sulfate de fer vert; on y ajoute une
once et demie de gomme arabique qu'on laisse dissoudre : puis
on passe dans un tamis.

Quand on emploie de l'eau bouillie pour faire une infusion
de noix de galle, et une solution de sulfate de protoxide de fer
bien au minimum, on observe qu'en mêlant ces deux liquides
sans le contact de l'air, il ne se produit pas, ou presque pas, de
couleur noire ; ce n'est que quand les matières ont le contact
de l'air, qu'il y a absorption d'oxigène, et production de couleur
noire, ou plutôt de couleur bleue foncée. D'où il suit que l'oxigène est nécessaire à l'existence de l'encre, outre les substances
dont nous avons parlé.

M. Proust a expliqué ce phénomène, en disant que l'acide
gallique (qui certainement détermine la manifestation de la
couleur de l'encre en s'unissant à l'oxide de fer) forme avec le
protoxide de ce métal (base du sulfate de fer vert) une combinaison incolore, tandis qu'il forme une combinaison bleue
avec le peroxide. Il fait observer que l'on obtient sur-le-champ
un liquide coloré en mêlant avec l'infusion de noix de galle un
sel de peroxide de fer. M. Berthollet pense, au contraire, que la
couleur noire de l'encre est due au protoxide de fer, ainsi qu'à

une altération que l'acide gallique et le tannin éprouvent, ce qui les rapproche de l'état charbonneux. Cette altération est produite, soit directement par l'oxigène de l'air, soit par une portion de l'oxigène du peroxide de fer, qui quitte alors ce dernier pour se porter sur l'acide gallique et le tannin. Quoiqu'il soit difficile, dans l'état actuel de la science, de prononcer définitivement sur ces opinions, j'avoue qu'il ne me paroît pas qu'on doive admettre l'opinion de M. Proust, surtout d'une manière aussi absolue qu'il l'a présentée ; car des observations que j'ai faites m'ont prouvé que l'acide gallique étoit extrêmement disposé à s'altérer par l'action des bases salifiables, et j'ai vu qu'il y avoit une absorption d'oxigène dans plusieurs cas où ces bases réagissoient sur lui.

L'acide du sulfate de fer, dont une partie au moins est mise à nu par la combinaison de sa base avec plusieurs des principes immédiats de la noix de galle, ainsi que les acides végétaux qui peuvent se trouver dans l'encre, si l'on a employé la bière, le vinaigre ou le vin, s'opposent à la précipitation de cette combinaison.

La gomme est destinée à rendre l'encre moins coulante sur le papier.

Les principes de la noix de galle, étant de nature organique, s'altèrent à la longue, lorsque l'encre est étendue sur le papier et exposée au contact de l'air et de l'humidité. Dans ce cas, l'écriture passe au rouge jaunâtre, couleur du peroxide de fer. Si on vouloit faire paroître les caractères d'une manière plus sensible qu'ils ne le sont alors, il faudroit passer sur le papier un peu de solution de prussiate de potasse acidulé : l'écriture deviendroit bleue.

L'encre est décolorée et décomposée par le chlore. L'acide hydrochlorique concentré la dissout très-bien. La meilleure manière d'enlever l'encre de dessus le papier, nous paroît d'exposer celui-ci à l'action du chlore, puis à l'action de l'acide hydrochlorique étendu. Le premier attaque particulièrement la partie organique de l'encre, et le second enlève le peroxide de fer qui a été mis à nu. Il est nécessaire de laver ensuite le papier à grande eau, pour éviter qu'il ne soit brûlé par l'acide hydrochlorique.

On a cherché les moyens de rendre l'encre indélébile, c'est-à-dire, qu'on ne pût l'effacer de dessus le papier ; mais les tentatives que l'on a faites n'ont point été couronnées d'un succès incontestable. C'est, en général, en ajoutant une matière plus ou moins charbonneuse à l'encre que l'on a essayé d'y parvenir ; le plus souvent on n'a fait qu'un mélange d'encre ordinaire et de matière charbonneuse, lequel, étendu sur le papier, ne peut résister à l'acide hydrochlorique qui dissout l'encre, et à un frottement léger qui enlève la seconde matière.

Nous ne connoissons pas de matière dont il soit plus difficile de faire disparoître les traces, que la solution d'oxide d'osmium dont on s'est servi pour écrire sur le papier : ses traces, d'un beau bleu noir, résistent aux acides et aux alcalis ; mais cette substance est trop chère à préparer pour qu'on puisse l'employer à l'usage de l'écriture. (Cɪ.)

ENCRE DE LA CHINE. (*Chim.*) On croit que cette encre, qui nous est apportée de la Chine, y est préparée avec la liqueur noire de la sèche que l'on a évaporée avec de la gomme ou une matière collante, susceptible de se délayer dans l'eau et de se dessécher. (Cɪ.)

ENCRE DE LA SÈCHE. (*Chim.*) Nous n'en connoissons point d'analyse chimique : cependant il nous semble qu'elle mériteroit d'être examinée avec soin sous ce rapport. (Cɪ.)

ENCRE D'IMPRIMERIE. (*Chim.*) Lewis indique le procédé suivant pour faire l'encre d'imprimerie. On prend un pot de fer : on le remplit à moitié d'huile de noix ou de lin ; on le met sur le feu ; on fait bouillir l'huile, et on l'enflamme ; quand elle a brûlé pendant une demi-heure environ, on l'éteint en couvrant le pot, et on la laisse bouillir jusqu'à ce qu'elle soit suffisamment épaissie. L'huile, ainsi préparée, s'appelle vernis : on la broie ensuite avec du noir de fumée, dans la proportion de 16 à 2 $\frac{1}{2}$. Lorsqu'on emploie une huile nouvelle pour préparer le vernis, on y ajoute une petite quantité d'huile de térébenthine bouillie ou de litharge. Quand elle est ancienne, on n'y fait aucune addition, et cela vaut beaucoup mieux, car la térébenthine et la litharge ont l'inconvénient de rendre l'encre très-adhérente aux caractères d'imprimerie.

L'encre d'imprimerie varie dans sa consistance. Cette qualité dépend de la grandeur du caractère que l'on veut imprimer, ainsi que de la qualité du papier. (Cɪ.)

ENCRES DE COULEUR. *Chim.*) On les prépare communément en ajoutant à des infusions de matières colorantes, telles que celles de bois de Brésil, de Campêche, de la graine d'Avignon, etc., de l'alun, jusqu'à saturation. Il est nécessaire d'y mettre aussi un peu de gomme arabique, pour empêcher l'encre de couler sur le papier. (Ch.)

ENCRES DE SYMPATHIE. (*Chim.*) Liquides au moyen desquels on trace sur le papier des écritures qui ne deviennent visibles que quand on met le papier en contact avec certains corps, et qu'on le place dans des circonstances différentes de celles où il est ordinairement.

Il y a des encres de sympathie qui, une fois qu'on les a rendues visibles, ne peuvent rétrograder à leur premier état; il en est d'autres, au contraire, qui deviennent visibles et invisibles autant de fois qu'on le veut. Cette distinction nous conduit naturellement à faire deux classes d'encres de sympathie.

Encres de la 1.re classe.

Tous les acides étendus d'eau, qui sont susceptibles de se concentrer par la chaleur, et de charbonner le papier en déterminant la combinaison de l'oxigène avec l'hydrogène, qui sont deux de ses élémens, peuvent servir à tracer une écriture qui est absolument invisible une fois que l'acide a perdu toute l'humidité qu'il est susceptible de céder à l'atmosphère, mais qui apparoît dès qu'on élève assez la température pour que l'acide perde une plus grande quantité d'eau : c'est alors que l'écriture que l'on a tracée apparoît en caractères d'un beau noir; mais le papier est brûlé dans tous les endroits où l'on a écrit. L'acide sulfurique est surtout propre à produire cet effet.

Si l'on écrit sur du papier avec du sulfate de fer vert, mêlé à un peu d'alun, qu'on laisse sécher, on pourra faire paroître l'écriture, en humectant le papier d'une solution de prussiate de potasse ou d'une infusion de noix de galle. Dans le premier cas, l'écriture sera bleue; dans le second, elle sera noire.

Toutes les dissolutions métalliques incolores ou foiblement colorées, qui sont susceptibles de former des sulfures ou des hydrosulfates colorés avec l'acide hydrosulfurique, soit liquide, soit gazeux, peuvent servir d'encre de sympathie : telles sont particulièrement les dissolutions de nitrate de bismuth, d'acétate de plomb, qui donnent des caractères noirs; la dissolution d'acide arsenieux dans l'eau, qui en donne de jaunes; l'hydrochlorate d'antimoine, qui en donne d'orangés, etc., lorsqu'on met les couleurs tracées avec ces dissolutions, en contact avec l'acide hydrosulfurique.

Les nitrates d'argent et de protoxide de mercure, que quelques auteurs ont prescrits, ont l'inconvénient de colorer le papier quand ils sont long-temps exposés à la lumière du soleil.

On peut encore, en écrivant avec du sous-carbonate de plomb délayé dans l'eau, faire paroître l'écriture de couleur rouge, en plongeant le papier dans un flacon de chlore humide: dans ce cas, il y a une décomposition d'eau; le chlore se combine à l'hydrogène, tandis que l'oxide de plomb, base du carbonate, devient minium en absorbant l'oxigène. Brugnatelli a donné un moyen de rendre cette expérience plus piquante. Pour cela, entre les lignes tracées avec le blanc de plomb, ou entre les lettres même, on trace une autre écriture avec un suc végétal coloré, qui est susceptible de se décolorer entièrement par le chlore: on conçoit qu'en plongeant un pareil papier dans le chlore, la dernière écriture disparoit, tandis que la première devient visible.

Beaucoup de sucs végétaux, particulièrement celui d'ognon, laissent des traces qui ne deviennent visibles que quand on approche le papier du feu.

Encres de la 2.ᵉ classe.

La plus remarquable des encres de cette classe est l'hydrochlorate de cobalt; sa solution est rose : quand on s'en sert pour écrire sur le papier, les caractères tracés sont absolument *invisibles*, lorsque l'eau qui tenoit le sel en dissolution est évaporée; mais, en approchant le papier du feu, les caractères deviennent bleus, probablement parce qu'il se produit un chlorure hydraté de cobalt. Lorsque le papier est exposé à l'air, il en attire assez d'humidité pour que ce chlorure redevienne de l'hydrochlorate, dont la couleur est trop pâle pour être visible. Il faut, pour que l'écriture soit d'un beau bleu, que la solution de cobalt soit parfaitement exempte d'hydrochlorate de fer ou de nickel; autrement, l'écriture seroit verte, parce que ces sels laissent des résidus jaunes quand ils sont chauffés. Il est, par la même raison, nécessaire que le papier sur lequel on écrit soit d'un beau blanc : car, s'il étoit coloré par du fer, celui-ci, en se mélant au cobalt, rendroit l'écriture verte.

Brugnatelli assure qu'en écrivant avec une solution de nitrate de protoxide de mercure ou de bismuth, l'écriture, devenue d'un blanc opaque lorsqu'on humecte le papier, se lit très-bien, parce que le fond du papier est translucide. Le papier séché revient à son premier état.

Nous aurions pu multiplier beaucoup les exemples d'encres de sympathie; mais nous pensons que ceux que nous avons rapportés sont suffisans. (Ch.)

ENCRIER A BOURSE. (*Bot.*) Paulet applique ce nom à l'*agaricus separatus*, Linn., espèce munie d'un volva, et dont les feuillets sont noirs et distincts. (Lem.)

ENCRIERS. (*Bot.*) Le docteur Paulet donne ce nom à un certain nombre d'espèces du genre Agaric, chez lesquelles les feuillets sont noirs ou deviennent noirs par la vieillesse. Il les divise en trois familles, que voici :

Les Encriers farineux, qui comprennent cinq espèces; le champignon de fumier, qui comprend la Clochette a l'encre, le grand Eteignoir a l'encre, les Mamelles a l'encre, et les Œufs rayés a l'encre ou Pisse-Chien (voyez ces mots). Ces champignons ont les feuillets noirs avant qu'ils se soient déformés; leur surface est couverte d'une fleur ou poussière farineuse blanche; leur substance est sèche; leur chapeau ovale, et leur stipe grêle, long, et en général un peu renflé du bas. Le plus grand nombre n'incommode pas les animaux auxquels on en fait manger. Voyez Œufs a l'encrz et Encriers en famille. (Lem.)

ENCRIERS A FLEURS, ou Bouteille a l'encre. (*Bot.*) Ils se développent promptement, et se réduisent entièrement en liqueur noire; ils ont, en naissant, d'abord une forme ovale, puis celle d'un œuf alongé, et s'élèvent ensuite jusqu'à six, sept pouces; ils sont colletés, et leur surface est finement écailleuse. M. Paulet en distingue deux espèces : le Champignon typhoïde et la Touffe argentine. Voyez ces mots. (Lem.)

ENCRIERS SECS (*Bot.*), ou les Champignons de couche. Ils diffèrent des précédens en ce qu'ils sèchent sur pied, et ne se résolvent point en une liqueur noire; leur chapeau est charnu, ferme, hémisphérique, recouvert d'une peau sèche, dans la plupart écailleuse ; leurs feuillets noircissent avec l'âge ; le stipe est plein, cylindrique, et se détache aisément du chapeau. Paulet en compte six espèces en France ; savoir : le champignon de couche franc, le champignon de cave, le champignon de couche marron ; la boule de neige, ou champignon des bruyéres ; le paturon blanc, et le champignon de couche bâtard. Ces champignons ont une saveur et un parfum trèsagréables, et sont ceux que l'on préfère pour la table. (Voyez Champignon de couche, Boule de neige et Paturon blanc.)

M. Paulet, dans sa Table de la Synonymie des espèces de champignons, nomme :

1.° Encriers solitaires, ou Œufs à l'encre, les espéces d'*agaricus* qu'il désigne par œufs rayés à l'encre et par champignons typhoïdes, qu'il place, les premiers dans sa famille des encriers farineux, et les autres dans celle des encriers à pleurs. Ces champignons sont solitaires. (Voyez Œufs a l'encre.)

2.° Encriers en famille, un groupe où il place des variétés de champignons, qu'il nomme œufs rayés à l'encre : ce sont les *agaricus pallescens*, Schæff. ; *atramentarius*, Roussel ; *truncorum*, *fuscescens* et *lignorum*, Schæff. ; ainsi que diverses espèces figurées ou décrites par Rai, Micheli et Vaillant. (Lem.)

ENCRINE, *Encrinus.* (*Actinoz.*) C'est Ellis qui le premier a proposé ce nom pour désigner un animal fort singulier, dont la place est encore assez incertaine dans la série naturelle, au point que plusieurs zoologistes, avec Guettard et Ellis, en font un genre d'Echinodermaires de la famille des astéries, tandis que d'autres, avec Linnæus, le placent parmi les polypiaires, près des isis. Le premier auteur qui en ait donné une bonne description est Guettard, dans les Mémoires de l'Académie des Sciences, année 1755, publiés en 1761, sous le nom de *palmier marin.* Ellis, de son côté, lut, en 1761, à la Société royale, un Mémoire fort intéressant sur ce même genre, dont il avoit observé un individu provenant des mers de la Barbade. Je ne sache pas qu'aucun naturaliste moderne ait pu examiner cet animal avec l'attention qu'il mériteroit, vu qu'il paroit indubitable que, s'il n'existe plus dans nos mers actuelles, il falloit qu'il y fût très-commun anciennement, puisque rien n'est plus multiplié dans certaines couches calcaires que ces restes fossiles connus sous le nom d'entroques, d'encrinites, etc. Les caractères de ce genre, dans l'état actuel de la science, peuvent être exprimés ainsi : Corps stelliforme ou rayonné, composé de cinq rayons principaux, subdivisés en trois ou quatre branches articulées, pinnées dans toute leur longueur, offrant à la face concave supérieure une série de pores; porté à l'extrémité d'une longue tige verticale, polygone, articulée, pourvue, dans sa longueur, d'un nombre variable de verticilles, composés de cinq petites branches simples également articulées, et très-probablement adhérentes aux corps sous-marins. On ne connoît réellement de cet animal que ce que nous venons de définir, et qui n'est, pour ainsi dire, que son squelette. Ellis, qui l'a vu, à ce qu'il paroît, dans un meilleur état de conservation, dit bien qu'au milieu de l'espèce d'entonnoir, ou de rose formée par les rayons de l'individu qu'il a observé, il restoit encore une sorte de coupe de substance crustacée de forme ovale, d'environ un pouce de long, de trois quarts de pouce de large, et d'un quart de pouce de hauteur, au centre de laquelle il y avoit un petit trou qui paroissoit communiquer avec la partie interne des articulations de la tige; mais il ne dit rien d'une membrane qui recouvriroit le tout, et encore moins de tubes polypifères, comme le disent les zoologistes qui ont adopté l'opinion de Linnæus. La tige, ou le pédoncule, dont la terminaison n'est pas connue, est composée d'un nombre variable de petites pièces calcaires, un peu inégales en hauteur et en diamètre, en général d'autant moins longues, qu'elles sont plus supérieures, et à cinq angles d'autant plus marqués, qu'elles sont également rapprochées davantage du corps de l'animal, au point que supérieurement elles sont à cinq rayons séparés par autant de cannelures. Elles s'articulent par une surface plane qui offre une étoile à cinq rayons, d'où partent des fibres qui servent de moyen d'union à toute cette tige, et la rendent sans doute un peu flexible. Au milieu de chaque pièce se trouve un trou assez petit qui, continué dans toutes les autres, forme un canal qui se termine au centre de l'ombrelle. Il paroit qu'il y en a en outre un autre entre les vertèbres, au milieu de chaque sillon. Sur la longueur de la tige, et à des distances différentes, depuis un quart de pouce jusqu'à un pouce un quart, sortent des échancrures de la vertèbre correspondante, des espèces de verticilles formés de cinq branches cylindriques, de longueur égale, et composés de petites pièces qui ont ordinairement une ligne de long, toutes cylindriques, percées d'un petit trou, et dont la succession fait un canal qui communique avec un des trous latéraux de la vertèbre d'insertion. Sur le côté inférieur des derniers articles on trouve quatre petits tubercules crustacés, deux à chaque extrémité, et dont le dernier a la forme d'un crochet. Quant au corps, ou à l'ombrelle, elle est composée de cinq rayons ou bras, dont la base soutient l'espèce de coupe testacée dont il a été parlé plus haut. Cette base est courte, et formée de trois articulations seulement: chaque rayon se subdivise ensuite en deux branches, et celles-ci en deux ou trois autres, mais sans qu'il y ait jamais une régularité bien rigoureuse. Ces branches, secondaires et tertiaires, sont formées d'un très-grand nombre de petites articulations plutôt décroissantes en diamètre qu'en hauteur, de chaque côté desquelles naît une barbule d'un demi-pouce de long, sur un vingtième de pouce de largeur, et qui est également formée d'un grand nombre de petites pièces. Toutes les articulations, petites ou grandes, sont rondes ou convexes inférieurement, mais plates en dessus, avec une rainure longitudinale, profonde dans le milieu, et garnie de deux rangs de suçoirs, comme dans les sèches et les astéries, dit Ellis. C'est cette disposition qui a fait penser que cette partie d'animal est un polypier, ces suçoirs étant leurs loges. On sera moins étonné de la grande quantité d'articulations d'encrine que l'on trouve dans le sein de la terre, quand on saura que Guettard, qui s'est amusé à compter combien d'articulations sont contenues dans l'individu qu'il a observé, et qui avoit à peu près vingt pouces de haut, en porte le nombre à 25735. Quant à la forme extrêmement variée qu'offrent les entroques qu'on trouve dans le sein de la terre, il faut aussi faire l'observation que sur le même individu vivant on en trouve de presque rondes, tant les angles du pentagone sont peu marqués; de bien évidemment pentagones; d'autres en forme d'étoiles, à cinq rayons plus ou moins prononcés; et, enfin, de plus petites qui sont canaliculées dans une moitié de leur diamètre.

Ces animaux vivent très-probablement dans le fond de la mer, à des profondeurs considérables; mais on ne sait pas même s'ils y sont fixés, ce qui cependant paroît fort probable. C'est au hasard qu'a été due la découverte des trois ou quatre seuls individus qui existent dans les collections d'Europe, et qui proviennent des mers d'Amérique. (De B.)

ENCRINES. (*Foss.*) Les débris fossiles appartenant à ce genre sont très-communs dans certaines couches anciennes. Leurs formes singulières et variées les ont fait remarquer par les anciens oryctographes, qui leur ont donné les noms de *pentacrinos, lapis pentagonus, volvolæ, stellariæ, columnulæ, arteriæ, cylindritæ*, et autres. On les a aussi appelés étoiles de mer pétrifiées. On a donné le nom d'entroques aux portions un peu considérables de la tige de ces polypiers, et celui de troques aux articulations séparées des entroques. Ces tiges sont composées de pièces posées les unes au dessus des autres, et dont l'épaisseur varie suivant les espèces, ou d'après leur position, depuis un quart de ligne jusqu'à près de trois lignes. La variété considérable de ces pièces ou articulations, prouve qu'il existoit une très-grande quantité d'espèces de ce genre. On peut les diviser en deux parties, les unes rondes, les autres polygones; les premières fournissent les plus gros et les plus longs morceaux. J'en possède qui ont plus de deux pouces de diamètre, et d'autres moins gros, qui ont plus de trois pouces de longueur. Il est clairement démontré par ces morceaux, et par ceux dont on voit les figures dans l'ouvrage de Knorr sur les fossiles, part. 11, pl. G II, G III et G IV, que ces tiges ont été adhérentes sur d'autres corps, comme celles des gorgones ou autres polypiers branchus, et que souvent il s'élevoit plusieurs tiges sur un même pied. Les tiges rondes sont percées, dans le sens de leur axe, d'un trou rond plus ou moins large, suivant les différentes espèces. Celui de quelques unes est uni; dans d'autres il est cannelé circulairement. Chaque articulation est marquée, sur ses deux surfaces plates, de rayons ou stries divergentes du centre à la circonférence.

L'on voit que les plus grosses tiges ont été successivement revêtues à leur base de couches qui ont enveloppé la tige primitive qui portoit les rayons divergens; quoique sur certains morceaux de ces grosses tiges l'on voie encore extérieurement les traces des articulations, cependant les rayons ne vont pas jusqu'à la circonférence. Ces rayons, qui s'engrènent

avec ceux de l'articulation contiguë, paroissent avoir eu pour
but d'empêcher que la tige ne tournât sur elle-même; mais,
vu le grand nombre d'articulations dont cette dernière est
composée, il est extrêmement probable que ces polypiers
avoient un certain mouvement de rotation et de balancement
sur leur axe.

Je n'ai pu être assuré de quelle espèce dépendent les grosses
tiges que l'on trouve dans l'île de Gothland et à Pffeflingen;
mais l'on sait que l'espèce appelée *lilium lapideum* par Ellis,
et *encrinus liliiformis* par M. de Lamarck, est portée sur une tige
ronde de dix à quinze pouces de longueur. La tête ou couronne
de cette espèce est formée de dix rayons bifurqués, qui ont
la forme d'une fleur de lis fermée, quand ils sont contractés;
ces rayons sont portés sur une pièce qu'on a nommée la racine
des rayons, de manière que deux de ces derniers ont toujours
une racine commune; cette racine est attachée à une partie
de forme pentagone, qu'on a nommée la base, et qui est composée de cinq pièces souvent unies en une seule, par laquelle
la couronne est réunie à la tige. Cette dernière est composée
d'articulations de formes différentes : dans la partie la plus
éloignée de la couronne, après six à huit articulations cylindriques et unies extérieurement, il s'en trouve une plus grosse,
qui ressemble à une balle de fusil comprimée; et plus on
approche de la couronne, plus ces articulations sphériques
sont rapprochées entre elles. Au surplus, il y a beaucoup de
variétés dans ces tiges : il y en a qui sont cannelées circulairement; de rondes et unies; à bourrelets de grosseurs différentes, qui alternent entre eux; à articulations bombées; à
trois articulations minces, placées entre deux beaucoup plus
épaisses, etc. On trouve des encrines de ces espèces à Wis-
sembourg, département du Bas-Rhin; en Saxe; dans la Thu-
ringe; en Silésie; aux environs de Francfort-sur-l'Oder; en
Suisse; à Dudley en Angleterre, et dans beaucoup d'autres
endroits. On en voit des figures dans l'ouvrage d'Ellis sur
les coralines, pl. 37, fig. K; et dans celui de Knorr sur les fossiles, part. 1, tab. 11 A.

On trouve à la Haye-du-Puits, département de la Manche,
des pièces détachées changées en spath calcaire, dont les plus
grandes ont sept à huit lignes de diamètre. Elles sont percées

à leur centre d'un trou circulaire où il se trouve quelques légères stries. Parmi celles que je possède, il y en a trois qui sont traversées par un axe ou tube cannelé circulairement, et cet axe est lui-même creux par l'un de ses bouts. J'ai pensé que l'on pouvoit rapporter ces pièces à celles des articulations qui ressemblent à des balles de fusil comprimées. Dans ce cas, ces dernières paroîtroient former chacune un anneau autour de l'axe qui les traverse.

On rencontre beaucoup d'articulations qui ont dépendu de tiges rondes, dans les Vosges, dans les environs de Besançon, auprès de Dijon, dans les couches anciennes des environs de Valognes, dans le Vicentin, à Bradfort en Angleterre, à Timor : elles constituent la plus grande partie des élémens du marbre de Flandre, qu'on appelle petit granit; mais je n'y ai jamais rencontré la couronne qui devoit terminer les tiges d'où dépendent ces nombreuses articulations. Pallas a rencontré de ces articulations de différentes grosseurs dans des couches schisteuses près de Konstantinovo et dans d'autres endroits de la Russie. Enfin, dans la principauté de Salm, elles constituent à elles seules une mine de fer.

On trouve dans des schistes, sur le sommet des monts Alleghanys en Pensylvanie, et dans des grès à Hüttenrode, des empreintes et des moules intérieurs d'articulations et de portions de tiges rondes d'encrines; quelques uns de ces moules prouvent que l'axe de quelques espèces étoit percé d'un trou fort large, et cannelé circulairement dans son intérieur. On voit des figures de ces moules dans l'ouvrage de Knorr, part. 2, pl. G vii, fig. 7, 8 et 9.

Les encrines à couronne ou à tête, comme le *lilium lapideum*, ne sont pas exclusivement portées sur des tiges rondes, au moins dans toute leur longueur; car je possède la base d'une de ces têtes, qui a été trouvée dans les environs de Dijon, à laquelle se trouvent encore attachées les deux dernières articulations qui sont à cinq pans. Cette base n'est pas formée de pièces pareilles à celles de l'espèce qui vient d'être décrite. On voit une figure d'une pareille base dans l'ouvrage de Parkinson, tom. 2, pl. 15, fig. 2.

Quelques portions de tiges rondes, cannelées circulairement, et à stries divergentes du centre à la circonférence, présentent, sur une articulation plus saillante que les autres, cinq appendices qui indiquent qu'elles ont été garnies de cinq branches latérales articulées. On trouve ces portions de tiges à Valognes; et, sur l'une d'elles, dont les articulations sont égales entre elles, on voit un petit appendice isolé, qui a pu servir à soutenir une branche latérale, ou qui est peut-être une sorte de bourgeon dont un nouveau polype seroit sorti.

Une portion de tige ronde, qui se trouve dans la collection de M. Brongniart, et sur laquelle on voit irrégulièrement disposées de petites places rondes portant des stries rayonnantes, pourroit faire soupçonner que ces encrines avoient la faculté de se reproduire par rejetons, comme certaines autres espèces de polypes.

Il y a des tiges qui paroissent tenir le milieu entre celles qui sont rondes et celles qui portent plusieurs pans. Quelques unes ont leur axe percé d'un trou pentagone, et leurs stries ne sont pas rayonnantes du centre à la circonférence; les unes sont lisses, d'autres portent des aspérités verticillées sur chacune de leurs articulations. On trouve ces dernières dans les environs de Besançon.

Les tiges à cinq pans, dont les articulations portent une étoile bien marquée sur chacune de leur surface plate, présentent aussi beaucoup de variétés : les unes sont presque rondes; les autres portent cinq saillies arrondies, et d'autres des angles très-aigus. Dans toutes ces espèces, on remarque sur quelques articulations les traces de cinq branches latérales qui ont dû être attachées dans chacun des angles rentrans. L'on peut croire que ces espèces se rapporteroient à l'encrine tête de Méduse, que l'on connoît à l'état frais, et qui a été trouvée aux environs de la Martinique.

On rencontre de ces sortes d'articulations aux environs de Valognes et de Caen, à Nevers, dans le Jura, au Grand-Vé dans le Cotentin, à Dijon, et on en voit des figures dans l'ouvrage de Parkinson, tom. 2, pl. 13.

On avoit cru jusqu'à présent qu'on ne rencontroit ces articulations que dans les couches les plus anciennes du globe; mais M. de Gerville, savant naturaliste, en a trouvé quelques unes dans la falunière de Néhou, département de la Manche, qui est analogue à la couche de Grignon. Je possède deux de es articulations, qui ne diffèrent de celles des anciennes ouches que par leur couleur blanche et par une certaine ransparence qu'on ne remarque pas à ces dernières.

Il y a des articulations à cinq pans, de toutes les grandeurs; mais le diamètre des plus grandes n'excède presque jamais cinq lignes; et quoique par l'analogie l'on soit conduit à croire que les tiges dont elles ont dépendu étoient adhérentes sur d'autres corps, comme celles qui sont rondes, cependant je n'ai vu rien qui puisse le prouver.

On trouve à Charmouth et à Dudley en Angleterre l'espèce d'encrine à panache à laquelle on a donné le nom d'encrine rameuse. Sur une tige à cinq pans se trouve une tête qui se divise en un nombre prodigieux de rameaux composés d'une quantité innombrable d'articulations calcaires, de forme différente de celles de la tige. Dans l'état d'aplatissement où l'on trouve ces têtes, elles ont quelquefois neuf pouces de longueur sur une largeur égale.

Hiemer a donné la description d'une encrine de cette espèce, trouvée dans le duché de Wurtemberg, près de Dombde, sur une ardoise de quatre pieds de haut et de plus de trois pieds de large. Ce morceau est composé d'un grand nombre de colonnes ou tiges articulées, d'une longueur considérable, qui se croisent en différens sens, et portent chacune à leur sommet un panache ou pinceau formé par un assemblage de rameaux articulés. On voit une figure de ce beau morceau dans l'ouvrage de Knorr, 1.re partie, tab. 11, b. On trouve encore des figures de cette espèce dans celui de Parkinson, tom. 2, pl. 18, fig. 1, 2, et dans le catalogue raisonné de Dasila, pl. 1re.

Guettard a avancé que la tige des encrines commence inférieurement par être ronde, et se termine à cinq pans; mais je n'ai rien vu qui puisse faire croire que cela soit général, car je possède des morceaux qui prouvent que la tige de l'espèce qu'on a appelée lis-de-mer est terminée par des articulations arrondies. Le même auteur a annoncé qu'il existoit des encrines à quatre rayons, et qu'on en avoit trouvé dans la Franche-Comté, qui portoient plusieurs couronnes sur une même tige. (Mémoires de l'Académie des sciences, année 1755.)

Hœrembert dit que certaines espèces portent cinq à six rayons ou petites branches.

Schulz a donné la description d'encrines à huit rayons et à base carrée, et d'autres à vingt rayons. (Description des étoiles de mer pétrifiées, chap. 19, pag. 22.)

Rosinus a annoncé qu'il en existoit à douze rayons et à base hexagone.

Enfin, Scheuchzer a donné les figures d'encrines dont les rayons ne se divisent point à la base, qui est composée d'un assemblage de petits panneaux lisses. (Scheuchzer, fig. 1 et 3.)

On trouve sur le chemin de Dijon à Nuits certaines étoiles à cinq pans, qui, au lieu de porter comme les autres des stries fines dessinant une étoile, n'ont que cinq fortes stries ou rayons qui partent du centre. On en voit une figure dans l'ouvrage de Parkinson, tom. 3, pl. 1, fig. 19, 20.

Dans une des couches anciennes des environs de Nevers, on trouve une pierre qui n'est composée que de petites articulations qui n'ont qu'une demi-ligne d'épaisseur sur environ une ligne et demie de longueur, et qui sont d'une forme rhomboïdale; elles sont changées en spath calcaire, et percées d'un petit trou dans le sens de leur axe. Je possède de cette pierre un morceau de la grosseur du poing, qui n'est absolument composé que de ces petites articulations. Je possède aussi des portions de tiges et des articulations de cette forme, qui ont six lignes dans leur plus grande longueur; mais j'ignore où elles ont été trouvées. Il y a tout lieu de croire que ces tiges et ces articulations ont appartenu à une espèce d'encrine, dont la forme entière n'est point encore connue. Des articulations de cette forme sont figurées dans l'ouvrage de Parkinson, tom. 2, tab. 13, fig. 40, 70 et 71, et pl. 17, fig. 14.

Le même auteur a donné (tom. 2, tab. 13, fig. 24) la figure d'un corps qu'il a appelé encrinite testitudinaire. Ce corps ovoïde, de la grosseur d'une très-grosse noix, paroît avoir été adhérent par sa base, et est composé de pièces minces, irrégulièrement pentagones, de cinq à six lignes de diamètre, qui s'appuient les unes contre les autres, et forment une espèce de toit. Je possède quelques unes de ces pièces, trouvées à Valognes, département de la Manche. Elles sont un peu bombées; le côté concave est uni; le côté convexe est sillonné de

fortes stries dont quelques unes partent du centre, et les
autres prennent naissance sur ces dernières, et vont aboutir
aux bords.

On trouve dans les mêmes couches un corps qui pourroit
appartenir au genre ou à la famille des encrines. Il est souvent
d'une forme hexagone irrégulière. Sa largeur est de six à sept
lignes, et son épaisseur de trois lignes. L'un des côtés, que
l'on pourroit appeler le dessous, est uni; l'autre présente un
centre d'où partent dix à quatorze bras articulés, qui s'abaissent
et paroissent fixés en dessous. Il dépend sans doute de ce corps
quelques pièces que l'on ne connoît pas encore; mais, comme
il est assez commun, on parviendra peut-être à le mieux con-
noitre.

J'ai reçu de l'Amérique septentrionale de jolis corps, que
l'on trouve dans le Génesée, et qui pourroient dépendre
de la famille des encrines. Ils sont de la grosseur et de la
forme d'une grosse noisette. L'on voit à leur base les traces
d'une tige sur laquelle ils ont dû être supportés. Ils sont divisés
en cinq parties qui ressemblent aux ambulacres bornés de
certains échinides; chacune de ces parties est couverte de
stries transverses, très-régulières, coupées à leur milieu par
une ligne longitudinale, un peu enfoncée, qui part du sommet. Dans ce dernier endroit l'on voit cinq trous placés entre
chacun des ambulacres. Ces corps réguliers sont changés en
une sorte de calcédoine. La base et la partie qui se trouve
entre les ambulacres, paroissent n'être composées que d'une
seule pièce. Il y a lieu de croire que cette tête n'avoit pas la
faculté de s'ouvrir comme celle des autres encrines. Je lui ai
donné provisoirement le nom d'encrine de Godon, *encrina
Godonii*. On en voit la figure dans Parkinson, tab. 13, fig. 36
et 37.

Les couches anciennes de Ranville près de Caen présentent
des corps cylindriques très-singuliers, auxquels on a donné en
Allemagne le nom d'astropodes, et quelquefois celui de scy-
phoïdes. Ces corps, changés en spath calcaire et composés de
tranches appliquées les unes au-dessus des autres, sont percés
dans le sens de leur axe. Ils ont des rapports avec les encrines
par leur division en cinq parties; mais ils en diffèrent sous
d'autres rapports. Leur forme est fort variée; quelques uns ont

celle d'un vase, d'autres celle d'un tonneau. Leur grandeur varie depuis celle d'un moyen œuf de poule jusqu'à celle d'une noisette. Dans quelques uns la base est concave, et couverte de stries rayonnantes du centre à la circonférence. Sur le bord de la partie supérieure, il se trouve cinq petites élévations, de chaque côté desquelles on voit deux petites échancrures qui ont dû supporter d'autres pièces qui ne s'y trouvent plus. Le dedans de ce corps est concave jusqu'à la base ; d'autres ont la partie supérieure un peu convexe et couverte de stries rayonnantes. Sur cette espèce de plate-forme on voit cinq carènes en étoile, et entre chacune d'elles se trouve une fente qui s'étend du centre à la circonférence ; cependant quelques uns de ces corps n'ont point ces ouvertures.

Une autre espèce ou variété bien remarquable, qui a la forme d'un vase, et à laquelle j'ai donné le nom d'astropode élégante, *astropodium elegans*, porte sur les bords de sa partie supérieure cinq échancrures ou enfoncemens agréablement striés, qu'on peut comparer aux empreintes extérieures qu'auroient laissées cinq coquilles bivalves, couvertes de stries partant des sommets. Cette partie supérieure a quatorze lignes de diamètre, et porte un trou à son centre. Deux de ces enfoncemens ont six lignes d'ouverture, et les trois autres sont un peu plus petits. Il est extrêmement probable que ces enfoncemens servoient à supporter certaines pièces qu'on ne retrouve pas, ou des organes non calcaires qui n'ont pu se conserver.

Il paroît que les tranches qui composoient ces corps pouvoient se détacher les unes des autres, après la destruction du polype ; car on en trouve quelquefois qui sont isolés. On voit des figures de ces sortes de polypiers fossiles dans l'ouvrage de Parkinson, tom. 2, pl. 16, fig. 5 et 7, et pl. 20, fig. 4, et dans celui de Knorr, tab. 36, fig. 13, 16 et 18.

Les caryophylles, étant divisées en cinq parties à leur tête et se trouvant changées en spath calcaire, paroissent avoir aussi beaucoup de rapport avec les encrines. Voyez CARYO-PHYLLES. (D. F.)

ENCUBERTADO, ENCUUBERTO. (*Mamm.*) Voyez ENCOUBERT. (F. C.)

ENCYRTE, *Encyrtus*. (*Entom.*) M. Latreille a décrit sous ce nom un genre d'insectes hyménoptères, qu'il croit être l'ichneumon *infidus* de Rossi, et le même insecte, bizarrement figuré comme un diptère à la planche XIV des Diptères de Schellenberg, et que les auteurs du texte ont nommé *mira macrocera*, au lieu de *mira mucora*, ce dernier nom n'ayant aucun sens. Cet insecte est encore peu connu. (C. D.)

ENDACINUS. (*Bot.*) Genre de champignons, de la division des vesses-loups, qui consiste en un péridium, d'abord charnu intérieurement, ensuite granuleux et se remplissant de gongyles grenus.

L'ENDACINUS TINCTORIAL : *Endacinus tinctorius*, Rafinesque-Schmaltz, *Somiol.*, pag. 51; *ejusd. in Cup. panph. Sic.*, t. 43; Bocc., *Pl. Sic.*, t. 12. Presque sessile, irrégulièrement arrondi, rugueux ou tuberculeux, brun extérieurement; pulpe bleue; gongyles jaunes. Se trouve en Sicile, près de Messine et de Palerme, où on le mange. Du temps de Boccone, on l'employoit pour teindre en pourpre. Les Siciliens lui donnent les noms de *cacatunfuli*, *tiratunfuli*, *fungia semulusa*.

Selon M. Desvaux, ce genre est le même que le *polysaccum* de Desportes ou *pisolithus* d'Albertini et Schweinitz. Mais, dans la description de l'*endacinus*, il n'est pas question des cellules intérieures qui se trouvent dans le *polysaccum.* (LEM.)

ENDEELOO. (*Bot.*) Arbrisseau de l'écorce duquel les habitans de Sumatra, au rapport de Marsden, tirent un fil qu'ils emploient aux mêmes usages que celui qu'on tire du chanvre. (J.)

ENDELLIONE. (*Min.*) M. le comte de Bournon a donné ce nom au triple sulfure de plomb, de cuivre et d'antimoine, qu'il a fait connoître le premier, et auquel M. Jameson a donné le nom de bournonite. Nous traiterons de ce minerai à l'article du PLOMB. Voyez ce mot. (B.)

ENDIANDRA GLAUQUE (*Bot.*); *Endiandra glauca*, Rob. Brown, *Nov. Holl.*, 1, pag. 402. Genre de plantes dicotylédones, à fleurs incomplètes, de la famille des laurynées, de la *triandrie monogynie?* de Linnæus, offrant pour caractère essentiel: Des fleurs hermaphrodites; un calice à six découpures égales, glanduleux à son orifice; trois étamines; les anthères à deux loges; une baie?

Arbre de la Nouvelle-Hollande, dont les rameaux sont glabres, garnis de feuilles alternes, oblongues, elliptiques, glabres à leurs deux faces, glauques et nerveuses en dessous. Les fleurs sont disposées en une panicule axillaire, plus courte que les feuilles ; le calice partagé en six découpures égales ; son orifice garni de glandes adhérentes entre elles.

M. Brown soupçonne que le *laurus triandra* de Swartz devroit être placé dans ce genre : il diffère de l'espèce précédente par ses glandes distinctes, situées vers la base et non à l'orifice du calice, par les étamines presque adhérentes. Son tronc s'élève à la hauteur de trente pieds ; ses branches sont étalées ; ses rameaux glabres, élancés, souvent rougeâtres ; les feuilles planes, glabres, ovales-lancéolées, élargies, persistantes, d'un vert foncé, longues de trois ou quatre pouces ; les grappes axillaires, presque terminales, plus courtes que les feuilles ; les fleurs petites, blanchâtres, nombreuses, purpurines après la floraison ; les découpures du calice droites, ovales, caduques ; trois filamens courts et larges ; les anthères saillantes, tétragones, à deux loges ; le style subulé ; un stigmate brun et obtus. Le fruit est un drupe arrondi, de la grosseur d'un pois, presque entièrement recouvert par le calice, excepté au sommet. Cet arbre, assez rare, croît sur les hautes montagnes, à la Jamaïque. (POIR.)

ENDIVE (*Bot.*) *Endivia*, nom latin de l'endive, espèce de chicorée, appelée aussi *intybus*, *intybum*, *intubum*, qui paroit être le *seris* de Dioscoride, suivant C. Bauhin. Des espèces de laitues sont encore nommées *endivia* par quelques auteurs, qui sont blâmés en ce point par Dodoens. (J.)

ENDOBRANCHES. (*Entomoz.*) M. Duméril, dans sa Zoologie analytique, a réuni sous ce nom, qui veut dire branchies à l'intérieur, un certain nombre d'animaux assez différens les uns des autres, qui ont pour caractère commun de ne pas montrer de branchies, au contraire de la première famille, les *branchiodèles* : ce qui lui fait admettre qu'elles sont à l'intérieur. Quoi qu'il en soit, les genres qu'il y range sont les suivans : NAYADE, LOMBRIC, THALASSÈME, DRAGONNEAU, SANG-SUE et PLANAIRE. Voyez ces différens mots, et ANNELIDES, VERS A SANG ROUGE et SÉTIPODES. (DE B.)

ENDOCARPE. (*Bot.*) M. Richard distingue dans le péricarpe trois parties : la peau du fruit, qu'il nomme *épicarpe* ; la chair ou partie intermédiaire du fruit, qu'il nomme *sarcocarpe* ; et la peau interne, de consistance très-diverse (souvent osseuse), qu'il nomme *endocarpe.* (Mass.)

ENDOCARPON, *Endocarpe.* (*Bot.*) Ce genre de plantes cryptogames, placé dans la famille des lichens, fait le passage de cette famille à celle des hépatiques. Les endocarpons ressemblent à des lichens foliacés, sans scutelle, mais dont la surface se couvre à une certaine époque de très-petites protubérances percées, qu'on regarde comme la fructification de ces plantes. Bien des espèces de lichens, telles que des *cladonia*, des *lobaria*, des *physcia*, des *scyphophorus*, offrent aussi des protubérances noires, indépendamment de leur conceptacle particulier, et qui lie les endocarpons aux lichens, à moins qu'on ne veuille prendre ces protubérances noires pour des plantes parasites du genre *Sphæria*, ou même pour des productions d'une maladie, ce qui ne nous paroît pas probable.

Les endocarpons ont aussi de l'analogie avec certaines espèces de champignons, et notamment avec les *peziza punctata* et *stercoraria*, par leur fructification.

Ils se rapprochent infiniment des *Riccia*, genre qui appartient à la famille des hépatiques, chez lequel la fructification est également enfoncée dans la substance de la plante.

Les endocarpons sont cartilagineux ou crustacés, ou foliacés, fixés par leur surface inférieure, et le plus souvent par le centre, à la manière des *umbilicaria*. Leur expansion est flexueuse ou plane, arrondie ou irrégulière, entière ou sinueuse, ou découpée. Acharius l'a considérée comme un réceptacle universel, parce qu'elle contient des conceptacles globuleux, membraneux, très-petits, diaphanes, qui renferment chacun un petit noyau de même forme, et qui viennent former, à la surface supérieure, des papilles ou des tubercules percés à leur sommet.

On en compte environ vingt-quatre espèces; toutes ne croissent pas en Europe, deux ou trois ayant été observées sur les rochers au cap de Bonne-Espérance, ou en Amérique, et même en Asie. En France, il y en a huit espèces, parmi lesquelles on distingue l'*endocarpon miniatum*, qui est le *lichen miniatus* de Linnæus, l'une des deux espèces de ce genre connue par ce célèbre naturaliste; la seconde est l'*endocarpon Thunbergii.*

C'est sur l'*endocarpon Hedwigii* que ce genre a été établi par Hedwig, qui a cherché à rappeler, par la dénomination grecque d'*endocarpon*, la fructification intérieure de cette plante. Gmelin reporta ce genre dans les lichens ; mais Persoon l'a rétabli. Acharius en fit d'abord une division du genre Lichen, dans son *Prodromus* ; mais depuis, ayant fait de celui-ci une famille, il a séparé l'*endocarpon*, et dans son *Synopsis methodica* il en fait connoître vingt espèces presque toutes nouvelles, ou confondues avec les lichens avant leur division. A ce nombre il faut ajouter quelques espèces décrites par Decandolle, Persoon et d'autres botanistes. Plusieurs ont fait partie des genres *Lobaria*, *Platisma* et *Umbilicaria* d'Hoffmann.

Les *endocarpon* croissent sur les rochers et sur les pierres, comme beaucoup de lichens, ou bien sur la glaise ou sur l'argile humide, et sur le bord des eaux, et même submergés, comme les *riccia* ; rarement ils sont parasites sur les mousses. L'*endocarpon parasiticum*, Ach., croît, en Angleterre, sur le *parmelia omphalados*, Ach. Les plus grandes espèces de ce genre forment des touffes de deux à trois pouces de diamètre ; mais les *endocarpons* ont en général des dimensions beaucoup moindres. Ils sont en général grisâtres, verdâtres, roussâtres ou brunâtres, et jaunâtres en dessus, noirs ou bruns ou roux en dessous. Nous bornerons les citations des espèces aux trois suivantes, qui sont les plus communes en France.

Endocarpon fluviatile : *Endocarpon fluviatile*, Decandolle, Fl. Fr., n.° 1118 ; *Endocarpe Weberi*, Ach., *Lich.* et *Synops.* ; *Lichen fluviatilis*, Web., *Spic.*, *Fl. Germ.* ; *Platisma aquaticum*, Hoffm., *Lich.*, t. 2, pag. 64, tab. 43, fig. 1-5. Expansion formant des touffes d'un gris cendré, d'un brun verdâtre, cartilagineuse, un peu coriace, flexueuse, lobée, frisée et à découpures entrelacées ; dessous, de couleur fauve-noirâtre : protubérances fructifères, noires, assez nombreuses. Cette espèce est une des plus grandes ; elle croît dans les ruisseaux et les rivières, attachée aux pierres qui sont submergées. Dans cette position elle est d'un vert agréable. Elle est plus commune dans les parties occidentales de la France, et on ne commence à la rencontrer qu'assez loin de Paris. On la trouve dans le Maine, l'Anjou et la Gascogne.

L'Endocarpon compliqué : *Endocarpon complicatum*, Decand.,

Fl. Fr. , 1119 ; Ach. , *Synops.*, 102 ; *Lichen polyphyllus*, Jacq. ,
Collect., 2, t. 16, fig. a-i ; *Lichen complicatus*, *Fl. Dan.*, tab. 532,
fig. 2. Coriace, cartilagineux, lobé, cendré en dessus et d'un
brun cuivreux et noirâtre en dessous ; à lobes un peu redressés ,
arrondis, plissés, flexueux et crépus ; protubérances fructifères, convexes, noires. Cette espèce croît sur les rochers et sur
les pierres, auprès des eaux et près de la mer ; elle ne change
point de couleur lorsqu'on l'humecte , et peut vivre dans
l'eau , comme l'indique le nom de *lichen amphibius*, que lui
donne Withering. Elle est plus petite que l'espèce suivante.
Quelquefois elle est simple, et, selon Acharius, elle se rapproche davantage de l'endocarpon fluviatile que de l'endocarpon rougeâtre.

ENDOCARPON ROUGEATRE : *Endocarpon miniatum*, Decand., Fl.
Fr., n.° 1120 ; Ach., *Lich.*, l. c., pag. 101 ; *Lichen miniatus* ,
Linn., *Fl. Dan.*, t. 532, f. 1 ; Sowerb., *Engl. bot.*, tab. 593.
Jolie espèce, d'un gris cendré en dessus, et d'un rouge de
cuivre ou jaunâtre en dessous : expansion cartilagineuse,
presque orbiculaire, fixée par le centre ; à bords ondulés,
sinueux, un peu plissés, lisses en dessus, avec des protubérances fructifères, peu saillantes, petites, éparses et brunâtres: d'abord lisse, puis rugueuse en dessous. Cette espèce,
plus commune que les précédentes, croît sur les rochers et
les pierres, dans les Alpes, les Pyrénées et à Fontainebleau :
elle a un ou deux pouces de diamètre, et son expansion est
quelquefois polyphylle dans une variété ; le dessous est gris
jaunâtre, et les protubérances sont plus saillantes. Cette espèce
ne change pas de couleur par l'humidité.

ENDOCARPON D'HEDWIG : *Endocarpon Hedwigii*, Ach., *Syn.*, 99 ;
Endocarpum pusillum, Hedw., *St. Crypt.*, tab. 20, fig. A. Expansion ombiliquée, un peu cartilagineuse , arrondie, anguleuse et lobée, très-variable dans sa couleur, communément
olivâtre ou brune en dessus, et plus foncée ou noirâtre et
fibrilifère en dessous ; protubérances fructifères 7-8. d'un brun
noir. Cette espèce, qui est commune, échappe à la vue par sa
petitesse ; elle a une à trois lignes de diamètre. On la trouve
à terre et sur les mousses, sur les pierres, sur les vieilles
murailles. Acharius en désigne plusieurs variétés.

Le genre Polycère de Fischer est un polypier voisin des

encrines, et c'est par erreur d'impression qu'on l'a rapporté à l'endocarpon, dans le nouveau Dictionnaire d'Histoire naturelle de Déterville. (Lem.)

ENDOGONE. (*Bot.*) Link désigne ainsi un genre très-voisin de celui des truffes, *tuber*. Ses caractères sont, d'être presque globuleux et recouvert d'une membrane floconneuse très-mince; d'avoir l'intérieur semblable à celui de la truffe, avec des conceptacles très-petits, globuleux, membraneux et remplis de séminules.

L'Endogone pisiforme; *Endogone pisiformis*, Link, *Berl. Mag.*, 3, p. 33, tab. 1, fig. 52, est la seule espèce de ce genre; elle forme, sur les racines des mousses, de petites tubérosités jaunâtres qui tiennent par quelques fibrilles. On la trouve en Prusse, dans les bois de sapins. Voyez Compositées. (Lem.)

ENDOLEUQUE, *Endoleuca*. (*Bot.*) [*Corymbifères*, Juss.; *Syngénésie polygamie séparée*, Linn.] Ce nouveau genre de plantes, que nous avons établi dans la famille des synanthérées, appartient à notre tribu naturelle des inulées, et à la section des gnaphaliées.

La calathide est incouronnée, équaliflore, quinquéflore, régulariflore, androgyniflore. Le péricline est supérieur aux fleurs, cylindracé, formé de squames bisériées : celles du rang extérieur, au nombre de cinq, sont plus courtes, persistantes, égales, appliquées, oblongues, coriaces, laineuses en dehors, surmontées d'un appendice inappliqué, lancéolé, scarieux, roux, prolongé en une arête spinescente, recourbée : les squames du rang intérieur, au nombre de cinq environ, sont plus longues, caduques, égales, appliquées, oblongues, coriaces, glabres, surmontées d'un appendice étalé, lancéolé, pétaloïde, très-blanc. Le clinanthe est petit, planiuscule, inappendiculé. Les ovaires sont oblongs et glabres; leur aigrette, longue, caduque, est composée de squamellules unisériées, égales, libres, blanches, à partie inférieure filiforme et barbellulée, à partie supérieure élargie, épaissie et inappendiculée. Les corolles sont à cinq divisions. Les anthères sont pourvues d'appendices basilaires subulés, barbus.

Les calathides sont réunies en capitules, dont le calathiphore est dépourvu de bractées.

L'Endoleuque jolie; *Endoleuca pulchella*, H. Cass., Bull. Soc.

philom., mars 1819; *Gnaphalii capitati varietas*, Lamk., Encycl., t. 2, p. 744. Petit arbuste, ayant le port d'une bruyère. Sa tige est diffuse, et divisée en rameaux grêles, cylindriques, laineux, très-garnis de feuilles. Les feuilles sont alternes, irrégulièrement éparses, sessiles, longues de trois à quatre lignes, étroites, lancéolées, acuminées, spinescentes au sommet, très-entières, coriaces; leur face supérieure est concave et tomenteuse; leur face inférieure est convexe, un peu laineuse sur les jeunes feuilles, mais très-glabre sur les feuilles adultes, qui sont contournées de manière que la face supérieure devient l'inférieure. Les capitules, toujours solitaires, sont d'abord terminaux; mais ensuite ils deviennent sessiles à l'aisselle des branches, par l'effet du développement ultérieur de la plante, qui se ramifie immédiatement au-dessous des capitules. Chaque capitule est composé de quatre à sept calathides immédiatement rapprochées sur un calathiphore petit, nu et sans involucre. Les corolles sont verdâtres inférieurement, et rougeâtres supérieurement. Nous avons observé cette jolie synanthérée dans un herbier de M. de Jussieu, composé de plantes recueillies par Sonnerat dans ses voyages : il est infiniment probable que ce naturaliste l'a trouvée au cap de Bonne-Espérance. On ne peut pas douter que ce ne soit l'espèce dont il s'agit qui ait été considérée par M. de Lamarck, dans l'Encyclopédie, comme une variété du *gnaphalium capitatum*, à capitules plus petits, et à périclines plus cotonneux en dehors.

L'ENDOLEUQUE A TÊTES RONDES (*Endoleuca sphærocephala*, H. Cass.; *Gnaphalium capitatum*, Lamk., Encycl., tom. 2, p. 744) est un arbrisseau du cap de Bonne-Espérance, plus grand dans presque toutes ses parties que le précédent; sa tige produit un grand nombre de rameaux cylindriques, grisâtres, pubescens, et garnis de feuilles jusqu'au sommet. Les feuilles sont nombreuses, rapprochées, alternes, étalées, sessiles, longues d'environ quatre lignes, étroites, lancéolées, épaisses, coriaces, spinescentes au sommet; leur face supérieure est concave et tomenteuse; l'inférieure est convexe et glabre; les bords latéraux sont courbés en dessus; la base de la feuille est tordue, de sorte que la face supérieure devient l'inférieure. Chaque rameau est terminé au sommet par un gros capitule globuleux, large de sept lignes, composé d'une multitude presque innombrable de calathides immédiatement rapprochées et entassées sur un calathiphore laineux dépourvu de bractées; le capitule est entouré à sa base d'une sorte d'involucre formé par un assemblage de feuilles laineuses, grisâtres, qui ne sont point retournées sens dessus dessous. Les calathides ne contiennent chacune que trois fleurs; leur péricline est composé d'un nombre variable de squames, qui sont bisériées, à peu près égales et semblables, oblongues, glabres, à partie supérieure étalée, radiante, pétaloïde, blanche, à sommet ordinairement arrondi, tronqué ou denticulé; les squamellules de l'aigrette, qui est blanche, sont filiformes et barbellulées en leur partie inférieure, laminées et inappendiculées en leur partie supérieure; les corolles sont rougeâtres au sommet. Quoique cette seconde espèce s'écarte un peu des caractères génériques fournis par la première, en ce que la calathide n'est composée que de trois fleurs, et en ce que les squames extérieures du péricline sont semblables aux squames intérieures, cependant il est impossible de ne pas rapporter les deux espèces au même genre. Nous avons étudié la seconde dans l'herbier de M. Desfontaines.

Ce genre est immédiatement voisin de notre *petalolepis*, et surtout du *metalasia* de M. R. Brown : mais il diffère du *petalolepis* par le péricline et par l'aigrette ; il diffère aussi du *metalasia*, en ce que celui-ci a le péricline régulièrement imbriqué. (H. Cass.)

ENDOMYQUE (*Entom.*); *Endomychus*, Paykull. Nom d'un petit genre d'insectes coléoptères, à trois articles à tous les tarses, de la famille des trimérés. Ces insectes ont beaucoup de rapport avec les dasycères et les eumorphes, par les antennes qui sont plus longues que le corselet, particularité qui les distingue des scymnes et des coccinelles. Les endomyques ont les antennes en fils grenus, ce en quoi ils diffèrent de tous les genres de la même famille. D'un autre côté, par la forme générale, ils semblent se rapprocher des galéruques et des érotyles, avec lesquels ils paroissent lier les deux familles des herbivores et des tridactyles.

Ces insectes sont, en général, brillans et polis : le corps est

mi-ové, quoique le corselet soit carré et plus étroit que les
ytres, qui embrassent en entier l'abdomen.

On trouve ces petits coléoptères sous les écorces et dans les
ampignons, comme les diapères. Il paroît que leurs larves
y développent aussi.

Il n'y en a que trois espèces aux environs de Paris.

1. L'ENDOMYQUE ÉCARLATE; *Endomychus coccineus.*
*D'un rouge de laque; une tache sur le corselet et deux sur les
ytres, noires.*

Il est figuré dans l'ouvrage de Panzer et dans les planches de
e Dictionnaire.

Nous l'avons trouvé communément réuni en grand nombre
r des écorces de bouleau et au pied de ces arbres, dans la forêt
e Saint-Germain, derrière les Loges.

2. L'ENDOMYQUE PORTE-CROIX; *Endomychus cruciatus.*
Rouge; une croix noire sur les élytres.

3. L'ENDOMYQUE A QUATRE PUSTULES; *Endomychus 4-pustulatus.*
*Noir; à pattes, bords du corselet et deux taches sur chaque élytre
e couleur rouge.*

4. L'ENDOMYQUE DE LA VESSE-LOUP; *Endomychus bovistæ.*
Noir, à antennes et pattes rousses.

Cette espèce est très-commune aux environs de Paris au pre-
ier printemps. Nous nous rappelons d'en avoir trouvé un grand
ombre dans le bois de Vincennes, avec M. Paykull, que nous
vions l'avantage d'accompagner. (C. D.)

ENDORGUEZ. (*Bot.*) C'est, dans le Languedoc et dans
'autres parties de la France méridionale, le nom sous lequel
st connue l'oronge franche, *agaricus aurantiacus,* Lamk.,
Decand. (LEM.)

ENDORMEUR. (*Ornith.*) Salerne dit que dans la Beauce
n appelle ainsi la cresserelle, *falco tinnunculus,* Linn., qui y
orte aussi le nom de preneur de mouches. (CH. D.)

ENDORMIE (*Bot.*), un des noms vulgaires donné au datura
tramoine. (L. D.)

ENDOSPERMA. (*Bot.*) Corps de forme régulière et simple,
olitaire ou agglomérée, de substance charnue ou gélatineuse et
omogène, recouvert par une tunique libre, charnue ou mem-
raneuse; séminules éparses dans l'intérieur de la substance,
ais libres, molles, solitaires, enveloppées par une membrane.

Endosperma globiforme; *Endosperma globosa*, Rafin. Schmaltz, *Carat. Sicil.*, 91. Solitaire, sphérique, lisse, verdâtre; séminules deux fois plus longues que larges, obtuses, presque égales, jaunâtres. Cette espèce vit sur les têts des coquilles et sur divers autres corps marins; elle a été découverte sur les côtes de Sicile. Elle atteint la grosseur d'une noix; sa tunique extérieure est grosse, presque diaphane, membraneuse et gélatineuse.

Endosperma agrégé; *Endosperma aggregata*, Rafin. Schmaltz, l. c. Plusieurs individus réunis ensemble, chacun inégal, ovale-irrégulier, vert; séminules rondes, inégales, verdâtres. Cette espèce croît dans la mer, sur les mêmes côtes, attachée aux mêmes corps et sur le bois tombé dans la mer. Sa tunique est membraneuse et presque opaque.

Rafinesque rapproche ce genre de celui qu'il nomme *pexisperma*, dont il diffère par la forme régulière des espèces et la présence d'une tunique externe. Ces deux genres, comme beaucoup d'autres, que M. Rafinesque-Schmaltz a décrits, appartiennent à la section des *nostocs*, dans la famille des algues, laquelle n'a compris jusqu'ici que des plantes terrestres ou d'eau douce (rivulaire, linkie, etc.), et qui maintenant se trouve augmentée des genres marins suivans : *Spermipole, Pexisperma, Helmyton, Sclernax* et *Endosperma*. (Lem.)

ENDOSPERME (*Bot.*), synonyme de Périsperme. Voyez ce mot. (Mass.)

ENDOTRICHE. (*Bot.*) Froelich, auteur moderne, séparoit, sous ce nom, du *gentiana*, la *gentiana campestris*, qui a la corolle en soucoupe, à quatre divisions barbues. Long-temps auparavant, Renéaulme en avoit aussi fait son genre *Erythalia*, adopté ensuite par Delarbre et Borckausen. (J.)

ENDOURMIDOUIRA. (*Bot.*) La pomme-épineuse, *datura stramonium*, très-connue par sa propriété narcotique, est ainsi nommée aux environs de Montpellier, selon M. Gouan. (J.)

ENDRACH DE MADAGASCAR (*Bot.*) : *Endrachium madagascariense*, Lamk., *Ill. gen.*, tab. 103; *Humbertia*, Commers., *Herb. et Icon.*; *Endrach.* Flacc., *Hist. Madag.*, pag. 137, fig. 100; vulgairement Arbre immortel. Genre de plantes dicotylédones, à fleurs complètes, monopétalées, régulières, de la famille des convolvulacées, de la *pentandrie monogynie* de Linnæus, offrant pour caractère essentiel : Un calice à cinq divisions profondes ; une corolle ventrue, campanulée, soyeuse en dehors ; le limbe à cinq plis, à cinq crénelures ; les étamines saillantes, attachées à la base de la corolle ; un ovaire supérieur ; un style ; le stigmate échancré. Le fruit est une capsule pédicellée, un peu ligneuse, ovale, s'entr'ouvrant à peine, à deux loges ; deux semences dans chaque loge.

Grand arbre de l'île de Madagascar, dont le tronc est fort épais : le bois jaunâtre, odorant, très-dur, compact, très-lourd, se conservant très-long-temps même lorsqu'il est enfoui dans la terre. Ses rameaux sont alternes, cylindriques, raboteux et grisâtres ; ses feuilles simples, éparses, ramassées en touffes à l'extrémité des rameaux, ovales-oblongues, obtuses ou un peu échancrées à leur sommet, glabres, entières, très-médiocrement pétiolées ; les fleurs assez grandes, axillaires, solitaires, pédonculées ; les pédoncules simples, plus courts que les feuilles, munies, vers leur milieu, de deux petites bractées opposées. Le calice est composé de cinq folioles ovales, arrondies, persistantes ; la corolle plissée, à limbe droit, presque entier, velue extérieurement, une fois plus grande que le calice, à cinq crénelures très-peu profondes ; les étamines une fois plus longues que la corolle ; les filamens rapprochés en faisceau, un peu courbés ; les anthères ovales, légèrement sagittées ; l'ovaire arrondi, placé sur un disque épais ; le style courbé en arc, de la longueur des étamines.

Le fruit est une capsule, presque une coque ligneuse, un peu élevée au-dessus du calice par un pédicelle épais, anguleux. Cette capsule est ovale-arrondie, glabre, à deux loges : chaque loge renferme deux semences ovales, trigones, attachées par une cavité au fond de la capsule. (Poir.)

ENDRO (*Bot.*), nom portugais de l'aneth, selon Grisley et Vandelli. (J.)

ENEADI-KOURENGO (*Bot.*), un des noms malabares du *lycopodium phlegmaria*, cité par Rheede. (J.)

ENEB (*Bot.*), nom arabe de la vigne, suivant M. Delile. (J.)

E-NEB-EL-DYB. (*Bot.*) Ce nom arabe, qui signifie raisin de loup, est donné dans l'Egypte, suivant M. Delile, à une variété de la morelle, *solanum nigrum*. (J.)

ENEBRO. (*Bot.*) Suivant Clusius, les Espagnols donnent ce nom au genevrier ordinaire, et au cade, autre espèce du même genre. (J.)

ENÉE. (*Entom.*) Sorte de papillon, chevalier-troyen des Indes. (C. D.)

ENEPAEL (*Bot.*), nom malabare, cité par Rheede, du *rotala verticillaris* de Linnæus. (J.)

ENFANS DE LA TERRE ou des Dieux. (*Bot.*) Les poëtes et la plupart des philosophes anciens, au nombre desquels il faut compter Porphyre, donnoient ces noms aux champignons. Ils croyoient que ces végétaux étoient des productions fortuites qui, pour croître, n'avoient besoin ni de racines ni de semences. (Lem.)

ENFANT AU MAILLOT. (*Conch.*) Les marchands et les anciens catalogues de coquilles donnent ce nom, tiré d'une grossière ressemblance, aux petites coquilles d'hélices, dont on a fait le genre Maillot. Voyez ce mot. (De B.)

ENFANT DU DIABLE. (*Mamm.*) Charlevoix donne ce nom à un petit animal qui paroît être une mouffette, si l'on en juge surtout par sa grande puanteur. (F. C.)

ENFARINÉ ou Meunier. (*Bot.*) Agaric blanc, visqueux, à chapeau plat, avec des feuillets crépus. C'est l'*agaricus mugnius* de Scopoli. Il est mentionné par Micheli. C'est un champignon que l'on mange à Florence; il y est appelé *fungo mugnajo*, c'est-à-dire, champignon meunier, à cause de sa couleur semblable à celle de la farine. (Lem.)

ENFER DE BOYLE. (*Chim.*) C'est un matras à fond plat, destiné à contenir du mercure que l'on veut oxider par l'action de l'air et de la chaleur. Quand on y a mis du mercure, on en effile le col à la lampe, en y laissant une très-petite ouverture.

Dans l'origine, l'enfer de Boyle étoit un flacon très-plat dans lequel on mettoit le mercure, et que l'on fermoit ensuite avec un bouchon qui s'élevoit de quinze à vingt pouces au-dessus de l'orifice du flacon, et qui étoit percé dans l'intérieur d'un canal extrêmement étroit. (Ch.)

ENFERMÉS. (*Malacoz.*) G. M. Cuvier a donné, dans ces derniers temps, ce nom de famille à un certain nombre de malacozoaires lamellibranches conchylifères, dont le manteau, fermé dans presque toute son étendue, est ouvert seulement ses extrémités, antérieurement pour le passage du pied, en arrière pour celui des deux siphons de respiration et d'exétion, et dont la coquille, en rapport avec cette organisation, plus ou moins bâillante à ses extrémités, ce qui constitue le oupe des pyloridées de Klein. Tous ces animaux vivent en et dans des circonstances particulières, et sont réellement mme enfermés dans le sable, la vase, la pierre, le bois, etc. ute leur locomotion consistant au plus en un mouvement scension ou de descente. Voyez MALACOZOAIRES, PYLORI- ES, etc. (DE B.)

ENFLÉ (*Bot.*), membraneux et dilaté comme une vessie. en a des exemples dans le calice du behen blanc, le pé- le du trapa, le légume du baguenaudier, le follicule de *sclepias fruticosa*, le silicule de l'*alyssum utriculatum*, etc. (ASS.)

ENFLE-BŒUF. (*Entom.*) C'est le nom françois correspon- nt au βούπρησις, gonfle-bœuf, *buprestis* des Latins. Voyez m. V, pag. 440 de ce Dictionnaire.

On dit que les paysans de quelques contrées donnent ce nom carabe ou tachype doré, qu'on nomme sergent et vinai- ier dans d'autres endroits. (C. D.)

ENFUMÉE. (*Ichthyol.*) Quelques auteurs ont désigné par ce m le *chætodon faber* des ichthyologistes. Nous le décrirons à rticle EPHIPPUS. (H. C.)

ENFUMÉE. (*Erpétol.*) On a souvent désigné par ce nom une pèce d'AMPHISBÈNE. Voyez ce mot. (H. C.)

ENGAINANT, *Vaginans.* (*Bot.*) La base des feuilles de is germanica, par exemple, enveloppe la tige comme une ine. Dans la mauve, l'endrophore forme une gaîne autour du stil. Dans les graminées, dans plusieurs cypéracées, beaucoup ombellifères, etc., le pétiole est également engaînant. a un exemple de stipules engaînantes dans le platane. (ASS.)

ENGALLAGE. (*Chim.*) C'est une opération de teinture, par quelle on combine l'acide gallique et la plupart des principes médiats de la noix de galle avec une étoffe. Pour cela, on fait mper l'étoffe dans une infusion de noix de galle légèrement aude. (CH.)

ENGANE. (*Bot.*) Une espèce de soude, *salsola fruticosa*.

porte ce nom aux environs de Montpellier, suivant M. Gouan
(J.)

ENGANG. (*Ornith.*) L'oiseau que, suivant Marsden, Histoire de Sumatra, tom. 1, pag. 189 de la traduction françoise les habitans de cette île appellent ainsi, est le calao rhinocéros, *buceros rhinoceros*, Linn. (Ch. D.)

ENGANYA PASTUS. (*Ornith.*) L'oiseau qu'on appelle ainsi en Catalogne est, suivant Barrère, *Ornithologiæ Specimen novum*, p. 31, l'engoulevent ou tette-chèvre, *caprimulgus europæus*, Linn. D'un autre côté, l'enguane-pastre est, dans les environs de Montpellier, la lavandière, *motacilla alba*, Linn.; et ces applications si différentes de deux termes analogues peuvent laisser des doutes sur la justesse de l'une d'elles. Cependant si le mot *enganer* signifie, en languedocien, tromper, frustrer, il seroit plus naturel de chercher l'origine de cette dénomination dans l'habitude qu'on suppose à l'engoulevent de téter les chèvres confiées à la garde des pâtres, qu'à l'inutilité des tentatives qui, suivant Salerne, seroient faites par ceux-ci pour saisir les bergeronnettes qu'ils voient s'abattre au milieu des troupeaux, où elles se laissent approcher de fort près. (Ch. D.)

ENGELSCHŒN (*Ornith.*), nom allemand du tarin, *fringilla spinus*, Linn. (Ch. D.)

ENGER (*Bot.*), un des noms de l'indigo, rapporté par C. Bauhin, et tiré du Recueil des Voyages, publié par Théodore Debry. (J.)

ENGHETS. (*Bot.*) Voyez Banchets. (J.)

ENGIANTHE, *Angianthus*. (*Bot.*) [*Corymbifères*, Juss. *Syngénésie polygamie séparée*, Linn.] Ce genre de plantes, de la famille des synanthérées, appartient à notre tribu naturelle des inulées.

La calathide est incouronnée, équaliflore, biflore, régulariflore, androgyniflore. Le péricline est formé de quatre squames. Le clinanthe est inappendiculé. Les ovaires sont oblongs, glabres; leur aigrette est composée de deux squamellules, dont la partie inférieure est paléiforme, dentelée, et dont la partie supérieure est filiforme et garnie de barbelles vers le sommet. Les càlathides sont réunies en capitules cylindriques; chaque capitule a un calathiphore laineux, garni de bractées imbriquées, dont chacune accompagne une calathide.

es bractées sont ovales, presque scarieuses, un peu colorées, ussi longues que les périclines. Enfin, il y a, à la base du apitule, une sorte d'involucre composé de quatre petites ractées presque rondes, blanches, laineuses.

L'Engianthe cotonneux (*Angianthus tomentosus*, Wendland; *Cassinia aurea*, R. Brown, *Hort. Kew.*) est une plante heracée, annuelle selon Wendland, vivace selon R. Brown; a tige est dressée, haute d'un pied et demi, rameuse, laieuse, brune; les rameaux sont rapprochés, étalés, ascendans, risâtres inférieurement, blancs et laineux supérieurement; es feuilles sont alternes, longues d'un pouce, spatulées, talées, planes, blanches et laineuses. Les capitules terminent es rameaux, et sont composés de calathides à fleurs jaunes. Cette plante a été découverte, en 1802, par M. R. Brown, dans l'île de Saint-François, sur la côte méridionale de la Nouvelle-Hollande.

Wendland a publié ce geure, en 1809, sous le nom d'*Angianthus*, dans son ouvrage intitulé *Collectio Plantarum* (vol. 2, ag. 32, tab. 48). Il paroît qu'il l'a décrit et figuré sur quelque chantillon provenant du jardin de Kew, où les graines rapportées par M. R. Brown ont produit des individus parfaits. M. R. Brown, ne se doutant pas qu'il eût été prévenu par Wendland, a reproduit ce même genre, en 1813, sous le nom le *cassinia*, avec une description beaucoup trop incomplète, dans le 5.ᵉ volume de la seconde édition de l'*Hortus Kewensis*, et nous l'avons mentionné d'après lui, dans le tome VII de ce Dictionnaire, pag. 229.

M. Brown, ayant eu connoissance de l'ouvrage de Wendland, a bien voulu nous dédier un nouveau genre de synanthérées, auquel il assigne les caractères suivans (*Observations on the natural family of plants called compositæ*; Transactions de la Société linnéenne, tom. XII, pag. 126):

Cassinia. *Calea species*, Labillardière. Péricline imbriqué, scarieux, pauciflore. Clinanthe garni de squamelles distinctes, presque semblables aux squames intérieures du péricline. Fleurs régulières, toutes hermaphrodites, ou accompagnées à a circonférence de quelques femelles très-peu nombreuses et plus étroites. Anthères incluses, munies de deux appendices basilaires sétiformes. Branches du style à sommet obtus, presque tronqué, hispidule. Aigrette persistante, de squamellules filiformes, quelquefois pénicillées. — Arbrisseaux. Feuilles éparses, le plus souvent étrécies, à bords recourbés. Inflorescence terminale, corymbée ou plus rarement paniculée. Périclines blancs ou cendrés, rarement dorés, à squames intérieures le plus souvent conniventes au sommet, quelquefois étalées et formant une couronne courte, obtuse.

Le nouveau genre *Cassinia*, dont M. Brown a décrit dix espèces, toutes indigènes aux Terres-Australes, appartient évidemment à notre tribu naturelle des inulées, section des gnaphaliées. Nous avions indiqué nous-même la formation de ce genre, dans notre article Calea de ce Dictionnaire (t. vi, Suppl., pag. 32), où nous avions dit que le *calea aculeata* de M. Labillardière nous paroissoit devoir être le type d'un genre distinct. (H. Cass.)

ENGIN. (*Chasse.*) Ce terme, employé au pluriel, désigne, d'une manière générale, l'équipage nécessaire pour une chasse quelconque. (Ch. D.)

ENGIS. (*Entom.*) M. Paykull a donné ce nom, dans la Faune de Suède, à un petit genre d'insectes coléoptères pentamérés, de la famille des hélocères ou clavicornes, voisin des dermestes et des nitidules, avec lesquels la plupart des auteurs les avoient réunis, et dont ils ne se distinguent que par la conformation des parties de la bouche. Fabricius a adopté ce nom et le genre, auquel M. Latreille a donné celui de *dacna*. Ces engis vivent, sous leurs deux états, dans les bolets et les champignons.

Les principales espèces sont :

1.° L'Engis paulard; *Engis humeralis.*

Panzer l'a figuré, dans le quatrième cahier de sa Faune, sous le n.° 9 : il le nomme *dermestes scanicus.*

Noir, avec la téte, le corselet, les pattes et un point à la base des élytres, de couleur rousse.

2.° L'Engis front roux; *Engis rufifrons.*

C'est l'*ips rufifrons,* figuré par Panzer, cah. 36, fig. 19.

Noir, avec les pattes, une tache sur les élytres et deux sur chaque élytre, couleur de rouille.

5.° L'Engis col-rouge; *Engis sanguinicollis.*

Cet insecte a été nommé successivement *silpha, ips mycetophagus* et *dermestes.* Il est désigné sous ce dernier nom et avec l'épithète de 4-*pustulatus*, dans la Faune de Panzer, cah. 6, pl. 6.

Noir, avec le corselet, deux taches sur les élytres, et les pattes rousses.

Tous ces insectes se trouvent aux environs de Paris. (C. D.)

ENGOBIA ou Ingobia. (*Ichthyol.*) On a quelquefois appelé de ces noms le pigo, *cyprinus pigus*, des auteurs, poisson que l'on pêche dans le lac Urbain, pendant l'été. Voyez Pigo. (H. C.)

ENGOUAMBA (*Bot.*), nom mexicain donné, dans le canton de Mechoacan, à un petit arbre que Vaillant, dans son Herbier, indique comme presque semblable à un *solanum* figuré par Plukenet, et rapporté plus récemment au *solanum igneum*. Cependant, celui-ci n'est qu'un arbrisseau, et on ne dit point que son fruit contienne un principe huileux. Hernandez dit que le fruit de l'*engouamba* donne une huile pâle, propre en application extérieure à résoudre les tumeurs et à guérir les plaies. On trouve la même indication dans la Description de l'Amérique par Delaet, liv. 5, cap. 25. (J.)

ENGOULEVENT. (*Ornith.*) Les oiseaux demi-nocturnes qui sont généralement connus sous ce nom, portent encore ceux de tette-chèvre, *caprimulgus*, et de crapaud-volant. L'opinion qui leur attribuoit l'habitude de téter les chèvres, est fort ancienne, puisque le nom latin n'est que la traduction de l'*aigothelas* d'Aristote; mais, quoique cette dénomination soit erronée, on tenteroit vainement de la changer aujourd'hui. M. Levaillant explique son origine d'une manière fort plausible, en exposant que l'engoulevent d'Europe fréquente les parcs des moutons et des chèvres pour prendre les insectes qui y sont attirés en grand nombre, et que les bergers et les enfans, dans l'ignorance des causes de ces incursions, faites à des heures où l'oiseau ne pouvoit pas être bien observé, lui auront supposé le dessein de sucer le lait des animaux sous lesquels ils le voyoient s'insinuer. A l'égard du nom de *crapaud-volant*, Montbeillard n'est pas éloigné de l'attribuer à la même habitude qu'on croit exister chez les crapauds; mais ce seroit partir d'une erreur pour en motiver une autre. M. Levaillant pense, de son côté, que l'expression dont il s'agit vient de la ressemblance du cri du reptile et de celui de l'oiseau, ou qu'il est dérivé de la largeur respective de leur bouche et de l'aplatissement de leur tête. Mais, sans rejeter ce dernier rapprochement, la couleur terne du plumage de l'un et de la peau de l'autre, n'a-t-elle pas pu aussi contribuer à faire donner au volatile le nom de l'animal rampant?

Le voyageur naturaliste ne combat point avec le même avantage le choix fait par Montbeillard du mot *engoulevent*; car il est très-probable que l'oiseau tient constamment la bouche ouverte pendant sa chasse, et que c'est à l'air qui s'y engouffre, soit qu'il pénètre dans l'intérieur, ou plutôt qu'il éprouve un refoulement continuel, qu'est dû le singulier bourdonnement qu'on entend sans interruption, et que l'on a assez justement comparé au bruit d'un rouet à filer.

Ce n'étoit pas ici le cas d'examiner si le vent étoit, ou non, introduit dans la poitrine, pour opter entre des dénominations déjà reçues et devenues populaires, ce qui valoit mieux que d'en chercher une nouvelle. D'ailleurs, l'exactitude de celle d'*engoule-insectes*, que préféreroit M. Levaillant, pourroit aussi être contestée, parce que l'oiseau n'avale pas immédiatement les insectes sans élytres qui s'empêtrent dans la matière gluante dont les parois de ses mâchoires sont enduites, et qu'il écrase les coléoptères avant de les introduire dans son gosier, opération pour laquelle même il se retire à l'écart.

Au Paraguay les engoulevens sont connus sous le nom de guarani *ibiyau*, qui signifie *nous mangeons la terre*, et qui, sans doute, est tiré de ce que, pour manger et pour nicher, ces oiseaux à courtes jambes s'appliquent contre la terre, habitude par laquelle ils diffèrent surtout des hirondelles avec lesquelles ils ont beaucoup de rapports, et dont ils sont, pendant la nuit, des représentans bien fâcheux pour les insectes, auxquels ils font la guerre aussitôt que les autres ont cessé de les poursuivre.

Les caractères extérieurs des engoulevens sont d'avoir le bec aplati à la base, rétréci et un peu crochu à la pointe, les mandibules fendues au-delà des yeux, et l'ouverture de la bouche si ample qu'elle égale et surpasse même quelquefois la largeur de la tête; la langue étroite, entière et pointue, à laquelle Illiger attribue la faculté de s'élancer, qui ne sembleroit pas utile à l'oiseau; les narines alongées, à rebords saillans et souvent tubulés, sur lesquels retombent les plumes du front, et souvent des soies roides formant moustaches; les tarses courts et en partie emplumés; les trois doigts antérieurs ordinairement réunis à leur base par une courte membrane, l'externe n'ayant que quatre phalanges, et le pouce jouissant presque toujours de la faculté de se diriger en devant; l'ongle du doigt du milieu souvent dentelé à son bord interne. A ces caractères s'en joignent d'autres d'un second ordre, et qui consistent en un crâne aplati et transparent; des yeux très-grands; des oreilles très-amples et propres à annoncer une grande perfection dans le sens de l'ouïe, qui, en effet, doit être disposé de la manière la plus avantageuse pour suppléer, pendant la nuit, à celui de la vue; des ailes longues, et la queue ordinairement composée de dix pennes.

M. Cuvier a jugé convenable de séparer des engoulevens proprement dits une espèce dont le bec est plus fort, et qui n'a point de membranes entre les doigts ni de dentelures à l'ongle du milieu, et il en a fait un sous-genre, auquel il a appliqué le nom de *podarge*.

M. Vieillot a aussi formé, sous le nom d'*ibijau*, un genre particulier de l'espèce décrite par Gmelin et Latham sous celui de *caprimulgus grandis*, et figurée par Buffon, pl. 525; mais les principaux motifs de cette séparation sont tirés de la dilatation du bec en forme de dent sur chaque bord de la mandibule supérieure et de la courbure en dehors de la mandibule inférieure. Or l'engoulevent à queue fourchue, décrit et figuré dans l'Ornithologie d'Afrique de M. Levaillant, t. 1, pag. 119, et pl. 47 et 48, présente ces modifications, dont la seconde se rencontre même dans l'engoulevent d'Europe.

On croit donc que c'est le cas de ne faire que de simples sections dans le grand genre Engoulevent, dont les espèces offrent entre elles des ressemblances si frappantes qu'elles paroissent devoir exclure des coupures plus fortes.

Il y a des engoulevens dans toutes les parties du monde; mais l'Amérique méridionale est le pays dans lequel on en rencontre le plus d'espèces. Peu communs dans les autres contrées, leur genre de vie les rend fort difficiles à étudier; mais on a lieu de penser que leurs habitudes ont assez d'analogie pour généraliser les observations qui ont été faites sur l'engoulevent d'Europe, lorsqu'elles ne sont pas contredites par des faits particuliers. Ces oiseaux, ne pouvant soutenir la clarté du jour, sont obligés de rester dans leur retraite jusqu'au coucher du soleil, et d'y rentrer le matin avant ou peu après son lever; la plupart vivent isolés par un effet naturel des ténèbres, qui rendent tristes et défians les êtres condamnés à ce mode d'existence. Dans l'état de repos ils n'ont qu'un cri uniforme, qui consiste en un son plaintif répété trois ou quatre fois de suite, parce que leurs affections intérieures sont peu variées, et que c'est leur diversité qui contribue le plus puissamment aux modifications de la voix; ils ne font pas de nids, parce que leur construction exigeroit le choix et la préparation des matériaux qui emploieroient trop de temps pour des oiseaux auxquels trois heures de crépuscule laissent à peine les moyens de satisfaire au besoin plus impérieux de se procurer leur nourriture. Leur plumage n'offre qu'un mélange confus de gris et de roussâtre, comme celui du plus grand nombre des phalènes, parce que la lumière est la source première de toutes les couleurs vives et à reflets.

On a cependant remarqué que des espèces d'engoulevent sont empêchées, par la brièveté des tarses et la longueur des ailes, de se poser sur le sol, d'où elles se relèveroient aussi difficilement que les martinets. Tandis que les unes s'accrochent verticalement aux arbres, à la manière des pics, on dit encore que les autres s'appuient, non de travers, mais longitudinalement, sur les branches, qu'elles paroissent cocher, ce qui les a fait appeler *chauche-branche*. Une telle position, dans la situation horizontale, sembleroit cependant leur devoir être plutôt désavantageuse quand il s'agit de reprendre le vol. Au reste, celles qui préfèrent la position verticale, nichent dans des creux d'arbres, et les autres, bien plus nombreuses, pondent sur terre.

§. I. *Engoulevens proprement dits.*

(Doigts réunis à leur base ; mandibules simples.)

ENGOULEVENT D'EUROPE; *Caprimulgus europæus*, Linn., pl. 193 de Buff., et 67 de Donovan. Cet oiseau, un peu plus gros que le merle commun, a dix pouces et demi de longueur, depuis le bout du bec jusqu'à celui de la queue, et vingt-deux pouces d'envergure. La tête, le cou et le dos sont joliment variés de points cendrés, de taches roussâtres et de bandes longitudinales noirâtres ; le bas du cou et les scapulaires offrent des taches fauves et plus larges, et les barbes extérieures des grandes pennes alaires en portent de rousses qui sont transversales. La queue, presque carrée, est traversée de bandes noires sur un fond roux et cendré, en zigzags ; la gorge et la poitrine sont barrées de lignes étroites et alternativement roussâtres et brunes ; il y a des raies brunes et bien plus distantes, sur un fond roussâtre, au ventre et aux parties postérieures ; l'iris, le bec et les ongles sont noirâtres, et les tarses, garnis de plumes jusqu'aux talons, sont bruns.

Le mâle diffère de la femelle par une tache blanche, ovale, placée sur le côté intérieur des trois premières pennes de l'aile, et par une autre qui est au bout des deux pennes les plus extérieures de la queue. Les jeunes ne se distinguent que par une taille plus petite et la queue plus courte.

L'engoulevent, qui est un oiseau voyageur, arrive au printemps dans nos contrées, où il reste jusqu'à ce qu'une nourriture moins abondante le force à se transporter dans un climat plus chaud. L'automne est la saison pendant laquelle on le voit le plus fréquemment voler. On en rencontre dans les parties les plus septentrionales de l'Europe ; mais ils y arrivent plus tard et les quittent plus tôt. On ne les voit en Angleterre qu'à la fin de mai, et ils disparoissent au commencement de septembre, tandis qu'en France il s'en trouve encore en novembre. Des naturalistes prétendent même qu'il en a été tué dans les bois des Vosges au milieu de l'hiver ; mais ce fait est bien difficile à croire, d'après la nature de leur subsistance, qui consiste en phalènes, teignes, cousins, hannetons, scarabées et autres insectes.

Les engoulevens vivent isolés, et les lieux qu'ils habitent de préférence sont les forêts et les bois voisins de bruyères ou de prairies. Ils ne font pas de nids, et pondent au pied d'un arbre ou d'un rocher, dans un petit trou, ou même dans les sentiers d'un bois, sur la terre nue, deux œufs oblongs, un peu plus gros que ceux du merle, et marbrés de taches bleuâtres et cendrées, sur un fond blanc. Lewin en a donné une fort mauvaise figure, pl. 29. On dit que la mére les couve avec une grande sollicitude, et que, lorsqu'elle s'aperçoit qu'on les a touchés, ou même seulement remarqués, elle les change de place, en les poussant avec ses ailes, mais sans les cacher avec plus de soin. Quoique ces œufs ne soient pas aussi fragiles que ceux de l'engoulevent à collier dont parle M. Levaillant, et que, par conséquent, ils soient susceptibles d'être roulés sans se briser, ce mode de transport d'un lieu à un autre n'est pas prouvé, et il pourroit entraîner des inconvéniens suivant l'état plus ou moins avancé de l'incubation. En supposant donc le déplacement de l'œuf réel, ne seroit-il pas plus probable qu'il s'effectueroit avec le bec, et de la manière constatée par ce savant voyageur, comme on le verra ci-après?

Le vol de l'engoulevent, qui est bas et incertain lorsqu'on le fait lever en plein jour, est vif et soutenu après le coucher du soleil, quoique l'oiseau soit obligé de lui imprimer les irrégularités nécessaires pour suivre sa proie. C'est ainsi qu'on le voit quelquefois s'abattre avec impétuosité, et se relever brusquement; et c'est probablement parce que les insectes voltigent en plus grand nombre près des gros arbres sur lesquels ils cherchent à se poser, que l'engoulevent a l'habitude de faire, sans interruption et pendant long-temps, le tour de ceux qui sont effeuillés. Cet exercice sembleroit devoir fournir aux chasseurs des moyens aisés d'atteindre ces oiseaux; mais ils disparoissent dès qu'on s'approche; et comme, pendant le jour, leur couleur empêche de les apercevoir sur les branches où ils sont blottis, on ne parvient à tirer que ceux qu'on fait lever en passant près des buissons ou des jeunes taillis dans lesquels ils se tiennent ordinairement cachés.

Engoulevent de la Caroline ou popetué; *Caprimulgus carolinensis*, Gmel. Cette espèce, fort voisine de la nôtre, a été figurée par Catesby, tom. I, pl. 8, et plus exactement dans la 24.ᵉ planche des Oiseaux de l'Amérique septentrionale par M. Vieillot, qui lui a donné le nom de *popetué*, tiré de son cri. Les parties supérieures du corps sont d'un brun noir avec des taches blanches et roussâtres. Les grandes pennes des ailes sont entièrement noires, excepté les 3.ᵉ, 4.ᵉ et 5.ᵉ, qui ont une grande tache blanche vers le milieu. La queue est fourchue, et

les pennes latérales sont noires avec des raies d'un blanc roussàtre. Les parties inférieures sont transversalement rayées de
noir sur un fond blanc. Le bec est noir, et les pieds sont bruns.
Sa taille, qui, suivant Catesby, est d'environ onze pouces, n'en
a que huit et demi, selon M. Vieillot.

La Nouvelle-Écosse est la partie du nord de l'Amérique où
ces engoulevens sont le plus communs dans la belle saison.
Au coucher du soleil on les voit dans les plaines, et même
près des villes, s'élever à une très-grande hauteur; et quand
un ciel brumeux annonce un orage prochain, ils le devancent,
ce qui les a fait appeler *rain bird*, oiseaux de pluie.

ENGOULEVENT CRIARD; *Caprimulgus virginianus*, Gmel., et
Caprimulgus vociferus, Vieill. Cette espèce, qui porte le nom
de *whip-poor-will* ou *ouiprouil*, d'après son cri, a été figurée,
pl. 16 de l'Appendice dans l'Histoire naturelle de la Caroline,
pl. 63 d'Edwards, et pl. 25 de l'Histoire naturelle des Oiseaux
de l'Amérique septentrionale par M. Vieillot; elle n'a que huit à
neuf pouces de longueur. On l'appelle, à la baie d'Hudson,
paysk ou *peesk*, et ailleurs *muskitoes* et *flies*, d'après sa nourriture. Tout le dessus du corps est d'un brun foncé, rayé transversalement de brun plus clair, et parsemé de petites taches
grises: de la base du bec partent des taches orangées, qui
passent au-dessus des yeux et descendent sur les côtés du cou.
La gorge présente un large croissant renversé, qui est blanc
dans le haut et teint d'orangé dans le bas; les parties infé-
et rieures sont rayées transversalement de noirâtre; le bec est
noir, et les pieds sont de couleur de chair.

Ces oiseaux, qui arrivent en Virginie vers le milieu d'avril,
et qui se répandent jusqu'à la baie d'Hudson, ne se posent
jamais à la cime des arbres, mais ils se tiennent dans les buissons et près des habitations rurales; ils répètent sans cesse,
d'une voix perçante, le soir et au point du jour, leur cri
whip-poor-will, qui est assourdissant. Ils détruisent beaucoup
d'abeilles et font ordinairement deux pontes, composées chacune de deux œufs d'un brun verdâtre, parsemés de raies
de zigzags noirs, que la femelle dépose négligemment au
milieu d'un sentier battu.

ENGOULEVENT MONTVOYAU; *Caprimulgus guyanensis*, Gmel.,
pl. enl. de Buffon, n.° 733. Cet oiseau, dont la taille est la

même que celle du précédent, s'en rapproche tellement, malgré la différence des termes par lesquels on a exprimé leurs cris, que M. Cuvier le soupçonne de la même espèce. Son plumage est presque partout varié de fauve et de roux, disposés diversément sur les différentes parties du corps. Ces couleurs forment des bandes longitudinales sur le dessus de la tête et du cou, des bandes obliques sur le haut du dos, et ensuite des taches irrégulières qui prennent une nuance grisàtre. Sous le corps et aux pennes moyennes des ailes, les raies sont transversales; et il a, d'ailleurs, comme l'engoulevent d'Europe, une tache blanche sur les cinq ou six premières pennes de l'aile, dont le fond est noir, et une bande blanche qui, de l'ouverture du bec, se prolonge en arrière.

ENGOULEVENT DE LA JAMAÏQUE ; *Caprimulgus jamaicensis*, Gmel., pl. 37 du *Synopsis* de Latham, tom. 2. Cette espèce, qui n'est pas commune, et dont les ongles et le bec sont noirs, a des stries ferrugineuses et noires sur la tête, le cou et le dos. On remarque huit ou neuf taches blanches au bord extérieur des pennes alaires, qui sont d'un brun noir, et sept ou huit bandes noirâtres sur les pennes caudales, dont le fond est cendré. Les plumes tibiales sont jaunes.

ENGOULEVENT VARIÉ DE CAYENNE : *Caprimulgus cayennensis*, Gmel.; *Caprimulgus cayanus*, Lath., pl. enl. de Buffon, 760. L'espèce dont il s'agit est la même que l'ibiyau à ailes et queue blanches de M. d'Azara, n.° 314. Cet oiseau, de sept à huit pouces de longueur, a la tête et le dessus du cou finement rayés de noir sur un fond d'un gris roussâtre; il a de chaque côté de la tête cinq bandes parallèles, rayées de noir sur un fond roux; le dos a des raies transversales noirâtres sur un fond de la même couleur; les couvertures des ailes, variées de noir et de roux, présentent d'ailleurs une bande transversale blanche; les pennes sont noires; la queue a aussi des raies transversales noirâtres sur un fond gris, brouillé de noir; la gorge et le devant du cou sont blancs; la poitrine et le ventre ont des raies noirâtres, mêlées de quelques taches blanches ; les plumes anales et tibiales sont blanchâtres et tachetées de noir; les tarses sont d'un brun rougeâtre.

Cet oiseau, moins nocturne que les autres, a aussi des mœurs différentes; il se tient le long des chemins, dans les lieux découverts, et il a, dit-on, deux sortes de cris, dont l'un imite celui du crapaud, et l'autre l'aboiement du chien; le premier est accompagné d'un mouvement de trépidation dans les ailes. Peu farouche, il ne part que lorsqu'on est près de lui, et il ne va pas se poser loin.

Engoulevent acutipenne; *Caprimulgus acutus*, Gmel. et Lath., pl. enl. de Buff., n.° 752. Le dessus de la tête et du cou est rayé transversalement de roux brun et de noir dans cette espèce, qui a les joues variées des mêmes couleurs où le roux domine. Le dos est rayé de noir sur un fond gris, et le dessous du corps a des raies semblables sur un fond roux. La queue, que les ailes dépassent de quelques lignes, a, sur un fond pareil, des raies transversales brunes, et les pennes aiguës suffisent pour distinguer cette espèce des autres chez lesquelles elles sont arrondies. La longueur de cet oiseau de la Guiane est d'environ sept pouces et demi.

Engoulevent roux; *Caprimulgus rufus*, Gmel. et Lath. On trouve à Cayenne, au Paraguay, et dans les Etats-Unis, des engoulevens qui n'habitent que les bois, et dont le plumage, plus ou moins roux, semble annoncer une identité d'espèce. L'un de ces trois oiseaux est connu sous le nom particulier d'engoulevent roux de Cayenne, pl. enl. de Buffon, n.° 735; le second a été décrit par M. d'Azara, n.° 311 de ses Oiseaux du Paraguay; et le troisième, qui se trouve dans la Géorgie et les Florides, par M. Vieillot, Oiseaux de l'Amérique septentrionale, pl. 25. Leur longueur est de dix à onze pouces. Des stries, des bandes transversales et des taches qui offrent un mélange de noir, de brun, de gris, de blanc et de roux, forment le plumage, diversement nuancé, de ces engoulevens, remarquables surtout par l'espèce d'échiquier que de petits carrés, alternativement roux et noirs, tracent sur leurs ailes.

Engoulevent tacheté; *Caprimulgus semitorquatus*, Gmel., pl. enl. de Buffon, n.° 734. Cet oiseau, dont Montbeillard a parlé sous le nom de petit engoulevent tacheté de Cayenne, et qu'il a présenté comme une variété de l'ibijau, a le plumage noirâtre, tacheté de roux et de gris au-dessus du corps, et brun en dessous; il porte sur la partie antérieure du cou une sorte de collier blanc. Sa taille est de huit pouces.

Outre ces espèces, la plupart citées par M. Cuvier, les

ouvrages d'histoire naturelle en désignent beaucoup d'autres, parmi lesquelles il y a certainement de doubles emplois; mais, vu la difficulté de découvrir les erreurs sans être à portée de voir et de comparer plusieurs des individus regardés comme des espèces différentes, on préfère donner la notice de presque toutes, jusqu'à ce que la famille des engoulevens soit mieux connue.

Engoulevent quéréa; *Caprimulgus torquatus*, Gmel. Cet engoulevent, qui se trouve au Brésil, à la Guiane, etc., et se rapporte à l'oiseau nommé par Marcgrave, liv. 5, chap. 7, p. 202, *guira querea*, c'est-à-dire oiseau quéréa, a été décrit comme étant de la grosseur d'une alouette, ayant la tête large et comprimée, la base du bec hérissée de longs poils noirs; le plumage d'un cendré brun, varié de jaune et de blanchâtre; un collier de couleur d'or rembruni, et les deux pennes intérieures de la queue plus longues que les autres.

Engoulevent a lunettes, ou haleur; *Caprimulgus americanus*, Linn. Le premier des noms donnés à cet engoulevent vient du rapport que l'on a cru trouver entre les tubes saillans de ses narines et des lunettes, et le second, de son cri. On le rencontre, dans la compagnie du précédent, à la Guiane et à la Jamaïque. Sa longueur est de sept pouces; son plumage est varié de gris, de noir et de couleur feuille-morte, dont les nuances sont plus claires sur la queue et sur les ailes.

Engoulevent noitibo; *Caprimulgus brasilianus*, Gmel. et Lath. Cet oiseau du Brésil, que Montbeillard a décrit sous le nom d'*ibijau*, et que Marcgrave, pag. 195, dit être appelé *noitibo* par les Portugais, n'a, suivant le même auteur, que la taille d'une hirondelle : tout le dessus du corps est noirâtre et parsemé de petites taches d'un blanc jaunâtre; le dessous est rayé transversalement de noir et de blanc. On prétend que sa queue s'étend en forme d'éventail.

Engoulevent gris; *Caprimulgus griseus*, Gmel. et Lath. Cet oiseau, long de treize pouces, a été décrit sur un individu envoyé de Cayenne, qui avoit les pennes des ailes noires et rayées transversalement de gris clair; celles de la queue rayées de brun foncé sur un fond d'un gris brunâtre, sans aucune tache blanche, et le bec brun en dessus et jaunâtre en dessous, ce qui sembleroit annoncer un jeune âge.

Engoulevent manure; *Caprimulgus manurus*. M. Vieillot
paroît être le premier qui ait décrit cette espèce du Brésil,
dont la grosseur n'excède pas celle du pinson, mais qui a environ treize pouces de longueur totale, à cause de sa queue,
dont la penne latérale de chaque côté en occupe huit à elle
seule. Ces pennes ont, dans la partie qui surpasse les autres,
une bande noire et une blanche. Le plumage est, d'ailleurs,
d'un gris argenté avec des taches noires çà et là. Le bec est
noir, et les tarses sont bruns.

Les descriptions faites par M. d'Azara des engoulevens par
lui observés au Paraguay, ont encore donné lieu à l'établissement de neuf autres espèces, qui deviennent ainsi trop nombreuses dans la seule Amérique, pour ne pas en attribuer plusieurs aux nuances variables produites par des différences
d'âge. Au reste, voici ces espèces :

Engoulevent urutau ; *Caprimulgus cornutus*, Vieill. Cet
oiseau est celui que M. d'Azara décrit sous le numéro 308.
L'épithète *cornutus*, qu'on lui a donnée, vient de ce qu'il a, au-
dessus de l'œil, de petites plumes courtes et droites, qui présentent l'apparence d'une corne, lorsque les autres plumes de
la tête sont couchées; et cette circonstance annonce l'identité
avec le plus grand des ibijaus figurés dans Marcgrave, pl. 195,
mais non avec le *crapaud-volant de Cayenne*, qu'on lui a mal à
propos associé, puisque le premier n'a que quatorze pouces,
et celui-ci vingt et un. Le tarse n'a point d'écailles, et l'ongle
du milieu n'a pas de dents. La gorge est roussâtre. Il en est de
même du devant du cou, de la poitrine et des deux côtés du
corps : mais, outre une teinte plus brune, les plumes de ces
parties ont leur extrémité noire ; le ventre est d'un brun
blanchâtre; le dessus du corps est d'un brun plus ou moins
foncé et mêlé de roux ; les pennes alaires et caudales ont des
raies blanchâtres sur un fond plus brun; les tarses sont d'un
brun rougeâtre.

Les urutaus ne restent au Paraguay que depuis le mois
d'octobre jusqu'au mois de février. Ils habitent les grands
bois, et s'y perchent sur des arbres élevés et secs, où ils s'accrochent à la manière des pics, en se tenant verticalement à
l'extrémité d'une branche cassée. Ils ne se posent pas à terre,
et, quand on les y met, ils ne font pas usage de leurs pieds;

mais ils appuient contre terre les pennes de leurs ailes et le croupion, afin de conserver une position verticale. Les mâles font entendre par intervalles, durant la nuit, un cri long et mélancolique, auquel répondent les femelles. Ces oiseaux pondent dans un petit creux d'arbre sec, et sans y faire de nid, deux œufs bruns et tachetés, que, suivant M. Noseda, ami de M. d'Azara, la femelle couve, en se tenant toujours accrochée verticalement et en appuyant sa poitrine sur l'ouverture du creux, ce qui paroît fort extraordinaire, mais l'est cependant encore moins que la tradition du pays, suivant laquelle les urutaus colleroient leurs œufs aux arbres avec une sorte de gomme, et les petits, après la rupture de la moitié de la coquille au moment de leur naissance, seroient soutenus sur l'autre comme sur une console.

ENGOULEVENT A QUEUE EN CISEAUX. *Caprimulgus furcifer*, terme que, vu son acception ordinaire, on n'a sans doute employé dans le Nouveau Dictionnaire d'histoire naturelle, qu'à cause de l'application déjà faite des mots *forficatus* et *furcatus* à une autre espèce. M. d'Azara, qui n'a vu d'individus de celle-ci qu'au milieu de l'hiver, et jamais au printemps ni en été, dit, n.° 309, qu'ils volent sans cesse au-dessus des eaux, dans les îles de la rivière du Paraguay, et que, quand ils changent de direction, ils étalent leur queue comme une paire de ciseaux. Ces engoulevens, de onze pouces et demi de longueur totale, ont le dessus de la tête et du corps, ainsi que le cou entier, tachetés de noir sur un fond noirâtre; les côtés de la tête sont marbrés de noirâtre et de blanchâtre; la gorge est d'une nuance plus obscure; la poitrine et les côtés du corps sont rayés de roux blanchâtre et de noirâtre; le ventre est d'un roux clair; la queue a des bandes transversales noirâtres, roussâtres et blanchâtres : mais, ce qui la rend plus propre à faire reconnoître l'oiseau, c'est la longueur respective de ses pennes, dont l'extérieure de chaque côté a vingt-quatre lignes de plus que la deuxième; celle-ci cinq de plus que la troisième, et cette dernière deux de plus que la quatrième et onze de moins que les deux du milieu.

ENGOULEVENT A COU BLANC; *Caprimulgus albicollis*, Gm. et Lath. Cette espèce, qui a été décrite par M. d'Azara sous le n.° 310, a un peu plus d'un pied de longueur; le dessus du corps offre un

mélange de noir, de brun et de roux; la première penne de la
queue est presque noire; la seconde a plus de blanc que de noir;
la troisième est entièrement blanche, et les autres sont pointillées de roux et de noirâtre : mais la couleur la plus décidée
du plumage est une large tache blanche à la gorge.

Ces oiseaux suivent de préférence, au printemps, les chemins, où ils se posent souvent, et ils se retirent en hiver dans les
bois et les lieux abrités : ils vont seuls et par paires, et ils
volent moins haut et moins long-temps que les autres espèces,
dont la queue est plus longue. Cette queue, lorsqu'ils sont à
terre, se relève, tandis que leurs ailes s'abaissent.

Engoulevent nacunda, Az., n.° 312; *Caprimulgus nacunda*,
Vieill. L'oiseau auquel les Guaranis ont donné, par analogie,
le nom de *nacunda*, qu'ils appliquent aux personnes dont la
bouche est très-grande, a dix pouces et demi de long; une bande
étroite et blanche, de la forme d'un fer à cheval, s'étend d'un
bord à l'autre de la bouche, sous la mâchoire inférieure. Toute
les parties inférieures sont blanches, à l'exception de quelques
points roux au devant du cou et de quelques lignes brunes à la
poitrine; les parties supérieures sont piquetées de roux et de
noir; les pennes alaires sont traversées par une bande blanche;
la queue, dont le fond est brun, a des barres transversales
d'une nuance plus foncée.

Cette espèce, qui est la plus nombreuse au Paraguay, où elle
ne passe pas l'hiver, ne se voit jamais dans les bois, et ne se
perche pas sur les arbres : elle habite les campagnes, et semble
préférer les lieux humides. Elle chasse ordinairement par
paires et à une grande élévation, mais quelquefois en bandes
de plus de cent. Il paroît que sa ponte consiste, comme celle de
l'engoulevent d'Europe, en deux œufs déposés sur terre, sans
aucune apparence de nid.

Engoulevent jaspé, Az., n.° 313; *Caprimulgus variegatus*, Vieill.
Cet oiseau, dont la longueur est de 8 pouces 3 lignes, et dont les
habitudes sont les mêmes que celles du précédent, a la gorge
blanche, le devant du cou tacheté de blanc roussâtre sur un
fond plus roux, et les parties inférieures rayées transversalement
de blanc et de noirâtre; le dessus du corps est varié de roux,
de blanc et de brun; les pennes alaires sont remarquables par
une grande tache blanche qui se trouve sur les premières.

Engoulevent énicure; *Caprimulgus enicurus*, Vieill. Cet engoulevent, décrit par M. d'Azara, n.° 315, sous le nom d'ibijau à queue singulière, se distingue, en effet, des autres espèces par la proportion bizarre des pennes caudales, qui offrent une échancrure en carré, la troisième dépassant la première de quatre lignes, et les quatrième et cinquième de dix. Les parties inférieures du corps sont d'un roux clair, avec des raies transversales noirâtres, à l'exception de la gorge, où se voit un croissant de couleur blanchâtre; les parties supérieures sont d'un brun foncé, avec des taches et des raies qui offrent un mélange de noir, de blanc et de roux.

Engoulevent a queue étagée; *Caprimulgus sphœnurus*, Vieill. M. d'Azara, qui n'a pas trouvé de nom propre à caractériser cette espèce, l'a appelée anonyme, n.° 316. Elle a environ huit pouces de longueur : sa queue est légèrement étagée, la penne extérieure étant de 4 lign. plus courte que les autres. Les plumes de la tête et les scapulaires ont leur milieu d'un noir velouté, et le reste brun; celles du derrière du cou, qui paroissent brunes, ont une multitude de points blancs et noirâtres; les ailes sont variées de noir, de roux et de blanc. La queue a des bandes d'un brun foncé. La gorge est d'un blanc roussâtre, avec quelques points noirâtres, et le reste des parties inférieures a des raies noirâtres et d'autres d'un blanc sale.

Il existe aussi en Amérique une grande espèce d'engoulevent qui a été figurée dans les planches enluminées de Buffon, sous le n.° 525, et avec la dénomination de *grand crapaud-volant de Cayenne;* mais elle forme une des sections du genre, et l'on n'en parlera que ci-après, en lui joignant l'*engoulevent à queue fourchue* d'Afrique, dont la mandibule supérieure présente le même caractère. Cette dernière contrée possède encore d'autres espèces, savoir :

L'Engoulevent a collier, *Caprimulgus pectoralis*, Cuv., dont M. Levaillant a donné la figure, pl. 49 de son Ornithologie d'Afrique. Cet oiseau, qui est très-commun dans le pays d'Auteniquoi et sur les bords du Gamtoos, paroît être le même que l'engoulevent de Bombay, *caprimulgus asiaticus*, Lath. D'après M. Levaillant, il est de la taille du nôtre; mais il en diffère par un collier blanc qui lui couvre la gorge, et qui, en s'élargissant, prend une couleur orangée, variée de noir,

ir les côtés, où se termine un trait blanc qui part du coin de
œil; il y a en outre une tache blanche au milieu des premières
ennes de l'aile et sur celles de la queue, qui est rayée de
andes rousses; le plumage est d'ailleurs varié de brun, de
oir et de blanc sur un fond grisâtre. La femelle, un peu plus
etite, n'a pas les plumes orangées qu'on voit au bas du collier
u mâle, et le sien est roussâtre, ainsi que les taches des pennes
audales.

Au mois de septembre, pendant le temps des amours, le mâle
it entendre une voix très-forte après le coucher du soleil, et
ng-temps avant son lever. Ce chant, dont la phrase est prolon-
ée, l'a fait nommer *musicien*. La femelle pond, au milieu d'un
ntier, deux œufs blancs et très-fragiles, que le mâle couve
nsi qu'elle; et, comme ces œufs disparoissoient lorsqu'ils
voient été touchés et changés de place, M. Levaillant a ob-
ervé de dessus un arbre que, pour les transporter, le mâle
t la femelle en prenoient chacun un dans la bouche. Quoiqu'il
ait pas retrouvé ces œufs, malgré toutes ses recherches, on
st toujours en droit de conclure de ce fait qu'il ne s'agit pas
un simple repoussement, à l'aide du bec ou de l'aile, comme
n l'avoit supposé; et cette circonstance vient à l'appui de la
marque concernant la manière dont l'œuf du coucou est
troduit dans les nids des petits oiseaux sur lesquels celui-ci
e pourroit se poser sans les endommager.

L'ENGOULEVENT A LONGUES PENNES; *Caprimulgus longipennis*,
haw, *Nat. Misc.*, pl. 265. Cette espèce, qui se trouve à Sierra-
eone, est de la taille de l'engoulevent d'Europe. Sa queue,
rondie et rayée transversalement de noir et de gris marbré,
fre un caractère assez remarquable pour dispenser d'autre
escription. De chaque aile, près du poignet, part une plume
eux fois plus longue que le corps, et qui n'a de barbe que vers
n extrémité. C'est le *caprimulgus macrodipterus* de Latham.

On trouve en Asie, outre l'engoulevent à collier, *caprimulgus
iaticus*, Lath., qui a précédemment été décrit, l'engou-
vent à ailes jaunes, *caprimulgus icteropterus*, Lath., et l'engou-
vent cendré, rayé de noir, *caprimulgus indicus*, id., et *capri-
ulgus cineraceus*, Vieill. Mais Mauduyt ne considère le premier,
i a été envoyé de la Chine par Sonnerat, que comme une
riété du nôtre, malgré sa taille un peu plus forte et les diffé-

rences qui existent dans le plumage un peu plus foncé, et dans les taches jaunâtres, avec un point noirâtre à leur centre qui font paroître les ailes rayées alternativement de sept bandes des deux couleurs. L'autre a la tête et le dos rayés de traits noirâtres sur un fond cendré; les joues, la poitrine et les ailes tachetées de couleur de rouille; les pennes de la queue noirâtres et rayées transversalement de noir.

Enfin, l'Australasie a aussi ses engoulevens, et l'on a donné, comme espèces particulières, les cinq dont voici une courte description :

Engoulevent mégacéphale; *Caprimulgus megacephalus*, Lath. Cet oiseau a vingt-huit pouces de longueur : le fond de son plumage est d'un brun noirâtre, avec des stries jaunes et blanchâtres. Des plumes plus longues que les autres et partant de la base du bec forment une sorte de crête; et le bec, d'un brun pâle, est plus fort que celui des autres espèces de ce genre.

Engoulevent poo-book; *Caprimulgus gracilis*, Lath. Cette espèce, de la Nouvelle-Galles du Sud, comme la précédente, est aussi d'une grande taille; mais elle a le corps plus svelte. Les parties supérieures sont variées de brun cendré et de blanc, et les inférieures blanchâtres, avec des raies et des taches d'un jaune ferrugineux; la queue est longue, le bec robuste et brun, l'iris et les pieds jaunes.

Engoulevent bir-reagel; *Caprimulgus strigoides*, Lath. Cet engoulevent, qui ne paroît à la Nouvelle-Galles qu'au mois de juin, est de la taille du nôtre; tout son corps est d'un brun ferrugineux, avec des raies sur la tête, des taches plus sombres sur le dos, trois bandes obliques et plus pâles sur les couvertures des ailes; la queue est un peu fourchue; le bec et les pieds sont jaunâtres.

Engoulevent a bandes noires; *Caprimulgus vittatus*. Cet oiseau, que Latham a fait figurer pl. 136 du second supplément de son *Synopsis*, pag. 262, a neuf à dix pouces de longueur. Le dessus de la tête et le haut du cou sont d'une couleur noire qui s'avance en forme de croissant derrière les yeux; la bande noire qui couvre le haut du cou, se divise sur les côtés en deux branches; le reste de la tête est d'une couleur de chair pâle; le dessous du corps est couvert de points et de petites lignes vermiculées; le dos et les couvertures des ailes sont d'un bleu obscur avec de petites taches noires ; les pennes alaires sont noirâtres et tachetées de couleur de rouille ; la queue, un peu fourchue, a les pennes d'un brun foncé avec des raies ferrugineuses. Les pieds sont rougeâtres. Cette espèce est très-nombreuse à la Nouvelle-Hollande, surtout au mois de juin.

Engoulevent a crête ; *Caprimulgus Novæ Hollandiæ.* Le nom latin de cette espèce ne pouvoit la désigner suffisamment, puisqu'il y en a d'autres dans la Nouvelle-Hollande ; mais la dénomination françoise d'engoulevent à crête a aussi le double inconvénient de présenter, comme employé dans un sens positif, un terme qui ne doit être pris qu'au figuré, puisque la prétendue crête n'est composée que de plumes, et d'offrir comme particulière à l'espèce une circonstance qui se rencontre aussi chez l'engoulevent mégacéphale : au reste, cet oiseau, dont le bec est muni à sa base de dix à douze soies rudes et un peu barbues de chaque côté, qui se tiennent droites comme une crête, n'a qu'environ neuf pouces de longueur. Les parties supérieures sont d'un brun foncé et rayées de bandes blanchâtres ; la queue, arrondie, a douze petites bandes d'un blanc brunâtre ; le devant du cou et la poitrine sont rayés transversalement. Le doigt postérieur est long et foible, et l'ongle intermédiaire n'est pas dentelé.

§. II. *Engoulevens ibijaux.*
(Mandibule supérieure dilatée de chaque côté,
en forme de dent.)

On a déjà vu qu'au Paraguay le mot *ibijau* désigne génériquement les engoulevens. M. Vieillot, en restreignant l'acception de ce terme, s'en est servi pour établir son genre *ibijau*, *nyctibius*, qu'il n'a composé que d'une seule espèce, le *caprimulgus grandis*, Linn. Au principal caractère, tiré de l'angle ou échancrure que la mandibule supérieure forme des deux côtés par son rétrécissement à l'endroit où commence le bec proprement dit, M. Vieillot en a ajouté de secondaires, qu'il a déduits du renversement des bords de la mandibule inférieure en dehors, de la non-versatilité du pouce, qui est robuste, épaté et toujours dirigé en arrière, et de la longueur relative des pennes alaires: mais, d'une part, l'évasement des bords de la mandibule inférieure, à son origine, n'est qu'une circonstance destinée à faciliter l'emboîtement de la pièce supérieure; et, d'une autre, la non-versatilité du pouce n'est pas un attribut exclusif du grand ibijau, puisqu'il appartient également à l'engoulevent d'Afrique à queue fourchue, qui va lui être réuni, et probablement à d'autres espèces. La considération relative à la proportion des rémiges n'est pas d'un ordre assez élevé pour motiver davantage la formation d'un genre; et à peine même le cran de la mandibule infé-rieure, qui se retrouve aussi chez l'engoulevent à queue four-chue, semble-t-il suffisant pour déterminer une division en sections, l'angle dont il s'agit ne devant donner à l'oiseau aucune faculté de plus, et n'existant, dans les grandes espèces, que par la nécessité de diminuer la largeur de la mâchoire, pour conserver à la pointe du bec la petite dimension qui lui donne un caractère particulier.

Le GRAND ENGOULEVENT; *Caprimulgus grandis*, Linn. Cet oiseau, qui est représenté dans les planches enluminées de Buffon, n.° 325, sous le nom de grand crapaud-volant de Cayenne, n'est pas celui de Marcgrave, pag. 195 et 196. Il a environ vingt-un pouces de longueur; son bec en a trois, depuis les coins de la bouche jusqu'à l'extrémité, et autant de largeur à son origine; les narines, non saillantes, sont recou-vertes par les plumes de la base du bec, qui reviennent en avant; les ongles, crochus, forment en dessous une gouttière divisée en deux par une arête longitudinale. Le plumage de cet oiseau offre un mélange de brun, de noir, de fauve et de blanc; la tête et les parties inférieures du corps ont des raies, transversales et étroites, des mêmes couleurs; les ailes, dont les pennes sont noirâtres avec des raies obliques d'un fauve clair, excèdent de quelques lignes la longueur de la queue, qui est marbrée de brun et de roussâtre, et dont les pennes sont un peu étagées. Cet oiseau solitaire se trouve au Brésil, à Cayenne, et dans d'autres contrées de l'Amérique, où il habite, pendant le jour, les arbres creux, et surtout ceux qui sont près des eaux.

ENGOULEVENT A QUEUE FOURCHUE; *Caprimulgus forficatus*, Gmel., et *Caprimulgus furcatus*, Cuv. M. Levaillant a consacré

les planches 47 et 48 de son Ornithologie d'Afrique à cet oiseau :
la dernière en représente le bec et les pieds séparément, et de
manière à faire remarquer qu'en dessous et au-dessus du cran
de la mandibule supérieure elles s'emboitent et se recouvrent
l'une et l'autre si parfaitement qu'on n'aperçoit que le petit bec. L'auteur observe à cet égard que cette fermeture
hermétique seroit superflue si l'oiseau étoit, comme on le
pense, destiné à avoir toujours la bouche béante en volant,
et s'il ne devoit pas, comme les hirondelles, se borner à
l'ouvrir pour happer les insectes au moment où ils sont près
de lui. Quoique le corps de cette espèce ait vingt-six pouces
de longueur, son corps n'excède pas les dimensions de notre
chouette ordinaire. Les narines, placées à la base du petit croc
du bec, sont cachées par les plumes poilues qui les débordent.
Les yeux, environnés pardessus d'un rang de cils fins et peu
apparens, sont bruns. Les tarses n'ont que trois à quatre
lignes de longueur; les ongles sont brunâtres, ainsi que le
bec, et les doigts, jaunes en dessous, sont d'un brun terreux
en dessus. Les ailes, dont l'envergure est de trois pieds quatre
pouces, sont de la longueur de la queue. Le plumage est,
comme celui de l'espèce précédente, varié de brun, de noir,
de roux et de blanc. Les taches noires sont plus larges sur la
poitrine qu'ailleurs; la gorge est roussâtre et barrée en travers
de lignes noires; les pennes des ailes sont brunes, et forment
une fine marbrure, encore plus agréablement variée sur la
queue, dont la fourche est très-prononcée.

Cette espèce, qui habite le pays des grands Namaqois, où
elle paroit rare, ressemble beaucoup à la précédente par le
plumage et par la taille; elle se retire, comme elle, dans les
creux d'arbres, où M. Levaillant l'a trouvée, et où elle se
soustrait pendant le jour aux rayons de la lumière qui l'of-
fusquent. Ce naturaliste, qui, en disséquant deux de ces
oiseaux pour en reconnoître le sexe, a observé que les testicules du mâle, fort petits, étoient d'un noir bleuâtre, a
également remarqué que la femelle étoit un peu plus grosse,
et que le noir dominoit sur la poitrine et sur la queue du
mâle, où la marbrure en zigzags étoit distribuée par bandes
alternatives.

§. III. *Engoulevens podarges.*

(Doigts non réunis à leur base.)

M. Cuvier, en formant, sous le nom de *podarge*, un sous-genre dans la famille des engoulevens, lui a donné pour caractères un bec plus fort, et l'absence de membranes entre les doigts et de dentelure à l'ongle du milieu; mais la première de ces considérations n'offre qu'une proportion relative, comme chez l'engoulevent mégacéphale; et la dernière se rencontre aussi chez d'autres engoulevens, tels que l'urutau et l'engoulevent à crête, ce qui détermine à ne faire ici qu'une simple section du seul oiseau qui, avec la forme et les habitudes des engoulevens, ne présente de différence exclusive que dans le défaut de membranes entre les doigts.

ENGOULEVENT PODARGE : *Caprimulgus podargus*, Dum.; *Podargus cinereus*, Vieill. Cet oiseau de la Nouvelle-Hollande, qui est gravé dans le quatrième volume du Règne animal de M. Cuvier, pl. 4, n.° 1, a la taille du choucas. Son bec, ses pieds et ses ongles sont noirs; son plumage est varié de taches longitudinales et rondes sur un fond gris et pointillé : ces taches, tantôt blanches et tantôt noires, sont rares et irrégulières sur les ailes. (CH. D.)

ENGRAULE ou ANCHOIS, *Engraulis.* (*Ichthyol.*) M. Cuvier a établi parmi les clupées un sous-genre de ce nom, que nous pouvons bien regarder comme un véritable genre : il appartient à la famille des gymnopomes, et présente les caractères suivans :

Des dents aux mâchoires; plus de trois rayons à la membrane des branchies; une seule nageoire du dos; le ventre aminci en carène dentelée; la nageoire anale libre; ethmoïde et os du nez formant une pointe saillante au-dessous de laquelle sont fixés de très-petits os intermaxillaires; os maxillaires droits et très-longs; gueule très-fendue; ouïes fort ouvertes.

A l'aide de ces notes, on distinguera facilement les engraules des autres genres voisins : des CLUPÉES proprement dites, par exemple, puisque leurs os maxillaires sont arqués en avant; des CLUPANODONS, qui manquent de dents; des MÉGALOPES, dont le premier rayon de la nageoire dorsale se prolonge en un filament ; des Odontognathes et des Pristigastres, qui manquent de catopes, et qui par conséquent appartiennent à une autre famille. (Voyez ces différens mots et Gymnopomes.)

Le mot *engraule* est d'origine grecque : Elien et Oppien l'ont employé pour désigner l'anchois, ἐγϚραυλις, ou ἐγκραυλις; il paroit formé par syncope d'*encrasicholus*, autre nom du même poisson. (Voyez Encrasicholus.)

§. I.ᵉʳ *Nageoire dorsale au-dessus des catopes; nageoire anale courte.*

L'Anchois vulgaire : *Engraulis encrasicholus; Clupea encrasicholus*, Linn.; Bloch, 3o, 2. Dos brun; flancs et ventre argentés; mâchoire supérieure avancée; un appendice lamellaire au-dessus des nageoires pectorales : taille de trois à huit pouces. Ecailles tendres et peu attachées; ligne latérale droite et cachée par les écailles.

L'anchois a le canal intestinal courbé deux fois, et dix-huit appendices auprès du pylore.

Ce poisson habite la mer Méditerranée, où on le pêche en quantité innombrable ; il se rencontre également le long des côtes occidentales de l'Espagne et de la France, dans presque tout l'Océan atlantique septentrional, et dans la mer Baltique. Cependant, A. J. Retz (*Observ. zoolog. fasc.*, 1798) pense que l'anchois des mers septentrionales diffère de celui de la mer Méditerranée, et par la forme du corps, et par les dimensions respectives de ses diverses parties.

Les anchois sont très-célèbres et fort recherchés pour l'usage de la table. Cependant, d'après les remarques de Legrand d'Aussy, il paroît qu'au treizième siècle ils ne faisoient point partie du commerce des salaisons de France : mais il en est question dans les auteurs du seizième siècle. Aujourd'hui, on en consomme dans toute l'Europe une énorme quantité : après avoir été salés, ils sont devenus un assaisonnement des plus agréables, et un des moyens les plus sûrs d'exciter l'appétit. Il paroît que leur réputation dans ce genre étoit aussi grande parmi les Apicius de Rome antique que chez nos gastronomes modernes. Quelques naturalistes croient, avec vraisemblance, que le fameux γάρος des Grecs, et le *garum* des Latins, liqueur aussi usitée chez les anciens que le vinaigre chez nous, étoit préparé avec les intestins de ces poissons. (Voyez GARUM.)

Beaujeu rapporte qu'il a été un temps où la pêche des anchois formoit une des principales branches du commerce des Provençaux; mais, ajoute-t-il, les Espagnols s'y étant adonnés aussi avec le plus grand succès, ils apportèrent en Provence une telle quantité de ces poissons, et les donnèrent à si bas prix, que les Provençaux, hors d'état de soutenir la concurrence, abandonnèrent leur pêche, et tournèrent leur industrie vers d'autres objets plus lucratifs. Cet auteur écrivoit en 1551.

Champier parle du commerce des anchois comme d'un article qui enrichissoit également la Provence et le Languedoc; ce qui suppose que, de son temps (année 1560), on en pêchoit aussi dans cette dernière province. (*De re cibaria libri XII*, Lyon.)

La même pêche avoit lieu sur les côtes de Gascogne, si nous en croyons Gonthier (*Exercitat. hygiasticæ, Lugduni;* 1668, *in*-4.°). Il remarque même que, si les anchois de Provence étoient plus délicats, ceux de Bayonne étoient plus gros. En cela il est d'accord avec Rondelet.

En général, on prend les anchois pendant la nuit; on les attire, comme les harengs, par le moyen de feux disposés avec soin. Le temps où on les pêche, est celui où ils quittent la haute mer pour venir frayer, en troupes innombrables et serrées, auprès des rivages, et cette dernière époque varie suivant les pays.

Dans le seizième siècle, suivant Beaujeu, on préparoit les anchois en étendant alternativement dans un baril une couche de sel, puis une couche de fenouil, puis enfin un lit d'anchois, et ainsi successivement, jusqu'à ce que le baril fût plein. Aujourd'hui, avant de les pénétrer de sel, on leur ôte les entrailles et la tête, qui est fort amère, circonstance qui leur a mérité le nom d'ἐγκρασίχολος que leur donnoient et que leur donnent encore les Grecs, ainsi que nous l'avons dit, et d'où le mot *anchois* paroît dérivé; car le fiel de ces poissons n'existe pas dans leur tête : Belon a déjà relevé cette erreur il y a long-temps.

Remarquons aussi qu'en raison de la grande ouverture de leur bouche, les anciens ont appelé les anchois λυκοϛομοί, et *lycostomi,* c'est-à-dire, *gueules de loup.* Pline leur a même assigné tout simplement la dénomination de *lupi.*

L'Anchois commersonien : *Engraulis Commersonii; Stoléphore eommersonien,* Clupée raie-d'argent, *Clupea vittargentea,* Lacép.; *Atherina Brownii,* Gmel. ; *Atherina menidia,* Bonnat., fig. 1o3; *Pittingua,* Marcg. Nageoire caudale en croissant ou fourchue ; une large raie longitudinale argentée de chaque côté du corps ; écailles très-peu adhérentes ; museau terminé par une protubérance qui se prolonge au-delà des mâchoires ; dents si petites, qu'on ne les voit qu'à la loupe ; opercules argentées, sans écailles ; point de ligne latérale ; yeux grands et ronds ; catopes fort petits ; quinze rayons à la nageoire du dos.

Ce poisson, de petite taille, nage par myriades dans les mers voisines de l'Ile-de-France, où il a été observé et décrit par Commerson. Il règne une grande confusion dans sa synonymie, et il a été décrit sous beaucoup de noms différens.

En fort peu de temps on fait avec ses entrailles un *garum* fort bon.

L'Anchois japonois : *Engraulis japonica; Atherina japonica,* Linn.; Stoléphore japonois, Lacép. Cinq rayons à la nageoire du dos ; une raie longitudinale argentée, très-large, de chaque côté du corps ; tête sans écailles ; dents à peine visibles ; écailles du corps et de la queue très-lisses ; teinte générale d'un rouge mêlé de brun. Taille de trois à quatre pouces.

Ce poisson vit dans les mers de l'Archipel et du Japon, où il a été observé par Houttuyn. On le trouve aussi auprès de la Jamaïque et dans l'Océan pacifique, dont les insulaires le nomment *anahoâ,* et le mangent cru, selon Forster.

L'Anchois butyrin ou banane : *Engraulis macrocephala;* Clupée macrocéphale, Lacép. ; *Albula Plumieri,* Schneider, 86 ; *Butyrinus bananus,* Lacép.; *Cephalus argenteus,* Plumier. Douze ou treize rayons à la nageoire dorsale ; nageoire anale à une égale distance des catopes et de la caudale ; caudale fourchue ; longueur de la tête égale au moins au cinquième de la longueur totale : iris doré ; ventre et côtés argentés ; nageoires rougeâtres ; dos azuré ; écailles arrondies et larges ; nageoires dorsale et anale échancrées.

Ce poisson est de la mer des Antilles ; c'est lui qui a servi de type à l'établissement du genre Butyrin, que, d'après M. de Lacépède, feu Daudin a décrit dans le cinquième volume de ce Dictionnaire. M. Cuvier pense qu'il est encore le même que le synode renard, Lacép. VIII, 2, figuré d'après un dessin de Commerson. M. Schneider pense que ce pourroit bien être le *bantam* de Renard, 1, XXXIV, 184, et le *vubarena* de Marcgrave, 154. (Voyez Butyrin et Synode.)

L'Anchois tuberculeux : *Engraulis tuberculosa; Clupea tuberculosa*, Commers., Lacép. Quatorze rayons à la nageoire du dos; caudale fourchue; un tubercule à l'extrémité du museau; une tache rouge à la commissure supérieure de chaque pectorale; côtés et ventre d'un blanc argentin; dos à reflets azurés; dorsale et caudale d'un rouge brun; écailles peu adhérentes à la peau; dents très-courtes; langue bordée de filamens; opercules non écailleuses; pas de ligne latérale. Taille de trois pouces.

Ce poisson, des rivages de l'Ile-de-France, est fort bon à manger.

L'Anchois a nageoires dorées : *Engraulis chrysoptera; Clupea chrysoptera*, Lacép.; *Encrasicholus platygaster*, Commers. Une tache noire de chaque côté du corps; toutes les nageoires jaunes; dos bleu, mêlé de blanc; ventre et côtés argentés; joues et opercules dorés; devant des yeux transparent. Taille d'un petit hareng.

§. II. *Nageoire dorsale en arrière des catopes; nageoire anale longue.*

La Bande d'argent : *Engraulis atherinoides; Clupea atherinoides*. Linn., Lacép.; Bloch, 408, 1. Onze rayons à la nageoire du dos; nageoire caudale en croissant; une raie longitudinale large et argentée de chaque côté du corps; tête petite, couverte de grandes lames; orifices des narines simples; peau humectée d'une matière brune et visqueuse; catopes courts; anale grande, écailleuse. Taille de sept à huit pouces.

Ce poisson, dont la chair est très-savoureuse et se mange fraîche ou salée, habite la mer Adriatique, celle de Surinam et celle du Malabar. Dans ce dernier lieu, on le nomme *narum, ruruwah*, et en Italie, *atherine*.

L'Anchois du Malabar : *Engraulis malabarica; Clupea malabarica*, Lacép.; Bloch, 432. Huit rayons à la nageoire du dos; caudale fourchue; mâchoire inférieure courbée vers le haut; dents fines; os de la lèvre supérieure dentelés; opercules unies, non écailleuses; dos argenté à taches jaunes; nageoires pecto-

rales et catopes bleus; les autres nageoires grises. Taille de dix
pouces.

On pêche ce poisson toute l'année, près de la côte dont il
porte le nom. Il remonte rarement dans les fleuves.

La *Clupea Brunnichii* de M. Schneider, d'après Brunnich
(*Massil.*, 101, n.° 15), et qui habite la mer Adriatique, nous
paroit devoir rentrer dans le genre Engraule, de même que
la *clupea brasiliensis* de cet auteur. (H. C.)

ENGRI. (*Mamm.*) On trouve, dans la Description de l'Afrique
par Dapper, ce nom appliqué à une espèce de chat moucheté,
auquel il attribue des qualités tout-à-fait imaginaires, et que,
pour cela, je ne rapporterai point. (F. C.)

ENGUI (*Bot.*), nom donné dans l'île de Madagascar, suivant
Rochon, à l'indigo. *L'engui-bé* est l'indigo à grosse gousse, et
l'*engui-panza* est le petit indigo. (J.)

ENGUSSU (*Ornith.*), nom que, suivant quelques voyageurs, les perroquets portent en Afrique. (Ch. D.)

ENHYDRE, *Enhydris.* (*Erpétol.*) Daudin a donné ce nom à
un genre de serpens de la famille des hétérodermes, auquel
il assigne les caractères suivans :

Corps long, queue très-aplatie; de grandes plaques peu nom-
breuses sur la tête, des écailles multipliées sur le dos et la queue;
des plaques entières sous le ventre, de doubles plaques sous la queue;
l'anus simple, transversal et sans ergots; la langue longue, exten-
sible et fourchue; pas de crochets à venin.

Il ne place dans ce genre que l'*anguis xiphura* d'Hermann,
sous le nom d'*enhydris dorsalis;* mais cet ophidien n'est évidemment, comme lui-même le soupçonne, qu'un Hydrophis
ou une Pélamide. (Voyez ces mots.)

Avant Daudin, M. Latreille avoit appliqué le nom d'enhydre
aux hydres de M. Schneider. Voyez Hydre. (H. C.)

ENHYDRE. (*Min.*) On donne ce nom à des concrétions sphé-
roïdales de calcédoine presque transparente, et dont le centre
creux est souvent presque entièrement rempli d'eau. On trouve
ces concrétions dans les laves du Vicentin. Comme elles paroissent, en général, composées de cristaux agrégés, mais informes,
leurs parois sont traversées de fissures qui laissent souvent évaporer l'eau qu'elles renfermoient, lorsque, enfouies dans les
roches, elles étoient à l'abri de la dessiccation.

Cette particularité a fait rechercher ces pierres : elles sont d'un prix assez élevé. On les monte quelquefois en bague; mais on ne peut les laisser long-temps exposées à la chaleur et à la sécheresse, sans risquer de leur voir perdre l'eau qu'elles contiennent, et en même temps leur mérite et leur prix.

Ou n'en cite pas ailleurs que dans les laves du Vicentin. (B.)

ENHYDRIS. (*Erpétol.*) Suivant Gesner, *de Aquatilib.*, les anciens donnoient ce nom à une couleuvre qui vivoit habituellement dans l'eau. (H. C.)

ENICURE (*Ornith.*), nom sous lequel est désignée, dans le nouveau Dictionnaire d'Histoire naturelle, l'espèce d'engoulevent du Paraguay que M. d'Azara a décrite, n.° 315, avec la dénomination de *eola extranea*. (Ch. D.)

ENKAFATRAHE. (*Bot.*) Voyez Encafatrahé. (J.)

ENKIANTHE. *Enkianthus.* (*Bot.*) Genre de plantes dicotylédones, à fleurs monopétalées, de la famille des rhodoracées, de la *décandrie monogynie* de Linnæus, offrant pour caractère essentiel : Un calice petit, persistant, à cinq divisions profondes : une corolle campanulée, divisée à son bord en cinq lobes courts, obtus; creusée à sa base en cinq fossettes nectarifères, saillantes en bosse au dehors : dix étamines; les filamens renflés et pileux à leur base, insérés au fond de la corolle; les anthères à deux cornes : un ovaire supérieur, pentagone ; uu style; un stigmate simple; une baie (ou capsule) à cinq loges polyspermes ; les semences attachées à un axe central.

Ce genre, qui paroît se rapprocher des *kalmia*, est remarquable par l'élégance, la beauté et la disposition de ses fleurs. Elles sont entourées d'un très-bel involucre à folioles caduques, nombreuses, inégales, colorées; les extérieures plus courtes, arrondies, que Loureiro, auteur de ce genre, a pris pour un calice commun, ainsi que pour une corolle commune; les folioles intérieures plus longues, concaves, pétaliformes, renfermant plusieurs fleurs pédonculées. Loureiro en cite deux espèces :

Enkianthe a cinq fleurs : *Enkianthus quinqueflora*, Lour., *Fl. Cochinchin.*, 1, p. 339; Curtis, *Bot. Magaz.*, tab. 1649. Arbrisseau d'une hauteur médiocre, couvert d'une écorce lisse, divisé en rameaux étalés. Les feuilles sont alternes, pétiolées; les supérieures ramassées, glabres, oblongues,

très-entières : les fleurs d'un beau rouge, réunies environ au
nombre de cinq, en une ombelle terminale, entourées d'un
grand nombre de bractées caduques et colorées, soutenues
par des pédoncules alongés, colorés, inclinés ; le calice court,
persistant, à cinq folioles colorées, d'un rouge vif, bordées
de blanc, ainsi que la corolle à la partie supérieure de son
limbe. Cette plante est cultivée dans les environs de Canton,
comme une fleur d'ornement.

ENKIANTHE BIFLORE ; *Enkianthus biflora*, Lour., *loc. cit.* Cette
espèce ne s'élève qu'à trois pieds ; ses rameaux sont très-
étalés, garnis de feuilles alternes, très-médiocrement pétiolées, petites, ovales-lancéolées, très-entières, pileuses, ramassées ; les involucres colorés, à cinq folioles ovales, concaves, caduques, ne renfermant que deux fleurs sessiles,
terminales, d'un beau rouge écarlate ; les folioles du calice
lancéolées, pileuses, étalées ; la corolle campanulée, très-
ouverte, à cinq plis, divisée à son limbe en cinq grandes
découpures ovales ; l'ovaire très-pileux ; le stigmate épais, à
cinq lobes un peu ouverts ; le fruit ovale, à cinq loges polyspermes ; les semences fort petites, arrondies. Cette espèce
croît aussi en Chine, dans les environs de Canton. (POIR.)

ENNAB. (*Bot.*) Les Orientaux, suivant Rauwolf, nomment
ainsi le jujubier ordinaire (*ziziphus vulgaris*), qui est le *hanab*
des Arabes. Le même est nommé *onnab* par Forskaël et M. Delile. Ce dernier ajoute que le *ziziphus spina Christi* est nommé
nabq, et son fruit *nabyal*. Shaw, cité par Gronovius, dit qu'en
Afrique le jujubier porte le nom d'*asafisa*, d'où dérive peut-
être celui de *ziziphus*. (J.)

ENNAMA (*Bot.*), nom arabe du *solanum incanum* de Forskaël,
qui est, selon Vahl, le *solanum sanctum* de Linnæus. Il est aussi
nommé, suivant Forskaël, *œsu-el-bagar* et *ersan*. (J.)

ENNÉACANTHE (*Ichthyol.*), nom formé du grec ἐννέα, *neuf*,
et ἀκανθία, *épine*. M. de Lacépède, d'après Commerson, l'a
donné à une espèce de poisson du genre Labre, et à un scare.
Voyez LABRE et SCARE. (H. C.)

ENNÉADACTYLE (*Ichthyol.*), nom formé du grec ἐννέα,
neuf, et δάκτυλος, *doigt*. Il a été donné, par M. le comte de
Lacépède, à un poisson du genre POMACENTRE. Voyez ce mot.
(H. C.)

ENNEADYNAMIS. (*Bot.*) Suivant Gesner, cité par C. Bauhin, les Polonois nomment ainsi le *parnassia palustris*, auparavant nommé par les anciens *gramen Parnassi*, parce qu'il croissoit
sur le mont Parnasse. (J.)

ENNÉANDRIE (*Bot.*), nom de la neuvième classe du système de Linnæus, laquelle réunit les plantes à fleurs ennéandres,
c'est-à-dire à neuf étamines. Ce mot est tiré du grec ἐννέα,
neuf, et ἀνήρ, mari. Il y a très-peu de fleurs à neuf étamines.
Le *butomus*, le laurier, le *rheum raponticum*, appartiennent à
l'ennéandrie. (Mass.)

ENNÉAPOGON (*Bot.*) : Desv., Journ. Bot., 3, pag. 70; Pal.
Beauv., Agrost., pag. 81, tab. 16. Genre de plantes monocotylédones, à fleurs glumacées, de la famille des graminées, de la
triandrie digynie de Linnæus, rapproché des *pappophorum*, dont
il a été séparé pour plusieurs plantes de la Nouvelle-Hollande
découvertes et publiées par M. Rob. Brown, qui les avoit réunies au pappophore. Elles en diffèrent par la valve intérieure
de leur corolle mutique et non aiguë, plus particulièrement
par la valve extérieure qui est entière, terminée par neuf arêtes
plumeuses; tandis que, dans les *pappophorum*, cette même valve
est à quatre ou six échancrures, munies d'arêtes non plumeuses.
Ce caractère me paroît un peu trop minutieux pour devenir
la base de ce nouveau genre, institué par M. Desvaux, adopté
par M. de Beauvois. Voyez Pappophore. (Poir.)

ENNÉAPHYLLON.(*Bot.*)La plante que Pline nomme ainsi est,
suivant Césalpin, l'hellébore pied-de-griffon, *helleborus fœtidus*,
dont la feuille est divisée en neuf lobes environ. La même division de feuilles a fait aussi donner ce nom à la dentaire, que
quelques auteurs croyoient être la plante de Pline, au rapport
de Dalechamps. On ne devine pas pourquoi Lobel le donne
comme synonyme de l'ophioglosse, et C. Bauhin, comme étant
le même que la petite douve, *ranunculus flammula*; ni pourquoi ce dernier assimile aussi cette douve à l'*ægolethron* de
Pline, d'après quelques autres, contre l'opinion de ceux qui
regardent l'Ægolethron (voyez ce mot) comme le même que
l'*azalea pontica*. (J.)

ENNÉAPTÉRYGIENS. (*Ichthyol.*) M. Schneider a appelé
ainsi la troisième des classes qu'il a établies parmi les poissons,
et ce nom indique que les individus qui la composent ont neuf

nageoires (ἐννέα, *novem*, et πτερὸν, *pinna*). Elle ne renferme qu'un seul genre, celui des scombres. (H. C.)

ENNEAX. (*Ichthyol.*) Élien, liv. XVI, chap. 12, parle sous ce nom d'un poisson des Indes, qui se répand dans les campagnes pendant les débordemens des fleuves, et est pris ensuite facilement par les paysans. (H. C.)

ENNEMI DES CANARDS. (*Ornith.*) Frisch a appliqué cette dénomination au faucon, *falco communis*, Linn., à cause de l'habitude qu'il a de poursuivre de préférence les canards et autres oiseaux d'eau. (Ch. D.)

ENNIR. (*Bot.*) Dans la description de Malte par Burchard, on lit, au rapport de Parmentier, qu'il croît dans cette île une espèce de *glastum* ou indigo d'Europe, nommée dans ce lieu *ennir*, qui est herbacée, et dont on tire une teinture. Il paroît que cette plante est plutôt un pastel, *isatis*, nommé aussi *glastum* par plusieurs anciens. (J.)

ENONDON, ou ENODON (*Ornith.*), nom donné par les Arabes au rossignol, *motacilla luscinia*, Linn. (Ch. D.)

ENOPLIE, *Enoplium.* (*Entom.*) M. Latreille a créé ce nom pour désigner un petit genre d'insectes coléoptères penta-nérés, de la famille des térédyles, voisins des TILLES. Voyez ce mot. (C. D.)

ENOPLOSE, *Enoplosus.* (*Ichthyol.*) M. de Lacépède a donné ce nom à un genre de poissons que M. Duméril range dans sa famille des leptosomes, et M. Cuvier dans la seconde tribu de la seconde section de sa famille des perches. Les poissons de ce genre ne sont que de véritables centropomes qui, par leur hauteur verticale et le prolongement de leurs nageoires dorsales, prennent l'apparence extérieure de certains chétodons. On les reconnoît aux caractères suivans :

Dents petites, flexibles et mobiles; corps et queue très-comprimés; de très-petites écailles sur quelques nageoires; ouverture de la bouche petite, museau avancé; sous-orbitaire dentelé; préopercule non seulement dentelé, mais encore épineux vers le bas; deux nageoires dorsales.

On distinguera facilement les énoploses des CHRYSOTOSES et des CAPROS, qui n'ont point de dents: des HOLACANTHES, des POMACENTRES, des ACANTHINIONS, des CHÉTODONS, des ZÉES, des ARGYRÉIOSES, qui n'ont qu'une nageoire dorsale; des POMA-

CANTHES, qui ont les opercules armés de piquans, mais dépourvus de dentelures; des POMADASYS et des CHÉTODIPTÈRES, qui manquent de piquans, etc. (Voyez ces différens mots et LEPTOSOMES.)

Enoplose est un mot dérivé du grec ἔνοπλος, qui signifie *armé*, et qui indique l'existence des piquans au bas du préopercule.

L'ENOPLOSE DE WHITE : *Enoplosus White*, Lacép.; *Chœtodon armatus*, J. White. Six rayons aiguillonnés à la première nageoire du dos, le troisième de ces rayons très-long; la mâchoire supérieure plus avancée que l'inférieure; la lèvre d'en-haut extensible; la poitrine très-grosse : teinte générale d'un blanc bleuâtre et argenté; sept bandes transversales d'un noir pourpré très-foncé; nageoires d'un brun pâle. Taille de trois à quatre pouces.

Ce poisson a été figuré par M. J. White, dans l'Appendix de son Voyage à la Nouvelle-Galles du Sud, pl. xxxix, fig. 1. (H. C.)

ENOSTEA ou ENOSTEI. (*Foss.*) On a désigné sous ces noms les os fossiles. (D. F.)

ENOUROU A VRILLES (*Bot.*) : *Enourea capreolata*, Aubl., Guian., pag. 587, tab. 235; Lamk., *Ill. gen.*, tab. 484. Genre de plantes dicotylédones, à fleurs complètes, polypétalées, régulières, de la famille des savoniers, de la *polyandrie trigynie* de Linnæus, caractérisé par un calice à quatre découpures, deux opposées et plus grandes. Quatre pétales, dont deux plus grands et deux plus petits, attachés par un onglet au fond du calice : sur chaque onglet une écaille concave, velue; deux grosses glandes à la base des deux plus grands pétales; treize étamines inégales, conniventes à leur base, rangées du côté des plus petits pétales, attachées au disque du pistil, munies d'anthères à deux loges; un ovaire trigone, supérieur; point de style; trois stigmates. Le fruit est une capsule sphérique, uniloculaire, s'ouvrant en trois valves, contenant une semence environnée d'une pulpe farineuse, et recouverte par une arille ou pellicule mince.

La seule espèce de ce genre est un arbrisseau sarmenteux et laiteux, haut de trois à quatre pieds, sur environ quatre pouces de diamètre. Son écorce est grisâtre; ses branches rameuses et sarmenteuses, se répandant sur les arbres qui les avoisinent. Ses feuilles sont alternes, ailées avec une impaire, composées de cinq folioles ovales, acuminées, entières, vertes en dessus, roussâtres en dessous. Il sort de l'aisselle des feuilles une longue vrille aplatie, roulée en spirale. Les fleurs sont blanches, petites, réunies par paquets rapprochés, disposées vers l'extrémité des rameaux en un grand nombre d'épis axillaires, solitaires, longs d'environ six pouces. Cet arbrisseau croit dans la Guiane, où il a été découvert par Aublet. Il porte le nom d'eymara énourou des Galibis. (Poir.)

ENSADE. (*Bot.*) Voyez Enzanda. (J.)

ENSAL. (*Bot.*) Selon Clusius, le cardamome porte ce nom à Ceilan. Il est nommé *etremulli* au Malabar, *hil* ou *elachi* dans le Bengale et à Guzarate. C'est le *cacolaa* ou *caculaa* des Arabes, qui distinguent le *cacolaa quebir* ou grand cardamome, et le *cacolaa seguar* ou le petit. Il faut observer que, suivant Rheede, le cardamome est nommé *elettari* au Malabar, et que le nom *etremulli* n'est point mentionné dans son ouvrage. Selon Rumph, le nom adopté à Ceilan est *enckol*, et celui du Malabar *etremelli*.

ENSANGLANTÉE. (*Entom.*) Geoffroy a ainsi nommé sa 34.ᵉ phalène, dont les ailes sont d'un jaune rougeâtre, avec une double bande transversale, et le bord frangé, couleur de rose. Le *bombyx russula* est aussi le bombyce ensanglanté, *la bordure ensanglantée* de Geoffroy. Voyez dans ce Dictionnaire, tom. V, pag. 137, n.° 47. (C. D.)

ENSAYON (*Bot.*); nom donné par les Portugais, suivant Clusius et Vandelli, à la joubarbe en arbre, *sempervivum arboreum*, que le premier de ces auteurs nomme *sedum majus legitimum*. Il ajoute que c'est le *yerva puntera* des Espagnols, qui donnent le même nom à la joubarbe ordinaire, *sempervivum tectorum*. (J.)

ENSETÉ (*Bot.*); Bruce, Voyag., vol. 5, pag. 50, tab. 8 et 9: *Musa ensete*, Gmel., *Syst. nat.*, pag. 567; Stackh., *Extr. of Bruce*, pag. 17, tab. 2; Desv., Journ. Bot., 4, pag. 43. Cette plante, mentionnée et figurée par Bruce, appartient évidemment au genre Bananier; et si Bruce eût possédé des connoissances plus étendues en botanique, il n'auroit pas hésité à la rapporter à ce genre, au lieu de chercher à combattre cette opinion. Stackhouse soupçonne qu'elle pourroit bien être la même plante que le *mnasium* de Théophraste.

33.

« L'enseté, dit Bruce, est une plante qui vient, dit-on, de Naréa, où elle croit dans les marais que forment, dans ces contrées, un grand nombre de rivières qui n'ont pas assez de pente pour se rendre dans l'un ou l'autre océan. On raconte que quand les Gallas vinrent s'établir en Abyssinie, ils y portèrent, pour leur usage particulier, l'arbre du café et l'enseté, dont les Abyssiniens ne connoissoient pas l'usage. Cependant l'opinion la plus commune est que ces deux plantes croissent naturellement dans tous les cantons de l'Abyssinie où il y a de la chaleur et de l'humidité. L'enseté vient fort bien à Gonder, mais il est plus abondant dans la partie du Maitsha et de Goutto, qui est à l'occident du Nil. Il y en a de grandes plantations, et c'est presque la seule chose dont se nourrissent les Gallas qui habitent cette province. Le Maitscha a fort peu de pente, et les eaux des pluies qui y demeurent presque stagnantes, empêchent qu'on ne puisse y semer du blé : aussi, la terre ne fourniroit guère aux habitans de quoi les nourrir, s'ils n'avoient pas l'enseté.

» On mange la tige de cette plante qui a plusieurs pieds de hauteur; mais, dès qu'elle se couvre de feuilles, le pied de la plante devient dur et fibreux, et il n'est plus possible de s'en nourrir, tandis qu'avant d'arriver à ce point c'est un des meilleurs végétaux; quand on le fait bouillir, il a le goût de pain de froment tendre, excellent, et auquel il ne manque qu'un peu de cuisson. Quand on veut manger l'enseté, on le coupe immédiatement au pied, c'est-à-dire tout près de ses petites racines détachées; et, si la plante est un peu âgée, on la prend à un pied ou deux plus haut. On racle toute l'écorce verte qui couvre la chair blanche, puis on le fait cuire comme nous faisons cuire nos navets ; et. quand on le mange avec du lait ou avec du beurre, il n'y a rien d'aussi excellent, d'aussi nourissant, d'aussi sain et d'aussi facile à digérer. » (POIR.)

ENSIFORME [FEUILLE] (*Bot.*), c'est-à-dire un peu épaisse au milieu, tranchante aux deux bords, et se rétrécissant de la base au sommet, qui est aigu. Plusieurs iris ont les feuilles ensiformes. (MASS.)

ENSINES. (*Bot*) Voyez HELXINE. (J.)

ENSIS. (*Bot.*) On trouve dans Dodoens ce synonyme du *gladiolus.* (J.)

ENSLENIE BLANCHATRE (*Bot.*); *Enslenia albida*, Nuttal., *Nord. Amer.*, 1, pag. 164. Genre de plantes dicotylédones de la famille des apocynées, de la *pentandrie digynie* de Linnæus, offrant pour caractère essentiel : Un calice fort petit, persistant. à cinq divisions; une corolle à cinq découpures droites, conniventes; un appendice simple, pétaliforme, divisé jusqu'à sa base en cinq lanières tronquées, terminées par deux filets; cinq étamines semblables à celles de l'*asclepias;* les lobes du pollen presque cylindriques, pédicellés latéralement : point de style; deux stigmates coniques, presque à deux lames. Le fruit consiste en deux petits follicules.

Ce genre est très-rapproché des *cynanchum* et des *asclepias;* il ne renferme jusqu'à présent qu'une seule espèce vivace, dont la tige est herbacée, sarmenteuse, marquée de lignes alternativement pubescentes. Les feuilles sont opposées, pétiolées, ovales, en cœur, aiguës, quelquefois acuminées, échancrées à leur base, pubescentes à leurs bords et sur leurs nervures, longues de deux pouces. Les fleurs sont nombreuses, axillaires, disposées en corymbe, portées sur de longs pédoncules. Leur calice est pubescent, à cinq découpures ovales-lancéolées; la corolle blanchâtre; ses divisions linéaires-oblongues, un peu obtuses; les lobes du pollen pendans. Cette plante croît sur le bord des fleuves et des ruisseaux, dans la Virginie. (Poir.)

ENS MARTIS, ENS VENERIS (*Chim.*), noms que les anciens donnoient au fer et au cuivre sublimés par l'intermède de l'hydrochlorate d'ammoniaque. (Ch.)

ENTADA (*Bot.*), nom malabare, cité par Rheede, du *mimosa entada* de Linnæus et de Willdenow. (J.)

ENTAGONUM. (*Bot.*) Voyez Melicope. (Poir.)

ENTAILLE. (*Conch.*) On donne encore quelquefois ce nom, chez les marchands de coquilles, à l'espèce la plus commune du genre Emarginule, à cause de la fente ou de l'entaille de son bord antérieur. Voyez Emarginule. (De B.)

ENTALE, *Entalium.* (*Foss.*) Ce singulier tube, que l'on trouve dans l'espèce de craie qui forme la montagne de Saint-Pierre de Maestricht, avoit été confondu autrefois sous ce nom avec les dentales; mais il en diffère trop pour qu'il n'en soit pas séparé.

Voici les caractères de la seule espèce de ce genre que je

connoisse, et à laquelle j'ai donné le nom d'entale ridée, *entalium rugosum.*

Tube testacé, conique, droit, ouvert aux deux bouts, chargé de rides circulaires, à base un peu rétrécie, portant dans son intérieur un second tuyau un peu arqué et ouvert aux deux bouts, et moins long que celui dans lequel il est contenu.

La longueur du tuyau extérieur est d'un pouce environ : celui qui est intérieur n'a que la moitié de cette longueur, et sa pointe dépasse toujours celle du premier ; il n'est pas assez gros pour le remplir, en sorte qu'il se trouve un espace vide entre les deux tuyaux. Le tuyau intérieur est uni ; mais très-souvent il porte des échancrures circulaires.

Il est difficile de concevoir comment pouvoit être placé le corps du mollusque auquel ces tuyaux ont appartenu. Comme on les trouve toujours ensemble, il n'est pas permis de croire qu'ils aient appartenu à deux animaux différens.

On voit la figure d'un morceau qui contient plusieurs de ces tuyaux, dans l'ouvrage de Knorr sur les fossiles, Suppl., pl. V, a, fig. 3. (D. F.)

ENTALITE. (*Foss.*) On a donné ce nom aux dentales et aux vermiculaires fossiles. (D. F.)

ENTE (*Ornith.*), nom allemand du canard. (Cʜ. D.)

ENTENSTOSSER (*Ornith.*), nom allemand du balbusard, *falco haliœtos*, Linn. (Cʜ. D.)

ENTEROIDES (*Bot.*), de Vaillant : c'est l'ulve intestinale. Voyez Uʟᴠᴇ. (Lᴇᴍ.)

ENTES. (*Chasse.*) On appelle ainsi des peaux d'oiseaux remplies de paille ou de foin, et fichées sur un piquet pour attirer ceux qu'on veut faire tomber dans des piéges. (Cʜ. D.)

ENTHYSCUS. (*Ornith.*) Gesner, en citant cet ancien nom d'oiseau, d'après Hesychius et Varinus, dit qu'il paroît être le même que l'*ascalaphos ;* mais, quoiqu'il parle assez longuement de ce dernier, à l'article Bᴜʙᴏ ou Gʀᴀɴᴅ-Dᴜᴄ, tout ce qu'on peut en induire c'est que l'*enthyscus* est une espèce de rapace nocturne. (Cʜ. D.)

ENTIENGIE. (*Ornith.*) Dapper cite, dans sa Description de l'Afrique, pag. 547, au nombre des animaux de la Basse-Ethiopie, « une petite bête fort jolie, dont la peau est toute mouchetée de diverses couleurs, qu'on nomme *entiengie*, et qui se tient sur les arbres sans mettre jamais le pied à terre, parce qu'elle meurt dès qu'elle la touche. Elle a toujours autour d'elle, continue l'auteur, certains petits animaux noirs, nommés *embis*, qui sont ses satellites, et dont dix vont devant et dix se tiennent derrière; mais, lorsque son avant-garde a donné dans les filets du chasseur, l'arrière-garde prend la fuite, et l'entiengie, abandonné de ses soldats, est contraint de se rendre. Sa peau est si rare, qu'il n'y a que le roi de Congo qui en porte, ou les princes, auxquels il en accorde la permission. » Le même récit se retrouve, avec peu de changemens, t. 5, in-4.°, p. 87 de l'Histoire générale des Voyages, où le nom de l'animal est écrit *ensingie* et *entiengio*, et celui des prétendus acolytes, *ambis* au lieu d'*embis*. Malgré les choses étranges et ridicules que contient ce passage, on a lieu de présumer qu'il s'agit ici d'un mammifère dont l'espèce a du rapport avec les écureuils, et de ses petits; mais si l'auteur du *Dictionnaire universel et fort peu raisonné* des animaux, en parlant de celui-ci, l'a qualifié d'oiseau, il n'en est pas moins surprenant que Sonnini l'ait rangé dans cette classe, à laquelle rien ne devoit faire supposer qu'il pût appartenir. (CH. D.)

ENTOGANUM. (*Bot.*) Le genre que Gærtner, d'après M. Bancks, nomme ainsi, est le *melicope* de Forster, qui appartient à la nouvelle famille des diosmées. (J.)

ENTOMODE, *Entomoda*. (*Entomoz.*) M. de Lamarck, dans la nouvelle édition de ses Animaux sans vertèbres, a séparé sous ce nom, du grand genre Lernée des auteurs linnéens, un petit nombre d'espèces, auquel j'ai conservé le nom de *Lernea*, dans mon travail général manuscrit sur ces animaux, et que M. Ocken avoit déjà désigné sous la dénomination d'*Enops*. M. de Lamarck, qui paroît n'avoir envisagé ces animaux que d'une manière fort incomplète, puisqu'il ne leur a pas aperçu de mâchoires ou d'appendices cornés près de l'orifice antérieur du canal intestinal, définit ce genre ainsi : Corps mou ou peu dur, oblong, légèrement déprimé, ayant latéralement des bras symétriques, inarticulés; bouche en suçoir, située sous le sommet de l'extrémité antérieure; point de tentacules; quelquefois deux cornes; deux sacs pendans à l'extrémité postérieure; anus terminal. Il y rapporte, 1.° la lernée du saumon, *lernea almonæa*, Linn.; 2.° la lernée du gobion, *lernea gobina*, Mull.;

3.° la lernée cornée, *lernea cornuta*, Mull.; 4.° la lernée rayonnée, *lernea radiata*, Mull. Voyez le mot LERNÉE. (DE B.)

ENTOMOLITHE. (*Foss.*) Ce nom a été donné par Linnæus aux crustacés et aux insectes pétrifiés. L'espèce qu'il avoit nommée entomolithe paradoxal a reçu de M. Brongniart le nom de paradoxite. Ce même naturaliste a donné celui de calymène à l'entomolithe de Blumenbach. Voyez les mots CALYMÈNE et PARADOXITE. (D. F.)

ENTOMOLOGIE. (*Entom.*) On nomme ainsi cette partie de l'histoire naturelle des animaux, ou cette classe de la zoologie, qui traite des insectes.

Ce nom, tiré du grec, ἔντομον, insecte, et λόγος, discours ou traité, indique d'avance sous quel point de vue ce mot se trouve former un article dans ce Dictionnaire. Ainsi que nous en avons prévenu les lecteurs dans l'introduction placée à la tête du premier volume, on trouvera à l'article INSECTES l'histoire générale de cette division des animaux, l'exposition analytique des divers systèmes, et en particulier celle de la méthode que nous avons cru devoir adopter.

Nous allons nous borner ici à exposer quelques réflexions physiologiques qui nous paroissent propres à fixer le rang que la connoissance des insectes ou l'entomologie semble devoir occuper dans l'étude des êtres animés.

On sait que les êtres vivans combattent ou modifient les lois générales par lesquelles les autres corps de la nature, appelés inertes par opposition, semblent être uniquement régis. Les phénomènes qui sont le résultat de chacune de ces luttes, dépendent évidemment de l'action d'autant d'appareils d'organes ou d'instrumens, dont ces êtres ont été spécialement pourvus à cet effet. Cette manière d'exister, cet ensemble de forces, qui distingue certains corps de la matière inerte, et qui leur donne la faculté de résister aux lois constantes de la nature, lesquelles tendent continuellement à les détruire et à faire rentrer les matériaux qui les composent dans la masse commune des élémens, a été appelée la puissance vitale, ou, en un mot, la *vie*. C'est un terme de convention par lequel on exprime une suite d'actions très-différentes les unes des autres quoique concourant généralement à un seul et même but, qui est la conservation de l'individu ou de sa race.

Les physiologistes ont appelé *fonctions*, chacune des actions principales de la vie opérées par des systèmes d'organes ou par des séries d'instrumens, souvent tout-à-fait différens les uns des autres dans leur structure et dans leur mécanisme, mais concourant au même but, de sorte que les fonctions représentent les actions principales des organes, les opérations dont ils sont chargés ou les *emplois dont ils s'acquittent*, et pour lesquels ils existent dans les êtres vivans.

Les fonctions semblent se rattacher à deux séries de phénomènes. A la première se rallient les organes qui donnent aux êtres qui en sont doués deux facultés, 1.° celle de se reproduire ou d'engendrer des individus semblables à eux ; 2.° celle de s'accroître ou de se développer en s'incorporant d'autres substances qui participent pour un temps à l'action de la vie. A la seconde série de phénomènes se rattachent, 1.° tous les moyens accordés aux êtres vivans pour changer de lieu à volonté, en tout ou en partie, ou la faculté de sé mouvoir ; 2.° tous les instrumens à l'aide desquels les êtres vivans perçoivent ou éprouvent l'action que les autres corps peuvent exercer sur eux par leurs qualités.

Telles sont les quatre grandes fonctions que l'on désigne sous les noms de nutritive, de génératrice, de locomotrice et de sensitive.

La nutrition et la génération s'opèrent, chez certains êtres organisés, indépendamment des deux autres fonctions. C'est, pour ainsi dire, un mode plus simple d'existence. S'il est moins compliqué, il donne aussi moins de facultés aux êtres qui, par cela même, sont obligés de rester ou de se développer dans l'endroit même où leurs germes ont été déposés, et qui ne peuvent point aller à la découverte ou à la recherche de leurs alimens.

Les facultés de se mouvoir et de sentir ne sont jamais isolées chez les êtres vivans, puisqu'ils sont constamment obligés de se reproduire et de se nourrir ; de sorte que les corps ainsi organisés sont réellement plus compliqués, car ils réunissent à la fois les deux sortes de vie.

On peut dire que, matériellement, les organes qui animent certains êtres, qui leur donnent les moyens ou la faculté de changer de lieu en tout ou en partie, de percevoir les qualités des corps, et d'être sensibles à toutes ou à quelques unes de leurs propriétés; qu'en un mot, les organes du sentiment et du mouvement caractérisent les animaux et les distinguent des végétaux, qui sont condamnés à vivre dans les mêmes lieux et mêmes circonstances que les individus dont ils ont fait partie.

De plus, ces organes de la motilité et de la sensibilité ont modifié évidemment les deux autres fonctions. Ainsi, par cela même qu'un être animé peut changer de lieu en tout ou en partie, et de son propre mouvement, il devra, si le milieu dans lequel il est appelé à vivre n'est pas liquide, ou si d'autres êtres n'ont pas pourvu d'avance à sa nourriture, il devra, 1.° aller au-devant des alimens, les introduire dans une cavité intérieure où se trouvent les pores absorbans ou l'origine des conduits destinés à porter dans tout son corps les matériaux liquides propres à sa nutrition ; 2.° à l'aide de certains instrumens propres à lui dénoter les qualités des corps, attirer ou repousser ces matières, s'en approcher ou les fuir; 3.° il faudra que le corps animé porte directement, et sous forme liquide, le produit des organes mâles de la génération dans le lieu même où se trouvent déposés les germes comme par un excès de nutrition.

Ces principes établis comme des vérités de fait, suivons-en les conséquences, et nous trouverons ainsi les moyens de développer les élémens de la classification naturelle des animaux. S'il demeure constant que la présence des organes du mouvement et des sensations caractérise suffisamment les animaux, il est certain que plus ces facultés seront développées, plus ils s'éloigneront des végétaux, et réciproquement en sens inverse. Or, ce plus ou moins de développement se fait aisément reconnoître.

Supposons des êtres animés, doués de la faculté de se reproduire par germes, par boutures, par cayeux, de se dessécher et de reprendre les caractères de la vie par l'influence de l'humidité, de la lumière et des autres agens de la nature; ne pouvant vivre que dans des liquides; souvent fixés dans un point de l'espace, au milieu même de leur nourriture que plusieurs absorbent par des pores extérieurs; ne développant de mouvement qu'avec lenteur : voilà certainement des animaux qui auront le plus grand rapport avec les plantes.

Vous ne trouverez chez eux ni nerfs distincts, ni organes des sens, à l'exception du toucher passif, ni tube alimentaire ou digestif, ni appendices articulés, destinés aux mouvemens, ni organes distincts pour la respiration. Ils formeront pour vous la dernière classe des animaux, les ZOOPHYTES, en avouant cependant que cette classe renferme beaucoup d'animaux qui soustraient, par leur mollesse et leur ténuité, la plupart de leurs organes à nos recherches anatomiques.

Viendront ensuite des animaux condamnés, pour la plupart, à vivre dans l'eau, où ils ne manifestent que des mouvemens lents, souvent à peine perceptibles; privés par cette circonstance de plusieurs des organes des sens, quoique doués de nerfs; ayant, en général, le corps très-mou, mais quelquefois protégé par des croûtes calcaires ou coquilles; n'ayant jamais de membres articulés; offrant tantôt un mode de génération semblable à celui des plantes, ou la triple complication de sexe distinct individuel, ou des deux sexes réunis dans le même être, comme hermaphrodite ou comme androgyne : tels sont les MOLLUSQUES.

Ceux qui suivent ne sont pas beaucoup plus parfaits. Condamnés, pour la plupart, à vivre dans l'eau ou dans un milieu constamment humide et obscur, ils sont privés de presque tous les organes des sens. Leur corps se divise, il est vrai, en anneaux qui se prêtent facilement à la locomotion ; mais il n'est point muni de ces appendices articulés qui constituent des membres. Leurs nerfs sont bien distincts et noueux; de chacun des étranglemens partent des radiations de filets qui se rendent vers les organes : les sexes se réunissent. Ce sont les VERS.

Les êtres qui appartiennent aux deux classes suivantes, ont le tronc formé de leviers distincts et articulés, et des membres ou des appendices latéraux destinés aux mouvemens divers, suivant leur manière de vivre. Ceux qui vivent dans l'eau ont des organes appropriés à cette sorte d'existence; ils ont des poumons aquatiques, qu'on nomme des branchies : ce sont les CRUSTACÉS. Chez les autres, l'air pénètre dans les diverses parties du corps par des ouvertures nombreuses qui aboutissent à des tubes aérifères qu'on nomme trachées : on les appelle des INSECTES. Quoique privés des organes de la circulation, ils sont cependant plus animés que tous les êtres précédemment indi-

524   ENT

qués, car ils sont doués de la vue, de l'ouïe, de l'odorat, du goût et du toucher. Leur corps est composé d'une tige centrale à pièces mobiles. Ils jouissent de tous les modes de transport dans l'eau et à sa surface, sur la terre et dans l'air, et, sous le rapport des instrumens de la vie destinés à la nutrition et à la génération, ils sont aussi parfaits que les animaux d'un ordre plus élevé.

Nous ne poursuivrons pas plus loin ces recherches, que nous pourrions appliquer à l'étude des classes supérieures; mais leurs caractères seront mieux développés que nous ne pourrions le faire, par le savant naturaliste qui a rédigé l'article ANIMAL, que le lecteur doit consulter. Nous offrirons seulement ici le tableau de cette classification par une analyse générale.

Tableau de la classification des Animaux.

Animaux	articulés en	dedans, ou VERTÉBRÉS;	des mamelles : vivipares.........		1. MAMMIF
			sans mamelles;	poumons { plumes.....	2. OISEAUX
				poumons { sans plumes.	3. REPTILE
				pas de poumons.......	4. POISSON
		dehors, ou INVERTÉBRÉS;	des membres; des { trachées...		5. INSECTES
			des membres; des { branchies..		6. CRUSTAC
			pas de membres articulés........		7. VERS.
	non articulés........	organes respiratoires...........			8. MOLLUS
		pas d'organes respiratoires.......			9. ZOOPHY

(C. D.)

ENTOMOLOGISTE. (*Entom.*) On appelle ainsi le naturaliste qui s'occupe plus spécialement de l'étude des insectes. On a aussi employé, mais à tort, le nom d'insectophile, pour rendre la même idée. Telle est la Flore des insectophiles de Jacques Brez. (C. D.)

ENTOMOPHAGE. (*Ornith.*) Ce mot, tiré du grec, signifie mangeur d'insectes, et correspond au terme insectivore, d'origine latine: il est surtout applicable aux oiseaux dont, pour un grand nombre, les insectes constituent la principale nourriture. (CH. D.)

ENTOMOPHILE (*Entom.*), amateur d'insectes, celui qui en fait des collections. (C. D.)

ENTOMOSTRACÉS, *Entomostraca.* (*Crust.*) Assemblage artificiel d'une portion de la classe des crustacés, conservant dénomination qui leur fut donnée par Müller en 1792. (Voyez article CRUSTACÉS.)

Tous les entomostracés sont aquatiques : quelques uns sont marins ; mais le plus grand nombre, à beaucoup près, vit dans l'eau douce. Plusieurs d'entre eux sont revêtus d'une coquille bivalve, et d'autres d'un bouclier. Ils ont les organes de la respiration adhérens aux pattes, et, dans plusieurs occasions, ces organes leur servent à exécuter les fonctions du mouvement. Les uns sont parfaits en sortant de l'œuf, tandis que d'autres n'atteignent cette perfection qu'après avoir passé par l'état de larve. Presque tous les animaux de cette classe sont carnassiers : il y en a même qui sont parasites, vivant sur les animaux aquatiques. Il paroit que les anciens avoient quelque connoissance de ces animaux, et que les naturalistes ignoroient leur structure en général, puisqu'ils se bornoient à les désigner sous le nom de pous et de puces d'eau.

Linnæus, et ceux qui sont venus après lui, décrivirent toutes les espèces qu'ils trouvèrent sous la dénomination générique de monoculus (monocle), à l'exception de deux espèces qu'ils rapportèrent au genre Crabe, *Cancer*, et dont l'une forme aujourd'hui celui de branchipe, et l'autre celui d'artémie.

En 1764, Geoffroy les classa sous les titres de monocle et binocle.

En 1766, Schæffer les distribua en trois sections. La première comprit ceux qui ont le corps revêtu d'un têt en forme de bouclier ; dans la deuxième, il rangea ceux qui ont le corps distinctement articulé et sans têt ; et ceux dont le têt est bivalve formèrent sa troisième section.

En 1772, Otho-Frédéric Müller publia son *Entomostraca seu insecta testacea*, dans lequel il a rangé ces animaux de la manière suivante :

MONOCULI.	* Univalves. Genres 1. *Amymone*, 2 *Nauplius*.	
	** Bivalves... Genres 3. *Cypris*, 4 *Cythere*. 5 *Daphnia*.	
	*** Crustacei.. Genres 6. *Cyclops*, 7 *Polyphemus*.	
I. BINOCULI.	* Univalves. Genres 8. *Argulus*, 9 *Caligus*, 10 *Limulus*.	
	** Bivalves... Genre 11. *Lynceus*.	

M. G. Cuvier, dans son Tableau élémentaire de l'Histoire naturelle des Animaux (1797), adopta les trois divisions suivantes : 1. Les *univalves*, 2. les *bivalves*, 3. les *annelés* ; et il con-

serva le genre *Apus* de Scopoli, que Müller avoit confondu avec
le genre *Limule*.

J. C. Fabricius, dans son Supplément, place ce genre Limule
parmi les crabes, dans sa classe des kleistagnathes, *kleistagnatha*,
et reporte le petit nombre d'autres dont il parle au genre *Monoculus*, qu'il intercale avec les cloportes, *Onisci*, Linn., dans
sa classe des Polygnathes, *Polygnatha*.

Dans son Système des Animaux sans vertèbres, imprimé en
1801, M. de Lamarck a placé tous les entomostracés parmi les
crustacés sessiliocles, à l'exception du genre Branchipe, qu'il
a mis avec les pédiocles ; et M. Bosc imita cet arrangement
dans son Histoire naturelle des Crustacés, en 1802.

M. Latreille (Histoire naturelle des Crustacés et des Insectes
faisant suite à l'édition de Buffon, par Sonnini, en 1802)
considéra les entomostracés comme une sous-classe des crustacés, et les distribua de la manière suivante :

SECTION I. Operculés (*Thecata*).

Division I. CLYPÉACÉS.
Ordre I. XYPHOSURES. Genre 1.er *Limule*.
Ordre II. PNEUMONURES. Genre 2. *Calige*; 3. *Binocle* ; 4. *Ozole*.
Ordre III. PHYLLOPODES. Genre 5. *Apus*.
Ordre IV. OSTRACODES. Genre 6. *Lyncé*; 7. *Daphnie*; 8.
Cypris; 9. *Cythérée*.

SECTION II. Nus (*Gymnota*).

Division II.
Ordre V. PSEUDOPODES. Genre 10. *Cyclope*; 11. *Argule*.
Ordre VI. CÉPHALOTES. Genre 12. *Polyphème* ; 13. *Zoé*;
14. *Branchiopode*.

M. Duméril, dans sa Zoologie analytique (1806), considéra
aussi les entomostracés comme étant un ordre de crustacés, et
il les classe en trois familles. I. Les CLYPÉACÉS. Genre 1. *Limule*;
2. *Calige*; 3. *Binocle*; 4. *Ozole*; 5. *Apus*. II. Les BISÉTACÉS.
Genre 6. *Lyncée*; 7. *Daphnie*; 8. *Cypris*; 9. *Cythérée*. III. Les
DÉNUDÉS. Genre 10. *Argule*; 11. *Cyclope*; 12. *Polyphème*. 13. *Zoé*;
14. *Branchiopode*.

M. Latreille, dans son *Genera Crustaceorum et Insectorum*
(1806), a fait quelques légers changemens à sa nomenclature ; e

dans ses Considérations générales (1810) il regarda les entomostracés comme devant former un ordre séparé, et en distribua les genres en trois familles. I. Les CLYPÉACÉS. Genre 1. *Limule;* 2. *Apus;* 3. *Calige;* 4. *Binocle.* II. Les OSTROCODES. Genre 5.
Lyncé; 6. *Daphnie;* 7. *Cypris;* 8. *Cythère.* III. Les GYMNOTES.
Genre 9. *Cyclope;* 10. *Polyphème;* 11. *Zoé;* 12. *Branchiopode.*

Dans le septième volume de l'Encyclopédie d'Edimbourg,
j'adoptai la distribution générale du dernier ouvrage de M. Latreille; et dans le premier volume du Supplément de l'Encyclopédie britannique (1816), en suivant le même arrangement
général, j'ajoutai les nouveaux genres suivans :

1. *Cecrops,* 2. *Pandare,* 3. *Anthosome,* 4. *Chydore,* 5. *Calane.*

M. de Blainville, dans le Bulletin des Sciences, en 1816, a
placé quelques uns des entomostracés dans ses classes hétéro-
podes et tétradécapodes; et il observe que la première *est
sans doute mauvaise.* Je suis franchement de son avis à cet
égard.

M. Latreille, dans le Règne animal de M. Cuvier (1817),
vol. 3, ainsi que dans le Dictionnaire d'Histoire naturelle (1816),
vol. 4, regarde les entomostracés comme étant un ordre de
crustacés, les nomme branchiopodes, et les distribue de la
manière suivante :

Sect. I. PŒCILOPES.

* Point de suçoirs en forme de bec. Genre 1. *Limule.*
** Un suçoir en forme de bec. Genre 2. *Calige;* 3. *Argule;*
. *Cecrops;* 5. *Dichelestion.*

Sect. II. PHYLLOPES.

Genre 6. *Apus;* 7. *Branchipe;* 8. *Eulimène.*

Sect. III. LOPHYROPES.

* Têt bivalve. Genre 9. *Cythérée;* 10. *Cypris;* 11. *Lyncé;*
2. *Daphnie.*
** Têt d'une seule pièce, fort court ou presque nul.
Genre 13. *Cyclope,* 14. *Polyphème,* 15. *Zoé.*
M. Latreille observe, pag. 68, que « M. Leach forme avec le
Cancer salinus de Linnæus, un genre qu'il nomme *Artemisia.* »

Je dois relever ici cette méprise. Le genre fut nommé par moi *artemia*, et non point *artemisia*. C'est par suite de cette méprise de M. Latreille, que M. de Lamarck, en donnant le nom d'*arte-misus* au genre, a ajouté : « Je nomme *artemisus* un branchio-« pode dont on prétend que M. Leach a fait un genre sous le « nom d'*artemisia*, dénomination que l'on sait être consacrée « à un beau genre de plantes. »

M. de Lamarck, dans son Histoire naturelle des Animaux sans vertèbres (1818), vol. V, place ces animaux dans sa 4.ᵉ section des Crustacés, sous la dénomination de branchiopodes, qu'il divise ainsi :

I. BRANCHIOPODES FRANGÉS.

* Têt bivalve enveloppant tout le corps. Genre 1. *Cytherine*; 2. *Daphnie*; 3. *Lyncée*.

** Têt, soit nul, soit d'une seule pièce et fort court.
Genre 4. *Cyclope*; 5. *Céphalocle*; 6. *Zoé*.

II. BRANCHIOPODES, 1. LAMELLIPÈDES.

Genre 7, *Branchipe*; 8. *Artemis*.

2. PARASITES.

Genre 9, *Dichelestion*; 10. *Cécrops*; 11. *Argule*; 12. *Calige*.

3. GÉANS.

Genre 13, *Limule*; 14. *Polyphème*.

Après cet examen rapide des diverses classifications adoptées jusqu'à présent par les auteurs qui se sont occupés de ce groupe obscur d'animaux, je vais offrir un tableau comparatif des ordres, et, pour chaque ordre, une liste des familles et des genres, avec la description et l'économie des espèces qui s'y rattachent.

Tableau des Ordres.

			Ordres
Yeux	sessiles ou manquans.	Pattes de devant formées pour marcher et saisir; les autres pour nager.	I. POECILOPES.
		Pattes de devant en forme d'antennes, terminées par des soies; les autres formées pour la nage.	II. PHYLLOPES.
		Toutes les pattes formées pour nager.	III. LOPHYROPES.
	pédonculés.	Pattes formées pour nager …	IV. BRANCHIOPODES.

ORDRE I.er

PŒCILOPES (*Pœcilopoda*).

Pœcillopa, Latreille.

Table des Familles.

A. Bouche en forme de bec. *Familles.*

Antennes. { Quatre...................... | I. Argulidées.
{ Deux........................ | II. Caligidées.

B. Bouche non apparente.

Antennes | Deux....................... | III. Limulidées.

I.re Famille. Argulidées (*Argulidæ*).

Le seul genre de cette famille qu'on ait observé jusqu'ici, vit dans l'eau douce, et est parasite. Il passe par l'état de larve, ce qui le distingueroit (jusqu'à ce que l'on se soit assuré du conraire) des genres qui composent la famille suivante.

Genre I.er Argule (*Argulus*, Müller, Jurine fils, Leach, Latreille, Lamarck; *Binoculus*, Geoffroy, Bosc).

Têt ovale, presque membraneux, déprimé. presque transarent, arrondi en avant, arqué sur les côtés, profondément entaillé à sa partie postérieure, couvrant le corps très-amplement.

Les deux yeux sont hémisphériques, visibles en dessus et en dessous, insérés au côté antérieur du têt: antennes très-petites, un peu velues, implantées au-dessus des yeux, du côté de leur bord antérieur, vers la bouche; les antennes supérieures plus courtes, à trois articulations, les inférieures en ayant quatre. Le bec sortant de la portion inférieure et postérieure du chaperon. Les pattes, au nombre de douze, inégales et changeantes : la première paire en ventouse; la deuxième munie de deux crochets; les quatre autres terminées par deux pièces à bords frangés. Abdomen cylindrique; queue courte, ayant deux lames à son extrémité.

Argule dauphin (*Argulus delphinus*, Müller; *Foliaceus*, Jurine fils).

Têt ovale, presque plat, marqué de deux lignes assez profondes qui, partant de chaque côté de son bord antérieur, et avançant en convergeant jusqu'au milieu du dos, forment ainsi un triangle ; le cou armé de chaque côté, entre les antennes, de deux petites épines ; deux autres sur le bec.

Le binocle du gasteroste, Geoff. (*argulus delphinus*, Müll. ; *monoculus argulus*, Fabr.), vit sur le corps des épinoches, e aux dépens des têtards de grenouilles et de crapauds.

Indépendamment des auteurs que je viens de nommer, Léon Baldner (1666), Frisch, Loefling et Baker, ont aussi parlé de cet animal. Hermann l'a figuré et décrit dans son Mémoire aptérologique. M. Latreille en a donné une description dans la première édition du Dictionnaire d'Histoire naturelle, sous le nom d'*Ozole du gasteroste*; mais c'est, sans contredit, à M. Jurine fils que nous devons la description la plus complète de cet animal, ainsi que son histoire naturelle (Annales du Mus. d'Hist. nat. tom. VII, p. 451).

Ces argules attaquent avec beaucoup de violence les têtards de grenouilles et de crapauds, et les tuent souvent par la blessure qu'ils leur font avec leur bec.

Les mâles sont beaucoup plus petits que les femelles, et extrêmement amoureux, au point d'attaquer un sexe pour l'autre, ou de rechercher les femelles pleines.

La durée de la gestation est de treize à dix-neuf jours, après lesquels elles fixent leurs œufs (qui sont unis et d'une forme ovale sur un double rang, et souvent en ligne droite) sur les pierres ou autres corps durs, au moyen d'un gluten. Ces œufs, au nombre d'un à quatre cents, sont d'un blanc de lait et souvent placés si près les uns des autres qu'ils en reçoivent une pression qui les rend en quelque sorte de forme hexagone. Ils éclosent vers le trente-cinquième jour, et la larve, lorsqu'elle est développée, n'a pas plus de $\frac{3}{8}$ de ligne de longueur. De chaque côté de la partie antérieure de son enveloppe sortent deux longues rames, dont une est placée devant, et l'autre derrière l'œil. Elles sont terminées par des filets longs, égaux, pennés et flexibles ; les rames antérieures en ont quatre, et les postérieures trois : les deux pattes antérieures, dans cet état de l'animal, sont fortes, coudées vers leur extrémité, et terminées par un crochet ; les autres pattes, et surtout celles qui lui servent à nager, sont petites et peu saillantes.

Six jours après, la larve change sa peau ; alors les rames disparoissent et se trouvent remplacées par les pattes qui servent à nager, mais qui ne sont complétement développées que plus tard. Il s'opère une autre mue au bout de trois jours, ce qui donne seulement une plus grande activité à l'animal. Deux autres jours suffisent pour amener une nouvelle peau , et avec elle les crochets de la seconde paire de pattes et les rudimens des ventouses de la première paire. Après un intervalle semblable , l'animal se débarrasse de sa quatrième peau, et la paire de pattes antérieure est dans tout son développement. Les organes de la génération ne sont apparens qu'après la cinquième mue. Ces larves muent pour la sixième fois, six jours après, et paroissent alors dans la forme adulte , sans pour cela qu'elles aient atteint toute leur grosseur, qui augmente du double après plusieurs autres mues qui ont lieu régulièrement tous les six ou sept jours.

M. Jurine a observé dans l'animal adulte , derrière les yeux, sur le petit espace triangulaire dont il a été fait mention dans la description du caractère spécifique, un point divisé en trois lobes égaux, brillant des couleurs vives du rubis, et contenant une substance particulière qu'il croit être le cerveau.

L'argule charon, *argulus charon*, Müll., n'est autre chose que la larve de l'espèce précédente (la seule qu'on ait découverte jusqu'à présent), à l'époque du troisième , quatrième ou cinquième jour après la sortie de l'œuf.

2.ᵉ Famille. Caligidés (*Caligidæ*).

Tous les genres de cette famille sont parasites et marins , adhérant aux branchies et aux aisselles des poissons. Leurs antennes sont insérées à l'angle externe de deux lobes sur la partie antérieure de leur têt.

Observation. J'ai remarqué dans les pandares , et quelques autres genres de cette famille , deux points foiblement colorés sur la partie supérieure de la coquille. Dans un genre nouveau qui se rapproche beaucoup de ceux-ci, j'ai observé que les yeux étoient convexes, très-semblables à ceux du genre Limule, et tenant la place de ces points ; mais l'individu que je possede de cet intéressant animal, est en trop mauvais état pour que je puisse même essayer de le décrire.

Tableau des Sous-familles ou Races.

Race 1. Douze pattes; les six de devant terminées par des crochets, ou onguiculées.

Race 2. Quatorze pattes; les six antérieures onguiculées; la quatrième ou cinquième paire bifide; la sixième et la septième ayant les hanches et les cuisses très-dilatées et réunies par paires.

Race 3. Quatorze pattes; les six antérieures onguiculées; les troisième, quatrième, cinquième, sixième et septième paires bifides.

Race 4. Quatorze pattes; les six de devant onguiculées; la cinquième paire bifide; le dernier article garni de poils en forme de cils.

Outre les espèces qne je vais décrire, quoique d'une manière générale, j'en possède au moins onze autres, mais qui sont desséchées et si mutilées qu'il est même impossible de les rapporter aux genres qui leur sont propres. On s'est, jusqu'à présent, très-peu occupé de connoître les caligidées. C'est un champ vaste qui est encore ouvert aux naturalistes habitant près des bords de la mer.

Ire RACE.

L'extrémité de l'abdomen garni de deux soies cylindriques alongées.

Genre IIe Anthosome (*Anthosoma*, Leach).

Têt arrondi en avant et en arrière; antennes à six articles; abdomen beaucoup plus étroit que le têt, muni de deux petites lames foliacées sur le dos, et de six autres sur le ventre, ces dernières tenant lieu des trois dernières paires de pattes; les paires antérieures étendues en avant; leur ongle crochu et rencontrant une petite dent située vers le sommet de l'article qui précède; la seconde paire ayant l'ongle comprimé: le dernier article de la troisième paire très-épais, denté antérieurement, et terminé par un ongle très-fort: le bec inséré derrière les pattes de devant, et muni à son extrémité de deux mandibules droites et cornées.

Anthosome de Smith (*Anthosoma Smithii*, Leach).

Têt et soies de la queue d'un blanc ferrugineux, tirant sur le fauve.

Anthosoma Smithii, Leach; Encyclop. Brit., Supp. I., 406, tab. xx.

Caligus imbricatus, Risso, Crust. de Nice, 162.

Habite l'Océan et la Méditerranée. Il fut découvert pour la première fois, par M. T. Smith, sur la côte méridionale du Devonshire, en Angleterre. Il étoit fixé à un squale (*squalus cornubiensis*, Pennant.) J'en ai comparé les individus avec celui desséché que M. Risso avoit envoyé à M. Latreille, et je me suis convaincu qu'ils sont de la même espèce, quoique M. de Lamarck, jugeant d'après une figure très-peu correcte qui se trouve dans l'ouvrage de M. Risso, les ait regardés comme constituant deux animaux très-distincts. M. Risso trouva le sien sur le squale féroce, à Nice, et dit que sa couleur étoit jaunâtre tirant sur le vert.

M. Smith a observé l'animal lorsqu'il étoit vivant dans l'eau de la mer, et il a remarqué que les pattes de devant étoient fermes et élastiques, susceptibles d'extension; qu'il y avoit un point noir sur le milieu du têt, qui disparut après la mort. Les pattes en forme d'écailles, ainsi que les écailles dorsales, étoient aspergées de points demi-transparens. Les filamens de la queue étoient continuellement en mouvement, comme les antennes des ichneumonidées. Le squale avoit les parties sur lesquelles l'animal s'étoit attaché, beaucoup plus épaisses, comme si elles avoient éprouvé une inflammation de longue durée, ce qui prouve que l'animal étoit resté long-temps dans la même place.

Genre III.ᵉ Dichelestion (*Dichelesthium*, Hermann).

Têt hexagone; antennes composées de sept articles; abdomen alongé, plus étroit que le têt : la paire des pattes antérieures dirigée en avant; leur ongle recourbé et se rencontrant, avec une petite dent vers l'extrémité de l'article précédent; la seconde paire alongée, mince, bifide à son extrémité; le dernier article de la troisième paire très-épais, terminé par un ongle très-fort; les quatrième et cinquième paires courtes et bifides ; la sixième ressemblant à des tubercules alongés ; le bec, qui prend naissance derrière les pattes antérieures, a, de chaque côté, une touffe de filamens.

DICHELESTION DE L'ESTURGEON (*Dichelesthium sturionis*, Hermann).

C'est la seule espèce de ce genre que l'on ait encore connue. Hermann la découvrit, et en donna la description dans son Mémoire aptérologique (p. 125, pl. v, f. 7, 8), en 1804, sous même nom. M. G. Cuvier, a eu la bonté de me donner plusieurs individus de cette espèce. Je crois qu'il les avoit reçus de la Méditerranée.

IIe RACE.

GENRE IVe CÉCROPS (*Cecrops*, Leach).

Têt coriacé, séparé en deux ; la portion antérieure en forme de cœur renversé, profondément et largement échancré derrière : antennes à deux articles, terminées par un seul poil ; abdomen aussi large que le têt ; deux articles à la paire de pattes antérieures qui sont armées d'un ongle fort et recourbé ; trois articles à la seconde paire, plus minces, et dont le dernier est bifide ; la troisième paire plus forte, n'ayant qu'un seul article et un ongle très-fort ; les quatrième et cinquième paires sont bifides ; les hanches et cuisses de la sixième et septième paires sont très-dilatées, lamelliformes et réunies par paires ; le bec est inséré derrière les pattes antérieures, ayant de chaque côté de sa base un appendice ovale.

La femelle est munie de deux grandes poches ovales contiguës, d'une substance coriacée, placées sous l'abdomen qu'elles surpassent en longueur, et qui contiennent ses œufs.

CÉCROPS DE LATREILLE ; *Cecrops Latreillii*, Leach, Encycl. Brit., Supp. 1, pl. xx, fig. 1 et 3 ; mâle, 2 et 4 ; femelle, 5. Antenne grossie.

Nous apprenons par M. Latreille (Cuv., Règ. Anim., III, p. 65) que cette espèce se fixe sur les branchies du turbot ordinaire.

IIIe RACE.

GENRE Ve PANDARE (*Pandarus*, Leach).

Les soies de la queue, au nombre de deux, alongées et cy-

lindriqūes; abdomen à anneaux formés de lames; têt alongé,
légèrement échancré par derrière.

* *Corps alongé, sublinéaire; soies de la queue aussi longues ou
plus longues que le corps.*

Ire Espèce. PANDARE DE BOSC (*Pandarus Boscii*, Leach, Encycl.
Brit., Suppl. 1, pl. xx, fig. 1).

Alongé; couleur d'un jaune pâle et livide; les soies de la
queue étant une fois et demie aussi longues que le corps. Habite les mers de l'Angleterre; se fixe sur l'émissole commun.

IIe Espèce. PANDARE BICOLORÉ (*Pandarus bicolor*, Leach,
Encycl. Brit., Suppl. 1, pl. xx).

Alongé; couleur pâle et livide; le têt et le milieu des lames
de l'abdomen noirs; les soies de la queue deux fois aussi longues
que le corps.

S'attache au squale milandre ordinaire de nos mers.

IIIe Espèce. PANDARE DU REQUIN (*Pandarus carchariæ*).

Ovale, noir : les angles postérieurs du têt et les soies de la
queue sont d'un jaune pâle et livide ; les soies de la queue sont
un peu plus longues que le corps.

Vit sur le requin.

IVe Espèce. PANDARE DE CRANCH (*Pandarus Cranchii*).

Ovale, noir : les angles antérieurs du têt, son pourtour, et
deux espaces du dessus de sa partie antérieure, sont pâles, ainsi
que les bords des lames de l'abdomen.

Cette espèce a été découverte par M. Cranch (zoologiste
de l'expédition pour la recherche de la source de la rivière
du Zaïre), latit. Sud, 1 ; longit. Est, 4, à partir du méridien
de Londres.

GENRE *VI.*^e NOGAUS (*Nogaus*).

Deux courtes soies à la queue, portant plusieurs styles à leur
extrémité ; les trois premières pièces de l'abdomen ont les
côtés arrondis, tandis que le quatrième et le cinquième les
ont terminés en pointe : têt en forme de fer à cheval.

Nogaus de Latreille (*Nogaus Latreillii*).

Couleur pâle, sans tache.

Découverte par Cranch, latit. Sud, 1; longit. Est, 4, méridien de Londres.

IV.ᵉ RACE.

Genre VII.ᵉ Calige (*Caligus*, Müller).

Soies de la queue alongées, cylindriques et simples.

Calige de Muller, *Caligus Müllerii* Leach, Encyclop. Brit., Suppl. 1, 405, pl. xx).

C'est la seule espèce de ce genre que j'aie vue. Sa couleur étoit pâle et sans tache. Elle se trouve sur la morue. Elle ne se rapporte point a la figure que Müller nous a donnée de son *caligus curtus*, qu'il nous dit avoir trouvé sur le merlan commun.

Genre VIII.ᵉ Riscule (*Risculus*).

Deux soies à la queue, terminées par deux styles.

Riscule de morue (*Risculus molvæ*).

Couleur livide, tirant sur le jaune et sans tache.
S'attache à la morue.

III.ᵉ Famille. Limulidées (*Limulidæ*).

Têt formé de deux parties; l'antérieure arrondie sur le devant, profondément échancrée par derrière; l'autre ayant les bords échancrés et épineux : les échancrures garnies de piquans mobiles; l'extrémité postérieure profondément échancrée pour l'insertion de l'appendice caudal, qui est très-alongé : les yeux sont situés sur le devant de la portion antérieure du têt. Douze pattes. La paire antérieure petite et repliée; les deuxième, troisième, quatrième et cinquième paires presque égales en longueur; les deux derniers articles de la sixième paire garnis à leur extrémité de filamens longs et foliacés. Les organes de la respiration sont placés sous la seconde partie du têt.

Genre IX.ᵉ Limule (*Limulus*, Müller; *Polyphemus*, Lamk.; *Xyphotheca Gronovii*).

La paire de pattes antérieure didactyle : les deuxième, troisième, quatrième et cinquième paires aussi didactyles, mais

nt les doigts égaux, resserrés et se terminant graduellement
pointe à partir de leur base.

Ire Espèce. LIMULE D'AMÉRIQUE (*Limulus americanus*).

Queue triangulaire, dentelée en dessus : l'extrémité du têt
stérieure ayant une échancrure simple.
Habite les mers de l'Amérique, où on la trouve commu-
ment. Elle a tant de rapport avec celle dont M. Latreille a
nné la figure sous le nom de *limule des mollusques* (Hist. nat.
s Crust., et des Insect., iv, pl. 16), que je l'aurois citée,
ne l'avoit donnée comme habitant la mer des Indes.

Espèce. LIMULE DE SOWERBY (*Limulus Sowerbii*, Leach; *Zool.*
Misc., ii, t. 84).

Queue triangulaire, dentelée en dessus; l'échancrure termi-
nt la pièce postérieure du têt, armée d'une dent.
Pays inconnu. Donnée par M. Sowerby. Mon Cabinet.

IIIe Espèce. LIMULE DE MACLEAY (*Limulus Macleaii*).

Queue triangulaire, sans dentelures; une dent placée dans
chancrure de l'extrémité postérieure du têt.
Pays inconnu. Mon Cabinet. Donnée par M. Alexandre
acleay.

IVe Espèce. LIMULE A TROIS DENTS (*Limulus tridentatus*).

Queue triangulaire, serrulée; trois dents placées dans
chancrure terminale de la dernière pièce du têt.
Pays inconnu. Muséum Britannique.

Ve Espèce. LIMULE DE LATREILLE (*Limulus Latreillii*).

Queue alongée, triangulaire à sa base, comprimée vers son
trémité, ayant en dessous une rainure ou sillon, qui ne se
rolonge pas jusqu'au bout; une dent placée dans l'échan-
ure de l'extrémité de la pièce postérieure du têt.
Pays inconnu. Mon Cabinet.
Cette espèce n'a point de rapport avec celle dont M. Latreille
donné la description sous le nom de *Limule à queue ronde*,
quelle formera par conséquent une sixième espèce pour ce
nre. (Voyez Latreille, Hist. nat. des Crust. et des Insect.,
, 98.)

Genre X.ᵉ Tachyplée (*Tachypleus*).

Deux doigts à la paire de pattes antérieures; les ongles de l.
deuxième et de la troisième paires sont étroits à leur base
renflés intérieurement vers leur milieu, et se terminent tou
à coup en pointe : deux doigts égaux à la quatrième e
cinquième paires.

Je n'ai vu qu'un individu de ce genre, qui fut pris dan
les mers des Indes par M. Thomson. Les épines mobiles de
bords de la seconde partie du têt étoient plus alongées qu
dans les limules et plus obtuses. Le limule hétérodactyle d
M. Latreille appartient évidemment à ce genre.

ORDRE II.ᵉ

Phyllopes (*Phyllopoda*).

Phillopa, Latreille.

Têt en forme de bouclier, très-flexible et mou, d'une form
ovale-arrondie, profondément échancrée en arrière; le dc
caréné, à l'exception de la partie antérieure; deux yeux ir
sérés au milieu de la partie antérieure de la coquille, légèremen
saillans, sublunés, très-rapprochés, au point de se toucher ar
térieurement : deux mandibules cornées, demi-cylindrique:
leurs pointes droites et très-dentelées : les pattes antérieur:
longues, garnies de quatre barbes articulées, dont trois lor
gues et une courte; les autres pattes formées pour la natatio:
abdomen terminé par deux filamens articulés.

Tous les animaux de cet ordre vivent et s'assemblent en gran
nombre dans les eaux stagnantes des marais et des étangs. I
sont dépourvus en naissant d'abdomen apparent ou de soi
caudales. Ce n'est qu'après la huitième mue qu'ils acquière:
leur forme et leur grandeur parfaites. Ils se nourrissent d
têtards de grenouilles et de crapauds, et d'autres animau
mous.

Genre XI.ᵉ Binocle (*Binoculus*, Geoff.; *Limulus*, Müll., Lamk.; *Apus*, Cuv., Latr.).

Point de petite lame entre les soies de la queue. J'ai vu da:
différens cabinets deux ou trois espèces distinctes de ce genr
mais, n'ayant jamais eu la faculté de les comparer entre elle:

ne saurois, sans risquer d'accroître la confusion qui existe
éjà, essayer de les décrire. On peut placer sous ce genre le
nocle à queue en filet de Geoffroy, *limulus palustris* de
üller; *apus cancriformis*, Bosc et Latreille, et *apus Montagui*,
each. (Encycl. Brit., Suppl. 1, pl. xx.)

Genre XII.ᵉ Lépidure (*Lepidurus*).

Une petite lame fixée à la queue, entre les soies caudales.
J'ai vu deux espèces de ce genre; mais, ne les ayant pas
omparées, je ne peux hasarder de les décrire.
On peut placer sous ce genre les *monoculus apus* de Linnæus,
ous *productus*, Bosc et Latr., espèce qui est assèz commune
u printemps, dans les fossés vaseux de quelques cantons des
nvirons de Paris.

ORDRE III.ᵉ

Lophyropes (*Lophyropa*).

Les animaux qui composent cet ordre sont encore moins
onnus que ceux des autres; mais nous devrons sans doute
ux observations de M. Straus, qui examine en ce moment
a structure de ces êtres, de les connoître parfaitement
vant peu.

Table des Familles.

	Familles.
Têt d'une seule pièce......................	I. Cyclopidées.
Têt de deux pièces........................	II. Cypridées.

I.ʳᵉ Famille. Cyclopidées (*Cyclopidæ*).

Genre XIII.ᵉ Cyclope (*Cyclops*, Müller).

Quatre antennes simples; mandibules dénuées de palpes;
eux mâchoires, munies de palpes; seize pattes; les quatre
aires antérieures converties en mâchoires; œil unique.

I.ʳᵉ Espèce. Cyclope commun (*Cyclops vulgaris*); *Cyclops qua-
dricornis*, Müll.; *Ent.* 109, t. 18.

Habite les eaux stagnantes. Très-commun en France, en
Allemagne et en Angleterre.

Genre XIV.ᵉ Calane (*Calanus*, Leach).

Antennes, deux; œil unique.

Calane de Finmarchie (*Calanus Finmarchianus*) ; *Cyclops Finmarchianus*, Müll., *Zool. Dan. Prodr.*, 2415.

Habite la mer de Finmarchie.

Genre *XV.*e Polyphème (*Polypheme*, Müll. ; *Cephaloculus*, Lamarck).

Point d'antennes ; œil unique, ressemblant à une tête distincte du corselet.

I.re Espèce. Polyphème des étangs (*Polyphemus stagnorum*, Lamk.; *Polyphemus oculus*, Müll., *Ent.* 119, pl. 20).

Habite les marais.

II.e Famille. Cypridées (*Cypridæ*).

Tableau des Races et des Genres.

	Genres.
Race I.re Tête saillante.	
Un œil.... antennes, deux, ramifiées.......	16. Daphnie.
Deux yeux; { antennes, deux, en forme de filets.	17. Chydose.
{ antennes, quatre, ramifiées......	18. Lyncée.
Race II.e Tête renfoncée; œil unique.	
Antennes terminées en houpe...............	19. Cypris.
Antennes seulement couvertes de poils.......	20. Cythère.

Genre *XVI.*e Daphnie (*Daphnia*, Müll.).

Œil unique ; mandibules et màchoires sans palpes. Straus.

Deux yeux ; quatre antennes capillaires.

Daphnie puce (*Daphnia pulex*, Latr.).

Habite les eaux douces. Il est fait mention de cet animal dans les Observations microscopiques faites par Leuwenhoeck, Needham, Swammerdam, Hooke et autres. Geoffroy l'a nommé le perroquet d'eau. Müller en a donné une figure passable dans son ouvrage, tab. 12, où il est nommé *daphnia pennata*.

Genre *XVII.*e Chydore (*Chydorus*, Leach).

Deux yeux ; deux antennes capillaires.

Chydore de Muller (*Chydorus Mülleri; Lynceus sphœrius,* Müll.; *Ent.*, 71, tab. ix).

Habite les mares d'eau stagnante.

Genre XVIII.ᵉ Lyncée (*Lynceus,* Müll.)

Lyncée beau (*Lynceus pulcher*), *Lynceus brachyurus,* Müll., *Ent.*, 69, tom viii).

Habite les marais. Il est très-commun au printemps. On le voit courir avec beaucoup d'agilité parmi les plantes aquatiques.

Genre XIX.ᵉ Cypris (*Cypris,* Müll.).

Antennes terminées par une touffe de poils.

Cypris velue (*Cypris pubera,* Müll; *Ent.* 56, tab. v).

Têt ovale et velu.

Habite les eaux stagnantes. C'est le *monoculus conchaceus,* Linn.

Genre XX.ᵉ Cythérée (*Cythere,* Müll.).

Antennes seulement velues; œil unique.

Cythérée verte (*Cythere viridis,* Müll.; *Ent.*, 64, tom. 7).

Habite la mer du Nord de l'Europe, parmi les conferves et les thalassiophytes.

ORDRE V.

Branchiopodes (*Branchiopoda*).

Tête distincte; deux antennes capillaires; yeux supportés par un pédoncule mobile; onze paires de pattes; abdomen alongé, terminé par deux appendices, ou bifurqué; la partie antérieure également munie de deux appendices, qui sont très-saillans chez les mâles. La femelle porte ses œufs dans un sac placé à la base de l'abdomen.

N'ayant pas eu l'occasion de faire un examen comparatif des deux genres qui composent cet ordre, lorsque les animaux étoient vivans, je m'abstiendrai de donner tous les détails de leurs caractères, afin de ne pas augmenter la confusion qui existe déjà à cet égard.

Genre XXI.ᵉ Branchipe (*Branchipus*, Latr., Lamk.).

Queue munie de deux appendices foliacés. (Le sac qui renferme les œufs est de forme conique.)

Le *cancer stagnalis*, Linn., qui forme le type de ce genre, en est la seule espèce connue, à moins qu'on ne regarde comme bien déterminé le *cancer paludosus* de Müller (*Zool. Dan.*, 10, tom. 48, fig. 1).

Branchipe de marais (*Branchipus stagnalis*, Latr.).

Corps transparent; couleur d'un blanc clair, légèrement imprégné de vert ou de bleu, particulièrement sur la tête et les pattes.

Cancer stagnalis, Linn.; *Gammarus stagnalis*, Fabr. Cette espèce habite les mares ou étangs formés par les fortes pluies. On la voit, lorsque le soleil se montre, nager sur le dos, avec beaucoup de grâce et de vélocité, à la surface de l'eau.

La femelle dépose ses œufs dans l'eau, sans aucun ordre : ils sont bruns, arrondis, garnis de petits piquans, et enduits d'une substance gélatineuse et transparente, qui les recouvre presque en totalité. Les petits éclosent quinze jours ou trois semaines après, suivant que le temps est plus ou moins chaud : ils nagent aussitôt avec beaucoup de vitesse, à l'aide des trois paires de rames dont ils sont pourvus, et qui sont proportionnellement très-grandes. Quelques heures après les appendices de la queue commencent à se montrer, et le corps prend une forme plus alongée. A cette époque les yeux ne paroissent point pédonculés. Vers le septième jour l'animal est presque parfait; mais il possède encore deux paires de rames antérieures. On distingue parfaitement les pattes. Vers le neuvième ou dixième jour, les rames disparoissent tout-à-fait, et l'animal semble être arrivé à l'état adulte. Cependant il croît lentement. J'ignore quel temps est nécessaire pour qu'il arrive à son plus grand développement; je ne crois pas qu'on ait aucune certitude à cet égard, ceux de ces animaux que le docteur Shaw et d'autres naturalistes ont essayé d'élever, étant morts avant même qu'ils fussent d'une moyenne grosseur. On ne sauroit toutefois douter qu'ils muent pendant leur croissance, puisque leurs dépouilles ont été vues dans l'eau. On trouve ce branchipe très-communément dans les eaux stagnantes, tant en Angleterre qu'en France.

GENRE XXIIe ARTÉMIE (*Artemie*, Leach; *Artemisus*, Lamk.;
Eulimene, Latr.).

Queue seulement fourchue, sans appendices mobiles. (Le
…c qui contient les œufs est subglobuleux.)
Les animaux de ce genre sont marins.

Ire Espèce. ARTÉMIE SALINE (*Artemia salina*, Leach).

Le dernier article des pattes de derrière se termine en
…ointe.
Cancer salinus, Linn.
Ces singuliers animaux se trouvent en nombre prodigieux
…ans les marais salans de Lymmington, en Angleterre. On a
…tabli dans cet endroit de vastes réservoirs qui n'ont que deux
…u trois pouces de profondeur, dans lesquels on introduit
…eau salée à marée haute, et où on la laisse évaporer pendant
…s fortes chaleurs de l'été. C'est lorsque l'évaporation est
…vancée, que les artémies paroissent en très-grande quantité.
…n fait passer l'eau dans de nouveaux réservoirs, où ces animaux
…: développent très-rapidement. MM. Abernethy et Coombe,
…ui m'ont transmis ces détails, m'en ont donné plusieurs indi-
…idus.

IIe Espèce. ARTEMIE EULIMÈNE (*Artemia Eulimene*).

Le dernier article des pattes de derrière est plus étroit vers
…on extrémité, qui est arrondie.
Eulimene albida, Latr. (Cuvier, Rég. anim. III, 68.)
Habite la Méditerranée, près Nice.
Cette espèce m'a été communiquée par M. G. Cuvier.
W. E. L.)
ENTOMOTILLES ou INSECTIRODES. (*Entom.*) C'est le nom
…ous lequel nous avons indiqué une famille d'insectes hyméno-
…tères ou à quatre ailes nues, veinées sur la longueur.
Ce nom, emprunté du grec, indique une particularité de
…mœurs bien singulière : toutes les larves des espèces qui se
…apportent à cette famille, se développent dans l'intérieur du
…orps des autres insectes, qu'elles rongent, en ménageant avec
…oin les organes digestifs qui doivent leur fournir les sucs ou
…umeurs dont elles se nourrissent. Ce n'est que lorsqu'elles sont

sur le point de se métamorphoser, et souvent même en sortan
du corps où elles vivoient en parasites, qu'elles produisent la
mort de la chenille ou de la nymphe qui les contenoit. Les in
sectes de cette famille présentent, comme on le voit d'aprè
ce court exposé, des mœurs très-curieuses à observer.

Le mot ἐντομὸν, signifie *intersectum* ou insecte, et le verb
τίλλῶ, *rodo*, je ronge, je détruis.

Le caractère des entomotilles pourroit être exprimé comm
il suit, afin de les distinguer de tous les autres hyménoptères

*Hyménoptères à abdomen pédiculé, non concave en dessous; à
lèvre inférieure de la longueur des mandibules; antennes non
brisées, de dix-sept à trente articles.*

En effet, les uropristes, comme les tenthrèdes, ont le ventre
sessile; les mellites, comme les abeilles, ont la lèvre inférieure
plus longue que les mandibules. Dans les chrysides ou guêpe
dorées, l'abdomen est concave et peut se rouler en boule; che
les ptérodiples comme les guêpes, et chez les myrmèges comme
les fourmis, les antennes sont brisées; dans les anthophiles
comme les crabrons et les néottocryptes, comme les cynips
les antennes n'ont que treize articles au plus, et ces parties ne
sont composées que de quatorze à dix-sept articulations dan
les oryctères, comme les sphèges: par conséquent, les caractères ci-dessus exprimés sont le résultat de l'analyse et de la
différence qui distingue les entomotilles de toutes les autre
espèces d'hyménoptères.

Les genres qui composent la famille des entomotilles correspondent à celui que Linnæus avoit appelé ichneumon, d'aprè
Aristote qui y rangeoit les sphèges. Les auteurs anciens les appeloient mouches *tripiles*, à cause des trois soies qui composen
la terrière des femelles ou mouches *vibrantes*, parce que le
espèces de cette famille font mouvoir rapidement leurs longue
antennes, toutes les fois qu'elles s'arrêtent sur quelques corps solides pour y chercher leur proie. La plupart sont de forme alongée, excessivement grêle et comme linéaire. Tous proviennen
de larves sans pattes qui se développent, comme nous l'avons
déjà dit, dans le corps des chenilles et des larves de beaucoup
d'autres insectes. Quelquefois elles y subissent complétemen
leurs métamorphoses; tandis que quelques unes sortent du

corps de l'insecte, et se filent au dehors une coque soyeuse dans laquelle elles subissent leur transformation.

Nous n'avons rapporté que cinq genres à cette famille, qui sont ceux dont les noms suivent :

1. *Ichneumon*, 2. *Fœne*, 3. *Evanie*, 4. *Ophion*, 5. *Banche.*

On en a, depuis quelques années, séparé plusieurs espèces sous des noms de genres différens : tels sont les *pélécines* de M. Latreille, espèce d'ichneumon des Indes; *stephane*, *anomalon*, *chélone*, *aulaque* de M. Jurine.

Bassus. Bracon. Joppa, *Cryptus*, *Pimpla* de Fabricius.

Voici le tableau analytique, à l'aide duquel il sera facile d'arriver à la connoissance des genres que nous avons adoptés. On trouvera dans des articles séparés, ou au nom de chacun des genres, et en particulier sous celui des ichneumons, des détails plus complets sur les mœurs et les subdivisions que nous n'avons fait qu'indiquer ici.

Antennes en	fil; abdomen	long : tête portée sur un cou.		2. Foene.
		court : tête sessile........		3. Evanie.
	soie; abdomen	cylindrique, arrondi.....		1. Ichneumon.
		comprimé,	pointu......	4. Ophion.
			sessile......	5. Banche.

C.D.)

ENTOMOZOAIRES, *Entomozoaria.* C'est le nom sous lequel M. de Blainville, dans son Prodrome d'une nouvelle classification du règne animal, inséré dans le Bulletin des Sciences, par la Société philomathique, pour 1814, désigne le type d'animaux articulés à l'extérieur, que les anciens, et surtout Linnæus, nommoient *insecta*, insectes, mais en y comprenant non seulement ses insectes proprement dits, mais encore son ordre des vers intestins et extérieurs.

Le caractère principal de ce type est d'avoir le système nerveux de la locomotion au-dessous du canal intestinal, la fibre musculaire contractile soutenue par une peau plus ou moins endurcie, et par suite le corps et les appendices, quand il y en a, fracturés et articulés d'une manière visible à l'extérieur. C'est sur l'absence et l'existence, la nature, la disposition générale, les usages et même le nombre des appendices que M. de Blainville établit ses coupes classiques dans ce type. Les deux seules dont il est chargé dans la rédaction de ce

Dictionnaire, sont celles qu'il a nommées *Sétipodes*, ou mieux *Chétopodes*, et *Apodes*. (De B.)

ENTONNOIR. (*Chim.*) On se sert, dans les laboratoires de chimie, d'entonnoirs de verre pour y placer les filtres de papiers au travers desquels on passe des liqueurs troubles. On emploie aussi des entonnoirs très-surbaissés, et dont le bec est presque cylindrique, pour transvaser les gaz dans des cloches étroites pleines de mercure ou d'eau. On engage le bec de l'entonnoir dans l'orifice de ces cloches. (Ch.)

ENTONNOIR, *Infundibulum.* (*Conch.*) On confondoit sous le nom de *Calyptrée*, avec M. de Lamarck et plusieurs conchyliologistes modernes, un certain nombre de coquilles coniques, à ouverture fort grande, qui offrent à l'intérieur une sorte de spire non visible à l'extérieur, et formée par une lame spirale décurrente, en même temps qu'on regardoit comme appartenant au genre Troque, *Trochus*, une coquille conique à base plate, fort large, un peu enfoncée, à spire véritablement apparente, et dont l'ouverture est comme latérale, déprimée, à bords tranchans : ce sont ces coquilles que M. Denys de Montfort réunit pour former un petit genre sous le nom d'Entonnoir, *Infundibulum*, auquel il donne pour caractères : Coquille libre, univalve, à spire régulière, élevée en toit, non ombiliquée ; ouverture entière, aiguë, à bords tranchans. On n'a malheureusement aucun indice sur les animaux qui habitent ces coquilles. Le type du genre est une assez belle coquille, nacrée à l'intérieur, comme toutes celles du genre Troque, de deux pouces de diamètre, de couleur gris de lin en dessus, la base verte, et qui se trouve, à d'assez grandes profondeurs, sur la côte d'Afrique et d'Amérique. Elle est figurée dans la Conchyliologie systématique de M. Denys de Montfort, tom. 11, p. 166; il la nomme l'Entonnoir type, *Infundibulum typus.* Voyez CALYPTRÉE. (De B.)

ENTONNOIR. (*Conch.*) Les marchands de coquilles donnent quelquefois ce nom à une espèce de patelle, *patella fusca*, Linn. (De B.)

ENTONNOIRS. (*Bot.*) Le docteur Paulet désigne ainsi un assez grand nombre d'espèces d'*agaricus*, qui ont la forme d'un entonnoir, ou d'un gobelet, ou d'une trompette. Il les subdivise en deux familles principales qui sont nommées par lui:

ENTONNOIRS FERMÉS : famille qui ne comprend qu'une espèce, l'entonnoir vénéneux, que Paulet, dans sa Synonymie des espèces de champignons, rapporte au *fungus infundibulum*, xb., cent. 1, t. 1, placé par lui, et peut-être à tort, dans le groupe des *grands poivrés*. Ce champignon, haut de cinq à six pouces, a la forme d'un entonnoir, à bords roulés en dessous. Il est de couleur baie-sale ou obscure en dessus : ses feuillets sont grisâtres, un peu plissés; ils s'évanouissent inégalement sur le stipe. Il a été trouvé à Beaulieu, près Paris. Il incommode les animaux auxquels on en fait manger.

ENTONNOIRS MOUS. Leur substance est molle, fade au goût, sans effet sur les animaux; leur chapeau a ses bords relevés. Paulet y rapporte les espèces suivantes :

1.° Le CHAMPIGNON ROUGE-BORD (voyez ce mot), qui, selon Paulet, est le même que le *lardajolo* des Italiens, et une variété infundibuliforme de ses *rougeotes* d'Italie.

2°. CHAMPIGNON DES FOSSÉS (voyez ce mot), ou TOUPIE A COCHON.

3.° Le VERRE A BOIRE. (Voyez ce mot.)

4.° L'ENTONNOIR DES JARDINS, Paul., ch. 2, p. 157, tab. 63, fig. 1. Cet agaric a de trois à quatre pouces de hauteur et de diamètre. Il est de couleur de tabac d'Espagne foncée; sa chair est jaune et molle; sa surface, sèche, est unie et un peu douce au toucher; son stipe est plein, et ses feuillets sont fins, serrés et inégaux.

5.° L'ENTONNOIR DE PROVENCE, Paul., l. c., tab. 63, fig. 2-4. C'est le *pinedo* des Provençaux, qui vont le recueillir sous les pins, et qui le mangent. Il se garde long-temps sans se corrompre; sa saveur est agréable. Il s'élève à trois pouces de hauteur, et son plus grand diamètre a la même dimension. Il est infundibuliforme et d'une couleur de chair vive; sa peau est sujette à se gercer et à se fendiller dans le centre, de manière à former, avec la tige qui se creuse, un véritable goulot d'entonnoir, dans lequel l'eau de la pluie s'amasse.

6.° Les COLOMBETTES. (Voyez ce mot.)

7.° L'ENTONNOIR PIED-DE-CHÈVRE, ou DE BONDY, Paul., l. c., p. 159, pl. 63, fig. 1. Agaric haut de sept à huit pouces, de couleur de tabac d'Espagne claire, en forme d'entonnoir, dont le goulot, représenté par le stipe, n'est pas droit, mais taillé en manière de pied de chèvre et coudé; sa surface est sèche et douce au toucher. Il croît en automne, dans la forêt de Bondy, et n'est point malfaisant.

8.º Les Trompettes blanches. (Voyez ce mot.)

9º. La Girolle entonnoir, ou Fausse Girolle.

10.º La Girolle femelle et jumelle.

11.º Le Petit bijou blanc de lait.

12.º Le Colimaçon.

13.º La Girolette en bouquet, ou la Petite Girolle de Vaillant.

Toutes ces espèces croissent en France, et sont décrites à leurs noms.

L'on trouve encore diverses espèces d'agarics, qui sont appelés entonnoirs par Paulet, dans sa Synonymie des Champignons. Tels sont ·

a. L'Entonnoir brun, figuré par Vaillant, pl. 14, fig. 1, 2, 3. C'est l'*agaricus cyathiformis*, Bull. et Decand. Paulet le rapporte à l'*agaricus concavus* de Scopoli, et au *fungus*, Buxb., cent. 4, tabl. 3, et Mich., gen. 149, n.º 5.

b. Le Demi-entonnoir, qui ressemble à un entonnoir fendu en deux, à bord ondulé, obscur et soyeux en dessus, blanc et feuilleté en dessous. Michel en a donné la figure, Gen. 123, n.º 16, tab. 65, fig. 2, *Agaricum.*

c. Les Entonnoirs épineux secs, qui sont deux espèces d'hydne : l'une, rousse, est l'*hydnum tomentosum*, Linn., et l'autre, noire, est l'*hydnum floriforme*, Schœff., tab. 146, 147; ou l'*hydnum suberosum*, Batsch, tab. 10, fig. 45; enfin, le *steccherino nero malefico* des Italiens, Mich., tab. 72, fig. 5, 6.

d. Les Entonnoirs glutineux, de deux sortes, l'une brune, *agaricus glutinosus*, Schœff., vol. 1, tab. 36; l'autre blanche, *agaricus nitens*, Schœff., 3, tab. 238.

e. L'Entonnoir des marais, ou *Ramage gris*, qui croît sur les bords de l'étang de Renard, sur les feuilles du *typha*. Il a été observé par Vaillant, qui en donne la description, p. 62, n.º 13, de son *Botanicon Parisiense.* Il est assez grand, infundibuliforme, d'un blanc sale et à feuillets un peu croisés ou ramagés sur les bords. Il n'a pas un mauvais goût et ne paroît point suspect.

f. Les Entonnoirs polypores, qui sont des bolets en forme d'entonnoir. Paulet en distingue quatre espèces :

Grise. C'est le *boletus campanulatus lignosus* de Sterbeeck, tab. 27, fig. 1.

Fauve. C'est le *boletus cinnamomeus*, Jacq., Collect., 1, tab. 2.

Brune. C'est le *boletus coriaceus*, Scop. et Schœff., n.° 18, tab. 225.

Noire, ou *polyporus lignosus*, Mich., p. 131, tab. 70, fig. 6.

g. L'Entonnoir rouge, qui est un agaric d'un rouge sale, à tige nue et courte, que Scopoli a nommé *agaricus inversus.* (Lem.)

ENTOPHYTES, *Entophytæ.* (*Bot.*) Première série du premier ordre (*mucedines*), de la famille des champignons, dans la méthode de Link. Les champignons qu'elle comprend sont très-petits, microscopiques, et croissent sur les plantes vivantes ou mortes. Ils sont uniquement formés par des conceptacles libres ou groupés, sessiles ou pédicellés.

Les genres que Link y rapporte sont ceux-ci :

1.° Genres parasites sur les plantes vivantes, Hypodermium, Puccinia, Phragmidium ;

2.° Genres qui se trouvent sur les plantes mortes, Stilbospora, Fusidium. Voyez ces noms. (Lem.)

ENTOPOGONES, *Entopogoni.* (*Bot.*) M. Palisot de Beauvois désigne ainsi, dans sa classification des mousses, la troisième tribu ou section de sa méthode, caractérisée par le péristome simple, interne, formé de cils libres ou réunis en une membrane plissée. Cette section contient les genres Streblotrichum, Tortula, Barbula, Ciccloditus et Hymenopogon (*Buxbaumia*). Voyez ces mots. (Lem.)

ENTOZOAIRES, *Entozoaria.* (*Entomoz.*) Ce nom, composé de deux mots grecs ἐντὸς, intérieur, et ζῶον, animal, a été imaginé par M. Rudolphi pour remplacer la dénomination de *vermes intestinales* ou de vers intestinaux, que Linnæus et ses sectateurs emploient depuis long-temps pour désigner les animaux qui vivent dans l'intérieur d'autres animaux. Quoique évidemment préférable à celui de vers intestinaux, puisqu'il comprend à la fois tous les animaux qui se trouvent dans quelque partie que ce soit d'un corps animal, il est cependant évident que sa signification étant tirée d'une circonstance non inhérente au corps à classer ou à définir, c'est-à-dire, du lieu où il se trouve, il est difficile qu'il soit admis, d'autant plus que sous ce nom, envisagé comme désignant une classe, on comprend des animaux d'organisation extrêmement différente, et qui ne peuvent être rapprochés que sous le seul rapport du lieu de leur existence. Aussi ce mot d'entozoaires ne paroît-il encore adopté par aucun zoologiste systématique; MM. de Lamarck, Duméril, Bosc, Cuvier préfèrent, à ce qu'il paroît, celui de VERS ou d'HELMINTHES, et M. de Blainville, quoiqu'il l'ait employé pour être plus bref dans son Prodrome de classification, n'admettant pas la classe ne peut admettre le terme qui la désigne. En effet, une partie des animaux ainsi nommés appartient, suivant lui, à sa classe des *Apodes* du type ENTOMOZOAIRES, et le reste forme une classe distincte sous la dénomination de STOMYZOAIRES, appartenant au sous-type des SUBENTOMOZOAIRES.

Quoi qu'il en soit cependant de l'adoption ultérieure de ce mot, nous devons nous empresser d'ajouter que l'ouvrage de M. Rudolphi, intitulé *Entozoorum sive Vermium intestinalium Historia*, Amsterd., 1810, dont il vient de publier à Berlin, 1819, un *Synopsis* considérablement perfectionné, sera toujours un ouvrage classique dont nous ferons un grand usage. (DE B.)

ENTREFEGOS (*Bot.*), nom vulgaire de la pomme de terre en Languedoc. (L. D.)

ENTREFIOL (*Bot.*), nom languedocien d'une espèce de trèfle, cité par Gouan. (J.)

ENTRE-LIGNE. (*Entom.*) Geoffroy a décrit sous ce nom, dans le second volume de son Histoire abrégée des Insectes des environs de Paris, une espèce de teigne, sous le n.° 30, dont les ailes sont jaunâtres, et dont les supérieures ont deux lignes, et une tache intermédiaire brune à l'extrémité. (C. D.)

ENTRE-NŒUD, *Internodium* (*Bot.*), intervalle compris entre deux nœuds. On nomme nœuds les protubérances annulaires qu'on observe sur la tige, les rameaux, etc. de plusieurs plantes, de la plupart des graminées, par exemple, de la persicaire, de la spergule, de l'œillet, etc. (MASS.)

ENTREVADIS. (*Bot.*) Garidel dit que les paysans de la Provence donnent ce nom à deux clématites, *clematis flammula* et *recta*. Cette dernière est nommée *entreviges* ou *entrevighe* dans le Languedoc, suivant M. Gouan. (J.)

ENTREVIGHE. (*Bot.*) Voyez ENTREVADIS. (L. D.)

ENTRICH. (*Ornith.*) Ce mot désigne, en allemand, comme celui d'*Ente*, les oiseaux appartenant au genre Canard. (CH.D.)

ENTROCHITES. (*Foss.*) C'est le nom des entroques fossiles. Voyez ENCRINE. (D. F.)

ENTROQUES. (*Foss.*) Voyez au mot ENCRINE. (D. F.)

ENTSASACALE. (*Bot.*) Fruit d'un arbre de Madagascar, cité par Flacourt, qui a, selon lui, la hauteur de l'amandier, les feuilles du noyer, et le fruit alongé comme celui de la casse, également celluleux à l'intérieur, croissant particulièrement sur divers points du tronc. C'est probablement une espèce de casse différente de l'ordinaire, ou mieux encore un courbaril, *hymenæa*. (J.)

ENUCLEATOR. (*Ornith.*) Ce mot latin, qui exprime la faculté de briser l'enveloppe de fruits à noyaux, désigne, dans Frisch, le gros-bec commun ou *coccotraustes*, et dans le *Systema Naturæ* de Linnæus, le dur-bec, qui est son *loxia enucleator*. (CH. D.)

ENULA CAMPANA. (*Bot.*) Nom pharmaceutique ancien de l'aunée, *inula helenium*, que les anciens regardoient comme le *panax chironium* de Théophraste, très-différent d'autres *panax* qui sont des ombellifères. Necker la nomme aussi *enula*. M. Merat, observant quelques différences tirées du calice commun ou périanthe, a fait de cette plante un nouveau genre *Corvisartia* qui, jusqu'à présent, n'a pas été adopté. (J.)

ENVELOPPE CELLULAIRE ou HERBACÉE. (*Bot.*) Couche de tissu cellulaire, placée à la superficie de l'écorce, et recouvrant par conséquent tout le végétal. Dans les feuilles cette partie occupe l'espace compris entre les nervures. Les cellules de ce tissu sont remplies d'une matière résineuse, presque toujours verte dans les jeunes pousses. Cette couleur, d'autant plus intense que les cellules sont plus exposées à la lumière, disparoit tout-à-fait dans les racines. C'est dans l'enveloppe cellulaire verte que s'opère, par l'action de la lumière, la décomposition de l'acide carbonique et le dégagement du gaz oxigène.

L'enveloppe herbacée de la tige des arbres et des arbrisseaux se dessèche et se détruit insensiblement par l'action de l'air. La couche de cette substance s'accroît dans quelques arbres d'une manière extraordinaire. Le liége n'est autre chose que l'enveloppe herbacée très-développée. (Mass.)

ENVELOPPE FLORALE (*Bot.*), Enveloppe immédiate des organes sexuels des plantes. M. Decandolle a donné à cette enveloppe le nom de périgone, et M. Mirbel celui de périanthe. Lorsqu'elle est double, l'enveloppe extérieure est nommée calice, et l'enveloppe intérieure est nommée corolle. Lorsqu'elle est simple, les auteurs la désignent, les uns par le nom de calice, et les autres par le nom de corolle. Il n'y a là-dessus aucune règle; car tous les caractères tirés des fonctions, de l'organisation interne, de la forme, de la consistance, des couleurs, etc., sont vagues et incertains. Les auteurs modernes commencent à adopter le nom proposé par M. Mirbel. Ils conservent les noms de calice et de corolle lorsque le périanthe est double, et ils nomment périanthe toute enveloppe florale simple. (Mass.)

ENVELOPPES SEMINALES. (*Bot.*) Elles sont de deux sortes : les unes appartiennent en propre à la graine (voyez Tegmen, Lorique, Arille); les autres sont des enveloppes auxiliaires de diverses natures. Dans l'oseille, par exemple, le périanthe de la fleur accompagne la graine, et devient pour elle une enveloppe auxiliaire. La base du périanthe dans la belle-de-nuit, la cupule qui renferme la fleur femelle dans les conifères, deviennent également pour la graine une seconde enveloppe. (Mass.)

ENVERGURE. (*Ornith.*) Ce terme désigne l'étendue qu'embrassent les ailes d'un oiseau ouvertes pour le vol, et l'on emploie souvent ce dernier mot comme équivalent du premier. Les oiseaux dont le vol, ou l'envergure, est plus considérable, sont les rapaces et ceux qui, comme les frégates, les sternes, les martinets, sont obligés de se tenir presque sans cesse dans les airs pour se procurer leur nourriture.

Suivant le vicomte de Querhoënt, les marins donnent les noms de *grande* et de *moyenne envergure* à deux oiseaux, dont le premier a quelquefois onze pieds de vol, et porte, en général, un plumage brun sur le corps, blanc sur la tête et les parties inférieures, et dont le second, beaucoup plus petit, est tout brun et a le bec noir, tandis que chez l'autre il est de couleur de chair.

Bernardin de Saint-Pierre, dans son Voyage à l'Ile-de-France, distingue l'*envergure* de la *frégate;* mais il attribue à celle-là un caractère qui appartient à celle-ci, et qui consiste dans la peau rouge que les mâles ont sous le bec : or, cette circonstance n'annonceroit qu'une différence de sexe; et la *moyenne envergure*, étant par lui annoncée comme d'une taille un peu supérieure à celle du fauchet, sembleroit être de l'espèce du goëland brun, *larus catharractes*, Linn. Au reste, des auteurs admettant deux espèces de frégates, et tout portant à considérer la première comme identique avec la grande envergure, il y a vraisemblablement une pareille analogie entre les deux autres. (Ch. D.)

ENVILASSE (*Bot.*), nom sous lequel Flacourt désigne une espèce d'ébène de Madagascar. (J.)

ENVINASSAS et Vinous. (*Bot.*) En Provence et au Languedoc on donne ces noms à l'agaric comestible ou champignon de couche. Voyez Fonge. (Lem.)

ENVOERI. (*Mamm.*) Dapper dit que ce ruminant du Congo approche du cerf; et c'est à quoi il se borne. (F. C.)

ENXALMOS. (*Bot.*) Dans la Castille, on donne ce nom, suivant Clusius, à la plante qu'il nomme *seseli massiliense*, et qui est le *seseli tortuosum* de Linnæus. (J.)

ENYDRE, *Enydra*. (*Bot.*) [*Corymbifères*, Juss. : *Syngénésie polygamie superflue*, Linn.] Ce genre de plantes, établi par Loureiro, dans la famille des synanthérées, appartient à la tribu naturelle des hélianthées, et à la section des hélianthées-millériées. Voici les caractères génériques que nous avons observés, dans plusieurs herbiers, sur l'*enydra cæsulioides*.

La calathide est discoïde, globuleuse; composée d'un disque multiflore, régulariflore, androgyniflore ou masculiflore, et d'une couronne multiflore, multisériée, tubuliflore, féminiflore. Le péricline est formé de deux, trois ou quatre squames, unisériées ou subunisériées, égales ou inégales, grandes, suborbiculaires-acuminées, foliacées, membraneuses, nerveuses, appliquées, embrassantes. Le clinanthe, conique ou hémisphérique, est muni de squamelles en nombre égal à celui

des fleurs, épaisses, coriaces, subcornées, nerveuses, parsemées de glandes, hérissées supérieurement de poils articulés;
chacune d'elles enveloppe une fleur, et se recouvre elle-
même par ses bords. Les cypsèles sont obovales-alongées,
obcomprimées, arquées en dedans, multistriolées, glabres,
noires, inaigrettées; cependant nous avons trouvé quelquefois
une aigrette d'une seule squamellule paléiforme, très-grande,
difforme, et qu'on doit considérer comme une monstruosité
accidentelle. Les fleurs du disque semblent ordinairement
hermaphrodites par l'ovaire, qui est presque toujours bien
conformé, et mâles par le stigmate, qui est presque toujours
imparfait; leur corolle a le tube long, atténué supérieurement, parsemé de glandes inférieurement, complétement
enveloppé, ainsi que l'ovaire, par une squamelle; le limbe
est campanulé, profondément divisé en cinq lobes arqués en
dehors. Les fleurs de la couronne ont la corolle tubuleuse,
parsemée de glandes, à limbe semi-avorté, inégalement et
irrégulièrement denté au sommet, de manière à former le
plus souvent une courte languette tri-quadrilobée; le tube
de cette corolle est complétement enveloppé, ainsi que l'ovaire,
par une squamelle; le style est divisé supérieurement en deux
branches courtes, arquées en dehors, arrondies au sommet,
munies de deux bourrelets stigmatiques.

L'ENYDRE CÉSULIE (*Enydra cæsulioides*, H. Cass., Bull. Soc.
philom. Décembre 1817; *Cæsulia radicans*, Willd.; *Cryphiospermum repens*, Pal. de Beauv.) est une plante herbacée, sans
doute vivace, à tige rampante, sarmenteuse. produisant
des branches ascendantes, quelquefois tortueuses ou contournées, longues de six à douze pouces, cylindriques, striées,
et parsemées de petites glandes, ainsi que les feuilles; celles-
ci sont opposées, sessiles ou presque sessiles, longues,
étroites, sublinéaires-lancéolées, aiguës, entières; les calathides sont axillaires, solitaires, sessiles; les feuilles, dans l'aisselle desquelles naissent les calathides, sont bractéiformes,
et très-élargies à la base qui forme comme deux oreillettes.
Cette plante habite la Guinée; elle a été recueillie sur les bords
du fleuve Formose, par M. Palisot de Beauvois, qui rapporte
que les habitans du pays l'emploient à la guérison des
plaies. Nous avons étudié ses caractères dans les herbiers de

I. de Jussieu et Desfontaines, où elle étoit innommée, et
dans celui de M. de Beauvois, où elle portoit le nom de *cry-
ospermum repens*. Il nous semble indubitable, d'après la
description de Willdenow, que son *cæsulia radicans* est la
même plante que notre *enydra*.

M. Robert Brown a énoncé l'opinion que le *meyera* de
Schreber, le *sobreya* de la Flore du Pérou, l'*enydra* de Loureiro,
l'*ngstha* de Roxburg, et le *cryphiospermum* de M. de Beauvois,
ne devoient former qu'un seul et même genre. Il a même
soupçonné que le *cæsulia radicans* de Wildenow pouvoit être
la même espèce que le *cryphiospermum repens* de M. de Beauvois.
Nous avons vérifié dans les herbiers, et notamment dans celui
de M. de Beauvois, l'étonnante justesse des conjectures de
M. Brown sur l'identité générique de l'*enydra* et du *cryphiospermum*, ainsi que sur l'identité spécifique du *cæsulia radicans*
et du *cryphiospermum repens*; mais nous ne pensons pas, comme
M. Brown, que le nom de *meyera* doive obtenir la préférence
sur celui d'*enydra*. Il est vrai que Schreber a publié son
meyera en 1789, un peu avant Loureiro, qui n'a publié son
enydra qu'en 1790 : mais la description de Schreber est très-
fautive, tandis que celle de Loureiro est parfaitement exacte.
On ne peut, en effet, reprocher à l'auteur de l'*Enydra* que
d'avoir considéré les squamelles du clinanthe comme autant
de péricilines uniflores et monophylles, ce qui n'est qu'une
simple erreur de qualification par laquelle l'exactitude de la
description n'est aucunement altérée. On peut ajouter que le
nom d'*enydra*, qui signifie aquatique, est parfaitement convenable à ce genre de plantes, dont toutes les espèces connues
habitent des terrains inondés ou marécageux.

Loureiro n'a décrit qu'une seule espèce, sous le nom d'*enydra fluctuans* : elle n'est connue que par la description de ce
botaniste; mais cette description suffit pour démontrer que
notre *enydra cæsulioides* appartient indubitablement au même
genre.

Voyez les articles CÆSULIA, tome VI, Supplém. pag. 9, et
CRYPHIOSPERMUM, tome XII, pag. 78. (H. CASS.)

ENZANDA. (*Bot.*) Dans le Voyage au Congo par Pigafetta,
réuni au grand Recueil de Théodore Debry, on trouve sous ce
nom une espèce de figuier, que C. Bauhin rapporte à l'espèce

nommée *ficus indica.* De ses rameaux sortent des filets nus qui
s'alongent en se dirigeant vers la terre, et y prennent racine
pour former un nouveau tronc, de sorte qu'un seul arbre peut
ainsi composer une petite forêt. Cette manière de se multiplier,
citée par Clusius, d'après ce voyageur, a lieu également pour le
figuier des pagodes, *ficus religiosa,* ainsi nommé parce qu'on
le plante près des pagodes, autour desquelles cet arbre forme un
bois sombre, sous lequel on peut se promener comme sous un
cloître. Clusius ajoute, d'après le même témoignage, que,
dans le Congo, on prépare avec la seconde écorce une espèce
de toile qui, après avoir été battue, lavée et étendue en longueur et largeur, sert de vêtement aux habitans de la classe
inférieure. Cet emploi étoit connu dans l'Afrique avant la découverte de l'île d'Otahiti, où l'on a trouvé des toiles fabri-
quées de la même manière. C'est probablement le même
figuier que l'on trouve inscrit dans quelques livres sous le nom
d'*ensade.* (J.)

ENZINA (*Bot.*), nom espagnol du chêne-vert, suivant Clusius, qui ajoute que les François le nomment *éoule* ou *chêne-vert,*
que son fruit est l'*acylus* de Théophraste, le *ballon* ou *abillota* des
Espagnols : c'est aussi l'*eouvé* des Provençaux, suivant Garidel
l'*eouse* des Languedociens, selon M. Gouan. (J.)

EOÉ. (*Bot.*) Le chêne-yeuse porte ce nom en Languedoc
(L. D.)

EOLIDE, *Æolides.* (*Conch.*) M. Denys de Montfort désigne sou
ce nom de genre un petit corps crétacé, microscopique, figur
dans la *Testaceographia* de Soldani, tab. 167, w., qui paroît for
déprimé, enroulé un peu à la manière des haliotides, par con
séquent non symétrique, dont la spire, fort basse, est visibl
d'un côté, et dont la base, large et un peu renflée, denticulée
offre dans son milieu un petit orifice arrondi, que M. Deny
de Montfort regarde comme l'ouverture. Sans cela,
nous paroîtroit probable que cette petite coquille, qui n'
que deux tiers de ligne de diamètre, qui est diaphane, jaune
irisée, et qu'on trouve sur le rivage de la Méditerranée, n
seroit qu'une coquille voisine des sigarets ; et cependant M. De
nys de Montfort place ce genre parmi les coquilles cloison
nées ; il donne à l'espèce qui sert de type au genre le nom

d'Eolide écaillé, *œolides squammatus*, à cause des espèces d'é-cailles dont elle semble recouverte. (De B.)

EOLIDE, *Æolidia*. (*Malacoz.*) Petit genre d'animaux mol-lusques de l'ordre des polybranches, établi par M. G. Cuvier pour quelques petites espèces de doris de Gmelin, qui ont tant de rapports avec celles dont Bruguières avoit auparavant formé son genre *Cavoline*, que, dans son Règne animal, le premier a cru devoir les réunir. Aussi MM. de Lamarck, Bosc, de Roissy, Duméril n'ont-ils pas parlé du genre Eolide. Il me semble cependant qu'on pourroit conserver la distinction de ces deux genres, en mettant parmi les cavolines les espèces dont les branchies sont formées de cirres longs et coniques, et, au contraire, dans les éolides celles qui ont ces organes sous forme de lanières. D'après cela, nous caractériserons ce genre : Corps ovale, oblong, limaciforme ; le pied assez épais. Tête distincte à quatre ou six tentacules, fort longs, dont deux ou quatre supérieurs, et deux labiaux ; les yeux à la base des tentacules postérieurs ; branchies très-nombreuses, situées des deux côtés du dos, et formées de petites écailles molles, aplaties et im-briquées sur plusieurs rangs. Terminaison de l'anus et des organes de la génération dans un même tubercule situé à droite. Ces mollusques que M. Cuvier place parmi ses nudi-branches, vivent, à ce qu'il paroît, dans toutes les mers où ils rampent, à la manière des doris, sur les fucus et les autres corps sous-marins. Leur petitesse a sans doute empêché d'en donner l'anatomie, qui n'auroit très-probablement rien offert de bien différent de ce qui est dans les doris, si ce n'est peut-être pour la position du cœur et des principaux vaisseaux. Il est probable que ce genre contient plusieurs espèces, mais elles sont assez mal connues.

L'Eolide papilleuse : *Eolidia papillosa ; Doris papillosa*, Mull., *Zool. Dan.*, cvix, fig. 1-4, dont Linnæus avoit fait d'abord une espèce de limace sous le nom de *limax papillosus*, que Baster, *Opusc. subcessiv.*, tom. 1, 81, pl. 10, fig. 1, avoit re-gardé, avec plus de raison, comme une espèce de doris, et que Gunner a décrite, Act. de Copenh., t. 10, pl. sans n°, fig. 1, 13, sous le nom de *doris boddoensis*, et qu'il avoit trouvée sur les côtes de Norwége. Son corps, de trois quarts de pouce en-viron de long, sur quatre lignes de large, est ovale ; la tête est pourvue de quatre longs tentacules en dessus, et de deux autres buccaux également fort longs ; les branchies sont très-nombreuses, et assez courtes. Elle vient des mers du Nord. L'individu de Baster avoit deux pouces de long.

L'EOLIDE DE CUVIER ; *Eolidia Cuvieri*, Ann. du Mus., t. VI. Je propose de distinguer de la précédente celle dont M. G. Cuvier a donné une figure et une description dans les Annales du Muséum, parce qu'il me semble que sa forme est un peu différente, et quadrangulaire, presque comme dans les tritonies, que le pied est plus épais et plus rebordé, et enfin que les lanières branchiales sont plus longues et moins nombreuses.

L'EOLIDE FASCICULÉE : *Eolidia fasciculata* ; *Limax marinus*, Forsk., *Icon. Anim.*, XXVI. Petite espèce d'un pouce de long, linéaire, de couleur cendrée, ferrugineuse, plus pâle en dessous ; les papilles du dos assez aiguës et ferrugineuses ; quatre tentacules pâles et pellucides. De la mer Méditerranée.

L'EOLIDE MINIME : *Eolidia minima* ; *Limax minimus*, Forsk., *Icon.*, tab. 26, H h 1 et h 2. Très-petite espèce de la grandeur d'un grain de riz, dont le corps est oblong, d'un cendré pâle en dessus, plus pâle en dessous, et dont les papilles dorsales ovales-oblongues, sont obtuses, cendrées et disposées sur quatre lignes longitudinales. De la mer Méditerranée.

L'EOLIDE PENNÉE : *Eolidia pennata* ; Bommé, *Act. Vliss.*, 3, p. 292, t. 3, fig. 2. Trois quarts de pouce de long ; de couleur blanc-cendré, ou rougeâtre ; les branchies subcylindriques. Très-commun sur les zoophytes du rivage de Zélande.

Quant aux autres espèces que M. Cuvier rapporte à ce genre. Voyez CAVOLINE. (DE B.)

EOUEW. (*Ornith.*) C'est ainsi qu'au rapport de Krascheninnikow les Koriaques appellent les perdrix. (CH. D.)

EOULE, EOUSÉ, EOUVÉ. (*Bot.*) Voyez ENZINA. (J.)

EOURRÉ (*Bot.*), nom provençal du lierre, suivant Garidel. Il est le même dans le Languedoc, où on lui donne aussi ceux d'*eourno* et d'*euro*. (J.)

FIN DU QUATORZIÈME VOLUME.

PARIS. IMPRIMERIE DE LE NORMANT, RUE DE SEINE, N.° 8.